中国国家标准汇编

2008年修订-4

中国标准出版社 编

中国标准出版社
北 京

图书在版编目（CIP）数据

中国国家标准汇编：2008年修订.4/中国标准出版社编.—北京：中国标准出版社，2009

ISBN 978-7-5066-5380-0

Ⅰ.中… Ⅱ.中… Ⅲ.国家标准-汇编-中国-2008 Ⅳ.T-652.1

中国版本图书馆CIP数据核字（2009）第107701号

中国标准出版社出版发行
北京复兴门外三里河北街16号
邮政编码:100045
网址 www.spc.net.cn
电话:68523946 68517548
中国标准出版社秦皇岛印刷厂印刷
各地新华书店经销
*
开本 880×1230 1/16 印张 40 字数 1 204 千字
2009年7月第一版 2009年7月第一次印刷
*
定价 200.00 元

ISBN 978-7-5066-5380-0

出 版 说 明

1.《中国国家标准汇编》是一部大型综合性国家标准全集。自1983年起，按国家标准顺序号以精装本、平装本两种装帧形式陆续分册汇编出版。它在一定程度上反映了我国建国以来标准化事业发展的基本情况和主要成就，是各级标准化管理机构，工矿企事业单位，农林牧副渔系统，科研、设计、教学等部门必不可少的工具书。

2.《中国国家标准汇编》收入我国每年正式发布的全部国家标准，分为"制定"卷和"修订"卷两种编辑版本。

"制定"卷收入上年度我国发布的、新制定的国家标准，顺延前年度标准编号分成若干分册，封面和书脊上注明"20××年制定"字样及分册号，分册号一直连续。各分册中的标准是按照标准编号顺序连续排列的，如有标准顺序号缺号的，除特殊情况注明外，暂为空号。

"修订"卷收入上年度我国发布的、被修订的国家标准，视篇幅分设若干分册，但与"制定"卷分册号无关联，仅在封面和书脊上注明"20××年修订-1,-2,-3,……"字样。"修订"卷各分册中的标准，仍按标准编号顺序排列(但不连续)；如有遗漏的，均在当年最后一分册中补齐。需提请读者注意的是，个别非顺延前年度标准编号的新制定的国家标准没有收入在"制定"卷中，而是收入在"修订"卷中。

读者配套购买《中国国家标准汇编》"制定"卷和"修订"卷则可收齐上一年度我国制定和修订的全部国家标准。

3. 由于读者需求的变化，自1996年起，《中国国家标准汇编》仅出版精装本。

4. 2008年制修订国家标准共5946项。本分册为"2008年修订-4"，收入新制修订的国家标准33项。

中国标准出版社

2009年5月

目　录

ICS 29.060.10
K 11

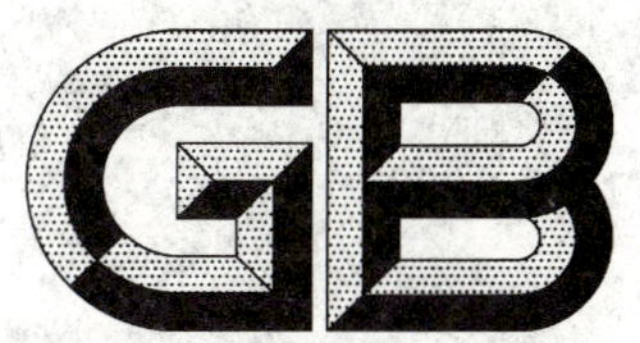

中华人民共和国国家标准

GB/T 1179—2008
代替 GB/T 1179—1999

圆线同心绞架空导线

Round wire concentric lay overhead electrical stranded conductors

(IEC 61089:1991,MOD)

2008-06-30 发布 2009-04-01 实施

中华人民共和国国家质量监督检验检疫总局
中国国家标准化管理委员会 发布

前　言

本标准修改采用IEC 61089:1991《圆线同心绞架空导线》和第1号修改单(1997)(英文版)。在附录G中列出了本标准章条号与IEC 61089:1991章条号的对照一览表。

考虑到我国国情,在采用IEC 61089:1991时,本标准做了一些修改。主要的技术性差异如下:

——型号表示方法采用汉语拼音命名习惯;

——型号表示方法中用标称截面代替规格号;

——推荐的导线尺寸和导线性能表中增加了国内常用的规格。

本标准代替GB/T 1179—1999《圆线同心绞架空导线》。

本标准与GB/T 1179—1999相比主要变化如下:

——本标准中增加了部分"绞制引起的标准增量"的内容(前版的表4,本版的表4);

——在型号的表示方法上做了修改,用标称截面代替规格号(前版的D.2,本版的D.2和附录F);

——推荐的导线尺寸和导线性能表中增加了国内常用的规格(前版的表D.2～表D.14,本版表D.2～表D.14);

——增加了资料性附录E"国内常用规格的导线尺寸及导线性能表";

——增加了规范性附录F"圆线同心绞架空导线产品的型号表示方法";

——增加了资料性附录G"本标准章条编号与IEC 61089:1991章条编号对照"。

本标准的附录A、附录B、附录C、附录F是规范性附录,附录D、附录E、附录G是资料性附录。

本标准由中国电器工业协会提出。

本标准由全国电线电缆标准化委员会归口。

本标准负责起草单位:上海电缆研究所

本标准参加起草单位:上海电缆研究所、武汉电缆集团有限公司、杭州电缆有限公司、无锡华能电缆有限公司、远东控股集团有限公司、特变电工股份有限公司新疆线缆厂、广东远光电缆实业有限公司、昆明电缆股份有限公司、上海中天铝线有限公司、江西新华金属制品有限责任公司、郑州华力电缆有限公司。

本标准主要起草人:季世泽、黄国飞、刘斌、孙泽强、胡建明、蒯霖、汪传斌、耿晓鹏、黄东、蒋陆肆、尤伟任、郭其生、欧阳斌。

本标准所代替标准的历次版本发布情况为:

——GB 1179—1983,GB/T 1179—1999;

——GB 9329—1988。

圆线同心绞架空导线

1 范围

1.1 本标准规定了圆线同心绞架空导线的电气和机械性能。圆线同心绞架空导线由下述任意的金属单线组合而成：

a） 铝及铝合金线

LY9 型硬铝线，符合 GB/T 17048—1997；

LHA2 型高强度铝合金线，符合 JB/T 8134—1997；

LHA1 型高强度铝合金线，符合 JB/T 8134—1997。

b） 架空绞线用镀锌钢线，符合 GB/T 3428—2002

G1A 或 G1B 型普通强度钢线；

G2A 或 G2B 型高强度钢线；

G3A 型特高强度钢线。

c） 铝包钢线，符合 GB/T 17937—1999

LB1A 或 LB1B 型铝包钢线；

LB2 型铝包钢线。

注 1：单线金属的电阻率以递增次序排列如下：

LY9：	28.264 nΩ·m	（对应于 61%IACS）
LHA2：	32.530 nΩ·m	（对应于 53%IACS）
LHA1：	32.840 nΩ·m	（对应于 52.5%IACS）
LB2：	63.86 nΩ·m	（对应于 27%IACS）
LB1A、LB1B：	84.80 nΩ·m	（对应于 20.3%IACS）
G1A、G1B：	191.57 nΩ·m	（对应于 9%IACS）
G2A、G2B：	191.57 nΩ·m	（对应于 9%IACS）
G3A：	191.57 nΩ·m	（对应于 9%IACS）

注 2：经供需双方同意：

a） 硬铝线中添加少量混合稀土，其机械和电气性能仍应符合 GB/T 17048—1997；

b） 镀锌钢线的镀层金属亦可采用特种镀锌层，如：锌-5%铝-稀土合金镀层、55%铝-锌合金镀层等耐蚀性较一般镀锌层好的镀层，但机械和电气性能仍应符合 GB/T 3428—2002。

采用上述特定单线组合成的导线应在订货时另加说明。

1.2 本标准包括的各类圆线同心绞架空导线产品的型号和名称见表 1。

表 1 导线的型号和名称

型 号	名 称
JL	铝绞线
JLHA2、JLHA1	铝合金绞线
JL/G1A、JL/G1B、JL/G2A、JL/G2B、JL/G3A	钢芯铝绞线
JL/G1AF、JL/G2AF、JL/G3AF	防腐性钢芯铝绞线[a]
JLHA2/G1A、JLHA2/G1B、JLHA2/G3A	钢芯铝合金绞线
JLHA1/G1A、JLHA1/G1B、JLHA1/G3A	钢芯铝合金绞线
JL/LHA2、JL/LHA1	铝合金芯铝绞线[b]

表 1（续）

型　　号	名　　称
JL/LB1A	铝包钢芯铝绞线
JLHA2/LB1A、JLHA1/LB1A	铝包钢芯铝合金绞线
JG1A、JG1B、JG2A、JG3A	钢绞线
JLB1A、JLB1B、JLB2	铝包钢绞线
[a] 防腐型钢芯铝绞线的涂覆方式，按附录 D 的规定，在订货时应说明。 [b] 个别小规格实为混绞线。	

2　规范性引用文件

下列文件中的条款通过本标准的引用而成为本标准的条款。凡是注日期的引用文件，其随后所有的修改单(不包括勘误的内容)或修订版均不适用于本标准，然而，鼓励根据本标准达成协议的各方研究是否可使用这些文件的最新版本。凡是不注日期的引用文件，其最新版本适用于本标准。

GB/T 3048.2—2007　电线电缆电性能试验方法　第 2 部分：金属材料电阻率试验(IEC 60468：1974，MOD)

GB/T 4909.2—1985　裸电线试验方法　尺寸测量(neq IEC 60251：1978)

GB/T 3428—2002　架空绞线用镀锌钢线(idt IEC 60888：1987)

GB/T 17048—1997　架空绞线用硬铝线(idt IEC 60889：1987)

GB/T 17937—1999　电工用铝包钢线(idt IEC 61232：1993)

JB/T 8134—1997　架空绞线用铝-镁-硅系合金圆线(idt IEC 60104：1987)

JB/T 8137—1999　电线电缆交货盘

3　术语和定义

下列术语和定义适用于本标准。

3.1

导线　conductor

一种用于传输电流的材料，由多根非绝缘单线绞合在一起制成。

3.2

同心绞导线　concentric lay stranded conductor

在一根中心线芯周围螺旋绞上一层或多层单线组成的导线，其相邻层绞向相反。

3.3

绞向　direction of lay

一层单线的扭绞方向，即从离开观察者的运动方向。右向为顺时针方向，左向为逆时针方向。另一种定义：右向即当绞线垂直放置时，单线符合英文字母 Z 中间部分的方向；左向即当绞线垂直放置时，单线符合英文字母 S 中间部分的方向。

3.4

节距　lay length

绞线中的一根单线形成一个完整螺旋的轴向长度。

3.5

节径比　lay ratio

绞线中单线的节距与该层的外径之比。

3.6

批 lot

在相同的生产条件下，由同一制造厂生产的一批导线。

注：一批可包括部分或全部订货数量。

3.7

标称值 nominal

一个可测量性能的名义值或标志值，用以标示导线或其组成单线并给定公差。标称值为其目标值。

3.8

钢比 steel ratio

以百分比表示的钢横截面积与铝横截面积之比。

3.9

单线 wire

具有规定圆截面的拉制金属线。

4 绞合导线的要求

4.1 材料

绞合导线应由圆硬铝线和铝合金线、圆镀锌钢线及圆铝包钢线中之一种或二种单线绞制而成，绞合前的所有单线应具有按第2章中相应标准规定的性能。

4.2 导线尺寸

附录D列出了作为指导的导线尺寸一览表，并推荐新设计的导线的尺寸从中选择。现有的或已设计好的架空线路用导线及本标准未包括的尺寸和结构，可以根据供需双方的协议进行设计和提供，并符合本标准的有关要求。

4.3 表面

导线表面不应有目力可见的缺陷，例如明显的划痕、压痕等等，并不得有与良好的商品不相称的任何缺陷。

4.4 绞制

4.4.1 导线的所有单线应同心绞合。

4.4.2 相邻层的绞向应相反，除非需方在订货时有特别说明，最外层绞向应为"右向"。

4.4.3 每层单线应均匀紧密地绞合在下层中心线芯或内绞层上。

4.4.4 导线的绞合节径比应符合表2的规定。

表2 导线绞合节径比

结构元件	绞层	节径比
钢及铝包钢加强芯	6根层	16～26
	12根层	14～22
铝及铝合金绞层	外层	10～14
	内层	10～16
钢及铝包钢绞线	所有绞层	10～16

4.4.5 对于有多层的绞线，任何层的节径比应不大于紧邻内层的节径比。

4.4.6 绞合后所有钢线应自然地处于各自位置，当切断时，各线端应保持在原位或容易用手复位，此要求也同样适用于导线的外层铝绞线。

尽管希望钢绞线和铝包钢绞线在切断后所有单线能保持原状，但对于大于19根的钢绞线和铝包钢绞线可能比较困难。

4.4.7 绞制前，构成绞线的所有单线的温度应基本一致。

4.5 接头

4.5.1 绞制过程中，单根或多根镀锌钢线或铝包钢线均不应有任何接头。

4.5.2 每根制造长度的导线不应使用多于 1 根有接头的，如 4.1 所述的成品铝或铝合金单线。

4.5.3 绞制过程中不应有为了要达到要求的导线长度而制作的铝或铝合金线接头。

4.5.4 在绞制过程中，铝或铝合金单线若意外断裂，只要这种断裂既不是由单线内在缺陷，也不是因为使用短长度铝或铝合金线所致，则铝或铝合金单线允许有接头。接头应与原单线的几何形状一致，例如接头应修光，使其直径等于原单线的直径，而且不应弯折。

铝或铝合金单线的接头应不超过表 3 的规定值。在同一根单线上或整根导线中，任何两个接头间的距离应不小于 15 m。

接头应用电阻对焊、冷镦焊或冷压焊及其他认可的方法制作，这些接头与良好的生产工艺一致。电阻对焊的接头应进行退火，接头两侧退火距离约为 250 mm。

4.5.5 当 4.5.4 规定的接头不要求符合未焊接单线的要求时，退火后的电阻对焊接头的抗拉强度应不小于 75 MPa，冷压焊接头和电阻冷镦焊接头的抗拉强度应不小于 130 MPa，制造厂应证明上述焊接方法能达到规定的抗拉强度要求。

注：绞合导线中适当位置单线接头的性能与抗拉强度和伸长率有关，对于抗拉强度较低的退火电阻对焊接头，由于其较大的伸长率，其总的性能与冷压接头或电阻冷镦焊接头相似。

表 3　铝及铝合金导线允许的接头数

铝绞层数目	制造长度允许的接头数	铝绞层数目	制造长度允许的接头数
1	2	3	4
2	3	4	5

4.6 线密度——单位长度质量

4.6.1 各种尺寸和绞合结构的导线单位长度质量规定于附录 D 和附录 E 的表中，系采用第 1 章规定的铝线和钢线的密度、表 4 规定的绞合增量及以理论非圆直径为基础的铝和钢线的截面积进行计算。

4.6.2 以 4.4.4 和 4.4.5 规定的平均节径比绞制而引起的质量和电阻增量应在表 4 中选取，增量以百分数表示。

注：单线经绞合成绞线后，除了中心线外，所有单线均比绞线长，而且增量取决于使用的节径比。

4.6.3 当导线有涂料时，涂料的标称质量应按附录 C 规定的方法计算。

4.7 导线拉断力

4.7.1 单一绞线（铝绞线、铝合金绞线、镀锌钢绞线和铝包钢绞线）的额定拉断力应为 4.7.4 所述的所有单线最小拉断力的总和。

4.7.2 钢或铝包钢芯铝（铝合金）绞线的额定拉断力，应为铝（铝合金）部分的拉断力与对应铝（铝合金）部分在断裂负荷下钢或铝包钢部分伸长时的拉力的总和。为规范及实用起见，钢或铝包钢部分的拉断力偏安全地规定为：按 250 mm 标距，1% 伸长时的应力来确定。

4.7.3 铝合金芯铝绞线的额定拉断力为硬铝线部分拉断力与铝合金线部分的 95% 拉断力的总和。

4.7.4 任何单线的拉断力为其标称截面积与 4.1 对应单线标准的相应的最小抗拉强度的乘积。

4.8 直流电阻

铝与钢线的组合导线的直流电阻计算，忽略钢线的电导率，但铝包钢线加强芯中铝包层的电导仍计算在内。

附录 D 的表 D.1～表 D.14 和附录 E 的表 E.1～表 E.6 中 20 ℃直流电阻值为计算值。

铝包钢绞线的直流电阻按 GB/T 17937—1999 有关的电阻率来计算。

镀锌钢绞线的直流电阻按平均电导率 9%IACS 计算。

表 4 绞制引起的标准增量[a]

绞制结构				增量(增加)/%			绞制结构				增量(增加)/%		
铝		钢		质量		电阻	铝		钢		质量		电阻
单线根数	绞层数[b]	单线根数	绞层数[b]	铝	钢		单线根数	绞层数[b]	单线根数	绞层数[b]	铝	钢	
6	1	1	—	1.52	—	1.52	30	2	19	2	2.01	0.77	2.01
18	2	1	—	1.90	—	1.90	54	3	19	2	2.33	0.77	2.33
7	1	7	1	1.67	0.43	1.67	72	4	19	2	2.32	0.77	2.32
12	1	7	1	2.17	0.43	2.17	84	4	19	2	2.40	0.77	2.40
22	2	7	1	2.04	0.43	2.04	88	4	19	2	2.39	0.77	2.39
24	2	7	1	2.08	0.43	2.08	7	1	—	—	1.31[c]	—	1.31[c]
26	2	7	1	2.16	0.43	2.16	19	2	—	—	1.80[c]	—	1.80[c]
30	2	7	1	2.23	0.43	2.23	37	3	—	—	2.04[c]	—	2.04[c]
45	3	7	1	2.23	0.43	2.23	61	4	—	—	2.19[c]	—	2.19[c]
48	2	7	1	2.24	0.43	2.24	91	5	—	—	2.30	—	2.30
54	3	7	1	2.33	0.43	2.33	—	—	7	1	—	1.11[d]	1.11[d]
72	4	7	1	2.32	0.43	2.32	—	—	19	2	—	1.58[d]	1.58[d]
84	4	7	1	2.40	0.43	2.40	—	—	37	3	—	1.84[d]	1.84[d]

a 这些增量系采用每个相应铝绞层或钢绞层的平均节径比计算。

b 每种型式的同心绞单线绞层数不包括中心线。

c 铝包钢绞线的增量与铝绞线的增量相同。

d 镀锌钢绞线的增量。

5 试验

5.1 试验分类

5.1.1 型式试验

型式试验用于检验导线的主要性能,其性能主要取决于导线的设计。对于新设计的导线或用新的生产工艺生产的导线,试验只做一次,并且仅当其设计或生产工艺改变之后试验才重做。

型式试验只在符合所有有关抽样试验要求的导线上进行。

5.1.2 抽样试验

抽样试验用于保证导线质量及符合本标准的要求。

5.2 试验要求

5.2.1 型式试验

a) 铝单线接头;

b) 应力—应变曲线;

c) 导线拉断力。

5.2.2 抽样试验

a) 绞制前的单线:

应符合相应的单线标准。

b) 导线:

——截面积；

——外径；

——线密度；

——表面情况；

——节径比及绞向。

5.3 **试样数量**

5.2.2 规定的试验用试样应从10%成盘导线的外端随机选取，而且在包装之前应检查每成盘导线的表面情况。

5.4 **试样长度**

5.4.1 试验用的所有单线试样，应在绞制前选取，并按4.1进行试验。

5.4.2 当要求进行绞制后单线的试验时，应从成盘或成圈绞线的外端切取1.5 m长。

5.4.3 导线拉断力试验和应力—应变试验要求的试样长度应为导线直径的400倍，且不少于10 m。

本条规定的试样长度，是为了保证应力—应变曲线具有良好的精确度而要求的最小长度，假如制造厂能证明使用一较短长度试样也能得出相同的精确结果，并且提供有效的相当的试验结果使需方满意，则允许较短长度的试样。

5.5 **型式试验**

5.5.1 当需方有要求时，应提供作为型式试验的应力—应变曲线，该曲线代表所购导线在负荷条件下有最完整的性能资料。

5.5.2 如果供需双方在订货时达成协议，应力—应变试验应按附录B规定的方法在导线上进行，若适用，也可在钢芯上进行。

5.5.3 导线的拉断力试验

当要求进行导线的拉断力试验时，应能承受不小于按4.7规定的计算的额定拉断力的95%，而且任一单线均不应断裂。

导线的拉断力应通过拉伸固定在合适的精确度至少为±1%的拉力试验机上的导线的方法进行测量，负荷的增加速度推荐按照B.6.7的规定。为便于试验，导线试样的两端应制作适当的端头。试验期间，导线的拉断力按当绞线的一根或多根单线发生断裂时的负荷来确定。如果单线的断裂发生在距离端头1 cm以内，并且拉断力小于规定的拉断力要求时，则可重新试验，最多可试验3次。

5.5.4 铝或铝合金单线的焊接

制造厂应通过向需方提供最近的试验结果或进行必要的试验，来证明用于焊接铝或铝合金单线的方法能使铝或铝合金单线达到4.5.5规定的抗拉强度要求。

5.6 **抽样试验**

5.6.1 **截面积**

5.6.1.1 导线的铝部分截面积应为组成导线的所有铝或铝合金单线截面积的总和，单线面积按5.6.1.3测得的直径进行计算。

任一试样的截面积偏差应不大于标称值的±2%，也不应大于任何4个测量值的平均值的±1.5%，这4个测量值是在试样上随意选取的最小间距为20 cm的位置上测量。

5.6.1.2 钢芯或铝包钢芯的截面积应是组成钢芯或铝包钢芯所有单线的截面积的总和面积按5.6.1.3测得的直径进行计算。

5.6.1.3 单线的直径应包括金属镀层或包覆层，使用分度为微米的千分尺测量。直径d应为三次直径测量值的平均值，测量方法按GB/T 4909.2—1985的规定测量，测量到小数第三位，修约到二位小数。

5.6.2 **导线直径**

导线直径应在绞线机上的并线模和牵引轮之间测量。

测量应使用可读到 0.01 mm 的量具。直径应取在同一圆周上互成直角的位置上的两个读数的平均值，修约到毫米的二位小数。

导线直径的偏差为：

直径 10 mm 及以上，±1%d；

直径 10 mm 以下，±0.1 mm。

5.6.3 线密度——单位长度质量

导线的单位长度质量应使用精确度为±0.1%的仪器测量。

导线单位长度质量(不包括涂料)应分别不大于附录 D 中表 D.1～表 D.14 或附录 E 中表 E.1～表 E.6列出的标称值的±2%。

导线中的涂料质量应是有涂料时的导线质量与去掉所有涂料后的导线质量的差值。涂料应至少符合附录 C 规定的最小值。

5.6.4 单线的断裂强度

单线断裂强度试验应从绞线上选取的单线上进行，试样应校直，操作时不得拉伸或碰伤试样。

单线截面积应按 5.6.1.3 规定的直径测量方法测定，然后将校直的单线装在合适的拉力试验机上，逐渐施加负荷。夹头移动速度应不小于 25 mm/min，也不大于 100 mm/min。

断裂负荷除以单线的截面积，应不小于相应的绞前抗拉强度的 95%(5%的损失量是由于绞制过程中单线的加工和扭绞造成的)。

5.6.5 单线的电阻率

如有需要，电阻率应从绞线上选取的单线上测量，试样应用手工校直，应按 GB/T 3048.2—2007 规定的方法进行测量，试验结果应符合相应单线标准要求，除镀锌钢绞线外，所有镀锌钢线一般不要求测量电阻率。

5.6.6 表面情况

绞线表面应符合 4.3 的要求。

5.6.7 节径比和绞向

绞线每一层的节径比应为测得的绞合节距与该层外径的比值。

实测值应符合 4.4 的要求。另外应注意每层的绞向，也应符合 4.4 的要求。

5.7 检验

5.7.1 除非供需双方在订货时达成协议，所有试验和检验均应在装运前在制造厂里进行，而且不应干扰制造厂的正常工作。制造厂应向代表需方的检验人员，提供所有必要的和足够的试验条件和方便，表明交付的产品符合本标准的要求。

5.7.2 装运前，当需方要求进行检查的时候，制造厂应在收到需方通知后的十天内完成所有试验，并在制造厂里接受或拒收产品，如果当时制造厂里没有需方代表在为期十天的时间内进行试验，则制造厂自己完成本标准规定的试验，将试验结果提交需方，若要求，应提供试验结果的正式文本。然后需方根据这些试验结果接受或拒收产品。或者，如果这些试验已在生产过程中完成，制造厂应提供有关的试验结果。

5.8 接收或拒收

试样不符合本标准的任一要求均应认为以该试样为代表的这批产品不合格，可拒收。如果任何一批产品被如此拒收，制造厂有权对该批导线的每一盘导线仅进行一次试验，并对其中合格的产品提交使用。

6 包装和标志

6.1 包装

在正常的装卸运输和储存中，导线应适当包装以防损伤。

导线应成盘交货，最外一层与电缆盘侧板边缘的距离应不小于 30 mm，并妥善包装。连在一起的两根导线，其连接处应至少剪断一半，并将连接处的两边扎牢。

电缆交货盘应符合 JB/T 8137—1999 的规定。

短段导线允许成圈交货，每圈应至少捆扎三处，并妥善包装。

6.2 记号及标牌

a) 制造厂名称，制造厂的序列号（如有的话）；

b) 导线型号、标称截面及单线根数；

c) 装运、旋转方向或放线标志；

d) 运输时线盘不能平放的标记；

e) 由外至内每根导线的长度，m；

f) 毛重及净重，kg；

g) 制造日期： 年 月；

h) 本标准编号：GB/T 1179—2008。

6.3 短段导线

生产过程中不可避免地出现短段导线。短段导线的长度不小于合同规定制造长度的 50%，其数量应不超过交货总量的 5%。

附 录 A
（规范性附录）
需方提供的资料

在咨询或订货时需方应提供下述要求：

a） 导线数量；

b） 导线型号、标称截面和单线根数；

c） 每盘导线的长度及其偏差，适用工程的短样长度；

d） 包装的种类、尺寸及包装方法；

e） 特殊的包装要求，线盘孔径及当导线架设有特别要求时，导线内端锚固的可用性（如需要的话）；

f） 护板要求（如有的话）；

g） 是否要求检验及检验地点；

h） 是否要求单线绞制后的断裂强度和电阻率试验；

i） 是否要求进行导线拉断力试验；

j） 是否要求导线应力—应变试验；

k） 绞向，如不需此项资料，外层绞向应为右向；

l） 涂防腐油的要求（如有的话）包括性能、种类等。

附 录 B
（规范性附录）
应力—应变试验方法

B.1 试样长度

根据5.4.3所规定的导线长度进行试验，以获得典型的应力—应变曲线。

B.2 试验温度

记录试验温度，试验期间的温度变化应不大于±2 ℃，温度读数应在每个测量周期的开始和结束时读取。

B.3 试样制备

制备试样时应非常小心，因为导线的钢芯和铝绞层之间小至1 mm的相对位移也会导致测得的应力—应变曲线发生明显变化，试样制备步骤如下：

B.3.1 试样从线盘上取下之前，在距离导线末端5 m±1 m处安装一螺栓紧固夹头，在夹头上施加足够的压力以防止导线中单线的相对位移。

B.3.2 从线盘上放出预定长度的导线并在距离第1个夹头规定长度的地方装上另一个螺栓紧固夹头，包上胶布带然后在距离该夹头恰好足够安装端部装置的地方切断导线。

B.3.3 在送到实验室的途中，试样应适当加以保护以防损伤，成圈或成盘试样的直径应至少是导线直径的50倍。

B.3.4 应力—应变试验应使用需方认可的端部装置，例如压接、环氧树脂型或低熔合金型，在制作端头装置之前，单线应不松散，清洗或涂油脂。

B.3.5 在试样端头制备期间，应小心不损伤任何单线。

B.3.6 安装端部装置时应不引起单线的任何松动，因为这会改变导线的应力—应变曲线。

B.4 要求（仅适用于压接端头）

当对钢芯铝绞线、钢芯铝合金绞线、铝包钢芯铝绞线或其他铝与钢线的组合导线采用压接式终端端头时，应选用合适的钢锚和铝套管，并采用相应的压接工艺，保证压接后的导线铝层不松股起灯笼，拉伸时不滑脱，能承受导线实际综合拉断力的95%以上。

B.5 试验装置

B.5.1 整个长度试样应置于一槽中，然后调节槽的高度使导线在张力条件下不致抬高10 mm以上，这一高度应通过测量而非拉伸导线确定。

B.5.2 试验期间，用一根分度为0.1 mm的卡尺来监控指示标距的夹头与端头套筒口之间的距离，以保证经过85%负荷周期卸载到初负荷后，与试验前的间距相比应不大于1 mm（试验期间该值变化可能大于1 mm）。

B.5.3 导线的应变应通过测量导线标距两端的位移来确定。标距板应装在将导线中单线紧固在一起的螺栓夹头上。可使用带刻度盘的测板或位移传感器，并小心地将测板装在与导线垂直的位置。试验过程中由于导线的扭转和抬高以及测板向一侧移动而引起的读数总误差应不大于0.3 mm。

注1：松股可能引起绞合的单线迅速向外隆起几毫米，作为弹性应变的结果，隆起在较大拉力下会消失，而且当拉力释放后，隆起会重新出现。

注2：在较大拉力下出现的噪声说明绞层间有相对位移或者铝在钢芯上滑动，这是因为螺栓夹头夹得不够紧，螺栓夹头松动的结果是，松动向试验段移动时，测板也随之移动并导致测得的应变小于实际应变。

B.6 导线的试验负荷

导线应力—应变试验的负荷情况如下：

B.6.1 初负荷为2%RTS(额定拉断力)用来拉直导线，拉直后去除负荷，然后在无拉力条件下安装应变仪。

B.6.2 对于不连续的应力—应变数据记录，每隔2.5%RTS取一应变读数，以kN为单位，修约间隔为1的值。

B.6.3 施加到30%RTS的负荷，保持0.5 h，试验期间，在5、10、15和30 min后读取读数，卸载到初负荷。

B.6.4 重新施加到50%RTS的负荷，保持1 h，在5、10、15、30、45和60 min后读取读数，卸载到初负荷。

B.6.5 重新施加到70%RTS的负荷，保持1 h，在5、10、15、30、45和60 min后读取读数，卸载到初负荷。

B.6.6 重新施加到85%RTS的负荷，保持1 h，在5、10、15、30、45和60 min后读取读数，卸载到初负荷。

B.6.7 在第四次施加负荷后，再施加拉力，均匀增加直至达到实际拉断力在负荷达到85%RTS前，仍如前所述的同样间隔读取拉力和伸长读数。

B.6.8 试验期间负荷的增长速率应均匀，达到30%RTS的时间应不小于1 min，也不大于2 min，整个试验期间应保持相同的负荷增长速率。

注1：如使用楔形终端夹头进行试验，去除负荷可能使楔形夹头的握力松动，因此在这种情况下，在设置应变仪为零期间应保持2%RTS的初负荷。

注2：对导线用大于70%RTS进行试验时应非常小心，尤其是JL型导线。

B.7 钢芯的试验负荷

导线钢芯的应力—应变试验的负荷情况如下：

B.7.1 试验应包括施加30%RTS、50%RTS、70%RTS和85%RTS的负荷，施加方式与导线的相似。

B.7.2 在钢芯上施加的负荷为直到每个试验周期恒负荷开始时的伸长分别对应达到导线在30%RTS、50%RTS、70%RTS和85%RTS时的伸长为止。

B.8 应力—应变曲线

在30%RTS、50%RTS、70%RTS和85%RTS负荷条件下，相应于0.5 h和1 h之间各点试验结果画一条光滑的曲线，即应力—应变曲线。为了得到典型的曲线，应去除曲线下端由于压接终端存在的松动铝线向试验段扩展而引起的变化。调整典型的应力—应变曲线使之通过零点，从实验室得到的应力—应变曲线和典型的应力—应变曲线均应提交给买方。

附 录 C
(规范性附录)
导线涂料的标称质量

当要求对裸导线加涂料以减少某些场合下发生的腐蚀时,涂料质量可按本附录的方法计算,假设涂料完全填满单线间的空隙,绞线的任一指定绞层(见图 C.1)涂料的体积可按式(C.1)计算:

$$W_c = \pi(D_e^2 - D_i^2)/4 - n\pi d^2/4 \quad \cdots\cdots (C.1)$$

式中:

D_e——该绞层的外径;

D_i——该绞层的内径;

d——该绞层单线的直径;

n——该绞层的单线根数;

W_c——该绞层涂料的体积。

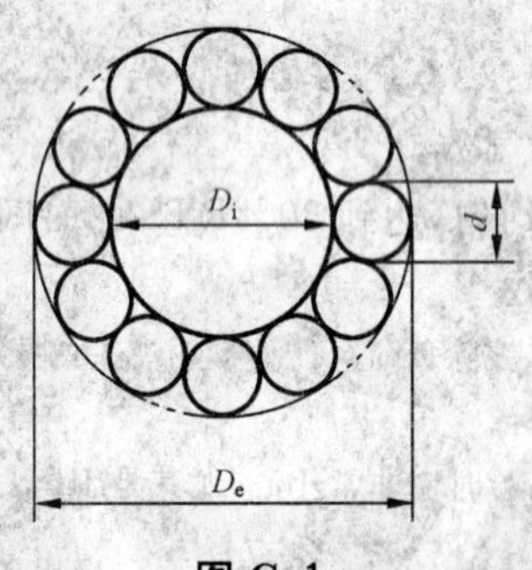

图 C.1

对于多绞层导线,涂料的总质量可将每个绞层的涂料质量相加得到。

由于公式(C.1)的所有参数之间存在的几何关系,则可用式(C.2)来表示导线中涂料的总质量:

$$M_q = kd_a^2 \quad \cdots\cdots (C.2)$$

式中:

k——取决于绞线结构、涂料密度和填充系数(理论体积的百分比)的系数;

d_a——单线直径,mm;

M_q——涂料质量,kg/km。

四种涂覆情况下的 k 值列于表 C.1,涂料密度取 0.87 g/cm³,最小填充系数取 0.70。

情况 1:仅对钢芯涂涂料(图 C.2)。

情况 2:除了外层外所有线均涂涂料(图 C.3)。

情况 3:外层单线的外表面外,所有线均涂涂料(图 C.4)。

情况 4:包括外层的所有线均涂涂料(图 C.5)。

图 C.2

图 C.3

图 C.4

图 C.5

表 C.1　计算涂料质量的系数 k

绞线结构		k_1	k_2	k_3	k_4
铝	钢	钢芯涂涂料（情况 1）	除了外层外，所有线均涂涂料（情况 2）	除了外层单线外，所有线均涂涂料（情况 3）	包括外层的所有线均涂涂料（情况 4）
6	1	—	—	0.15	0.96
7	—	—	—	0.15	0.96
7	7	0.19	—	0.41	1.31
12	7	0.96	—	1.57	2.87
18	1	—	0.96	1.57	2.87
19	—	—	0.96	1.57	2.87
22	7	0.30	1.57	2.34	3.80
24	7	0.43	1.86	2.71	4.25
26	7	0.58	2.17	3.10	4.72
30	7	0.96	2.87	3.96	5.74
30	19	1.03	2.95	4.03	5.82
37	—	—	2.87	3.96	5.74
48	7	0.58	4.72	6.13	8.23
61	—	—	5.74	7.30	9.57
45	7	0.43	4.25	5.58	7.60
54	7	0.96	5.74	7.30	9.57
54	19	1.03	5.82	7.38	9.64
72	7	0.43	7.60	9.40	11.90
72	19	0.46	7.63	9.44	11.94
84	7	0.96	9.57	11.61	14.35
84	19	1.03	9.64	11.69	14.43
91	—	—	9.57	11.61	14.35

附 录 D
（资料性附录）
IEC 61089 推荐的导线尺寸及导线性能表

D.1 范围

D.1.1 本附录包括 1.2 列出的各种型号导线的推荐尺寸，同时在表 E.1～表 E.14 中列出了所有导线的性能。

D.1.2 表格中的规格号系列是依据导线的尺寸范围，按优先数系 R5、R10 和 R20。

D.1.3 表格中的规格号表示相当于硬铝线的导电截面。

D.1.4 相同规格号的导线具有相同的直流电阻[1)]，而与其种类、型号或绞合的结构无关，因此，当根据工程系统研究的电导性（或载流量）被确定时，本标准建议的导线尺寸可供选择最好的导线。

D.2 导线性能的计算

导线规定用型号、标称截面、单线根数及本标准编号表示：

举例：由 37 根硬铝线制成的铝绞线，其标称截面为 400 mm^2 的表示为：

JL-400-37　　GB/T 1179—2008

由 54 根硬铝线和 7 根 A 级镀层普通强度镀锌钢制成的钢芯铝绞线，硬铝线的标称截面为 400 mm^2，钢的标称截面为 50 mm^2 的表示为：

JL/G1A-400/50-54/7　　GB/T 1179—2008

当导线的规格号确定后，所有导线的性能均可计算，每个得到的数值修约到适合本标准的有效数字。

D.2.1 铝或铝合金线的总截面积，A_a

$$A_a = N_o \cdot \frac{\rho_X}{\rho_{LY9}} \quad (mm^2) \qquad \cdots\cdots (D.1)$$

式中：

N_o——规格号；

ρ_X——铝或铝合金的电阻率；

ρ_{LY9}——硬铝电阻率（28.264 nΩ·m）。

若导线截面积小于 1 000 mm^2，该面积修约到三位有效数字；若大于 1 000 mm^2，则修约到四位有效数字。

注 1：对于铝合金芯铝绞线，式（D.1）应按规格和结构分别算出铝和铝合金的总面积；

注 2：对于铝包钢芯铝或铝合金绞线，式（D.1）中的 A_a 包括了铝包钢线中的铝层截面积。

D.2.2 铝或铝合金单线直径，d_a

$$d_a = \sqrt{\frac{4}{\pi} \cdot \frac{A_a}{n}} \quad (mm) \qquad \cdots\cdots (D.2)$$

式中：

A_a——铝或铝合金线的总截面积；

n——铝或铝合金单线根数。

表格中列出的 d_a 值已修约到两位小数，但是导线其他性能计算时应使用未修约过的单线直径。

1） 直流电阻值的某些差异是因为修约误差及绞合增量的影响所致，这些差异非常小且仅影响第四位小数。

D.2.3 钢线直径，d_s

在单线直径一致的多层绞层中，逐层递增 6 根单线。

因此，当一绞线的所有绞层具有相同的单线直径时，单线总根数为下列数目中的任一个：7，19，37，61，91…

如果单线根数不是如上列出的数目，则钢线直径和铝线直径不相等。

在钢芯和铝绞层的交界面，设：钢芯总直径为 D_s、钢芯周围第一层铝线的单线根数为 n 和铝单线的直径为 d_a，则它们之间可建立一种几何关系，其关系式如下：

$$\frac{d_a}{D_s} = \frac{3}{n-3} \qquad \text{(D.3)}$$

并可从 D_s 计算值算出钢线直径 d_s。

同样，计算 d_s 时和 d_a 一样，应修约到两位小数。

D.2.4 绞线直径，D

绞线外径根据铝或铝合金线和钢或铝包钢线（若有的话）的层数，分别乘以其相应的未修约过的单线直径计算。

最后的计算值修约到三位有效数字。

D.2.5 单位长度质量，M_c

钢及铝包钢线和铝及铝合金线的截面积分别乘以其相应的 20 ℃时的密度，如下式：对于铝或铝合金单线，为 2.70 g/cm³；对于各级镀锌钢线，为 7.78 g/cm³；铝包钢线按等级分别为 6.59 g/cm³（LB1A）、6.53 g/cm³（LB1B）和 5.91 g/cm³（LB2）。

$$M_c = A_{st} \cdot \rho_{st} \cdot (1+K_{st}) + A_a \cdot \rho_a \cdot (1+K_a) \qquad \text{(D.4)}$$

式中：

A_{st}、A_a——钢或铝包钢线、铝或铝合金线的截面积，mm²；

ρ_{st}、ρ_a——钢或铝包钢线、铝或铝合金线在 20 ℃时的密度，g/cm³；

K_{st}、K_a——钢或铝包钢线、铝或铝合金线的绞合增量（参照表 4 中规定的增量值）。

然后将 M_c 修约到一位小数。

D.2.6 额定拉断力，RTS

RTS 根据 4.7 计算，并修约到两位小数。

D.2.7 直流电阻

钢线加强的钢与铝或铝合金线组合导线的直流电阻，是铝或铝合金线部分的电阻与表 4 规定的增量的乘积，此值用四位小数表达。但铝包钢线加强芯中应计及铝包层的电导。

表 D.1 JL 铝绞线性能

标称截面铝	规格号	计算面积/mm²	单线根数 n	直径/mm		单位长度质量/(kg/km)	额定拉断力/kN	直流电阻(20 ℃)/(Ω/km)
				单线	绞线			
10	10	10	7	1.35	4.05	27.4	1.95	2.863 3
16	16	16	7	1.71	5.12	43.8	3.04	1.789 6
25	25	25	7	2.13	6.40	68.4	4.50	1.145 3
40	40	40	7	2.70	8.09	109.4	6.80	0.715 8
63	63	63	7	3.39	10.2	172.3	10.39	0.454 5
100	100	100	19	2.59	12.9	274.8	17.00	0.287 7
125	125	125	19	2.89	14.5	343.6	21.25	0.230 2
160	160	160	19	3.27	16.4	439.8	26.40	0.179 8
200	200	200	19	3.66	18.3	549.7	32.00	0.143 9
250	250	250	19	4.09	20.5	687.1	40.00	0.115 1

表 D.1（续）

标称截面铝	规格号	计算面积/mm²	单线根数 n	直径/mm		单位长度质量/(kg/km)	额定拉断力/kN	直流电阻(20 ℃)/(Ω/km)
				单线	绞线			
315	315	315	37	3.29	23.0	867.9	51.97	0.091 6
400	400	400	37	3.71	26.0	1 102.0	64.00	0.072 1
450	450	450	37	3.94	27.5	1 239.8	72.00	0.064 1
500	500	500	37	4.15	29.0	1 377.6	80.00	0.057 7
560	560	560	37	4.39	30.7	1 542.9	89.60	0.051 5
630	630	630	61	3.63	32.6	1 738.3	100.80	0.045 8
710	710	710	61	3.85	34.6	1 959.1	113.60	0.040 7
800	800	800	61	4.09	36.8	2 207.4	128.00	0.036 1
900	900	900	61	4.33	39.0	2 483.3	144.00	0.032 1
1 000	1 000	1 000	61	4.57	41.1	2 759.2	160.00	0.028 9
1 120	1 120	1 120	91	3.96	43.5	3 093.5	179.20	0.025 8
1 250	1 250	1 250	91	4.18	46.0	3452.6	200.00	0.023 1
1 400	1 400	1 400	91	4.43	48.7	3 866.9	224.00	0.020 7
1 500	1 500	1 500	91	4.58	50.4	4 143.1	240.00	0.019 3

表 D.2 JLHA2 铝合金绞线性能

标称截面铝合金	规格号	面积/mm²	单线根数 n	直径/mm		单位长度质量/(kg/km)	额定拉断力/kN	直流电阻(20 ℃)/(Ω/km)
				单线	绞线			
20	16	18.4	7	1.83	5.49	50.4	5.43	1.789 6
30	25	28.8	7	2.29	6.86	78.7	8.49	1.145 3
45	40	46.0	7	2.89	8.68	125.9	13.58	0.715 8
75	63	72.5	7	3.63	10.9	198.3	21.39	0.454 5
120	100	115	19	2.78	13.9	316.3	33.95	0.287 7
145	125	144	19	3.10	15.5	395.4	42.44	0.230 2
185	160	184	19	3.51	17.6	506.1	54.32	0.179 8
230	200	230	19	3.93	19.6	632.7	67.91	0.143 9
300	250	288	19	4.39	22.0	790.8	84.88	0.115 1
360	315	363	37	3.53	24.7	998.9	106.95	0.091 6
465	400	460	37	3.98	27.9	1 268.4	135.81	0.072 1
520	450	518	37	4.22	29.6	1 426.9	152.79	0.064 1
580	500	575	37	4.45	31.2	1 585.5	169.76	0.057 7
650	560	645	61	3.67	33.0	1 778.4	190.14	0.051 6
720	630	725	61	3.89	35.0	2 000.7	213.90	0.045 8
825	710	817	61	4.13	37.2	2 254.8	241.07	0.040 7
930	800	921	61	4.38	39.5	2 540.6	271.62	0.036 1
1 050	900	1 036	91	3.81	41.8	2 861.1	305.58	0.032 1
1 150	1 000	1 151	91	4.01	44.1	3 179.0	339.53	0.028 9
1 300	1 120	1 289	91	4.25	46.7	3 560.5	380.27	0.025 8
1 450	1 250	1 439	91	4.49	49.4	3 973.7	424.41	0.023 1

表 D.3 JLHA1 铝合金绞线性能

标称截面铝合金	规格号	面积/mm^2	单线根数 n	直径/mm		单位长度质量/(kg/km)	额定拉断力/kN	直流电阻(20 ℃)/(Ω/km)
				单线	绞线			
20	16	18.6	7	1.84	5.52	50.8	6.04	1.789 6
30	25	29.0	7	2.30	6.90	79.5	9.44	1.145 3
45	40	46.5	7	2.91	8.72	127.1	15.10	0.715 8
75	63	73.2	7	3.65	10.9	200.2	23.06	0.454 5
120	100	116	19	2.79	14.0	319.3	37.76	0.287 7
145	125	145	19	3.12	15.6	399.2	47.20	0.230 2
185	160	186	19	3.53	17.6	511.0	58.56	0.179 8
230	200	232	19	3.95	19.7	638.7	73.20	0.143 9
300	250	290	19	4.41	22.1	798.4	91.50	0.115 1
360	315	366	37	3.55	24.8	1 008.4	115.29	0.091 6
465	400	465	37	4.00	28.0	1 280.5	146.40	0.072 1
520	450	523	37	4.24	29.7	1 440.5	164.70	0.064 1
580	500	581	37	4.47	31.3	1 600.6	183.00	0.057 7
650	560	651	61	3.69	33.2	1 795.3	204.96	0.051 6
720	630	732	61	3.91	35.2	2 019.8	230.58	0.045 8
825	710	825	61	4.15	37.3	2 276.2	259.86	0.040 7
930	800	930	61	4.40	39.6	2 564.8	292.80	0.036 1
1 050	900	1046	91	3.83	42.1	2 888.3	329.40	0.032 1
1 150	1 000	1162	91	4.03	44.4	3 209.3	366.00	0.028 9
1 300	1 120	1301	91	4.27	46.9	3 594.4	409.92	0.025 8

表 D.4 JL/G1A、JL/G1B、JL/G2A、JL/G2B、JL/G3A 钢芯铝绞线性能

标称截面铝/钢	规格号	钢比/%	面积/mm²			单线根数		单线直径/mm		直径/mm		单位长度质量/(kg/km)	额定拉断力/kN					直流电阻(20 ℃)/(Ω/km)
			铝	钢	总和	铝	钢	铝	钢	钢芯	绞线		JL/G1A	JL/G1B	JL/G2A	JL/G2B	JL/G3A	
16/3	16	17	16	2.67	18.7	6	1	1.84	1.84	1.84	1.84	64.6	6.08	5.89	6.45	6.27	6.83	1.793 4
25/4	25	17	25	4.17	29.2	6	1	2.30	2.30	2.30	2.30	100.9	9.13	8.83	9.71	9.42	10.25	1.147 8
40/6	40	17	40	6.67	46.7	6	1	2.91	2.91	2.91	2.91	161.5	14.40	13.93	15.33	14.87	16.20	0.717 4
65/10	63	17	63	10.5	73.5	6	1	3.66	3.66	3.66	3.66	254.4	21.63	20.58	22.37	21.63	24.15	0.455 5
100/17	100	17	100	16.7	117	6	1	4.61	4.61	4.61	4.61	403.8	34.33	32.67	35.50	34.33	38.33	0.286 9
125/7	125	6	125	6.94	132	18	1	2.97	2.97	2.97	14.9	397.9	29.17	28.68	30.14	29.65	31.04	0.230 4
125/20	125	16	125	20.4	145	26	7	2.47	1.92	5.77	15.7	503.9	45.69	44.27	48.54	47.12	51.39	0.231 0
160/9	160	6	160	8.89	169	18	1	3.36	3.36	3.36	16.8	509.3	36.18	35.29	37.42	36.80	38.67	0.180 0
160/26	160	16	160	26.1	186	26	7	2.80	2.18	6.53	17.7	644.9	57.69	55.86	61.34	59.51	64.99	0.180 5
200/11	200	6	200	11.1	211	18	1	3.76	3.76	3.76	18.8	636.7	44.22	43.11	45.00	44.22	46.89	0.144 0
200/32	200	16	200	32.6	233	26	7	3.13	2.43	7.30	19.8	806.2	70.13	67.85	74.69	72.41	78.93	0.144 4
250/25	250	10	250	24.6	275	22	7	3.80	2.11	6.34	21.6	880.6	68.72	67.01	72.16	70.44	75.60	0.115 4
250/40	250	16	250	40.7	291	26	7	3.50	2.72	8.16	22.2	1 007.7	87.67	84.82	93.37	90.52	98.66	0.115 5
315/22	315	7	315	21.8	337	45	7	2.99	1.99	5.97	23.9	1 039.6	79.03	77.51	82.08	80.55	85.13	0.091 7
315/50	315	16	315	51.3	366	26	7	3.93	3.05	9.16	24.9	1 269.7	106.83	101.70	114.02	110.43	121.20	0.091 7
400/28	400	7	400	27.7	428	45	7	3.36	2.24	6.73	26.9	1 320.1	98.36	96.42	102.23	100.29	106.10	0.072 2
400/50	400	13	400	51.9	452	54	7	3.07	3.07	9.21	27.6	1 510.3	123.04	117.85	130.30	126.67	137.56	0.072 3
450/30	450	7	450	31.1	481	45	7	3.57	2.38	7.14	28.5	1 485.2	107.47	105.29	111.82	109.64	115.87	0.064 2
450/60	450	13	450	58.3	508	54	7	3.26	3.26	9.77	29.3	1 699.1	138.42	132.58	146.58	142.50	154.75	0.064 3
500/35	500	7	500	34.6	535	45	7	3.76	2.51	7.52	30.1	1 650.2	119.41	116.99	124.25	121.83	128.74	0.057 8

表 D.4（续）

标称截面铝/钢	规格号	钢比/%	面积/mm²			单线根数		单线直径/mm		直径/mm		单位长度质量/(kg/km)	额定拉断力/kN					直流电阻(20 ℃)/(Ω/km)
			铝	钢	总和	铝	钢	铝	钢	钢芯	绞线		JL/G1A	JL/G1B	JL/G2A	JL/G2B	JL/G3A	
500/65	500	13	500	64.8	565	54	7	3.43	3.43	10.3	30.9	1887.9	153.80	147.31	162.87	158.33	171.94	0.057 8
560/40	560	7	560	38.7	599	45	7	3.98	2.65	7.96	31.8	1 848.2	133.74	131.03	139.16	136.45	144.19	0.051 6
560/70	560	13	560	70.9	631	54	19	3.63	2.18	10.9	32.7	2 103.4	172.59	167.63	182.52	177.56	192.45	0.051 6
630/45	630	7	630	43.6	674	45	7	4.22	2.81	8.44	33.8	2 079.2	150.45	147.40	156.55	153.50	162.21	0.045 9
630/80	630	13	630	79.8	710	54	19	3.85	2.31	11.6	34.7	2 366.3	191.77	186.19	202.94	197.36	213.32	0.045 9
710/50	710	7	710	49.1	759	45	7	4.48	2.99	8.96	35.9	2 343.2	169.56	166.12	176.43	172.99	282.81	0.040 7
710/90	710	13	710	89.9	800	54	19	4.09	2.45	12.3	36.8	2 666.8	216.12	209.83	228.71	222.42	240.41	0.040 7
800/35	800	4	800	34.6	835	72	7	3.76	2.51	7.52	37.6	2 480.2	167.41	164.99	172.25	169.83	176.74	0.036 1
800/65	800	8	800	66.7	867	84	7	3.48	3.48	10.4	38.3	2 732.7	205.33	198.67	214.67	210.00	224.00	0.036 2
800/100	800	13	800	101	901	54	19	4.34	2.61	13.0	39.1	3 004.2	243.52	236.43	257.71	250.61	270.88	0.036 2
900/40	900	4	900	38.9	939	72	7	3.99	2.66	7.98	39.9	2 790.2	188.33	185.61	193.78	191.06	198.83	0.032 1
900/75	900	8	900	75.0	975	84	7	3.69	3.69	11.1	40.6	3 074.2	226.50	219.00	231.75	226.50	244.50	0.032 2
1 000/45	1 000	4	1 000	43.2	1 043	72	7	4.21	2.80	8.41	42.1	3 100.3	209.26	206.23	215.31	212.28	220.93	0.028 9
1 120/50	1 120	4	1 120	47.3	1 167	72	19	4.45	1.78	8.90	44.5	3 464.9	234.53	231.22	241.15	237.84	247.77	0.025 8
1 120/90	1 120	8	1 120	91.2	1 211	84	19	4.12	2.47	12.4	45.3	3 811.5	283.17	276.78	295.94	289.55	307.79	0.025 8
1 250/50	1 250	4	1 250	52.8	1 303	72	19	4.70	1.88	9.40	47.0	3 867.1	261.75	258.06	269.14	265.44	267.53	0.023 1
1 250/100	1 250	8	1 250	102	1 352	84	19	4.35	2.61	13.1	47.9	4 253.9	316.04	308.91	330.29	323.16	343.52	0.023 2

注：表中性能同样适用于 JL/G1AF、JL/G2AF、JL/G3AF 防腐型钢芯铝绞线，但单位长度质量应按附录 C 的计算方法计算。

表 D.5　JLHA2/G1A、JLHA2/G1B、JLHA2/G3A 钢芯铝合金绞线性能

标称截面铝合金/钢	规格号	钢比/%	面积/mm²			单线根数		单线直径/mm		直径/mm		单位长度质量/(kg/km)	额定拉断力/kN			直流电阻(20 ℃)/(Ω/km)
			铝	钢	总和	铝	钢	铝	钢	钢芯	绞线		JLHA2/G1A	JLHA2/G1B	JLHA2/G3A	
18/3	16	17	18.4	3.07	21.5	6	1	1.98	1.98	1.98	5.93	74.4	9.02	8.81	9.88	1.793
30/5	25	17	28.8	4.80	33.6	6	1	2.47	2.47	2.47	7.41	116.2	13.96	13.62	15.25	1.147
40/7	40	17	46.0	7.67	53.7	6	1	3.13	3.13	3.13	9.38	185.9	22.02	21.25	24.17	0.717
70/12	63	17	72.5	12.1	84.6	6	1	3.92	3.92	3.92	11.8	292.8	34.68	33.48	37.58	0.455
115/6	100	6	115	6.39	121	18	1	2.85	2.85	2.85	14.3	366.4	41.24	40.79	42.97	0.288 0
145/8	125	6	144	7.99	152	18	1	3.19	3.19	3.19	16.0	458.0	51.23	50.43	53.47	0.230
145/23	125	16	144	23.4	167	26	7	2.65	2.06	6.19	16.8	579.9	69.86	68.22	76.42	0.231
185/10	160	6	184	10.2	194	18	1	3.61	3.61	3.61	18.0	586.2	65.58	64.56	68.03	0.180
185/30	160	16	184	30.0	214	26	7	3.00	2.34	7.01	19.0	742.3	88.52	86.42	96.61	0.180
230/13	200	6	230	12.8	243	18	1	4.04	4.04	4.04	20.2	732.8	81.97	80.69	85.04	0.144
230/38	200	16	230	37.5	268	26	7	3.36	2.61	7.83	21.3	927.9	110.64	108.02	120.77	0.144
290/28	250	10	288	28.3	316	22	7	4.08	2.27	6.80	23.1	1 013.5	117.09	115.12	124.72	0.115
290/45	250	16	288	46.9	335	26	7	3.75	2.92	8.76	23.8	1 159.8	138.31	135.03	150.96	0.115
365/25	315	7	363	25.1	388	45	7	3.20	2.14	6.41	25.6	1 196.5	136.28	134.52	143.30	0.091
365/60	315	16	363	59.0	422	26	7	4.21	3.28	9.83	26.7	1 461.4	171.90	166.00	188.44	0.091
460/30	400	7	460	31.8	492	45	7	3.61	2.41	7.22	28.9	1 519.4	172.10	169.87	180.69	0.072
460/60	400	13	460	59.7	520	54	7	3.29	3.29	9.88	29.7	1 738.3	201.46	195.49	218.17	0.072
520/35	450	7	518	35.8	554	45	7	3.83	2.55	7.66	30.6	1 709.3	193.61	191.10	203.28	0.064
520/67	450	13	518	67.1	585	54	7	3.49	3.49	10.5	31.5	1 955.6	226.64	219.93	245.44	0.064

表 D.5（续）

标称截面铝合金/钢	规格号	钢比/%	面积/mm²			单线根数		单线直径/mm		直径/mm		单位长度质量/(kg/km)	额定拉断力/kN			直流电阻(20 ℃)/(Ω/km)
			铝	钢	总和	铝	钢	铝	钢	钢芯	绞线		JLHA2/G1A	JLHA2/G1B	JLHA2/G3A	
575/40	500	7	575	39.8	615	45	7	4.04	2.69	8.07	32.3	1 899.3	215.12	212.33	225.86	0.057
575/75	500	13	575	74.6	650	54	7	3.68	3.68	11.1	33.2	2 172.9	251.82	244.36	269.73	0.057
645/45	560	7	645	44.6	689	45	7	4.27	2.85	8.54	34.2	2 127.2	240.93	237.82	252.97	0.051
645/80	560	13	645	81.6	726	54	19	3.90	2.34	11.7	35.1	2 420.9	283.21	277.49	305.25	0.051
725/30	630	4	725	31.3	756	72	7	3.58	2.39	7.16	35.8	2 248.0	249.62	247.43	258.08	0.045
725/90	630	13	725	91.8	817	54	19	4.13	2.48	12.4	37.2	2 723.5	318.61	312.18	343.4	0.045
820/35	710	4	817	35.3	852	72	7	3.80	2.53	7.60	38.0	2 533.4	281.32	278.85	290.85	0.040
820/100	710	13	817	104	921	54	19	4.39	2.63	13.2	39.5	3 069.4	359.06	351.82	387.01	0.040
920/40	800	4	921	39.8	961	72	7	4.04	2.69	8.07	40.4	2 854.6	316.98	314.19	327.72	0.036
920/75	800	8	921	76.7	997	84	7	3.74	3.74	11.2	41.1	3 145.1	356.03	348.35	374.44	0.036
1 040/45	900	4	1 036	44.8	1 081	72	7	4.28	2.85	8.6	42.8	3 211.4	356.60	353.47	368.69	0.032
1 040/85	900	8	1 036	86.3	1 122	84	7	3.96	3.96	11.9	43.6	3 538.3	400.53	391.90	421.25	0.032
1 150/95	1 000	8	1 151	93.7	1 245	84	19	4.18	2.51	12.5	45.9	3 916.8	446.37	439.81	471.67	0.028
1 300/105	1 120	8	1 289	105	1 391	84	19	4.42	2.65	13.3	48.6	4 386.8	499.93	492.59	528.27	0.025

表 D.6 JLHA1/G1A、JLHA1/G1B、JLHA1/G3A 钢芯铝合金绞线性能

标称截面 铝合金/钢	规格号	钢比/%	面积/mm²			单线根数		单线直径/mm		直径/mm		单位长度质量/(kg/km)	额定拉断力/kN			直流电阻(20 ℃)/(Ω/km)
			铝	钢	总和	铝	钢	铝	钢	钢芯	绞线		JLHA1/G1A	JLHA1/G1B	JLHA1/G3A	
18/3	16	17	18.6	3.10	21.7	6	1	1.99	1.99	1.99	5.96	75.1	9.67	9.45	10.53	1.793 4
30/5	25	17	29.0	4.84	33.9	6	1	2.48	2.48	2.48	7.45	117.3	14.96	14.62	16.27	1.147 8
35/7	40	17	46.5	7.75	54.2	6	1	3.14	3.14	3.14	9.42	187.7	23.63	22.85	25.79	0.717 4
70/12	63	17	73.2	12.2	85.4	6	1	3.94	3.94	3.94	11.8	295.6	36.48	35.26	39.41	0.455 5
115/6	100	6	116	6.46	123	18	1	2.87	2.87	2.87	14.3	369.9	45.12	44.67	46.86	0.288 0
145/8	125	6	145	8.07	153	18	1	3.21	3.21	3.21	16.0	462.3	56.08	55.27	58.34	0.230 4
145/23	125	16	145	23.7	169	26	7	2.67	2.07	6.22	16.9	585.4	74.88	73.22	81.50	0.231 0
185/10	160	6	186	10.3	196	18	1	3.63	3.63	3.63	18.1	591.8	69.92	68.89	72.40	0.180 0
185/30	160	16	186	30.3	216	26	7	3.02	2.35	7.04	19.1	749.4	94.94	92.82	103.11	0.180 5
230/13	200	6	232	12.9	245	18	1	4.05	4.05	4.05	20.3	739.8	87.40	86.11	90.50	0.144 4
230/38	200	16	232	37.8	270	26	7	3.37	2.62	7.87	21.4	936.7	118.67	116.02	128.89	0.144 4
290/28	250	10	290	28.5	319	22	7	4.10	2.28	6.83	23.2	1 023.2	124.02	122.02	131.72	0.115 4
290/45	250	16	290	47.3	338	26	7	3.77	2.93	8.80	23.9	1 170.9	145.43	142.12	158.21	0.115 5
365/25	315	7	366	25.3	391	45	7	3.22	2.15	6.44	25.7	1 207.9	148.56	146.78	155.64	0.091 7
365/60	315	16	366	59.6	426	26	7	4.23	3.29	9.88	26.8	1 475.3	180.86	174.90	197.55	0.091 7
460/30	400	7	465	32.1	497	45	7	3.63	2.42	7.25	29.0	1 533.9	183.03	180.78	191.71	0.072 2

表 D.6（续）

标称截面铝合金/钢	规格号	钢比/%	面积/mm²			单线根数		单线直径/mm		直径/mm		单位长度质量/(kg/km)	额定拉断力/kN			直流电阻(20 ℃)/(Ω/km)
			铝	钢	总和	铝	钢	铝	钢	钢芯	绞线		JLHA1/G1A	JLHA1/G1B	JLHA1/G3A	
460/60	400	13	465	60.2	525	54	7	3.31	3.31	9.93	29.8	1 754.9	217.32	211.29	234.19	0.072 3
520/35	450	7	523	36.1	559	45	7	3.85	2.56	7.69	30.8	1 725.6	205.91	203.38	215.67	0.064 2
520/67	450	13	523	67.8	591	54	7	3.51	3.51	10.5	31.6	1 974.2	239.26	232.48	255.52	0.064 3
575/40	500	7	581	40.2	621	45	7	4.05	2.70	8.11	32.4	1 917.3	228.79	225.98	239.63	0.057 8
575/75	500	13	581	75.3	656	54	7	3.70	3.70	11.1	33.3	2 193.6	265.84	258.31	283.91	0.057 8
645/45	560	7	651	45.0	696	45	7	4.29	2.86	8.58	34.3	2 147.4	256.24	253.09	268.39	0.051 6
645/80	560	13	651	82.4	733	54	19	3.92	2.35	11.8	35.3	2 444.0	298.92	293.15	321.17	0.051 6
725/30	630	4	732	31.6	764	72	7	3.60	2.40	7.20	36.0	2 269.4	266.64	264.42	275.18	0.045 9
725/90	630	13	732	92.7	825	54	19	4.15	2.49	12.5	37.4	2 749.5	336.28	329.79	361.32	0.045 9
820/35	710	4	825	35.6	861	72	7	3.82	2.55	7.64	38.2	2 557.6	300.50	298.00	310.12	0.040 7
820/100	710	13	825	104	929	54	19	4.41	2.65	13.2	39.7	3 098.6	378.98	371.67	407.20	0.040 7
920/40	800	4	930	40.2	970	72	7	4.05	2.70	8.11	40.5	2 881.8	338.59	335.78	349.43	0.036 1
920/75	800	8	930	77.5	1007	84	7	3.75	3.75	11.3	41.3	3 175.1	378.01	370.26	396.60	0.036 2
1 040/45	900	4	1 046	45.2	1 091	72	7	4.30	2.87	8.60	43.0	3 242.0	380.91	377.75	393.11	0.032 1
1 040/85	900	8	1 046	87.1	1 133	84	7	3.98	3.98	11.9	43.8	3 572.0	425.26	416.54	446.17	0.032 2
1 150/95	1 000	8	1 162	94.6	1 257	84	19	4.20	2.52	12.6	46.2	3 954.1	473.86	467.24	499.40	0.028 9
1 300/105	1 120	8	1 301	106	1 407	84	19	4.44	2.66	13.3	48.9	4 428.6	530.72	523.30	559.33	0.025 8

表 D.7 JL/LHA2 铝合金芯铝绞线性能

标称截面 铝/铝合金	规格号	直径/mm		单线根数 n		面积/mm²			单位长度质量/(kg/km)	额定拉断力/kN	直流电阻(20 ℃)/(Ω/km)
		单线	导体	铝	铝合金	铝	铝合金	总			
10/7	16	1.76	5.28	4	3	9.73	7.30	17.0	46.6	3.85	1.789 6
15/10	25	2.20	6.60	4	3	15.2	11.4	26.6	72.8	5.93	1.145 3
24/20	40	2.78	8.35	4	3	24.3	18.3	42.6	116.5	9.25	0.715 8
40/30	63	3.49	10.5	4	3	38.3	28.7	67.1	183.5	14.38	0.454 5
60/45	100	4.40	13.2	4	3	60.8	45.6	106	291.2	22.52	0.286 3
80/50	125	2.97	14.9	12	7	83.3	48.6	132	362.7	27.79	0.230 2
105/60	160	3.36	16.8	12	7	107	62.2	169	464.2	35.04	0.179 8
135/80	200	3.76	18.8	12	7	133	77.8	211	580.3	43.13	0.143 9
170/95	250	4.21	21.0	12	7	167	97.2	264	725.3	53.92	0.115 1
130/140	250	3.04	21.3	18	19	131	138	269	742.2	60.39	0.115 4
265/60	315	3.34	23.4	30	7	263	61.3	324	892.6	60.52	0.091 6
165/175	315	3.42	23.9	18	19	165	174	339	935.1	76.09	0.091 6
335/80	400	3.76	26.3	30	7	334	77.8	411	1 133.5	75.19	0.072 1
210/220	400	3.85	27.0	18	19	210	221	431	1 187.5	95.58	0.072 1
375/85	450	3.99	27.9	30	7	375	87.6	463	1 275.2	84.59	0.064 1
235/250	450	4.08	28.6	18	19	236	249	485	1 335.9	107.52	0.064 1
415/95	500	4.21	29.4	30	7	417	97.3	514	1 416.9	93.98	0.057 7
260/275	500	4.31	30.1	18	19	262	277	539	1 484.3	119.47	0.057 7
465/110	560	4.45	31.2	30	7	467	109	576	1 586.9	105.26	0.051 5
505/65	560	3.45	31.0	54	7	504	65.4	570	1 571.9	101.54	0.051 6
455/205	630	3.71	33.4	42	19	454	205	660	1 820.0	130.25	0.045 8
270/420	630	3.79	34.1	24	37	271	417	688	1 897.5	160.19	0.045 8
514/230	710	3.94	35.5	42	19	512	232	743	2 051.2	146.78	0.040 7
307/470	710	4.02	36.2	24	37	305	470	775	2 138.4	180.53	0.040 7
580/260	800	4.18	37.6	42	19	577	261	838	2 311.2	165.39	0.036 1
345/530	800	4.27	38.4	24	37	344	530	873	2 409.5	203.41	0.036 1
650/295	900	4.43	39.9	42	19	649	294	942	2 600.1	186.06	0.032 1
570/390	900	3.66	40.2	54	37	567	388	955	2 638.4	199.54	0.032 1
820/215	1 000	3.80	41.8	72	19	816	215	1 032	2 849.1	190.94	0.028 9
630/430	1 000	3.85	42.4	54	37	630	432	1 061	2 931.6	221.71	0.028 9
915/240	1 120	4.02	44.2	72	19	914	241	1 155	3 191.0	213.85	0.025 8
705/485	1 120	4.08	44.9	54	37	705	483	1 189	3 283.4	248.32	0.025 8
1 020/270	1 250	4.25	46.7	72	19	1 020	269	1 289	3 561.4	238.68	0.023 1
790/540	1 250	4.31	47.4	54	37	787	539	1 327	3 664.5	277.14	0.023 1
1 145/300	1 400	4.50	49.4	72	19	1 143	302	1 444	3 988.8	267.32	0.020 7

表 D.8 JL/LHA1 铝合金芯铝绞线性能

标称截面 铝/铝合金	规格号	直径/mm		单线根数 n		面积/mm²			单位长度质量/(kg/km)	额定拉断力/kN	直流电阻(20 ℃)/(Ω/km)
		单线	导体	铝	铝合金	铝	铝合金	总			
10/7	16	1.76	5.29	4	3	9.78	7.33	17.1	46.8	4.07	1.789 6
15/10	25	2.21	6.62	4	3	15.3	11.5	26.7	73.1	6.29	1.145 3
24/20	40	2.79	8.37	4	3	24.4	18.3	42.8	117.0	9.82	0.715 8
40/30	63	3.50	10.5	4	3	38.5	28.9	67.4	184.3	14.80	0.454 5
60/45	100	4.41	13.2	4	3	61.1	45.8	107	292.5	23.49	0.286 3
80/50	125	2.98	14.9	12	7	84	48.8	132	364.1	29.49	0.230 2
105/60	160	3.37	16.9	12	7	107	62.5	170	466.0	36.95	0.179 8
135/80	200	3.77	18.8	12	7	134	78.1	212	582.5	44.78	0.143 9
170/95	250	4.21	21.1	12	7	167	97.6	265	728.1	55.98	0.115 1
130/140	250	3.05	21.4	18	19	132	139	271	746	64.67	0.115 4
265/60	315	3.34	23.4	30	7	263	61.4	325	894.4	62.40	0.091 6
165/175	315	3.43	24.0	18	19	166	175	341	940.0	81.48	0.091 6
335/80	400	3.77	26.4	30	7	334	78	412	1 135.8	76.82	0.072 1
210/220	400	3.86	27.0	18	19	211	222	433	1 193.7	100.30	0.072 1
375/85	450	3.99	28.0	30	7	376	87.7	464	1 277.8	86.42	0.064 1
235/250	450	4.10	28.7	18	19	237	250	487	1 342.9	112.84	0.064 1
415/95	500	4.21	29.5	30	7	418	97.5	515	1 419.8	96.03	0.057 7
260/275	500	4.32	30.2	18	19	263	278	542	1 492.1	125.38	0.057 7
465/110	560	4.46	31.2	30	7	468	109	577	1 590.1	107.55	0.051 5
505/65	560	3.45	31.1	54	7	505	65.5	570	1 573.9	103.53	0.051 6
455/205	630	3.72	33.4	42	19	456	206	662	1 826.0	134.59	0.045 8
270/420	630	3.80	34.2	24	37	272	420	692	1 909.0	169.14	0.045 8
514/230	710	3.95	35.5	42	19	514	232	746	2 057.8	151.68	0.040 7
307/470	710	4.03	36.3	24	37	307	473	780	2 151.4	190.61	0.040 7
580/260	800	4.19	37.7	42	19	579	262	840	2 318.7	170.9	0.036 1
345/530	800	4.28	38.5	24	37	346	533	879	2 424.2	214.78	0.036 1
650/295	900	4.44	40.0	42	19	651	294	945	2 608.5	192.27	0.032 1
570/390	900	3.66	40.3	54	37	569	390	959	2 649.5	207.79	0.032 1
820/215	1 000	3.80	41.8	72	19	818	216	1 034	2 855.4	195.47	0.028 9
630/430	1 000	3.86	42.5	54	37	632	433	1 066	2 943.9	230.88	0.028 9
915/240	1 120	4.02	44.3	72	19	916	242	1 158	3 198.1	218.92	0.025 8
705/485	1 120	4.09	45.0	54	37	708	485	1 194	3 297.2	258.58	0.025 8
1 020/270	1 250	4.25	46.8	72	19	1 022	270	1 292	3 569.3	244.33	0.023 1
790/540	1 250	4.32	47.5	54	37	791	542	1 332	3 679.9	288.6	0.023 1
1 145/300	1 400	4.50	49.5	72	19	1 145	302	1 447	3 997.6	273.65	0.020 7

表 D.9 JL/LB1A 铝包钢芯铝绞线性能

标称截面 铝/铝包钢	规格号	钢比/ %	面积/mm²			单线		单线直径/mm		直径/mm		单位长 度质量/ (kg/km)	额定 拉断力/ kN	直流电阻 (20 ℃)/ (Ω/km)
			铝	铝包钢	总	铝	铝包钢	铝	铝包钢	铝包钢芯	绞线			
15/3	16	16.7	15	2.56	17.9	6	1	1.81	1.81	1.81	5.43	59.0	5.91	1.792 3
24/4	25	16.7	24	4.00	28.0	6	1	2.26	2.62	2.26	6.78	92.1	9.00	1.147 1
38/5	40	16.7	38	6.40	44.8	6	1	2.85	2.85	2.85	8.55	147.4	14.21	0.716 9
60/10	63	16.7	60	10.08	70.6	6	1	3.58	3.58	3.58	10.7	232.2	21.17	0.455 2
95/15	100	16.7	96	16.00	112	6	1	4.51	4.51	4.51	13.5	368.6	31.84	0.286 8
125/5	125	5.6	123	6.85	130	18	1	2.95	2.95	2.95	14.8	384.3	29.18	0.230 4
120/20	125	16.3	120	19.6	140	26	7	2.43	1.89	5.66	15.4	460.8	44.49	0.230 8
160/10	160	5.6	158	8.77	167	18	1	3.34	3.34	3.34	16.7	491.9	36.38	0.180 0
155/25	160	16.3	154	25.00	179	26	7	2.74	2.13	6.40	17.4	589.8	56.18	0.180 3
200/10	200	5.6	197	10.96	208	18	1	3.74	3.74	3.74	18.7	614.9	43.62	0.144 0
200/30	200	16.3	192	31.3	223	26	7	3.07	2.39	7.16	19.4	737.2	69.27	0.144 3
250/25	250	9.8	244	24.0	268	22	7	3.76	2.09	6.26	21.3	830.9	67.80	0.115 3
250/40	250	16.3	240	39.1	279	26	7	3.43	2.67	8.00	21.7	921.5	86.58	0.115 4
310/20	315	6.9	310	21.4	331	45	7	2.96	1.97	5.92	23.7	996.4	78.33	0.091 7
300/50	315	16.3	303	49.3	352	26	7	3.85	2.99	8.98	24.4	1 161.1	107.58	0.091 6
395/25	400	6.9	393	27.2	420	45	7	3.34	2.22	6.67	26.7	1 265.3	97.50	0.072 2
387/50	400	13.0	387	50.2	438	54	7	3.02	3.02	9.07	27.2	1 402.9	124.20	0.072 3
440/30	450	6.9	442	30.6	473	45	7	3.54	2.36	7.08	28.3	1 423.4	107.48	0.064 2
435/35	450	13.0	436	36.5	492	54	7	3.21	3.21	9.62	28.9	1 578.2	139.7	0.064 2
490/35	500	6.9	492	34.0	525	45	7	3.73	2.49	7.46	29.8	1 581.6	119.4	0.057 8
485/60	500	13.0	484	62.8	547	54	7	3.38	3.38	10.14	30.4	1 753.6	153.9	0.057 8
550/40	560	6.9	550	38.1	589	45	7	3.95	2.63	7.89	31.6	1 771.4	133.7	0.051 6
545/70	560	12.7	543	68.8	612	54	19	3.58	2.15	10.73	32.2	1 956.3	169.3	0.051 6
620/40	630	6.9	619	42.8	662	45	7	4.19	2.79	8.37	33.5	1 992.8	150.47	0.045 8
610/75	630	12.7	611	77.3	688	54	19	3.79	2.28	11.38	34.2	2 200.9	190.5	0.045 9
700/50	710	6.9	698	48.3	746	45	7	4.44	2.96	8.89	35.6	2 245.8	169.5	0.040 7
700/85	710	12.7	688	87.2	775	54	19	4.03	2.42	12.08	36.3	2 480.3	214.7	0.040 7
790/35	800	4.3	791	34.2	826	72	7	3.74	2.49	7.48	37.4	2 412.8	167.6	0.063 1
785/65	800	8.3	784	65.3	849	84	7	3.45	3.45	10.34	37.9	2 598.9	206.3	0.036 2
775/100	800	12.7	775	98.2	874	54	19	4.28	2.57	12.83	38.5	2 794.7	241.9	0.036 1
900/40	900	4.3	890	38.5	929	72	7	3.97	2.65	7.94	39.7	2 714.4	188.63	0.032 1
880/75	900	8.3	882	73.5	955	84	7	3.66	3.66	10.97	40.2	2 923.8	224.8	0.032 1
990/45	1 000	4.3	989	42.7	1 032	72	7	4.18	2.79	8.37	41.8	3 016.0	209.5	0.028 9
1 110/45	1 120	4.2	1 108	46.8	1 155	72	19	4.43	1.77	8.85	44.3	3 372.6	233.4	0.025 8
1 100/90	1 120	8.1	1 098	89.4	1 187	84	19	4.08	2.45	12.24	44.9	3 628.4	282.8	0.025 8
1 235/50	1 250	4.2	1 237	52.2	1 289	72	19	4.68	1.87	9.35	46.8	3 764.1	260.5	0.023 1
1 225/100	1 250	8.1	1 225	99.8	1 325	84	19	4.31	2.59	12.93	47.4	4 049.5	315.7	0.023 1

表 D.10　JLHA2/LB1A 铝包钢芯铝合金绞线性能

标称截面 铝/铝包钢	规格号	钢比/%	面积/mm^2			单线根数		单线直径/mm		直径/mm		单位长度质量/(kg/km)	额定拉断力/kN	直流电阻(20 ℃)/(Ω/km)
			铝	铝包钢	总	铝	铝包钢	铝	铝包钢	铝包钢钢芯	绞线			
15/5	16	16.7	17.6	2.93	20.5	6	1	1.93	1.93	1.93	5.79	67.5	8.7	1.769 4
25/5	25	16.7	27.5	4.58	32.0	6	1	2.41	2.41	2.41	7.23	105.4	13.59	1.132 4
45/10	40	16.7	43.9	7.32	51.2	6	1	3.05	3.05	3.05	9.15	168.7	21.74	0.707 7
70/10	63	16.7	69.2	11.5	80.7	6	1	3.83	3.83	3.83	11.5	265.6	33.09	0.449 4
110/20	100	16.7	110	18.3	128	6	1	4.83	4.83	4.83	14.5	421.6	50.70	0.283 1
140/10	125	5.6	142	7.87	149	18	1	3.16	3.16	6.16	15.8	441.4	51.21	0.229 3
135/20	125	16.3	137	22.4	160	26	7	2.59	2.02	6.05	16.4	527.2	67.40	0.227 9
180/10	160	5.6	181	10.1	191	18	1	3.58	3.58	3.58	17.9	565.0	64.94	0.179 2
175/30	160	16.3	176	28.6	205	26	7	2.93	2.28	6.85	18.6	674.8	86.27	0.178 1
227/10	200	5.6	227	12.6	239	18	1	4.00	4.00	4.00	20.0	706.2	80.67	0.143 3
220/35	200	16.3	220	35.8	256	26	7	3.28	2.55	7.66	20.8	843.5	107.8	0.142 5
280/30	250	9.8	280	27.5	307	22	7	4.02	2.24	6.71	22.8	952.9	115.53	0.114 4
275/45	250	16.3	275	44.8	320	26	7	3.67	2.85	8.56	23.2	1 054.4	134.7	0.114 0
355/25	315	6.9	355	24.6	380	45	7	3.17	2.11	6.34	25.4	1 143.9	134.3	0.091 2
345/55	315	16.3	346	56.4	403	26	7	4.12	3.20	9.61	26.1	1 328.5	169.84	0.090 4
450/30	400	6.9	451	31.2	483	45	7	3.57	2.38	7.15	28.6	1 452.5	170.62	0.071 8
445/60	400	13.0	444	57.5	501	54	7	3.23	3.23	9.70	29.1	1 606.8	199.94	0.071 5
560/35	450	6.9	508	35.1	543	45	7	3.79	2.53	7.58	30.3	1 634.1	191.94	0.063 8
500/65	450	13.0	499	64.7	564	54	7	3.43	3.43	10.3	30.9	1 807.7	223.6	0.063 6
565/40	500	6.9	564	39.0	603	45	7	4.00	2.66	7.99	32.0	1 815.7	213.2	0.057 4
555/70	500	13.0	555	71.9	627	54	7	3.62	3.62	10.8	32.6	2 008.5	245.6	0.057 2
630/45	560	6.9	632	43.7	676	45	7	4.23	2.82	8.46	33.8	2 033.6	238.8	0.051 3
630/75	560	12.7	622	78.8	701	54	19	3.83	2.30	11.5	34.5	2 241.0	277.9	0.051 1
710/50	630	6.9	711	49.2	760	45	7	4.49	2.99	8.97	35.9	2 287.8	268.72	0.045 6
700/90	630	12.7	700	88.6	788	54	19	4.06	2.44	12.2	36.5	2 521.1	312.6	0.045 4
800/55	710	6.9	801	55.4	857	45	7	4.76	3.17	9.52	38.1	2 578.3	302.8	0.040 5
790/100	710	12.7	788	99.9	888	54	19	4.31	2.59	12.9	38.8	2 841.3	352.3	0.0403
910/40	800	4.3	909	39.3	949	72	7	4.01	2.67	8.02	40.1	2 772.7	315.4	0.036 0
900/75	800	8.3	899	74.9	974	84	7	3.69	3.69	11.1	40.6	2 982.3	347.7	0.035 9
890/115	800	12.7	888	113	1 001	54	19	4.58	2.75	13.7	41.2	3 201.5	397.0	0.035 8
1 025/45	900	4.3	1 023	44.2	1 067	72	7	4.25	2.84	8.51	42.5	3 119.3	354.89	0.032 0
1 015/85	900	8.3	1 012	84.3	1 096	84	7	3.92	3.92	11.7	43.1	3 355.1	391.1	0.031 9
1 140/50	1 000	4.3	1 137	49.1	1 186	72	7	4.48	2.99	8.97	44.8	3 465.9	394.3	0.028 8
1 275/55	1 120	4.2	1274	53.8	1 327	72	19	4.75	1.90	9.49	47.5	3 875.8	440.2	0.025 7
1 260/100	1 120	8.1	1 260	103	1 362	84	19	4.37	2.62	13.1	48.1	4 164.0	494.7	0.025 7
1 420/60	1 250	4.2	1 421	60.0	1 482	72	19	5.01	2.01	10.0	50.1	4 325.6	491.3	0.023 1
1 405/115	1 250	8.1	1 406	114	1 520	84	19	4.62	2.77	13.8	50.8	4 647.3	552.1	0.023 0

表 D.11 JLHA1/LB1A 铝包钢芯铝合金绞线性能

标称截面 铝/铝包钢	规格号	钢比/ %	面积/mm²			单线根数		单线直径/mm		直径/mm		单位长度质量/ (kg/km)	额定拉断力/ kN	直流电阻 (20 ℃)/ (Ω/km)
			铝	铝包钢	总	铝	铝包钢	铝	铝包钢	铝包钢芯	绞线			
15/5	16	16.7	17.7	2.96	20.7	6	1	1.94	1.94	1.94	5.82	68.1	9.31	1.769 1
25/5	25	16.7	27.7	4.62	32.3	6	1	2.42	2.42	2.41	7.26	106.4	14.54	1.132 3
45/5	40	16.7	44.3	7.39	51.7	6	1	3.07	3.07	3.07	9.21	170.2	23.27	0.707 7
70/10	63	16.7	69.8	11.6	81.4	6	1	3.85	3.85	3.85	11.6	268.0	34.79	0.449 3
110/20	100	16.7	110	18.5	129	6	1	4.85	4.85	4.85	14.6	425.5	53.38	0.283 1
143/5	125	5.6	143	7.94	151	18	1	3.18	3.18	3.18	15.9	445.5	55.97	0.229 3
140/20	125	16.3	139	22.6	161	26	7	2.61	2.03	6.08	16.5	532.0	72.17	0.227 9
185/10	160	5.6	183	10.2	193	18	1	3.60	3.60	3.60	18.0	570.3	69.21	0.179 2
180/30	160	16.3	178	28.9	206	26	7	2.95	2.29	6.88	18.7	680.9	92.38	0.178 1
230/15	200	5.6	229	12.7	241	18	1	4.02	4.02	4.02	20.1	712.8	86.00	0.143 3
220/36	200	16.3	222	36.1	358	26	7	3.30	2.56	7.69	20.9	851.2	115.4	0.142 4
282/30	250	9.8	282	27.7	310	22	7	4.04	2.25	6.74	22.9	961.7	122.25	0.114 4
275/45	250	16.3	277	45.2	323	26	7	3.69	2.87	8.60	23.4	1 064.0	141.5	0.114 0
360/25	315	6.9	359	24.8	384	45	7	3.19	2.12	6.37	25.5	1 154.6	146.3	0.091 2
350/55	315	16.3	349	56.9	406	26	7	4.14	3.22	9.65	26.2	1 340.6	178.38	0.090 4
455/30	400	6.9	456	31.5	487	45	7	3.59	2.39	7.18	28.7	1 466.1	181.32	0.071 8
450/60	400	13.0	448	58.1	506	54	7	3.25	3.25	9.75	29.3	1 621.6	215.22	0.071 5
515/35	450	6.9	513	35.4	548	45	7	3.81	2.54	7.62	30.5	1 649.4	203.99	0.063 8
505/65	450	13.0	504	65.3	569	54	7	3.45	3.45	10.3	31.0	1 824.3	240.8	0.063 6
570/40	500	6.9	570	39.4	609	45	7	4.01	2.68	8.03	32.1	1 832.6	226.6	0.057 4
560/70	500	13.0	560	72.6	632	54	7	3.63	3.63	10.9	32.7	2 027.0	259.0	0.057 2
640/45	560	6.9	638	44.1	682	45	7	4.25	2.83	8.50	34.0	2 052.6	253.8	0.051 3
630/80	560	12.7	628	79.5	707	54	19	3.85	2.31	11.5	34.6	2 261.6	293.0	0.051 1
715/50	630	6.9	718	49.6	767	45	7	4.51	3.00	9.01	36.1	2 309.1	285.58	0.045 6
705/90	630	12.7	706	89.4	795	54	19	4.08	2.45	12.2	36.7	2 544.3	329.6	0.045 4
810/55	710	6.9	809	55.9	865	45	7	4.78	3.19	9.57	38.3	2 602.3	321.8	0.040 5
800/100	710	12.7	796	101	896	54	19	4.33	2.60	13.0	39.0	2 867.4	371.5	0.040 3
920/40	800	4.3	918	39.7	958	72	7	4.03	2.69	8.06	40.3	2 798.8	336.7	0.036 0
910/75	800	8.3	908	75.6	983	84	7	3.71	3.71	11.1	40.8	3 010.0	369.1	0.035 9
900/115	800	12.7	896	114	1 010	54	19	4.60	2.76	13.8	41.4	3 230.9	418.6	0.035 8
1 035/45	900	4.3	1 033	44.6	1 077	72	7	4.27	2.85	8.55	42.7	3 148.6	378.9	0.032 0
1 020/85	900	8.3	1 021	85.1	1 106	84	7	3.9	3.93	11.8	43.2	3 386.3	415.2	0.031 9
1 150/50	1 000	4.3	1 148	49.6	1 197	72	7	4.50	3.00	9.01	45.0	3 498.5	420.9	0.028 8
1 290/55	1 120	4.2	1 286	54.3	1 340	72	19	4.77	1.91	9.54	47.7	3 912.3	470.1	0.025 7
1 270/105	1 120	8.1	1 271	104	1 375	84	19	4.39	2.63	13.2	48.3	4 202.7	524.73	0.025 7
1 435/60	1 250	4.2	1 435	60.6	1 495	72	19	5.04	2.01	10.1	50.4	4 366.4	524.6	0.023 1
1 420/115	1 250	8.1	1 419	116	1 535	84	19	4.64	2.78	13.9	51.0	4 690.5	585.6	0.023 0

表 D.12 JG1A、JG1B、JG2A、JG3A 钢绞线性能

标称截面钢	规格号	面积/mm²	单线根数 n	直径/mm		单位长度质量/(kg/km)	额定拉断力/kN				直流电阻(20 ℃)/(Ω/km)
				单线	绞线		JG1A	JG1B	JG2A	JG3A	
30	4	27.1	7	2.22	6.66	213.3	36.3	33.6	39.3	43.9	7.144 5
40	6.3	42.7	7	2.79	8.36	335.9	55.9	51.7	60.2	67.9	4.536 2
65	10	67.8	7	3.51	10.53	533.2	87.4	80.7	93.5	103.0	2.857 8
85	12.5	84.7	7	3.93	11.78	666.5	109.3	100.8	116.9	128.8	2.286 2
100	16	108.4	7	4.44	13.32	853.1	139.9	129.0	199.7	164.8	1.786 1
100	16	108.4	19	2.70	13.48	857.0	142.1	131.2	152.9	172.4	1.794 4
150	25	169.4	19	3.37	16.85	1 339.1	218.6	201.6	238.9	262.6	1.148 4
250	40	271.1	19	4.26	21.31	2 142.6	349.7	322.6	374.1	412.1	0.717 7
250	40	271.1	37	3.05	21.38	2 148.1	349.7	322.6	382.3	420.2	0.719 6
400	63	427.0	37	3.83	26.83	3 383.2	550.8	508.1	589.3	649.0	0.456 9

表 D.13 JLB1A、JLB1B 铝包钢绞线性能

标称截面钢	规格号	面积/mm²	单线根数 n	直径/mm		单位长度质量/(kg/km)		额定拉断力/kN		直流电阻(20 ℃)/(Ω/km)
				单线	绞线	JLB1A	JLB1B	JLB1A	JLB1B	
15	4	12	7	1.48	4.43	80.1	79.4	16.08	15.84	7.159 2
20	6.3	18.9	7	1.85	5.56	126.2	125.0	25.33	24.95	4.545 5
30	10	30	7	2.34	7.01	200.3	198.5	40.20	39.60	2.863 7
35	12.5	37.5	7	2.61	7.84	250.4	248.1	50.25	49.50	2.291 0
50	16	48	7	2.95	8.86	320.5	317.5	64.32	63.36	1.789 8
75	25	75	7	3.69	11.08	500.7	496.2	93.75	99.00	1.145 5
120	40	120	7	4.67	14.02	801.2	793.9	132.00	158.40	0.715 9
120	40	120	19	2.84	14.18	805.0	797.7	160.80	158.40	0.719 4
200	63	189	19	3.56	17.79	1 267.9	1 256.4	240.03	249.48	0.456 8
300	100	300	37	3.21	22.49	2 017.3	1 999.0	402.00	396.00	0.288 4
350	125	375	37	3.59	25.15	2 521.7	2 498.3	476.25	495.00	0.230 7
450	160	480	37	4.06	28.45	3 227.7	3198.3	580.80	633.60	0.180 3
600	200	600	37	4.54	31.81	4 034.7	3 997.9	684.00	792.00	0.144 2
600	200	600	61	3.54	31.85	4 040.6	4 003.8	762.00	792.00	0.144 4

表 D.14 JLB2 铝包钢绞线性能

标称截面钢	规格号	面积/mm²	单线根数 n	直径/mm		单位长度质量/(kg/km)	额定拉断力/kN	直流电阻(20 ℃)/(Ω/km)
				单线	绞线			
35	16	36.2	7	2.56	7.69	216.4	39.04	1.789 6
55	25	56.5	7	3.21	9.62	338.2	61.00	1.145 4
100	40	90.4	7	4.05	12.2	541.1	97.61	0.715 9
100	40	90.4	19	2.46	12.3	543.7	97.61	0.719 3
150	63	142	19	3.09	15.4	856.4	153.73	0.456 7
220	100	226	37	2.79	19.5	1 362.6	244.02	0.288 4
300	125	282	37	3.12	21.8	1 703.2	305.02	0.230 7
350	160	362	37	3.53	24.7	2 180.1	390.43	0.180 3
450	200	452	37	3.94	27.6	2 725.1	488.03	0.144 2
450	200	452	61	3.07	27.6	2 729.1	488.03	0.144 4

附 录 E
（资料性附录）
国内常用规格的导线尺寸及导线性能表

E.1 范围

E.1.1 本附录包括1.2列出的各种型号导线的推荐尺寸，同时在表E.1～表E.6中列出了所有导线的性能。

E.1.2 表格中的标称截面系列是依据国内常用导线的规格来推荐的。

E.1.3 表格中的规格号表示相当于硬铝线的导电截面。

表E.1 JL铝绞线性能

标称截面铝	面积/mm^2	单线根数 n	直径/mm		单位长度质量/(kg/km)	额定抗拉力/kN	直流电阻(20 ℃)/(Ω/km)
			单线	绞线			
35	34.36	7	2.50	7.50	94.0	6.01	0.833 3
50	49.48	7	3.00	9.00	135.3	8.41	0.578 7
70	71.25	7	3.60	10.8	194.9	11.40	0.401 9
95	95.14	7	4.16	12.5	260.2	15.22	0.301 0
120	121.21	19	2.85	14.3	333.2	20.61	0.237 4
150	148.07	19	3.15	15.8	407.0	24.43	0.194 3
185	182.80	19	3.50	17.5	502.4	30.16	0.157 4
210	209.85	19	3.75	18.8	576.8	33.58	0.137 1
240	238.76	19	4.00	20.0	656.3	38.20	0.120 5
300	297.57	37	3.20	22.4	819.8	49.10	0.096 9
500	502.90	37	4.16	29.1	1 385.5	80.46	0.057 3

表E.2 JL/G1A钢芯铝绞线性能

标称截面铝/钢	钢比/%	面积/mm^2			单线根数		单线直径/mm		直径/mm		单位长度质量/(kg/km)	额定抗拉力/kN	直流电阻(20 ℃)/(Ω/km)
		铝	钢	总和	铝	钢	铝	钢	钢芯	绞线			
10/2	17	10.60	1.77	12.37	6	1	1.50	1.50	1.50	4.50	42.8	4.14	2.706 2
16/3	17	16.13	2.69	18.82	6	1	1.85	1.85	1.85	5.55	65.1	6.13	1.779 1
35/6	17	34.86	5.81	40.67	6	1	2.72	2.72	2.72	8.16	140.8	12.55	0.823 0
50/8	17	48.25	8.04	56.30	6	1	3.20	3.20	3.20	9.60	194.8	16.81	0.594 6
50/30	58	50.73	29.59	80.32	12	7	2.32	2.32	6.96	11.6	371.1	42.61	0.569 3
70/10	17	68.05	11.34	79.39	6	1	3.80	3.80	3.80	11.4	274.8	23.36	0.421 7
70/40	58	69.73	40.67	110.40	12	7	2.72	2.72	8.16	13.6	510.2	58.22	0.414 1
95/15	16	94.39	15.33	109.73	26	7	2.15	1.67	5.01	13.6	380.2	34.93	0.305 9
95/20	20	95.14	18.82	113.96	7	7	4.16	1.85	5.55	13.9	408.2	37.24	0.302 0
95/55	58	96.51	56.30	152.81	12	7	3.20	3.20	9.60	16.0	706.1	77.85	0.299 2
120/7	6	118.89	6.61	125.50	18	1	2.90	2.90	2.90	14.5	378.5	27.74	0.242 2
120/20	16	115.67	18.82	134.49	26	7	2.38	1.85	5.55	15.1	466.1	42.26	0.249 6

表 E.2(续)

标称截面 铝/钢	钢比/ %	面积/mm²			单线根数		单线直径/mm		直径/mm		单位长 度质量/ (kg/km)	额定 抗拉力/ kN	直流电阻 (20 ℃)/ (Ω/km)
		铝	钢	总和	铝	钢	铝	钢	钢芯	绞线			
120/25	20	122.48	24.25	146.73	7	7	4.72	2.10	6.30	15.7	525.7	47.96	0.234 6
120/70	58	122.15	71.25	193.40	12	7	3.60	3.60	10.8	18.0	893.7	97.92	0.236 4
150/8	6	144.76	8.04	152.80	18	1	3.20	3.20	3.20	16.0	460.9	32.73	0.199 0
150/20	13	145.68	18.82	164.50	24	7	2.78	1.85	5.55	16.7	548.5	46.78	0.198 1
150/25	16	148.86	24.25	173.11	26	7	2.70	2.10	6.30	17.1	600.1	53.67	0.194 0
150/35	23	147.26	34.36	181.62	30	7	2.50	2.50	7.50	17.5	675.0	64.94	0.196 2
185/10	6	183.22	10.18	193.40	18	1	3.60	3.60	3.60	18.0	583.3	40.51	0.157 2
185/25	13	187.03	24.25	211.28	24	7	3.15	2.10	6.30	18.9	704.9	59.23	0.154 3
185/30	16	181.34	29.59	210.93	26	7	2.98	2.32	6.96	18.9	731.4	64.56	0.159 2
185/45	23	184.73	43.10	227.83	30	7	2.80	2.80	8.40	19.6	846.7	80.54	0.156 4
210/10	6	204.14	11.34	215.48	18	1	3.80	3.80	3.80	19.0	649.9	45.14	0.141 1
210/25	13	209.02	27.10	236.12	24	7	3.33	2.22	6.66	20.0	787.8	66.19	0.138 0
210/35	16	211.73	34.36	246.09	26	7	3.22	2.50	7.50	20.4	852.5	74.11	0.136 4
210/50	23	209.24	48.82	258.06	30	7	2.98	2.98	8.94	20.9	959.0	91.23	0.138 1
240/30	13	244.29	31.67	275.96	24	7	3.60	2.40	7.20	21.6	920.7	75.19	0.118 1
240/40	16	238.84	38.90	277.74	26	7	3.42	2.66	7.98	21.7	962.8	83.76	0.120 9
240/55	23	241.27	56.30	297.57	30	7	3.20	3.20	9.60	22.4	1 105.8	101.74	0.119 8
300/15	5	296.88	15.33	312.21	42	7	3.00	1.67	5.01	23.0	938.7	68.41	0.097 3
300/20	7	303.42	20.91	324.32	45	7	2.93	1.95	5.85	23.4	1 000.8	76.04	0.095 2
300/25	9	306.21	27.10	333.31	48	7	2.85	2.22	6.66	23.8	1 057.0	83.76	0.094 4
300/40	13	300.09	38.90	338.99	24	7	3.99	2.66	7.98	23.9	1 131.0	92.36	0.096 1
300/50	16	299.54	48.82	348.37	26	7	3.83	2.98	8.94	24.3	1 207.7	103.58	0.096 4
300/70	23	305.36	71.25	376.61	30	7	3.60	3.60	10.8	25.2	1 399.6	127.23	0.094 6
400/20	5	406.40	20.91	427.31	42	7	3.51	1.95	5.85	26.9	1 284.3	89.48	0.071 0
400/25	7	391.91	27.10	419.01	45	7	3.33	2.22	6.66	26.6	1 293.5	96.37	0.073 7
400/35	9	390.88	34.36	425.24	48	7	3.22	2.50	7.50	26.8	1 347.5	103.67	0.073 9
400/65	16	398.94	65.06	464.00	26	7	4.42	3.44	10.3	28.0	1 608.7	135.39	0.072 4
400/95	23	407.75	93.27	501.02	30	19	4.16	2.50	12.5	29.1	1 856.7	171.56	0.070 9
500/45	9	488.58	43.10	531.68	48	7	3.60	2.80	8.40	30.0	1 685.5	127.31	0.059 1
630/55	9	639.92	56.30	696.22	48	7	4.12	3.20	9.60	34.3	2 206.4	164.31	0.045 2
800/55	7	814.30	56.30	870.60	45	7	4.80	3.20	9.60	38.4	2 687.5	192.22	0.035 5
800/70	9	808.15	71.25	879.40	48	7	4.63	3.60	10.8	38.6	2 787.6	207.68	0.035 8

表 E.3 JLHA1 铝合金绞线性能

标称截面 铝合金	面积/ mm²	单线根数 *n*	直径/mm		单位长度 质量/ (kg/km)	额定抗拉力/ kN	直流电阻 (20 ℃)/ (Ω/km)
			单线	绞线			
10	10.02	7	1.35	4.05	27.4	3.26	3.320 5
16	16.08	7	1.71	5.13	44.0	5.22	2.069 5
25	24.94	7	2.13	6.39	68.2	8.11	1.333 9
35	34.91	7	2.52	7.56	95.5	11.35	0.952 9
50	50.14	7	3.02	9.06	137.2	16.30	0.663 5
70	70.07	7	3.57	10.7	191.7	22.07	0.474 8
95	95.14	7	4.16	12.5	261.5	29.97	0.351 4
150	149.96	19	3.17	15.9	412.2	48.74	0.222 9
210	209.85	19	3.75	18.8	576.8	66.10	0.159 3
240	239.96	19	4.01	20.1	661.1	75.59	0.139 7
300	299.43	37	3.21	22.5	825.0	97.32	0.111 9
400	399.98	37	3.71	26.0	1 102.0	125.99	0.083 8
500	500.48	37	4.15	29.1	1 380.9	157.65	0.067 1
630	631.30	61	3.63	32.7	1 741.8	198.86	0.053 2
800	801.43	61	4.09	36.8	2 211.3	252.45	0.041 9
1 000	1 000.58	61	4.57	41.1	2 760.7	315.18	0.033 5

表 E.4 JLHA2 铝合金绞线性能

标称截面 铝合金	面积/ mm²	单线根数 *n*	直径/mm		单位长度 质量/ (kg/km)	额定抗拉力/ kN	直流电阻 (20 ℃)/ (Ω/km)
			单线	绞线			
10	10.02	7	1.35	4.05	27.4	2.96	3.289 1
16	16.08	7	1.71	5.13	44.0	4.74	2.050 0
25	24.94	7	2.13	6.39	68.2	7.36	1.321 3
35	34.91	7	2.52	7.56	95.5	10.30	0.943 9
50	50.14	7	3.02	9.06	137.2	14.79	0.657 3
70	70.07	7	3.57	10.7	191.7	20.67	0.470 3
95	95.14	7	4.16	12.5	261.5	28.07	0.348 1
120	120.36	19	2.84	14.2	330.8	35.51	0.275 1
150	149.96	19	3.17	15.9	412.2	44.24	0.220 8
210	209.85	19	3.75	18.8	576.8	61.91	0.157 8
240	239.96	19	4.01	20.1	661.1	70.79	0.138 3
300	299.43	37	3.21	22.5	825.0	88.33	0.110 9
400	399.98	37	3.71	26.0	1 102.0	117.99	0.083 0
500	500.48	37	4.15	29.1	1 380.9	147.64	0.066 4
630	631.30	61	3.63	32.7	1 741.8	186.23	0.052 7
800	801.43	61	4.09	36.8	2 211.3	236.42	0.041 5
1 000	1 000.58	61	4.57	41.1	2 760.7	295.17	0.033 2

表 E.5 JLHA1/G1A 钢芯铝合金绞线性能

标称截面铝合金/钢	钢比/%	面积/mm²			单线根数		单线直径/mm		直径/mm		单位长度质量/(kg/km)	额定抗拉力/kN	直流电阻(20 ℃)/(Ω/km)
		铝	钢	总和	铝	钢	铝	钢	钢芯	绞线			
10/2	17	10.60	1.77	12.37	6	1	1.50	1.50	1.50	4.50	42.8	5.51	3.144 4
16/3	17	16.13	2.69	18.82	6	1	1.85	1.85	1.85	5.55	65.1	8.39	2.067 1
25/4	17	25.36	4.23	29.59	6	1	2.32	2.32	2.32	6.96	102.4	13.06	1.314 4
35/6	17	34.86	5.81	40.67	6	1	2.72	2.72	2.72	8.16	140.8	17.96	0.956 3
50/8	17	48.25	8.04	56.30	6	1	3.20	3.20	3.20	9.60	194.8	24.53	0.690 9
50/30	58	50.73	29.59	80.32	12	7	2.32	2.32	6.96	11.6	371.1	50.22	0.661 4
70/10	17	68.05	11.34	79.39	6	1	3.80	3.80	3.80	11.4	274.8	33.91	0.489 9
70/40	58	69.73	40.67	110.40	12	7	2.72	2.72	8.16	13.6	510.2	69.03	0.481 2
95/15	16	94.39	15.33	109.73	26	7	2.15	1.67	5.01	13.6	380.2	48.62	0.355 4
95/55	58	96.51	56.30	152.81	12	7	3.20	3.20	9.60	16.0	706.1	93.29	0.347 7
120/7	6	118.89	6.61	125.50	18	1	2.90	2.90	8.70	14.5	378.5	46.17	0.281 5
120/20	16	115.67	18.82	134.49	26	7	2.38	1.85	5.55	15.1	466.1	59.61	0.290 0
120/70	58	122.15	71.25	193.40	12	7	3.60	3.60	10.8	18.0	893.7	116.85	0.274 7
150/8	6	144.76	8.04	152.81	18	1	3.20	3.20	3.20	16.0	460.9	55.90	0.231 2
150/25	16	148.86	24.25	173.11	26	7	2.70	2.10	6.30	17.1	600.1	76.75	0.225 4
185/10	6	183.22	10.18	193.40	18	1	3.60	3.60	3.60	18.0	583.3	68.91	0.182 6
210/10	6	204.14	11.34	215.48	18	1	3.80	3.80	3.80	19.0	649.9	76.78	0.163 9
210/35	16	211.73	34.36	246.09	26	7	3.22	2.50	7.50	20.4	852.5	107.98	0.158 5
240/30	13	244.29	31.67	275.96	24	7	3.60	2.40	7.20	21.6	920.7	113.05	0.137 2
240/40	16	238.84	38.90	277.74	26	7	3.42	2.66	7.98	21.7	962.8	121.97	0.140 5
300/20	7	303.42	20.91	324.32	45	7	2.93	1.95	5.85	23.4	1 000.8	123.07	0.110 6
300/50	16	299.54	48.82	348.37	26	7	3.83	2.98	8.94	24.3	1 207.7	150.01	0.112 0
300/70	23	305.36	71.25	376.61	30	7	3.60	3.60	10.8	25.2	1 399.6	174.57	0.109 9
400/25	7	391.91	27.10	419.01	45	7	3.33	2.22	6.66	26.6	1 293.5	159.07	0.085 7
400/50	13	399.72	51.82	451.54	54	7	3.07	3.07	9.21	27.6	1 509.3	186.91	0.084 1
400/95	23	407.75	93.27	501.02	30	19	4.16	2.50	12.5	29.1	1 856.7	234.77	0.082 3
500/35	7	497.01	34.36	531.37	45	7	3.75	2.50	7.50	30.0	1 640.3	195.73	0.067 5
500/65	13	501.88	65.06	566.94	54	7	3.44	3.44	10.3	31.0	1 895.0	234.68	0.067 0
630/45	7	623.45	43.10	666.55	45	7	4.20	2.80	8.40	33.6	2 057.6	245.52	0.053 8
630/80	13	635.19	80.32	715.51	54	19	3.87	2.32	11.6	34.8	2 384.7	291.65	0.052 9
800/55	7	814.30	56.30	870.60	45	7	4.80	3.20	9.60	38.4	2 687.5	318.43	0.041 2
800/100	13	795.17	100.88	896.05	54	19	4.33	2.60	13.0	39.0	2 987.8	365.48	0.042 3
1 000/45	4	1 002.27	43.10	1 045.38	72	7	4.21	2.80	8.40	42.1	3 106.8	364.85	0.033 5
1 000/125	13	993.51	125.50	1 119.01	54	19	4.84	2.90	14.5	43.5	3 728.9	456.03	0.033 8

表 E.6 JLHA2/G1A 钢芯铝合金绞线性能

标称截面铝合金/钢	钢比/%	面积/mm²			单线根数		单线直径/mm		直径/mm		单位长度质量/(kg/km)	额定抗拉力/kN	直流电阻(20 ℃)/(Ω/km)
		铝	钢	总和	铝	钢	铝	钢	钢芯	绞线			
10/2	17	10.60	1.77	12.37	6	1	1.50	1.50	1.50	4.50	42.8	5.20	3.114 7
16/3	17	16.13	2.69	18.82	6	1	1.85	1.85	1.85	5.55	65.1	7.90	2.047 6
25/4	17	25.36	4.23	29.59	6	1	2.32	2.32	2.32	6.96	102.4	12.30	1.302 0
35/6	17	34.86	5.81	40.67	6	1	2.72	2.72	2.72	8.16	140.8	16.91	0.947 2
50/30	58	50.73	29.59	80.32	12	7	2.32	2.32	6.96	11.6	371.1	48.70	0.655 2
70/10	17	68.05	11.34	79.39	6	1	3.80	3.80	3.80	11.4	274.8	32.55	0.485 3
70/40	58	69.73	40.67	110.40	12	7	2.72	2.72	8.16	13.6	510.2	66.94	0.476 6
95/15	16	94.39	15.33	109.73	26	7	2.15	1.67	5.01	13.6	380.2	45.79	0.352 1
95/55	58	96.51	56.30	152.81	12	7	3.20	3.20	9.60	16.0	706.1	90.40	0.344 4
120/7	6	118.89	6.61	125.50	18	1	2.90	2.90	8.70	14.5	378.5	42.60	0.278 8
120/20	16	115.67	18.82	134.49	26	7	2.38	1.85	5.55	15.1	466.1	56.14	0.287 3
120/70	58	122.15	71.25	193.40	12	7	3.60	3.60	10.8	18.0	893.7	114.41	0.272 1
150/8	6	144.76	8.04	152.81	18	1	3.20	3.20	3.20	16.0	460.9	51.55	0.229 0
150/25	16	148.86	24.25	173.11	26	7	2.70	2.10	6.30	17.1	600.1	72.28	0.223 2
210/10	6	204.14	11.34	215.48	18	1	3.80	3.80	3.80	19.0	649.9	72.70	0.162 4
210/35	16	211.73	34.36	246.09	26	7	3.22	2.50	7.50	20.4	852.5	101.63	0.157 0
240/30	13	244.29	31.67	275.96	24	7	3.60	2.40	7.20	21.6	920.7	108.17	0.135 9
240/40	16	238.84	38.90	277.74	26	7	3.42	2.66	7.98	21.7	962.8	114.81	0.139 1
300/20	7	303.42	20.91	324.32	45	7	2.93	1.95	5.85	23.4	1 000.8	113.97	0.109 6
300/50	16	299.54	48.82	348.37	26	7	3.83	2.98	8.94	24.3	1 207.7	144.02	0.110 9
300/70	23	305.36	71.25	376.61	30	7	3.60	3.60	10.8	25.2	1 399.6	168.46	0.108 9
400/25	7	391.91	27.10	419.01	45	7	3.33	2.22	6.66	26.6	1 293.5	147.32	0.084 9
400/50	13	399.72	51.82	451.54	54	7	3.07	3.07	9.21	27.6	1 509.3	174.92	0.083 3
400/95	23	407.75	93.27	501.02	30	19	4.16	2.50	12.5	29.1	1 856.7	226.61	0.081 6
500/35	7	497.01	34.36	531.37	45	7	3.75	2.50	7.50	30.0	1 640.3	185.79	0.066 9
500/65	13	501.88	65.06	566.94	54	7	3.44	3.44	10.3	31.0	1 895.0	219.62	0.066 3
630/45	7	623.45	43.10	666.55	45	7	4.20	2.80	8.40	33.6	2 057.6	233.05	0.053 3
630/80	13	635.19	80.32	715.51	54	19	3.87	2.32	11.6	34.8	2 384.7	278.95	0.052 4
800/55	7	814.30	56.30	870.60	45	7	4.80	3.20	9.60	38.4	2 687.5	302.15	0.040 8
800/100	13	795.17	100.88	896.05	54	19	4.33	2.60	13.0	39.0	2 987.8	349.57	0.041 9
1 000/45	4	1 002.27	43.10	1 045.38	72	7	4.21	2.80	8.40	42.1	3 106.8	344.81	0.033 2
1 000/125	13	993.51	125.50	1 119.01	54	19	4.84	2.90	14.5	43.5	3 728.9	436.16	0.033 5

附 录 F
(规范性附录)
圆线同心绞架空导线产品的型号表示方法

F.1 型号

F.1.1 本附录包括1.2列出的各种型号导线的推荐尺寸,同时在表D.1~表D.14中列出了所有导线的性能。

F.1.2 类别代号

同心绞合 …… J

防腐 …… F

F.1.3 导线用单线代号

a) 硬圆铝线 …… LY

状态:硬拉 …… 9

b) 架空绞线用铝合金圆线 …… LH

高强度系列 …… A

性能 …… 1或2

c) 电工用铝包钢线 …… LB

导电系列(20.3%IACS和27%IACS) …… 1或2

机械性能系列 …… A或B

d) 绞线用镀锌钢线 …… G

强度系列(普通、高强和特高强) …… 1、2或3

镀层厚度等级(普通和加厚) …… A或B

F.1.4 本标准引用单线名称和代号

a) 硬圆铝线 …… LY9省略为L

b) 高强度铝合金线 …… LHA1和LHA2

c) 20.3%IACS铝包钢线 …… LB1A和LB1B

27%IACS铝包钢线 …… LB2

d) 普通强度镀锌钢线 …… G1A和G1B

高强度镀锌钢线 …… G2A和G2B

特高强度镀锌钢线 …… G3A

F.2 产品型号

F.2.1 导线型号第一个字母均用J,表示同心绞合。

F.2.2 单一导线在J后面为组成导线的单线代号。

F.2.3 组合导线在J后面为外层线(或外包线)和内层线(或线芯)的代号,二者用"/"分开。

F.2.4 在型号尾部加防腐代号F,则表示导线采用涂防腐油结构。

F.3 产品表示方法

F.3.1 产品用型号、标称截面、绞合结构及本标准编号表示。

F.3.2 规格号表示相当于硬拉圆铝线的导电截面积,单位为mm^2。

F.3.3 绞合结构用构成导线的单线根数表示。单一导线直接用单线根数表示,组合导线采用前面为导电铝线根数,后面为内层加强芯线根数,中间用"/"分开来表示。

F.3.4 产品表示示例

示例 1:JL-500-37 由 37 根硬铝线绞制成的铝绞线,其标称截面为 500 mm^2。

示例 2:JLHA1-500-37 由 37 根 1 型高强度铝合金线绞制成的铝合金绞线,其标称截面为 500 mm^2。

示例 3:JL/G1A-500/35-45/7 由 45 根硬铝线和 7 根 A 级镀层普通强度镀锌钢线绞制成的钢芯铝绞线,硬铝线的标称截面为 500 mm^2,钢的标称截面为 35 mm^2。

示例 4:JLHA1/G3A-500/65-54/7 由 54 根 1 型高强度铝合金线和 7 根 A 级镀层特高强度镀锌钢线绞制而成的钢芯铝合金绞线,铝合金线的标称截面为 500 mm^2,钢的标称截面为 65 mm^2。

示例 5:JL/LB1A-485/60-54/7 由 54 根硬铝线和 7 根 20.3%IACS 导电率 A 型铝包钢线绞制成的铝包钢芯铝绞线,硬铝线的标称截面为 485 mm^2,铝包钢的标称截面为 60 mm^2。

示例 6:JLB1A-120-19 由 19 根 20.3%IACS 导电率 A 型铝包钢线绞制成的铝包钢绞线,铝包钢线的标称截面为 120 mm^2。

示例 7:JL1A-250-19 由 19 根 A 级镀层普通强度镀锌钢线绞制成的镀锌钢绞线,钢线的标称截面为 250 mm^2。

注:上述示例表示中,为简化均在后面省略了本标准编号。

F.4 产品型号与 IEC 代号对照表

产品型号与 IEC 代号对照表见表 F.1。

表 F.1 产品型号与 IEC 代号对照表

产品名称	图标型号	IEC 代号
铝绞线	JL	A1
铝合金绞线	JLHA2、JLHA1	A2、A3
钢芯铝绞线	JL/G1A、 JL/G1B、 JL/G2A、 JL/G2B、JL/G3A	A1/S1A、A1/S1B、A1/S2A、A1/S2B、A1/S3A
防腐型钢芯铝绞线	JL/G1AF、JL/G2AF、JL/G3AF	—
钢芯铝合金绞线	JLHA2/G1A、JLHA2/G1B、JLHA2/G2A、JLHA2/G2B、JLHA2/G3A	A2/S1A、A2/S1B、A2/S2A、A2/S2B、A2/S3A
钢芯铝合金绞线	JLHA1/G1A、JLHA1/G1B、JLHA1/G2A、JLHA1/G2B、JLHA1/G3A	A3/S1A、A3/S1B、A3/S2A、A3/S2B、A3/S3A
铝合金芯铝绞线	JL/LHA2、JL/LHA1	A1/A2、A1/A3
铝包钢芯铝绞线	JL/LB1A	A1/SA1A
铝包钢芯铝合金绞线	JLHA2/LB1A、JLHA1/LB1A	A2/SA1A、A3/SA1A
钢绞线	JG1A、JG1B、JG2A、JG3A	S1A、A1B、S2A、S3A
铝包钢绞线	JLB1A、JLB1B、JLB2	SA1A、SA1B、SA2

附 录 G
（资料性附录）
本标准章条编号与 IEC 61089:1991 章条编号对照

表 G.1 给出了本标准章条编号与 IEC 61089:1991 章条编号对照一览表。

表 G.1 本标准章条编号与 IEC 61089:1991 章条编号对照

本标准章条编号	对应的国际标准章条编号
1	1
1.1～1.2	1.1～1.2
2	2
—	3.1～3.5
3.1～3.9	4
4.1～4.3	5.1～5.3
4.4.1～4.4.3	5.4.1～5.4.3
4.4.4	5.4.4～5.4.5
5.4.5～5.4.7	5.4.6～5.4.8
4.5～4.7	5.5～5.7
4.8	—
5.1～5.5	6.1～6.5
5.6.1～5.6.4	6.6.1～6.6.4
5.6.5	—
5.6.6～5.6.7	6.6.5～6.6.6
5.7～5.8	6.7～6.8
6	7
附录 A	附录 A
附录 B	附录 B
附录 C	附录 C
附录 D	附录 D
附录 E	—
附录 F	—
附录 G	—

ICS 17.040.10
J 04

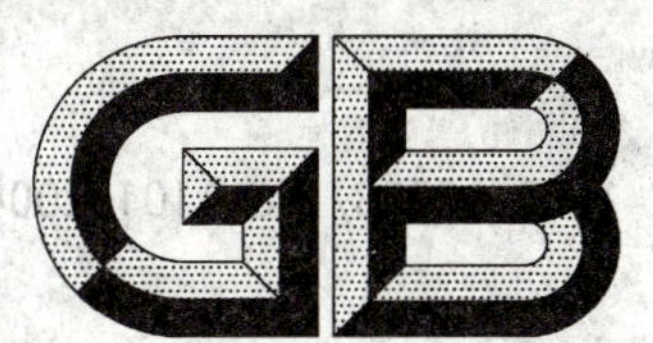

中华人民共和国国家标准

GB/T 1182—2008/ISO 1101:2004
代替 GB/T 1182—1996

产品几何技术规范(GPS) 几何公差 形状、方向、位置和跳动公差标注

Geometrical Product Specifications(GPS)—
Geometrical tolerancing—
Tolerances of form, orientation, location and run-out

(ISO 1101:2004,IDT)

2008-02-28 发布　　2008-08-01 实施

中华人民共和国国家质量监督检验检疫总局
中国国家标准化管理委员会　发布

前　言

本标准规定了工件几何公差(形状、方向、位置和跳动公差)标注的基本要求和方法。本标准适用于工件的几何公差标注。

本标准等同采用ISO 1101:2004《产品几何技术规范(GPS)　几何公差　形状、方向、位置和跳动公差标注》(英文版)。主要差异如下:

——按照汉语习惯作了编辑性修改,删除了国际标准的前言;

——删除了国际标准的导言;

——针对国际标准第18章中的尺寸、角度标注的不一致性,本标准在表3中作了编辑性修改。如在“公差带的定义”栏中公差带图例的线性尺寸和角度尺寸统一用L、α等字母注出,“标注及解释”栏中图例的线性尺寸和角度尺寸统一用数字注出。

本标准中的“几何公差”即旧标准中的“形状和位置公差”。

为与相关标准的术语取得一致,将旧标准“中心要素”改为“导出要素”,“轮廓要素”改为“组成要素”,“测得要素”改为“提取要素”等。

本标准的附录A和附录C为资料性附录,附录B为规范性附录。

本标准由全国产品尺寸和几何技术规范标准化技术委员会提出并归口。

本标准起草单位:机械科学研究院中机生产力促进中心、中国航空综合技术研究所、北京理工大学、国家机动车产品质量监督检验中心(上海)、华中科技大学、航天二院23所、航天二院206所。

本标准主要起草人:王欣玲、王喜力、刘巽尔、杨东拜、倪新珉、陈景玉、崔瑞志、李柱、刘启国、刘宏宇、李学真。

本标准所代替标准的历次版本发布情况为:

——GB 1182—1974、GB/T 1182—1980、GB/T 1182—1996;

——GB 1183—1975、GB/T 1183—1980。

引　言

本标准是产品几何技术规范(GPS)系列中通用的GPS标准之一(见GB/Z 20308—2006)。它涉及形状、方向、位置和跳动公差这些标准链的第1、第2两个链环;涉及基准标准链的第1个链环。

本标准与GPS矩阵之间关系的详细说明见附录C。

本标准提出了几何公差的基础概念,描述了几何公差的基本原理。查阅本标准第2章和表2所提到的相关标准可以获得更加详细的相关信息。

有关图例中字体的比例、尺寸的规定见GB/T 14691。为了规范化,本标准图例按第1角投影画出,尺寸和公差数值都采用米制。如果使用第3角投影和其他计量单位,本标准的规定仍然适用。

本标准中的图例只用于解释条款内容,并不反映实际应用情况。因此,这些图例所表现的只是相应的一般原则,图中的尺寸、公差也可能是不完整的。

本标准的附录A只提供参考资料,它列出一些以前曾经使用过的标注方法,这些标注方法在本版本中已经废止,以后不再使用。

各种要素的定义取自GB/T 18780.1和GB/T 18780.2。这两项标准给出的术语有别于以前曾经使用过的术语。

本标准中的“轴线”和“中心平面”用于表述理想形状的导出要素,“中心线”和“中心面”用于表述非理想形状的导出要素。另外,下列线型用于解释性的示意图,仅出现在GB/T 4457所规定的非技术图样中。

要素层次	要素类型	要素形式	线型	
			可见的	不可见的
公称要素 (理想要素)	组成(实体)要素	点 线 表面/平面	粗实线	细虚线
	导出要素	点 线/轴线 面/平面	细长点画线	细点画线
实际要素	组成要素	表面	粗不规则实线	细不规则虚线
提取要素	轮廓表面	点 线 表面	粗短虚线	细短虚线
导出要素	导出要素	点 线 面	粗点	细点
拟合要素	组成要素	点 直线 表面/平面	粗双虚双点线	细双虚双点线
	导出要素	点 直线 平面	粗长双点画线	细双点画线

表(续)

要素层次	要素类型	要素形式	线型	
			可见的	不可见的
拟合要素	基准	点 直线 表面／平面	粗长画双短画线	细长画双短画线
公差带界限、各公差平面		线 面	细实线	细虚线
截面、说明用的平面、图示平面、辅助平面		线 面	细长短虚线	细短虚线
延长线、尺寸线、指引线		线	细实线	细虚线
注：表中规定的线型与图例中线型不完全一致，本表仅供参考。				

产品几何技术规范(GPS) 几何公差 形状、方向、位置和跳动公差标注

1 范围

本标准规定了工件几何公差(形状、方向、位置和跳动公差)标注的基本要求和方法。

本标准适用于工件的几何公差标注。

注:在第2章及表2中引用的标准给出了更详细的信息。

2 规范性引用文件

下列文件中的条款通过本标准的引用而成为本标准的条款。凡是注日期的引用文件,其随后所有的修改单(不包括勘误的内容)或修订版均不适用于本标准,然而,鼓励根据本标准达成协议的各方研究是否可使用这些文件的最新版本。凡是不注日期的引用文件,其最新版本适用于本标准。

GB/T 4249 公差原则(GB/T 4249—1996,eqv ISO 8015:1985)

GB/T 4457.4 机械制图 图样画法 图线(GB/T 4457.4—2002,eqv ISO 128-24:1999)

GB/T 13319 产品几何量技术规范(GPS)几何公差 位置度公差注法(GB/T 13319—2003,ISO 5458:1998,IDT)

GB/T 16671 形状和位置公差 最大实体要求、最小实体要求和可逆要求(GB/T 16671—1996,eqv ISO/DIS 2692:1996)

GB/T 16892 形状和位置公差 非刚性零件注法(GB/T 16892—1997,eqv ISO 10579:1993)

GB/T 17773 形状和位置公差 延伸公差带及其表示法(GB/T 17773—1999,eqv ISO 10578:1992)

GB/T 17851 形状和位置公差 基准和基准体系(GB/T 17851—1999,eqv ISO 5459:1981)

GB/T 17852 形状和位置公差 轮廓的尺寸和公差注法(GB/T 17852—1999,eqv ISO 1660:1982)

GB/T 18780.1 产品几何量技术规范(GPS)几何要素 第1部分:基本术语和定义(GB/T 18780.1—2002,ISO 14660-1:1999,IDT)

GB/T 18780.2 产品几何量技术规范(GPS)几何要素 第2部分:圆柱面和圆锥面的提取中心线、平行平面的提取中心面、提取要素的局部尺寸(GB/T 18780.2—2003,ISO 14660-2:1999,IDT)

ISO/TS 12180-1:2003 产品几何技术规范(GPS) 圆柱度 第1部分:圆柱度词汇和参数

ISO/TS 12180-2:2003(E) 产品几何技术规范(GPS) 圆柱度 第2部分:规范操作算子

ISO/TS 12181-1:2003 产品几何技术规范(GPS) 圆度 第1部分:圆度词汇和参数

ISO/TS 12181-2:2003 产品几何技术规范(GPS) 圆度 第2部分:规范操作算子

ISO/TS 12780-1:2003 产品几何技术规范(GPS)直线度 第1部分:直线度词汇和参数

ISO/TS 12780-2:2003 产品几何技术规范(GPS)直线度 第2部分:规范操作算子

ISO/TS 12781-1:2003 产品几何技术规范(GPS) 平面度 第1部分:平面度词汇和参数

ISO/TS 12781-2:2003 产品几何技术规范(GPS) 平面度 第2部分:规范操作算子

ISO/TS 17450-2:2002 产品几何量技术规范(GPS)一般概念 第2部分:基本原则、规范、操作算子和不确定度

3 术语和定义

GB/T 18780.1、GB/T 18780.2 给出的术语和定义及下列术语和定义适用于本标准。

3.1

公差带 tolerance zone

由一个或几个理想的几何线或面所限定的、由线性公差值表示其大小的区域。

4 基本概念

4.1 应按照功能要求给定几何公差,同时考虑制造和检测上的要求。

注：在图样上标注的几何公差并不一定要指明应采用的特定的加工、测量或检验方法。

4.2 对要素规定的几何公差确定了公差带,该要素应限定在公差带之内。

4.3 要素是工件上的特定部位,如点、线或面。这些要素可以是组成要素(如圆柱体的外表面),也可以是导出要素(如中心线或中心面),见 GB/T 18780.1。

4.4 根据公差的几何特征及其标注方式,公差带的主要形状如下：

——一个圆内的区域；

——两同心圆之间的区域；

——两等距线或两平行直线之间的区域；

——一个圆柱面内的区域；

——两同轴圆柱面之间的区域；

——两等距面或两平行平面之间的区域；

——一个圆球面内的区域。

4.5 除非有进一步限制的要求,例如标有附加性说明(见图 8),被测要素在公差带内可以具有任何形状、方向或位置。

4.6 除非另有规定(见第 12 章及第 13 章),公差适用于整个被测要素。

4.7 相对于基准给定的几何公差并不限定基准要素本身的几何误差。基准要素的几何公差可另行规定。

5 符号

几何公差的几何特征、符号和附加符号见表 1 和表 2。

表 1 几何特征符号

公差类型	几何特征	符 号	有无基准	参见条款
形状公差	直线度	—	无	18.1
	平面度	⏥	无	18.2
	圆度	○	无	18.3
	圆柱度	⌭	无	18.4
	线轮廓度	⌒	无	18.5
	面轮廓度	⌓	无	18.7

表 1(续)

公差类型	几何特征	符　号	有无基准	参见条款
方向公差	平行度	∥	有	18.9
	垂直度	⊥	有	18.10
	倾斜度	∠	有	18.11
	线轮廓度	⌒	有	18.6
	面轮廓度	⌓	有	18.8
位置公差	位置度	⌖	有或无	18.12
	同心度 （用于中心点）	◎	有	18.13
	同轴度 （用于轴线）	◎	有	18.13
	对称度	⌯	有	18.14
	线轮廓度	⌒	有	18.6
	面轮廓度	⌓	有	18.8
跳动公差	圆跳动	↗	有	18.15
	全跳动	⌰	有	18.16

表 2　附加符号

说　明	符　号	参见的章条和标准
被测要素		第 7 章
基准要素	A　A	第 9 章及 GB/T 17851
基准目标	ϕ2 / A1	GB/T 17851
理论正确尺寸	50	第 11 章
延伸公差带	Ⓟ	第 13 章及 GB/T 17773
最大实体要求	Ⓜ	第 14 章及 GB/T 16671

表 2(续)

说　明	符　号	参见的章条和标准
最小实体要求	Ⓛ	第 15 章及 GB/T 16671
自由状态条件(非刚性零件)	Ⓕ	第 16 章及 GB/T 16892
全周(轮廓)	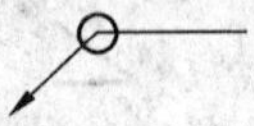	10.1
包容要求	Ⓔ	GB/T 4249
公共公差带	CZ	8.5
小径	LD	10.2
大径	MD	10.2
中径、节径	PD	10.2
线素	LE	18.9.4
不凸起	NC	6.3
任意横截面	ACS	18.13.1

注 1：GB/T 1182—1996 中规定的基准符号为 。

注 2：如需标注可逆要求，可采用符号Ⓡ，见 GB/T 16671。

6 公差框格

6.1 用公差框格标注几何公差时，公差要求注写在划分成两格或多格的矩形框格内。各格自左至右顺序标注以下内容(见图 1～图 5)：

——几何特征符号；

——公差值，以线性尺寸单位表示的量值。如果公差带为圆形或圆柱形，公差值前应加注符号“ϕ”；如果公差带为圆球形，公差值前应加注符号“$S\phi$”；

——基准，用一个字母表示单个基准或用几个字母表示基准体系或公共基准(见图 2～图 5)。

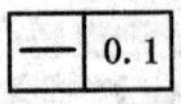

— | 0.1

图 1

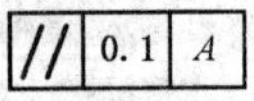

// | 0.1 | *A*

图 2

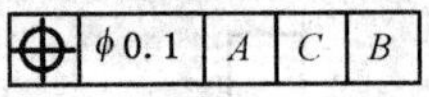

⌖ | ϕ0.1 | *A* | *C* | *B*

图 3

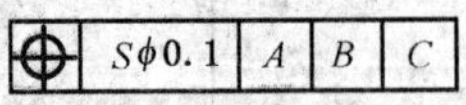

⌖ | $S\phi$0.1 | *A* | *B* | *C*

图 4

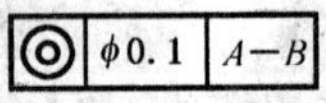

◎ | ϕ0.1 | *A*—*B*

图 5

6.2 当某项公差应用于几个相同要素时，应在公差框格的上方被测要素的尺寸之前注明要素的个数，并在两者之间加上符号“×”(见图 6 和图 7)。

图 6 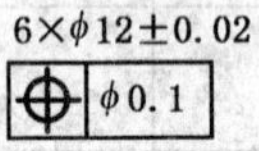　　图 7

6.3 如果需要限制被测要素在公差带内的形状，应在公差框格的下方注明(见图 8)。

注：参见表 2。

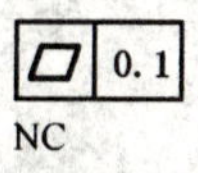

图 8

6.4 如果需要就某个要素给出几种几何特征的公差，可将一个公差框格放在另一个的下面（见图 9）。

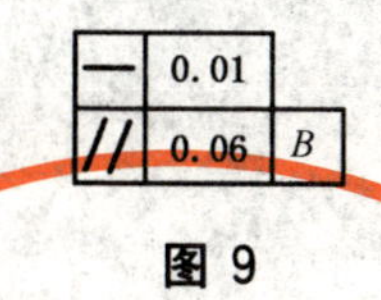

图 9

7 被测要素

按下列方式之一用指引线连接被测要素和公差框格。指引线引自框格的任意一侧，终端带一箭头。

——当公差涉及轮廓线或轮廓面时，箭头指向该要素的轮廓线或其延长线（应与尺寸线明显错开，见图 10、图 11）；箭头也可指向引出线的水平线，引出线引自被测面（见图 12）。

——当公差涉及要素的中心线、中心面或中心点时，箭头应位于相应尺寸线的延长线上（见图 13～图 15）。

需要指明被测要素的形式（是线而不是面）时，应在公差框格附近注明（见图 89）。

注：当被测要素是线素时，可能需要规定被测线素所在截面的方向，见图 89。

图 10

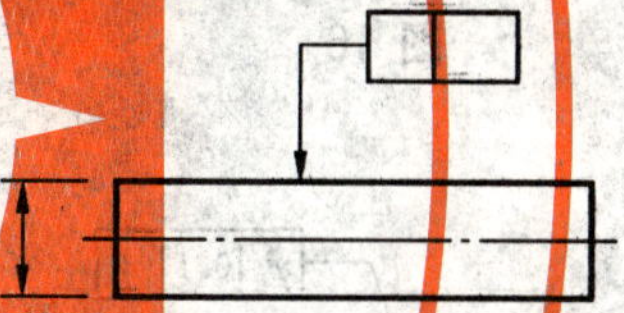

图 11

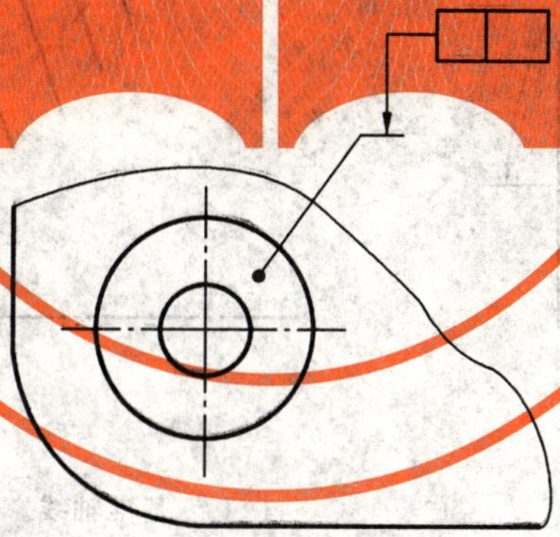

图 12

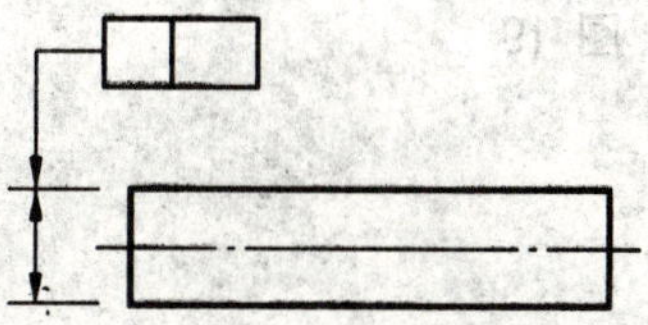

图 13

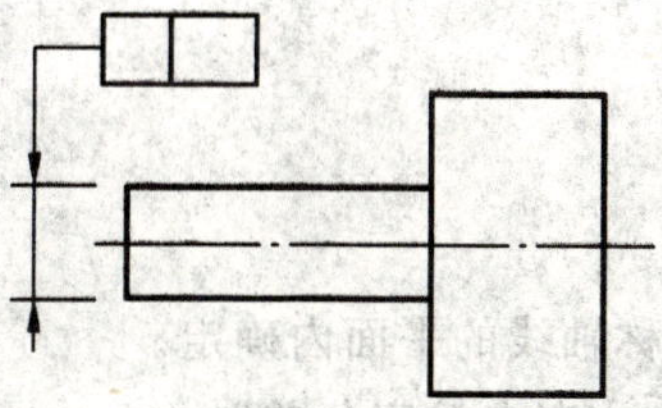

图 14

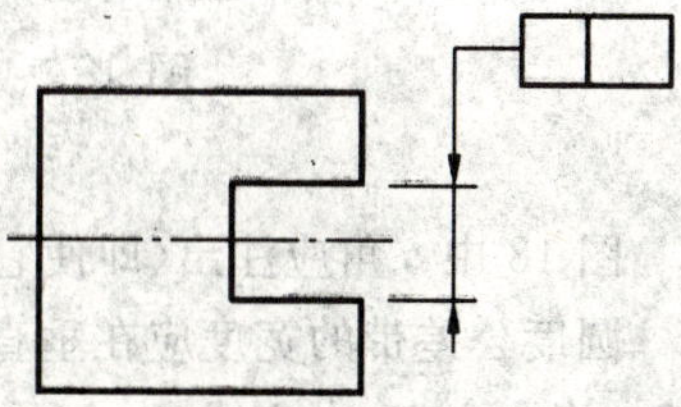

图 15

8 公差带

8.1 公差带的宽度方向为被测要素的法向(示例见图16和图17)。另有说明时除外(见图18和图19)。

注:指引线箭头的方向不影响对公差的定义。

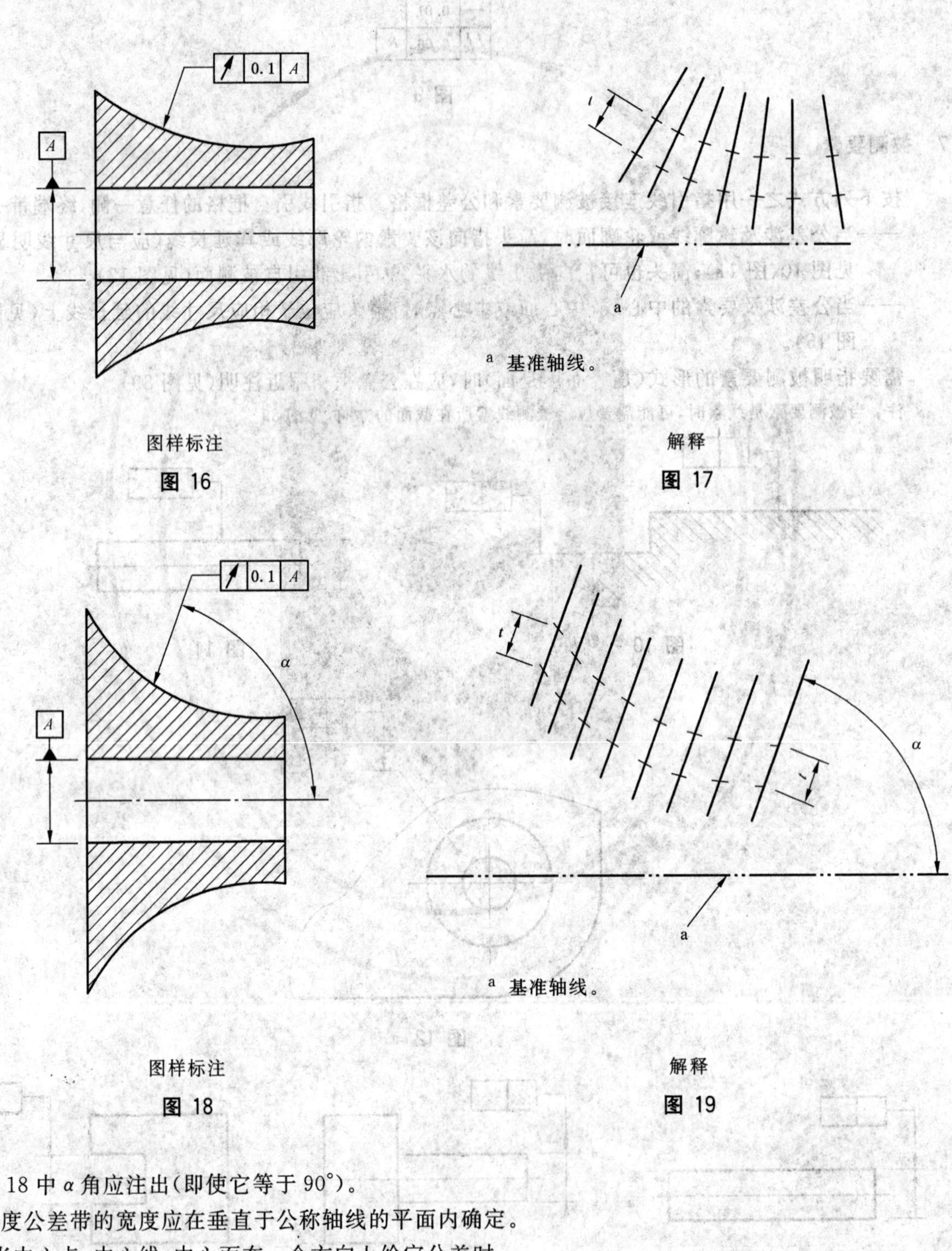

a 基准轴线。

图样标注

图16

解释

图17

图样标注

图18

解释

图19

图18中α角应注出(即使它等于90°)。

圆度公差带的宽度应在垂直于公称轴线的平面内确定。

8.2 当中心点、中心线、中心面在一个方向上给定公差时:

——除非另有说明,位置公差公差带的宽度方向为理论正确尺寸(TED)图框的方向,并按指引线箭头所指互成0°或90°(见图20);

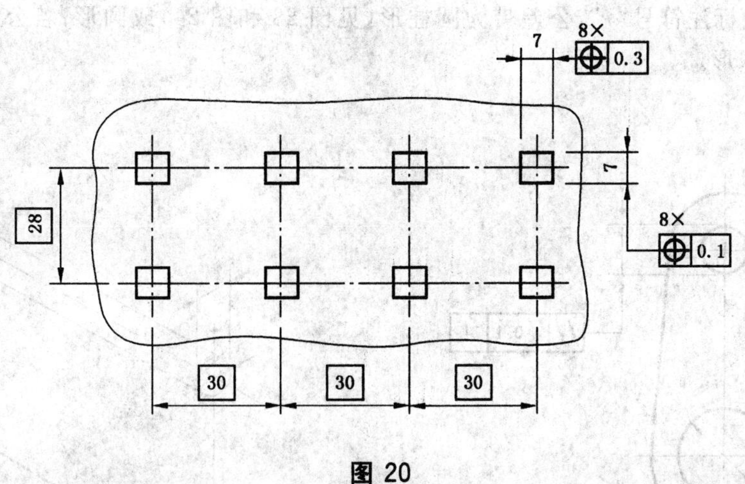

图 20

——除非另有说明，方向公差公差带的宽度方向为指引线箭头方向，与基准成 0°或 90°(见图 21、图 22)；

——除非另有规定，当在同一基准体系中规定两个方向的公差时，它们的公差带是互相垂直的(见图 21、图 22)。

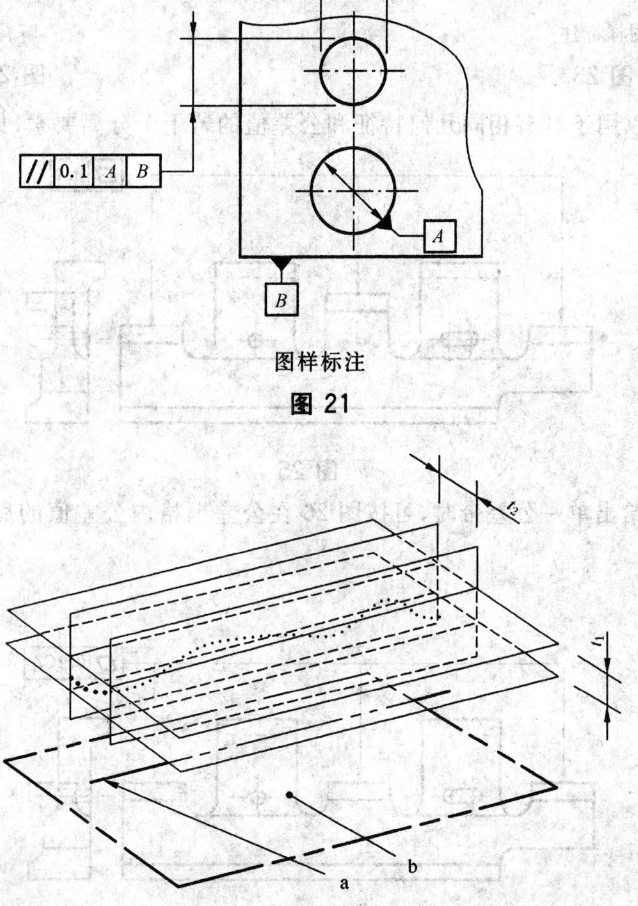

图样标注

图 21

a 基准轴线；

b 基准平面。

解释

图 22

8.3 若公差值前面标注符号“ϕ”，公差带为圆柱形（见图 23 和图 24）或圆形；若公差值前面标注符号“$S\phi$”，公差带为圆球形。

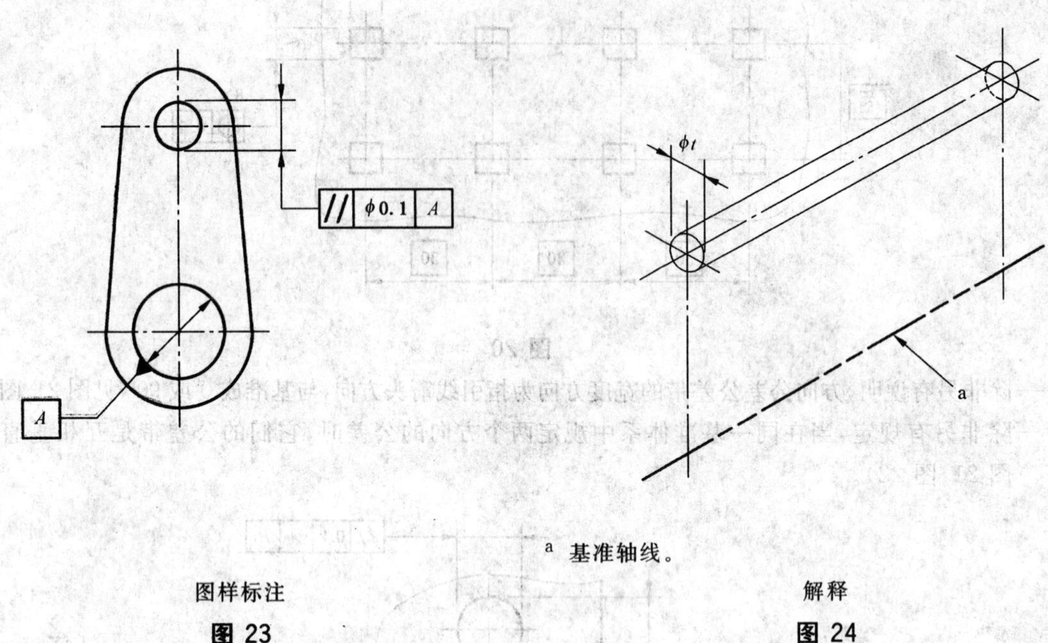

[a] 基准轴线。

图样标注

图 23

解释

图 24

8.4 一个公差框格可以用于具有相同几何特征和公差值的若干个分离要素（见图 25）。

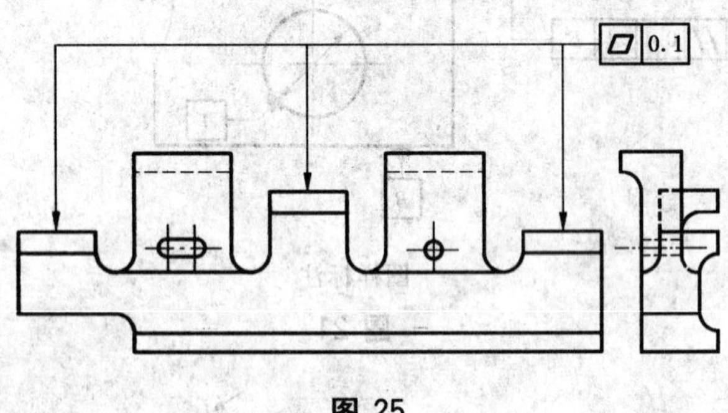

图 25

8.5 若干个分离要素给出单一公差带时，可按图 26 在公差框格内公差值的后面加注公共公差带的符号 CZ。

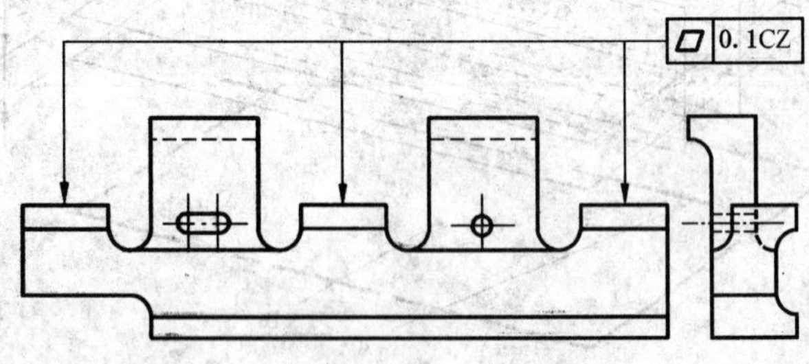

图 26

9 基准

9.1 基准应按9.2～9.5所示规定标注。详见GB/T 17851。

9.2 与被测要素相关的基准用一个大写字母表示。字母标注在基准方格内，与一个涂黑的或空白的三角形相连以表示基准(见图27和图28)；表示基准的字母还应标注在公差框格内。涂黑的和空白的基准三角形含义相同。

图27　　图28

9.3 带基准字母的基准三角形应按如下规定放置：

——当基准要素是轮廓线或轮廓面时，基准三角形放置在要素的轮廓线或其延长线上(与尺寸线明显错开，见图29)；基准三角形也可放置在该轮廓面引出线的水平线上(见图30)。

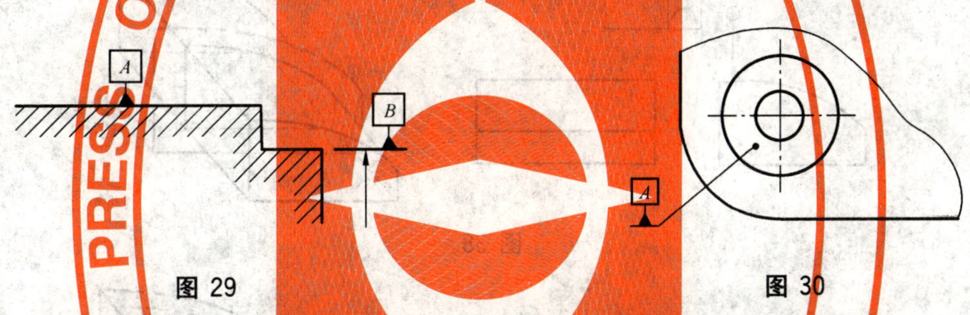

图29　　图30

——当基准是尺寸要素确定的轴线、中心平面或中心点时，基准三角形应放置在该尺寸线的延长线上(见图31～图33)。如果没有足够的位置标注基准要素尺寸的两个尺寸箭头，则其中一个箭头可用基准三角形代替(见图32和图33)。

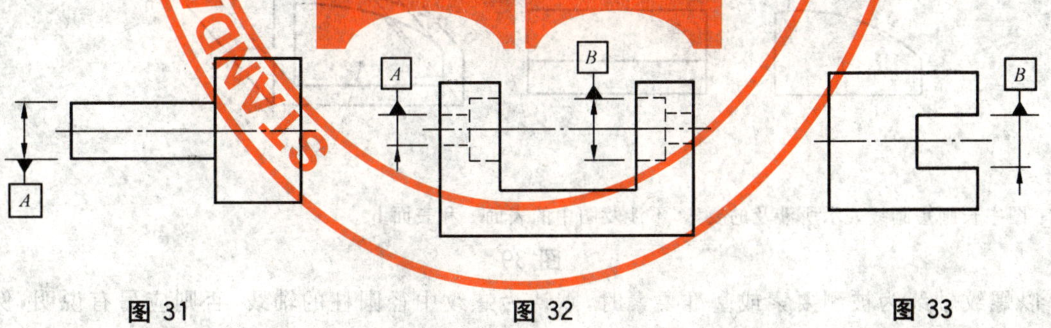

图31　　图32　　图33

9.4 如果只以要素的某一局部作基准，则应用粗点画线示出该部分并加注尺寸(见图34)，参见GB/T 4457.4表2。

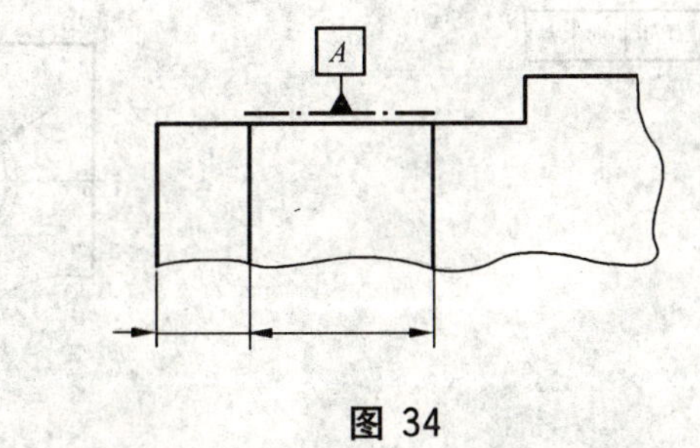

图34

9.5 以单个要素作基准时，用一个大写字母表示(见图 35)。

以两个要素建立公共基准时，用中间加连字符的两个大写字母表示(示例见图 36)。

以两个或三个基准建立基准体系(即采用多基准)时，表示基准的大写字母按基准的优先顺序自左至右填写在各框格内(见图 37)。

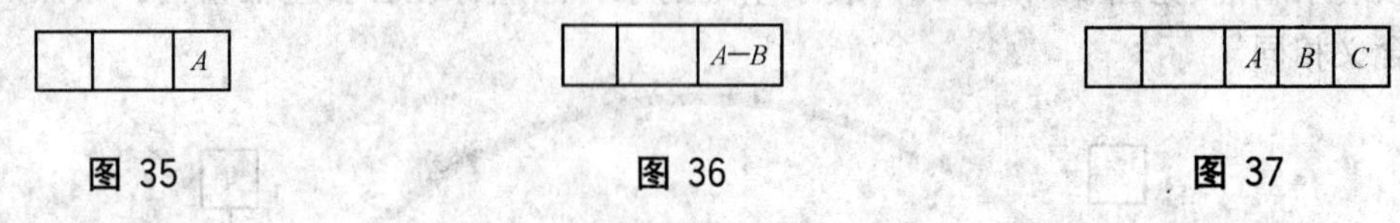

图 35　　图 36　　图 37

10 附加标记

10.1 如果轮廓度特征适用于横截面的整周轮廓或由该轮廓所示的整周表面时，应采用"全周"符号表示(见图 38 和图 39)。"全周"符号并不包括整个工件的所有表面，只包括由轮廓和公差标注所表示的各个表面(见图 38 和图 39)。

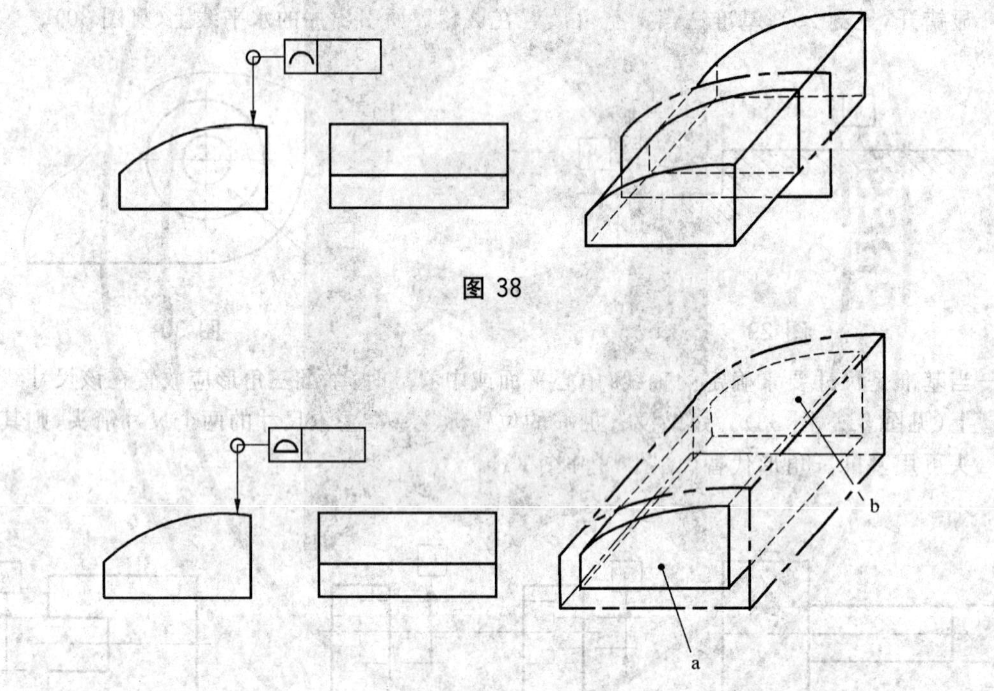

图 38

注：图中长画短画线表示所涉及的要素，不涉及图中的表面 a 和表面 b 。

图 39

10.2 以螺纹轴线为被测要素或基准要素时，默认为螺纹中径圆柱的轴线，否则应另有说明，例如用"MD"表示大径，用"LD"表示小径(见图 40、41 示例)。以齿轮、花键轴线为被测要素或基准要素时，需说明所指的要素，如用"PD"表示节径，用"MD"表示大径，用"LD"表示小径。

图 40　　图 41

11 理论正确尺寸

当给出一个或一组要素的位置、方向或轮廓度公差时，分别用来确定其理论正确位置、方向或轮廓的尺寸称为理论正确尺寸(TED)。

TED 也用于确定基准体系中各基准之间的方向、位置关系。

TED 没有公差，并标注在一个方框中(见图 42 和图 43 示例)。

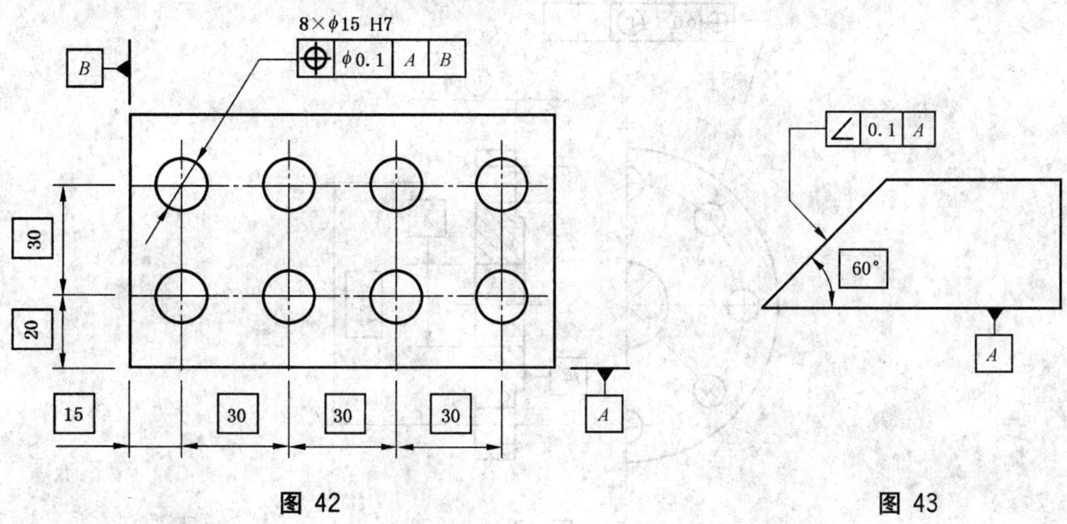

图 42　　　　图 43

12 限定性规定

12.1 需要对整个被测要素上任意限定范围标注同样几何特征的公差时，可在公差值的后面加注限定范围的线性尺寸值，并在两者间用斜线隔开[见图 44 a)]。如果标注的是两项或两项以上同样几何特征的公差，可直接在整个要素公差框格的下方放置另一个公差框格[见图 44 b)]。

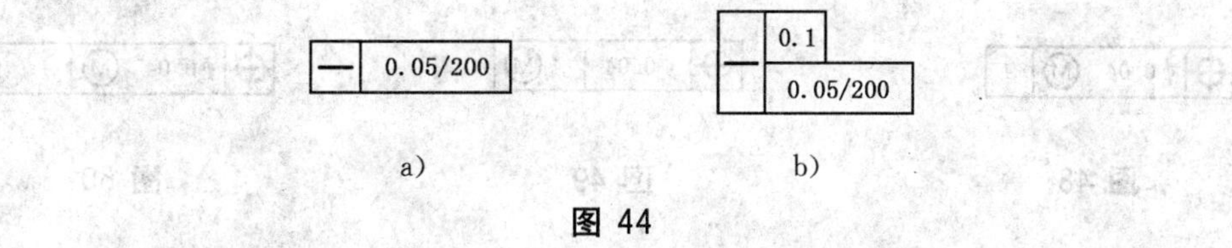

图 44

12.2 如果给出的公差仅适用于要素的某一指定局部，应采用粗点画线示出该局部的范围，并加注尺寸(见图 45 和图 46)。详见 GB/T 4457.4。

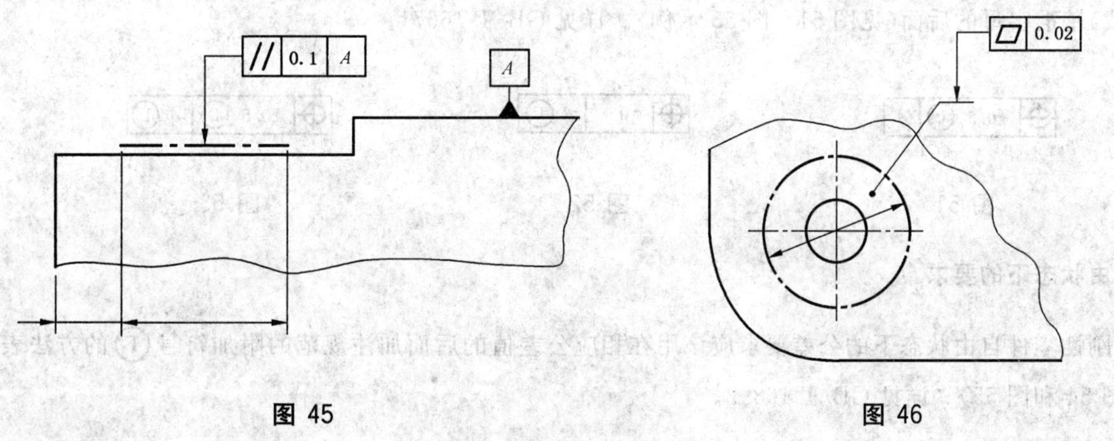

图 45　　　　图 46

12.3 局部要素作基准时的标注方法见 9.4。

12.4 对被测要素在公差带内的形状的限制见 6.3 和第 7 章。

13 延伸公差带

延伸公差带用规范的附加符号Ⓟ表示(见图 47)。详见 GB/T 17773。

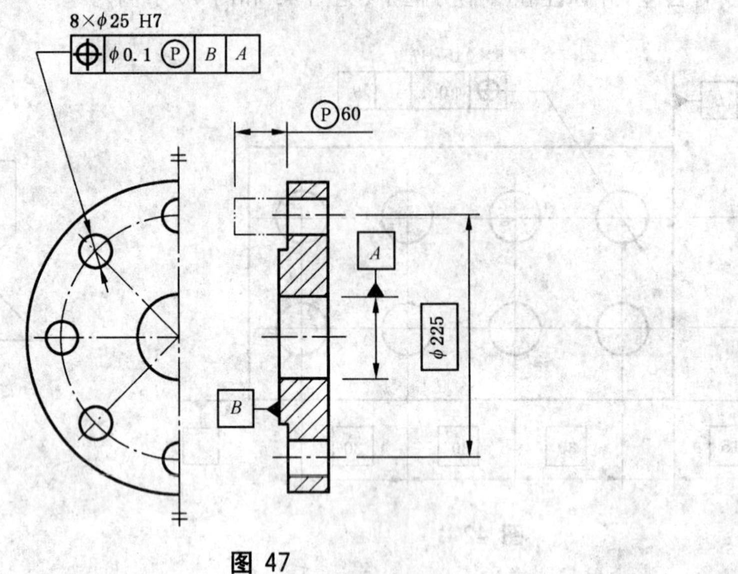

图 47

14 最大实体要求

最大实体要求用规范的附加符号Ⓜ表示。该附加符号可根据需要单独或者同时标注在相应公差值和(或)基准字母的后面(见图 48～图 50 示例)。详见 GB/T 16671。

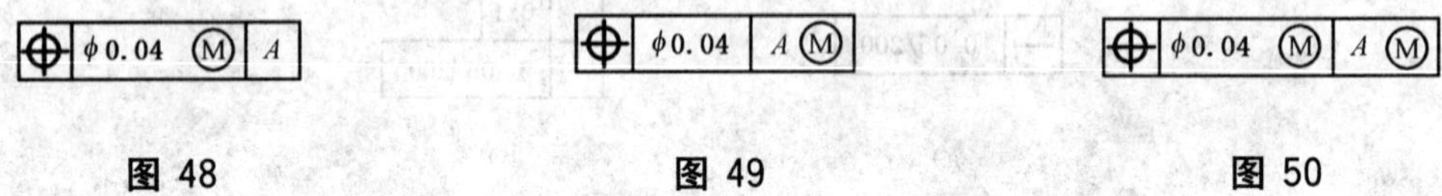

图 48　　图 49　　图 50

15 最小实体要求

最小实体要求用规范的附加符号Ⓛ表示。该附加符号可根据需要单独或者同时标注在相应公差值和(或)基准字母的后面(见图 51～图 53 示例)。详见 GB/T 16671。

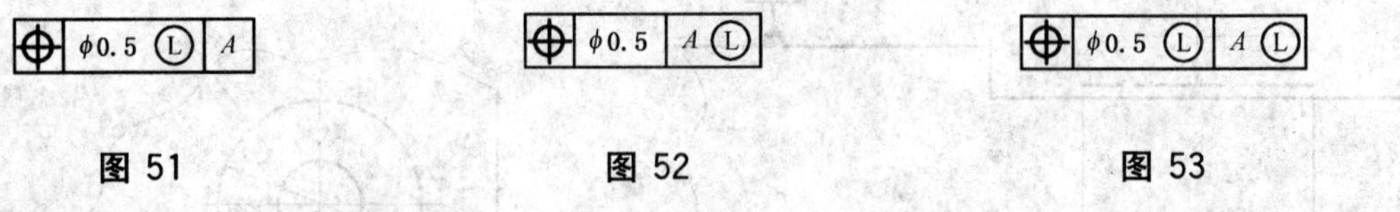

图 51　　图 52　　图 53

16 自由状态下的要求

非刚性零件自由状态下的公差要求应该用在相应公差值的后面加注规范的附加符号Ⓕ的方法表示(见图 54 和图 55)。详见 GB/T 16892。

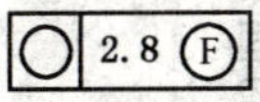

○	2.8 Ⓕ

图 54

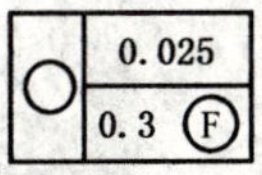

○	0.025
	0.3 Ⓕ

图 55

注：各附加符号Ⓟ、Ⓜ、Ⓛ、Ⓕ和 CZ，可同时用于同一个公差框格中(见图 56)。

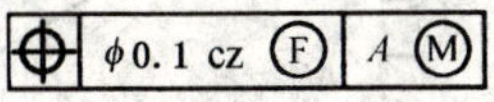

⌖	ϕ0.1 cz Ⓕ	*A* Ⓜ

图 56

17　各类几何公差之间的关系

如果功能需要，可以规定一种或多种几何特征的公差以限定要素的几何误差。限定要素某种类型几何误差的几何公差，亦能限制该要素其他类型的几何误差。

要素的位置公差可同时控制该要素的位置误差、方向误差和形状误差。

要素的方向公差可同时控制该要素的方向误差和形状误差。

要素的形状公差只能控制该要素的形状误差。

18　几何公差的定义

本章以示例的形式对各种几何公差及其公差带作出了定义和解释(见表 3)。随定义给出的示意图只示出与特定定义相应的几何误差的允许范围。

表 3　公差带的定义、标注和解释

尺寸单位为毫米(mm)

<table>
<tr><th>符号</th><th>公差带的定义</th><th>标注及解释</th></tr>
<tr><td rowspan="2">—</td><td colspan="2">18.1　直线度公差</td></tr>
<tr><td>公差带为在给定平面内和给定方向上，间距等于公差值 t 的两平行直线所限定的区域(图 57)。

a 任一距离。
图 57

公差带为间距等于公差值 t 的两平行平面所限定的区域(图 59)。

图 59

由于公差值前加注了符号 ϕ，公差带为直径等于公差值 ϕt 的圆柱面所限定的区域(图 61)

图 61</td><td>在任一平行于图示投影面的平面内，上平面的提取(实际)线应限定在间距等于 0.1 的两平行直线之间(图 58)。

图 58

提取(实际)的棱边应限定在间距等于 0.1 的两平行平面之间(图 60)。

图 60

外圆柱面的提取(实际)中心线应限定在直径等于 $\phi 0.08$ 的圆柱面内(图 62)

图 62</td></tr>
</table>

表 3(续)

尺寸单位为毫米(mm)

符号	公差带的定义	标注及解释
	18.2 平面度公差	
▱	公差带为间距等于公差值 t 的两平行平面所限定的区域(图 63) 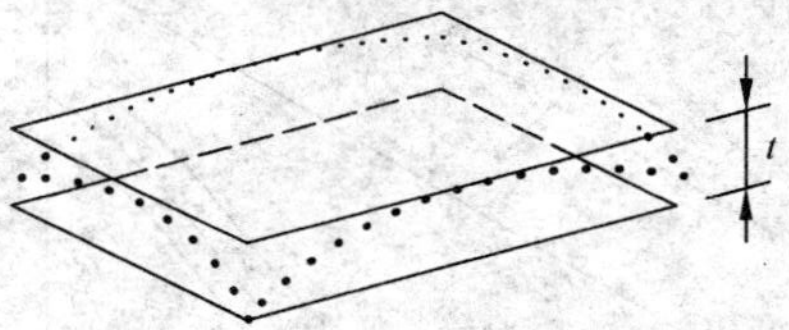 图 63	提取(实际)表面应限定在间距等于 0.08 的两平行平面之间(图 64) 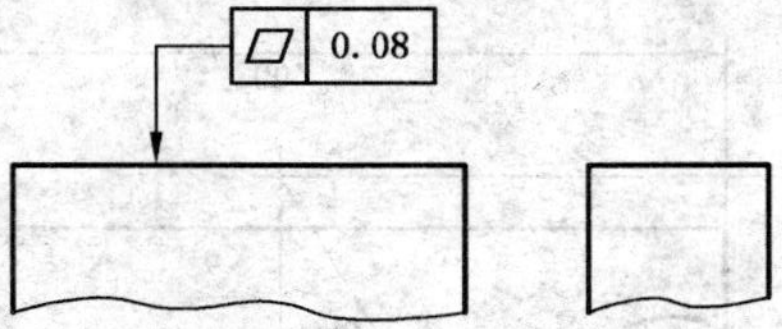 图 64
	18.3 圆度公差	
○	公差带为在给定横截面内、半径差等于公差值 t 的两同心圆所限定的区域(图 65) 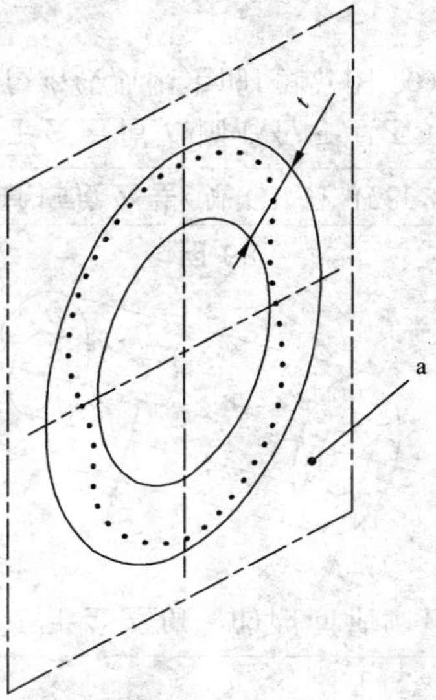 a 任一横截面。 图 65	在圆柱面和圆锥面的任意横截面内,提取(实际)圆周应限定在半径差等于 0.03 的两共面同心圆之间(图 66)。 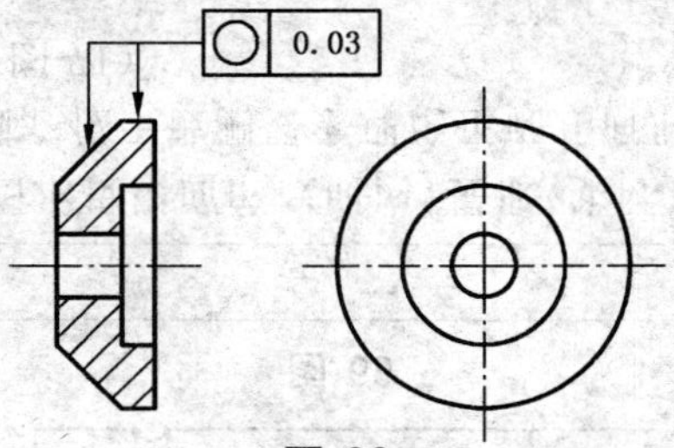 图 66 在圆锥面的任意横截面内,提取(实际)圆周应限定在半径差等于 0.1 的两同心圆之间(图 67) 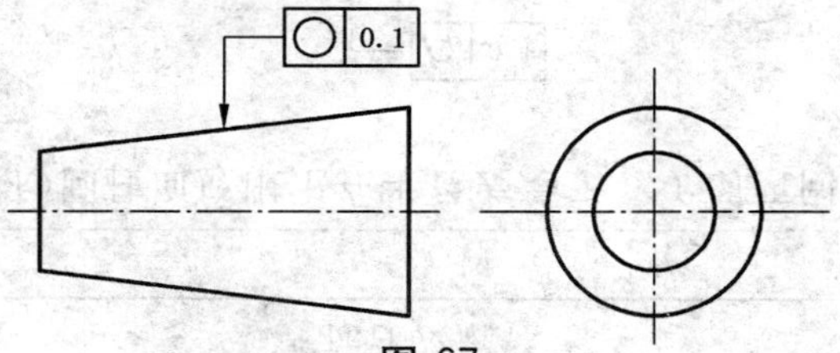 图 67 注:提取圆周的定义尚未标准化。

表 3(续)

尺寸单位为毫米(mm)

符号	公差带的定义	标注及解释
	18.4 圆柱度公差	
⌭	公差带为半径差等于公差值 t 的两同轴圆柱面所限定的区域(图 68) 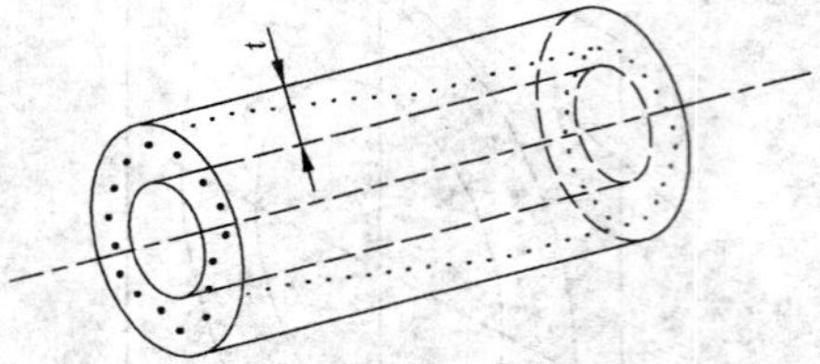 图 68	提取(实际)圆柱面应限定在半径差等于 0.1 的两同轴圆柱面之间(图 69) 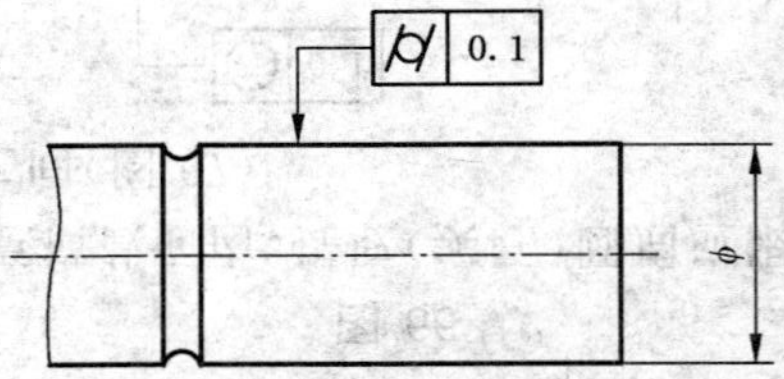 图 69
	18.5 无基准的线轮廓度公差(见 GB/T 17852)	
⌒	公差带为直径等于公差值 t、圆心位于具有理论正确几何形状上的一系列圆的两包络线所限定的区域(图 70) 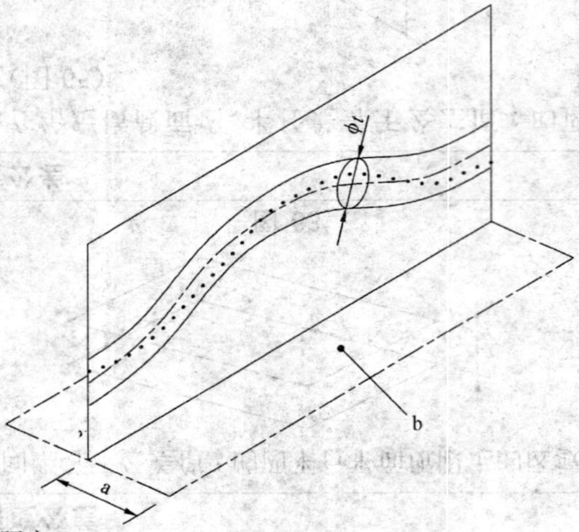 a 任一距离; b 垂直于图 71 视图所在平面。 图 70	在任一平行于图示投影面的截面内,提取(实际)轮廓线应限定在直径等于 0.04、圆心位于被测要素理论正确几何形状上的一系列圆的两包络线之间(图 71) 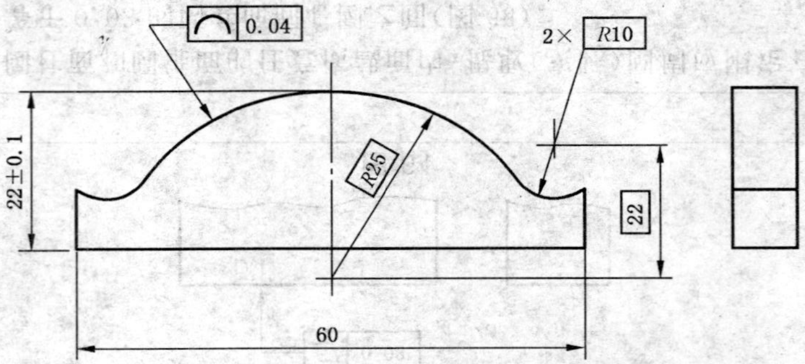 图 71

表 3(续)

尺寸单位为毫米(mm)

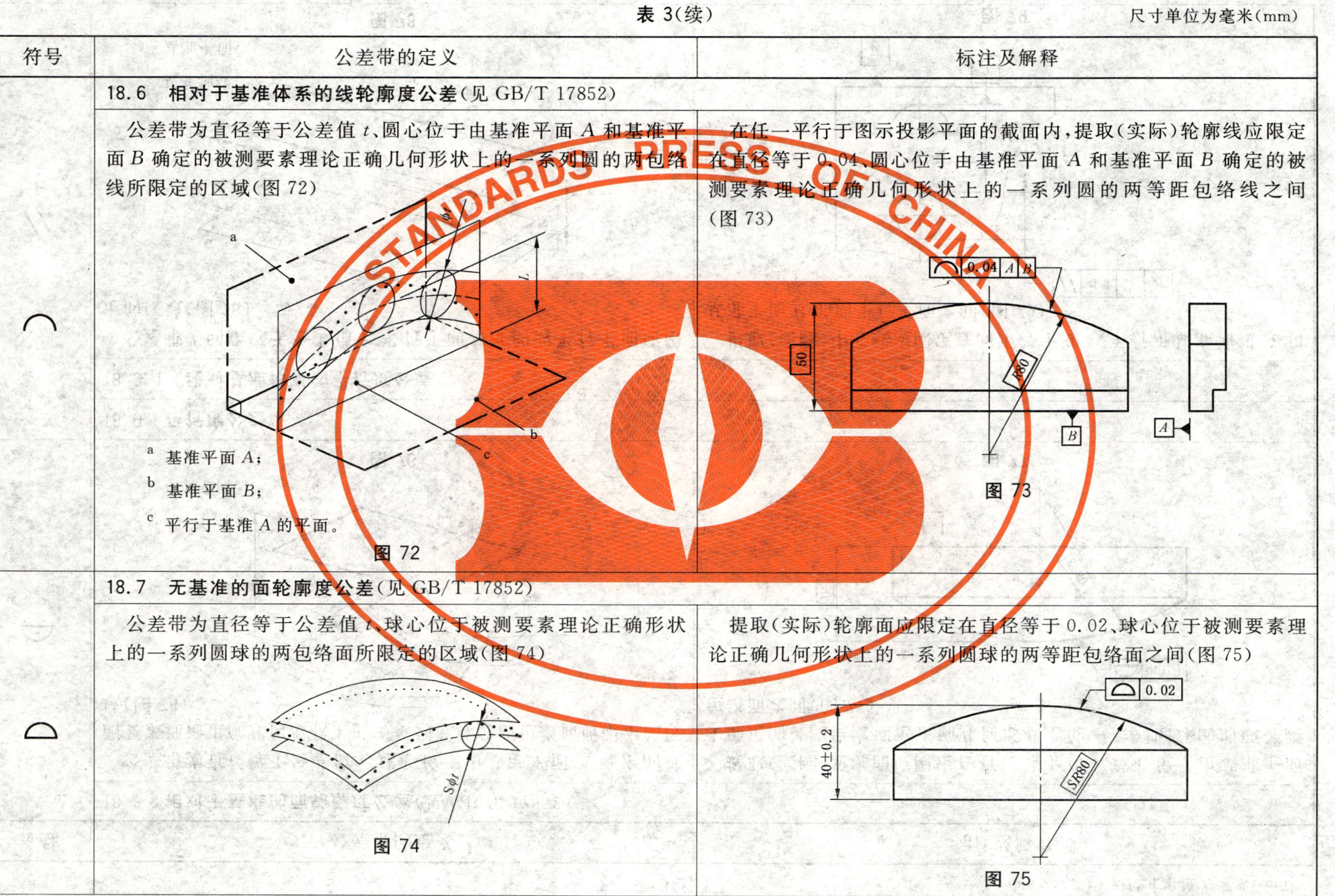

符号	公差带的定义	标注及解释
	18.6 相对于基准体系的线轮廓度公差(见 GB/T 17852)	
⌒	公差带为直径等于公差值 t、圆心位于由基准平面 A 和基准平面 B 确定的被测要素理论正确几何形状上的一系列圆的两包络线所限定的区域(图 72) a 基准平面 A; b 基准平面 B; c 平行于基准 A 的平面。 图 72	在任一平行于图示投影平面的截面内,提取(实际)轮廓线应限定在直径等于 0.04、圆心位于由基准平面 A 和基准平面 B 确定的被测要素理论正确几何形状上的一系列圆的两等距包络线之间(图 73) 图 73
	18.7 无基准的面轮廓度公差(见 GB/T 17852)	
⌓	公差带为直径等于公差值 t、球心位于被测要素理论正确形状上的一系列圆球的两包络面所限定的区域(图 74) 图 74	提取(实际)轮廓面应限定在直径等于 0.02、球心位于被测要素理论正确几何形状上的一系列圆球的两等距包络面之间(图 75) 图 75

表 3(续)

尺寸单位为毫米(mm)

符号	公差带的定义	标注及解释
	18.8 相对于基准的面轮廓度公差(见 GB/T 17852)	
⌓	公差带为直径等于公差值 t、球心位于由基准平面 A 确定的被测要素理论正确几何形状上的一系列圆球的两包络面所限定的区域(图 76) 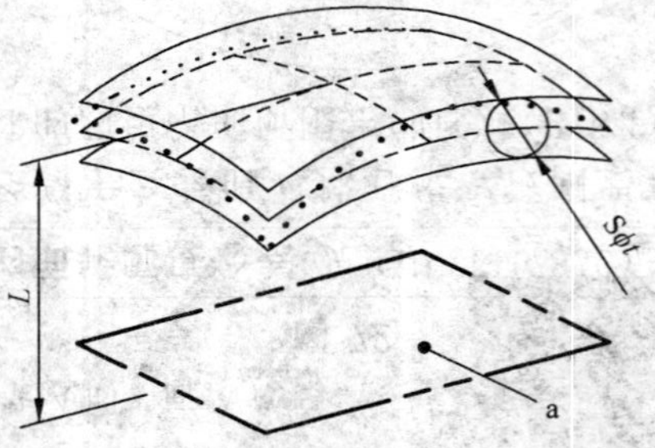 a 基准平面。 图 76	提取(实际)轮廓面应限定在直径等于 0.1、球心位于由基准平面 A 确定的被测要素理论正确几何形状上的一系列圆球的的两等距包络面之间(图 77) 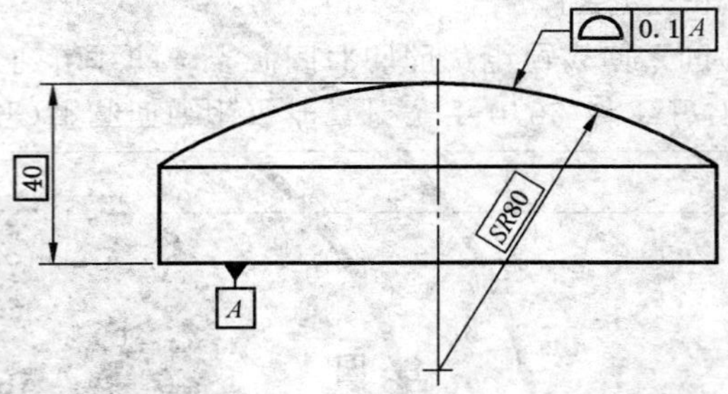 图 77
	18.9 平行度公差	
	18.9.1 线对基准体系的平行度公差	
//	公差带为间距等于公差值 t、平行于两基准的两平行平面所限定的区域(图 78) 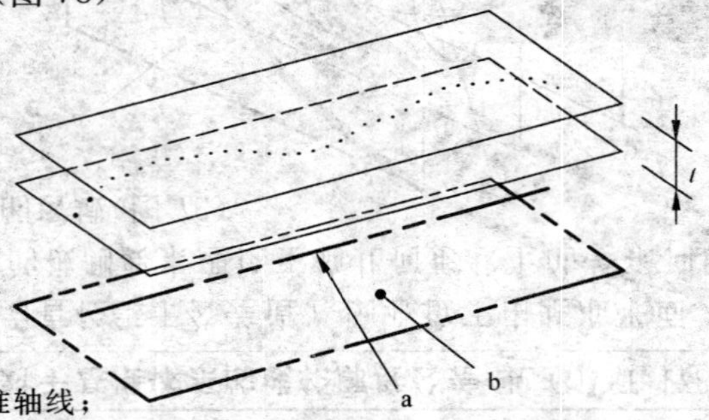 a 基准轴线; b 基准平面。 图 78	提取(实际)中心线应限定在间距等于 0.1、平行于基准轴线 A 和基准平面 B 的两平行平面之间(图 79) 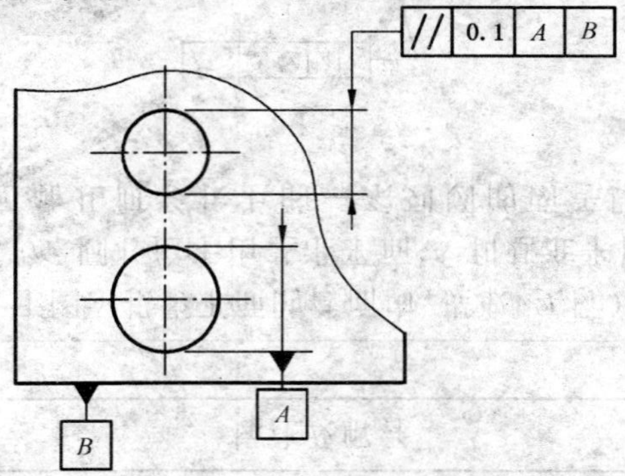 图 79

表 3(续)

尺寸单位为毫米(mm)

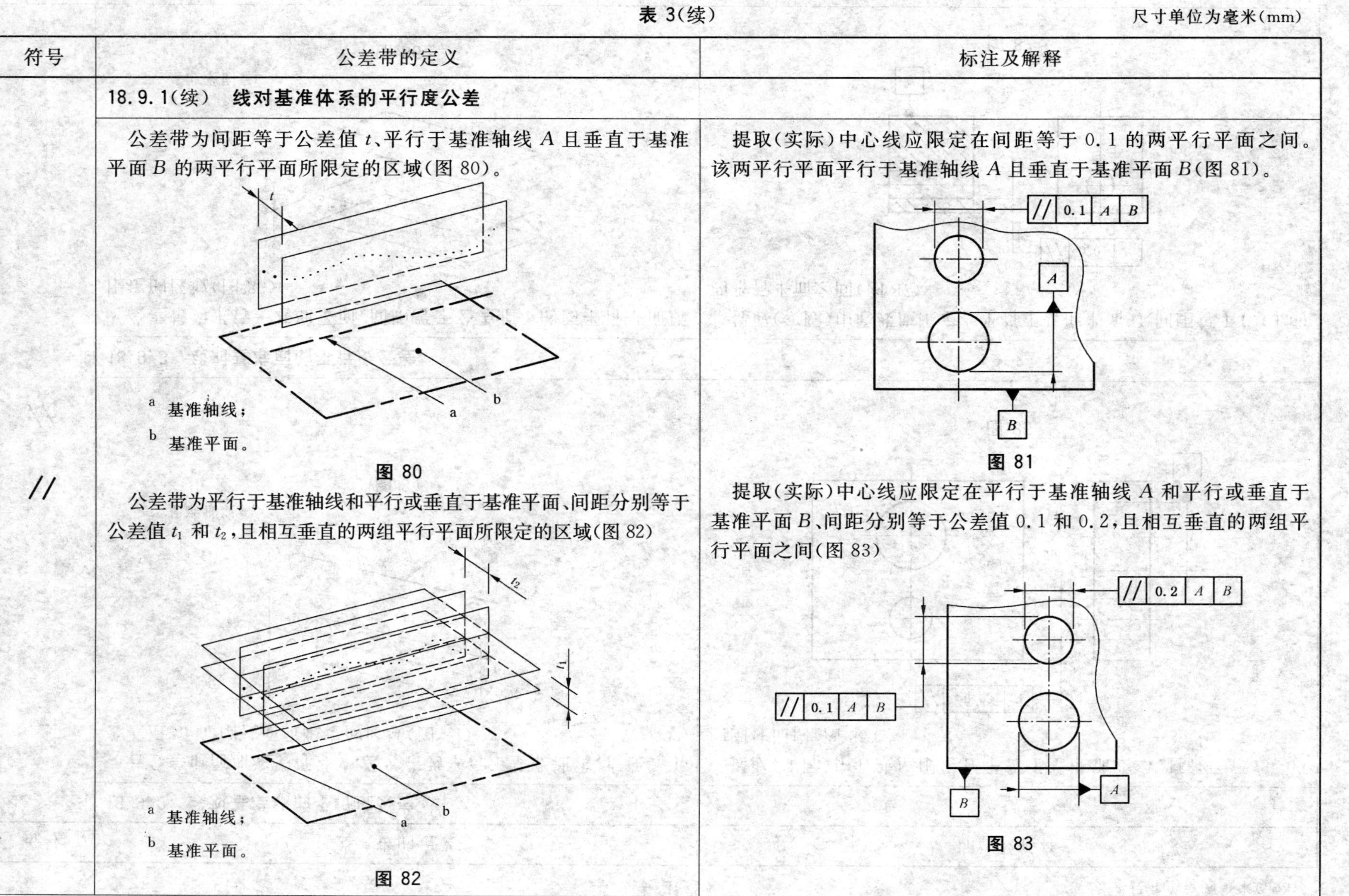

符号	公差带的定义	标注及解释
	18.9.1(续)　线对基准体系的平行度公差	
//	公差带为间距等于公差值 t、平行于基准轴线 A 且垂直于基准平面 B 的两平行平面所限定的区域(图 80)。 a 基准轴线; b 基准平面。 图 80	提取(实际)中心线应限定在间距等于 0.1 的两平行平面之间。该两平行平面平行于基准轴线 A 且垂直于基准平面 B(图 81)。 图 81
	公差带为平行于基准轴线和平行或垂直于基准平面、间距分别等于公差值 t_1 和 t_2,且相互垂直的两组平行平面所限定的区域(图 82) a 基准轴线; b 基准平面。 图 82	提取(实际)中心线应限定在平行于基准轴线 A 和平行或垂直于基准平面 B、间距分别等于公差值 0.1 和 0.2,且相互垂直的两组平行平面之间(图 83) 图 83

表 3(续)

尺寸单位为毫米(mm)

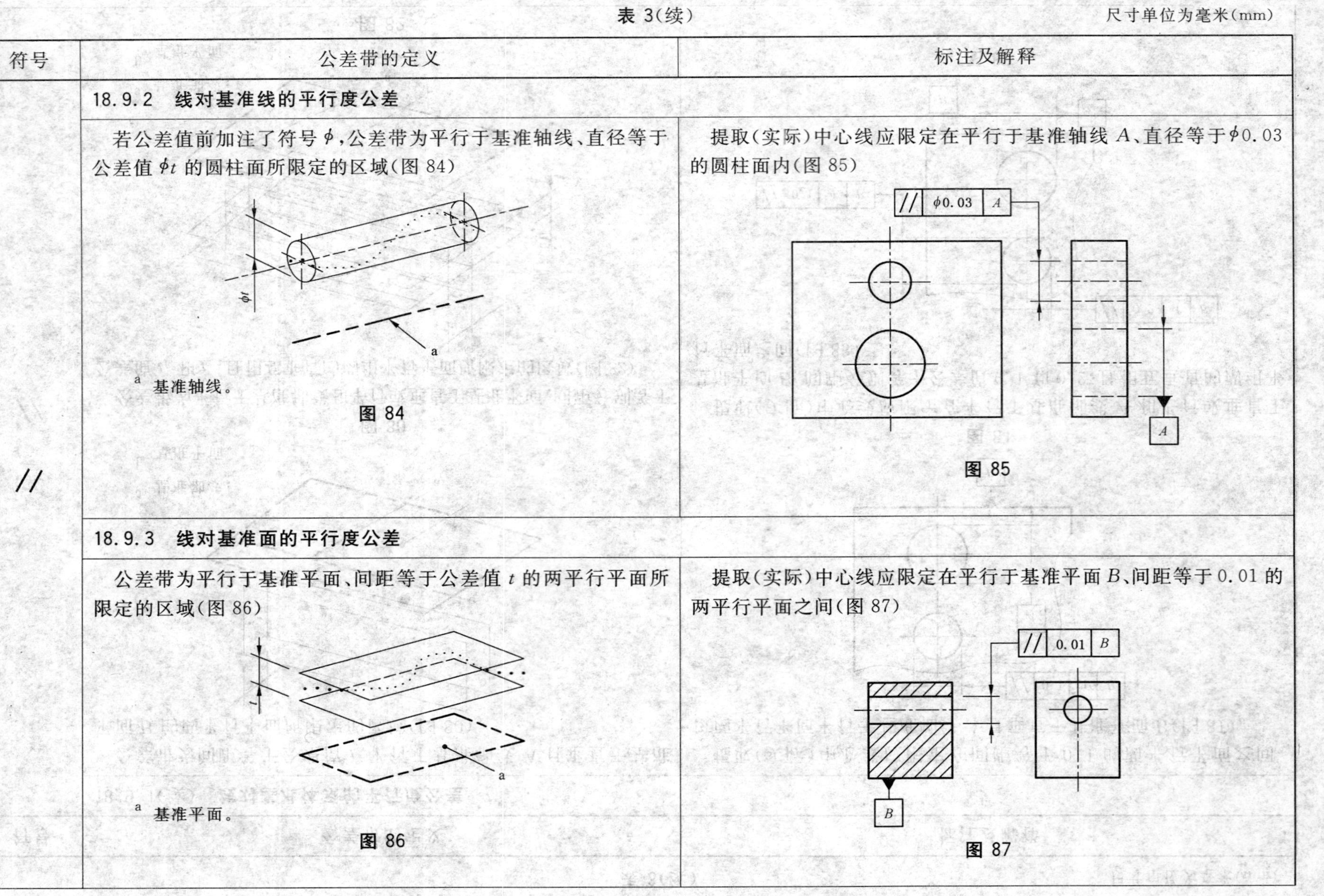

符号	公差带的定义	标注及解释
//	**18.9.2 线对基准线的平行度公差**	
	若公差值前加注了符号 ϕ，公差带为平行于基准轴线、直径等于公差值 ϕt 的圆柱面所限定的区域(图 84) a 基准轴线。 图 84	提取(实际)中心线应限定在平行于基准轴线 A、直径等于 $\phi 0.03$ 的圆柱面内(图 85) 图 85
	18.9.3 线对基准面的平行度公差	
	公差带为平行于基准平面、间距等于公差值 t 的两平行平面所限定的区域(图 86) a 基准平面。 图 86	提取(实际)中心线应限定在平行于基准平面 B、间距等于 0.01 的两平行平面之间(图 87) 图 87

表 3(续)

尺寸单位为毫米(mm)

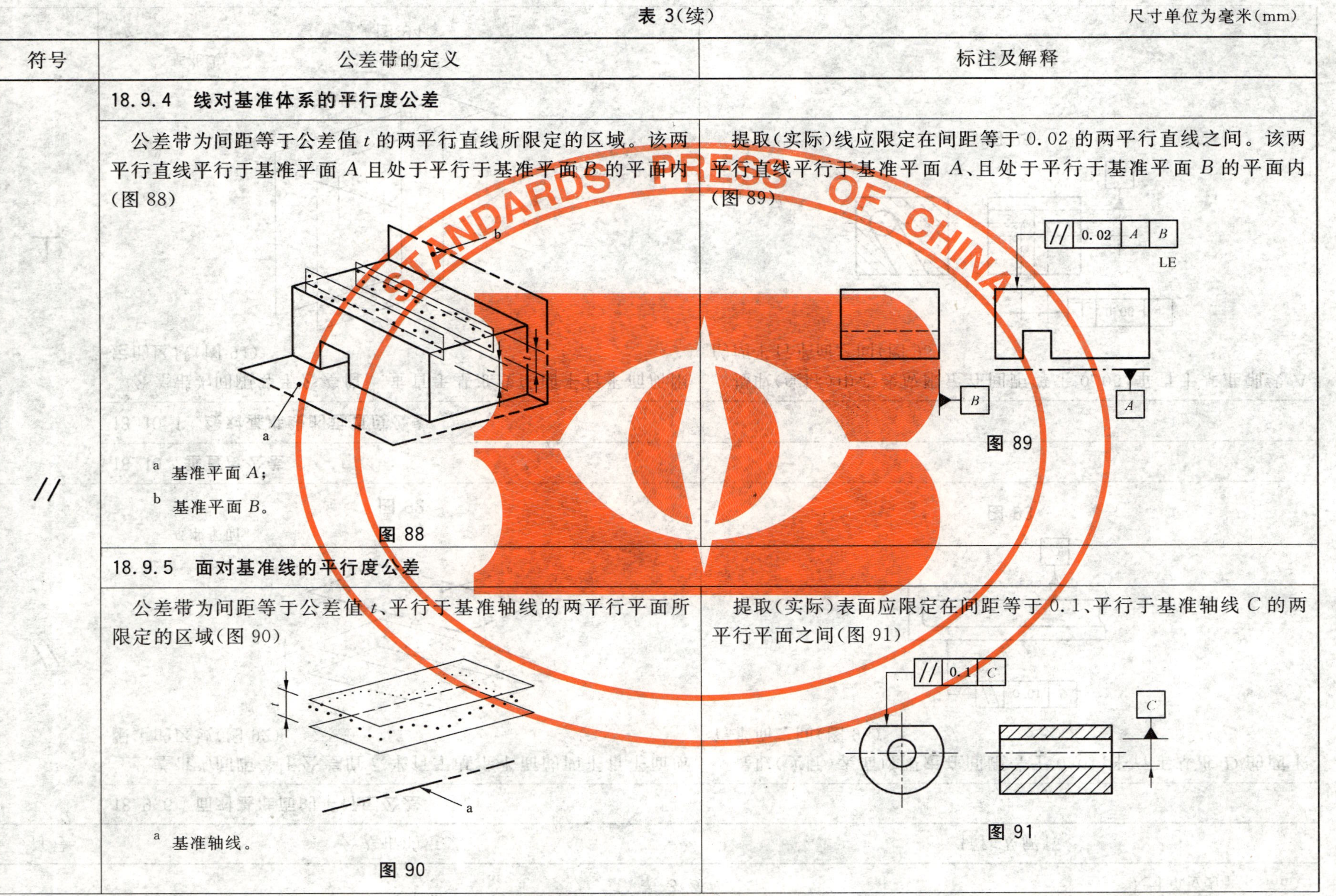

符号	公差带的定义	标注及解释
//	**18.9.4 线对基准体系的平行度公差**	
	公差带为间距等于公差值 t 的两平行直线所限定的区域。该两平行直线平行于基准平面 A 且处于平行于基准平面 B 的平面内(图 88) a 基准平面 A; b 基准平面 B。 图 88	提取(实际)线应限定在间距等于 0.02 的两平行直线之间。该两平行直线平行于基准平面 A、且处于平行于基准平面 B 的平面内(图 89) 图 89
	18.9.5 面对基准线的平行度公差	
	公差带为间距等于公差值 t、平行于基准轴线的两平行平面所限定的区域(图 90) a 基准轴线。 图 90	提取(实际)表面应限定在间距等于 0.1、平行于基准轴线 C 的两平行平面之间(图 91) 图 91

表 3(续)

尺寸单位为毫米(mm)

符号	公差带的定义	标注及解释
//	**18.9.6 面对基准面的平行度公差**	
	公差带为间距等于公差值 t、平行于基准平面的两平行平面所限定的区域(图 92) a 基准平面。 图 92	提取(实际)表面应限定在间距等于 0.01、平行于基准 D 的两平行平面之间(图 93) 图 93
⊥	**18.10 垂直度公差**	
	18.10.1 线对基准线的垂直度公差	
	公差带为间距等于公差值 t、垂直于基准线的两平行平面所限定的区域(图 94) a 基准线。 图 94	提取(实际)中心线应限定在间距等于 0.06、垂直于基准轴线 A 的两平行平面之间(图 95) 图 95

表 3(续)

尺寸单位为毫米(mm)

符号	公差带的定义	标注及解释
⊥	**18.10.2 线对基准体系的垂直度公差**	
	公差带为间距等于公差值 t 的两平行平面所限定的区域。该两平行平面垂直于基准平面 A，且平行于基准平面 B(图 96) 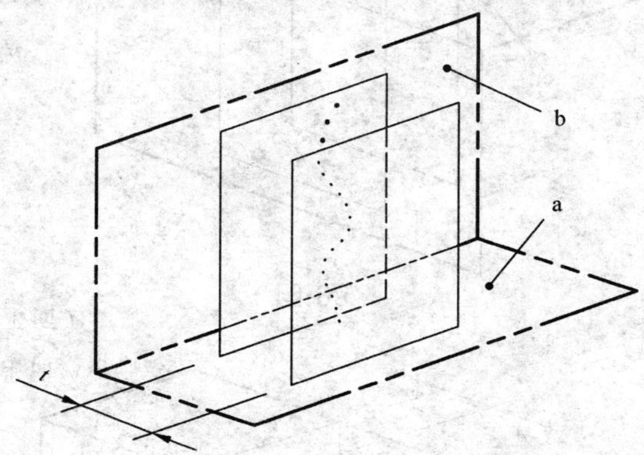 a 基准平面 A； b 基准平面 B。 **图 96**	圆柱面的提取(实际)中心线应限定在间距等于 0.1 的两平行平面之间。该两平行平面垂直于基准平面 A，且平行于基准平面 B(图 97) 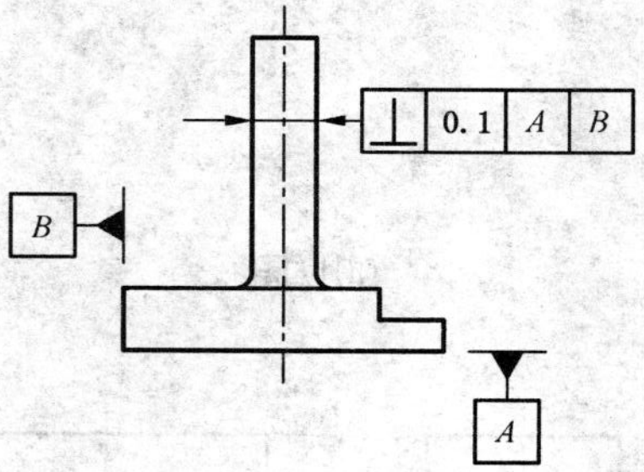 **图 97**

表 3(续)

尺寸单位为毫米(mm)

符号	公差带的定义	标注及解释
⊥	**18.10.2(续) 线对基准体系的垂直度公差**	
	公差带为间距分别等于公差值 t_1 和 t_2，且互相垂直的两组平行平面所限定的区域。该两组平行平面都垂直于基准平面 A。其中一组平行平面垂直于基准平面 B(见图 98)，另一组平行平面平行于基准平面 B(见图 99) 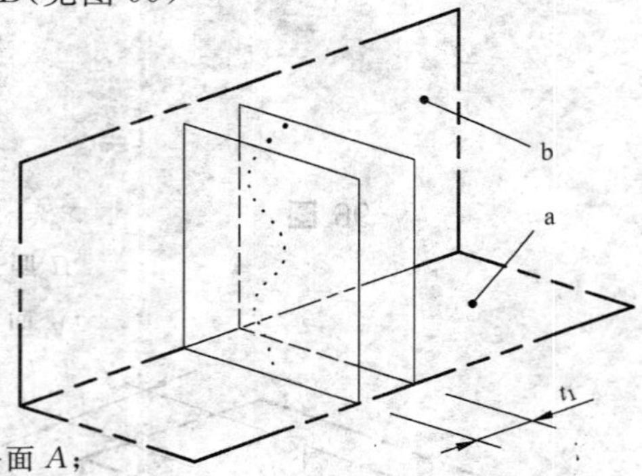 a 基准平面 A； b 基准平面 B。 图 98 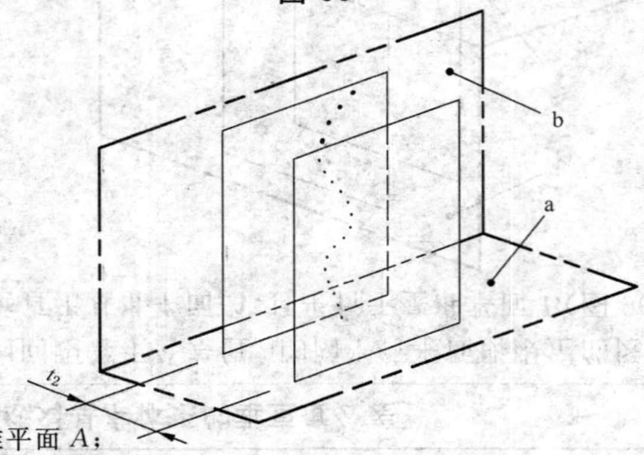 a 基准平面 A； b 基准平面 B。 图 99	圆柱的提取(实际)中心线应限定在间距分别等于 0.1 和 0.2，且相互垂直的两组平行平面内。该两组平行平面垂直于基准平面 A 且垂直或平行于基准平面 B(图 100) 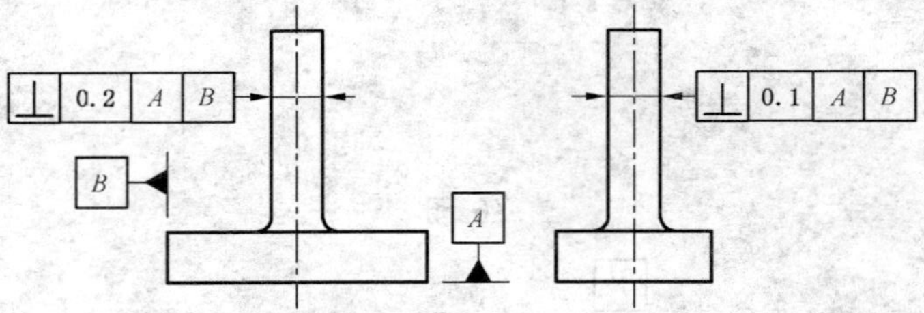 图 100

表 3(续)

尺寸单位为毫米(mm)

符号	公差带的定义	标注及解释
⊥	**18.10.3 线对基准面的垂直度公差**	
	若公差值前加注符号 ϕ,公差带为直径等于公差值 ϕt、轴线垂直于基准平面的圆柱面所限定的区域(图 101) a 基准平面。 图 101	圆柱面的提取(实际)中心线应限定在直径等于 $\phi 0.01$、垂直于基准平面 A 的圆柱面内(图 102) 图 102
	18.10.4 面对基准线的垂直度公差	
	公差带为间距等于公差值 t 且垂直于基准轴线的两平行平面所限定的区域(图 103) a 基准轴线。 图 103	提取(实际)表面应限定在间距等于 0.08 的两平行平面之间。该两平行平面垂直于基准轴线 A(图 104) 图 104

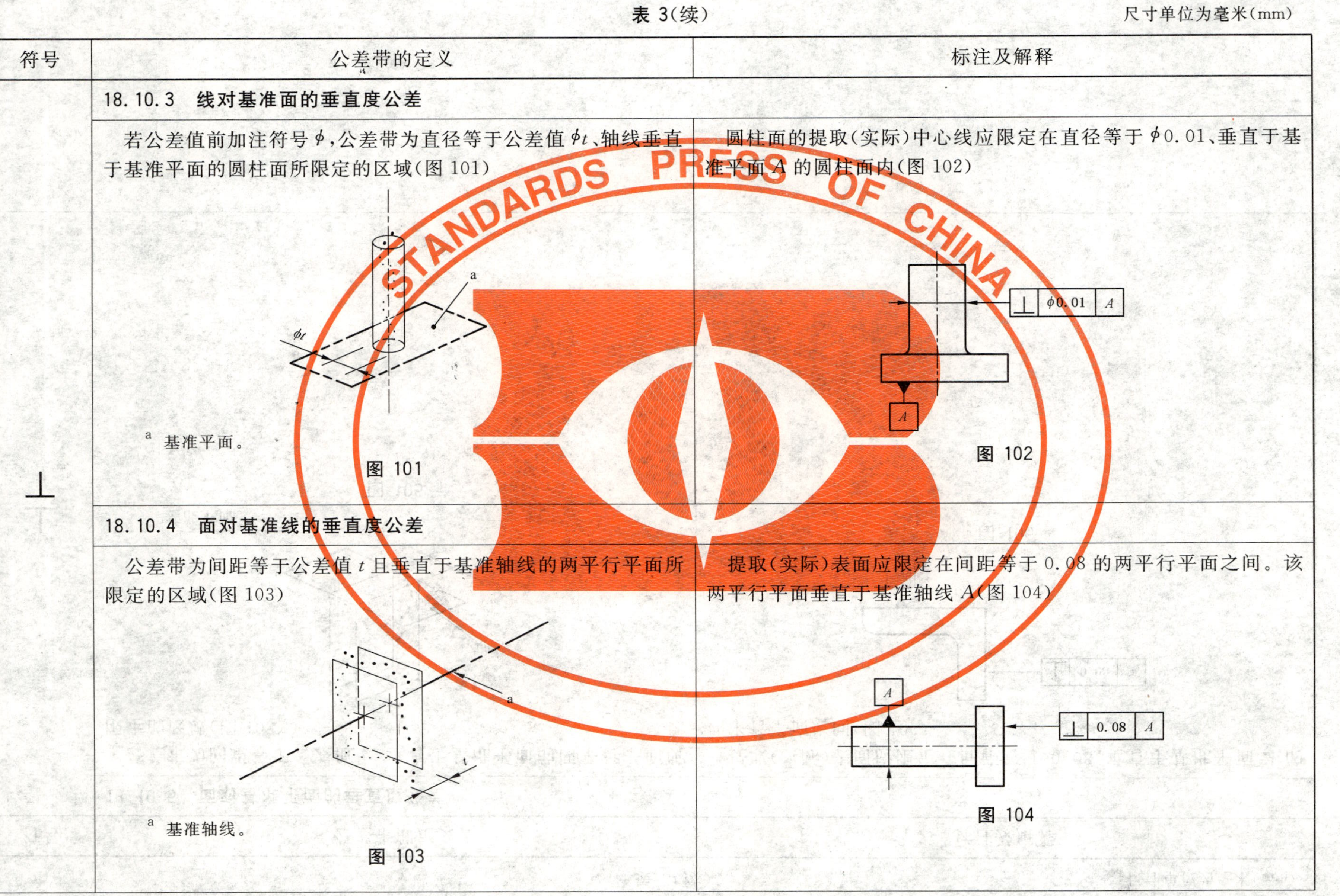

表 3(续)

尺寸单位为毫米(mm)

符号	公差带的定义	标注及解释
	18.10.5 面对基准平面的垂直度公差	
⊥	公差带为间距等于公差值 t、垂直于基准平面的两平行平面所限定的区域(图 105) 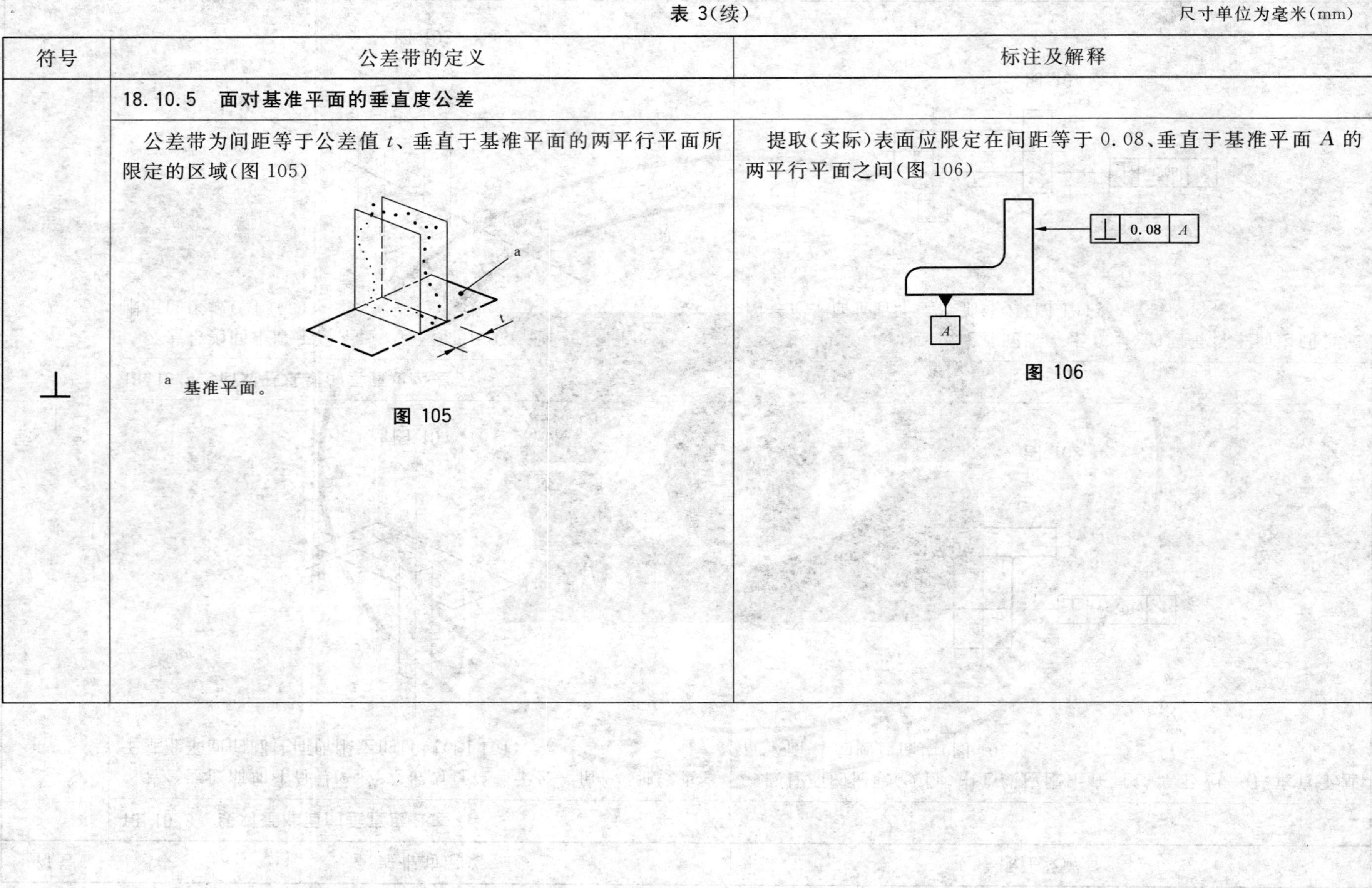 a 基准平面。 图 105	提取(实际)表面应限定在间距等于 0.08、垂直于基准平面 A 的两平行平面之间(图 106) 图 106

表 3(续)

尺寸单位为毫米(mm)

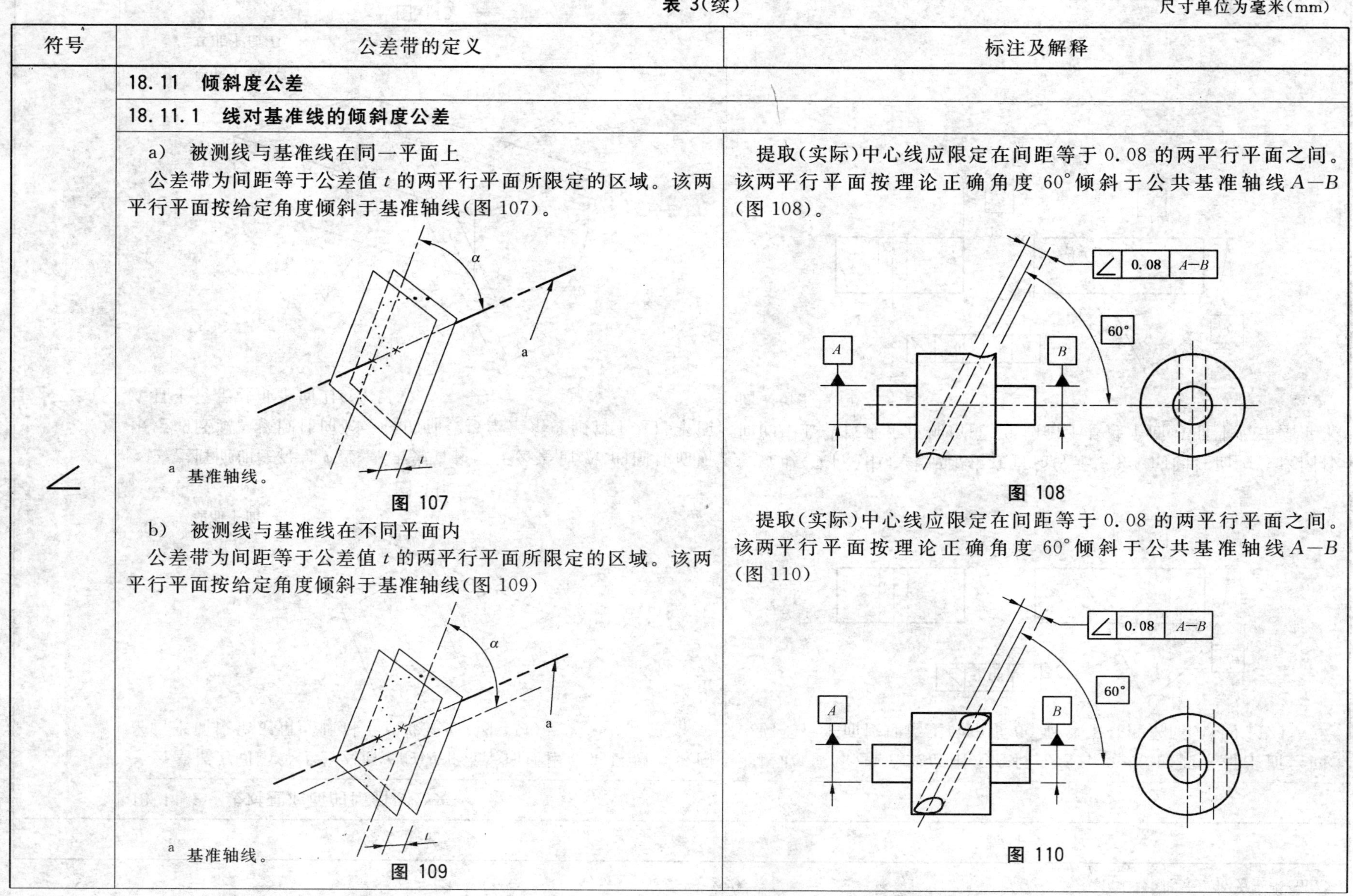

符号	公差带的定义	标注及解释
	18.11 倾斜度公差	
	18.11.1 线对基准线的倾斜度公差	
∠	a) 被测线与基准线在同一平面上 公差带为间距等于公差值 t 的两平行平面所限定的区域。该两平行平面按给定角度倾斜于基准轴线(图 107)。 a 基准轴线。 图 107	提取(实际)中心线应限定在间距等于 0.08 的两平行平面之间。该两平行平面按理论正确角度 60°倾斜于公共基准轴线 $A—B$(图 108)。 图 108
	b) 被测线与基准线在不同平面内 公差带为间距等于公差值 t 的两平行平面所限定的区域。该两平行平面按给定角度倾斜于基准轴线(图 109) a 基准轴线。 图 109	提取(实际)中心线应限定在间距等于 0.08 的两平行平面之间。该两平行平面按理论正确角度 60°倾斜于公共基准轴线 $A—B$(图 110) 图 110

表 3（续）

尺寸单位为毫米（mm）

<table>
<tr><th>符号</th><th>公差带的定义</th><th>标注及解释</th></tr>
<tr><td rowspan="2">∠</td><td colspan="2">18.11.2 线对基准面的倾斜度公差</td></tr>
<tr><td>公差带为间距等于公差值 t 的两平行平面所限定的区域。该两平行平面按给定角度倾斜于基准平面（图 111）。 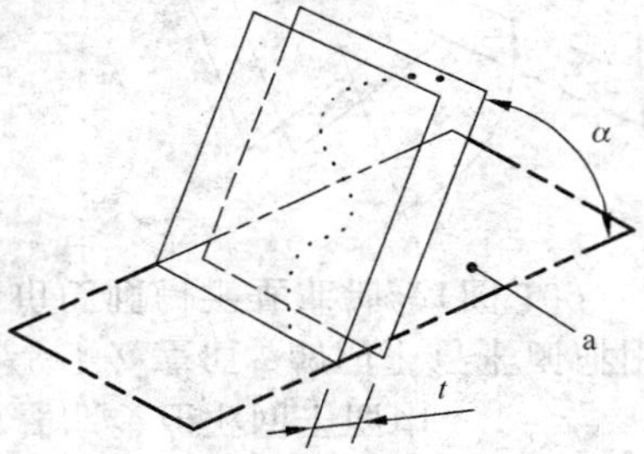
α
a
t
a 基准平面。
图 111
公差值前加注符号 ϕ，公差带为直径等于公差值 ϕt 的圆柱面所限定的区域。该圆柱面公差带的轴线按给定角度倾斜于基准平面 A 且平行于基准平面 B（图 113） 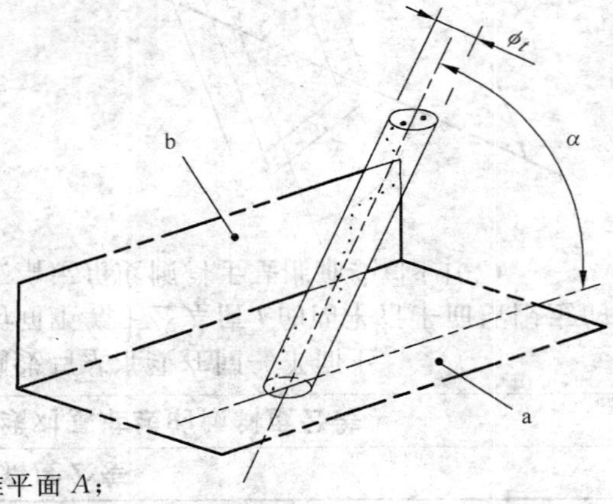
ϕt
α
b
a
a 基准平面 A；
b 基准平面 B。
图 113</td><td>提取（实际）中心线应限定在间距等于 0.08 的两平行平面之间。该两平行平面按理论正确角度 60°倾斜于基准平面 A（图 112）。 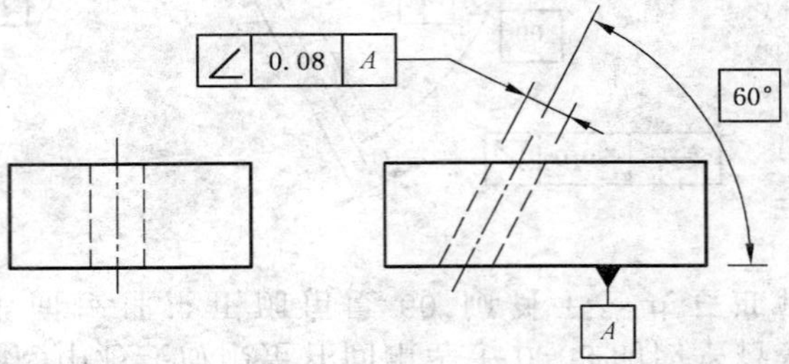
∠ 0.08 A
60°
A
图 112
提取（实际）中心线应限定在直径等于 ϕ0.1 的圆柱面内。该圆柱面的中心线按理论正确角度 60°倾斜于基准平面 A 且平行于基准平面 B（图 114） 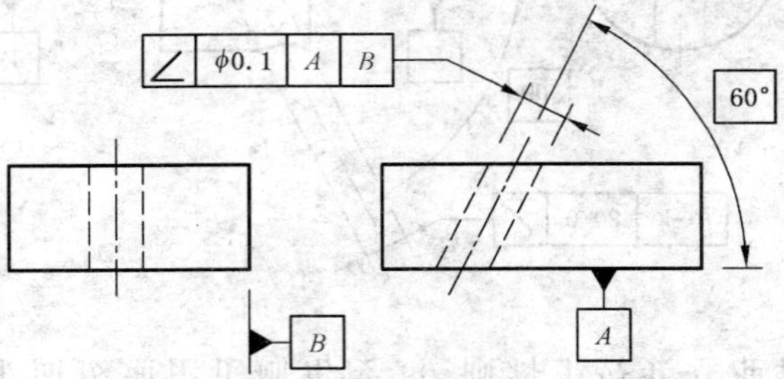
∠ ϕ0.1 A B
60°
B
A
图 114</td></tr>
</table>

表 3(续)

尺寸单位为毫米(mm)

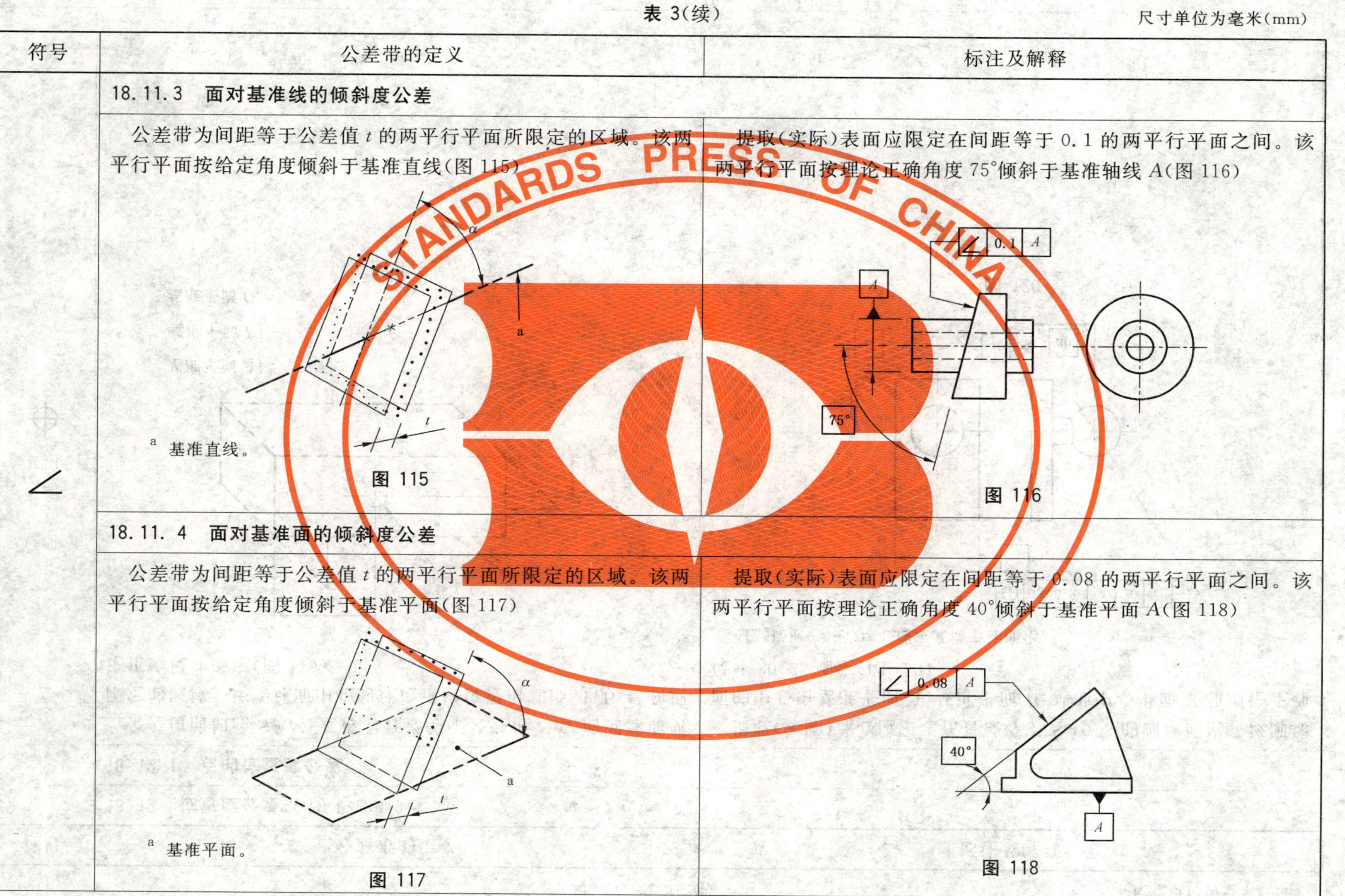

符号	公差带的定义	标注及解释
∠	**18.11.3　面对基准线的倾斜度公差**	
	公差带为间距等于公差值 t 的两平行平面所限定的区域。该两平行平面按给定角度倾斜于基准直线(图 115) a 基准直线。 图 115	提取(实际)表面应限定在间距等于 0.1 的两平行平面之间。该两平行平面按理论正确角度 75°倾斜于基准轴线 A(图 116) 图 116
	18.11.4　面对基准面的倾斜度公差	
	公差带为间距等于公差值 t 的两平行平面所限定的区域。该两平行平面按给定角度倾斜于基准平面(图 117) a 基准平面。 图 117	提取(实际)表面应限定在间距等于 0.08 的两平行平面之间。该两平行平面按理论正确角度 40°倾斜于基准平面 A(图 118) 图 118

表 3(续)

尺寸单位为毫米(mm)

符号	公差带的定义	标注及解释
	18.12 位置度公差(GB/T 13319)	
	18.12.1 点的位置度公差	
⊕	公差值前加注 $S\phi$,公差带为直径等于公差值 $S\phi t$ 的圆球面所限定的区域。该圆球面中心的理论正确位置由基准 A、B、C 和理论正确尺寸确定(图 119) 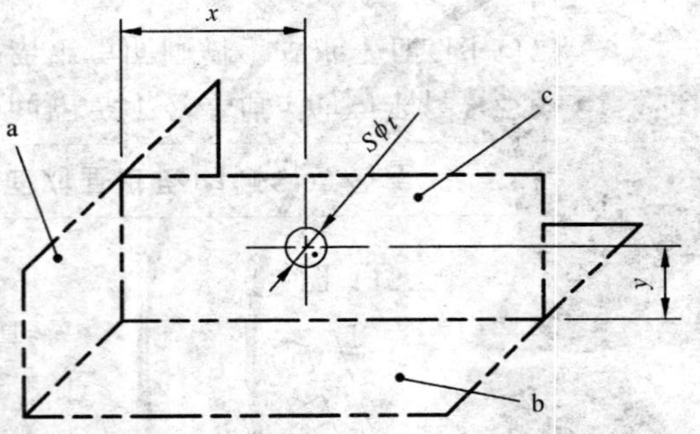 a 基准平面 A; b 基准平面 B; c 基准平面 C。 图 119	提取(实际)球心应限定在直径等于 $S\phi 0.3$ 的圆球面内。该圆球面的中心由基准平面 A、基准平面 B、基准中心平面 C 和理论正确尺寸 30、25 确定(图 120) 注:提取(实际)球心的定义尚未标准化。 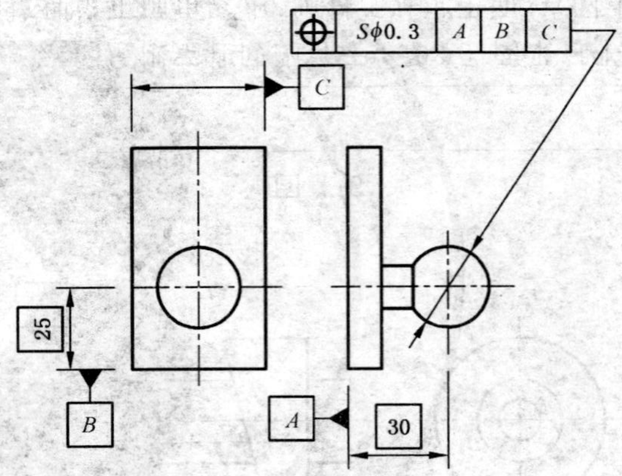 图 120

表 3(续)

尺寸单位为毫米(mm)

符号	公差带的定义	标注及解释
⌖	**18.12.2 线的位置度公差**	
	给定一个方向的公差时,公差带为间距等于公差值 t、对称于线的理论正确位置的两平行平面所限定的区域。线的理论正确位置由基准平面 A、B 和理论正确尺寸确定。公差只在一个方向上给定(图 121) a 基准平面 A; b 基准平面 B。 图 121	各条刻线的提取(实际)中心线应限定在间距等于 0.1、对称于基准平面 A、B 和理论正确尺寸 25、10 确定的理论正确位置的两平行平面之间(图 122) 图 122

表 3(续) 尺寸单位为毫米(mm)

符号	公差带的定义	标注及解释
	18.12.2(续)　线的位置度公差	
⌖	给定两个方向的公差时，公差带为间距分别等于公差值 t_1 和 t_2、对称于线的理论正确(理想)位置的两对相互垂直的平行平面所限定的区域。线的理论正确位置由基准平面 *C*、*A* 和 *B* 及理论正确尺寸确定。该公差在基准体系的两个方向上给定(图 123、图 124) 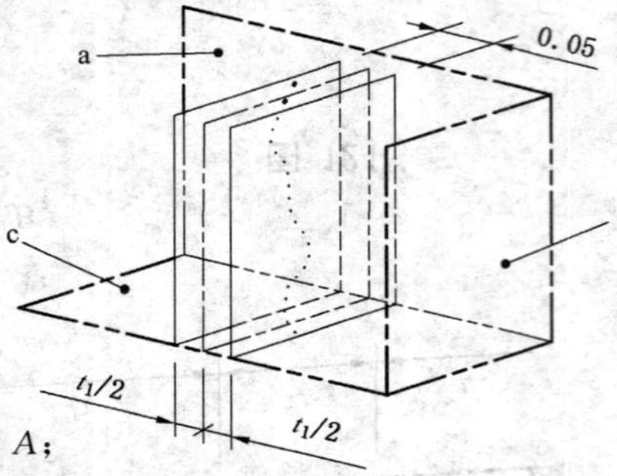 a 基准平面 *A*； b 基准平面 *B*； c 基准平面 *C*。 图 123 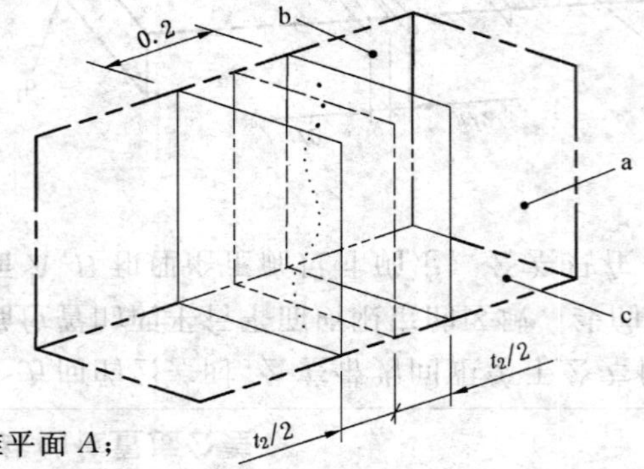 a 基准平面 *A*； b 基准平面 *B*； c 基准平面 *C*。 图 124	各孔的测得(实际)中心线在给定方向上应各自限定在间距分别等于 0.05 和 0.2、且相互垂直的两对平行平面内。每对平行平面对称于由基准平面 *C*、*A*、*B* 和理论正确尺寸 20、15、30 确定的各孔轴线的理论正确位置(图 125) 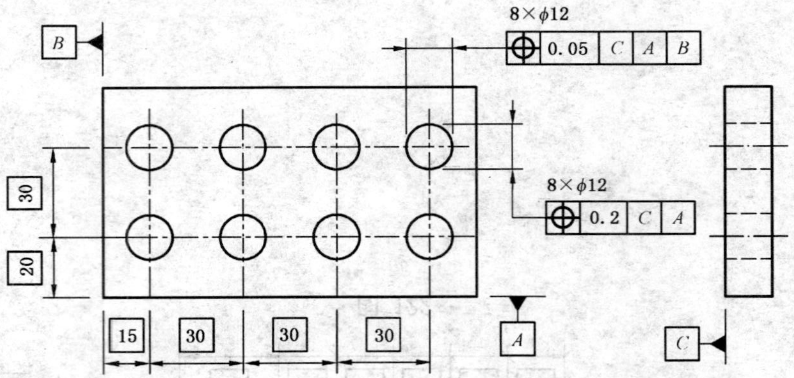 图 125

表 3(续)

尺寸单位为毫米(mm)

符号	公差带的定义	标注及解释
	18.12.2(续) **线的位置度公差**	
⌖	公差值前加注符号 ϕ,公差带为直径等于公差值 ϕt 的圆柱面所限定的区域。该圆柱面的轴线的位置由基准平面 C、A、B 和理论正确尺寸确定(图 126) a 基准平面 A; b 基准平面 B; c 基准平面 C。 图 126	提取(实际)中心线应限定在直径等于 ϕ0.08 的圆柱面内。该圆柱面的轴线的位置应处于由基准平面 C、A、B 和理论正确尺寸 100、68 确定的理论正确位置上(图 127)。 图 127 各提取(实际)中心线应各自限定在直径等于 ϕ0.1 的圆柱面内。该圆柱面的轴线应处于由基准平面 C、A、B 和理论正确尺寸 20、15、30 确定的各孔轴线的理论正确位置上(图 128) 图 128

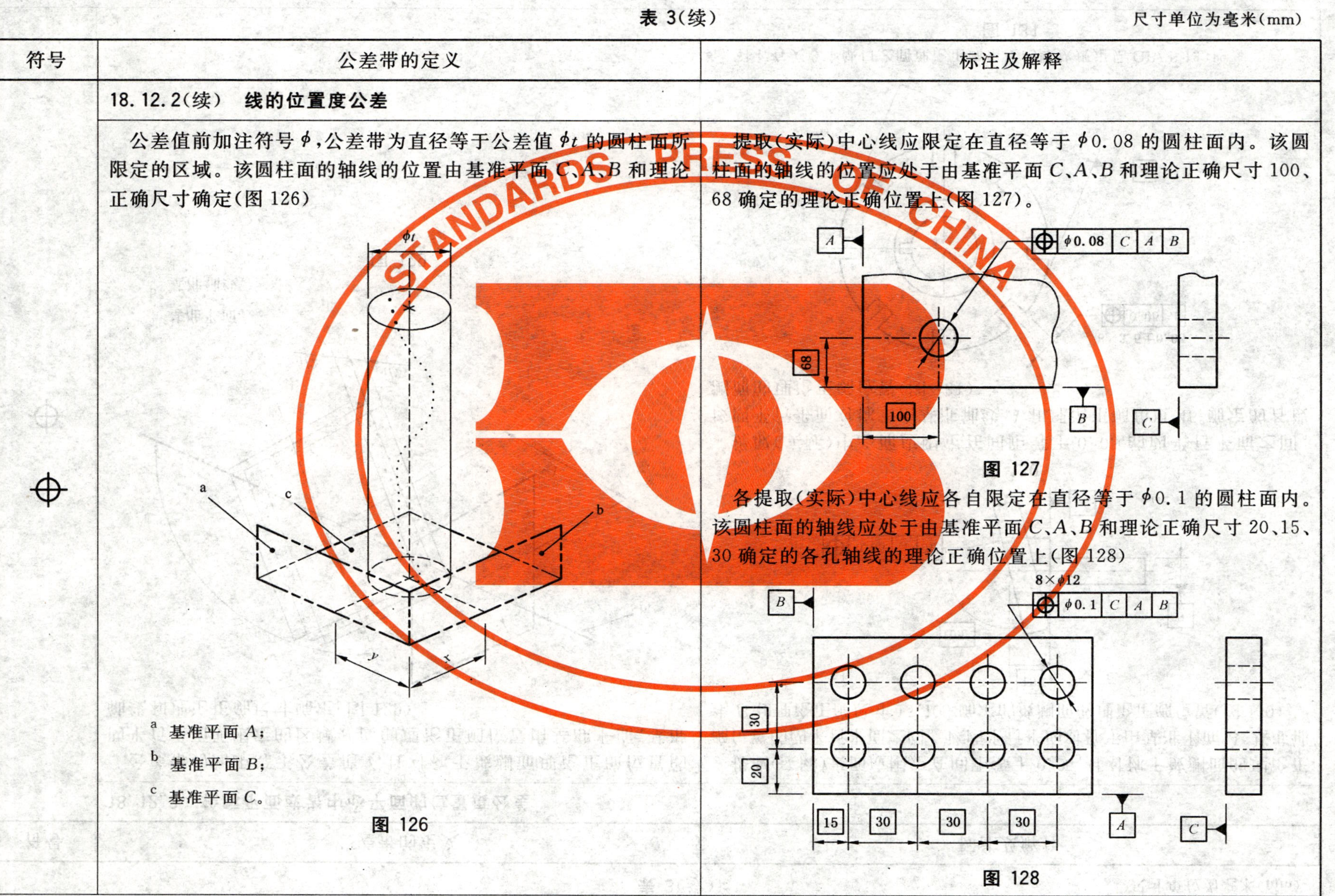

表 3(续)

尺寸单位为毫米(mm)

符号	公差带的定义	标注及解释
	18.12.3　轮廓平面或者中心平面的位置度公差	
⌖	公差带为间距等于公差值 t，且对称于被测面理论正确位置的两平行平面所限定的区域。面的理论正确位置由基准平面、基准轴线和理论正确尺寸确定(图 129) 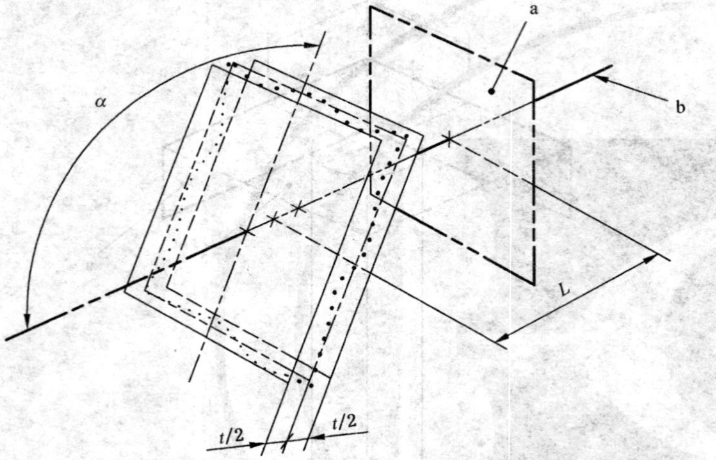 a 基准平面； b 基准轴线。 图 129	提取(实际)表面应限定在间距等于 0.05、且对称于被测面的理论正确位置的两平行平面之间。该两平行平面对称于由基准平面 A、基准轴线 B 和理论正确尺寸 15、105°确定的被测面的理论正确位置(图 130)。 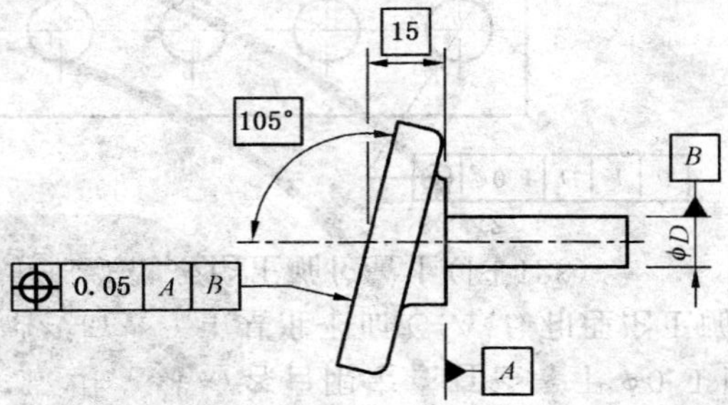 图 130 提取(实际)中心面应限定在间距等于 0.05 的两平行平面之间。该两平行平面对称于由基准轴线 A 和理论正确角度 45°确定的各被测面的理论正确位置(图 131) 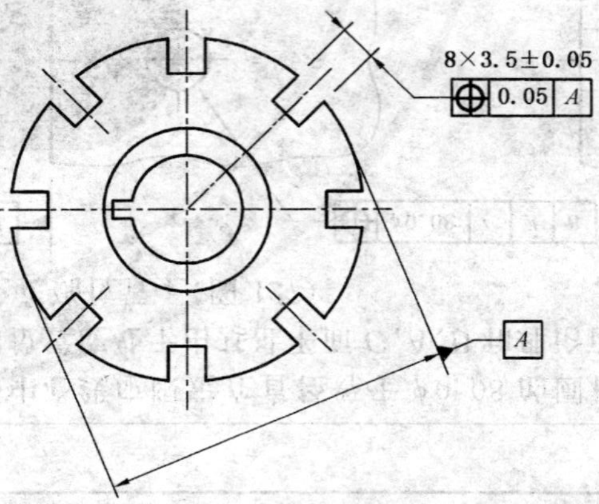 8×3.5±0.05 注：有关 8 个缺口之间理论正确角度的默认规定见 GB/T 13319。 图 131

表 3(续)

尺寸单位为毫米(mm)

符号	公差带的定义	标注及解释
	18.13 同心度和同轴度公差	
	18.13.1 点的同心度公差	
◎	公差值前标注符号 ϕ,公差带为直径等于公差值 ϕt 的圆周所限定的区域。该圆周的圆心与基准点重合(图 132) ϕt a [a] 基准点。 **图 132**	在任意横截面内,内圆的提取(实际)中心应限定在直径等于 ϕ0.1,以基准点 A 为圆心的圆周内(图 133) A ACS ◎ ϕ0.1 A **图 133**

表 3(续)

尺寸单位为毫米(mm)

符号	公差带的定义	标注及解释
	18.13.2　轴线的同轴度公差	
◎	公差值前标注符号 ϕ，公差带为直径等于公差值 ϕt 的圆柱面所限定的区域。该圆柱面的轴线与基准轴线重合(图 134) 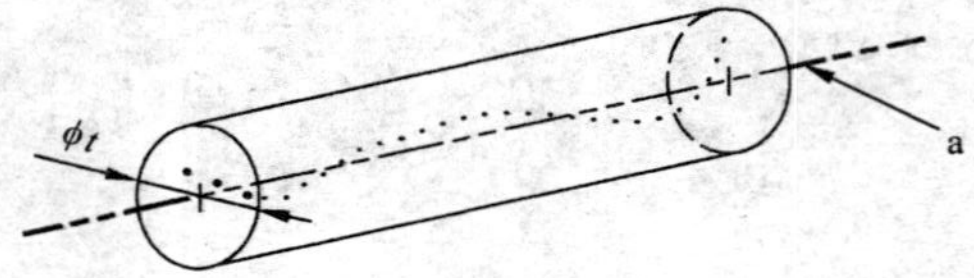 a 基准轴线。 **图 134**	大圆柱面的提取(实际)中心线应限定在直径等于 $\phi 0.08$、以公共基准轴线 $A—B$ 为轴线的圆柱面内(图 135)。 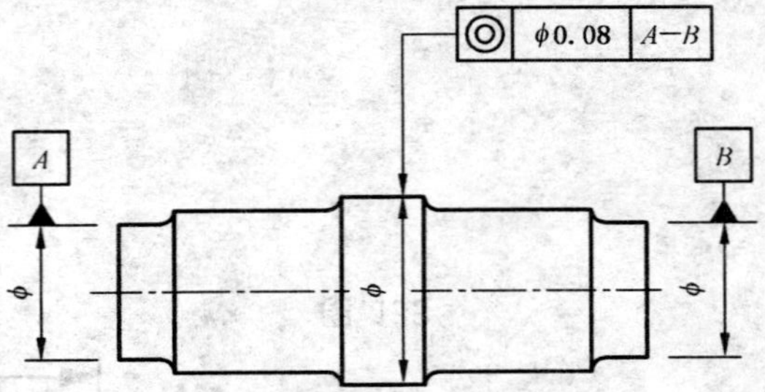 **图 135** 大圆柱面的提取(实际)中心线应限定在直径等于 $\phi 0.1$、以基准轴线 A 为轴线的圆柱面内(见图 136)。 大圆柱面的提取(实际)中心线应限定在直径等于 $\phi 0.1$、以垂直于基准平面 A 的基准轴线 B 为轴线的圆柱面内(见图 137) 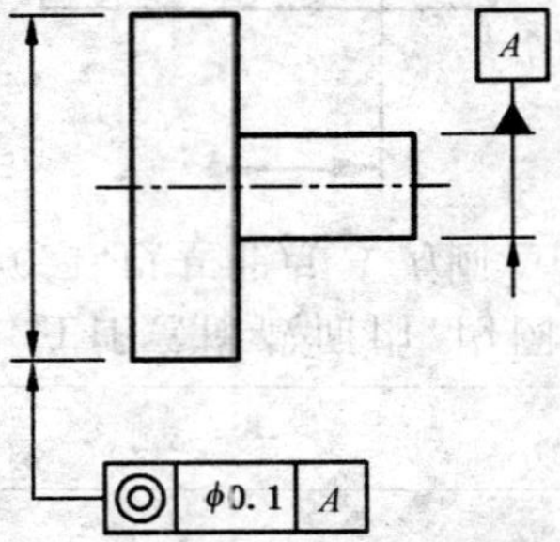 **图 136** 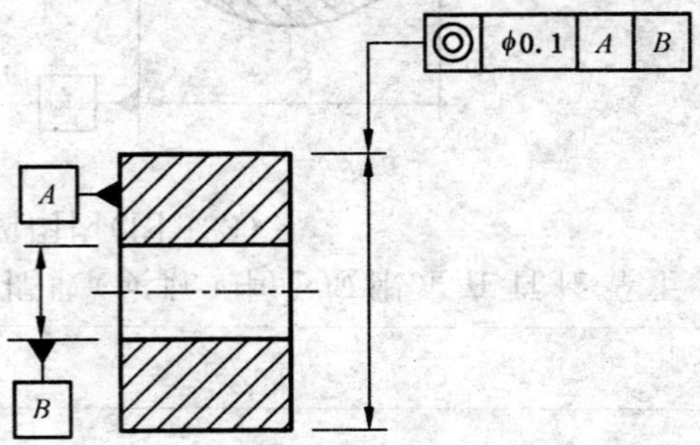 **图 137**

表 3(续)

尺寸单位为毫米(mm)

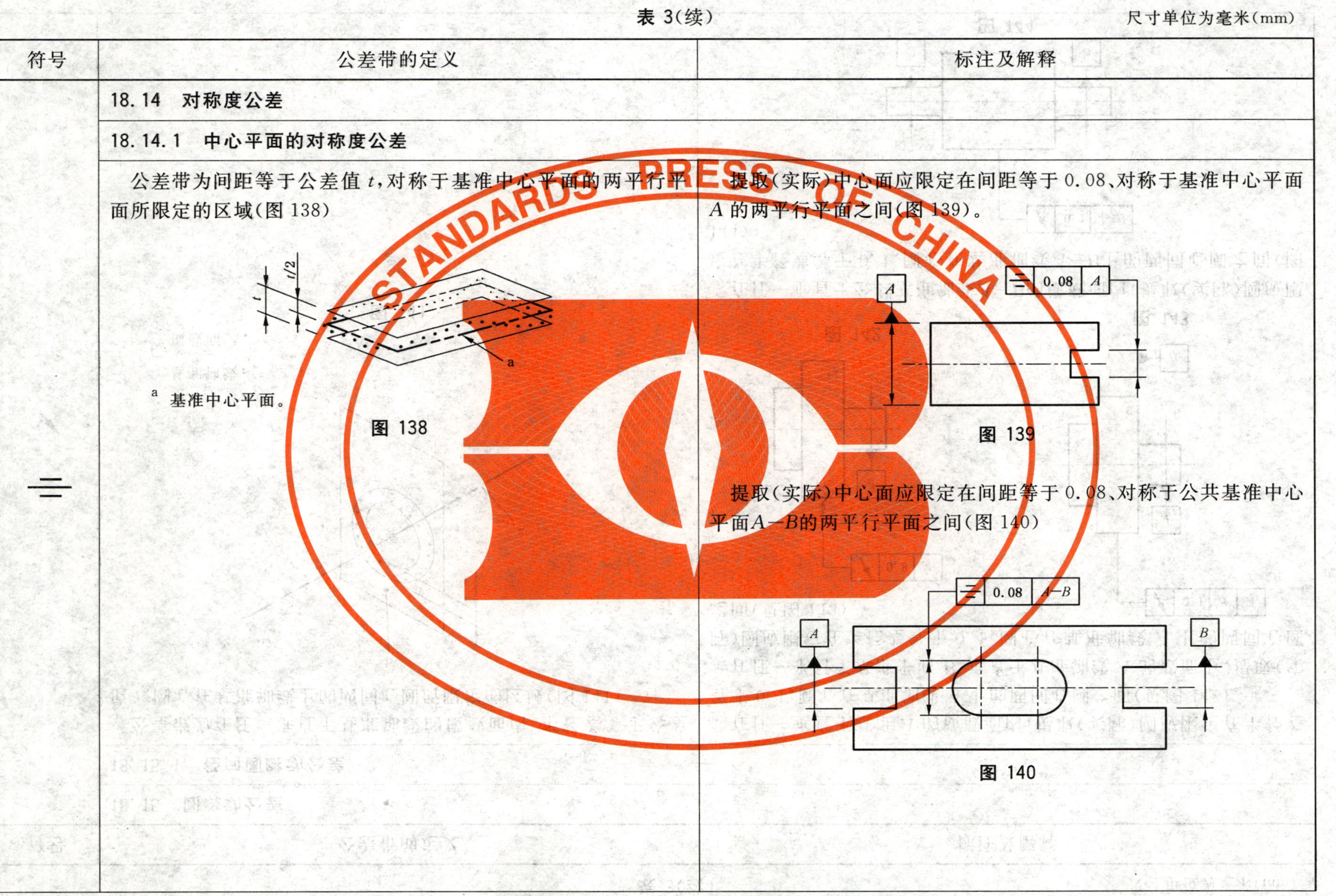

符号	公差带的定义	标注及解释
	18.14 对称度公差	
	18.14.1 中心平面的对称度公差	
⌯	公差带为间距等于公差值 t,对称于基准中心平面的两平行平面所限定的区域(图 138) a 基准中心平面。 图 138	提取(实际)中心面应限定在间距等于 0.08、对称于基准中心平面 A 的两平行平面之间(图 139)。 图 139 提取(实际)中心面应限定在间距等于 0.08、对称于公共基准中心平面 $A-B$ 的两平行平面之间(图 140) 图 140

表 3(续)

尺寸单位为毫米(mm)

符号	公差带的定义	标注及解释
	18.15 圆跳动公差	
	18.15.1 径向圆跳动公差	
↗	公差带为在任一垂直于基准轴线的横截面内、半径差等于公差值 t、圆心在基准轴线上的两同心圆所限定的区域(图 141) 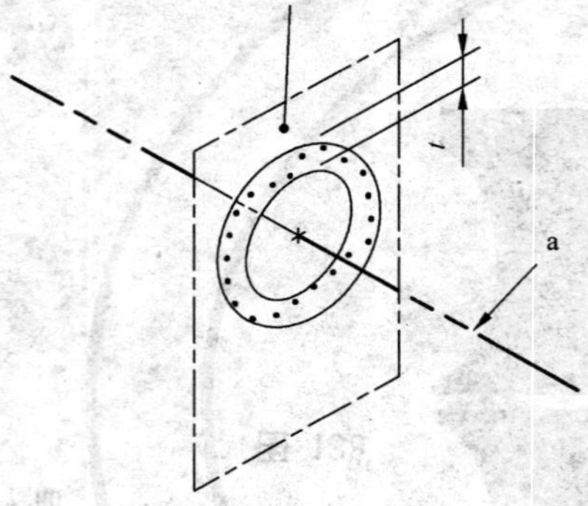 a 基准轴线; b 横截面。 图 141	在任一垂直于基准 A 的横截面内,提取(实际)圆应限定在半径差等于 0.1,圆心在基准轴线 A 上的两同心圆之间(见图 142)。 在任一平行于基准平面 B、垂直于基准轴线 A 的截面上,提取(实际)圆应限定在半径差等于 0.1,圆心在基准轴线 A 上的两同心圆之间(见图 143)。 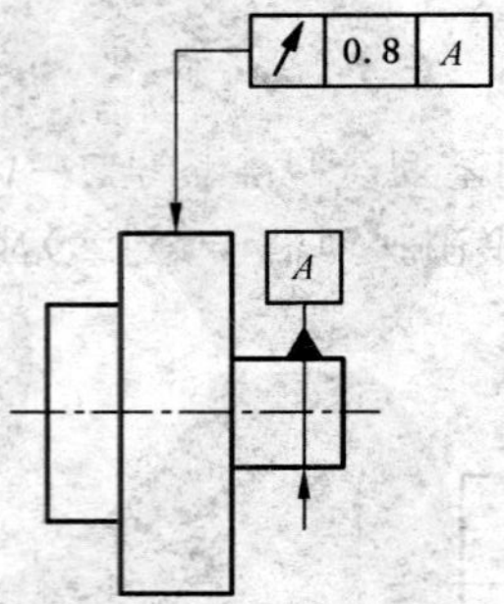 图 142 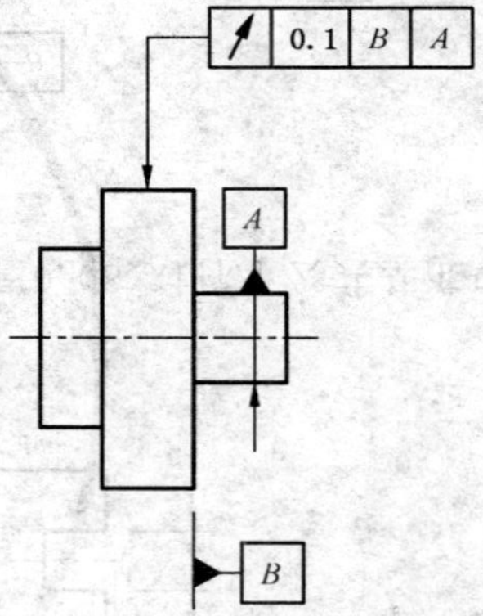 图 143 在任一垂直于公共基准轴线 $A—B$ 的横截面内,提取(实际)圆应限定在半径差等于 0.1、圆心在基准轴线 $A—B$ 上的两同心圆之间(图 144) 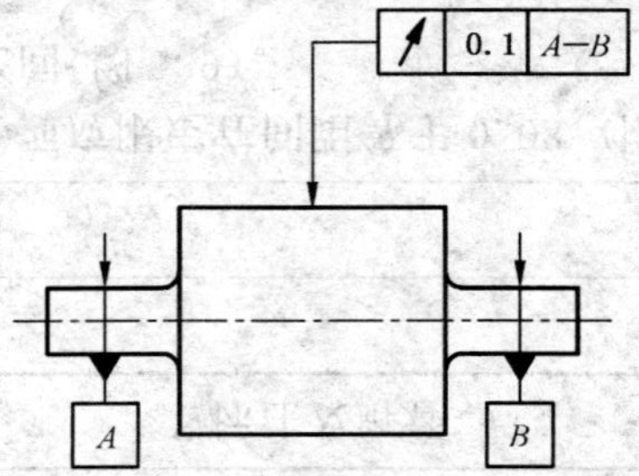 图 144

表 3(续)

尺寸单位为毫米(mm)

符号	公差带的定义	标注及解释
	18.15.1(续) 径向圆跳动公差	
	圆跳动通常适用于整个要素,但亦可规定只适用于局部要素的某一指定部分(标注见图 145)	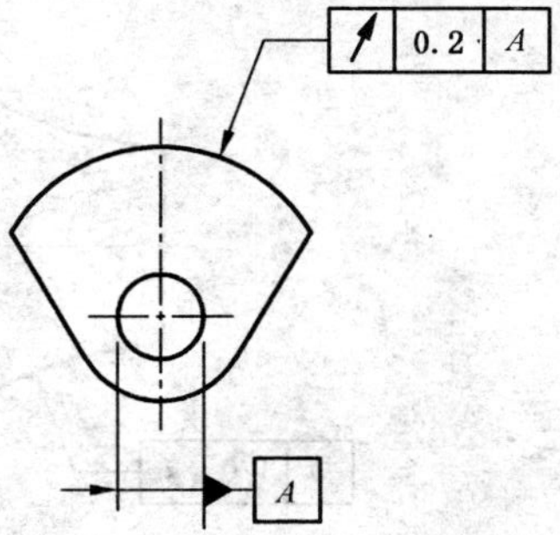 在任一垂直于基准轴线 A 的横截面内,提取(实际)圆弧应限定在半径差等于 0.2、圆心在基准轴线 A 上的两同心圆弧之间(图 145、图 146) 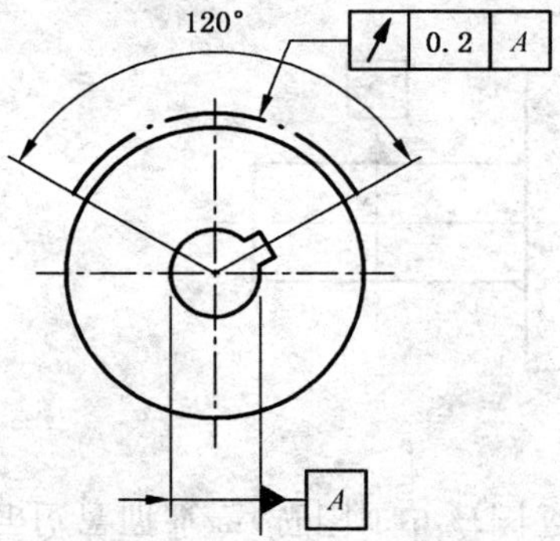 120° ↗ 0.2 A 图 145 ↗ 0.2 A 图 146
↗	**18.15.2 轴向圆跳动公差**	
	公差带为与基准轴线同轴的任一半径的圆柱截面上,间距等于公差值 t 的两圆所限定的圆柱面区域(图 147) 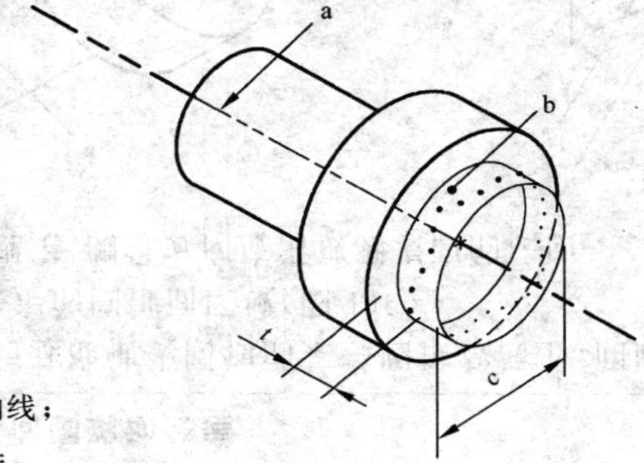 a 基准轴线; b 公差带; c 任意直径。 图 147	在与基准轴线 D 同轴的任一圆柱形截面上,提取(实际)圆应限定在轴向距离等于 0.1 的两个等圆之间(图 148) 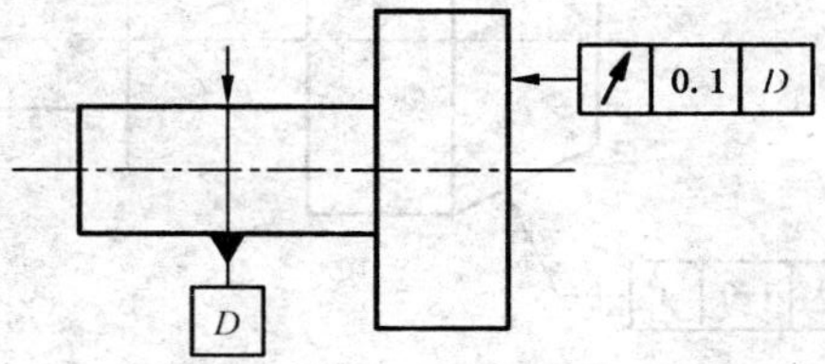 ↗ 0.1 D 图 148

表 3(续)

尺寸单位为毫米(mm)

符号	公差带的定义	标注及解释
	18.15.3　斜向圆跳动公差	
↗	公差带为与基准轴线同轴的某一圆锥截面上，间距等于公差值 t 的两圆所限定的圆锥面区域(图 149)。 除非另有规定，测量方向应沿被测表面的法向 a 基准轴线； b 公差带。 图 149	在与基准轴线 C 同轴的任一圆锥截面上，提取(实际)线应限定在素线方向间距等于 0.1 的两不等圆之间(图 150)。 图 150 当标注公差的素线不是直线时，圆锥截面的锥角要随所测圆的实际位置而改变(见图 149 右图及图 151) 图 151

表 3(续)

尺寸单位为毫米(mm)

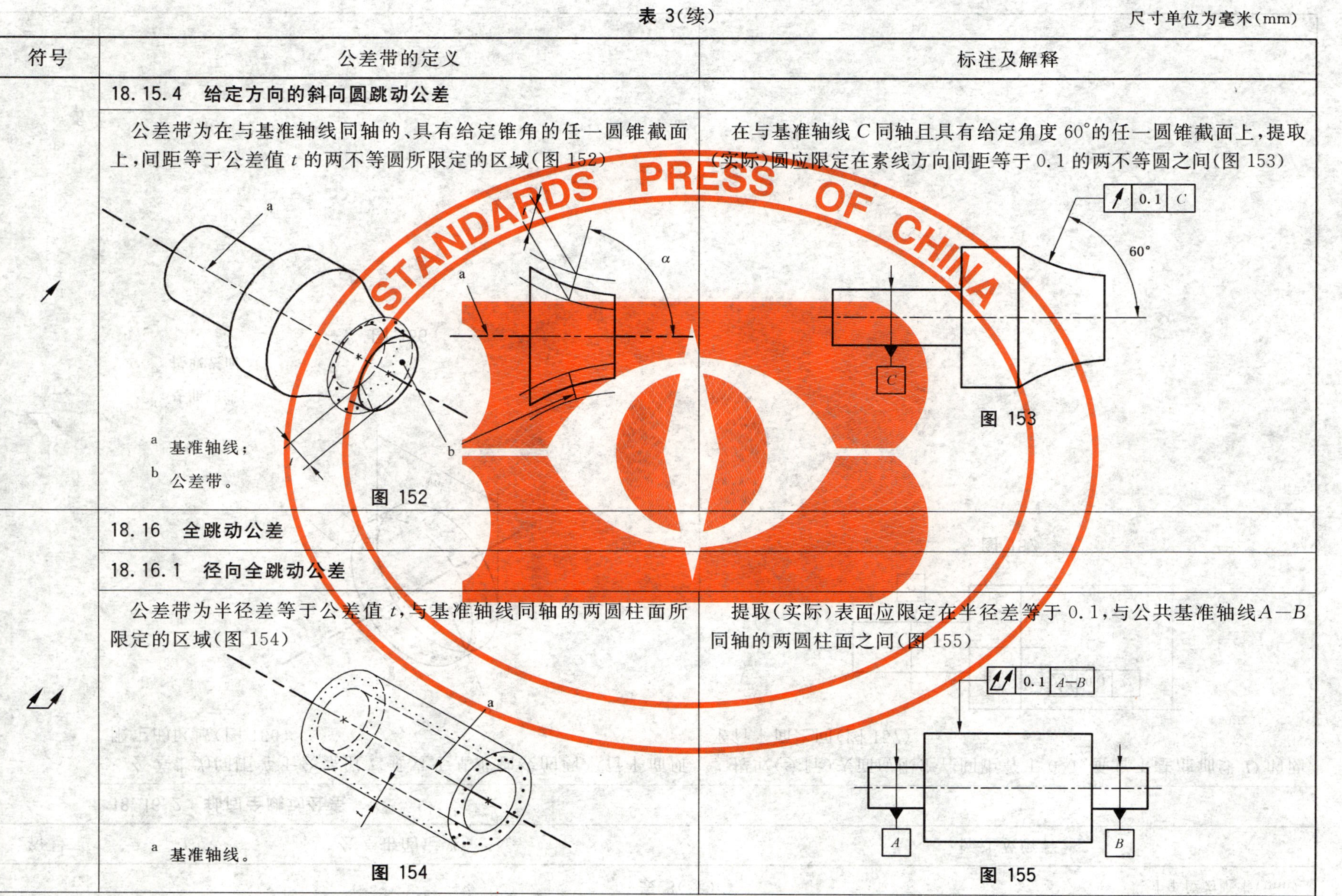

符号	公差带的定义	标注及解释
	18.15.4 给定方向的斜向圆跳动公差	
	公差带为在与基准轴线同轴的、具有给定锥角的任一圆锥截面上,间距等于公差值 t 的两不等圆所限定的区域(图 152) a 基准轴线; b 公差带。 图 152	在与基准轴线 C 同轴且具有给定角度 60°的任一圆锥截面上,提取(实际)圆应限定在素线方向间距等于 0.1 的两不等圆之间(图 153) 图 153
	18.16 全跳动公差	
	18.16.1 径向全跳动公差	
	公差带为半径差等于公差值 t,与基准轴线同轴的两圆柱面所限定的区域(图 154) a 基准轴线。 图 154	提取(实际)表面应限定在半径差等于 0.1,与公共基准轴线 $A-B$ 同轴的两圆柱面之间(图 155) 图 155

表 3(续)

尺寸单位为毫米(mm)

<table>
<tr><th>符号</th><th>公差带的定义</th><th>标注及解释</th></tr>
<tr><td></td><td colspan="2">18.16.2　**轴向全跳动公差**</td></tr>
<tr><td>⌰</td><td>公差带为间距等于公差值 t，垂直于基准轴线的两平行平面所限定的区域(图 156)

a 基准轴线；
b 提取表面。
图 156</td><td>提取(实际)表面应限定在间距等于 0.1、垂直于基准轴线 D 的两平行平面之间(图 157)

图 157</td></tr>
</table>

附　录　A
（资料性附录）
废止的标注方法

A.1　本附录列出了若干曾经使用、现已废止的标注方法。实践表明，这些方法所示含义模糊，所以不再使用。本附录仅供参考。

注：图 A.1～图 A.4、图 A.6 和图 A.7 在 GB/T 1182—1980 中曾被采用过，在 GB/T 1182—1996 中已经取消这些标注方法。

A.2　当公差涉及单个轴线、单个中心平面（见图 A.1）或者公共轴线、公共中心平面（见图 A.2 和图 A.3）时，曾经用末端带箭头的指引线将它们与公差框格直接连接。这种方法由本标准图 13～图 15 所示标注方法替代。

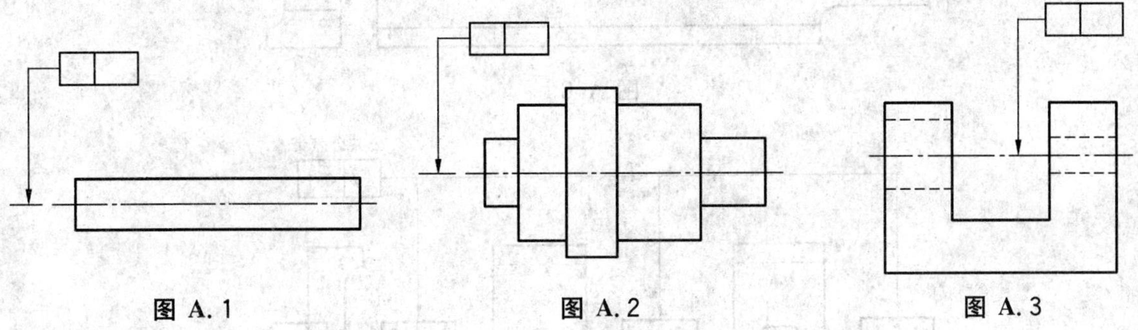

图 **A.1**　　图 **A.2**　　图 **A.3**

A.3　以轴线、中心平面、公共轴线、公共中心平面（见图 A.4）为基准时，曾经将它们与基准要素代号直接连接。这种方法由本标准图 33 所示标注方法替代。

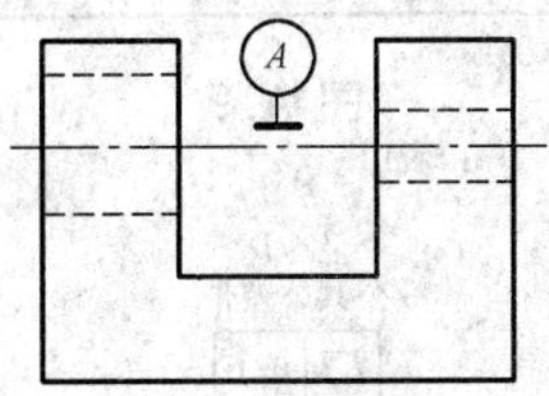

图 **A.4**

A.4　曾经在标注基准字母时没有给出它们的先后顺序（见图 A.5），这样就不能清楚地区别第 1 基准与第 2 基准。这曾经用作图 37 所示方法的另一种选择。

注：GB/T 1182—1990 和 GB/T 1182—1996 均未用过这种方法。

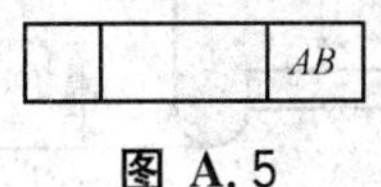

图 **A.5**

A.5　用指引线直接连接公差框格和基准要素（见图 A.6 和图 A.7）的方法，由本标准 9.3 所示标注方法替代。

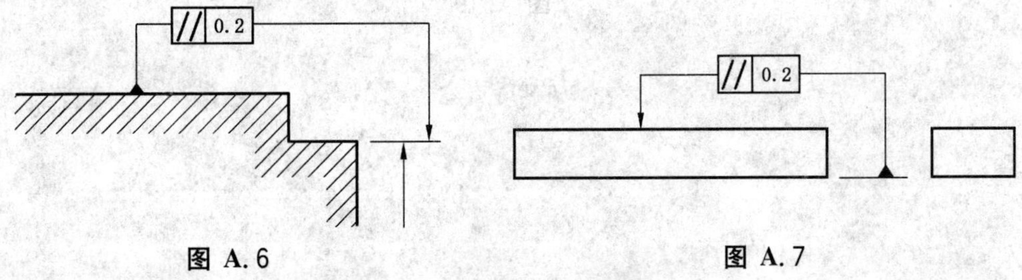

图 **A.6**　　图 **A.7**

A.6 对若干个被测要素分别给出相同的公差带时，图A.8所示的方法曾经作为替代本标准8.4(图 25)所示标注方法使用。

A.7 在公差框格上方注写“公共公差带”的方法(见图 A.9 和图 A.10)由本标准 8.5(图 26)所示标注方法替代。

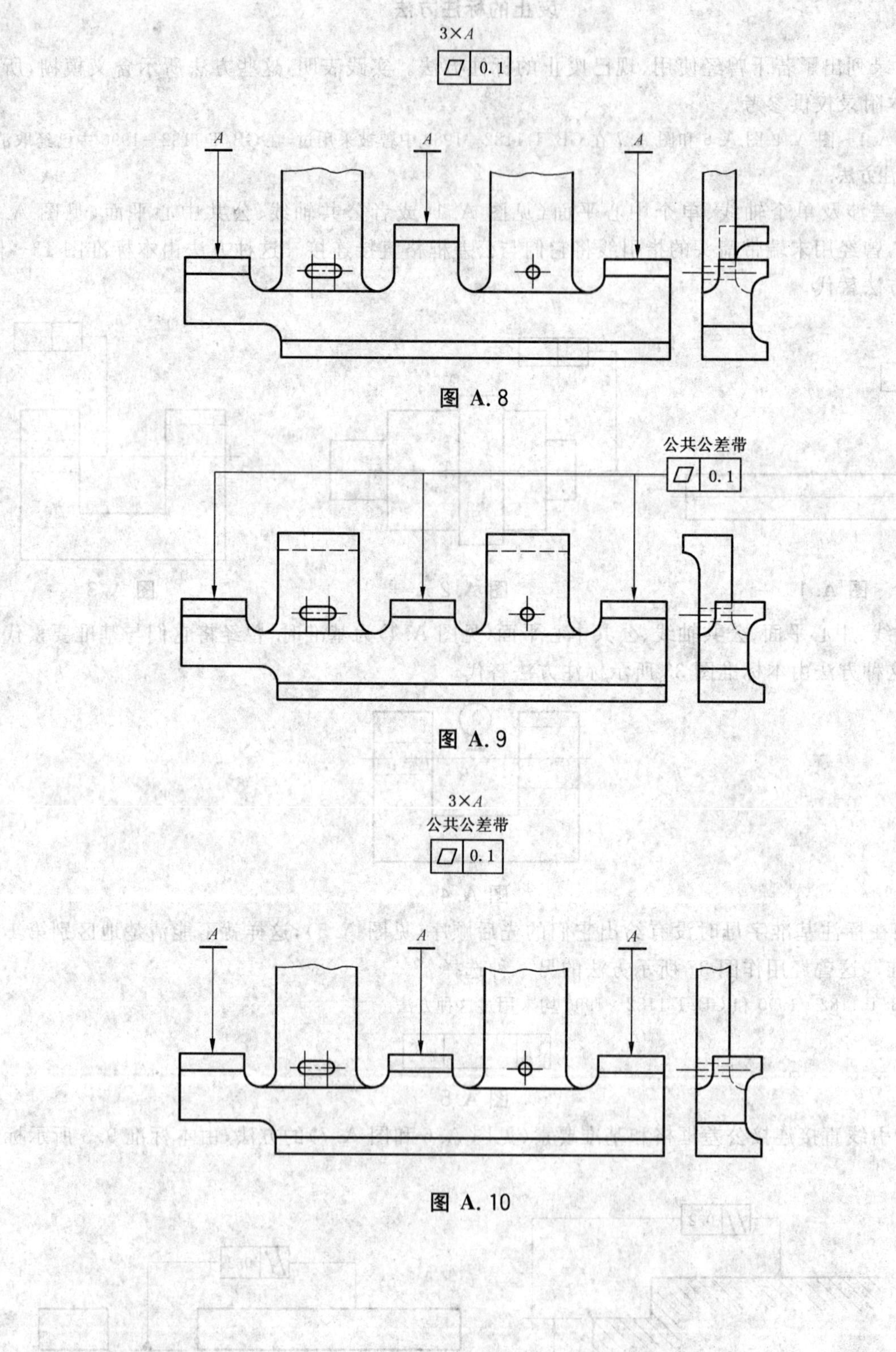

图 A.8

图 A.9

图 A.10

附 录 B
（规范性附录）
几何误差的评定

B.1 概述

关于如何评定圆柱度、圆度、平面度、直线度的几何误差的国际标准制定已经有了进展（见 ISO/TS 2180-1、ISO/TS 2180-2、ISO/TS 2181-1、ISO/TS 2181-2、ISO/TS 2780-1、ISO/TS 2780-2、ISO/TS 2781-1、ISO/TS 2781-2）。

本标准发布时，对 UPR（undulations per revolution 每转波数）滤波器和探针针尖半径，以及圆柱度、圆度、平面度、直线度的拟合方法（如参考圆柱面、参考圆、参考平面和参考线的条件）的默认规定尚未最终取得一致意见。这意味着圆柱度、圆度、平面度、直线度的规范还必须明确说明用哪些值进行规范操作（按 ISO/TS 17450-2），以取得唯一确定的结果。

注：本标准的修正案将给出关于专用规范操作的标注方法。

由于尚未取得一致的默认规定，以下只能选用在理想几何要素概念的基础上给出的公差带定义，以供参考。给出的这些例子用来说明怎样评定组成要素的提取（实际）要素的形状误差并将它们与公差带作比较。应该注意：所选择的这些公差带定义并未描述所需规范操作的完整程序，只制定了一些尚未取得完全一致的默认规定，以供专用规范操作的标注方法的标准发布之前使用。

B.2 直线度

当单一被测要素处于距离小于或等于给定公差值的两直线之间时，其直线度是合格的。这两直线的方向取决于它们之间的最大距离为尽可能小的值。图 B.1 给出了某个给定截面上直线度的示例。

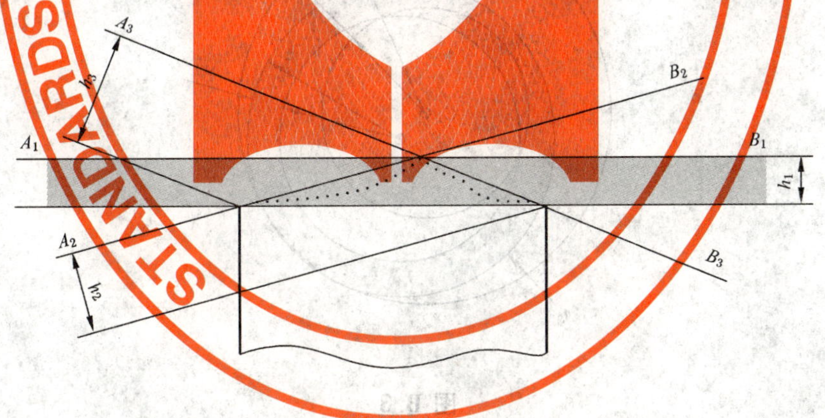

图 B.1

直线可能的方向： A_1—B_1　A_2—B_2　A_3—B_3；

相应距离： h_1　h_2　h_3；

在图 B.1 情况下，$h_1<h_2<h_3$。

由此，两直线恰当的方向应该是 A_1—B_1。距离 h_1 应该不大于给定的公差值。

B.3 平面度

当单一被测要素处于距离小于或等于给定公差值的两平面之间时，其平面度是合格的。这两平面的方向取决于它们之间的最大距离为尽可能小的值。如图 B.2 所示。

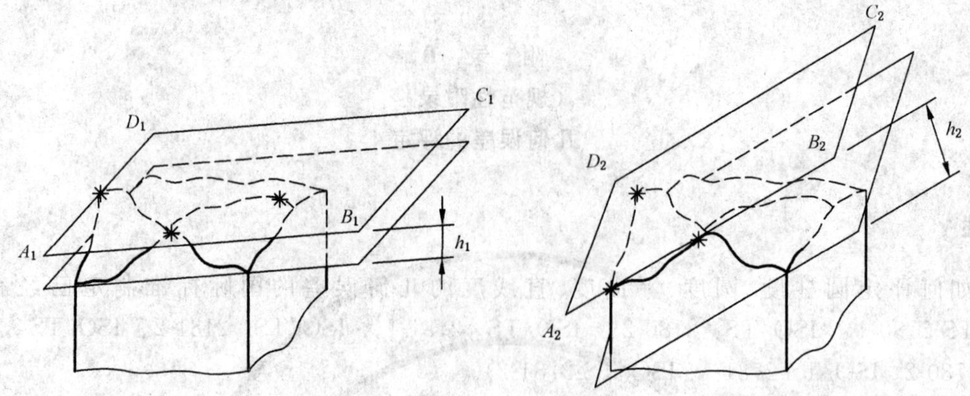

图 B.2

平面可能的方向： $A_1—B_1—C_1—D_1$，$A_2—B_2—C_2—D_2$；

相应距离： h_1， h_2；

在图 B.2 情况下，$h_1<h_2$。

由此，两平面恰当的方向应该是 $A_1—B_1—C_1—D_1$。距离 h_1 应该不大于给定的公差值。

B.4 圆度

当单一被测要素处于半径差小于或等于给定公差值的两同心圆之间时，其圆度是合格的。这两圆的圆心位置和半径值取决于它们的半径差为尽可能小的值。图 B.3 给出某个横截面上的示例。

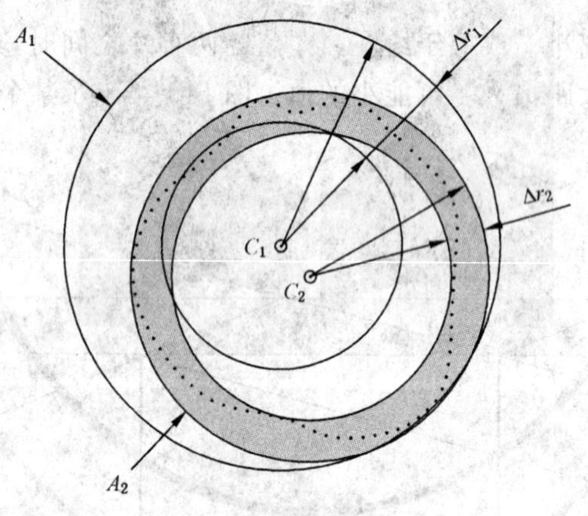

图 B.3

两同心圆圆心的可能位置和它们的最小半径差：

两同心圆 A_1 的圆心 C_1，半径差 Δr_1；

两同心圆 A_2 的圆心 C_2，半径差 Δr_2；

在图 B.3 情况下，$\Delta r_2<\Delta r_1$。

由此，两同心圆的确切位置应该选定 A_2。半径差 Δr_2 应该不大于给定的公差值。

B.5 圆柱度

当单一被测要素处于半径差小于或等于给定公差值的两同轴圆柱面之间时，其圆柱度是合格的。这两个圆柱面的轴线位置和半径值取决于它们的半径差为尽可能的最小值。如图 B.4 所示。

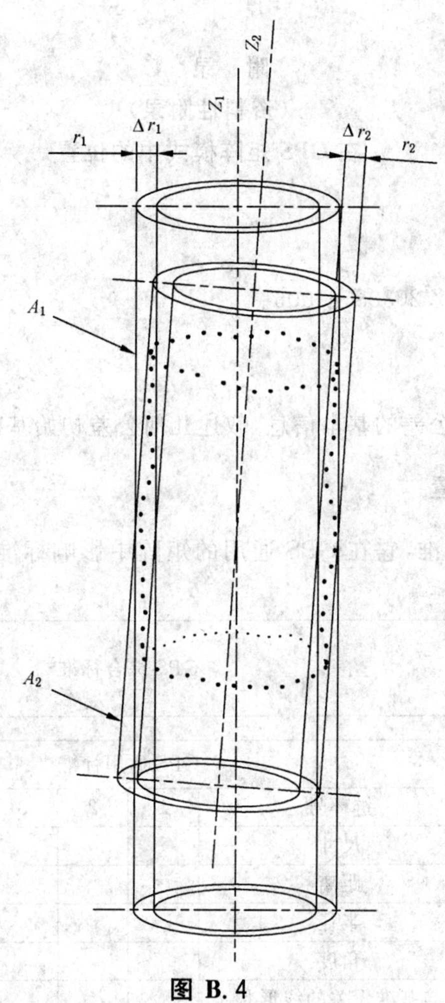

图 B.4

两同轴圆柱面轴线的可能位置和它们的最小半径差:

两同轴圆柱面 A_1 的轴线 Z_1,半径差 Δr_1,

两同轴圆柱面 A_2 的轴线 Z_2,半径差 Δr_2,

在图 B.4 情况下,$\Delta r_2 < \Delta r_1$。

因此,两同轴圆柱面的确切位置应该选定 A_2。半径差 Δr_2 应该不大于给定的公差值。

附 录 C
（资料性附录）
在 GPS 矩阵模式中的位置

C.1 概述

GPS 标准矩阵模式见 GB/Z 20308—2006。

C.2 本标准的信息及用途

本标准内容包括工件几何公差的基本信息，叙述几何公差初始基础概念并阐释它的基本原理。

C.3 在 GPS 矩阵模式中的位置

本标准是一项 GPS 通用标准，它在 GPS 通用的矩阵中影响标准链的连环 1 和 2，如图 C.1 图解所示。

GPS 综合标准

GPS 基础标准	GPS 通用标准						
	链环号	1	2	3	4	5	6
	尺寸						
	距离						
	半径						
	角度						
	与基准无关的线形状	√	√				
	与基准相关的线形状	√	√				
	与基准无关的面形状	√	√				
	与基准相关的面形状	√	√				
	方向	√	√				
	位置	√	√				
	圆跳动	√	√				
	全跳动	√	√				
	基准	√					
	粗糙度轮廓						
	波纹度轮廓						
	原始轮廓						
	表面缺陷						
	棱边						

图 C.1

C.4 相关标准

图 C.1 所示标准链中的标准与本标准有关。

ICS 83.160.30
G 41

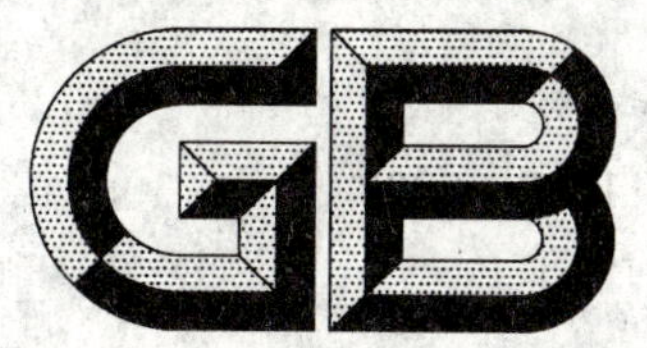

中华人民共和国国家标准

GB/T 1192—2008
代替 GB/T 1192—1999

农业轮胎技术条件

Technical specification of agricultural tyres

2008-06-04 发布　　2008-12-01 实施

中华人民共和国国家质量监督检验检疫总局
中国国家标准化管理委员会　发布

前言

本标准代替 GB/T 1192—1999《农业轮胎》。

本标准与 GB/T 1192—1999 的主要差异如下：

——取消了轮胎的规格、尺寸、气压和负荷表，是以引用文件的形式给出(1999 年版的表 1～表 13；本版的 4.1)；

——调整了轮胎物理机械性能指标(1999 年版的 3.4；本版的 4.2)；

——删除了检验规则(1999 年版的第 5 章)。

本标准由中国石油和化学工业协会提出。

本标准由全国轮胎轮辋标准化技术委员会归口。

本标准起草单位：徐州徐工轮胎有限公司、山东玲珑橡胶有限公司、杭州中策橡胶有限公司、北京橡胶工业研究设计院、贵州轮胎股份有限公司。

本标准主要起草人：裴晓辉、陈少梅、陈国华、徐丽红、陈传慧。

本标准所代替标准的历次版本发布情况为：

——GB/T 1192—1974、GB/T 1192—1991、GB/T 1192—1999。

农业轮胎技术条件

1 范围

本标准规定了农业轮胎的术语和定义、要求、试验方法、标志和包装。

本标准适用于农林拖拉机和机械用新的充气轮胎(包括外胎和垫带)。

2 规范性引用文件

下列文件中的条款通过本标准的引用而成为本标准的条款。凡是注日期的引用文件,其随后所有的修改单(不包括勘误的内容)或修订版均不适用于本标准,然而,鼓励根据本标准达成协议的各方研究是否可使用这些文件的最新版本。凡是不注日期的引用文件,其最新版本适用于本标准。

GB/T 519 充气轮胎物理性能试验方法

GB/T 521 轮胎外缘尺寸测量方法

GB/T 528 硫化橡胶或热塑性橡胶拉伸应力应变性能的测定(GB/T 528—1998,eqv ISO 37:1994)

GB/T 531 橡胶袖珍硬度计压入硬度试验方法(GB/T 531—1999,idt,ISO 7619:1986)

GB/T 532 硫化橡胶或热塑性橡胶与织物粘合强度的测定(GB/T 532—1997,idt,ISO 36:1993)

GB/T 1689 硫化橡胶耐磨性能的测定(用阿克隆磨耗机)(GB/T 1689—1998,neq BS 903:Part A9:1988)

GB/T 2979 农业轮胎系列(GB/T 2979—1999,eqv ISO 4251-1:1992,ISO 4251-2:1992,ISO 4251-4:1992,ISO 4251-5:1992)

GB/T 6326 轮胎术语及其定义(GB/T 6326—2005,ISO 4223-1:2002,Definitions of some terms used in tyre industry—Part 1:Pneumatic tyres,NEQ)

GB/T 14828 农业轮胎牵引性能试验方法

HG/T 2177 轮胎外观质量

HG/T 2444 农业轮胎耐磨耗性能试验方法 双转鼓法

3 术语和定义

GB/T 6326 确立的术语和定义适用于本标准。

4 要求

4.1 轮胎规格尺寸、气压与负荷应符合 GB/T 2979 的规定。

4.2 轮胎的物理机械性能应符合表 1 的规定。

表 1 轮胎的物理机械性能指标

项目	指标	
	外胎	垫带
拉伸强度/MPa	≥15.5[a]	≥6.5
拉断伸长率/%	≥450 (420)[a]	≥350
硬度(邵尔 A)/度	55～70[a]	—

表 1（续）

项目	指标	
	外胎	垫带
磨耗量(阿克隆)/cm^3	≤0.4[a]	—
胎面胶/缓冲胶与缓冲帘布层粘合强度/(kN/m)	≥7.8 (6.8)	
胎面胶/缓冲胶与帘布层粘合强度/(kN/m)	≥6.8 (5.8)	
缓冲帘布与帘布层粘合强度/(kN/m)	≥4.8	
帘布层间粘合强度/(kN/m)		
胎侧胶与帘布层粘合强度/(kN/m)	≥5.5 (4.8)	
注：括号内的数据仅适用于畜力车轮胎。		
[a] 指胎面胶。		

4.3 轮胎的外观质量应符合 HG/T 2177 的规定。

5 试验方法

5.1 轮胎充气后的外直径、断面宽度按 GB/T 521 进行测定。

5.2 外胎胎面胶的拉伸强度和拉断伸长率，按 GB/T 519 规定取样，按 GB/T 528 用 2 型裁刀进行试验。

5.3 外胎胎面胶的硬度按 GB/T 531 进行测定。

5.4 外胎胎面胶的磨耗量按 GB/T 519 规定取样，按 GB/T 1689 进行试验。

5.5 外胎各部件的粘合强度按 GB/T 519 规定取样，按 GB/T 532 进行试验。

5.6 轮胎可根据 GB/T 14828 进行牵引性能试验。

5.7 轮胎可根据 HG/T 2444 进行耐磨耗性能试验。

6 标志和包装

6.1 标志

6.1.1 每条外胎胎侧上应有 a)～i)项的标志，如果是无内胎轮胎还应有 j)项标志，每条垫带上应有 a)、b)和 h)项的标志。

a) 规格；

b) 商标、制造商名称或产地；

c) 层级、速度、气压、负荷；

d) 骨架材料代号；

e) 轮胎行驶方向标志(外胎胎面花纹有行驶方向的)；

f) 测量轮辋；

g) 花纹分类代号；

h) 生产编号；

i) 检查印鉴；

j) 无内胎轮胎应注明“无内胎”字样。

6.1.2 外胎上 a)～g)、j)项为模刻标志，h)应为永久性标志，i)标志可为水洗不掉的标志。

6.2 包装

配套的轮胎应将内胎和垫带装在外胎内，使内胎中有一定的气压，并使其与外胎的内缘相接触，再捆绑两处以上(需要特殊包装除外)。

ICS 77.120.10
H 61

中华人民共和国国家标准

GB/T 1196—2008
代替 GB/T 1196—2002、GB 12768—1991、GB/T 8644—2000

重熔用铝锭

Unalloyed aluminium ingots for remelting

(ISO 115:2003, Unalloyed aluminium ingots for remelting
Classification and composition, MOD)

2008-06-09 发布 2008-12-01 实施

中华人民共和国国家质量监督检验检疫总局
中国国家标准化管理委员会 发布

前言

本标准修改采用了 ISO 115:2003《重熔用铝锭 等级和成分》，并根据 ISO 115:2003 重新起草。为了方便比较，在资料性附录 A 中列出了本标准章条和对应的国际标准章条的对照一览表。

本标准在采用 ISO 115:2003 时进行了修改。这些技术差异用垂直单线标识在它们所涉及的条款的页边空白处。主要技术差异如下：

——未采用 ISO 115:2003 表 1 中的精铝锭牌号和表 2 中的系列牌号；

——增加了 Al99.90、Al99.85、Al99.60、Al99.50、Al99.00 牌号；

——增加了包装用钢带的具体要求；

——删除了 ISO 115:2003 中的规范性附录 A。

本标准代替 GB/T 1196—2002《重熔用铝锭》、GB 12768—1991《重熔用电工铝锭》、GB/T 8644—2000《重熔用精铝锭》。

本标准与 GB/T 1196—2002、GB 12768—1991 及 GB/T 8644—2000 相比，主要变化如下：

——将 GB/T 1196—2002 及 GB 12768—1991 的牌号进行整合；

——将有关重熔用精铝锭牌号纳入 YS/T 665—2008 之中；

——删去 GB/T 1196—2002 中的 Al99.70 牌号及 GB 12768—1991 中的 Al99.65E 牌号；

——增加 Al99.6E 牌号，将原 Al99.70A 牌号中的“A”字样取消，其他牌号不变；

——对 GB 12768—1991 中 Al99.7E 中 Si、Cu 进行了调整，并增加了 Mg、Zn、Mn 三个杂质元素；

——对重金属元素 Cd、Pb、As 重新进行了规定，并增加了对 Hg 的要求；

——对 Al99.7E、Al99.6E 中的 B、Cr 及 Mn+Ti+Cr+V 重新进行了规定；

——对产品的标识重新进行了规定。

本标准的附录 A 为资料性附录。

本标准由中国有色金属工业协会提出。

本标准由全国有色金属标准化技术委员会归口。

本标准负责起草单位：中国铝业股份有限公司贵州分公司、中国铝业股份有限公司广西分公司、中国有色金属工业标准计量质量研究所。

本标准参加起草单位：青铜峡铝业集团有限公司、云南铝业股份有限公司、四川启明星铝业有限责任公司、包头铝业股份有限公司。

本标准主要起草人：曾萍、高淑兰、邹韶宁、田维红、王烨、李正昌、朱玉华、马志军、丁吉林、王有来。

本标准所代替标准的历次版本发布情况为：

——GB/T 1196—1975、GB/T 1196—1983、GB/T 1196—1988、GB/T 1196—1193、GB/T 1196—2002；

——GB 12768—1991；

——GB/T 8644—2000。

重 熔 用 铝 锭

1 范围

本标准规定了重熔用铝锭的要求、试验方法、检验规则及标志、包装、运输和贮存及合同(或订货单)内容。

本标准适用于氧化铝-冰晶石熔盐电解法生产的重熔用铝锭。

2 规范性引用文件

下列文件中的条款通过本标准的引用而成为本标准的条款。凡是注日期的引用文件,其随后所有的修改单(不包括勘误的内容)或修订版均不适用于本标准,然而,鼓励根据本标准达成协议的各方研究是否可使用这些文件的最新版本。凡是不注日期的引用文件,其最新版本适用于本标准。

GB/T 7999 铝及铝合金光电直读发射光谱分析方法

GB/T 8170 数值修约规则

GB/T 20975(所有部分) 铝及铝合金化学分析方法

YB/T 025 包装用钢带

3 要求

3.1 产品分类

重熔用铝锭按化学成分分为8个牌号:Al99.90、Al99.85、Al99.70、Al99.60、Al99.50、Al99.00、Al99.7E、Al99.6E。

3.2 化学成分

重熔用铝锭的化学成分应符合表1的规定。

3.3 外观质量

3.3.1 铝锭应呈银白色。

3.3.2 铝锭表面应整洁,无较严重的飞边或气孔,允许有轻微的夹渣。

3.4 锭重和锭型

3.4.1 每块铝锭重量为20 kg±2 kg或15 kg±2 kg,或由供需双方协商确定。

3.4.2 铝锭锭型不做统一的规定,但要求铝锭锭型应满足于包装、运输和贮存的需要。

3.5 其他要求

需方对铝锭质量有特殊要求时,由供需双方协商,并在订货合同中注明。

4 试验方法

4.1 重熔用铝锭的化学成分分析按GB/T 20975或GB/T 7999的规定进行,仲裁分析按GB/T 20975的规定进行。

4.2 重熔用铝锭的外观用肉眼检查。

4.3 铝锭计重采用过磅计量。

5 检验规则

5.1 检查和验收

5.1.1 重熔用铝锭应由供方技术(质量)监督部门进行检验,保证产品质量符合本标准的规定并填写质量证明书。

5.1.2　需方应对收到的产品按本标准的规定进行检验。如检验结果与本标准(或订货合同)的规定不符时,应在收到产品之日起两个月内向供方提出,由供需双方协商解决。如需仲裁,应在需方仲裁取样,由供需双方共同进行。

5.1.3　铝锭应按批计重。

表 1　重熔用铝锭的化学成分

牌号	化学成分(质量分数)/%									
	Al 不小于	杂质,不大于								
		Si	Fe	Cu	Ga	Mg	Zn[a]	Mn	其他每种	总和
Al99.90[b]	99.90	0.05	0.07	0.005	0.020	0.01	0.025	—	0.010	0.10
Al99.85[b]	99.85	0.08	0.12	0.005	0.030	0.02	0.030	—	0.015	0.15
Al99.70[b]	99.70	0.10	0.20	0.01	0.03	0.02	0.03	—	0.03	0.30
Al99.60[b]	99.60	0.16	0.25	0.01	0.03	0.03	0.03	—	0.03	0.40
Al99.50[b]	99.50	0.22	0.30	0.02	0.03	0.05	0.05	—	0.03	0.50
Al99.00[b]	99.00	0.42	0.50	0.02	0.05	0.05	0.05	—	0.05	1.00
Al99.7E[b,c]	99.70	0.07	0.20	0.01	—	0.02	0.04	0.005	0.03	0.30
Al99.6E[b,d]	99.60	0.10	0.30	0.01	—	0.02	0.04	0.007	0.03	0.40

注 1:铝含量为100%与表中所列有数值要求的杂质元素含量实测值及等于或大于0.010%的其他杂质总和的差值,求和前数值修约至与表中所列极限数位一致,求和后将数值修约至0.0X%再与100%求差。

注 2:对于表中未规定的其他杂质元素含量,如需方有特殊要求时,可由供需双方另行协议。

注 3:分析数值的判定采用修约比较法,数值修约规则按 GB/T 8170 的有关规定进行。修约数位与表中所列极限值数位一致。

[a] 若铝锭中杂质锌含量不小于0.010%时,供方应将其作为常规分析元素,并纳入杂质总和;若铝锭中杂质锌含量小于0.010%时,供方可不作常规分析,但应监控其含量。

[b] Cd、Hg、Pb、As 元素,供方可不作常规分析,但应监控其含量,要求 $w(Cd+Hg+Pb) \leqslant 0.009\,5\%$;$w(As) \leqslant 0.009\%$。

[c] $w(B) \leqslant 0.04\%$;$w(Cr) \leqslant 0.004\%$;$w(Mn+Ti+Cr+V) \leqslant 0.020\%$。

[d] $w(B) \leqslant 0.04\%$;$w(Cr) \leqslant 0.005\%$;$w(Mn+Ti+Cr+V) \leqslant 0.030\%$。

5.2　组批

重熔用铝锭应成批提交检验,每批应由同一熔炼号的产品组成,重量不少于 400 kg。

5.3　检验项目

每批重熔用铝锭应进行化学成分、外观质量和批重的检验。

5.4　化学成分仲裁取样和制样

5.4.1　从该批铝锭任一捆上、中、下部各取一块铝锭。当铝锭散开,分不清上、中、下时,则随机取样不少于三块。

5.4.2　采用钻孔法取样。用直径 10 mm~20 mm 的钻头取样,用乙醇作润滑剂。

5.4.3　在铝锭的大面,沿其对角线钻孔三处,一处在中心,另两处各距角顶约 100 mm,各钻孔钻进的深度不小于原厚度的三分之二。在钻取试样前,必须先清除表面氧化层,其厚度不少于 0.5 mm。

5.4.4　钻取的铝屑应混匀,以磁铁处理后,用四分法缩分,重量不少于 100 g,作为分析化学成分的试样。

5.4.5　重量在 22 kg 以上的大块锭的仲裁取样和制样由供需双方协商确定。

5.5 仲裁结果处理

5.5.1 化学成分仲裁分析结果与原牌号规定不符时，按仲裁分析结果重新判定牌号。

5.5.2 外观质量不合格时，按块处理。

5.5.3 批重按实际重量计算。

6 标志、包装、运输、贮存

6.1 标志

6.1.1 每块铝锭上应浇铸或打印生产厂标志、熔炼号和检印。

6.1.2 每捆铝锭上都应有一个颜色鲜明、防水、不易脱落的标志，且不少于两处，标明执行标准、熔炼号、捆号、净重、块数、牌号。推荐使用标明产品名称、执行标准、熔炼号、捆号、净重、块数、牌号、生产日期、生产企业名称、厂址的标签。

6.2 包装

6.2.1 20 kg±2 kg 铝锭应打捆包装，22 kg 以上大块锭的包装由供需双方协商确定。

6.2.2 铝锭打捆形式采用"井"字形或其他形式。

6.2.3 铝锭打捆可采用钢带、高强度塑料包装带或其他材料，但应保证铝锭不散捆。

6.2.4 打捆材料应具有防锈性能，且抗拉强度不小于 590 MPa，伸长率不小于 5%。推荐使用经过防锈处理的钢带，尺寸应符合表 2 的要求，其他要求应符合 YB/T 025 的有关规定。

表 2 钢带尺寸

名　称	厚度/mm	宽度/mm
20 kg±2 kg 铝锭打捆钢带	0.90	32
15 kg±2 kg 铝锭打捆钢带	0.70～0.90	≥19

6.3 运输和贮存

运输、贮存铝锭的场所应清洁。

6.4 质量证明书

每批产品应附有质量证明书，其上注明：

a) 供方名称、地址；

b) 产品名称和牌号；

c) 注册商标；

d) 批号；

e) 净重和件数；

f) 分析检验结果和供方技术(质量)监督部门印记；

g) 本标准编号；

h) 出厂日期。

7 订货单(或合同)内容

本标准所列材料的订货单(或合同)内容应包括下列内容：

a) 产品名称；

b) 牌号；

c) 重量；

d) 本标准编号；

e) 其他。

附 录 A
（资料性附录）
本标准章条编号与 ISO 115:2003 章条编号对照表

表 A.1 本标准章条编号与 ISO 115:2003 章条编号对照

本标准章条编号	对应的国际标准 ISO 115:2003 的章条编号
1	1
2	—
3	3
3.1	—
3.2	3.3
3.3	3.4
3.4	3.5
3.5	—
4	4
4.1	4.1
4.2	—
5	—
5.1	—
5.2	—
5.3	5
5.4	4.4
6	—
6.1	6
6.2	7
6.3	—
6.4	8
7	2

ICS 17.040.30
J 42

中华人民共和国国家标准

GB/T 1219—2008
代替 GB/T 1219—2000,GB/T 6311—2004

指示表

Dial gauges

2008-02-02 发布 2008-07-01 实施

中华人民共和国国家质量监督检验检疫总局
中国国家标准化管理委员会 发布

前　言

本标准代替 GB/T 1219—2000《几何量技术规范　长度测量器具:指示表　设计及计量技术要求》和 GB/T 6311—2004《大量程百分表》。

本标准与 GB/T 1219—2000 和 GB/T 6311—2004 的主要变化如下:

——增加了分度值为 0.10 mm、量程不超过 100 mm 的指示表要求;
——取消了指示表测头直径 $\phi 8_{max}$ 和表壳直径的要求(GB/T 1219—2000 的第 1 章和图 1);
——修改了指示表下轴套长度≥16 mm 为≥11 mm(GB/T 6311—2004 的图 1);
——增加了带有转数指示盘,量程不超过 10 mm,分度值为 0.01 mm、0.001 mm、0.002 mm 的指示表,当转数指针指示在整数转时,指针偏离零位要求(本标准的 5.4.6);
——增加了钢制、硬质合金测头的表面硬度和表面粗糙度定量要求(本标准的 5.5 的注);
——增加了一般情况下,量程不超过 10 mm 的指示表的检点间隔要求(本标准的 6.2);
——增加了量程不超过 3 mm、5 mm、10 mm 分度值为 0.01 mm 的指示表全量程要求(本标准的表 2);
——增加了量程不超过 1 mm、3 mm、5 mm、10 mm 分度值为 0.002 mm 的指示表全量程要求(本标准的表 2);
——修改了允许误差 1/10 转为任意 0.1 mm、1/2 转为任意 0.5 mm、1 转为任意 1 mm、2 转为任意 2 mm(GB/T 1219—2000 的 5.8 表 2;本标准的表 2);
——增加了允许误差任意 0.02 mm、任意 0.05 mm、任意 0.2 mm 的要求(本标准的表 2);
——增加了检定指示表精度的测量器具精度要求(本标准的 6.1);
——修改了量程超过 10 mm 分度值为 0.01 mm 及 0.10 mm 的指示表示值误差检测要求(GB/T 6311—2004 的 6.1;本标准的 6.2);
——修改了指示表包装盒上标志(GB/T 1219—2000 的 7.2;GB/T 6311—2004 的 7.2;本标准的 7.2)。

本标准由中国机械工业联合会提出。

本标准由全国量具量仪标准化技术委员会(SAC/TC 132)归口。

本标准负责起草单位:哈尔滨量具刃具集团有限责任公司。

本标准参加起草单位:桂林量具刃具厂、上海量具刃具厂、威海市量具厂有限公司和成都成量工具有限公司。

本标准主要起草人:吴凤珍、田世国、张伟、武英、赵伟荣、李琼、周国明、车兆平、袁永秀。

本标准所代替标准的历次版本发布情况为:

——GB 1219—1975、GB/T 1219—1985、GB/T 1219—2000;
——GB/T 6311—1986、GB/T 6311—2004。

指 示 表

1 范围

本标准规定了指示表的术语和定义、形式与基本参数、要求、检验方法、标志与包装等。

本标准适用于分度值为 0.10 mm、0.01 mm，量程不超过 100 mm；分度值为 0.002 mm，量程不超过 10 mm；分度值为 0.001 mm，量程不超过 5 mm 的指示表。

注：分度值为 0.10 mm 的指示表，也称为十分表；分度值为 0.01 mm 的指示表，也称为百分表；分度值为 0.001 mm 和 0.002 mm 的指示表，也称为千分表。

2 规范性引用文件

下列文件中的条款通过本标准的引用而成为本标准的条款。凡是注日期的引用文件，其随后所有的修改单（不包括勘误的内容）或修订版均不适用于本标准，然而，鼓励根据本标准达成协议的各方研究是否使用这些文件的最新版本。凡是不注日期的引用文件，其最新版本适用于本标准。

GB/T 17163 几何量测量器具术语 基本术语

GB/T 17164 几何量测量器具术语 产品术语

3 术语和定义

GB/T 17163、GB/T 17164 中确立的以及下列术语和定义适用于本标准。

3.1

自由位置 free place

表示测杆处于自由状态时的位置。

3.2

行程 travel

指示表测杆移动范围上限值和下限值之差。

3.3

浮动零位 floating zero

可在测量范围内任意位置设定的零位。

3.4

最大允许误差（MPE） maximum permissible error

由技术规范、规则等对指示表规定的误差极限值。

4 形式与基本参数

4.1 指示表的形式见图 1 所示。图示仅供图解说明，不表示详细结构。

4.2 指示表的外形尺寸和配合尺寸应符合图 1 的规定。

单位为毫米

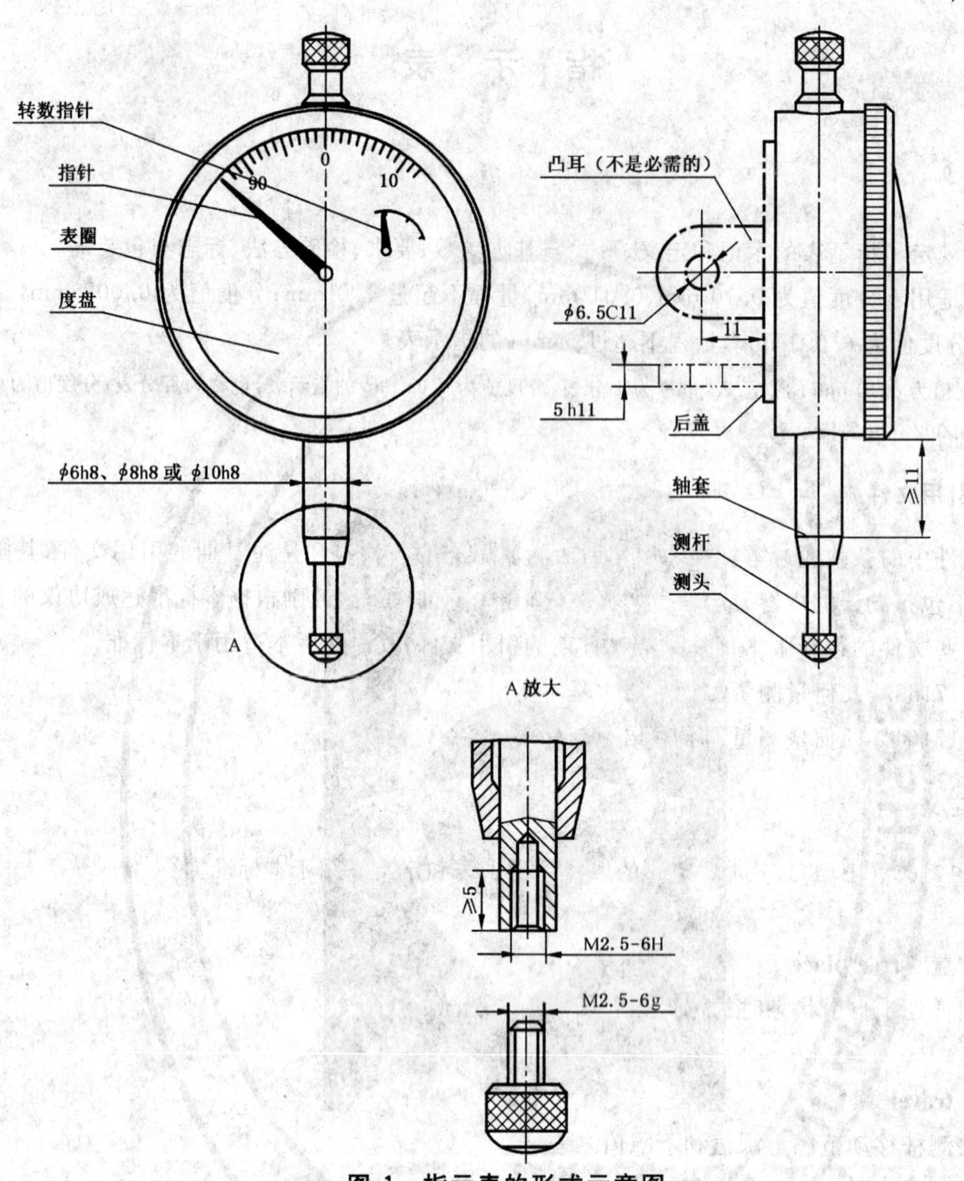

图 1　指示表的形式示意图

5　要求

5.1　外观

指示表各镀层、喷漆表面及测头的测量面上不应有影响使用性能的锈蚀、碰伤、划痕，表蒙应透明、洁净，不应有影响读数的划痕、气泡。

5.2　相互作用

指示表在正常使用状态下，测杆和指针的运动应平稳、灵活，无卡滞现象。

5.3　度盘

5.3.1　标尺应按 0.10 mm、0.01 mm、0.002 mm 或 0.001 mm 分度值排列，且标尺标记清晰，背景反差适当。分度值应清晰地标记在度盘上见图 2(图示为标尺按 0.01 mm、0.002 mm、0.001 mm 分度值排列示列)。

5.3.2　指针尖端处的标尺间距应符合表 1 的规定。

5.3.3　标尺标记宽度应符合表 1 的规定，且宽度应一致。

5.3.4　标尺标记长度不应小于标尺间距。

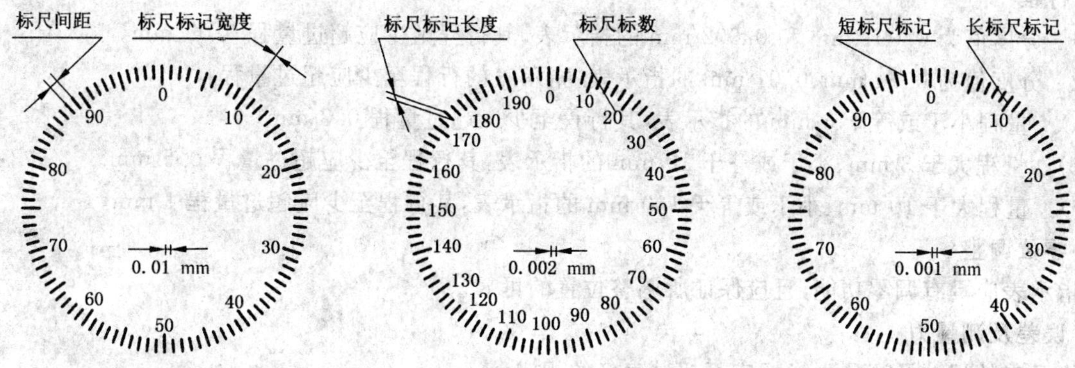

注：分度值为 0.001 mm 及 0.002 mm 的指示表，也可用 1 μm 及 2 μm 表示。

图 2　标尺排列示意图

表 1

单位为毫米

分度值	标尺间距	标尺标记宽度
0.01、0.10	⩾0.8	0.15～0.25
0.002	⩾0.8	0.1～0.2
0.001	⩾0.7	

5.3.5　分度值为 0.10 mm、0.01 mm 的指示表，度盘上每 5 个标尺标记应为长标尺标记，每 10 个标尺标记应有对应标尺标数；分度值为 0.002 mm 的指示表，度盘上每 5 个标尺标记应为长标尺标记，应有对应标尺标数；分度值为 0.001 mm 的指示表，度盘上每 10 个或 5 个标尺标记应为长标尺标记，应有标尺标数，标尺标数应与度盘上的分度相对应。

5.4　指针

5.4.1　测杆被压入后，指针应按顺时针方向转动。

5.4.2　测杆在自由位置时：

a）分度值为 0.01 mm、0.001 mm、0.002 mm 的指示表，指针应处于零位逆时针方向的 30°～90°范围内。

b）分度值为 0.10 mm 的指示表，指针应处于零位逆时针方向的 3～10 个标尺标记范围内。

5.4.3　指针尖端宽度不应大于标尺间距的 20%，且与标尺标记宽度尽量一致。

5.4.4　指针长度应保证指针尖端位于短标尺标记长度的 30%～80%之间。

5.4.5　量程不超过 10 mm 的指示表，指针尖端与度盘表面间的间隙不应大于 0.7 mm；量程超过 10 mm的指示表，指针尖端与度盘表面间的间隙不应大于 0.9 mm。

5.4.6　带有转数指示盘的指示表，当转数指针指示在整数转时，指针偏离零位不应大于如下规定：

a）量程不超过 10 mm，分度值为 0.10 mm、0.01 mm 的指示表，指针偏离零位不应大于 15 个标尺标记。

b）量程超过 10 mm，分度值为 0.10 mm、0.01 mm 的指示表，指针偏离零位不应大于 30 个标尺标记。

c）分度值为 0.001、0.002 mm 的指示表，指针偏离零位不应大于 20 个标尺标记。

5.5　测杆

5.5.1　测杆应带有球形状或其他形状的测头，且易于拆卸。

5.5.2　测头应由坚硬耐磨的材料制造，其表面应具有适当的表面粗糙度。

注：一般情况下，钢制测头的表面硬度不应低于 766 HV（或 62 HRC），测量面的表面粗糙度不应大于 $Ra0.1$ μm；硬质合金测头测量面的表面粗糙度不应大于 $Ra0.2$ μm。

5.6 行程

5.6.1 分度值为 0.001 mm 和 0.002 mm 的指示表，其行程至少应超过量程 0.05 mm。

5.6.2 分度值为 0.10 mm、0.01 mm 的指示表，指示表的行程至少应超过量程：

a) 量程小于或等于 3 mm 的指示表，其行程至少应超过量程 0.3 mm。

b) 量程大于 3 mm、小于或等于 10 mm 的指示表，其行程至少应超过量程 0.5 mm。

c) 量程大于 10 mm、小于或等于 100 mm 的指示表，其行程至少应超过量程 1 mm。

5.7 零位调整

指示表应具有调零功能，且应保证所调整位置的可靠。

5.8 误差及测量力

指示表的误差及测量力指标应不超过表 2 的规定。

表 2

分度值	量程 S	最大允许误差							回程误差	重复性	测量力	测量力变化	测量力落差
		任意 0.05 mm	任意 0.1 mm	任意 0.2 mm	任意 0.5 mm	任意 1 mm	任意 2 mm	全量程					
mm		μm									N		
0.10	S≤10					±25	—	±40	20	10	0.4～2.0	—	1.0
	10＜S≤20	—	—	—	—	±25	—	±50	20	10	2.0	—	1.0
	20＜S≤30	—	—	—	—	±25	—	±60	20	10	2.2	—	1.0
	30＜S≤50	—	—	—	—	±25	—	±80	25	20	2.5	—	1.5
	50＜S≤100	—	—	—	—	±25	—	±100	30	25	3.2	—	2.2
0.01	S≤3	—	±5	—	±8	±10	±12	±14	3	3	0.4～1.5	0.5	0.5
	3＜S≤5	—	±5	—	±8	±10	±12	±16	3	3	0.4～1.5	0.5	0.5
	5＜S≤10	—	±5	—	±8	±10	±12	±20	3	3	0.4～1.5	0.5	0.5
	10＜S≤20	—	—	—	—	±15	—	±25	5	4	2.0	—	1.0
	20＜S≤30	—	—	—	—	±15	—	±35	7	5	2.2	—	1.0
	30＜S≤50	—	—	—	—	±15	—	±40	8	5	2.5	—	1.5
	50＜S≤100	—	—	—	—	±15	—	±50	9	5	3.2	—	2.2
0.001	S≤1	±2	—	±3	—	—	—	±5	2	0.3	0.4～2.0	0.5	0.6
	1＜S≤3	±2.5	—	±3.5	—	±5	±6	±8	2.5	0.5	0.4～2.0	0.5	0.6
	3＜S≤5	±2.5	—	±3.5	—	±5	±6	±9	2.5	0.5	0.4～2.0	0.5	0.6
0.002	S≤1	±3	—	±4	—	—	—	±7	2	0.5	0.4～2.0	0.6	0.6
	1＜S≤3	±3	—	±5	—	—	—	±9	2	0.5	0.4～2.0	0.6	0.6
	3＜S≤5	±3	—	±5	—	—	—	±11	2	0.5	0.4～2.0	0.6	0.6
	5＜S≤10	±3	—	±5	—	—	—	±12	2	0.5	0.4～2.0	0.6	0.6

注 1：表中数值均为按标准温度在 20℃给出。

注 2：指示表在测杆处于垂直向下或水平状态时的规定；不包括其他状态，如测杆向上。

注 3：任意量程示值误差是指在示值误差曲线上，符合测量间隔的任何两点之间所包含的受检点的最大示值误差与最小示值误差之差应满足表 2 的规定。

注 4：采用浮动零位原则判定示值误差时，示值误差的带宽不应超过最大允许误差允许值“±”后面所对应的规定值。

6 检验方法

将指示表可靠的紧固在不受其测量力影响的检具装置或刚性支架上，使测杆处于水平或垂直向下状态，下列方法不表示唯一的测试方法。

6.1 检验条件

指示表和检具平衡温度时间不应少于 2 h；检测时，指示表测杆处于垂直向下或水平状态。对检验指示表的测量器具的要求见表 3。

表 3

指示表分度值	指示表测量范围	测量器具的最大允许误差	回程误差不应大于
mm		μm	
0.10	0～10	2.0	1.0
	0～30	3.0	1.5
	0～100	4.0	2.0
0.01	0～20	2.0	1.0
	0～100	3.5	1.5
0.001	0～1	1.0	0.5
	0～5	1.5	0.5
0.002	0～3	1.5	0.5
	0～10	2.0	1.0

6.2 示值误差

在测杆正、反行程方向上(见图 3)，以适当的检点间隔进行测量读数直至全量程。根据一系列测得值(示值误差)绘制示值误差曲线，根据浮动零位原则在测杆正行程曲线上确定最大示值误差(见图 4)。

量程不超过 10 mm、分度值为 0.01 mm 的指示表：检点间隔按 0.1 mm、全量程进行检测。

量程超过 10 mm、分度值为 0.10 mm 及 0.01 mm 的指示表在 0 mm 至 10 mm 范围内，按每 0.2 mm的间隔进行一次检测；大于 10 mm 范围内，按每 0.5 mm 的间隔进行一次检测、全量程进行检测(见图 5)。

分度值为 0.001 mm 及 0.002 mm 的指示表，检点间隔按 0.05 mm、全量程进行检测。

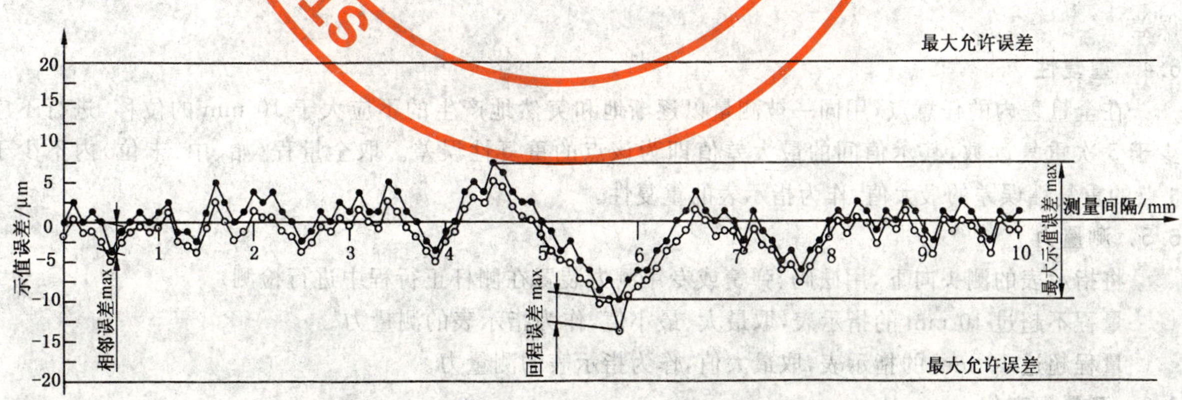

图 3　已设定零位的示值误差曲线示意图

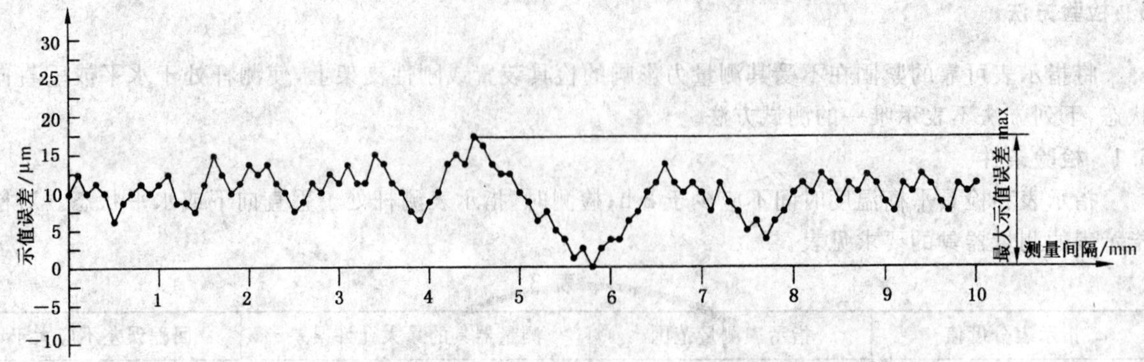

图 4 相对浮动零位的示值误差曲线(测杆正行程)示意图

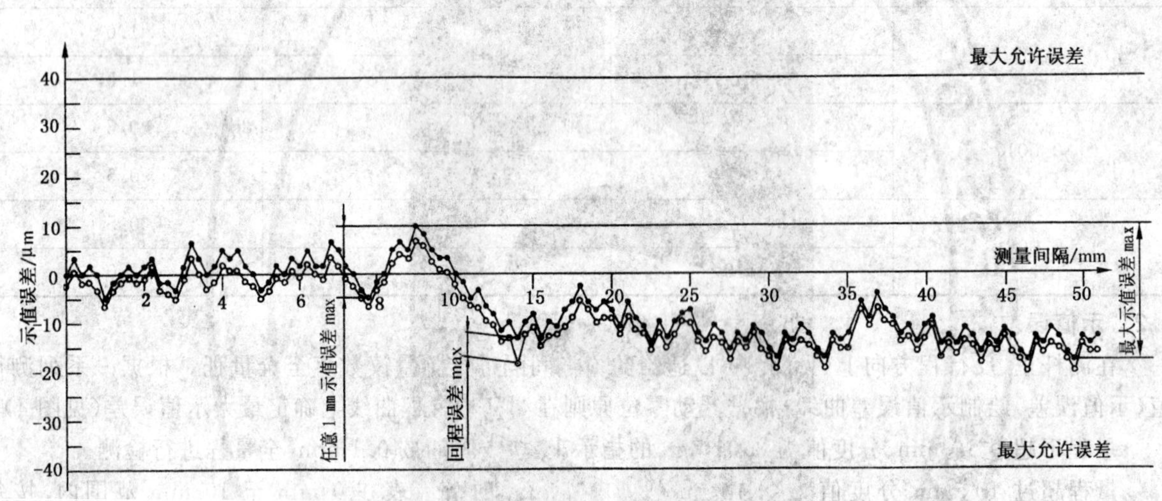

图 5 量程超过 10 mm 的指示表,已设定零位的示值误差曲线示意图

6.3 回程误差

在示值误差曲线的全范围内,取正、反行程示值误差曲线上相同检测点之间的最大差值即为回程误差。

6.4 重复性

在全量程内的任意点,用同一被测量以逐渐地和突然地产生的不应大于 10 mm 的位移,进行不应少于 5 次重复读数,其示值间的最大差值即为该点的重复性误差。取全量程(始、中、末位)内不少于 3 点的重复性误差的最大值,作为指示表的重复性。

6.5 测量力

将指示表的测头向下,用砝码、弹簧或专用测力装置在测杆正行程中进行检测。

量程不超过 10 mm 的指示表,取最大、最小值,作为指示表的测量力。

量程超过 10 mm 的指示表,取最大值,作为指示表的测量力。

6.6 测量力变化

正行程中的最大测量力与最小测量力之差,即为指示表的测量力变化。

6.7 测量力落差

正、反行程中,相同检测点的测量力之差的最大值,即为指示表的测量力落差。

7 标志与包装

7.1 指示表上至少应标有：

a) 制造厂厂名或注册商标；

b) 分度值；

c) 产品序号。

7.2 指示表的包装盒上至少应标有：

a) 制造厂厂名或注册商标；

b) 产品名称；

c) 测量范围；

d) 分度值。

7.3 指示表在包装前应经防锈处理，并妥善包装。不得因包装不善而在运输过程中损坏产品。

7.4 指示表经检验符合本标准要求的，应附有产品合格证。产品合格证上应标有本标准的标准号、产品序号和出厂日期。

ICS 83.060
G 40

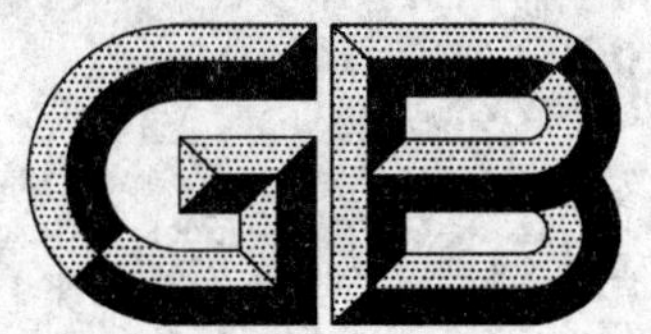

中华人民共和国国家标准

GB/T 1233—2008
代替 GB/T 1233—1992

未硫化橡胶初期硫化特性的测定 用圆盘剪切黏度计进行测定

Rubber, unvulcanized—Determinations of pre-vulcanization characteristic using a shearing disc viscometer

(ISO 289-2:1994, Rubber, unvulcanized—Determinations using a shearing disc viscometer—
Part 2: Determination of pre-vulcanization characteristic, MOD)

2008-05-15 发布 2008-11-01 实施

中华人民共和国国家质量监督检验检疫总局
中国国家标准化管理委员会 发布

前言

本标准修改采用ISO 289-2:1994《未硫化橡胶 用圆盘剪切黏度计进行测定 第2部分:初期硫化特性的测定》(英文版)。

本标准代替GB/T 1233—1992《橡胶胶料初期硫化特性的测定 门尼粘度计法》。

本标准根据ISO 289-2:1994重新起草。

本标准与ISO 289-2:1994的主要差异、原因及章条结构变化如下:

——在"2 规范性引用文件"中:

a) 用GB/T 1232.1—2000《未硫化橡胶 用圆盘剪切粘度计进行测定 第1部分:门尼粘度的测定》取代了ISO 289-1:1994,其技术上主要差异为:GB/T 1232.1—2000在仪器章节中增加了矩形花纹的模腔;在精密度章节中删去了ISO 289-1:1994中的计划内容和精密度结果。

b) 用GB/T 14838—1993取代了ISO/TR 9272:1986,两者在基本概念、计算方法以及应用方面没有技术差异。

——增加了从最小门尼黏度上升至35或18个门尼值所需的焦烧时间(t_{35}或t_{18})的定义(见3.1),以适应我国对该项试验结果完整性的需要。

——增加了对使用大转子和小转子时的焦烧时间及硫化指数的阐述(见第8章),这样规定更加具体,提高了可操作性。

——相应在图1中增加了t_{35}:从试验开始到胶料黏度下降至最小值后再上升35个门尼值所对应的时间(见图1)。

——相应在试验报告中将f)条"初期硫化时间或焦烧时间(t_5或t_3)",改为"初期硫化特性(t_5或t_3,t_{35}或t_{18},Δt_{30}或Δt_{15})"(见第10章)。

为便于使用,本标准做了下列编辑性修改:

a) 删除国际标准的前言;

b) "本国际标准"一词改为"本标准";

c) 用小数点"."代替作为小数点的逗号","。

本标准与GB/T 1233—1992相比主要差异如下:

——修改了标准名称;

——增加了前言;

——增加了第2章 规范性引用文件;

——增加了第3章 术语和定义;

——删除了第7章 试验步骤;

——删除了第8章中的8.2"试样数量不得少于两个。以算术平均值表示试验结果。";

——删除了第8章中的8.3"t_5或t_3在20 min以下时,两个试样测定结果之差不得大于1 min;t_5或t_3在20 min以上时,两个试样测定结果之差不得大于2 min,超过允许偏差时,应重复试验";

——删除了第8章中的8.4"测定值精确到0.5 min。计算结果取整数值。";

——增加了第9章 精密度;

——增加了试验报告的内容(本版第10章)。

本标准由中国石油和化学工业协会提出。

本标准由全国橡标委橡胶物理和化学试验方法分技术委员会(SAC/TC 35/SC 2)归口。

本标准起草单位:贵州轮胎股份有限公司。

本标准主要起草人:冯萍。

本标准所代替标准的历次版本发布情况为:

——GB 1233—1982;GB/T 1233—1992。

未硫化橡胶初期硫化特性的测定 用圆盘剪切黏度计进行测定

警告——使用本标准的人员应有正规实验室工作的实践经验。本标准并未指出所有可能的安全问题。使用者有责任采取适当的安全和健康措施,并保证符合国家有关法规规定的条件。

1 范围

本标准规定了用圆盘剪切黏度计测定未硫化橡胶初期硫化特性的方法。

本标准适用于评价未硫化橡胶在高温条件下能保存的时间和可加工性能。

注:没有一种试验方法被认为与所有不同类型的加工过程如混炼、压延、挤出、硫化互相关联,因此说明试验结果时应考虑胶料先前特定的加工过程。

2 规范性引用文件

下列文件中的条款通过本标准的引用而成为本标准的条款。凡是注日期的引用文件,其随后所有的修改单(不包括勘误的内容)或修订版均不适合于本标准,然而,鼓励根据本标准达成协议的各方研究是否可使用这些文件的最新版本。凡是不注日期的引用文件,其最新版本适用于本标准。

GB/T 1232.1 未硫化橡胶 用圆盘剪切粘度计进行测定 第1部分:门尼粘度的测定(GB/T 1232.1—2000,neq ISO 289-1:1994)

GB/T 14838 橡胶与橡胶制品 试验方法标准精密度的确定(GB/T 14838—1993,neq ISO/TR 9272:1986)

3 术语和定义

下列术语和定义适用于本标准。

3.1

初期硫化时间 pre-vulcanization time

焦烧时间 scorch time

从最小门尼黏度上升至规定值所需的最短时间,包括预热时间。当使用大转子时,规定上升至5个门尼值或35个门尼值,当使用小转子时规定上升至3个门尼值或18个门尼值。对应的初期硫化时间分别用 t_5 或 t_{35} 和 t_3 或 t_{18} 表示,以分钟计。

4 原理

本标准是在规定温度下根据混炼胶料门尼黏度随测试时间的变化,测定门尼黏度上升至规定数值时所需的时间。该温度和加工使用的温度相对应。

5 测试仪器

仪器符合 GB/T 1232.1 的规定,测试高黏度胶料时允许使用小转子。

6 试样制备

从薄通的混炼胶料上制备两片圆形试样。其制备过程符合 GB/T 1232.1 的规定。

7 试验温度

选择与混炼胶料加工相关的试验温度。

8 试验程序

试验程序符合 GB/T 1232.1 的规定。预热时间应为 1 min,然后应继续试验至黏度达到高于最小值的规定数值。用大转子测试的典型曲线图见图 1。

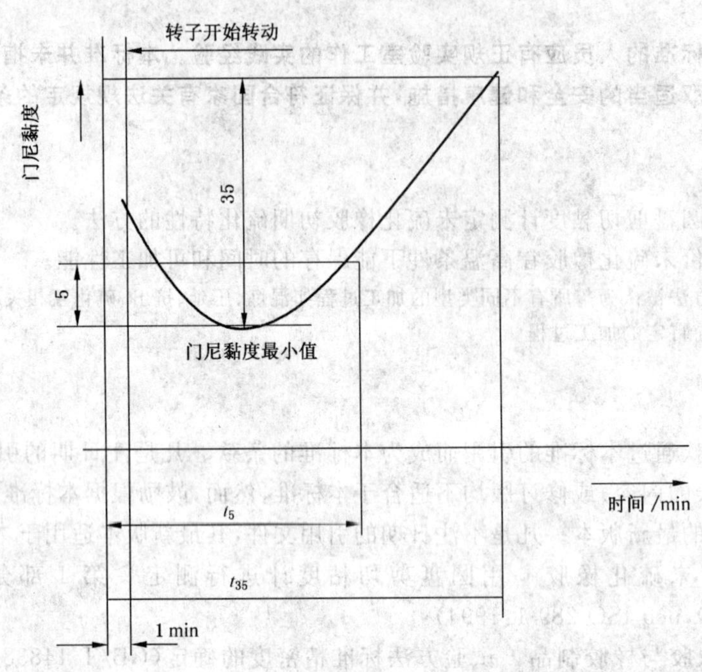

图 1 用大转子测定的初期硫化时间,焦烧时间

a) 用大转子试验时:

焦烧时间 t_5:从试验开始到胶料黏度下降至最小值后再上升 5 个门尼值所对应的时间,以分钟计;

t_{35}:从试验开始到胶料黏度下降至最小值后再上升 35 个门尼值所对应的时间,以分钟计;

硫化指数:Δt_{30} 按式(1)计算:

$$\Delta t_{30} = t_{35} - t_5 \qquad (1)$$

b) 用小转子试验时:

焦烧时间 t_3:从试验开始到胶料黏度下降至最小值后再上升 3 个门尼值所对应的时间,以分钟计;

t_{18}:从试验开始到胶料黏度下降至最小值后再上升 18 个门尼值所对应的时间,以分钟计;

硫化指数:Δt_{15} 按式(2)计算:

$$\Delta t_{15} = t_{18} - t_3 \qquad (2)$$

注:Δt 越小,硫化速度越快。用两种尺寸的转子测定的焦烧时间和硫化指数没有可比性。

9 精密度

9.1 概述

关于重复性和再现性的精密度计算按照 GB/T 14838 执行,并遵循该标准的概念和术语。GB/T 1232.1 附录 A 给出了重复性和再现性的应用指南。

9.2 详细程序

实验室间比对试验(ITP)于 1987 年组织测试。制备以下混炼胶料试样分送至各参与的实验室:氯丁橡胶(CR),三元乙丙胶 EPDM(高填充胶料),氟橡胶(FKM)和丁苯橡胶 SBR1500+50%(橡胶质量分数)N550 炭黑。

初期硫化特性的测定(独立测量值)可分为 2 天进行(间隔一周之内)。每天各进行一次测定。试验条件按下列要求进行:CR 和 EPDM 胶料用小转子在 120℃下测试;FKM 胶料用大转子在 150℃下测试;SBR胶料使用小转子在170℃下测试。实验室间比对试验共有16个实验室参与。

本次实验室间比对试验精密度评价为Ⅰ型,参与实验室未进行胶料的制备及加工。

9.3 精密度结果

9.3.1 精密度结果见表1。

表1 初期硫化特性测定的精密度

橡胶原料	均值	实验室内		实验室间	
		r	(r)	R	(R)
最小黏度(门尼转距值)					
SBR	22.0	1.03	4.70	3.06	13.9
CR	22.3	1.28	5.75	4.96	22.2
FKM	46.1	2.81	6.11	7.20	15.6
EPDM	60.3	1.94	3.23	11.10	18.4
合并值	37.7	1.88	4.99	7.23	19.2
初期硫化时间(min)					
SBR	5.23	0.34	6.41	2.55	48.8
CR	14.80	1.82	12.30	7.55	50.9
FKM	8.97	1.27	14.20	3.88	43.3
EPDM	20.80	5.32	25.50	11.60	55.5
合并值	12.50	2.89	23.10	7.28	58.1

9.3.2 表1所用符号定义如下:

r——重复性,门尼黏度单位;

(r)——相对重复性,百分比;

R——再现性,门尼黏度单位;

(R)——相对再现性,百分比。

10 试验报告

试验报告应包括以下内容:

a) 混炼胶样品的详细说明和标识,包括它的来源;

b) 本标准的名称及编号;

c) 试验仪器设备的详细情况,包括:

1) 试验仪器型号及制造商;

2) 转子规格(大转子或小转子);

d) 试验温度;

e) 黏度最小值,以门尼黏度为单位;

f) 初期硫化特性(t_5 或 t_3,t_{35} 或 t_{18},Δt_{30} 或 Δt_{15}),用分钟表示;

g) 与本标准试验步骤的差异;

h) 在试验中观察到的任何异常现象;

i) 试验日期。

ICS 47.020.30
U 52

中华人民共和国国家标准

GB/T 1241—2008
代替 GB/T 1241—1983

船用外螺纹锻钢截止止回阀

Marine forged steel male thread stop-check valves

2008-02-03 发布　　2008-08-01 实施

中华人民共和国国家质量监督检验检疫总局
中国国家标准化管理委员会　发布

前言

本标准代替 GB/T 1241—1983《船用外螺纹锻钢截止止回阀》。

本标准与 GB/T 1241—1983 相比主要有下列变化：

——将截止止回阀材料由 Q235-A 钢修改为 20 钢；

——增加了倒密封的要求；

——增加了试验方法、检验规则、标志、包装等内容。

本标准由中国船舶工业集团公司提出。

本标准由全国船用机械标准化技术委员会管系附件分技术委员会归口。

本标准起草单位：江西船用阀门厂、中国船舶工业综合技术经济研究院。

本标准主要起草人：丁艳媛、罗发元。

本标准所代替标准的历次版本发布情况为：

——GB/T 1241—1976。

船用外螺纹锻钢截止止回阀

1 范围

本标准规定了船用外螺纹锻钢截止止回阀(以下简称截止止回阀)的分类和标记、要求、试验方法、检验规则、标志、包装和贮存。

本标准适用于燃油、滑油、淡水、空气和温度不高于250℃蒸汽的船舶管路系统用截止止回阀的设计、制造和验收。

2 规范性引用文件

下列文件中的条款通过本标准的引用而成为本标准的条款。凡是注日期的引用文件,其随后所有的修改单(不包括勘误的内容)或修订版均不适用于本标准,然而,鼓励根据本标准达成协议的各方研究是否可使用这些文件的最新版本。凡是不注日期的引用文件,其最新版本适用于本标准。

GB/T 600　船舶管路阀件通用技术条件

GB/T 699—1999　优质碳素结构钢

GB/T 700—2006　碳素结构钢

GB/T 1220—2007　不锈钢棒

GB/T 1958　产品几何量技术规范(GPS)　形状和位置公差　检测规定

GB/T 3032　船舶管路附件的标志

GB/T 9440—1988　可锻铸铁件

GB/T 17107—1997　锻件用结构钢牌号和力学性能

CB* 56　管子平肩螺纹接头

CB/T 3589—1994　船用阀门非石棉材料垫片及填料

3 分类和标记

3.1 型式

截止止回阀分为如下两种型式:

A型——直通型截止止回阀;

B型——直角型截止止回阀。

3.2 基本参数

截止止回阀的基本参数见表1。

表1　截止止回阀的基本参数

型　式	公称压力 PN/MPa	公称通径 DN/mm
A、B	4.0	10～32

3.3 结构和基本尺寸

截止止回阀的结构和基本尺寸按图1和表2。

单位为毫米

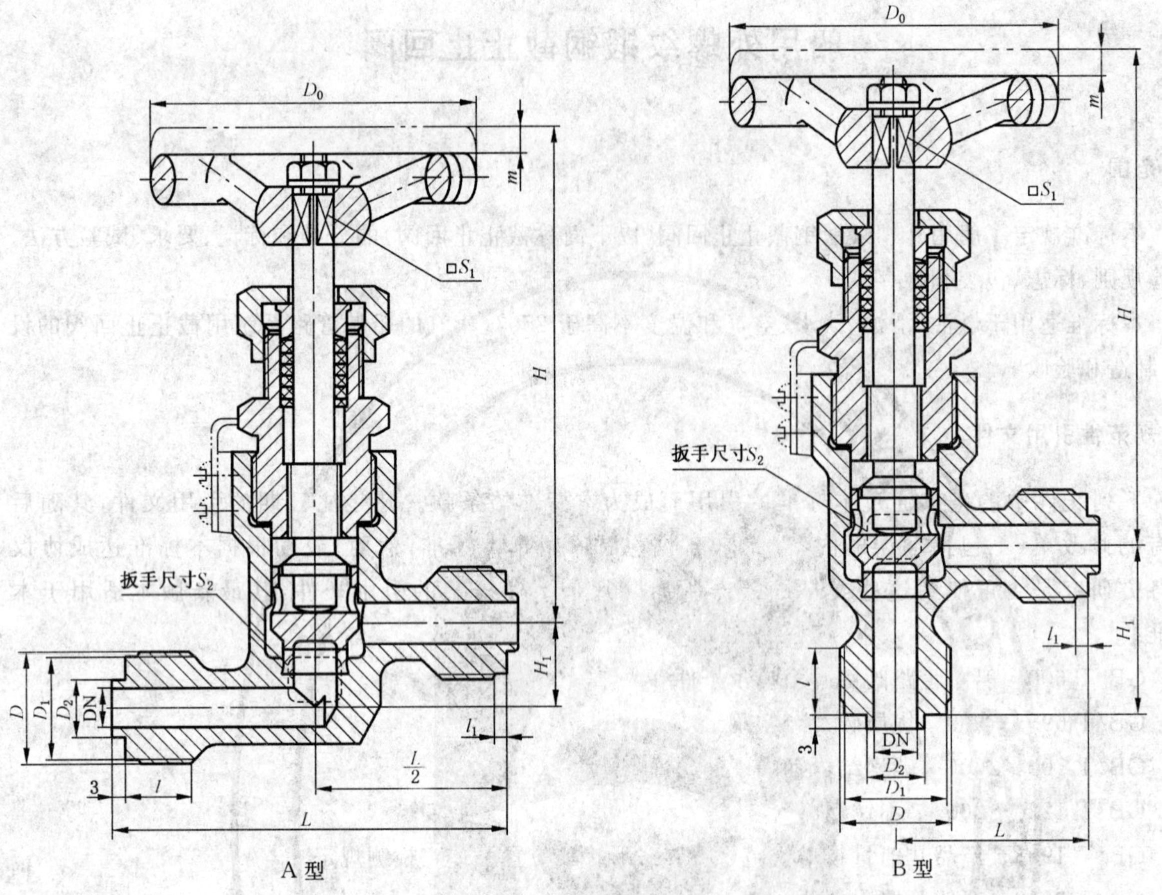

图 1 截止止回阀

表 2 截止止回阀的基本尺寸

单位为毫米

公称通径 DN	结构尺寸					螺纹接头					扳手尺寸		手轮		行程	重量/kg	
	L		$H\approx$	H_1		D	D_1	D_2	l	l_1	S_2		D_0	S_1	$m\approx$	A型	B型
	A型	B型		A型	B型						A型	B型					
10	94	47	128	20	41	M27×1.5	24.8	14	16	3	27	32	80	8	7	1.00	0.97
15	110	55	143	25	52	M36×2	33	22	22	5	32	41			10	1.60	1.54
20	116	58	154	32	55	M39×2	36	25	23		36	46	100	9	12	2.03	1.87
25	130	65	168	38	64	M48×2	45	32	26	6	46	50	120	11	14	2.85	2.57
32	140	70	200	46	72	M56×2	53	38	28			60	140	12	16	4.48	4.12

3.4 产品标记

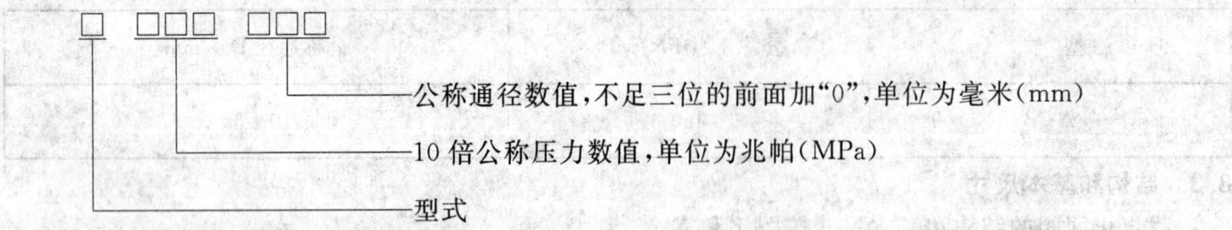

3.5 标记示例

公称压力为 4.0 MPa,公称通径为 10 mm 的外螺纹锻钢直通截止止回阀标记为:

截止止回阀 GB/T 1241—2008 A40010

公称压力为 4.0 MPa,公称通径为 20 mm 的外螺纹锻钢直角截止止回阀标记为:

截止止回阀 GB/T 1241—2008 B40020

4 要求

4.1 材料

截止止回阀主要零件的材料见表 3。

表 3 截止止回阀主要零件材料

零件名称	材料		
	名称	牌号	标准编号
阀体	优质碳素结构钢	20	GB/T 17107—1997
阀盘、阀杆	不锈钢	20Cr13	GB/T 1220—2007
阀盖	优质碳素结构钢	20	GB/T 699—1999
压紧螺母	普通碳素结构钢	Q235-A	GB/T 700—2006
手轮	可锻铸铁	KTH330-08	GB/T 9440—1988
填料	柔性石墨	RSM	CB/T 3589—1994

4.2 强度

截止止回阀在 6.0 MPa 的液压下,应无渗漏。

4.3 密封性

4.3.1 截止止回阀阀盘与阀座之间的密封面在 4.4 MPa 的液压下,应无渗漏。

4.3.2 截止止回阀密封面上止回密封面在 0.3 MPa 的液压下,应无渗漏。

4.3.3 截止止回阀阀杆与阀盖密封在 4.4 MPa 的液压下,填料腔允许有 $0.01\times DN\ mm^3/s$ 的渗漏量。

4.4 尺寸及公差

截止止回阀的线性尺寸及公差应符合 GB/T 600 的要求。

4.5 形位公差

截止止回阀的形位公差应符合 GB/T 600 的要求。

4.6 接口

截止止回阀的螺纹接头的连接尺寸应符合 CB* 56 的要求。

4.7 外观

截止止回阀的外观应符合 GB/T 600 的要求。

4.8 重量

截止止回阀重量的正偏差不应超过规定重量的 4%。

4.9 标志

截止止回阀的标志按 GB/T 3032 的要求。

5 试验方法

5.1 材料

截止止回阀锻、铸件的化学成分和力学性能试验应按 GB/T 17107—1997 和 GB/T 9440—1988 规定的方法进行。结果应符合 4.1 的要求。

5.2 强度

截止止回阀的强度试验应按 GB/T 600 规定的方法进行。结果应符合 4.2 的要求。

5.3 密封性

5.3.1 截止止回阀阀盘与阀座之间密封性的试验应按 GB/T 600 规定的方法进行。结果应符合 4.3.1 和 4.3.2 的要求。

5.3.2 截止止回阀阀杆与阀盖之间密封性的试验应按 GB/T 600 规定的方法进行。结果应符合 4.3.3 的要求。

5.4 尺寸及公差

截止止回阀的线性尺寸及公差应使用相应等级的量具进行测量与检查。结果应符合 3.3 和 4.4 的要求。

5.5 形位公差

截止止回阀的形位公差应按 GB/T 1958 规定的方法进行检验。结果应符合 4.5 的要求。

5.6 接口

截止止回阀的接口尺寸应使用相应等级的螺纹环规检查。结果应符合 4.6 的要求。

5.7 外观

截止止回阀的外观应用目测方法检查。结果应符合 4.7 的要求。

5.8 重量

将截止止回阀放在分度值不大于 0.01 kg 衡器上进行称重。结果应符合 4.8 的要求。

5.9 标志

截止止回阀的标志应用目测方法检查。结果应符合 4.9 的要求。

6 检验规则

6.1 检验分类

截止止回阀的检验分为:型式检验和出厂检验。

6.2 型式检验

6.2.1 检验时机

有下列情况之一时,截止止回阀应作型式检验:

a) 新产品试制定型;

b) 批量生产的产品定期抽查(定期抽查每年至少进行一次);

c) 因定型产品在结构、材料工艺等方面有较大改变,可能影响性能。

6.2.2 检验项目和顺序

截止止回阀型式检验的检验项目和顺序见表 4。

表 4 截止止回阀的检验项目

序号	检验项目	要求的章、条号	试验方法的章、条号	型式检验	出厂检验
1	材料	4.1	5.1	●	●
2	强度	4.2	5.2	●	●
3	密封性	4.3.1、4.3.2	5.3.1	●	●
		4.3.3	5.3.2	●	—
4	尺寸及公差	3.3、4.4	5.4	●	—
5	形位公差	4.5	5.5	●	—
6	接口	4.6	5.6	●	●
7	外观	4.7	5.7	●	●
8	重量	4.8	5.8	●	—
9	标志	4.9	5.9	●	●

注:● 必检项目;— 不检项目。

6.2.3 检验样品数量

截止止回阀型式检验的样品应为3个。

6.2.4 判定规则

截止止回阀所有样品全部检验项目符合要求，判为型式检验合格；若材料检验不符合要求，判为型式检验不合格；若有不符合要求的其他项目，允许加倍取样复验。若复验符合要求，仍判型式检验合格；若复验仍有不符合要求的项目，则判为型式检验不合格。

6.3 出厂检验

6.3.1 检验项目和顺序

截止止回阀出厂检验的检验项目和顺序见表4。

6.3.2 检验样品数量

截止止回阀出厂检验除材料同一炉号为一批，按批次检验外，其他检验项目应逐个产品进行。

6.3.3 判定规则

全部检验项目符合要求的截止止回阀判定出厂检验合格；若材料的化学成分和力学性能试验不符合要求的截止止回阀，则判定该批截止止回阀出厂检验不合格；其他项目的检验，若有不符合要求的截止止回阀，允许返修后进行复验。若复验符合要求，仍判出厂检验合格；若复验仍不符合要求，则判该截止止回阀出厂检验不合格。

7 包装和贮存

7.1 截止止回阀的包装应按GB/T 600的规定。

7.2 截止止回阀应存放在干燥的室内，不允许露天存放或将产品堆置。

ICS 13.180
A 25

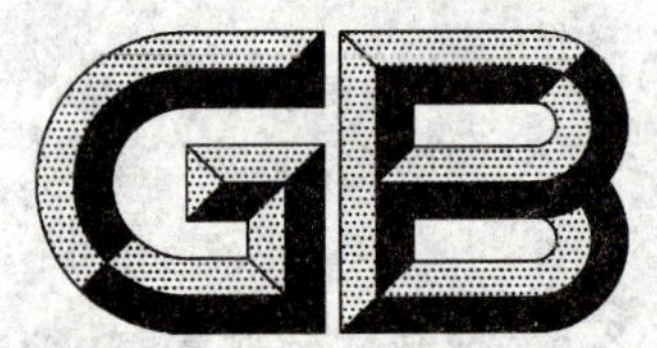

中华人民共和国国家标准

GB/T 1251.1—2008/ISO 7731:2003
代替 GB 1251.1—1989

人类工效学 公共场所和工作区域的险情信号 险情听觉信号

Ergonomics—Danger signals for public and work areas—Auditory danger

(ISO 7731:2003,IDT)

2008-07-16 发布　　2009-01-01 实施

中华人民共和国国家质量监督检验检疫总局
中国国家标准化管理委员会　发布

前　言

GB/T 1251分为三个部分：

——第1部分：人类工效学　公共场所和工作区域的险情信号　险情听觉信号；

——第2部分：人类工效学　险情视觉信号　一般要求　设计和检验；

——第3部分：人类工效学　险情和信息的视听信号体系。

本部分是GB/T 1251的第1部分。

本部分等同采用ISO 7731:2003《人类工效学　公共场所和工作区域的险情信号　险情听觉信号》(英文版)，并根据ISO 7731:2003翻译起草。

本部分代替GB 1251.1—1989《工作场所的险情信号　险情听觉信号》。与GB 1251.1—1989相比，本部分主要变化如下：

——原标准GB 1251.1—1989等效采用ISO 7731:1986，本部分等同采用ISO 7731:2003；

——本部分名称变更为“人类工效学　公共场所和工作区域的险情信号　险情听觉信号”；

——增加了目次、前言和引言；

——第3章中增加了紧急听觉信号、倍频程、1/3倍频程(分数倍频带滤波器)、混响时间、频谱成分5个术语及其定义；

——第4章、第5章、第6章的结构和内容进行了调整；

——原标准附录A调整为本部分附录D；

——增加了附录A、附录B和附录C。

本部分的附录A、附录B、附录C为规范性附录，附录D为资料性附录。

本部分由全国人类工效学标准化技术委员会提出并归口。

本部分起草单位：中国标准化研究院、中国科学院声学研究所、中国科学院心理研究所、空军航空医学研究所。

本部分主要起草人：冉令华、张欣、李晓东、傅小兰、刘太杰、郭小朝。

本标准所替代标准历次版本发布情况为：

——GB 1251.1—1989。

引　言

本部分规定了用于险情听觉信号识别的准则，尤其是在高背景噪声的情形中。本部分包含了各种险情听觉信号，正文中用“险情信号”代指紧急信号和警告信号(见表1)。

以下国家标准中也涉及险情听觉信号：

——GB/T 12800中的紧急撤离信号；

——GB/T 1251.3中的险情听觉和视觉信号。

表1给出了各种类型的险情信号及听到这些信号时需作出的反应。

宜注意，GB/T 1251.3中的险情信号类型更为详细。

表1　险情信号类型

险情信号类型	需作出的反应
听觉紧急撤离信号	立即离开危险区域
听觉紧急信号	紧急行动寻求救护
听觉警告信号	采取预防或准备措施

设计恰当的险情信号可有效提示人们注意隐患或危险环境(即使在佩戴护耳器的情况下)，且不会引起恐慌。

人类工效学　公共场所和工作区域的险情信号　险情听觉信号

1　范围

GB/T 1251 的本部分规定了在公共场所和工作区域的信号接收区内，险情信号设计的物理原则、人类工效学要求和相应的测试方法，同时给出了信号设计的指南。本部分也可用于其他适当环境中。

宜注意紧急听觉信号、紧急撤离听觉信号和警告听觉信号之间的区别和联系。紧急撤离信号在 GB/T 12800 中有相应阐述。

本部分不适用于言语险情警告(例如，呼喊、扬声器广播等)。言语险情信号在 ISO 9921 中有相应阐述。

公共灾害和公共交通运输等方面的特定法规不受本部分限制。

2　规范性引用文件

下列文件中的条款通过 GB/T 1251 的本部分的引用而成为本部分的条款。凡是注日期的引用文件，其随后所有的修改单(不包括勘误的内容)或修订版均不适用于本部分，然而，鼓励根据本部分达成协议的各方研究是否可使用这些文件的最新版本。凡是不注日期的引用文件，其最新版本适用于本部分。

GB/T 3241—1998　倍频带和分数倍频程滤波器(eqv IEC 61260:1995)

3　术语、定义和符号

下列术语和定义适用于本部分。

注：符号定义见附录 A。

3.1

背景噪声　ambient noise

在信号接收区内，非险情信号发生器产生的一切声音。

3.2

险情信号　danger signal

根据险情的紧急程度及其可能对人群造成的伤害，险情听觉信号分为紧急听觉信号、紧急撤离听觉信号和警告听觉信号三类。

3.2.1

紧急听觉信号　auditory emergency signal

标示险情开始的信号。必要时，还包括标示险情持续和终止的信号。

3.2.2

紧急撤离听觉信号　auditory emergency evacuation signal

标示已经开始或正在发生且有可能造成伤害的紧急情况的信号，此信号指示人们按已确定的方式立即离开危险区。

注：GB/T 12800 中主要阐述了紧急撤离听觉信号。

3.2.3

警告听觉信号　auditory warning signal

标示即将发生或正在发生、需采取适当措施消除或控制危险的险情信号。

注：警告听觉信号也可提供人们采取行动或措施的信息。

3.3

有效掩蔽阈　effective mask threshold

在噪声环境中，表示刚刚能听到险情听觉信号时的声级，信号接收区内的噪声环境和收听者的听力缺陷(佩戴护耳器、听力损失和其他掩蔽效应)两者的听觉参数均需考虑在内。

3.4

倍频程　octave

频率范围的比率为2的滤波器带宽。

注：即GB/T 3241—1998中所规定的：截止频率 f_2 是下限频率 f_1 的两倍。例如，中心频率是500 Hz的倍频带，下限频率是353 Hz($500/\sqrt{2}$)，上限频率是707 Hz($500\sqrt{2}$)。

3.5

1/3倍频程　1/3 octave

分数倍频带滤波器　fractional-octave-band filter

频率范围的比率为$\sqrt[3]{2}$的滤波器带宽。

注1：即截至频率 f_2 是下限频率 f_1 的$\sqrt[3]{2}$倍(GB/T 3241—1998中所规定的 $f_2=f_1\sqrt[3]{2}$)。

注2：带通滤波器与倍频程滤波器相比，其频率范围更窄。倍频程滤波器可以分成三个1/3倍频带。

3.6

混响时间　reverberation time

声源停止发声后，声压级衰减60 dB所需的时间。

3.7

信号接收区　signal reception area

能够识别险情信号并对其做出反应的区域。

注：本部分不涉及在信号接收区外听到险情信号时可能出现的问题。

3.8

频谱成分　spectral content

信号或背景噪声的全部频率成分。

4　安全要求

4.1　概述

险情听觉信号应具有使信号接收区内的任何人都能听见并做出预期反应的基本属性。如果有听力缺陷(耳聋)或佩戴护耳器(头盔、耳塞等)的人在接收区内，宜给予特别考虑。可听信号的特性应与相关的环境特性相匹配。

4.2　识别

4.2.1　简介

为了可靠地识别险情信号，险情信号应清晰可听，且与环境中其他声音明显不同，并具有明确的含义。

在优先级上，任何紧急撤离信号应优先于其他所有险情信号，险情信号应优先于其他所有听觉信号。

4.2.2　可听性

4.2.2.1　信号必须清晰可听且明显超过有效掩蔽阈值。必要时，还需评估并考虑信号接收人群中存在听力损失者的可能性。佩戴护耳器时，应了解其衰减级，并在估算中予以考虑。

为确保险情信号的可听性，在信号接收区的任何位置，险情信号的A计权声压级都不应低于65 dB。

除此之外，至少还需满足4.2.2.2～4.2.2.4中的一条准则。

4.2.2.2 测量A计权声压级[5.2.2.1中的方法(a)]时,信号的A计权声压级应超过背景噪声的A计权声压级15 dB以上($L_{S,A}-L_{N,A}>15$ dB)。

4.2.2.3 测量倍频带声压级[5.2.3.1中的方法(b)]时,在一个倍频带或多个倍频带内的信号声压级应至少超过所考虑的倍频带的有效掩蔽阈10 dB($L_{Si,oct}-L_{Ti,oct}>10$ dB)。

4.2.2.4 测量1/3倍频程带声压级[5.2.3.2中的方法(c)]时,在一个1/3倍频带或多个1/3倍频带内的信号声压级应超过所考虑的1/3倍频带的有效掩蔽阈13 dB($L_{Si,1/3oct}-L_{Ti,1/3oct}>13$ dB)。

4.2.3 可分辨性

设计险情信号的参数(声级、频谱和时间模式)时,应使其能从接收区内所有其他声音中清晰地突显出来,且与其他所有信号有显著区别(见第6章)。

4.2.4 含义明确性

险情信号的含义应明确。

4.2.5 移动信号源

不管移动信号源的移动速度或移动方向如何,从移动险情信号源发出的险情信号都应具有可识别性。

4.3 信号的复查

应定期检查信号的有效性,且每当启用新信号(无论是否为险情信号)、背景噪声发生变化或有任何其他相关变化时,都应复查信号的有效性。

4.4 险情信号最大声级的推荐值

如果信号接收区内背景噪声的A计权声压级超过100 dB,险情信号不宜仅使用听觉信号,还需同时使用视觉信号(例如,GB/T 1251.2和GB/T 1251.3中的险情视觉信号)。在任何时候,信号接收区内信号的最大声级均不宜超过118 dB(A)。

5 测试方法

5.1 测量仪器

测量采用的仪器宜符合IEC 61672和GB/T 3241—1998的规定。

测量背景噪声和信号时,应采用"慢档"时间计权的最大读数。应基于有一定代表性数量的被测样本进行计算。

5.2 客观声学测量

5.2.1 概述

险情信号应严格按照以下要求测量。

5.2.2 计权测量

5.2.2.1 A计权测量[方法(a)]

测量背景噪声的A计权声压级($L_{N,A}$);

测量险情信号的A计权声压级($L_{S,A}$);

计算($L_{S,A}-L_{N,A}$),检查结果是否符合4.2.2.2中的要求。

5.2.3 频域测量

5.2.3.1 倍频带测量[方法(b)]

测量背景噪声的倍频带声压级($L_{Ni,oct}$);

根据附录B确定有效掩蔽阈值($L_{Ti,oct}$);

测量险情信号的倍频带声压级($L_{Si,oct}$)。

计算($L_{Si,oct}-L_{Ti,oct}$),检查结果是否符合4.2.2.3中的要求。

5.2.3.2 1/3倍频带测量[方法(c)]

测量背景噪声的1/3倍频带声压级($L_{Ni,1/3oct}$);

根据附录 B 确定有效掩蔽阈值($L_{Ti,1/3oct}$);

测量险情信号的 1/3 倍频带声压级($L_{Si,1/3oct}$);

计算($L_{Si,1/3oct}-L_{Ti,1/3oct}$),检查结果是否符合 4.2.2.4 中的要求。

注 1:方法(b)或(c)与 5.2.2.1 方法(a)相比,信噪比间的差别可小一些。

注 2:方法(b)和(c)的测量要求更加复杂。

注 3:第 6 章中的所有其他准则也可用于 1/3 倍频带测量。

5.2.4 背景噪声下的听觉信号测量

一般来说,听觉信号需在没有背景噪声的情况下进行测量,即在测量时应关闭背景噪声源(例如,机械噪声)。无法满足此要求(在测量听觉信号时一直有背景噪声)时宜采用其他测量方法,同时考虑由此降低的准确度。

5.3 主观测量方法

最好进行客观声学测量。如果不能进行客观声学测量,则可以采用主观收听测试。

详细的收听测试方法应参照附录 C。

6 险情听觉信号设计准则

6.1 概述

以下因素和险情听觉信号的设计相关:

——声压级;

——频谱特性;

——时间特性。

6.2 声压级

在信号接收区内,险情听觉信号的 A 计权声压级不低于 65 dB(4.2.2.1),且超过背景噪声至少 15 dB(4.2.2.2),就必然清晰可听。这两个要求是可靠识别信号的充分条件,而非必要条件。如果险情信号的频率或时间分布明显地区别于背景噪声,则也可以采用较低声压级的险情信号,但此时声压级应满足 4.2.2 的规定。

险情信号的最大声压级宜适当设计,以确保信号清晰可听。但声压级过高可能会引起恐慌反应。非预期的声压级的急剧增加(例如,0.5 s 内增加 30 dB 以上)也可能会引起恐慌。

6.3 频谱特性

险情信号的频率宜包括在 500 Hz~2 500 Hz 范围内的频率分量。但一般推荐 500 Hz~1 500 Hz 范围内的两个主要频率分量。

注 1:险情信号与背景噪声相比,其各自最大声级处的倍频带中心频率相差越大,险情信号越易于识别。

在人们佩戴护耳器和有听力损失的情况下,险情信号在 1 500 Hz 以下的频率范围宜有足够的声强(见附录 D 的例 D.6)。

注 2:由于听觉器官的内部掩蔽效应,背景噪声的低频成分可能会掩蔽险情信号的高频成分(见图 D.5)。除了掩蔽效应,听力损失也会产生影响。

6.4 时间特性

6.4.1 险情信号的时间分布

一般情况下,宜优先考虑脉冲险情信号而非稳态险情信号。脉冲重复频率应在 0.5 Hz~4 Hz 范围内。险情信号与信号接收区内周期性变化的背景噪声相比,两者的脉冲持续时间和脉冲重复频率不应相同。

在信号接收区内,当更高的脉冲重复频率与长混响时间同时存在时,脉动将被平滑掉。因此,频率相似但脉冲重复频率不同的信号之间的可分辨性将降低。

表 2 给出了适宜于信号接收区内不同混响时间的最大重复频率。

表 2　4 种不同混响时间(t)下的最大重复频率

最大重复频率/Hz	混响时间/s
0.5	8
1	4
2	2
4	1

紧急撤离听觉信号(GB/T 12800)是专用的险情信号。所有其他险情听觉信号的时间模式都必须与其有显著区别。

6.4.2　频率的时间分布

一般来说,宜选择具有交变基频的信号作为险情信号。

例如,基频扫频范围在 500 Hz～1 000 Hz、具有四个谐波的险情信号能充分满足可听性的要求。

6.4.3　险情信号的持续时间

在某些情况下(例如,背景噪声有短暂变化时),允许背景噪声暂时掩蔽险情信号。但此时应确保在险情信号开始后,掩蔽时间不得大于 1 s,且信号符合 4.1 和 4.2 的要求,即至少持续 2 s。险情信号的时间特性宜取决于险情的持续时间和类型。

6.5　需从供应商获取的信息

险情信号声源的制造商和代理商在产品数据手册上至少应给出以下信息:

——A 计权声功率级($L_{W,A}$)的最大值和最小值,或自由声场中声源主要辐射方向 1 m 处测量的 A 计权声压级($L_{S,A}$);

——在声源主要辐射方向 1 m 处,中心频率从 125 Hz～8 000 Hz 范围内时,倍频程或 1/3 倍频程的频谱成分;

——一个典型周期内险情信号的时间包络线。

附 录 A
（规范性附录）
符 号 定 义

d_i——护耳器在第 i 倍频带的声衰减量，单位为分贝（dB）；

f——频带的中心频率（例如，倍频带）；

$L_{\mathrm{N}i,\mathrm{oct}}$——背景噪声的第 i 倍频带声级，单位为分贝（dB）（参考值：20 μPa）；

$L_{\mathrm{N}i,1/3\mathrm{oct}}$——背景噪声的第 1/3$i$ 倍频带声级，单位为分贝（dB）（参考值：20 μPa）；

$L_{\mathrm{N,A}}$——背景噪声的 A 计权声级，单位为分贝（dB）（参考值：20 μPa）；

$L_{\mathrm{S,A}}$——险情听觉信号的 A 计权声级，单位为分贝（dB）（参考值：20 μPa）；

$L_{\mathrm{S}i,\mathrm{oct}}$——险情听觉信号的第 i 倍频带声级，单位为分贝（dB）（参考值：20 μPa）；

$L_{\mathrm{T}i,\mathrm{oct}}$——第 i 倍频带的掩蔽阈值，单位为分贝（dB）（参考值：20 μPa）；

$L_{\mathrm{S}i,1/3\mathrm{oct}}$——险情听觉信号的第 1/3$i$ 倍频带声级，单位为分贝（dB）（参考值：20 μPa）；

$L_{\mathrm{T}i,1/3\mathrm{oct}}$——第 1/3$i$ 倍频带的掩蔽阈值，单位为分贝（dB）（参考值：20 μPa）；

$L_{\mathrm{W,A}}$——险情听觉信号的 A 计权声功率级，单位为分贝（dB）（参考值：1 pW）。

附 录 B
（规范性附录）
有效掩蔽阈的计算

B.1 简介

有效掩蔽阈可以根据背景噪声的倍频带或1/3倍频带声级近似得出。

B.2 倍频带分析

用于倍频带分析的掩蔽阈 $L_{Ti,oct}$ 按以下步骤计算：

步骤1：最低倍频带 $i=1$，$L_{T1,oct}=L_{N1,oct}$

步骤 i：$i>1$，$L_{Ti,oct}=\max(L_{Ni,oct}, L_{T(i-1),oct}-7.5\ \text{dB})$

重复步骤 $i(i=2\cdots\cdots)$，直至最高倍频带。

B.3 1/3倍频带分析

用于1/3倍频带分析的掩蔽阈 $L_{Ti,1/3oct}$ 按以下步骤计算：

步骤1：最低1/3倍频带 $i=1$，$L_{T1,1/3oct}=L_{N1,1/3oct}$

步骤 i：$i>1$，$L_{Ti,1/3oct}=\max(L_{Ni,1/3oct}, L_{T(i-1),1/3oct}-2.5\ \text{dB})$

重复步骤 $i(i=2\cdots\cdots)$，直至最高1/3倍频带。

注1：本部分通过以下方式将中等程度的听力损伤考虑在内：

——在掩蔽中引入适当修正；

——规定A计权信号的最小声级；

——避免使用高频信号。

尽管如此，某些严重听力损伤的人仍可能会听不到险情信号。

注2：在佩戴护耳器时，本方法仍适用。此时需在每个频带内，从噪声和信号的声级中减去护耳器相应频带的平均声衰减量(见D.7)。在计算佩戴护耳器时的有效掩蔽阈之后，每个频带再加上相应的声衰减量，就得到护耳器外的有效掩蔽阈。此时计算得到的每个频带的声级可能会有所升高。

附 录 C
（规范性附录）
收听测试

在无客观声学测量检查险情信号的可听性时，应进行收听测试。在信号接收区内任何地方进行收听测试时，均应采用以下步骤：

从信号接收区挑选至少10个被试者，组成具有代表性的测试组。被试者应佩戴其工作模式下使用的个人护耳器。

如果信号接收区内人员总数不足10人，则所有人都应参加典型情况下的测试。

测试前不应事先通知被试者。应在接收区内最不利于收听的情形(例如，在背景噪声声级最高，并且可能同时伴有其他信号时)下发送险情信号。本测试应至少重复5次。每个被试应单独接受测试，以避免测试中受到其他被试的影响。

要求每个被试者根据以下两个选项评估信号的可听性：

——清晰可听；

——非清晰可听。

在全部5次测试中，如果所有的被试者都确认信号清晰可听，则认定该信号的可听性足以满足要求。

附　录　D
（资料性附录）
险情信号举例

D.1　简介

在下面的例子中，实线表示险情信号的频谱（L_S），虚线表示背景噪声的频谱（L_N），点虚线表示有效掩蔽阈（L_T），以便和噪声频谱相区分。

D.2　例 1：接近往复式运输机时的险情信号（见图 D.1）

信号接收区内的背景噪声：隔声的轴流式风机；
背景噪声特性：不随时间变化；
背景噪声的 A 计权级：$L_{N,A}=78$ dB(A)；
选择的险情听觉信号声级：$L_{S,A}=84$ dB(A)；
险情信号的特性：电声激发，断续信号周期的通、断时间皆为 1 s。

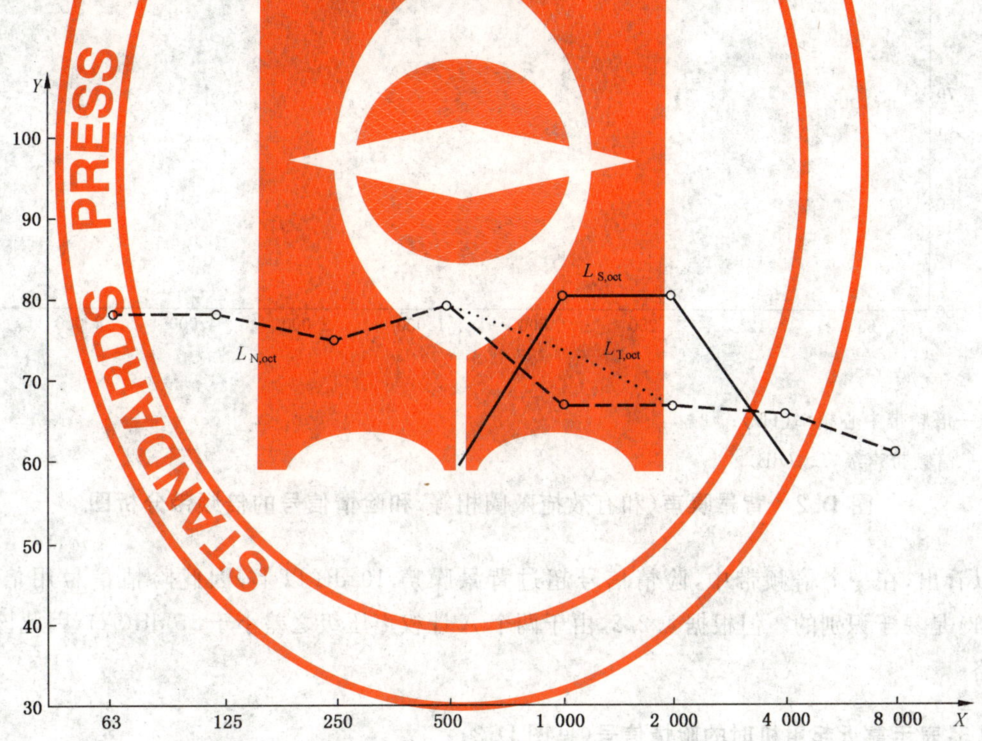

X——倍频带中心频率(Hz)；
Y——倍频带声级，L_{oct}(dB)。

图 D.1　信号为“通”时背景噪声、有效掩蔽阈和险情信号的倍频带分析图

可以看出，险情信号和背景噪声在频率分布和时间分布上有明显的区别。险情信号在可听性较好的频段中。在倍频带 2 000 Hz 处，信号超过有效掩蔽阈 10 dB 以上。因此，此险情信号易于听到和识别。

D.3 例 2:表示轧钢机缺油时的险情信号(见图 D.2)

信号接收区内的背景噪声:热处理炉、轧钢机、用压缩空气除氧化皮的噪声;

背景噪声特性:不随时间变化;

背景噪声声级:$L_{N,A}$=89 dB(A);

选择的险情听觉信号声级:$L_{S,A}$=100 dB(A);

险情听觉信号的特性:喇叭声(连续信号),接收区内无类似的信号。

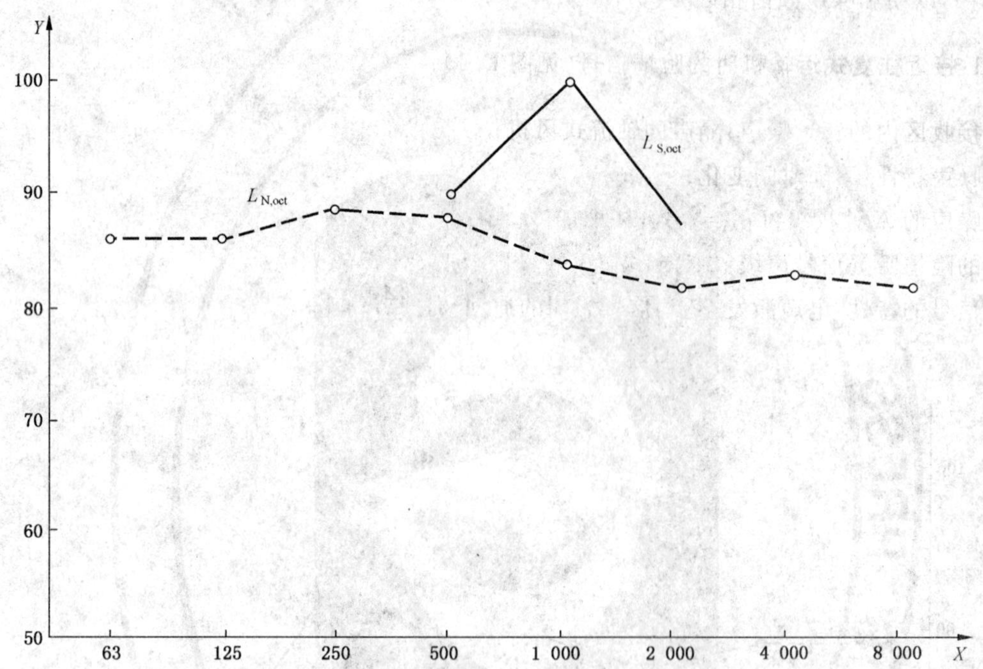

X——倍频带中心频率(Hz);

Y——倍频带声级,L_{oct}(dB)。

图 D.2 背景噪声(和有效掩蔽阈相等)和险情信号的倍频带分析图

可以看出,在一个倍频带中,险情信号超过背景噪声 10 dB 以上,因此险情信号用倍频带方法(5.2.3.1)是易于识别的。但根据 4.2.2,由于两个 A 计权声压级之差小于 15 dB(A),因此该信号可能会被忽略。

D.4 例 3:表示靠近起重机时的险情信号(见图 D.3)

信号接收区内的背景噪声:

a) 底盘行走噪声声级:$L_{N1,A}$=54 dB(A);

b) 起吊噪声声级:$L_{N2,A}$=74 dB(A)。

背景噪声特性:两种噪声均随时间变化,因此采用“慢档”时间计权将 A 计权声级和倍频带声级设置为最大值。

选择的险情听觉信号声级:$L_{S,A}$=90 dB(A)。

险情信号的特性:低重复频率的电铃信号。

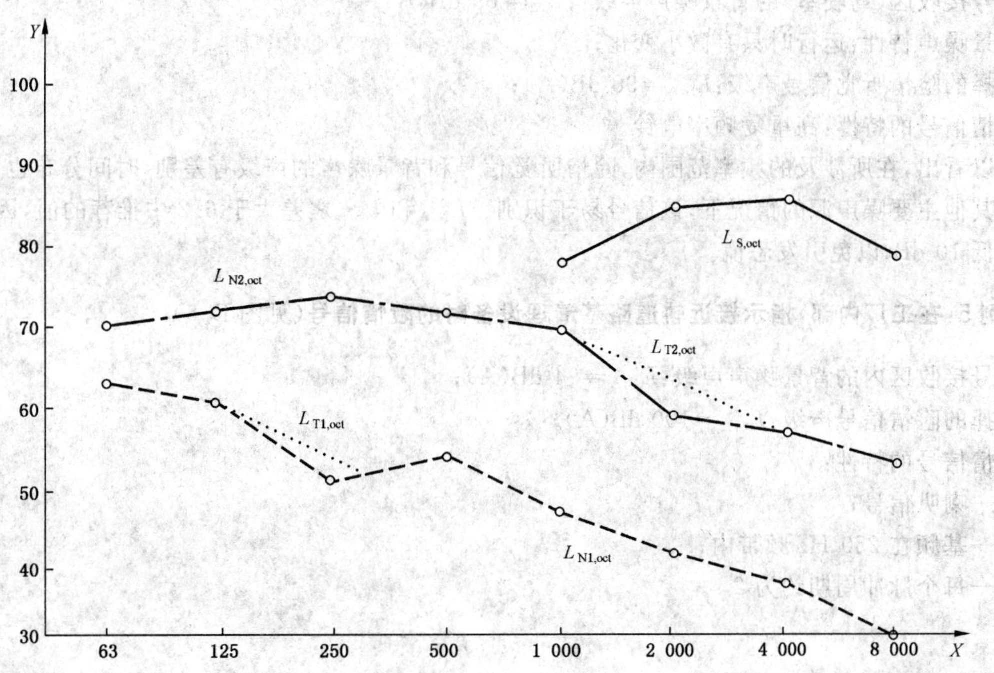

X——倍频带中心频率(Hz)；

Y——倍频带声级，L_{oct}(dB)。

图 D.3 底盘行走和起吊噪声、有效掩蔽阈和险情信号的倍频带分析图

可以看出，险情信号超过背景噪声 A 计权声级 15 dB，且两者的频率范围完全不同，因此该信号易于识别。

D.5 例 4：用于输送机现场的险情信号(见图 D.4)

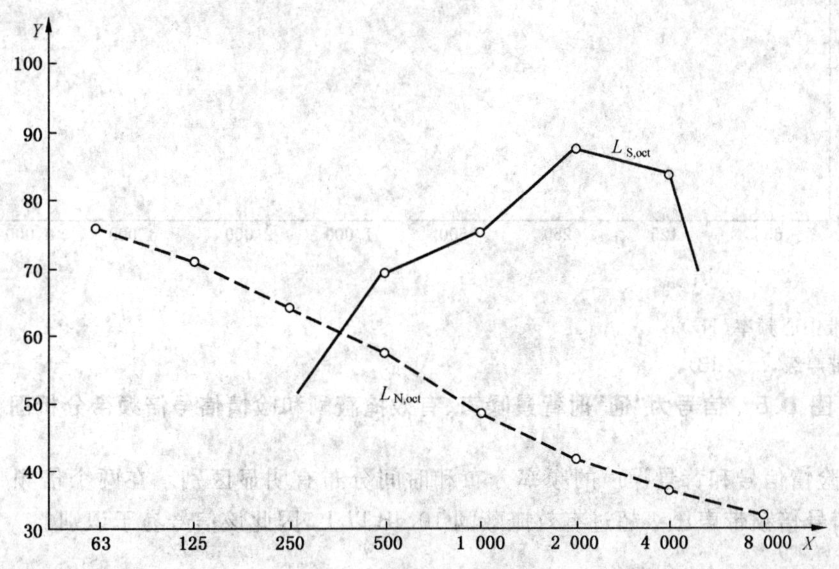

X——倍频带中心频率(Hz)；

Y——倍频带声级，L_{oct}(dB)。

图 D.4 背景噪声(和有效掩蔽阈相等)和险情信号的倍频带分析图

信号接收区(驾驶室)的背景噪声声级:$L_{N,A}$=59 dB(A);

背景噪声特性:运行时只有微小变化;

选择的险情听觉信号声级:$L_{S,A}$=90 dB(A);

险情信号的特性:高重复频率电铃。

可以看出,在所涉及的频率范围内,险情听觉信号和背景噪声的声级有差别,时间分布也不同,因此在没有其他主要噪声源的情况下,该信号易于识别。$L_{N,A}$和$L_{S,A}$之差大于6.2中推荐的值,因此信号声级宜降低10 dB,以免引发恐慌。

D.6 例5:在工厂内部,指示接近轨道路基清理设备时的险情信号(见图D.5)

信号接收区内的背景噪声声级:$L_{N,A}$=94 dB(A);

选择的险情信号声级:$L_{S,A}$=100 dB(A);

险情信号的特性:

——喇叭信号;

——基频在250 Hz频带内;

——每个脉冲周期约为2 s。

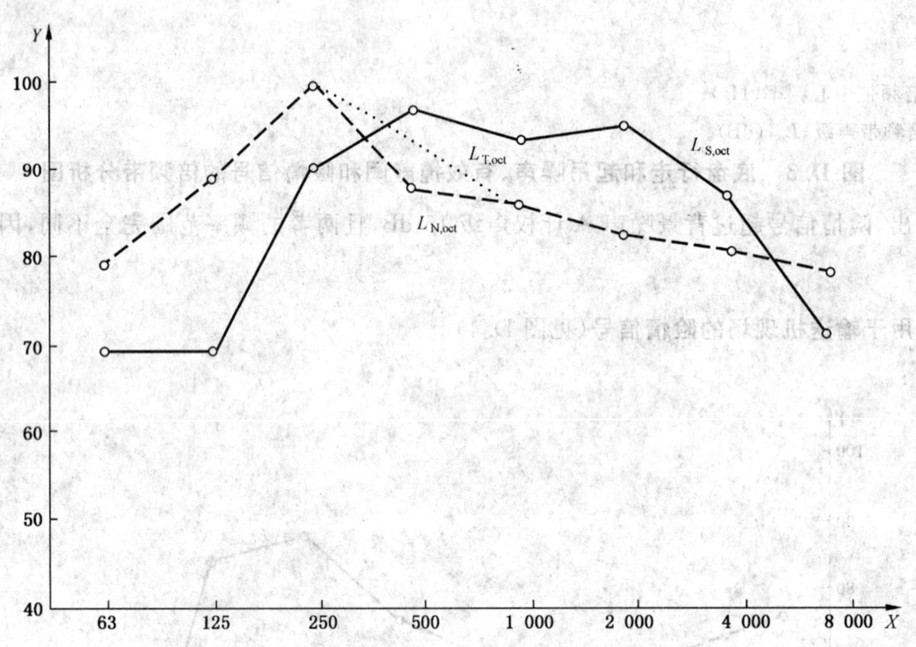

X——倍频带中心频率(Hz);

Y——倍频带声级,L_{oct}(dB)。

图D.5 信号为"通"时背景噪声、有效掩蔽阈和险情信号倍频带分析图

可以看出,险情信号和背景噪声的频率分布和时间分布有明显区别。在两个倍频带(1 000 Hz和2 000 Hz)处,信号倍频带声压级超过有效掩蔽阈10 dB以上,因此该信号易于识别。

D.7 例6:在例5的基础上,信号接收区的人员加戴护耳器(见图D.6)

适宜的护耳器对给定的背景噪声和喇叭信号是光滑的衰减曲线。

平均衰减值d_i见表D.1。

表 D.1 平均衰减值

f/Hz(倍频带)	63	125	250	500	1 000	2 000	4 000	8 000
d_i/dB	21	27	26	28	29	30	43	33

计算佩戴护耳器时的有效倍频带声级,其中:

$L'_{N,oct}$是背景噪声计算后的有效倍频带声级($L'_{N,oct}-d'_i$);

$L'_{S,oct}$是险情听觉信号计算后的有效倍频带声级($L'_{S,oct}-d'_i$);

$L'_{T,oct}$是佩戴护耳器时的掩蔽阈倍频带声级。

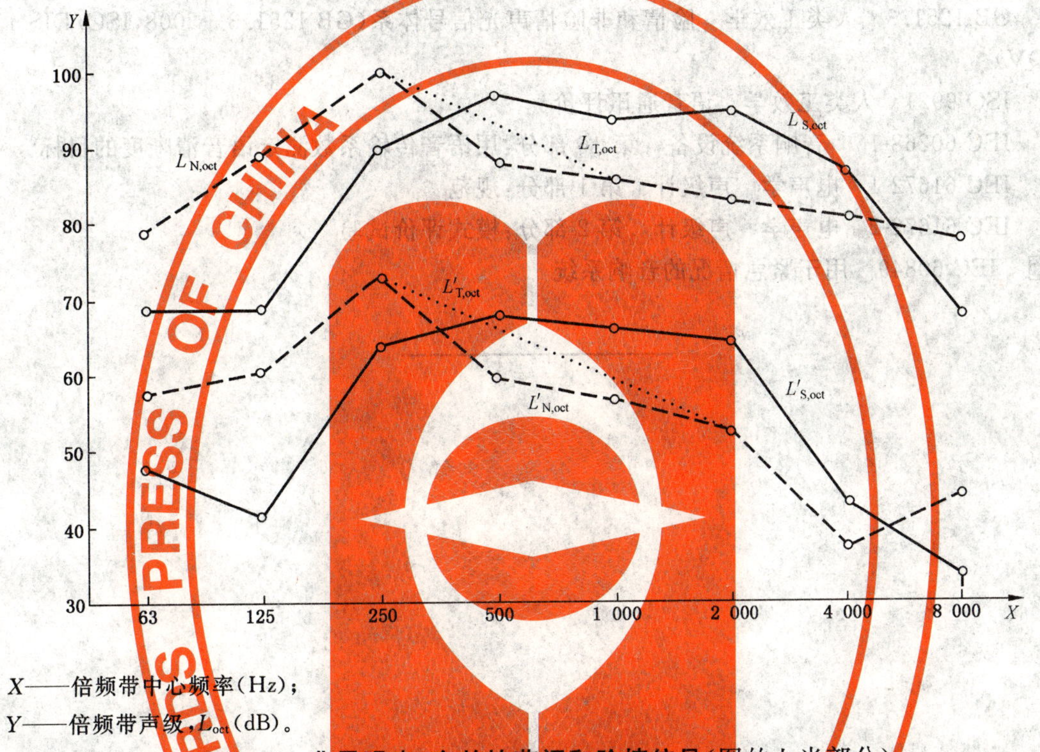

X——倍频带中心频率(Hz);

Y——倍频带声级,L_{oct}(dB)。

图 D.6 背景噪声、有效掩蔽阈和险情信号(图的上半部分)以及佩戴护耳器时有效声级(图的下半部分)的倍频带分析图

可以看出,在 2 000 Hz 倍频带处,险情信号超过掩蔽阈 $L_{T,oct}$ 12 dB 以上,因此即使佩戴护耳器,该信号也易于识别。

参 考 文 献

[1] GB/T 3240 声学测量中的常用频率(GB/T 3240—1982,neq ISO 266:1975)

[2] GB/T 7584.1 声学 护听器 第1部分:声衰减测量的主观方法(GB/T 7584.1—2004,idt ISO 4869-1:1990)

[3] GB/T 12800 声学 紧急撤离听觉信号(GB/T 12800—1991,eqv ISO 8201:1987)

[4] GB/T 1251.2 人类工效学 险情视觉信号 一般要求、设计和检验(GB/T 1251.2—2006,ISO 11428:1996,IDT)

[5] GB 1251.3 人类工效学 险情和非险情声光信号体系(GB 1251.3—2008,ISO/DIS 11429:1996,EQV)

[6] ISO 9921 人类工效学 语音通讯评价

[7] IEC 60268-16 音响系统设备 第16部分:用语音传输系数测定语音清晰度的目标

[8] IEC 61672-1 电声学 声级计 第1部分:规范

[9] IEC 61672-2 电声学 声级计 第2部分:模式评价试验

[10] IEC 60849 用于紧急情况的音响系统

ICS 13.180
A 25

中华人民共和国国家标准

GB/T 1251.3—2008/ISO 11429:1996
代替 GB 1251.3—1996

人类工效学 险情和信息的视听信号体系

Ergonomics—System of auditory and visual danger and information signals

(ISO 11429:1996,IDT)

2008-07-16 发布　　2009-01-01 实施

中华人民共和国国家质量监督检验检疫总局
中国国家标准化管理委员会　发布

前言

GB/T 1251分为三个部分：

——第1部分：人类工效学　公共场所和工作区域的险情信号　险情听觉信号；

——第2部分：人类工效学　险情视觉信号　一般要求　设计和检验；

——第3部分：人类工效学　险情和信息的视听信号体系。

本部分是GB/T 1251的第3部分。

本部分等同采用ISO 11429:1996《人类工效学　险情和信息的视听信号体系》(英文版)。

本部分代替GB 1251.3—1996《人类工效学　险情和非险情声光信号体系》。与GB 1251.3—1996相比，本部分主要变化如下：

——原标准GB 1251.3—1996根据ISO/DIS 11429(1992年版)制定，本部分等同采用ISO 11429:1996；

——本部分名称变更为“人类工效学　险情和信息的视听信号体系”；

——删除了引言；

——第3章3.5改为“快脉冲”；删除原标准中术语“啭(声)”及其定义；

——第4章和第5章内容调换，题目分别调整为“设计和应用视听信号应遵循的人类工效学原则”和“视听信号体系”；

——调整第5章部分技术内容。

本部分的附录A为资料性附录。

本部分由全国人类工效学标准化技术委员会提出并归口。

本部分起草单位：中国标准化研究院、中国科学院声学研究所、中国科学院心理研究所、空军航空医学研究所。

本部分主要起草人：冉令华、张欣、李晓东、傅小兰、郭小朝、刘太杰。

本标准所替代标准历次版本发布情况为：

——GB 1251.3—1996。

人类工效学　险情和信息的视听信号体系

1　范围

为减少误解视觉和听觉险情信号所带来的风险,GB/T 1251 的本部分规定了包含不同紧急程度的险情和信息信号体系。

本部分适用于各种险情信号和信息信号,包括符合 GB/T 15706.2—2007 中 5.3 规定的需清晰觉察和分辨的信号,以及有其他要求或工作条件下需清晰觉察和分辨的信号;本部分也适用于紧急程度处于"极端紧急"到"解除警报"之间的所有信号。当声音信号辅以视觉信号时,两者的信号特征都应进行规定。

本部分不适用于已采用特定标准或其他强制性惯例(国际的或国家的)的领域,尤其是火灾警报、医疗警报、公共交通领域使用的警报、导航信号以及用于特殊领域活动(例如,军事活动)的信号。但为了保持一致性,在采用新信号时宜参照本部分。

对于根据依紧急程度分级的听觉信息信号,本部分规定的信号特征体系可作为其信号语言设计的指南。为了可靠、迅速地识别信号,本部分规定了信号的特定特征。某些类别的信号允许改变信号特征,如针对工作场所中接受过特定培训的员工所用的控制信号和警告信号。

对于视觉信号,现有的安全色的含义不受本部分影响。针对不同的需要,可采用定时模式和颜色交变作为视觉信号的补充含义。颜色交变仅在极少数情况下使用。

2　规范性引用文件

下列文件中的条款通过 GB/T 1251 的本部分的引用而成为本部分的条款。凡是注日期的引用文件,其随后所有的修改单(不包括勘误的内容)或修订版均不适用于本部分,然而,鼓励根据本部分达成协议的各方研究是否可使用这些文件的最新版本。凡是不注日期的引用文件,其最新版本适用于本部分。

GB/T 1251.1—1989　公共场所的险情信号　险情听觉信号(ISO 7731:1986,eqv)

GB/T 1251.2—2006　人类工效学　视觉险情信号　一般要求、设计和检验(ISO 11428:1996,IDT)

GB/T 12800　声学　紧急撤离听觉信号(GB/T 12800—1991,eqv,ISO 8201:1987)

GB/T 13379　视觉工效学原则　室内工作系统照明(GB/T 13379—1992,ISO 8995:1989)

GB/T 15706.2—1995　机械安全　基本概念与设计通则　第 2 部分:技术原则与规范(ISO/TR 12100-2:1992,eqv)

ISO 9921-1:1996,语音通信的人类工效学评价　第 1 部分:直接交流时听力正常的人的语音干扰级和交流距离(语音干扰级法)

3　术语和定义

下列术语和定义适用于本部分。

3.1

交变声(或光)　alternating sound(light)

在 2 个或 3 个声(光)谱之间不断地切换,每个片段的持续时间相等,至少是 0.15 s。

3.2

猝发声　bursts of sound

周期性发生的具有短暂而明显中断的脉冲声组,包括中断在内的脉冲周期在 0.25 s～0.125 s 之间。

3.3

信号特征 character of a signal

一种信号区别于其他信号的一个或几个视听要素的组合。

3.4

闪光 flash

持续时间小于0.5 s的光。

3.5

快脉冲 quick-pulse

持续时间小于0.5 s的声音。

3.6

片段 segment

声信号或光信号中的一个或多个单元,片段中的信号是持续的。

3.7

声谱或光谱 spectrum of sound(light)

以频率或波长的函数形式表示的声强(声压级)或光强。

3.8

扫频(声) sweeping(sound)

连续或离散变化的频率。

4 设计和应用视听信号应遵循的人类工效学原则

4.1 概述

4.1.1 在其所有预期使用环境中,视听信号都应能被迅速地识别。信号识别取决于人的多种生理和心理物理因素。

为了在信号缺乏可靠性的时候,确保信号的有效性不受影响,宜将误警降至最少或完全消除。

信号在任何情形下使用都应是有效的,包括识别过程中存在环境干扰的情形以及需采取最为重要和紧迫行动的情形。信号强度应符合GB/T 1251.1和GB/T 1251.2中的要求。

4.1.2 需考虑由信号引起恐慌的风险,但不宜高估。大体上,恐慌反应包括以下两个明显的阶段:

首先,第一声脉冲或闪光可能造成意外的惊恐。为了避免这种意外震惊,初始声强不宜过高,而宜在信号持续过程中逐渐增强。

之后,是伴随"发生什么事了"的疑惑,这种疑惑会导致不确定感和恐慌反应。因此,常规的信息是最重要的。

4.2 可分辨性原则

对信号最首要的要求是信号具有某些典型模式,从而使信号含义明确,确保信号在各种不利环境下得以识别。可以通过多种方式实现信号所需的变化,但基本上是变化声、光的强度或频谱。

虽然声谱和光谱具有相似性,但是这种相似性在使用时存在局限性,即不能据此以类似的方式使用视听信号。例如,不能像使用扫频音调那样使用扫频颜色。对于光信号,可以使用五种颜色并赋予每种颜色特定的含义。但对于声信号而言,音调是声学环境中使信号可听的关键要素,因此不能类似地使用五种固定音调。在实践中,声、光两种信号的任何物理相似性均应表现为时间变化(例如,强度随时间的变化),例如,莫尔斯电码变化的特征。

大多数人只能对极少数几个信号的时间模式有记忆和分辨能力。回声和声延迟可以改变信号的可觉察特性,尤其在使用单个声源时。

4.3 听觉信号的特性

应依照GB/T 1251.1设计听觉信号。应用语音信号时应依照ISO 9921-1:1996。

听觉信号特征根据信息的重要性和紧急程度进行分级(见表1)。频率发生变化的信号(扫频或交变信号)专门用于最危险的状态。固定频率片段的信号可以是短暂成组脉冲(猝发声),也可以是等长或不等长的声片段序列。每个系列中不同长度的声片段只能有两种,且两者长度比不宜小于1∶3。情况越紧急,对应的信号音调应越高,但对具体频率分布不做规定。

针对多种特定的目的,“危险”和“注意”两类信号的特征(即规定的特性)可以有多种变化。主分类(见表1)中仅给出了主要特征,使用主分类可进行多种变化。

4.4 视觉信号的特性

应依照 GB/T 13379 和 GB/T 1251.2 设计视觉信号。

闪光时间极短但强度极高的某些特殊光源在报警方面有重要作用,但应符合 GB/T 1251.2—2006 中 4.2.2 的要求。

注:为了和持续时间较长的闪光的亮度相当,应提高极短暂闪光的强度。持续时间约小于 0.2 s 的声音脉冲也应如此。出于技术上的考虑,通常优先采用短暂闪光光源和短暂声音脉冲。

5 视听信号体系

5.1 目的和特征分类表

表1和表2概述了信号体系的主要要求。表3和表4分别给出了针对声音编码和颜色编码的更为详细的设计参数和备注。

应根据紧急程度,选择表1中的信息类别和适当的信号特征。

紧急撤离和公共警报信号应使用表2。

5.2 听觉信号特征分类表

听觉信号的附加特征见表3。

5.3 视觉信号颜色分类表

视觉信号的附加特征见表4。

6 测试

应根据 GB/T 1251.2—2006 的第6章和 GB/T 1251.1—1989 的第6章进行定期常规测试。测试内容应包括对信号特征的觉察以及对信号含义的理解。

表1 按紧急程度排列的一般用途信号的特征

信息分类		听觉信号		视觉信号颜色
		状态为“通”的特征	时间模式	
危险	采取紧急救护行动	—扫频声; —猝发声; —交变的音调(2个或3个频率阶跃) 注:可用快节奏、刺耳音或高频音表示紧急状态	—连续的或交变的通/断; —交变的通/断; —连续交变的通/断。 任何危险信号都应有和紧急撤离信号(见表2)明显不同的时间模式	红色
注意	在必要时采取行动	仅一种有固定频谱的声音,最短为 0.3 s	交变的通/断; 明显区别于紧急撤离信号; 最多两种不同长度的“通”片段模式,第一个长些	黄色
命令	采取强制行动	2种或3种不同的声音,均有固定频谱	连续的或交变的通/断	蓝色(见 IEC 73:1991)

表 1（续）

信息分类		听觉信号		视觉信号颜色
		状态为“通”的特征	时间模式	
通知/消息	公共引导	双音调谐音	高-低非周期性（指示随后）	一般无光信号； 如需要，采用黄色非周期性双闪信号
警报解除	危险消除	具有固定频谱的声音	持续至少 30 s； 为解除前述报警信号发出的信号	绿色
注：声光一般不需同步，但同步能提高可觉察性。				

表 2 紧急撤离和公共警报信号的特征

信息分类		听觉信号		视觉信号	备注
		状态为“通”的特征	时间模式		
紧急撤离[a]	立即撤离所在区域	每个声片段是 0.5 s，可以是固定频谱、扫频或是分离声片段（见 GB/T 12800）	3 个短片段为一组，重复周期为 4 s（见 GB/T 12800）	与每组声片段同步的红色闪光	在 GB/T 12800 中未作规定的光信号
公共警报	采取行动确保人身安全	—扫频声； —固定频谱	—连续的； —交变的通/断，周期为 4 s～20 s	红色间歇光	—固定的 室内或避难所的保护指示（例如有煤气时） —随之是广播信息
注：声光一般不需同步，但同步能提高可觉察性。 [a] 对于已有设备，连续信号可用于紧急撤离。连续信号可具有各种反复出现的不同特征和时间模式。					

表 3 听觉信号特征分类

声		光	含义	备注
扫频声	频率以 5 Hz/s～5 Hz/ms 的比率平滑增加或减少（在一个周期内容许变化）	红色	危险，紧急行动	最高扫频率主要用于高音频率，反之亦然。最低扫频率不适用于短于 5 s 的声片段和高于 400 Hz 的有调音
猝发声，快脉冲	快脉冲成组时，每组至少 5 个脉冲。脉冲频率从 4 Hz～8 Hz（脉冲长度从 60 ms～100 ms）	红色	危险，紧急行动	脉冲频率高于 5 Hz 时，混响可能引起觉察障碍，见 GB/T 1251.1
交变声	2 个或 3 个不同音调的阶跃序列，每个片段是 0.15 s～1.5 s	红色	危险，紧急行动	声片段在“通”状态的强度和持续时间相同
短声	固定的频谱，最小周期是 0.3 s	黄色	注意，警戒	使用不同长度的声片段时，推荐长度比例为 1∶3

表 3（续）

声		光	含义	备　注
序列声	2 个或 3 个不同的声音，每个都有固定的频谱	蓝色	命令，强制性行动	
拖延声	固定的频谱	绿色	—正常状态； —警报解除	为解除公共警报发出的信号在 30 s 之内不应中断

表 4　视觉信号的颜色分类

颜色	含义	目的	备注
红色	—危险； —异常状态	—紧急状态； —警报； —停止； —禁止； —失败	红色闪光应当用于紧急撤离
黄色	注意	—需要注意； —状态改变； —干预	
蓝色	采取强制性行动的指示（见 IEC 73:1991）	—反应； —防护； —特别注意； —安全方面的规定或优先次序安排	用于没有被红、黄或绿色明确规定的目的
绿色	—警报解除； —正常状态	—恢复正常； —继续进行	

附 录 A
（资料性附录）
参 考 文 献

[1] IEC 73:1991 用颜色和辅助手段标记指示设备和调节器

ICS 71.040.30
G 61

中华人民共和国国家标准

GB 1256—2008
代替 GB 1256—1990

工作基准试剂　三氧化二砷

Working chemical—Arsenic trioxide

2008-06-18 发布　　2009-06-01 实施

中华人民共和国国家质量监督检验检疫总局
中国国家标准化管理委员会　发布

前　言

本标准第4章、5.2.1条和5.2.2条为强制性，其他条文为推荐性。

本标准代替GB 1256—1990《工作基准试剂(容量)三氧化二砷》，与GB 1256—1990相比，主要变化如下：

——标准名称修改为《工作基准试剂　三氧化二砷》；

——修改了含量的测定方法(1990年版的4.1，本版的5.3)。

本标准由中国石油和化学工业协会提出。

本标准由全国化学标准化技术委员会化学试剂分会(SAC/TC 63/SC 3)归口。

本标准负责起草单位：北京化学试剂研究所。

本标准主要起草人：韩宝英、强京林。

本标准所代替标准的历次版本发布情况为：

——GB 1256—1977、GB 1256—1990。

工作基准试剂　三氧化二砷

警告：三氧化二砷是剧毒品。本标准规定的一些试验过程可能导致危险情况，使用者有责任采取适当的安全和健康措施。

分子式：As_2O_3

相对分子质量：197.84（根据2005年国际相对原子质量）。

1　范围

本标准规定了工作基准试剂　三氧化二砷的性状、规格、试验、检验规则和包装及标志。

本标准适用于滴定分析用工作基准试剂　三氧化二砷的检验。

2　规范性引用文件

下列文件中的条款通过本标准的引用而成为本标准的条款。凡是注日期的引用文件，其随后所有的修改单（不包括勘误的内容）或修订版均不适用于本标准，然而，鼓励根据本标准达成协议的各方研究是否可使用这些文件的最新版本。凡是不注日期的引用文件，其最新版本适用于本标准。

GB/T 601　化学试剂　标准滴定溶液的制备

GB/T 602　化学试剂　杂质测定用标准溶液的制备（GB/T 602—2002，ISO 6353-1：1982，NEQ）

GB/T 603　化学试剂　试验方法中所用制剂及制品的制备（GB/T 603—2002，ISO 6353-1：1982，NEQ）

GB/T 3914—2008　化学试剂　阳极溶出伏安法通则

GB/T 6682　分析实验室用水规格和试验方法（GB/T 6682—2008，ISO 3696：1987，MOD）

GB/T 9729　化学试剂　氯化物测定通用方法（GB/T 9729—2007，ISO 6353-1：1982，NEQ）

GB/T 9739　化学试剂　铁测定通用方法（GB/T 9739—2006，ISO 6353-1：1982，NEQ）

GB 10738　工作基准试剂　含量测定通则　称量滴定法

GB 15258　化学品安全标签编写规定

GB 15346　化学试剂　包装及标志

HG/T 3484　化学试剂　标准玻璃乳浊液和澄清度标准

HG/T 3921　化学试剂　采样及验收规则

3　性状

本试剂为白色无定形结晶粉末，易升华，剧毒。微溶于水，易溶于碱金属氢氧化物或碳酸盐溶液中。

4　规格

三氧化二砷的规格见表1。

表 1

名　称	工作基准
含量（As_2O_3），w/%	99.95～100.05
澄清度试验，号	≤2
灼烧残渣，w/%	≤0.02

表 1（续）

名　　称	工 作 基 准
氯化物(Cl)，w/%	≤0.002
硫化物(S)，w/%	≤0.000 1
铁(Fe)，w/%	≤0.000 5
铜(Cu)，w/%	≤0.000 5
锑(Sb)，w/%	≤0.005
铅(Pb)，w/%	≤0.000 5

5　试验

5.1　一般规定

本章中除另有规定外，所用标准滴定溶液、标准溶液、制剂及制品，均按 GB/T 601、GB/T 602、GB/T 603 的规定制备，实验用水应符合 GB/T 6682 中三级水规格，样品均按精确至 0.01 g 称量，所用溶液以"%"表示的均为质量分数。

5.2　含量

按 GB 10738 的规定测定。

5.2.1　碘标准滴定溶液滴定标准物质三氧化二砷

称取 0.15 g 预先在硫酸干燥器中干燥至恒量的标准物质三氧化二砷，精确至 0.000 01 g。置于反应瓶中，加 4 mL 氢氧化钠溶液(40 g/L)溶解，加 50 mL 水及 2 滴酚酞指示液(10 g/L)，用硫酸溶液(5%)中和，加 3 g 碳酸氢钠及 3 mL 淀粉指示液(10 g/L)，用碘标准滴定溶液[$c(1/2I_2)=0.1$ mol/L]滴定至溶液呈浅蓝色。称量碘标准滴定溶液，应精确至 0.000 1 g。

5.2.2　含量的测定

含量的测定同 5.2.1，用于硫酸干燥器中干燥至恒量的样品代替标准物质。

三氧化二砷的质量分数 w，数值以"%"表示，按(1)式计算：

$$w=\frac{m_1\times m_4\times w_b}{m_2\times m_3} \quad \cdots\cdots(1)$$

式中：

m_1——标准物质三氧化二砷质量的数值，单位为克(g)；

m_4——滴定样品时，碘标准滴定溶液质量的数值，单位为克(g)；

w_b——标准物质三氧化二砷的含量(质量分数)，数值以"%"表示；

m_2——滴定标准物质三氧化二砷时，碘标准滴定溶液质量的数值，单位为克(g)；

m_3——样品质量的数值，单位为克(g)。

5.3　澄清度试验

称取 10 g 样品，加 35 mL 氨水及 65 mL 水，加热溶解。其浊度不得大于 HG/T 3484 中规定的澄清度标准 2 号。

5.4　灼烧残渣

称取 5 g 样品，置于已在 650 ℃±50 ℃恒量的坩埚中，在通风橱内缓缓加热至样品完全挥发，于 650 ℃±50 ℃高温炉中灼烧至恒量。残渣质量不得大于 1.0 mg。保留残渣用于铁的测定。

5.5　氯化物

称取 0.5 g 样品，加 3 mL 氨水溶液(10%)及 5 mL 水，加热溶解，冷却，用硝酸溶液(25%)中和(必要时过滤)，稀释至 20 mL，按 GB/T 9729 的规定测定。溶液所呈浊度不得大于标准比浊溶液。

标准比浊溶液的制备是取含 0.01 mg 的氯化物(Cl)标准溶液，稀释至 20 mL，与同体积试液同时同样处理。

5.6 硫化物

称取 1 g 样品，溶于 10 mL 氢氧化钠溶液(100 g/L)中，加 0.1 mL 乙酸铅溶液(50 g/L)，摇匀。溶液所呈暗色不得深于标准比色溶液。

标准比色溶液的制备是取含 0.001 mg 的硫(S)标准溶液，与样品同时同样处理。

5.7 铁

于测定灼烧残渣后的残渣中，加 2 mL 硫酸溶液(20%)，在水浴上加热至残渣溶解，稀释至 75 mL，取 15 mL，用氨水溶液(10%)调节溶液 pH 值至 2 后，按 GB/T 9739 的规定测定。溶液所呈红色不得深于标准比色溶液。

标准比色溶液的制备是取含 0.005 mg 的铁(Fe)标准溶液，加 0.4 mL 硫酸溶液(20%)，稀释至 15 mL，与同体积试液同时同样处理。

5.8 铜

按 GB/T 3914—2008 的规定测定。

5.8.1 测定条件

预电解电位：－0.8 V；

扫描电位范围：－0.8 V～－0.1 V；

溶出峰电位：－0.35 V。

5.8.2 测定方法

按 GB/T 3914—2008 中 7.2 的规定测定。其中：电解质溶液为 40 mL 盐酸溶液[c(HCl)＝0.1 mol/L]。样品溶液的制备是称取 0.2 g 样品，加 15 mL 盐酸溶液(20%)，微热溶解，冷却，用盐酸溶液(20%)稀释至 20 mL。取 10 mL，置于石英杯中，在水封中蒸干。加 30 mL 酒石酸溶液(75 g/L)，继续微热 10 min，冷却，用氨水调节溶液的 pH 值至 8.0±0.1。结果按 7.3 的规定计算。

5.9 锑

称取 0.5 g 样品，加 50 mL 盐酸溶液(20%)，微热溶解，冷却，取 5 mL，用盐酸溶液(20%)稀释至 10 mL。加 0.2 mL 亚硝酸钠溶液(100 g/L)，摇匀，放置 2 min，加 0.3 mL 饱和尿素溶液，冷却，摇动至无气泡产生，稀释至 25 mL，加 5 mL 苯(或甲苯)及 0.5 mL 孔雀石绿溶液(2 g/L)，振摇 1 min。有机层所呈绿色不得深于标准比色溶液。

标准比色溶液的制备是取含 0.002 5 mg 的锑(Sb)标准溶液，加 10 mL 盐酸溶液(20%)，与同体积样品溶液同时同样处理。

5.10 铅

按 GB/T 3914—2008 的规定测定。

5.10.1 测定条件

预电解电位：－0.8 V；

扫描电位范围：－0.8 V～－0.1 V；

溶出峰电位：－0.53 V。

5.10.2 测定方法

同 5.8.2。

6 检验规则

按 HG/T 3921 的规定进行采样及验收。

7 包装及标志

按 GB 15346 的规定进行包装、贮存与运输，并给出标志，其中：

包装单位:第 3 类;

内包装形式:NB-4、NB-5;

外包装形式:用规格为 600 g/m^2 的盒板纸制盒,外层裱紫色电光纸;

标签:按 GB 15258 的规定,注明“剧毒品”。

ICS 71.040.30
G 61

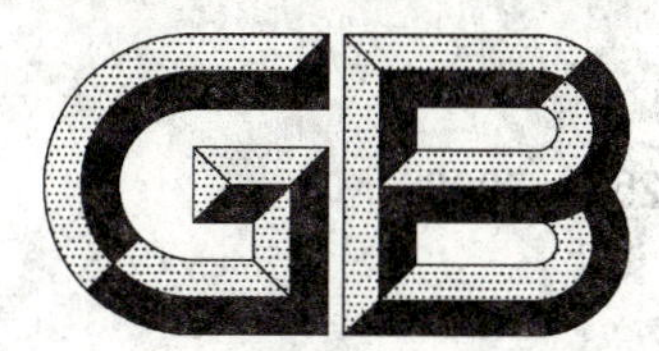

中华人民共和国国家标准

GB 1258—2008
代替 GB 1258—1990

工作基准试剂　碘酸钾

Working chemical—Potassium iodate

2008-06-18 发布　　2009-06-01 实施

中华人民共和国国家质量监督检验检疫总局
中国国家标准化管理委员会　发布

前 言

本标准第 4 章、5.2.1 条和 5.2.2 条为强制性的，其他条文为推荐性的。

本标准代替 GB 1258—1990《工作基准试剂(容量)碘酸钾》，与 GB 1258—1990 相比，主要变化如下：

——标准名称改为《工作基准试剂　碘酸钾》；

——修改了含量的测定方法(1990 年版的 4.1，本版的 5.3)。

本标准由中国石油和化学工业协会提出。

本标准由全国化学标准化技术委员会化学试剂分会(SAC/TC 63/SC 3)归口。

本标准负责起草单位：北京化学试剂研究所。

本标准主要起草人：韩宝英、强京林。

本标准所代替标准的历次版本发布情况为：

——GB 1258—1977、GB 1258—1990。

工作基准试剂　碘酸钾

警告：本标准规定的一些试验过程可能导致危险情况，使用者有责任采取适当的安全和健康措施。

分子式：KIO_3

相对分子质量：214.00(按 2005 年国际相对原子质量)。

1　范围

本标准规定了工作基准试剂　碘酸钾的性状、规格、试验、检验规则和包装及标志。

本标准适用于滴定分析用工作基准试剂　碘酸钾的检验。

2　规范性引用文件

下列文件中的条款通过本标准的引用而成为本标准的条款。凡是注日期的引用文件，其随后所有的修改单(不包括勘误的内容)或修订版均不适用于本标准，然而，鼓励根据本标准达成协议的各方研究是否可使用这些文件的最新版本。凡是不注日期的引用文件，其最新版本适用于本标准。

GB/T 601　化学试剂　标准滴定溶液的制备

GB/T 602　化学试剂　杂质测定用标准溶液的制备(GB/T 602—2002,ISO 6353-1:1982,NEQ)

GB/T 603　化学试剂　试验方法中所用制剂及制品的制备(GB/T 603—2002,ISO 6353-1:1982,NEQ)

GB/T 609　化学试剂　总氮量测定通用方法(GB/T 609—2006,ISO 6353-1:1982,NEQ)

GB/T 6682　分析实验室用水规格和试验方法(GB/T 6682—2008,ISO 3696:1987,MOD)

GB/T 9724　化学试剂　pH 值测定通则(GB/T 9724—2007,ISO 6353-1:1982,NEQ)

GB/T 9728　化学试剂　硫酸盐测定通用方法(GB/T 9728—2007,ISO 6353-1:1982,NEQ)

GB/T 9739　化学试剂　铁测定通用方法(GB/T 9739—2006,ISO 6353-1:1982,NEQ)

GB 10737　工作基准试剂　含量测定通则　称量电位滴定法

GB 15258　化学品安全标签编写规定

GB 15346　化学试剂　包装及标志

HG/T 3484　化学试剂　标准玻璃乳浊液和澄清度标准

HG/T 3921　化学试剂　采样及验收规则

3　性状

本试剂为白色结晶粉末，溶于水，不溶于乙醇。

4　规格

碘酸钾的规格见表 1。

表 1

名　　称	工　作　基　准
含量(KIO_3)，w/%	99.95～100.05
pH 值(50 g/L,25 ℃)	5.0～8.0
澄清度试验，号	≤2

表 1（续）

名　　称	工 作 基 准
干燥失量，w/%	≤0.1
氯化物及氯酸盐（以 Cl 计），w/%	≤0.005
碘化物（I），w/%	≤0.001
硫酸盐（SO_4），w/%	≤0.003
总氮量（N），w/%	≤0.002
铁（Fe），w/%	≤0.000 2
重金属（以 Pb 计），w/%	≤0.000 5

5 试验

5.1 一般规定

本章中除另有规定外，所用标准滴定溶液、标准溶液、制剂及制品，均按 GB/T 601、GB/T 602、GB/T 603 的规定制备，实验用水应符合 GB/T 6682 中三级水规格，样品均按精确至 0.01 g 称量，所用溶液以"%"表示的均为质量分数。

5.2 含量

按 GB 10737 的规定测定。

5.2.1 用硫代硫酸钠标准滴定溶液滴定标准物碘酸钾

称取 0.1 g 已在 180 ℃±2 ℃恒重的标准物质碘酸钾，精确至 0.000 01 g，置于反应瓶中，溶于 25 mL 水，加 3 g 碘化钾及 5 mL 盐酸溶液（20%），摇匀，于暗处放置 10 min，加 150 mL 水（不超过 10 ℃），用 213 型铂电极作指示电极，用 212 型饱和甘汞电极作参比电极，按 GB 10737 的规定，用硫代硫酸钠标准滴定溶液[$c(NaS_2O_3)$=0.1 mol/L]滴定至终点。称量硫代硫酸钠标准滴定溶液，应精确至 0.000 1 g。

5.2.2 含量的测定

含量的测定同 5.2.1，用测定干燥失量后的样品代替标准物质。

碘酸钾的质量分数 w，数值以"%"表示，按式(1)计算：

$$w=\frac{m_1\times m_4\times w_b}{m_2\times m_3} \quad\cdots\cdots(1)$$

式中：

m_1——标准物质碘酸钾质量的数值，单位为克(g)；

m_4——滴定样品时，硫代硫酸钠标准滴定溶液质量的数值，单位为克(g)；

w_b——标准物质碘酸钾的含量（质量分数），数值以"%"表示；

m_2——滴定标准物质碘酸钾时，硫代硫酸钠标准滴定溶液质量的数值，单位为克(g)；

m_3——样品质量的数值，单位为克(g)。

5.3 pH 值的测定

按 GB 9724 的规定测定。

5.4 澄清度试验

称取 5 g 样品，溶于 100 mL 水中，其浊度不得大于 HG/T 3484 中规定的澄清度标准 2 号。

5.5 干燥失量

称取 1.5 g 样品，精确至 0.000 1 g，置于已在 180 ℃±2 ℃恒量的称量瓶中，于 180 ℃±2 ℃的电烘箱中干燥至恒量。保留干燥恒量后的样品用于含量测定。

干燥失量的质量分数 w_1，以"%"表示，按式(2)计算：

$$w_1=\frac{m_1-m_2}{m_1}\times 100 \qquad\cdots\cdots(2)$$

式中：

m_1——干燥前样品的质量，单位为克(g)；

m_2——干燥恒量后样品的质量，单位为克(g)。

5.6 氯化物及氯酸盐

称取 1 g 样品，溶于 15 mL 温水中，在不断摇动下滴加亚硫酸(约 20 mL)至溶液澄清，缓缓加热煮沸，使过量二氧化硫逸出，冷却，加 5 mL 氨水及 10 mL 水，在搅拌下滴加 15 mL 硝酸银溶液(50 g/L)，过滤，洗涤，合并滤液及洗液，稀释至 100 mL。取 20 mL，加 5 mL 硝酸溶液(25%)，摇匀，放置 10 min。溶液所呈浊度不得大于标准比浊溶液。

标准比浊溶液的制备是取含 0.01 mg 的氯化物(Cl)标准溶液，加 15 mL 水，1 mL 氨水，5 mL 硝酸溶液(25%)及 1 mL 硝酸银溶液(50 g/L)，稀释至 25 mL，与同体积试液同时放置 10 min 比浊。

5.7 碘化物

称取 5 g 样品，加热溶于 75 mL 水中，冷却，加 0.5 mL 硫酸溶液(20%)，用 10 mL 三氯甲烷萃取，静置分层。有机层所呈红色不得深于标准比色溶液。

标准比色溶液的制备是取 0.1 g 样品及含 0.05 mg 的碘化物(I)标准溶液，与样品同时同样处理。

5.8 硫酸盐

称取 0.5 g 样品，加入 5 mL 盐酸，在水浴上蒸干，加 2 mL 盐酸，再蒸干。重复处理至残渣变白，残渣溶于 15 mL 水中(必要时过滤)，按 GB 9728 的规定测定。溶液所呈浊度不得大于标准比浊溶液。

标准比浊溶液的制备是取含 0.015 mg 的硫酸盐(SO_4)标准溶液，与样品同时同样处理。

5.9 总氮量

称取 1 g 样品，溶于水，稀释至 140 mL，按 GB/T 609 的规定测定。溶液所呈黄色不得深于标准比色溶液。

标准比色溶液的制备是取含 0.02 mg 的氮(N)标准溶液，与样品同时同样处理。

5.10 铁

称取 1 g 样品，加 10 mL 盐酸及 2 滴硫酸，在水浴上蒸至近干，用 10 mL 盐酸反复处理至残渣变白，溶于水(必要时过滤)，稀释至 15 mL，用氨水溶液(10%)将溶液 pH 值调至 2，按 GB/T 9739 的规定测定。溶液所呈红色不得深于标准比色溶液。

标准比色溶液的制备是取含 0.002 mg 的铁(Fe)标准溶液，与样品同时同样处理。

5.11 重金属

称取 4 g 样品，加 20 mL 盐酸，在水浴上蒸干，用 10 mL 盐酸重复处理至残渣变白。残渣溶于水，用氨水溶液(10%)将溶液 pH 值调至 4，稀释至 40 mL，取 30 mL，加 0.2 mL 乙酸溶液(30%)及 10 mL 新制备的饱和硫化氢水，摇匀，放置 10 min。溶液所呈暗色不得深于标准比色溶液。

标准比色溶液的制备是取剩余的 10 mL 试液及含 0.01 mg 的铅(Pb)标准溶液，稀释至 30 mL，与同体积试液同时同样处理。

6 检验规则

按 HG/T 3921 的规定进行采样及验收。

7 包装及标志

按 GB 15346 的规定进行包装、贮存与运输，并给出标志，其中：

包装单位:第 3 类;

内包装形式:NB-4、NB-5;

外包装形式:用规格为 600 g/m^2 的盒板纸制盒,外层裱紫色电光纸;

标签:按 GB 15258 的规定,注明“氧化剂”。

ICS 71.040.30
G 61

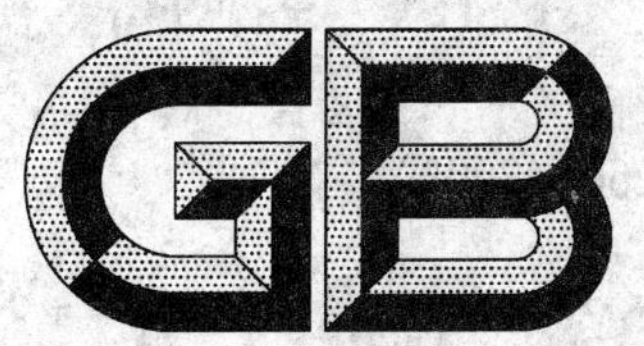

中华人民共和国国家标准

GB 1260—2008
代替 GB 1260—1990

工作基准试剂 氧化锌

Working chemical—Zinc oxide

2008-06-18 发布 2009-06-01 实施

中华人民共和国国家质量监督检验检疫总局
中国国家标准化管理委员会 发布

前　言

本标准第 4 章、5.3.1 条和 5.3.2 条为强制性，其他条文为推荐性。

本标准代替 GB 1260—1990《工作基准试剂（容量）氧化锌》，与 GB 1260—1990 相比，主要变化如下：

——标准名称修改为《工作基准试剂　氧化锌》；

——修改了含量的测定方法（1990 年版的 4.1，本版的 5.3）；

——取消了“附录 A 基准溶液的配制（补充件）”（1990 年版的附录 A）。

本标准由中国石油和化学工业协会提出。

本标准由全国化学标准化技术委员会化学试剂分会（SAC/TC 63/SC 3）归口。

本标准负责起草单位：北京化学试剂研究所。

本标准主要起草人：韩宝英、强京林。

本标准所代替标准的历次版本发布情况为：

——GB 1260—1977、GB 1260—1990。

工作基准试剂　氧化锌

分子式：ZnO

相对分子质量：81.389(根据2005年国际相对原子质量)。

1　范围

本标准规定了工作基准试剂　氧化锌的性状、规格、试验、检验规则和包装及标志。

本标准适用于滴定分析用工作基准试剂　氧化锌的检验。

2　规范性引用文件

下列文件中的条款通过本标准的引用而成为本标准的条款。凡是注日期的引用文件，其随后所有的修改单(不包括勘误的内容)或修订版均不适用于本标准，然而，鼓励根据本标准达成协议的各方研究是否可使用这些文件的最新版本。凡是不注日期的引用文件，其最新版本适用于本标准。

GB/T 601　化学试剂　标准滴定溶液的制备

GB/T 602　化学试剂　杂质测定用标准溶液的制备(GB/T 602—2002，ISO 6353-1:1982，NEQ)

GB/T 603　化学试剂　试验方法中所用制剂及制品的制备(GB/T 603—2002，ISO 6353-1:1982，NEQ)

GB/T 6682　分析实验室用水规格和试验方法(GB/T 6682—2008，ISO 3696:1987，MOD)

GB/T 9723—2007　化学试剂　火焰原子吸收光谱法通则

GB/T 9728　化学试剂　硫酸盐测定通用方法(GB/T 9728—2007，ISO 6353-1:1982，NEQ)

GB/T 9729　化学试剂　氯化物测定通用方法(GB/T 9729—2007，ISO 6353-1:1982，NEQ)

GB 10738　工作基准试剂　含量测定通则　称量滴定法

GB 15346　化学试剂　包装及标志

HG/T 3484　化学试剂　标准玻璃乳浊液和澄清度标准

HG/T 3921　化学试剂　采样及验收规则

3　性状

本试剂为白色或淡黄色结晶粉末，不溶于水，溶于酸、氨水及碱金属氢氧化物溶液中，在空气中吸收二氧化碳及水分。

4　规格

氧化锌的规格见表1。

表1

名　　称	工作基准
含量(ZnO)，w/%	99.95～100.05
澄清度试验，号	≤2
灼烧失量，w/%	≤0.2
游离碱	合格
氯化物(Cl)，w/%	≤0.001
硫化合物(以 SO_4 计)，w/%	≤0.005

表 1(续)

名称	工作基准
硝酸盐(NO_3),w/%	≤0.003
镁(Mg),w/%	≤0.002
钙(Ca),w/%	≤0.005
铁(Fe),w/%	≤0.000 5
铅(Pb),w/%	≤0.003
还原高锰酸钾物质(以 O 计),w/%	≤0.001 6

5 试验

5.1 警告

本试验方法中使用的部分试剂具有毒性或腐蚀性,一些试验过程可能导致危险情况,操作者应采取适当的安全和健康措施。

5.2 一般规定

本章中除另有规定外,所用标准滴定溶液、标准溶液、制剂及制品,均按 GB/T 601、GB/T 602、GB/T 603 的规定制备,实验用水应符合 GB/T 6682 中三级水规格,样品均按精确至 0.01 g 称量,所用溶液以"%"表示的均为质量分数。

5.3 含量

按 GB 10738 的规定测定。

5.3.1 乙二胺四乙酸二钠标准滴定溶液滴定标准物质氧化锌

称取 0.1 g 于 800 ℃灼烧至恒量的标准物质氧化锌,精确至 0.000 01 g,置于反应瓶中,用少量水润湿,滴加盐酸溶液(20%)至氧化锌溶解,加 75 mL 水,用氨水溶液(10%)调节溶液 pH 值至 8,加 10 mL 氨-氯化铵缓冲溶液甲(pH10)及 3 滴铬黑 T 指示液(5 g/L),用乙二胺四乙酸二钠标准滴定溶液[c(EDTA)=0.05 mol/L]滴定至溶液由紫色变为纯蓝色。称量乙二胺四乙酸二钠标准滴定溶液,精确至 0.000 1 g。

5.3.2 含量的测定

含量的测定同 5.3.1,用测定灼烧失量后的样品代替标准物质。

氧化锌的质量分数 w,数值以"%"表示,按式(1)计算:

$$w=\frac{m_1\times m_4\times w_b}{m_2\times m_3} \quad \cdots\cdots\cdots\cdots(1)$$

式中:

m_1——标准物质氧化锌质量的数值,单位为克(g);

m_4——滴定样品时,乙二胺四乙酸二钠标准滴定溶液质量的数值,单位为克(g);

w_b——标准物质氧化锌的含量(质量分数),数值以"%"表示;

m_2——滴定标准物质氧化锌时,乙二胺四乙酸二钠标准滴定溶液质量的数值,单位为克(g);

m_3——样品质量的数值,单位为克(g)。

5.4 澄清度试验

称取 6 g 样品,溶于 94 mL 水及 6 mL 硫酸中,其浊度不得大于 HG/T 3484 中规定的澄清度标准 2 号。

5.5 灼烧失量

称取 1.5 g 样品,精确至 0.000 1 g,置于已在 800 ℃灼烧至恒量的铂坩埚中,在高温炉中逐渐升温至 800 ℃并灼烧至恒量。保留恒量后的样品用于含量测定。

灼烧失量 w_1，数值以“%”表示，按式(2)计算：

$$w_1=\frac{m_1-m_2}{m_1}\times 100 \qquad \cdots\cdots\cdots(2)$$

式中：

m_1——灼烧前样品质量的数值，单位为克(g)；

m_2——灼烧恒量后样品质量的数值，单位为克(g)。

5.6 游离碱

称取2 g样品，加20 mL水，煮沸，过滤，冷却。滤液中加2滴酚酞指示液(10 g/L)，溶液不得呈粉红色。

5.7 氯化物

称取1 g样品，加5 mL水，滴加硝酸溶液(25%)至样品溶解，稀释至20 mL，按GB/T 9729的规定测定。溶液所呈浊度不得大于标准比浊溶液。

标准比浊溶液的制备是取含0.01 mg的氯化物(Cl)标准溶液，稀释至20 mL，与同体积试液同时同样处理。

5.8 硫化合物

称取1 g样品，加15 mL水、0.2 mL无水碳酸钠溶液(50 g/L)及1 mL“30%过氧化氢”，缓缓煮沸至气泡逸尽，滴加盐酸溶液(20%)溶解，在水浴上蒸至近干，溶于水，稀释至20 mL，按GB/T 9728的规定测定。溶液所呈浊度不得大于标准比浊溶液。

标准比浊溶液的制备是取含0.05 mg的硫酸盐(SO_4)标准溶液，稀释至20 mL，与同体积试液同时同样处理。

5.9 硝酸盐

称取0.5 g样品，溶于10 mL水，1 mL氯化钠溶液(100 g/L)及1 mL靛蓝二磺酸钠溶液[$c(C_{16}H_8N_2Na_2O_8S_2)=0.001$ mol/L]，在摇动下于10 s～15 s内加10 mL硫酸，放置10 min，在摇动下，缓缓加入10 mL水，摇匀。溶液所呈蓝色不得浅于标准比色溶液。

标准比色溶液的制备是取含0.015 mg的硝酸盐(NO_3)标准溶液，与样品同时同样处理。

5.10 镁

按GB/T 9723—2007的规定测定。

5.10.1 仪器条件

光源：镁空心阴极灯；

波长：285.2 nm；

火焰：乙炔-空气。

5.10.2 测定方法

称取5 g样品，用少量水润湿，滴加盐酸溶液(20%)至样品溶解，稀释至100 mL。取20 mL，共四份。按GB/T 9723—2007中7.2.2的规定测定，结果按7.2.3的规定计算。

5.11 钙

按GB/T 9723—2007的规定测定。

5.11.1 仪器条件

光源：钙空心阴极灯；

波长：422.7 nm；

火焰：乙炔-空气。

5.11.2 测定方法

称取10 g样品，用少量水润湿，滴加盐酸溶液(20%)至样品溶解，稀释至100 mL。取20 mL，共四份。按GB/T 9723—2007中7.2.2的规定测定，结果按7.2.3的规定计算。

5.12 铁

称取 1 g 样品,加 10 mL 水,滴加盐酸溶液(20%)至样品溶解,稀释至 20 mL,加 2 mL 二水合 5-磺基水杨酸溶液(100 g/L),摇匀,加 6 mL 氨水,摇匀。溶液所呈黄色不得深于标准比色溶液。

标准比色溶液的制备是取含 0.005 mg 的铁(Fe)标准溶液,稀释至 20 mL,与同体积试样溶液同时同样处理。

5.13 铅

按 GB/T 9723—2007 的规定测定。

5.13.1 仪器条件

光源:铅空心阴极灯;

波长:283.3 nm;

火焰:乙炔-空气。

5.13.2 测定方法

称取 25 g 样品,用少量水润湿,滴加盐酸溶液(20%)至样品溶解,稀释至 150 mL。取 30 mL,共四份。按 GB/T 9723—2007 中 7.2.2 条的规定测定,结果按 7.2.3 的规定计算。

5.14 还原高锰酸钾物质

称取 5 g 样品,加 125 mL 硫酸溶液(1+5)溶解,加 0.1 mL 高锰酸钾标准滴定溶液[$c(1/5KMnO_4)=0.1$ mol/L],摇匀,加热至沸。溶液所呈红色不得完全消失。

6 检验规则

按 HG/T 3921 的规定进行采样及验收。

7 包装及标志

按 GB 15346 的规定进行包装、贮存与运输,并给出标志,其中:

包装单位:第 3 类;

内包装形式:NB-4、NB-5 ;

外包装形式:用规格为 600 g/m^2 的盒板纸制盒,外层裱紫色电光纸。

ICS 71.040.30
G 62

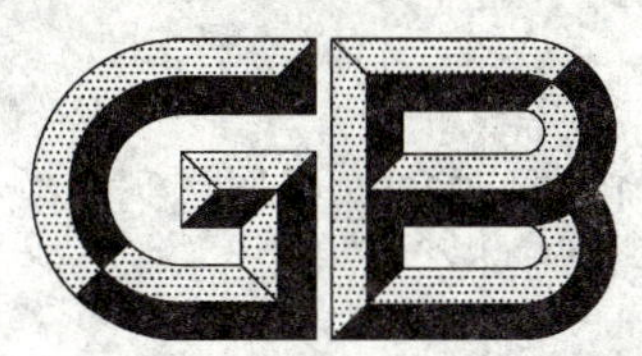

中华人民共和国国家标准

GB/T 1273—2008
代替 GB/T 1273—1988

化学试剂 三水合六氰铁(Ⅱ)酸钾(亚铁氰化钾)

Chemical reagent—Potassium hexacyanoferrate(Ⅱ)trihydrate

(ISO 6353-3:1987,Reagents for chemical analysis—Part 3:Specifications—Second series,NEQ)

2008-05-15 发布 2008-11-01 实施

中华人民共和国国家质量监督检验检疫总局
中国国家标准化管理委员会 发布

前言

本标准与 ISO 6353-3:1987《化学分析试剂——第 3 部分:规格——第 2 系列》中 R80“三水合六氰铁(Ⅱ)酸钾”的一致性程度为非等效。

本标准代替 GB/T 1273—1988《化学试剂 六氰合铁(Ⅱ)酸钾(亚铁氰化钾)》,与 GB/T 1273—1988 相比主要变化如下:

——标准名称改为“三水合六氰铁(Ⅱ)酸钾(亚铁氰化钾)”;

——增加了性状(本版的第 3 章);

——水不溶物、氯化物、硫酸盐改用化学试剂通用方法测定(1988 年版的 4.2.1、4.2.2、4.2.3;本版的 5.4、5.5、5.6)。

本标准由中国石油和化学工业协会提出。

本标准由全国化学标准化技术委员会化学试剂分会(SAC/TC 63/SC 3)归口。

本标准起草单位:国药集团化学试剂有限公司。

本标准主要起草人:陈浩云、陈红。

本标准于 1977 年首次发布,于 1988 年第一次修订。

化学试剂
三水合六氰铁(Ⅱ)酸钾(亚铁氰化钾)

分子式:$K_4[Fe(CN)_6]\cdot 3H_2O$

相对分子质量:422.39(根据2005年国际相对原子质量)

1 范围

本标准规定了化学试剂中三水合六氰铁(Ⅱ)酸钾的性状、规格、试验、检验规则和包装及标志。

本标准适用于化学试剂中三水合六氰铁(Ⅱ)酸钾的检验。

2 规范性引用文件

下列文件中的条款通过本标准的引用而成为本标准的条款。凡是注日期的引用文件,其随后所有的修改单(不包括勘误的内容)或修订版均不适用于本标准,然而,鼓励根据本标准达成协议的各方研究是否可使用这些文件的最新版本。凡是不注日期的引用文件,其最新版本适用于本标准。

GB/T 601 化学试剂 标准滴定溶液的制备

GB/T 602 化学试剂 杂质测定用标准溶液的制备(GB/T 602—2002,ISO 6353-1:1982,NEQ)

GB/T 603 化学试剂 试验方法中所用制剂及制品的制备(GB/T 603—2002,ISO 6353-1:1982,NEQ)

GB/T 6682 分析实验室用水规格和试验方法(GB/T 6682—2008,ISO 3696:1987,MOD)

GB/T 9723—2007 化学试剂 火焰原子吸收光谱法通则

GB/T 9728 化学试剂 硫酸盐测定通用方法(GB/T 9728—2007,ISO 6353-1:1982,NEQ)

GB/T 9729 化学试剂 氯化物测定通用方法(GB/T 9729—2007,ISO 6353-1:1982,NEQ)

GB/T 9738 化学试剂 水不溶物测定通用方法(GB/T 9738—2008,ISO 6353-1:1982,NEQ)

GB 15346 化学试剂 包装及标志

HG/T 3921 化学试剂 采样及验收规则

3 性状

本试剂为浅黄色结晶,溶于水,不溶于醇。

4 规格

三水合六氰铁(Ⅱ)酸钾的规格见表1。

表 1

名 称	分析纯	化学纯
含量{$K_4[Fe(CN)_6]\cdot 3H_2O$},w/%	≥99.5	≥98.5
水不溶物,w/%	≤0.005	≤0.01
氯化物(Cl),w/%	≤0.005	≤0.02
硫酸盐(SO_4),w/%	≤0.005	≤0.01
钠(Na),w/%	≤0.02	—

5 试验

5.1 警告

本试验方法中使用的部分试剂具有毒性或腐蚀性，一些试验过程可能导致危险情况，操作者应采取适当的安全和健康措施。

5.2 一般规定

本章中除另有规定外，所用标准滴定溶液、标准溶液、制剂及制品，均按 GB/T 601、GB/T 602、GB/T 603 的规定制备，实验用水应符合 GB/T 6682 中三级水规格，样品均按精确至 0.01 g 称量，所用溶液以%表示的均为质量分数。

5.3 含量

称取 1 g 样品，精确至 0.000 1 g。溶于 200 mL 水中，加 10 mL 硫酸和 2 mL 磷酸，摇匀，用高锰酸钾标准滴定溶液[$c(\frac{1}{5}KMnO_4)=0.1$ mol/L]滴定至溶液呈微黄棕色。

三水合六氰铁(Ⅱ)酸钾的质量分数 w，数值以%表示，按式(1)计算：

$$w=\frac{V\times c\times M}{m\times 1\,000}\times 100 \qquad (1)$$

式中：

V——高锰酸钾标准滴定溶液体积的数值，单位为毫升(mL)；

c——高锰酸钾标准滴定溶液浓度的准确数值，单位为摩尔每升(mol/L)；

M——三水合六氰铁(Ⅱ)酸钾摩尔质量的数值，单位为克每摩尔(g/mol){$M[K_4[Fe(CN)_6]\cdot 3H_2O]=422.4$}；

m——样品质量的数值，单位为克(g)。

5.4 水不溶物

称取 20 g 样品，溶于 200 mL 沸水中，冷却至室温，按 GB/T 9738 的规定测定。

5.5 氯化物

5.5.1 无氯化物的硫酸铜溶液(50 g/L)的制备

称取 5 g 无氯化物的硫酸铜(用分析纯的五水合硫酸铜重结晶两次制得)，溶于水，稀释至 100 mL。

5.5.2 测定方法

称取 2 g 样品，加 50 mL 水，缓缓加热溶解，在搅拌下滴加 50 mL 无氯化物的硫酸铜溶液(50 g/L)，搅匀，待上层溶液澄清后，过滤。取 10 mL 滤液，稀释至 20 mL 后，按 GB/T 9729 的规定测定。溶液所呈浊度不得大于标准比浊溶液。

标准比浊溶液的制备是取含下列数量的氯化物标准溶液：

分析纯……………………………………0.01 mg Cl；

化学纯……………………………………0.04 mg Cl。

稀释至 10 mL，滴加无氯化物的硫酸铜溶液(50 g/L)，使其颜色与 10 mL 滤液的颜色相同，再稀释至 20 mL，与同体积试液同时同样处理。

5.6 硫酸盐

5.6.1 无硫酸盐的氯化铜溶液(100 g/L)的制备

称取 10 g 无硫酸盐的氯化铜(用分析纯的二水合氯化铜重结晶两次制得)，溶于水，稀释至 100 mL。

5.6.2 测定方法

称取 1 g 样品，加 40 mL 水，缓缓加热至溶解，在搅拌下滴加 10 mL 无硫酸盐的氯化铜溶液(100 g/L)，搅匀，待上层溶液澄清后，过滤。取 10 mL 滤液，稀释至 20 mL，加 0.5 mL 盐酸溶液(20%)

酸化后，按 GB/T 9728 的规定测定。溶液所呈浊度不得大于标准比浊溶液。

标准比浊溶液的制备是取含下列数量的硫酸盐标准溶液：

分析纯……………………………………0.01 mg SO_4；

化学纯……………………………………0.02 mg SO_4。

稀释至 10 mL，滴加无硫酸盐的氯化铜溶液（100 g/L），使其颜色与 10 mL 滤液的颜色相同，再稀释至 20 mL，与同体积试液同时同样处理。

5.7 钠

按 GB/T 9723—2007 的规定测定。

5.7.1 仪器条件

光源：钠空心阴极灯；

波长：589.0 nm；

火焰：乙炔-空气。

5.7.2 测定方法

称取 0.5 g 样品，溶于水，稀释 100 mL。取 20 mL，共 4 份。按 GB/T 9723—2007 中 7.2.2 的规定测定，结果按 7.2.3 的规定计算。

6 检验规则

按 HG/T 3921 的规定进行采样及验收。

7 包装及标志

按 GB 15346 的规定进行包装、贮存与运输，并给出标志，其中：

包装单位：第 4 类；

内包装形式：NBY-4、NBY-5、NB-7、NB-8、NB-10、NB-11、NB-13、NB-15；

隔离材料：GC-2、GC-3、GC-4；

外包装形式：WB-1、WB-2、WB-3。

ICS 71.040.30
G 62

中华人民共和国国家标准

GB/T 1279—2008
代替 GB/T 1279—1989

化学试剂
十二水合硫酸铁(Ⅲ)铵

Chemical reagent—
Ammonium iron(Ⅲ)sulfate dodecahydrate

(ISO 6353-3:1987,Reagents for chemical analysis—
Part 3:Specifications—Second series,NEQ)

2008-05-15 发布　　2008-11-01 实施

中华人民共和国国家质量监督检验检疫总局
中国国家标准化管理委员会　发布

前　言

本标准与 ISO 6353-3:1987《化学分析试剂——第 3 部分:规格——第 2 系列》中 R43“十二水合硫酸铁(Ⅲ)铵”的一致性程度为非等效。

本标准代替 GB/T 1279—1989《化学试剂　硫酸铁(Ⅲ)铵》,与 GB/T 1279—1989 相比主要变化如下:

——标准名称改为“十二水合硫酸铁(Ⅲ)铵”;

——水不溶物一项改用化学试剂通用方法测定(1989 年版的 4.2.1,本版的 5.4);

——改进了氯化物的测定方法(1989 年版的 4.2.2,本版的 5.5)。

本标准由中国石油和化学工业协会提出。

本标准由全国化学标准化技术委员会化学试剂分会(SAC/TC 63/SC 3)归口。

本标准起草单位:上海试四赫维化工有限公司。

本标准主要起草人:贾玲。

本标准于 1977 年首次发布,于 1989 年第一次修订。

化学试剂
十二水合硫酸铁(Ⅲ)铵

分子式:$NH_4Fe(SO_4)_2 \cdot 12H_2O$

相对分子质量:482.19(根据2005年国际相对原子质量)

1 范围

本标准规定了化学试剂中十二水合硫酸铁(Ⅲ)铵的性状、规格、试验、检验规则和包装及标志。

本标准适用于化学试剂中十二水合硫酸铁(Ⅲ)铵的检验。

2 规范性引用文件

下列文件中的条款通过本标准的引用而成为本标准的条款。凡是注日期的引用文件,其随后所有的修改单(不包括勘误的内容)或修订版均不适用于本标准,然而,鼓励根据本标准达成协议的各方研究是否可使用这些文件的最新版本。凡是不注日期的引用文件,其最新版本适用于本标准。

GB/T 601 化学试剂 标准滴定溶液的制备

GB/T 602 化学试剂 杂质测定用标准溶液的制备(GB/T 602—2002,ISO 6353-1:1982,NEQ)

GB/T 603 化学试剂 试验方法中所用制剂及制品的制备(GB/T 603—2002,ISO 6353-1:1982,NEQ)

GB/T 6682 分析实验室用水规格和试验方法(GB/T 6682—2008,ISO 3696:1987,MOD)

GB/T 9723—2007 化学试剂 火焰原子吸收光谱法通则

GB/T 9738 化学试剂 水不溶物测定通用方法(GB/T 9738—2008,ISO 6353-1:1982,NEQ)

GB 15346 化学试剂 包装及标志

HG/T 3921 化学试剂 采样及验收规则

3 性状

本试剂为灰紫色晶体,溶于水,不溶于醇。

4 规格

十二水合硫酸铁(Ⅲ)铵的规格见表1。

表1

名 称	分析纯	化学纯
含量[$NH_4Fe(SO_4)_2 \cdot 12H_2O$],$w$/%	≥99.0	≥98.0
水不溶物,w/%	≤0.005	≤0.015
氯化物(Cl),w/%	≤0.000 5	≤0.005
硝酸盐(NO_3),w/%	≤0.01	≤0.02
钠(Na),w/%	≤0.01	≤0.05
镁(Mg),w/%	≤0.001	≤0.05
钾(K),w/%	≤0.01	≤0.05

表 1（续）

名　称	分析纯	化学纯
锰(Mn),w /%	≤0.005	—
亚铁(Fe),w /%	≤0.001	≤0.005
铜(Cu),w /%	≤0.002	≤0.01
锌(Zn),w /%	≤0.003	≤0.01
铅(Pb),w /%	≤0.001	—

5 试验

5.1 警告

本试验方法中使用的部分试剂具有毒性或腐蚀性，一些试验过程可能导致危险情况，操作者应采取适当的安全和健康措施。

5.2 一般规定

本章中除另有规定外，所用标准滴定溶液、标准溶液、制剂及制品，均按 GB/T 601、GB/T 602、GB/T 603 的规定制备，实验用水应符合 GB/T 6682 中三级水规格，样品均按精确至 0.01 g 称量，所用溶液以“%”表示的均为质量分数。

5.3 含量

称取 1.2 g 样品，精确至 0.000 1 g。置于碘量瓶中，溶于 50 mL 水，加 3 mL 盐酸及 3 g 碘化钾，于暗处放置 30 min。加 100 mL 水，用硫代硫酸钠标准滴定溶液[$c(Na_2S_2O_3)=0.1$ mol/L] 滴定，近终点时加 3 mL 淀粉指示剂(5 g/L)，继续滴定至溶液蓝色消失。同时作空白试验。

十二水合硫酸铁(Ⅲ)铵的质量分数 w，数值以%表示。按式(1)计算：

$$w=\frac{(V_1-V_2)\times c\times M}{m\times 1\,000}\times 100 \qquad (1)$$

式中：

V_1——硫代硫酸钠标准滴定溶液体积的数值，单位为毫升(mL)；

V_2——空白试验消耗硫代硫酸钠标准滴定溶液体积的数值，单位为毫升(mL)；

c——硫代硫酸钠标准滴定溶液浓度的准确数值，单位为摩尔每升(mol/L)；

M——十二水合硫酸铁(Ⅲ)铵摩尔质量的数值，单位为克每摩尔(g/mol)[$M(NH_4Fe(SO_4)_2\cdot 12H_2O=482.19)$]；

m——样品质量的数值，单位为克(g)。

5.4 水不溶物

称取 50 g 样品，溶于 200 mL 沸水及 2 mL 盐酸中，冷却至室温后，按 GB/T 9738 的规定测定。

5.5 氯化物

5.5.1 无氯化物的十二水合硫酸铁(Ⅲ)铵溶液的制备

称取 12 g 样品，溶于 90 mL 水及 24 mL 硝酸溶液(25%)中，加 6 mL 硝酸银溶液(17 g/L)，放置 12 h～18 h，过滤。

5.5.2 测定方法

称取 2 g(化学纯取 1 g)样品，溶于 20 mL 水中，加 4 mL 硝酸溶液(25%)及 1 mL 硝酸银溶液(17 g/L)，摇匀，放置 10 min，溶液所呈浊度不得大于标准比浊溶液。

标准比浊溶液的制备是取 20 mL(化学纯取 10 mL)无氯化物的十二水合硫酸铁(Ⅲ)铵溶液及含下列数量的氯化物标准溶液：

分析纯……………………………………………………0.01 mg Cl；

化学纯……………………………………………………0.05 mg Cl。

稀释至 25 mL，与同体积试液同时放置 10 min 后比浊。

5.6 硝酸盐

称取 2.5 g 样品，溶于 20 mL 水中，加热煮沸，在搅拌下注入 15 mL 水及 4.5 mL 氨水的混合液中，过滤，洗涤，合并滤液及洗液，稀释至 50 mL。取 10 mL(化学纯取 5 mL，稀释至 10 mL)，加 1 mL 氯化钠溶液(100 g/L)及 1 mL 靛蓝二磺酸钠溶液[$c(C_{16}H_8N_2Na_2O_8S_2)$＝0.001 mol/L]，在摇动下于 10 s～15 s 内加 10 mL 硫酸，放置 10 min。溶液所呈蓝色不得浅于标准比色溶液。

标准比色溶液的制备是取含 0.05 mg 的硝酸盐(NO_3)标准溶液，稀释至 10 mL，与同体积试液同时同样处理。

5.7 钠

按 GB/T 9723—2007 的规定测定。

5.7.1 仪器条件

光源：钠空心阴极灯；

波长：589.0 nm；

火焰：乙炔-空气。

5.7.2 测定方法

称取 2 g 样品，溶于水，加 4 mL 盐酸，稀释至 100 mL。取 10 mL(化学纯取 5 mL)，共 4 份。按 GB/T 9723—2007 中 7.2.2 的规定测定，结果按 7.2.3 的规定计算。

5.8 镁

按 GB/T 9723—2007 的规定测定。

5.8.1 仪器条件

光源：镁空心阴极灯；

波长：285.2 nm；

火焰：乙炔-空气。

5.8.2 测定方法

称取 5 g 样品，溶于水，加 4 mL 盐酸，稀释至 100 mL。取 10 mL(化学纯取 2 mL)，共 4 份。按 GB/T 9723—2007 中 7.2.2 的规定测定，结果按 7.2.3 的规定计算。

5.9 钾

按 GB/T 9723—2007 的规定测定。

5.9.1 仪器条件

光源：钾空心阴极灯；

波长：766.5 nm；

火焰：乙炔-空气。

5.9.2 测定方法

同 5.8.2。

5.10 锰

按 GB/T 9723—2007 的规定测定。

5.10.1 仪器条件

光源：锰空心阴极灯；

波长：279.5 nm；

火焰：乙炔-空气。

5.10.2 测定方法

称取 5 g 样品，溶于水，加 4 mL 盐酸，稀释至 100 mL。取 20 mL，共 4 份。按 GB/T 9723—2007 中 7.2.2 的规定测定，结果按 7.2.3 的规定计算。

5.11 亚铁

称取 2.5g 样品，溶于 50 mL 水中，取 30 mL，加 1 mL 硫酸溶液(15%)和 0.1 mL 新制备的六氰合铁(Ⅲ)酸钾溶液(50 g/ L)，摇匀，加 1 mL 磷酸，摇匀，放置 10 min。溶液所呈蓝色不得深于标准比色溶液。

标准比色溶液的制备是取 10 mL 剩余的样品溶液及含下列数量的亚铁标准溶液：

分析纯……………………………………………………0.01 mg Fe(Ⅱ)；

化学纯……………………………………………………0.05 mg Fe(Ⅱ)。

稀释至 30 mL，与同体积样品溶液同时同样处理。

5.12 铜

按 GB/T 9723—2007 的规定测定。

5.12.1 仪器条件

光源：铜空心阴极灯；

波长：324.7 nm；

火焰：乙炔-空气。

5.12.2 测定方法

称取 10 g 样品，溶于水，加 4 mL 盐酸，稀释至 100 mL。取 20 mL(化学纯取 10 mL)，共 4 份。按 GB/T 9723—2007 中 7.2.2 的规定测定，结果按 7.2.3 的规定计算。

5.13 锌

按 GB/T 9723—2007 的规定测定。

5.13.1 仪器条件

光源：锌空心阴极灯；

波长：213.9 nm；

火焰：乙炔-空气。

5.13.2 测定方法

同 5.8.2。

5.14 铅

按 GB/T 9723—2007 的规定测定。

5.14.1 仪器条件

光源：铅空心阴极灯；

波长：283.3 nm；

火焰：乙炔-空气。

5.14.2 测定方法

称取 10 g 样品，微热溶于 30 mL 水及 1 mL 盐酸，冷却，稀释至 40 mL，取 8 mL，共 4 份，置于 50 mL 分液漏斗中，一份不加标准溶液，其余三份分别加入成比例的铅标准溶液，同时配空白试验溶液。于上述分液漏斗中分别加入 7 mL 盐酸、30 mL 4-甲基-2-戊酮，振摇 1 min，静置分层，弃去有机相，将水相置于 50 mL 烧杯中，在水浴上蒸发至溶液约剩 2 mL，转移溶液至 10 mL 容量瓶中，稀释至刻度。按 GB/T 9723—2007 中 7.2.2 的规定测定，结果按 7.2.3 的规定计算。

6 检验规则

按 HG/T 3921 的规定进行采样及验收。

7 包装及标志

按 GB 15346 的规定进行包装、贮存及运输，并给出标志，其中：

包装单位：第 4 类；

内包装形式：NB-4、NBY-4、NB-5、NBY-5、NB-7、NBY-7、NB-8、NBY-8、NB-10、NBY-10、NB-11、NBY-11、NB-13、NBY-13、NB-15、NBY-15；

隔离材料：GC-2、GC-3、GC-4；

外包装形式：WB-1、WB-2、WB-3。

ICS 71.040.30
G 63

中华人民共和国国家标准

GB/T 1291—2008
代替 GB/T 1291—1988

化学试剂　邻苯二甲酸氢钾

Chemical reagent—Potassium hydrogen phthalate

(ISO 6353-3:1987,Reagents for chemical analysis—
Part 3:Specifications—Second series,NEQ)

2008-05-15 发布　　2008-11-01 实施

中华人民共和国国家质量监督检验检疫总局
中国国家标准化管理委员会　发布

前　言

本标准与 ISO 6353-3:1987《化学分析试剂——第 3 部分:规格——第 2 系列》中 R82“邻苯二甲酸氢钾”的一致性程度为非等效。

本标准代替 GB/T 1291—1988《化学试剂　邻苯二甲酸氢钾》,与 GB/T 1291—1988 相比主要变化如下:

——将澄清度试验的规格由“合格”改为“4 号”(1988 年版的 3.3,本版的第 4 章);

——取消了铵盐(1988 年版的 3.3.1、4.3.6);

——调整了含量测定中标准滴定溶液浓度及取样量(1988 年版的 4.1,本版的 5.3);

——pH 值、氯化物、硫化合物、铁四项改用化学试剂通用方法测定(1988 年版的 4.2、4.3.4、4.3.5、4.3.8,本版的 5.4、5.8、5.9、5.11);

——调整了包装及标志(1988 年版的第 6 章,本版的第 7 章)。

本标准由中国石油和化学工业协会提出。

本标准由全国化学标准化技术委员会化学试剂分会(SAC/TC 63/SC 3)归口。

本标准负责起草单位:上海三爱思试剂有限公司。

本标准主要起草人:陈静娟、柯德宏、谢吉。

本标准 1977 年首次发布,于 1988 年第一次修订。

化学试剂　邻苯二甲酸氢钾

分子式：$C_8H_5KO_4$

相对分子质量：204.22(根据2005年国际相对原子质量)

1　范围

本标准规定了化学试剂中邻苯二甲酸氢钾的性状、规格、试验、检验规则和包装及标志。

本标准适用于化学试剂中邻苯二甲酸氢钾的检验。

2　规范性引用文件

下列文件中的条款通过本标准的引用而成为本标准的条款。凡是注日期的引用文件，其随后所有的修改单(不包括勘误的内容)或修订版均不适用于本标准，然而，鼓励根据本标准达成协议的各方研究是否可使用这些文件的最新版本。凡是不注日期的引用文件，其最新版本适用于本标准。

GB/T 601　化学试剂　标准滴定溶液的制备

GB/T 602　化学试剂　杂质测定用标准溶液的制备(GB/T 602—2002,ISO 6353-1:1982,NEQ)

GB/T 603　化学试剂　试验方法中所用制剂及制品的制备(GB/T 603—2002,ISO 6353-1:1982,NEQ)

GB/T 6682　分析实验室用水规格和试验方法(GB/T 6682—2008,ISO 3696:1987,MOD)

GB/T 9723—2007　化学试剂　火焰原子吸收光谱法通则

GB/T 9724　化学试剂　pH值测定通则(GB/T 9724—2007,ISO 6353-1:1982,NEQ)

GB/T 9728　化学试剂　硫酸盐测定通用方法(GB/T 9728—2007,ISO 6353-1:1982,NEQ)

GB/T 9729　化学试剂　氯化物测定通用方法(GB/T 9729—2007,ISO 6353-1:1982,NEQ)

GB/T 9739　化学试剂　铁测定通用方法(GB/T 9739—2006,ISO 6353-1:1982,NEQ)

GB 15346　化学试剂　包装及标志

HG/T 3484　化学试剂　标准玻璃乳浊液和澄清度标准

HG/T 3921　化学试剂　采样及验收规则

3　性状

本试剂为无色结晶或白色结晶粉末，能溶于水。

4　规格

邻苯二甲酸氢钾的规格见表1。

表1

名　　称	分析纯
含量($C_8H_5KO_4$),w/%	≥99.8
pH值(50 g/L,25℃)	3.8～4.2
澄清度试验/号	≤4
水不溶物,w/%	≤0.005
干燥失量,w/%	≤0.05

表 1（续）

名　　称	分析纯
氯化物(Cl)，w/%	≤0.002
硫化合物(以 SO_4 计)，w/%	≤0.006
钠(Na)，w/%	≤0.01
铁(Fe)，w/%	≤0.000 5
重金属(以 Pb 计)，w/%	≤0.000 5

5 试验

5.1 警告

本试验方法中使用的部分试剂具有毒性或腐蚀性，一些试验过程可能导致危险情况，操作者应采取适当的安全和健康措施。

5.2 一般规定

本章中除另有规定外，所用标准滴定溶液、标准溶液、制剂及制品，均按 GB/T 601、GB/T 602、GB/T 603 的规定制备，实验用水应符合 GB/T 6682 中三级水规格，样品均按精确至 0.01 g 称量，所用溶液以%表示的均为质量分数。

5.3 含量

称取 3 g 样品，精确至 0.000 1 g。溶于 100 mL 无二氧化碳的水中，加 2 滴酚酞指示液(10 g/L)，用氢氧化钠标准滴定溶液[c(NaOH)＝0.5 mol/L]滴定至溶液呈粉红色。

邻苯二甲酸氢钾的质量分数 w，数值以%表示，按式(1)计算：

$$w = \frac{V \times c \times M}{m \times 1\,000} \times 100 \qquad (1)$$

式中：

V——氢氧化钠标准滴定溶液体积的数值，单位为毫升(mL)；

c——氢氧化钠标准滴定溶液浓度的准确数值，单位为摩尔每升(mol/L)；

M——邻苯二甲酸氢钾摩尔质量的数值，单位为克每摩尔(g/mol)[$M(C_8H_5KO_4)=204.22$]；

m——样品质量的数值，单位为克(g)。

5.4 pH 值

按 GB/T 9724 的规定测定。

5.5 澄清度试验

称取 7.5 g 样品，加 100 mL 水，加热溶解，其浊度不得大于 HG/T 3484 中规定的澄清度标准 4 号。

5.6 水不溶物

称取 30 g 样品，加 400 mL 水，加热溶解，在水浴上保温 1 h，用已在 105℃±2℃恒量的 4 号玻璃滤埚过滤，用热水洗涤滤渣至洗液无钾离子反应，于 105℃±2℃的电烘箱中干燥至恒量。滤渣质量不得大于 1.5 mg。

5.7 干燥失量

称取 4 g 样品，精确至 0.000 1 g。置于已在 105℃±2℃恒量的称量瓶中，于 105℃±2℃的电烘箱中干燥至恒量。

干燥失量 w_1，数值以%表示，按式(2)计算：

$$w_1 = \frac{m_1 - m_2}{m_1} \times 100 \qquad (2)$$

式中：

m_1——干燥前样品质量的数值，单位为克(g)；

m_2——干燥恒量后样品质量的数值,单位为克(g)。

5.8 氯化物

称取5 g样品,溶于30 mL热水中,冷却,加10 mL硝酸,过滤,稀释至50 mL。取10 mL,按GB/T 9729的规定测定。溶液所呈浊度不得大于标准比浊溶液。

标准比浊溶液的制备是取含0.02 mg的氯化物(Cl)标准溶液,稀释至10 mL,与同体积试液同时同样处理。

5.9 硫化合物

称取0.5 g样品,置于铂坩埚中,加0.2 g无水碳酸钠,混匀,加2 mL水湿润,在水浴上蒸干,加热至完全炭化,逐渐升温至700℃并灼烧至白,如残渣不白,冷却后加少量水润湿,在水浴上蒸干,再灼烧。如此重复操作,至残渣完全变白。冷却,加5 mL水溶解,用盐酸溶液(20%)中和(必要时过滤),稀释至20 mL,加0.5 mL盐酸溶液(20%)酸化后,按GB/T 9728的规定测定。溶液所呈浊度不得大于标准比浊溶液。

标准比浊溶液的制备是取含0.03 mg的硫酸盐(SO_4)标准溶液,与样品同时同样处理。

5.10 钠

按GB/T 9723—2007的规定测定。

5.10.1 仪器条件

光源:钠空心阴级灯;

波长:589.0 nm;

火焰:乙炔-空气。

5.10.2 测定方法

称取1 g样品,溶于水,稀释至100 mL。取10 mL,共4份。按GB/T 9723—2007中7.2.2的规定测定,结果按7.2.3的规定计算。

5.11 铁

称取1 g样品,溶于15 mL热水中,用盐酸溶液(15%)调节溶液的pH值至2后,按GB/T 9739的规定测定。溶液所呈红色不得深于标准比色溶液。

标准比色溶液的制备是取含0.005 mg的铁(Fe)标准溶液,与样品同时同样处理。

5.12 重金属

称取4 g样品,溶于40 mL热水中。取30 mL,加0.2 mL乙酸溶液(30%)及10 mL新制备的饱和硫化氢水,摇匀,放置10 min。溶液所呈暗色不得深于标准比色溶液。

标准比色溶液的制备是取剩余的10 mL样品溶液及含0.01 mg的铅(Pb)标准溶液,稀释至30 mL后,与同体积样品溶液同时同样处理。

6 检验规则

按HG/T 3921的规定进行采样及验收。

7 包装及标志

按GB 15346的规定进行包装、贮存与运输,并给出标志,其中:

包装单位:第3、4类。

内包装形式:NB-4、NBY-4、NB-5、NBY-5、NB-7、NBY-7、NB-8、NBY-8、NB-10、NBY-10、NB-11、NBY-11、NB-13、NBY-13、NB-15、NBY-15;

隔离材料:GC-2、GC-3、GC-4;

外包装形式:WB-1、WB-2、WB-3。

ICS 71.040.30
G 63

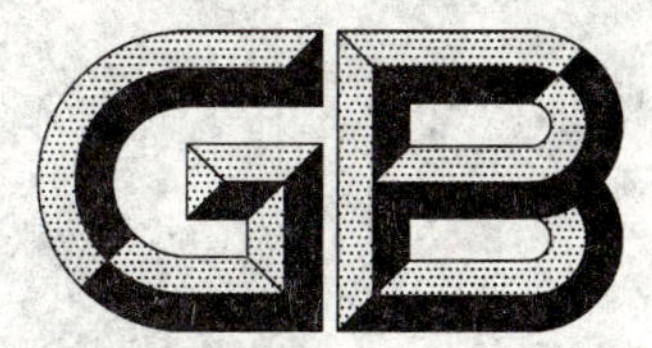

中华人民共和国国家标准

GB/T 1292—2008
代替 GB/T 1292—1986

化学试剂　乙酸铵

Chemical reagent—Ammonium acetate

(ISO 6353-2:1983, Reagents for chemical analysis—Part 2:Specifications—First series, NEQ)

2008-05-15 发布　　2008-11-01 实施

中华人民共和国国家质量监督检验检疫总局
中国国家标准化管理委员会　发布

前　言

本标准与 ISO 6353-2:1983《化学分析试剂——第 2 部分:规格——第 1 系列》中 R4“乙酸铵”的一致性程度为非等效。

本标准代替 GB/T 1292—1986《化学试剂　乙酸铵》,与 GB/T 1292—1986 相比主要变化如下:

——项目名称“水溶液反应”改为“pH 值”(1986 年版的 1.2,本版的第 4 章);

——澄清度试验的规格由“合格”调整为“2 号”、“3 号”、“5 号”(1986 年版的 1.3,本版的第 4 章);

——水不溶物、灼烧残渣、硫酸盐、磷酸盐、铁五项改用化学试剂通用方法测定(1986 年版的 2.3.2、2.3.3、2.3.6、2.3.8、2.3.11,本版的 5.6、5.7、5.10、5.12、5.15);

——调整了氯化物中硝酸的加入量(1986 年版的 2.3.5,本版的 5.9);

——调整了镁(优级纯、分析纯)的取样量(1986 年版的 2.3.9,本版的 5.13);

——还原高锰酸钾物质由“(以 HCOOH 计)”改为“(以 O 计)”(1986 年版的 1.3,本版的第 4 章)。

本标准由中国石油和化学工业协会提出。

本标准由全国化学标准化技术委员会化学试剂分会(SAC/TC 63/SC 3)归口。

本标准负责起草单位:北京益利精细化学品有限公司。

本标准主要起草人:赵玉峰、毕永苹。

本标准于 1965 年首次发布,于 1977 年第一次修订、1986 年第二次修订。

化学试剂　乙酸铵

示性式：CH_3COONH_4

相对分子质量：77.08（根据2005年国际相对原子质量）

1　范围

本标准规定了化学试剂中乙酸铵的性状、规格、试验、检验规则和包装及标志。

本标准适用于化学试剂中乙酸铵的检验。

2　规范性引用文件

下列文件中的条款通过本标准的引用而成为本标准的条款。凡是注日期的引用文件，其随后所有的修改单（不包括勘误的内容）或修订版均不适用于本标准，然而，鼓励根据本标准达成协议的各方研究是否可使用这些文件的最新版本。凡是不注日期的引用文件，其最新版本适用于本标准。

GB/T 601　化学试剂　标准滴定溶液的制备

GB/T 602　化学试剂　杂质测定用标准溶液的制备（GB/T 602—2002，ISO 6353-1：1982，NEQ）

GB/T 603　化学试剂　试验方法中所用制剂及制品的制备（GB/T 603—2002，ISO 6353-1：1982，NEQ）

GB/T 606　化学试剂　水分测定通用方法　卡尔·费休法（GB/T 606—2003，ISO 6353-1：1982，NEQ）

GB/T 6682　分析实验室用水规格和试验方法（GB/T 6682—2008，ISO 3696：1987，MOD）

GB/T 9723—2007　化学试剂　火焰原子吸收光谱法通则

GB/T 9724　化学试剂　pH值测定通用方法（GB/T 9724—2007，ISO 6353-1：1982，NEQ）

GB/T 9727　化学试剂　磷酸盐测定通用方法（GB/T 9727—2007，ISO 6353-1：1982，NEQ）

GB/T 9728　化学试剂　硫酸盐测定通用方法（GB/T 9728—2007，ISO 6353-1：1982，NEQ）

GB/T 9738　化学试剂　水不溶物测定通用方法（GB/T 9738—2008，ISO 6353-1：1982，NEQ）

GB/T 9739　化学试剂　铁测定通用方法（GB/T 9739—2006，ISO 6353-1：1982，NEQ）

GB/T 9741—2008　化学试剂　灼烧残渣测定通用方法（ISO 6353-1：1982，NEQ）

GB 15346　化学试剂　包装及标志

HG/T 3484　化学试剂　标准玻璃乳浊液和澄清度标准

HG/T 3921　化学试剂　采样及检验规则

3　性状

本试剂为无色或白色易吸潮结晶，微酸味，溶于水、醇，微溶于丙酮。

4　规格

乙酸铵的规格见表1。

表 1

名　　称	优级纯	分析纯	化学纯
含量（CH_3COONH_4），w/%	≥98.0	≥98.0	≥97.0
pH值（50 g/L，25℃）	6.7～7.3	6.5～7.5	6.5～7.5
澄清度试验/号	≤2	≤3	≤5

表 1（续）

名　　称	优 级 纯	分 析 纯	化 学 纯
水不溶物，w /%	≤0.002	≤0.005	≤0.01
灼烧残渣(以硫酸盐计)，w/%	≤0.005	≤0.005	≤0.01
水分，w/%	≤2.0	—	—
氯化物(Cl)，w/%	≤0.000 5	≤0.000 5	≤0.001
硫酸盐(SO_4)，w/%	≤0.001	≤0.002	≤0.005
硝酸盐(NO_3)，w/%	≤0.001	≤0.001	—
磷酸盐(PO_4)，w/%	≤0.000 3	≤0.000 5	—
镁(Mg)，w/%	≤0.000 2	≤0.000 4	≤0.001
钙(Ca)，w/%	≤0.000 5	≤0.001	≤0.002
铁(Fe)，w/%	≤0.000 2	≤0.000 5	≤0.001
重金属(以 Pb 计)，w/%	≤0.000 2	≤0.000 5	≤0.001
还原高锰酸钾物质(以 O 计)，w/%	≤0.001 6	≤0.003 2	≤0.003 2

5　试验

5.1　警告

本试验方法中使用的部分试剂具有毒性和腐蚀性，一些试验过程可能导致危险情况，操作者应采取适当的安全和健康措施。

5.2　一般规定

本章中除另有规定外，所用标准滴定溶液、标准溶液、制剂及制品，均按 GB/T 601 、GB/T 602 、GB/T 603 的规定制备，实验上用水应符合 GB/T 6682 中三级水规格，样品均按精确至 0.01 g 称量，所用溶液以%表示的均为质量分数。

5.3　含量

5.3.1　中性甲醛溶液的制备

量取 100 mL 甲醛溶液，加 100 mL 水，摇匀，加 2 滴酚酞指示液(10 g/L)，用氢氧化钠标准滴定溶液[$c(NaOH)=0.1\ mol/L$]滴定至溶液呈粉红色，并保持 30 s。使用前制备。

5.3.2　测定方法

称取 2 g 样品，精确至 0.000 1 g。加入 20 mL 水溶解，40 mL 中性甲醛溶液，摇匀，放置 30 min。用氢氧化钠标准滴定溶液[$c(NaOH)=1\ mol/L$]滴定至溶液呈粉红色，并保持 5 min。

乙酸铵的质量分数 w，数值以%表示，按式(1)计算：

$$w=\frac{V\times c\times M}{m\times 1\,000}\times 100 \qquad (1)$$

式中：

V——氢氧化钠标准滴定溶液体积的数值，单位为毫升(mL)；

c——氢氧化钠标准滴定溶液浓度的准确数值，单位为摩尔每升(mol/L)；

M——乙酸铵摩尔质量的数值，单位为克每摩尔(g/mol)[$M(CH_3COONH_4)=77.08$]；

m——样品质量的数值，单位为克(g)。

5.4 **pH 值**

按 GB/T 9724 的规定测定。

5.5 **澄清度试验**

称取 40 g 样品，溶于 100 mL 水中，其浊度不得大于 HG/T 3484 中规定的下列澄清度标准：

优级纯……………………………………………………………2 号；
分析纯……………………………………………………………3 号；
化学纯……………………………………………………………5 号。

5.6 **水不溶物**

称取 50 g 样品，溶于 120 mL 水中，在水浴上保温 1 h，按 GB/T 9738 的规定测定。

5.7 **灼烧残渣**

称取 20 g(化学纯取 10 g)样品，置于恒量的坩埚中，按 GB/T 9741—2008 中 4.2 的规定测定，结果按第 5 章的规定计算。

5.8 **水分**

称取 20 g 样品，溶于无水甲醇，并用无水甲醇稀释至 100 mL，取 5 mL。按 GB/T 606 的规定测定。

5.9 **氯化物**

称取 2 g 样品，溶于 20 mL 水中，加 6 mL 硝酸溶液(25%)，加 1 mL 硝酸银溶液(17 g/L)，摇匀，放置 10 min。溶液所呈浊度不得大于标准比浊溶液。

标准比浊溶液的制备是取含下列数量的氯化物标准溶液：

优级纯、分析纯……………………………………………0.01 mg Cl；
化学纯 ………………………………………………………0.02 mg Cl。

与样品同时同样处理。

5.10 **硫酸盐**

称取 1 g 样品，溶于水，稀释至 20 mL，加 0.5 mL 盐酸溶液(20%)酸化后，按 GB/T 9728 的规定测定。溶液所呈浊度不得大于标准比浊溶液。

标准比浊溶液的制备是取含下列数量的硫酸盐标准溶液：

优级纯……………………………………………………0.01 mg SO_4；
分析纯……………………………………………………0.02 mg SO_4；
化学纯……………………………………………………0.05 mg SO_4。

与样品同时同样处理。

5.11 **硝酸盐**

5.11.1 **马钱子碱溶液(5 g/L)的制备**

称取 0.5 g 马钱子碱，溶于乙酸(冰醋酸)，用乙酸(冰醋酸)稀释至 100 mL，于冰浴中保存。

5.11.2 **测定方法**

称取 1 g 样品，溶于 5 mL 水中，加 0.2 mL 马钱子碱溶液(5 g/L)，在摇动下加入 10 mL 硫酸，冷却，溶液所呈黄色不得深于标准比色溶液。

标准比色溶液的制备是取含 0.01 mg 的硝酸盐(NO_3)标准溶液，与样品同时同样处理。

5.12 **磷酸盐**

称取 2 g 样品，置于蒸发皿中，加 5 mL 水溶解，加 0.5 mL 无水碳酸钠溶液(50 g/L)，于水浴上蒸干至完全变白，残渣溶于 10 mL 水中(必要时过滤)，按 GB/T 9727 的规定测定。溶液所呈蓝色不得深于标准比色溶液。

标准比色溶液的制备是取含下列数量的磷酸盐标准溶液：

优级纯……………………………………………………0.006 mg；

分析纯……………………………………………………0.010 mg。

稀释至 10 mL，与同体积试液同时同样处理。

5.13 镁

按 GB/T 9723—2007 的规定测定。

5.13.1 仪器条件

光源：镁空心阴极灯；

波长：285.2 nm；

火焰：乙炔-空气。

5.13.2 测定方法

称取 5 g（化学纯取 1 g）样品，溶于水，稀释至 100 mL。取 20 mL，共 4 份。按 GB/T 9723—2007 中 7.2.2 的规定测定，结果按 7.2.3 的规定计算。

5.14 钙

按 GB/T 9723—2007 的规定测定。

5.14.1 仪器条件

光源：钙空心阴极灯；

波长：422.7 nm；

火焰：乙炔-空气。

5.14.2 测定方法

称取 25 g 样品，溶于水，稀释至 100 mL。取 20 mL，共 4 份。按 GB/T 9723—2007 中 7.2.2 的规定测定，结果按 7.2.3 的规定计算。

5.15 铁

称取 2 g 样品，溶于 15 mL 水中，用盐酸溶液（15%）调节溶液的 pH 值至 2 后，按 GB/T 9739 的规定测定。溶液所呈红色不得深于标准比色溶液。

标准比色溶液的制备是取含下列数量的铁标准溶液：

优级纯……………………………………………………0.004 mg Fe；

分析纯……………………………………………………0.010 mg Fe；

化学纯……………………………………………………0.020 mg Fe。

与样品同时同样处理。

5.16 重金属

称取 4 g（优级纯取 10 g）样品，溶于水，稀释至 40 mL。取 30 mL，加 1 mL 乙酸溶液（5%）及 10 mL 新制备的饱和硫化氢水，摇匀，放置 10 min。溶液所呈暗色不得深于标准比色溶液。

标准比色溶液的制备是取剩余的 10 mL 样品溶液及含下列数量的铅标准溶液：

优级纯、分析纯……………………………………………0.01 mg Pb；

化学纯 ……………………………………………………0.02 mg Pb。

稀释至 30 mL 后，与同体积样品溶液同时同样处理。

5.17 还原高锰酸钾物质

称取 5 g 样品，溶于 50 mL 水中，加 5 mL 硫酸溶液（10%）、0.2 mL（优级纯 0.1 mL）高锰酸钾标准滴定溶液[$c(\frac{1}{5}KMnO_4)=0.1$ mol/L]，溶液所呈粉红色 1 h 内不得消失。

6 检验规则

按 HG/T 3921 之规定进行采样及验收。

7 包装及标志

按 GB 15346 的规定进行包装、贮存与运输，并给出标志，其中：

包装单位：第 4 类；

内包装形式：NB-4、NBY-4、NB-5、NBY-5、NB-7、NB-8、NB-10、NB-11、NB-13、NB-15；

隔离材料：GC-2、GC-3、GC-4；

外包装形式：WB-1、WB-2、WB-3。

ICS 71.040.30
G 63

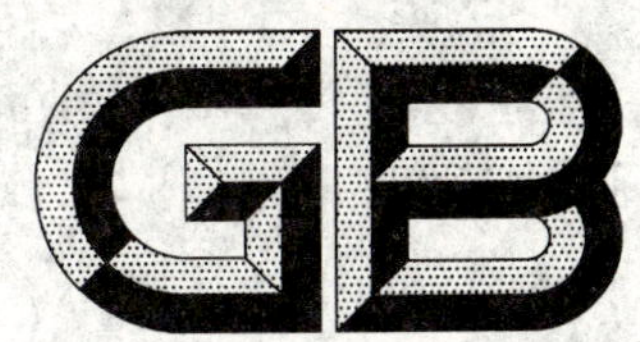

中华人民共和国国家标准

GB/T 1294—2008
代替 GB/T 1294—1993

化学试剂 L(+)-酒石酸

Chemical reagent—L(+)-Tartaric acid

(ISO 6353-3:1987, Reagents for chemical analysis—Part 3: Specifications—Second series, NEQ)

2008-05-15 发布　　　　2008-11-01 实施

中华人民共和国国家质量监督检验检疫总局
中国国家标准化管理委员会　发布

前言

本标准与 ISO 6353-3:1987《化学分析试剂——第 3 部分:规格——第 2 系列》中 R93“L(+)-酒石酸”的一致性程度为非等效。

本标准代替 GB/T 1294—1993《化学试剂　酒石酸》,与 GB/T 1294—1993 相比主要变化如下:

——标准名称改为“L(+)-酒石酸”;

——增加了性状(本版的 3);

——澄清度试验的规格由“合格”调整为“4 号”、“6 号”(1993 年版的 3.2,本版的第 4 章)。

本标准由中国石油和化学工业协会提出。

本标准由全国化学标准化技术委员会化学试剂分会(SAC/TC 63/SC 3)归口。

本标准负责起草单位:沈阳化学试剂厂、宜兴市第二化学试剂厂。

本标准主要起草人:鞠天宝、杨玉华、黄玉娟、马云红、陆锡明。

本标准于 1965 年首次发布,于 1977 年第一次修订、1993 年第二次修订。

化学试剂 L(+)-酒石酸

分子式:$C_4H_6O_6$

结构式:

```
        H
        |
HO—C—COOH
        |
HO—C—COOH
        |
        H
```

相对分子质量:150.09(根据 2005 年国际相对原子质量)

1 范围

本标准规定了化学试剂中 L(+)-酒石酸的性状、规格、试验、检验规则和包装及标志。

本标准适用于化学试剂中 L(+)-酒石酸的检验。

2 规范性引用文件

下列文件中的条款通过本标准的引用而成为本标准的条款。凡是注日期的引用文件,其随后所有的修改单(不包括勘误的内容)或修订版均不适用于本标准,然而,鼓励根据本标准达成协议的各方研究是否可使用这些文件的最新版本。凡是不注日期的引用文件,其最新版本适用于本标准。

GB/T 601 化学试剂 标准滴定溶液的制备

GB/T 602 化学试剂 杂质测定用标准溶液的制备(GB/T 602—2002,ISO 6353-1:1982,NEQ)

GB/T 603 化学试剂 试验方法中所用制剂及制品的制备(GB/T 603—2002,ISO 6353-1:1982,NEQ)

GB/T 6682 分析实验室用水规格和试验方法(GB/T 6682—2008,ISO 3696:1987,MOD)

GB/T 9723—2007 化学试剂 火焰原子吸收光谱法通则

GB/T 9727 化学试剂 磷酸盐测定通用方法(GB/T 9727—2007,ISO 6353-1:1982,NEQ)

GB/T 9728 化学试剂 硫酸盐测定通用方法(GB/T 9728—2007,ISO 6353-1:1982,NEQ)

GB/T 9729 化学试剂 氯化物测定通用方法(GB/T 9729—2007,ISO 6353-1:1982,NEQ)

GB/T 9738 化学试剂 水不溶物测定通用方法(GB/T 9738—2008,ISO 6353-1:1982,NEQ)

GB/T 9741—2008 化学试剂 灼烧残渣测定通用方法(ISO 6353-1:1982,NEQ)

GB 15346 化学试剂 包装及标志

HG/T 3484 化学试剂 标准玻璃乳浊液和澄清度标准

HG/T 3921 化学试剂 采样及验收规则

3 性状

本试剂为无色结晶或白色粉末,溶于水、乙醇、乙醚,不溶于三氯甲烷。酒石酸溶液(200 g/L)的比旋光本领 α_m(20℃,D)为(+12.0°·m^2·kg^{-1}~+12.8°·m^2·kg^{-1})。

4 规格

L(+)-酒石酸的规格见表 1。

表 1

名　　称	分　析　纯	化　学　纯
含量($C_4H_6O_6$),w/%	≥99.5	≥99.0
澄清度试验/号	≤4	≤6
水不溶物,w/%	≤0.005	≤0.01
灼烧残渣(以硫酸盐计),w/%	≤0.01	≤0.05
氯化物(Cl),w/%	≤0.000 5	≤0.001
硫酸盐(SO_4),w/%	≤0.005	≤0.01
磷酸盐(PO_4),w/%	≤0.002	≤0.005
钙(Ca),w/%	≤0.002	≤0.005
铁(Fe),w/%	≤0.000 5	≤0.001
铜(Cu),w/%	≤0.000 5	—
铅(Pb),w/%	≤0.000 5	≤0.001

5　试验

5.1　警告

本实验方法中使用的部分试剂具有毒性或腐蚀性,一些实验过程可能导致危险情况,操作者应采取适当的安全和健康措施。

5.2　一般规定

本章中除另有规定外,所用标准滴定溶液、标准溶液、制剂及制品,均按 GB/T 601、GB/T 602、GB/T 603 的规定制备,实验用水应符合 GB/T 6682 中三级水规格,样品均按精确至 0.01 g 称量,所用溶液以%表示的均为质量分数。

5.3　含量

称取 3 g 样品,精确至 0.000 1 g。溶于 100 mL 水中,加 2 滴酚酞指示液(10 g/L),用氢氧化钠标准滴定溶液[$c(NaOH)=1.0$ mol/L]滴定至溶液呈粉红色。

L(+)-酒石酸的质量分数 w,数值以%表示,按式(1)计算:

$$w=\frac{V\times c\times M}{m\times 1\,000}\times 100 \qquad (1)$$

式中:

V——氢氧化钠标准滴定溶液体积的数值,单位为毫升(mL);

c——氢氧化钠标准滴定溶液浓度的准确数值,单位摩尔每升(mol/L);

M——L(+)-酒石酸摩尔质量的数值,单位为克每摩尔(g/mol)$\left[M\left(\frac{1}{2}C_4H_6O_6\right)=75.04\right]$;

m——样品质量的数值,单位为克(g)。

5.4　澄清度试验

称取 20 g 样品,溶于 100 mL 水中,其浊度不得大于 HG/T 3484 中规定的澄清度标准:

分析纯……………………………………4 号;

化学纯……………………………………6 号。

5.5　水不溶物

称取 50 g 样品,溶于 250 mL 水中,按 GB/T 9738 的规定测定。

5.6　灼烧残渣

称取 10 g 样品,按 GB/T 9741—2008 中 4.2 的规定测定,结果按第 5 章的规定计算。

5.7 氯化物

称取 2 g 样品，溶于 20 mL 水，按 GB/T 9729 的规定测定。溶液所呈浊度不得大于标准比浊溶液。

标准比浊溶液的制备是取含下列数量的氯化物标准溶液：

分析纯……………………………………0.01 mg Cl；

化学纯……………………………………0.02 mg Cl。

与样品同时同样处理。

5.8 硫酸盐

称取 0.4 g 样品，溶于 20 mL 水中，加 0.5 mL 盐酸溶液(20%)酸化后，按 GB/T 9728 的规定测定。溶液所呈浊度不得大于标准比浊溶液。

标准比浊溶液的制备是取含下列数量的硫酸盐标准溶液：

分析纯……………………………………0.02 mg SO_4；

化学纯……………………………………0.04 mg SO_4。

与样品同时同样处理。

5.9 磷酸盐

称取 1 g 样品，置于铂坩埚中，加少量水及 0.3 g 硝酸镁，缓缓加热炭化，于 650℃±50℃灼烧至白，冷却，残渣加 5 mL 水，加 2 滴饱和 2,4-二硝基酚指示液，滴加硝酸溶液(13%)至黄色刚刚消失，稀释至 10 mL，按 GB/T 9727 的规定测定。有机层所呈蓝色不得深于标准比色溶液。

标准比色溶液的制备是取含下列数量的磷酸盐标准溶液：

分析纯……………………………………0.02 mg PO_4；

化学纯……………………………………0.05 mg PO_4。

加 5 mL 水，与同体积试液同时同样处理。

5.10 钙

按 GB/T 9723—2007 的规定测定。

5.10.1 仪器条件

光源：钙空心阴极灯；

波长：422.7 nm；

火焰：乙炔-空气。

5.10.2 测定方法

称取 30 g 样品，溶于水，稀释至 200 mL。取 40 mL，共 4 份。按 GB/T 9723—2007 中 7.2.2 的规定测定，结果按 7.2.3 的规定计算。

5.11 铁

称取 2 g 样品，溶于 15 mL 水中，加 0.05 g 过二硫酸钾，稀释至 20 mL，加 5 mL 盐酸、2 mL 硫氰酸铵溶液(50 g/L)，摇匀。溶液所呈红色不得深于标准比色溶液。

标准比色溶液的制备是取含下列数量的铁标准溶液：

分析纯……………………………………0.01 mg Fe；

化学纯……………………………………0.02 mg Fe。

与样品同时同样处理。

5.12 铜

按 GB/T 9723—2007 的规定测定。

5.12.1 仪器条件

光源：铜空心阴极灯；

波长：324.7 nm；

火焰：乙炔-空气。

5.12.2 测定方法

称取 10 g 样品，溶于水中，稀释至 200 mL，取 40 mL，共 4 份，置于分液漏斗中，一份不加标准溶液，其余三份分别加入成比例的铜标准溶液，同时配制空白试验溶液，分别加入 1 mL 吡咯烷二硫代甲酸铵溶液(10 g/L)，摇匀，静置 5 min，加 10 mL 4-甲基-2-戊酮，振摇 1 min，静置分层，弃去水相，于有机相中加入 10 mL 硝酸溶液(5%)，振摇 3 min，静置分层，收集水相于 10 mL 容量瓶中，稀释至刻度，按 GB/T 9723—2007 中 7.2.2 的规定测定，结果按 7.2.3 的规定计算。

5.13 铅

按 GB/T 9723—2007 的规定测定。

5.13.1 仪器条件

光源：铅空心阴极灯；

波长：283.3 nm；

火焰：乙炔-空气。

5.13.2 测定方法

称取 40 g 样品，溶于水中，稀释至 200 mL，取 40 mL，共 4 份，置于分液漏斗中，一份不加标准溶液，其余三份分别加入成比例的铅标准溶液，同时配制空白试验溶液，分别加入 1 mL 吡咯烷二硫代甲酸铵溶液(10 g/L)，摇匀，静置 5 min，加 10 mL 4-甲基-2-戊酮，振摇 1 min，静置分层，弃去水相，于有机相中加入 10 mL 硝酸溶液(5%)，振摇 3 min，静置分层，收集水相于 10 mL 容量瓶中，稀释至刻度，按 GB/T 9723—2007 中 7.2.2 的规定测定，结果按 7.2.3 的规定计算。

6 检验规则

按 HG/T 3921 的规定进行采样及验收。

7 包装及标志

按 GB 15346 的规定进行包装、贮存及运输，并给出标志，其中：

包装单位：第 4 类；

内包装形式：NB-4、NBY-4、NB-5、NBY-5、NB-7、NB-8、NB-10、NB-11、NB-13、NB-15；

隔离材料：GC-2、GC-3；

外包装形式：WB-1、WB-2、WB-3。

ICS 77.140.35
H 40

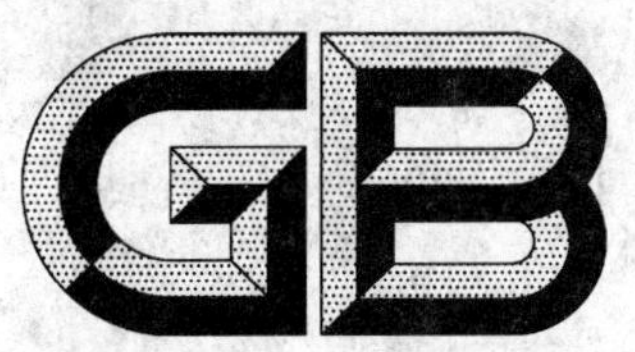

中华人民共和国国家标准

GB/T 1298—2008
代替 GB/T 1298—1986、GB/T 227—1991

碳素工具钢

Carbon tool seels

2008-05-13 发布　　2008-11-01 实施

中华人民共和国国家质量监督检验检疫总局
中国国家标准化管理委员会　发布

前　言

本标准与 ASTM　A686-92《碳素工具钢规范》的一致性程度为非等效。

本标准代替 GB/T 1298—1986《碳素工具钢技术条件》和 GB/T 227—1991《工具钢淬透性试验方法》。

本标准与 GB/T 1298—1986 相比，主要变化如下：

——标准名称改为：碳素工具钢；

——增加了“盘条”及相关技术要求；

——增加了“订货内容”；

——增加对残余元素钨、钼、钒含量（质量分数）的规定，并将残余铜含量（质量分数）由 0.30％降低至 0.25％；

——修改了对“冶炼方法”的规定；

——修改了冷拉钢材的交货状态的规定；

——取消“断口检验”；

——增加了酸浸低倍组织级别的规定，并作为必检项目；

——原 GB/T 227—1991《工具钢淬透性试验方法》作为本标准的附录 B。

本标准的附录 A 和附录 B 均为规范性附录。

本标准由中国钢铁工业协会提出。

本标准由全国钢标准化技术委员会归口。

本标准起草单位：重庆东华特殊钢有限公司、东北特殊钢集团公司（大连）、冶金工业信息标准研究院。

本标准主要起草人：谢静红、刘宝石、真娟、李庆艳、戴强。

本标准所代替标准的历次版本发布情况为：

——GB/T 1298—1977、GB/T 1298—1986；

——GB/T 227—1963、GB/T 227—1991。

碳素工具钢

1 范围

本标准规定了碳素工具钢的分类、订货内容、尺寸、外形及允许偏差、技术要求、试验方法、检验规则、包装、标志和质量证明书等。

本标准适用于碳素工具钢热轧、锻制、冷拉及银亮钢钢材和盘条，其化学成分也适用于锭、坯及其制品。

2 规范性引用文件

下列文件中的条款通过本标准的引用而成为本标准的条款。凡是注日期的引用文件，其随后所有的修改单(不包括勘误的内容)或修订版均不适用于本标准，然而，鼓励根据本标准达成协议的各方研究是否可使用这些文件的最新版本。凡是不注日期的引用文件，其最新版本适用于本标准。

GB/T 222 钢的成品化学成分允许偏差

GB/T 223.11 钢铁及合金化学分析方法 过硫酸铵氧化容量法测定铬量

GB/T 223.12 钢铁及合金化学分析方法 碳酸钠分离-二苯碳酰二光度法测定铬量

GB/T 223.14 钢铁及合金化学分析方法 钽试剂萃取光度法测定钒含量

GB/T 223.18 钢铁及合金化学分析方法 硫代硫酸钠分离-碘量法测定铜量

GB/T 223.19 钢铁及合金化学分析方法 新亚铜灵-三氯甲烷萃取光度法测定铜量

GB/T 223.23 钢铁及合金 镍含量的测定 丁二酮肟分光光度法

GB/T 223.26 钢铁及合金 钼含量的测定 硫氰酸盐分光光度法

GB/T 223.43 钢铁及合金 钨含量的测定 重量法和分光光度法

GB/T 223.58 钢铁及合金化学分析方法 亚砷酸钠-亚硝酸钠滴定法测定锰量

GB/T 223.59 钢铁及合金化学分析方法 锑磷钼蓝光度法测定磷量

GB/T 223.60 钢铁及合金化学分析方法 高氯酸脱水重量法测定硅含量

GB/T 223.61 钢铁及合金化学分析方法 磷钼酸铵容量法测定磷量

GB/T 223.62 钢铁及合金化学分析方法 乙酸丁酯萃取光度法测定磷量

GB/T 223.63 钢铁及合金化学分析方法 高碘酸钠(钾)光度法测定锰量

GB/T 223.68 钢铁及合金化学分析方法 管式炉内燃烧后碘酸钾滴定法测定硫含量

GB/T 223.69 钢铁及合金 碳含量的测定 管式炉内燃烧后气体容量法

GB/T 223.71 钢铁及合金化学分析方法 管式炉内燃烧后重量法测定碳含量

GB/T 223.72 钢铁及合金 硫含量的测定 重量法

GB/T 223.74 钢铁及合金化学分析方法 非化合碳含量的测定

GB/T 223.76 钢铁及合金化学分析方法 火焰原子吸收光谱法测定钒量

GB/T 224 钢的脱碳层深度测定法

GB/T 226 钢的低倍组织及缺陷酸蚀检验法

GB/T 230.1 金属洛氏硬度试验 第1部分:试验方法(A、B、C、D、E、F、G、H、K、N、T标尺)(GB/T 230.1—2004,ISO 6508-1:1999,MOD)

GB/T 231.1 金属布氏硬度试验 第1部分:试验方法

GB/T 702 热轧圆钢和方钢尺寸、外形、重量及允许偏差(GB/T 702—2004,ISO 1035-1:1980

Hot-rolled steel bars—Part 1：Dimensions of round bars，ISO 1035-2：1980 Hot-rolled steel bars—Part 2：Dimensions of square bars，ISO 1035-4：1982 Hot -rolled steel bars—Part 4：Tolerances，MOD）

GB/T 905　冷拉圆钢、方钢、六角钢尺寸、外形、重量及允许偏差

GB/T 908　锻制圆钢和方钢尺寸、外形、重量及允许偏差

GB/T 2101　型钢验收、包装、标志及质量证明书的一般规定

GB/T 3207　银亮钢

GB/T 4336　碳素钢和中低合金钢　火花原子发射光谱分析方法(常规法)

GB/T 1299—2000　合金工具钢

GB/T 13298　金属显微组织检验方法

GB/T 14981　热轧盘条尺寸、外形、重量及允许偏差(GB/T 14981—2004,ISO/DIS 16124,MOD)

GB/T 17505　钢及钢产品交货一般技术条件(GB/T 17505—1998,eqv ISO 404:1992)

GB/T 20066　钢和铁化学成分测定用试样的取样和制样方法(GB/T 20066—2006,ISO 14284:1996,IDT)

GB/T 20123　钢铁　总碳硫含量的测定　高频感应炉燃烧后红外吸收法(常规方法)(GB/T 20124—2006,ISO 15350:2000,IDT)

GB/T 20125　低合金钢　多元素的测定　电感耦合等离子体发射光谱法

3　分类

3.1　钢材按使用加工方法分为：

a)　压力加工用钢　UP,热压力加工用钢　UHP,冷压力加工用钢　UCP;

b)　切削加工用钢　UC。

钢材的使用加工方法应在合同中注明。

3.2　钢按冶金质量等级分为：

a)　优质钢；

b)　高级优质钢。

4　订货内容

按本标准订货的合同或订单应包括以下内容：

a)　产品名称；

b)　牌号；

c)　标准号；

d)　规格；

e)　重量(或数量)；

f)　加工用途；

g)　交货状态；

h)　其他。

5　尺寸、外形及允许偏差

5.1　热轧钢材的尺寸、外形及允许偏差应符合 GB/T 702 的规定。

5.2　盘条的尺寸、外形及允许偏差应符合 GB/T 14981 的规定。

5.3 锻制钢材的尺寸、外形及允许偏差应符合 GB/T 908 的规定。

5.4 冷拉钢材尺寸、外形及允许偏差应符合 GB/T 905 的规定。

5.5 银亮钢材尺寸、外形及允许偏差应符合 GB/T 3207 的规定。

5.6 钢材的尺寸、外形及允许偏差组别应在合同中注明。根据需方要求,经双方协商并在合同注明,可供应特殊尺寸精度要求的钢材。

6 技术要求

6.1 牌号及化学成分

6.1.1 钢的牌号及化学成分(熔炼分析)应符合表 1 的规定。

表 1

<table>
<tr><th rowspan="2">序号</th><th rowspan="2">牌号</th><th colspan="3">化学成分(质量分数)/%</th></tr>
<tr><th>C</th><th>Mn</th><th>Si</th></tr>
<tr><td>1</td><td>T7</td><td>0.65～0.74</td><td rowspan="2">≤0.40</td><td rowspan="8">≤0.35</td></tr>
<tr><td>2</td><td>T8</td><td>0.75～0.84</td></tr>
<tr><td>3</td><td>T8Mn</td><td>0.80～0.90</td><td>0.40～0.60</td></tr>
<tr><td>4</td><td>T9</td><td>0.85～0.94</td><td rowspan="5">≤0.40</td></tr>
<tr><td>5</td><td>T10</td><td>0.95～1.04</td></tr>
<tr><td>6</td><td>T11</td><td>1.05～1.14</td></tr>
<tr><td>7</td><td>T12</td><td>1.15～1.24</td></tr>
<tr><td>8</td><td>T13</td><td>1.25～1.35</td></tr>
<tr><td colspan="5">注:高级优质钢在牌号后加“A”。</td></tr>
</table>

6.1.1.1 钢中硫、磷含量及残余铜、铬、镍含量应符合表 2 的规定。

表 2

%

钢　类	P	S	Cu	Cr	Ni	W	Mo	V
	质量分数,不大于							
优　质　钢	0.035	0.030	0.25	0.25	0.20	0.30	0.20	0.02
高级优质钢	0.030	0.020	0.25	0.25	0.20	0.30	0.20	0.02
注:供制造铅浴淬火钢丝时,钢中残余铬含量不大于 0.10%,镍含量不大于 0.12%,铜含量不大于 0.20%,三者之和不大于 0.40%。								

6.1.1.2 要求检验淬透性时,允许钢中加入少量合金元素。

6.1.2 钢的成品化学成分允许偏差应符合 GB/T 222 的规定。

6.2 冶炼方法

除非合同中有规定,冶炼方法由生产厂自行选择。

6.3 交货状态

热轧(锻)钢材以退火状态交货,经供需双方协议,也可以不退火状态交货。冷拉钢材应为退火后冷拉交货,如有特殊要求,应在合同中注明。

6.4 硬度

6.4.1 钢材交货状态硬度值和试样淬火硬度值应符合表 3 的规定。

表 3

<table>
<tr><th rowspan="3">牌号</th><th colspan="2">交货状态</th><th colspan="2">试 样 淬 火</th></tr>
<tr><th>退火</th><th>退火后冷拉</th><th rowspan="2">淬火温度
和冷却剂</th><th rowspan="2">洛氏硬度,HRC
不小于</th></tr>
<tr><th colspan="2">布氏硬度,HBW,不大于</th></tr>
<tr><td>T7</td><td rowspan="3">187</td><td rowspan="8">241</td><td>800℃～820℃,水</td><td rowspan="8">62</td></tr>
<tr><td>T8</td><td rowspan="2">780℃～800℃,水</td></tr>
<tr><td>T8Mn</td></tr>
<tr><td>T9</td><td>192</td><td rowspan="5">760℃～780 ℃,水</td></tr>
<tr><td>T10</td><td>197</td></tr>
<tr><td>T11</td><td rowspan="2">207</td></tr>
<tr><td>T12</td></tr>
<tr><td>T13</td><td>217</td></tr>
</table>

6.4.2 截面尺寸小于 5 mm 的退火钢材不作硬度试验。根据需方要求,可作拉伸或其他试验,技术指标由双方协商规定。

6.4.3 供方若能保证淬火硬度值符合表 3 的规定,可不作检验。

6.5 低倍组织

6.5.1 钢材的横截面酸浸低倍组织试片上不允许有目视可见的缩孔、夹杂、裂纹、气泡、分层和白点。中心疏松及锭型偏析按 GB/T 1299—2000 附录 A 中第三级别图评定,其合格级别应不超过表 4 的规定。

表 4

<table>
<tr><th rowspan="2">钢材公称尺寸/mm</th><th>中 心 疏 松</th><th>锭 型 偏 析</th></tr>
<tr><th colspan="2">合格级别/级,不大于</th></tr>
<tr><td>≤50</td><td>4.0</td><td>4.0</td></tr>
<tr><td>>50～100</td><td>4.5</td><td>5.0</td></tr>
<tr><td>>100～155</td><td>5.0</td><td>6.0</td></tr>
<tr><td>>155</td><td colspan="2">双 方 协 议</td></tr>
</table>

6.5.2 切削加工用钢允许有不超过表面缺陷允许深度的皮下气泡、皮下夹杂等缺陷。

6.6 显微组织

6.6.1 珠光体组织

6.6.1.1 截面尺寸不大于 60 mm 的退火钢材应检验珠光体组织,并按附录 A 中第一级别图评定,其合格级别应符合表 5 的规定。

表 5

牌 号	合格级别/级
T7、T8、T8Mn、T9	1～5
T10、T11、T12、T13	2～4

6.6.1.2 截面尺寸大于 60 mm 的退火钢材,根据需方要求,可检验珠光体组织,合格级别由供需双方协议规定。

6.6.1.3 热压力加工用钢不检验珠光体组织。

6.6.2 **网状碳化物**

6.6.2.1 退火钢材应检验网状碳化物，并按附录A中第二级别图评定，其合格级别应符合表6的规定。

表6

钢材公称尺寸/mm	合格级别/级，不大于
≤60	2
>60～100	3
>100	双方协议

6.6.2.2 牌号T7、T8和热压力加工用钢材不检验网状碳化物。

6.6.3 **脱碳层**

6.6.3.1 钢材应检验脱碳层深度。钢材一边总脱碳层深度(铁素体+过渡层)应符合表7的规定。

表7

品　　种	总脱碳层深度/mm，不大于
热轧、锻制钢材	$0.25+1.5\%D$
冷拉钢材≤16 mm >16 mm 高频淬火	$1.5\%D$ $1.3\%D$ $1.0\%D$
扁钢及尺寸大于100 mm钢材	双方协议
注1：D为钢材截面的公称尺寸。 注2：扁钢的脱碳层深度在宽面上检查。	

6.6.3.2 银亮钢不允许有脱碳。

6.7 **表面质量**

6.7.1 压力加工用热轧和锻制钢材，表面不允许有目视可见的裂纹、折叠、结疤和夹杂。上述局部缺陷必须清除，清除深度从钢材实际尺寸算起应不大于表8的规定，清除宽度不小于深度的5倍。深度不大于公差之半的轻微表面缺陷可不清除。

表8　　单位为毫米

钢材公称尺寸	同一截面允许清除深度
<80	公差之半
80～140	公差
>140	钢材截面尺寸的4%

6.7.2 切削加工用热轧和锻制钢材表面允许有从钢材公称尺寸算起深度不大于表9规定的局部缺陷。

表9　　单位为毫米

钢材公称尺寸	局部缺陷允许深度
<100	公差之半
≥100	公差

6.7.3 热轧和锻制扁钢的表面质量由供需双方协商规定。

6.7.4 冷拉钢材表面应洁净、光滑，不应有裂纹、折叠、结疤、夹杂和氧化皮。经退火的冷拉钢材表面允许有氧化色，钢材表面允许有深度不大于从钢材实际尺寸算起的该公称尺寸公差的麻点、划痕、发纹、凹坑、黑斑、拉痕、轻微的校直辊印及润滑剂和清理痕迹。

6.7.5 银亮钢表面应符合 GB/T 3207 的规定。

6.8 特殊要求

根据需方要求，经供需双方协议，并在合同中注明，可增加如下特殊要求：

a) 淬透性；

b) 特殊硬度值；

c) 其他特殊要求。

7 试验方法

钢材检验项目和试验方法应符合表 10 的规定。

表 10

序号	检验项目	取样数量/个	取样部位	试验方法
1	化学成分	1(每炉)	GB/T 20066	GB/T 223、GB/T 4336、GB/T 20123、GB/T 20125
2	布氏硬度	3	不同支钢材	GB/T 231.1
3	洛氏硬度	2	不同支钢材	GB/T 230.1
4	低倍组织	2	相当于钢锭头部的不同支钢材	GB/T 226
5	珠光体组织	2	不同支钢材	GB/T 13298
6	网状碳化物	2	不同支钢材	GB/T 13298
7	脱碳层	3	不同支钢材	GB/T 224
8	淬透性	3	附录 B	附录 B
9	尺寸	逐支	—	千分尺、卡尺、样板
10	表面	逐支	—	目视

8 检验规则

8.1 检查和验收

8.1.1 钢材出厂的检查和验收由供方质量技术监督部门进行。

8.1.2 供方必须保证交货的钢材符合本标准或合同的规定，必要时，需方有权对本标准或合同所规定的任一检验项目进行检查和验收。

8.2 组批规则

8.2.1 钢材应按批检查和验收，每批由同一牌号、同一炉号、同一加工方法、同一尺寸、同一交货状态、同一热处理炉次的钢材组成。

8.3 取样数量及取样部位

每批钢材的取样数量和取样部位应符合表 10 的规定。

8.4 复验与判定规则

钢材的复验与判定规则应符合 GB/T 17505 的规定。

9 包装、标志和质量证明书

钢材的包装、标志和质量证明书应符合 GB/T 2101 的规定。

附 录 A
（规范性附录）
标准评级图[1)]

A.1 第一级别图 珠光体组织（图 A.1）

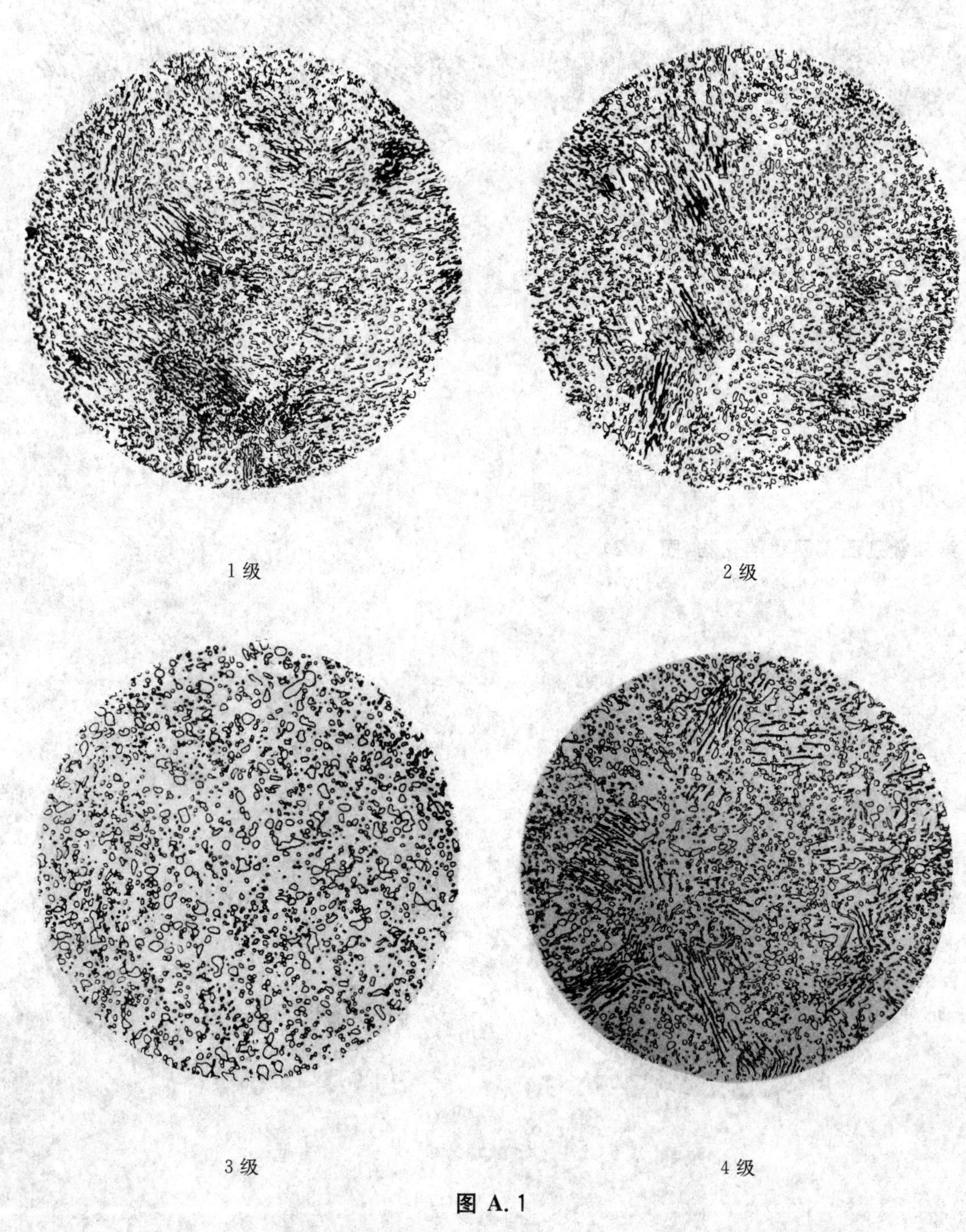

图 A.1

1) 本标准所使用的标准评级图片请与冶金工业信息标准研究院联系，电话：010-65252815。

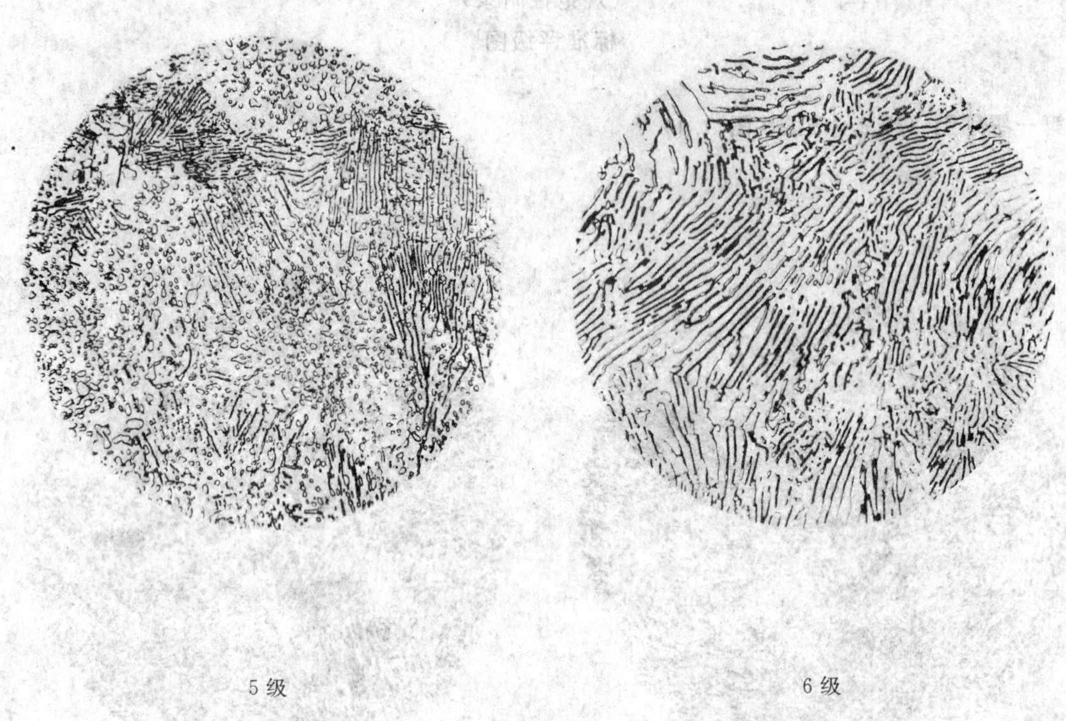

5级　　　　6级

图 A.1(续)

A.2　第二级别图　网状碳化物(图 A.2)

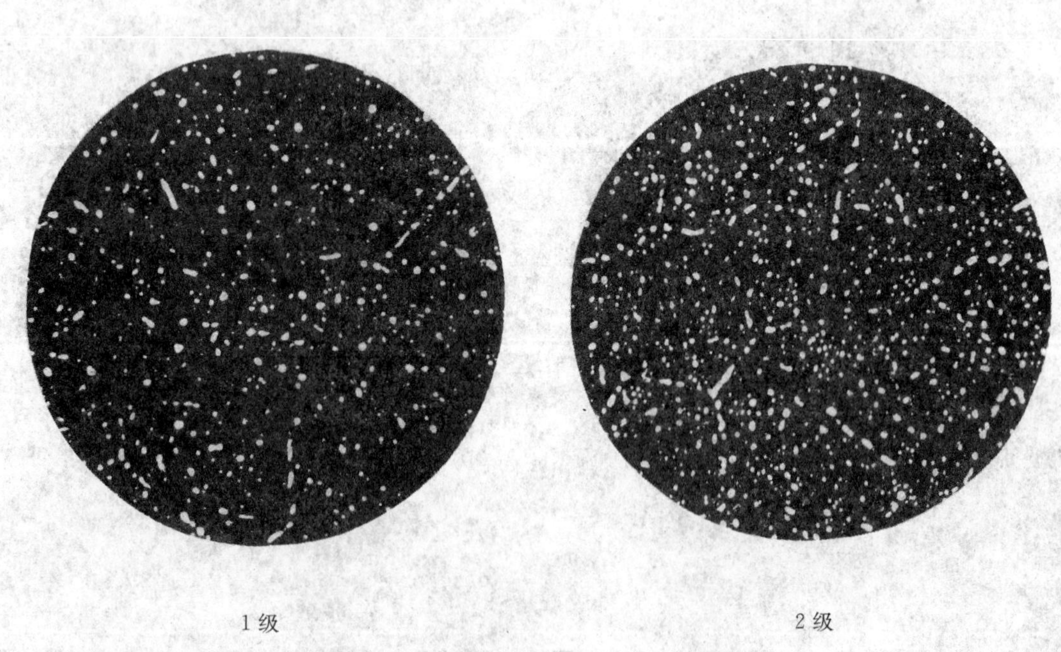

1级　　　　2级

图 A.2

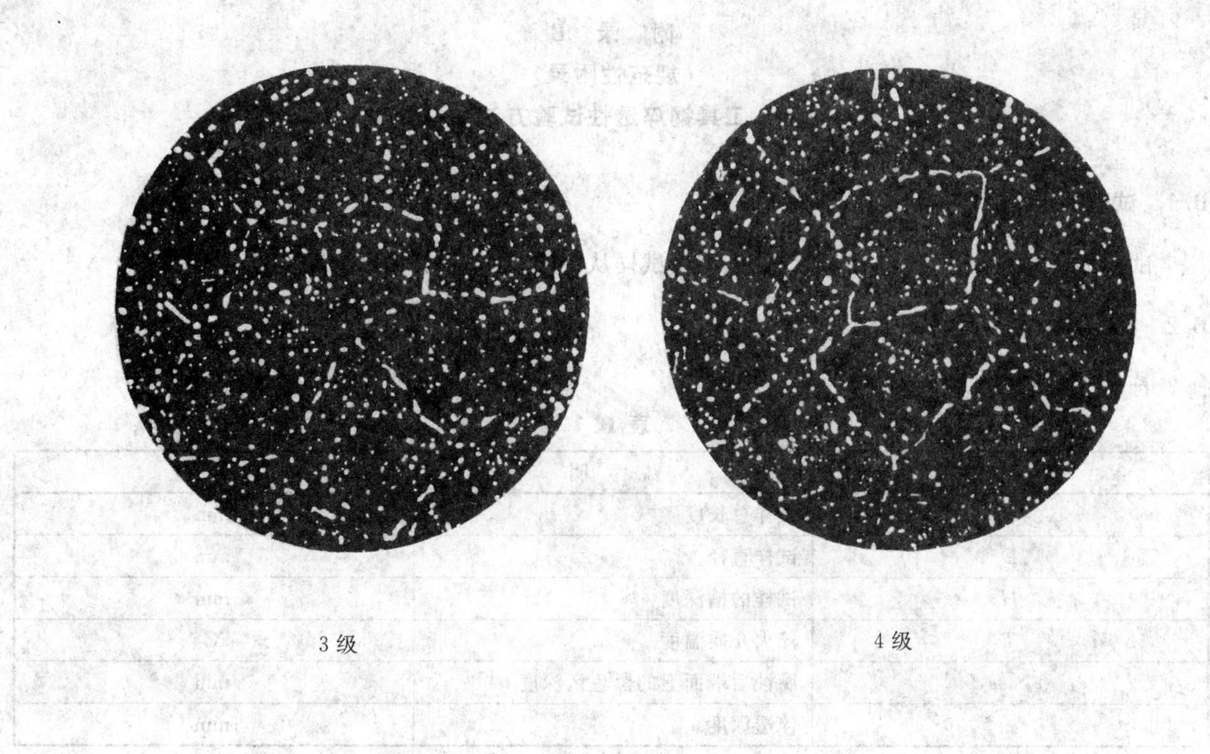

图 A.2(续)

附 录 B
（规范性附录）
工具钢淬透性试验方法

B.1 试验原理

试样加热到淬火温度，经保温后淬火，再将试样从中间打断，测其横断面上的淬透深度。

B.2 符号和说明

符号说明见表 B.1。

表 B.1

符　号	说　明	单　位
L	试样总长度	mm
D	试样直径	mm
H	试样的槽深度	mm
T	淬火介质温度	℃
e_1　e_2　e_3　e_4	腐蚀后端面上的黑色区深度	mm
e	淬透深度	mm

B.3 试样

B.3.1 样坯的制取

试样应能显示出钢锭、钢坯和钢材的完整截面。必要时可锻轧成直径为 25 mm 的样坯。

B.3.2 样坯的预处理

B.3.2.1 正火或退火交货的钢材，作样坯时可不进行预处理。

B.3.2.2 锻造或轧制的样坯可进行正火或退火处理，处理条件按相应产品推荐工艺而定。

B.3.2.3 样坯也可进行调质处理，淬火温度为 870℃±10℃，保温后淬入油中。然后在 625℃～650℃保温 1 h，在静止的空气中冷却。

B.3.3 试样的制备

样坯经车床加工成直径为 20 mm±0.5 mm、长度为 75 mm±0.5 mm 的圆棒试样（见图 B.1）。如果由于钢材尺寸所限制不能加工成标准试样时，则可以制成小规格试样，并需注明试样尺寸。

B.4 试验方法

B.4.1 试样的加热淬火

加热最好在盐浴、铅浴或有控制气氛的炉内进行，以防止试样表面脱碳及氧化。也可在箱式电炉中进行。

淬火后保温时间根据炉型确定，应保证加热均匀，一般为 10 min～30 min。

淬火介质为 10%氯化钠水溶液，溶液不少于 200 L，温度为 20℃±10℃。

试样加热后应迅速放入介质中，不停搅拌，保证淬火均匀，直至完全冷却为止。

B.4.2 试样截面的制备

将清洗并干燥后的试样开槽，槽深为 1.5 mm～2 mm，在槽口的背面通过弯曲或冲撞将试样折断，也可采用其他物理方法折断试样，但不应产生热影响。

断口经磨制或抛光后在 80℃～85℃含有 50%的盐酸水溶液中浸泡 3 min。然后用热水冲洗，吹干。

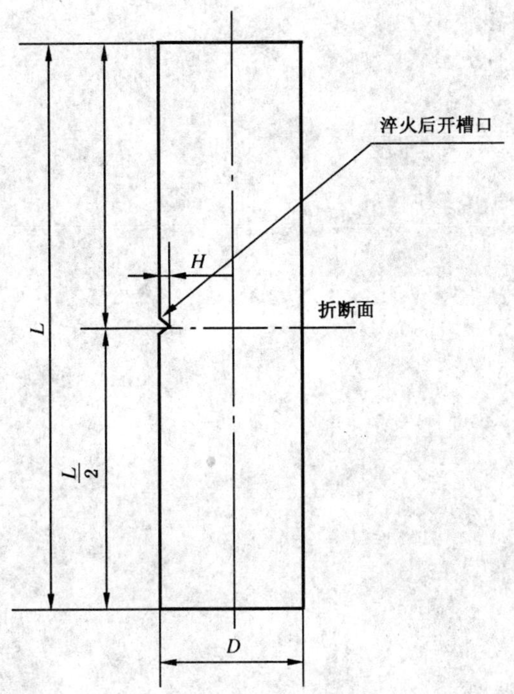

图 B.1

B.4.3 淬透深度的测定

通过测量试样抛光面在腐蚀后黑色区域的深度来确定钢的淬透层深度。沿两个对称于槽口成直角的直径进行测量(见图 B.2)。读数精确到 0.25 mm,取四个数的平均值:

$$e=\frac{e_1+e_2+e_3+e_4}{4}$$

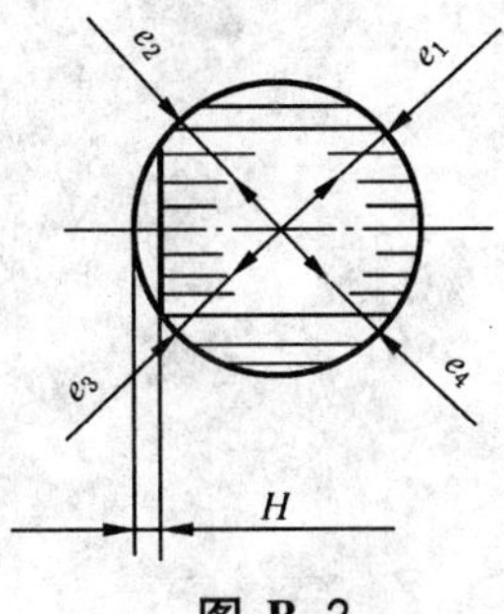

图 B.2

当所测量到的值与四个测量值的平均值相差大于 1 mm 时,读数视为不规则,需重新磨制断面或重新取样。

B.5 结果表示

淬透深度结果表示单位为毫米,精确到 0.5 mm。对于在不同淬火温度下进行的试验,其结果表示要有温度指数填在括号中。

例如:3.5(780℃)表示淬火温度为 780℃,淬透深度为 3.5 mm。

4.0(840℃)表示淬火温度为 840℃,淬透深度为 4.0 mm。

ICS 77.140.60
H 44

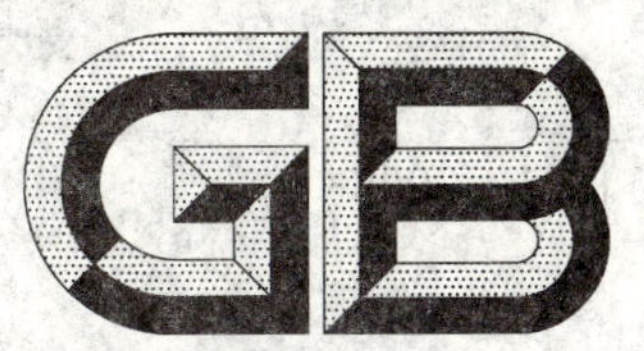

中华人民共和国国家标准

GB/T 1301—2008
代替 GB/T 1301—1994

凿岩钎杆用中空钢

Hollow drill steels for rock drilling

(ISO 722:1991, Rock drilling equipment—Hollow drill steels in bar form, hexagonal and round, MOD)

2008-08-19 发布　　2009-04-01 实施

中华人民共和国国家质量监督检验检疫总局
中国国家标准化管理委员会　发布

前　言

本标准修改采用 ISO 722:1991《凿岩钎具——钎杆用六角形和圆形中空钢钢材》(英文版)。

本标准根据 ISO 722:1991 重新起草，根据我国凿岩钎杆用中空钢生产的实际情况，本标准在采用国际标准时进行了修改。这些技术性差异主要如下：

——增加了技术要求、试验方法、检验规则、包装、标志和质量证明书等相应内容；

——六角形中空钢公称尺寸删除 38、45，增加 35 的规格；

——圆形中空钢增加 R39-、R46-、R52-的规格；

——基本尺寸的允许偏差分为两个级别，ISO 722 只有一个级别。

本标准代替 GB/T 1301—1994《凿岩钎杆用中空钢》。

本标准与 GB/T 1301—1994 相比主要变化如下：

——调整了分类及代号部分相应内容；

——改变了凿岩钎杆用中空钢的代号，将原六角形代号 B 改为 H、圆形代号 D 改为 R；

——用公称尺寸数值表示规格代号；

——调整了尺寸、外形及允许偏差部分；

——增加了牌号 ZK95CrMo、ZK40SiMnCrNiMo、ZK23CrNi3Mo、ZK22SiMnCrNi2Mo，删除了 ZKT8；

——增加了低倍组织的要求；

——加严了弯曲度、硬度、脱碳层的要求；

——增加了包装、标志和质量证明书的相应内容。

本标准由中国钢铁工业协会提出。

本标准由全国钢标准化技术委员会归口。

本标准主要起草单位：贵阳特殊钢有限责任公司。

参加起草单位：钢铁研究总院、冶金工业信息标准研究院、贵州三占集团实业有限公司。

本标准主要起草人：王筑生、张吉舟、田巧丽、刘厚权、董鑫业、张波。

本标准所代替标准的历次版本发布情况为：

——GB 1301—1987、GB/T 1301—1994。

凿岩钎杆用中空钢

1 范围

本标准规定了凿岩钎杆用六角形和圆形中空钢的分类及代号、尺寸、外形及允许偏差、技术要求、试验方法、检验规则、包装、标志和质量证明书。

本标准适用于凿岩钎杆用六角形和圆形中空钢。

2 规范性引用文件

下列文件中的条款通过本标准的引用而成为本标准的条款。凡是注日期的引用文件,其随后所有的修改单(不包括勘误的内容)或修订版均不适用于本标准,然而,鼓励根据本标准达成协议的各方研究是否可使用这些文件的最新版本。凡是不注日期的引用文件,其最新版本适用于本标准。

GB/T 222 钢的成品化学成分允许偏差

GB/T 223.11 钢铁及合金化学分析方法 过硫酸铵氧化容量法测定铬量

GB/T 223.14 钢铁及合金化学分析方法 钽试剂萃取光度法测定钒含量

GB/T 223.23 钢铁及合金化学分析方法 丁二酮肟分光光度法测定镍量

GB/T 223.25 钢铁及合金化学分析方法 丁二酮肟重量法测定镍量

GB/T 223.26 钢铁及合金化学分析方法 硫氰酸盐直接光度法测定钼量

GB/T 223.53 钢铁及合金化学分析方法 火焰原子吸收分光光度法测定铜量

GB/T 223.60 钢铁及合金化学分析方法 高氯酸脱水重量法测定硅含量

GB/T 223.62 钢铁及合金化学分析方法 乙酸丁酯萃取光度法测定磷量

GB/T 223.63 钢铁及合金化学分析方法 高碘酸钠(钾)光度法测定锰量

GB/T 223.68 钢铁及合金化学分析方法 管式炉内燃烧后碘酸钾滴定法测定硫含量

GB/T 223.71 钢铁及合金化学分析方法 管式炉内燃烧后重量法测定碳含量

GB/T 223.75 钢铁及合金化学分析方法 甲醇蒸馏-姜黄素光度法测定硼量

GB/T 224 钢的脱碳层深度测定法

GB/T 226 钢的低倍组织及缺陷酸蚀检验法

GB/T 230.1 金属洛氏硬度试验方法 第1部分:试验方法(A、B、C、D、E、F、G、H、K、N、T标尺)(GB/T 230.1—2004,ISO 6508-1:1999,MOD)

GB/T 2101 型钢验收、包装、标志及质量证明书的一般规定

GB/T 4336 碳素钢和中低合金钢火花源原子发射光谱分析方法(常规法)

GB/T 20066 钢和铁 化学成分测定用试样的取样和制样方法(GB/T 20066—2006,ISO 14284:1996,IDT)

3 分类及代号

3.1 中空钢按外形分为六角形和圆形。

3.2 主要规格代号应符合表1的规定。

3.3 其他规格中空钢规格及代号可参照表1的规定。

表 1 主要规格代号

单位为毫米

截面形状	公称尺寸	规格代号
	19	H19
	22	H22
	25	H25
	28	H28
	32	H32
	35	H35
	32	R32
	39	R39
	46	R46
	52	R52
注：代号中 H 代表六角形中空钢，R 代表圆形中空钢。		

4 尺寸、外形及允许偏差

4.1 尺寸及允许偏差

4.1.1 中空钢的尺寸及允许偏差应符合图 1、图 2 及表 2、表 3 的规定。公称直径≥39 mm 的圆形中空钢，芯孔直径大小根据用户的要求选定。

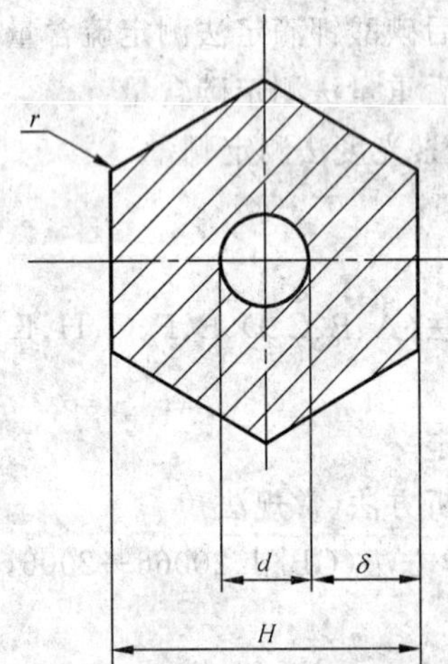

d——芯孔直径；

H——六角形中空钢对边距离；

r——六角形中空钢棱角圆弧半径；

δ——壁厚。

图 1 六角形中空钢

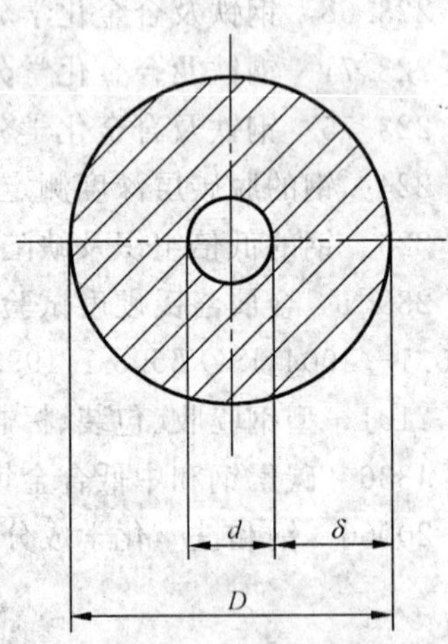

d——芯孔直径；

D——圆形中空钢的公称直径；

δ——壁厚。

图 2 圆形中空钢

表 2 六角形中空钢尺寸及允许偏差

规格代号	对边距离/mm			芯孔直径/mm			偏心度/mm		r/mm	理论重量/(kg/m)
	基本尺寸 H	允许偏差		基本尺寸 d	允许偏差		Ⅰ级	Ⅱ级	≈	
		Ⅰ级	Ⅱ级		Ⅰ级	Ⅱ级				
H19	19.0	+0.2 −0.2	+0.3 −0.3	6.0	+0.4 −0.4	+0.8 −1.0	0.5	0.8	2.5	2.21
H22	22.2	+0.2 −0.2	+0.3 −0.4	6.7	+0.4 −0.6	+0.8 −1.2	0.6	0.9	3.0	3.05
H25	25.3	+0.3 −0.2	+0.6 −0.3	7.6	+0.5 −0.5	+0.9 −1.1	0.7	1.2	3.0	3.97
H28	28.6	+0.3 −0.2	+0.7 −0.3	8.8	+0.5 −0.6	+0.9 −1.2	0.8	1.3	3.5	5.05
H32	32.0	+0.4 −0.2	+0.9 −0.3	9.5	+0.6 −0.6	+0.8 −1.2	0.9	1.4	4.0	6.36
H35	35.3	+0.3 −0.3	+0.8 −0.4	9.5	+0.6 −0.6	+1.3 −0.7	1.0	1.8	4.5	7.86

注 1：芯孔直径包括非圆的长轴和短轴尺寸。

注 2：基本尺寸表示设计或控制点。

注 3：偏心度＝最大壁厚差/2，最大壁厚差＝最大壁厚－最小壁厚。六角形中空钢壁厚指芯孔到六角形对边的垂线距离。

注 4：理论重量按基本尺寸，钢的密度为 7.85 g/cm³ 计算。

表 3 圆形中空钢尺寸及允许偏差

规格代号	公称直径/mm			芯孔直径/mm			偏心度/mm		理论重量/(kg/m)
	基本尺寸 D	允许偏差		基本尺寸 d	允许偏差		Ⅰ级	Ⅱ级	
		Ⅰ级	Ⅱ级		Ⅰ级	Ⅱ级			
R32	32.2	+0.3 −0.3	+0.8 −0.4	9.2	+0.5 −0.5	+0.8 −1.2	0.7	1.4	5.83
R39-	39.0	+0.3 −0.3	+1.0 −0.4	13.0	+0.8 −0.8	+1.6 −1.6	1.0	1.7	8.27
R39	39.0	+0.3 −0.3	+1.0 −0.4	14.5	+0.8 −0.8	+1.6 −1.6	1.0	1.7	8.02
R46-	45.8	+0.4 −0.4	+1.2 −0.6	15.0	+0.9 −0.9	+1.9 −1.9	1.2	1.9	11.46
R46	45.8	+0.4 −0.4	+1.2 −0.6	17.0	+0.9 −0.9	+1.9 −1.9	1.2	1.9	11.07
R52-	52.0	+0.5 −0.5	+1.5 −0.7	19.0	+1.0 −1.0	+2.0 −2.0	1.4	2.0	14.35
R52	52.0	+0.5 −0.5	+1.5 −0.7	21.5	+1.0 −1.0	+2.0 −2.0	1.4	2.0	13.72

注 1：芯孔直径包括非圆的长轴和短轴尺寸。

注 2：基本尺寸表示设计或控制点。

注 3：偏心度＝最大壁厚差/2，最大壁厚差＝最大壁厚－最小壁厚。六角形中空钢壁厚指芯孔到六角形对边的垂线距离。

注 4：理论重量按基本尺寸，钢的密度为 7.85 g/cm³ 计算。

4.1.2 对于基本尺寸(H、D)≥32 mm的中空钢,应确保同一支两端的芯孔尺寸及允许偏差为同一等级。

4.2 长度

4.2.1 中空钢通常长度为6 000 mm～7 000 mm。

4.2.2 经供需双方协商,中空钢可短尺交货。

4.2.3 按定、倍尺长度交货时,总长度的允许偏差0 mm～+60 mm。

4.3 外形

4.3.1 芯孔不允许有尖角(尖角半径<0.5倍芯孔半径)或明显畸形出现,尺寸超出范围的中空钢在不影响用户使用的情况下可以交货。

4.3.2 中空钢的每米弯曲度不大于2 mm,总弯曲度不大于总长度的0.2%。

4.3.3 大规格中空钢端部应正直。

4.3.4 六角形中空钢棱角圆弧半径r值仅供参考,不作为交货依据。

4.3.5 圆形中空钢不圆度不大于外径尺寸公差的0.5倍。

4.3.6 六角形钢材的同一截面上任意两个对边距离之差,不得大于对边尺寸的公差。

5 技术要求

5.1 牌号及化学成分

5.1.1 中空钢的牌号及化学成分(熔炼分析)应符合表4的规定。

表4 牌号及化学成分

牌号	化学成分(质量分数)/%									
	C	Si	Mn	Cr	Mo	Ni	V	P	S	Cu
ZK95CrMo	0.90～1.00	0.15～0.40	0.15～0.40	0.80～1.20	0.15～0.30	—	—	≤0.025	≤0.025	≤0.25
ZK55SiMnMo	0.50～0.60	1.10～1.40	0.60～0.90	—	0.40～0.55	—	—	≤0.025	≤0.025	≤0.25
ZK40SiMnCrNiMo	0.36～0.45	1.30～1.60	0.60～1.20	0.60～0.90	0.20～0.40	0.40～0.70	—	≤0.025	≤0.025	≤0.25
ZK35SiMnMoV	0.29～0.41	0.60～0.90	1.30～1.60	—	0.40～0.60	—	0.07～0.15	≤0.025	≤0.025	≤0.25
ZK23CrNi3Mo	0.19～0.27	0.15～0.40	0.50～0.80	1.15～1.45	0.15～0.40	2.70～3.10	—	≤0.025	≤0.025	≤0.25
ZK22SiMnCrNi2Mo	0.18～0.26	1.30～1.70	1.20～1.50	0.15～0.40	0.20～0.45	1.65～2.00	—	≤0.025	≤0.025	≤0.25
注:ZK表示凿岩钎杆用中空钢。										

5.1.2 中空钢的化学成分允许偏差应符合GB/T 222的规定。

5.1.3 经供需双方协商并在合同中注明,可提供其他牌号的中空钢。

5.2 脱碳层

中空钢外表面的单边脱碳层深度(铁素体+1/2过渡层)在基本尺寸不大于25.3 mm时,应不大于(0.15+1.0%H(D)) mm;基本尺寸大于25.3 mm时,应不大于1.0%H(D) mm。

5.3 低倍组织

需方如有要求,可进行低倍组织检验,低倍组织检验方法和评定级别由供需双方协商确定,采用GB/T 226或其他方法。

5.4 **硬度**

交货状态中空钢材的硬度应符合表5的规定。

表5 中空钢材硬度

牌号	交货状态	硬度
ZK95CrMo	热轧	34HRC～44HRC
ZK55SiMnMo		26HRC～44HRC
ZK40SiMnCrNiMo		26HRC～44HRC
ZK36SiMnMoV		26HRC～44HRC
ZK23CrNi3Mo		26HRC～44HRC
ZK22SiMnCrNi2Mo		26HRC～44HRC
注：对于制钎时还要进行整体热处理的中空钢，交货硬度可适当放宽。		

5.5 **表面质量**

5.5.1 中空钢材表面不应有裂纹、结疤、夹杂、折迭等缺陷。表面的局部缺陷应予清除，清除深度从基本尺寸(H或D)算起应不大于该尺寸的允许偏差。深度小于尺寸允许偏差之半的个别划痕、压痕、麻点可不清除。

5.5.2 中空钢芯孔表面不应有裂纹、折迭等缺陷。

5.5.3 中空钢应无明显扭转。

6 试验方法

每批中空钢材的检验项目和试验方法应符合表6的规定。

表6 试验方法

序号	检验项目	取样数量	取样部位	试验方法
1	化学成分	1	GB/T 20066	GB/T 223、GB/T 4336
2	脱碳层	2	任一支钢材	GB/T 224
3	硬度	3	不同支钢材	GB/T 230.1
4	外形、尺寸	逐支	整支钢材	卡尺、样板
5	外表面质量	逐支	整支钢材	目视
6	内表面质量	逐支	端部	目视

7 检验规则

7.1 中空钢的检查和验收由供方技术监督部门进行。

7.2 中空钢应按批次交货。每批由同一炉号、同一牌号、同一生产号、同一规格、同一交货状态的中空钢组成。

8 包装、标志和质量证明书

8.1 **包装**

8.1.1 按一般供货长度(或非定尺长度)交货的中空钢，其每捆中的长度差不大于0.5 m，应一端平齐，单捆重量不大于 3 500 kg。

8.1.2　按用户定尺(或倍尺)长度交货的中空钢，每支两端切平、无毛刺，同一长度打捆，单捆重量不大于 3 500 kg。

8.2　标志和质量证明书

每捆中空钢应在侧面标明规格、牌号、冶炼炉号、重量等。质量证明书应包含规格、化学成分、硬度、脱碳层深度等内容。其余执行 GB/T 2101 的规定。

ICS 29.035.01
K 15

中华人民共和国国家标准

GB/T 1303.3—2008

电气用热固性树脂工业硬质层压板 第3部分：工业硬质层压板型号

Industrial rigid laminated sheets based on thermosetting resins for electrical purposes—Part 3: Requirements for types of industrial rigid laminated sheets

(IEC 60893-3-1:2003, Insulating materials—Industrial rigid laminated sheets based on thermosetting resins for electrical purposes—Part 3: Specifications for individual materials—Sheet 1: Requirements for types of industrial rigid laminated sheets, MOD)

2008-12-30 发布 2010-01-01 实施

中华人民共和国国家质量监督检验检疫总局
中国国家标准化管理委员会 发布

前　言

GB/T 1303《电气用热固性树脂工业硬质层压板》分为以下几个部分：

——第1部分：定义、名称及一般要求；

——第2部分：试验方法；

——第3部分：工业硬质层压板型号；

——第4部分：环氧树脂硬质层压板；

——第5部分：三聚氰胺树脂硬质层压板；

——第6部分：酚醛树脂硬质层压板；

——第7部分：聚酯树脂硬质层压板；

——第8部分：有机硅树脂硬质层压板；

——第9部分：聚酰亚胺树脂硬质层压板；

——第10部分：双马来酰胺树脂硬质层压板；

——第11部分：聚胺酰亚胺树脂硬质层压板；

……

本部分为GB/T 1303的第3部分。

本部分修改采用IEC 60893-3-1:2003《电气用热固性树脂工业硬质层压板　第3部分：单项材料规范　第1篇：对工业硬质层压板型号的要求》(第2版，英文版)。

本部分与IEC 60893-3-1:2003相比主要差异为：

——在格式上删除了其“参考文献”；

——技术上增补了双马来酰胺(BMI)、聚胺酰亚胺(PAI)、聚二苯醚(DPO)树脂的缩写及其对应的层压板的用途与特性；

——删除了表1中层压板有关粗布和细布的规定以及补强用纺织物规格的注释。

本部分由中国电器工业协会提出。

本部分由全国绝缘材料标准化技术委员会(SAC/TC 51)归口。

本部分主要起草单位：北京新福润达绝缘材料有限责任公司、四川东材科技集团股份有限公司、西安西电电工材料有限责任公司、国家绝缘材料工程技术研究中心、桂林电器科学研究所。

本部分起草人：刘琦焕、杨远华、杜超云、刘锋、罗传勇。

本部分为首次发布。

电气用热固性树脂工业硬质层压板 第3部分:工业硬质层压板型号

1 范围

GB/T 1303的本部分规定了电气用热固性树脂工业硬质层压板要求的指南。而各种层压板的性能在后续各部分中规定。

本部分适用于电气用热固性树脂工业硬质层压板。

2 缩写

树脂类型

EP 环氧

MF 三聚氰胺

PF 酚醛

UP 不饱和聚酯

SI 有机硅

PI 聚酰亚胺

BMI 双马来酰胺

PAI 聚胺酰亚胺

DPO 聚二苯醚

增强材料类型

CC (纺织)棉布

CP 纤维素纸

GC (纺织)玻璃布

GM 玻璃毡

PC 纺织聚酯纤维布

WV 木质胶合板

CR 组合增强材料

注:名称CR(组合增强材料)用于含有一种以上增强材料的层压板。实际组成在相应的产品标准中规定。

3 型号

层压板的型号见表1。

表1 层压板的型号

层压板型号			用途与特性[b]
树脂	增强材料	系列号[a]	
EP	CC	301	机械和电气用。耐电痕化、耐磨、耐化学性能好。
	CP	201	电气用。高湿度下电气性能稳定性好,低燃烧性。
	GC	201	机械、电气及电子用。中温下机械强度极高,高温下电气性能稳定性好。
		202	类似于EP GC 201型。低燃烧性。
		203	类似于EP GC 201型。高温下机械强度高。
		204	类似于EP GC 203型。低燃烧性。
		205	类似于EP GC 203型,但采用粗布。
		306	类似于EP GC 203型,但提高了电痕化指数。
		307	类似于EP GC 205型,但提高了电痕化指数。
		308	类似于EP GC 203型,但提高了耐热性。

表 1（续）

层压板型号			用途与特性[b]
树脂	增强材料	系列号[a]	
EP	GM	201	机械和电气用。中温下机械强度极高，高湿度下电气性能稳定性好。
		202	类似于 EP GM 201 型。低燃烧性。
		203	类似于 EP GM 201 型。高温下机械强度高。
		204	类似于 EP GM 203 型。低燃烧性。
		305	类似于 EP GM 203 型，但提高了热稳定性。
		306	类似于 EP GM 305 型，但提高了电痕化指数。
	PC	301	电气和机械用。耐 SF_6 性能好。
MF	CC	201	机械和电气用。耐电弧和耐电痕化。
	GC	201	机械和电气用。机械强度高，耐电弧和耐电痕化，低燃烧性。
PF	CC	201	机械用。较 PF CC 202 型机械性能好，但电气性能较其差。
		202	机械和电气用。
		203	机械用。推荐用于制作小零件。较 PF CC 204 型机械性能好，但电气性能较其差。
		204	机械和电气用。推荐用于制作小零件。
		305	机械和电气用。用于高精度机加工。
	CP	201	机械用。机械性能较其他 PF CP 型更好，一般湿度下电气性能较差。适用于热冲加工。
		202	工频高电压用。油中电气强度高，一般湿度下在空气中电气强度好。
		203	机械和电气用。一般湿度下电气性能好。适用于热冲加工。
		204	电气和电子用。高湿度下电气性能稳定性好。适用于冷冲加工或热冲加工。
		205	类似于 PF CP 204 型，但具低燃烧性。
		206	机械和电气用。高湿度下电气性能好。适用于热冲加工。
		207	类似于 PF CP 201 型，但提高了低温下的冲孔性。
		308	类似于 PF CP 206 型，但具低燃烧性。
	GC	201	机械和电气用。一般湿度下机械强度高、电气性能好，耐热。
	WV	201	机械用。交叉层叠。一般湿度下电气性能好。
		202	机械和电气用。类似于 UP GM 201 型。低燃烧性。
		303	机械用。同向层叠。机械性能好。
		304	机械和电气用。同向层叠。
UP	GM	201	机械和电气用。高湿度下电气性能稳定性好，中温下机械性能好。
		202	机械和电气用。类似于 UP GM 201 型。低燃烧性。
		203	机械和电气用。类似于 UP GM 202 型，但提高了耐电弧和耐电痕化。
		204	机械和电气用。室温下机械性能很好，高温下机械性能好。

表 1（续）

层压板型号			用途与特性[b]
树脂	增强材料	系列号[a]	
UP	GM	205	机械和电气用。类似于 UP GM 204 型。低燃烧性。
SI	GC	201	电气和电子用。干燥条件下电气性能极好，潮湿条件下电气性能好。
		202	高温下机械和电气用。耐热性好。
PI	GC	301	机械和电气用。高温下机械和电气性能很好。
BMI	GC	301	机械和电气用。高温下机械和电气性能很好，耐热性很好。
PAI	GC	301	机械和电气用。高温下机械和电气性能很好，耐热性很好。
DPO	GC	301	机械和电气用。机械和电气性能好，耐热性很好。

[a] 200 系列的型号名称依据 ISO 1642，300 系列的型号名称为后加的。

[b] 不应根据表 1 推论：某具体型号的层压板一定不适用于未被列出的用途，或者特定的层压板适用于所述大范围内的各种用途。

参 考 文 献

[1] ISO 1642 Plastics Industrial laminated sheets based on thermosetting resins

ICS 29.160.30
K 23

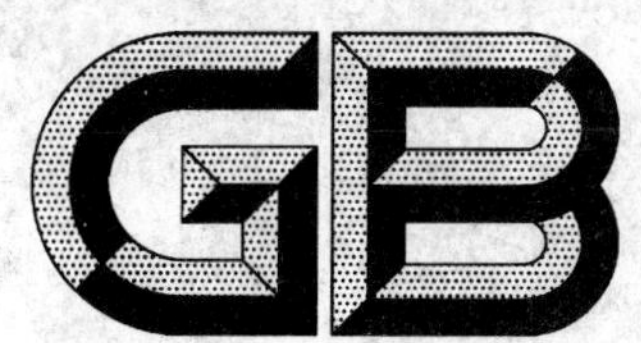

中华人民共和国国家标准

GB/T 1311—2008
代替 GB/T 1311—1989

直流电机试验方法

Test procedure for direct current machines

2008-07-16 发布　　2009-04-01 实施

中华人民共和国国家质量监督检验检疫总局
中国国家标准化管理委员会　发布

前言

本标准代替 GB/T 1311—1989《直流电机试验方法》。与前版相比，主要变化如下：

——引用标准为现行有效标准。

——3.2 仪表选择中对仪表准确度要求进行了修改，比前版的要求提高了。

——第 7 章电感的测定中增加了负载状态下电枢饱和电感的测定。

——第 16 章转动惯量的测定中增加了双钢丝法。

——前版式(20)、式(B.1)、式(B.2)、式(B.3)有误，进行了修改。

——增加了附录 D 火花等级的描述。

本标准的附录 A、附录 B、附录 C 为规范性附录，附录 D 为资料性附录。

本标准由中国电器工业协会提出。

本标准由全国旋转电机标准化技术委员会(SAC/TC 26)归口。

本标准负责起草单位：上海电器科学研究所(集团)有限公司、上海南洋电机有限公司、西安西玛电机(集团)有限公司、卧龙电气集团股份有限公司、永济新时速电机电器有限责任公司、哈尔滨电机厂交直流有限责任公司、杭州金蟒电机制造有限公司、上海电科电机科技有限公司负责起草。

本标准参加起草单位：杭州恒力电机制造有限公司。

本标准主要起草人：金惟伟、邱毓鸿、庄晓芬、陈伟民、张锦伟、孟凡民、钟幼康、盛君、韩荣灿。

本标准所代替标准的历次版本发布情况为：

——GB/T 1311—1989

直流电机试验方法

1 范围

本标准适用于 GB 755 规定范围内的一般用途直流电机。对特殊用途或有特殊试验要求的电机，凡本标准未规定的试验方法，应在该类型电机的标准中作补充规定。

2 规范性引用文件

下列文件中的条款通过本标准的引用而成为本标准的条款。凡是注日期的引用文件，其随后所有的修改单(不包括勘误的内容)或修订版均不适用于本标准，然而，鼓励根据本标准达成协议的各方研究是否可使用这些文件的最新版本。凡是不注日期的引用文件，其最新版本适用于本标准。

GB 755 旋转电机 定额与性能(GB 755—2008,IEC 60034-1:1996,IDT)

GB 4824—2004 工业、科学和医疗(ISM)射频设备电磁骚扰特性 限值和测量方法(CISPR 11:2003, IDT)

GB 10068 轴中心高为 56 mm 及以上电机的机械振动 振动的测量、评定及限值(GB 10068—2008,IEC 60034-14:1996,IDT)

GB/T 10069.1—2006 旋转电机噪声测定及限值 第1部分:噪声测定方法旋转电机噪声测定方法(ISO 1680:2000,MOD)

3 试验电源、仪表选择及试验前检测

3.1 试验电源

3.1.1 普通电源

试验用普通电源包括直流发电机组、蓄电池。

3.1.2 整流电源

试验用整流电源的电流纹波因数或波形因数应符合被试电动机技术条件的要求，整流器交流输入电压应对称，输出电压、电流波形应平衡、稳定，无干扰。

3.2 仪表选择

3.2.1 测量仪器的准确度

试验时，采用的电气测量仪器、仪表的准确度应不低于 0.5 级(兆欧表除外)；转速表读数误差在 ±1 r/min；转矩测量仪及测功机的准确度应不低于 0.5 级；测力计的准确度应不低于 1 级；温度计的误差应不超过 ±1 ℃。

选择仪表时，应使测量值位于 20%～95%仪表量程范围内。

对小功率直流电动机，应按附录 A 对输入电流和功率的测量值进行修正。

3.2.2 电压电流的测量

电压、电流平均值用磁电式仪表或能读出平均值的其他仪表包括数字式仪表来测量。电压、电流有效值用电动式仪表或能真实读出方均根数的其他仪表包括数字式仪表来测量。

测量电枢回路电压时，电压表应直接接在绕组出线端上。用分流器测量电流时，测量线的电阻应按所用毫伏表选配。

3.2.3 电动机输入功率的测量

输入功率用电压乘电流来计算，试验电源为整流电源时应用真实读数瓦特表或指示电压、电流瞬时值乘积平均值的其他测量装置直接测取电枢回路输入功率，也可分别测量直流功率分量和交流功率分

量(见 12.3)然后相加求得。

3.3 试验前检测

3.3.1 一般检查

试验前应检查电机的装配质量和轴承运行情况,以保证各项试验能顺利进行,试验线路和设备应能满足试验要求。

3.3.2 中性线的测定

中性线的测定有感应法、正反转发电机法、正反转电动机法。试验前,电刷与换向器工作表面的接触应良好。

3.3.2.1 感应法

a) 电枢静止,励磁绕组他励,将毫伏表接在相邻的两组电刷上,并交替地接通和断开电机的励磁电流(图 1),逐步移动刷架的位置,在每一个不同位置上测量电枢绕组的感应电势,当感应电势最接近零时,即可认为电刷位于中性线上,毫伏表的读数推荐以励磁电流断开时的读数为准。

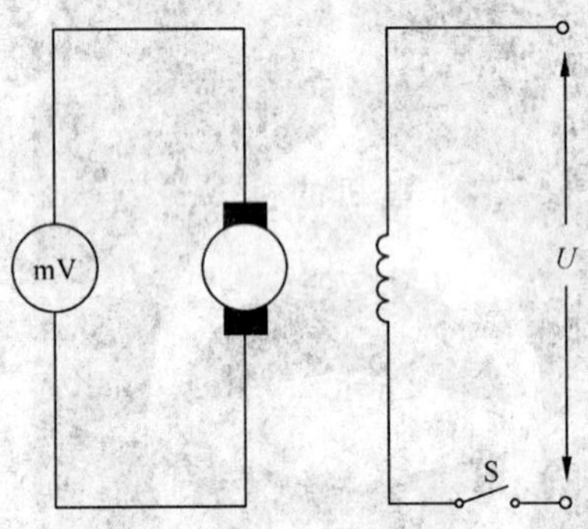

图 1

b) 电枢静止,励磁绕组他励,交替地接通和断开电机的励磁电流,在距离等于或接近于一极距的两片换向片上测量感应电势,沿换向器圆周移动,正负感应电势各量取几点读数,然后按图 2 所示的作图法求出中性线位置。

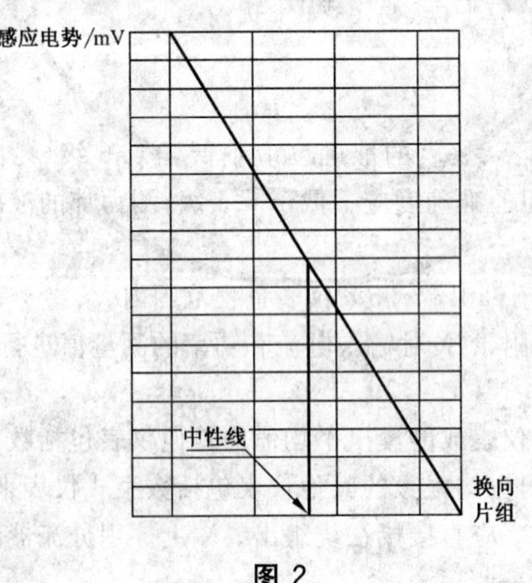

图 2

3.3.2.2 正反转发电机法

试验时,电机励磁绕组他励,在保持转速、励磁电流及负载(接近额定值)不变的情况下,逐步移动刷架位置,在每一个不同位置上测量电机在正转及反转时的电枢电压,直到两个电压数值最接近时为止,此时即可认为电刷位于中性线上。

3.3.2.3　**正反转电动机法**

试验时，在保持电机电枢电压、励磁电流及负载（接近额定值）不变的情况下，逐步移动刷架位置，在每一个不同位置上测量电机在正转及反转时的速度，直到两个方向的转速最接近时为止，此时即可认为电枢位于中性线上。

4　绕组对机壳及绕组相互间绝缘电阻的测定

4.1　测量时电机的状态

测量电机绕组的绝缘电阻时，应分别在实际冷状态和热状态下测量。

检查试验时，可仅测量冷态绝缘电阻，但应保证热态绝缘电阻不低于该类型电机标准的规定。

4.2　兆欧表的选用

电机额定电压为 36 V 及以下的用 250 V 兆欧表测量，额定电压为 36 V 以上至 500 V 的用 500 V 兆欧表测量，额定电压在 500 V 以上的用 1 000 V 兆欧表测量。

4.3　测量方法

电枢回路绕组（不包括串励绕组）、串励绕组和并励绕组对机壳及其相互间的绝缘电阻应分别进行测量。

测量时，兆欧表的读数应在仪表指针达到稳定以后读出。

5　绕组在实际冷状态下直流电阻的测定

5.1　实际冷状态下直流电阻的测定

将电机在室内静置一段时间，用温度计（或埋置检温计）测量电机绕组的温度，当所测温度与冷却介质温度之差不超过 2 K 时，此时被测绕组的温度即称为实际冷状态下绕组的温度，若绕组的温度无法测量时，允许用机壳的温度代替，对大、中型电机温度计的放置时间应不少于 15 min。

5.2　绕组直流电阻的测量方法

5.2.1　绕组的直流电阻用双臂电桥或单臂电桥测量，测量 1 Ω 及以下的电阻时，应采用双臂电桥。

5.2.2　当采用电流表和电压表法测量电阻时，接线如图 3 或图 4 所示。

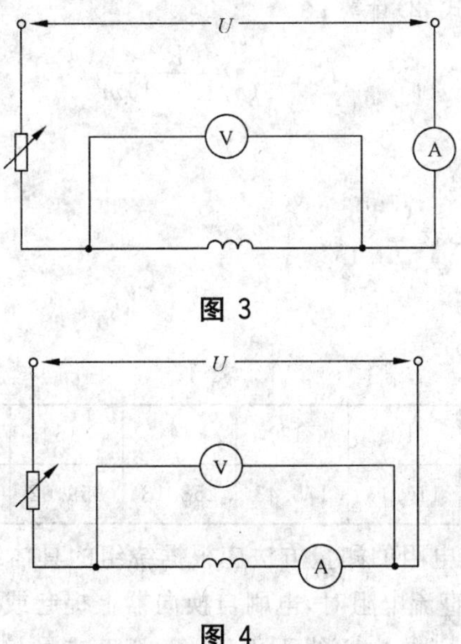

图 3

图 4

当测量电压表内阻与被测绕组电阻之比大于或等于 200 时，应采用图 3 的接线测量绕组的电阻；当测量电流表内阻与被测绕组电阻之比小于 1/200 时，应采用图 4 的接线测量绕组的电阻。测量时电压表与被测绕组应接触良好，电流必须保持恒定，通过被测绕组的电流应不超过额定电流的10%，通电时间应不超过1 min。

5.2.3 当采用数字式微欧计测量绕组电阻时，测棒与被测绕组的接触应良好，通过被测绕组的电流不应太小，但不能超过额定电流的10%，通电时间应不超过1 min。

5.2.4 测量电机各部分绕组直流电阻时，转子应静止不动，每一绕组测量三次，每次读数与三次读数的平均值之差，应在平均值的±0.5%范围内，取其平均值作为绕组电阻的实际值，并同时记录绕组温度。

检查试验时，每一电阻可仅测量一次。

5.3 电枢绕组直流电阻的测定

5.3.1 按5.2测量电枢绕组电阻时，应将电刷自换向器上提起或与换向器绝缘，根据电枢绕组的型式按下列方法进行。

a) 对单波绕组应在距离等于或最接近于奇数极距的两片换向片上进行测定，测得的电阻即为电枢绕组电阻。

b) 对无均压线的单叠绕组应在换向器直径两端的两片换向片上进行测定。

电枢绕组的直流电阻 R_a 由式(1)计算：

$$R_a = \frac{R}{p^2} \qquad (1)$$

式中：

R——测量的电阻值，Ω；

p——极对数。

c) 对装有均压线的单叠绕组，应在距离等于或最接近于奇数极距，并都装有均压线的两片换向片上进行测定，测得的电阻即为电枢绕组电阻。

d) 对装有均压线的复叠或复波绕组应在距离最接近于一极距，并都装有均压线的两片换向片上进行测定，测得的电阻即为电枢绕组电阻。

e) 蛙绕组—单蛙绕组应在相隔一个极距的两换向片上测量；双蛙绕组应在相邻的两换向片上测量；三蛙绕组应在相隔一个极距的两换向片上测量。如 $K/2p$ 不是整数时应加修正值±m/2。

电枢绕组的直流电阻 R_a 由式(2)计算：

$$R_a = \frac{R}{(\alpha/K + 1)m^2} \qquad (2)$$

式中：

R——测得的电阻值；

α——蛙绕组的电阻系数，见表1；

K——换向片数；

m——绕组的重路数。

表 1

$2p$	4	6	8	10	12	14	16	18	20	22	24
α	8.00	27.71	61.25	110.11	175.43	258.13	359.02	478.77	617.98	777.21	956.92

f) 其他型式电枢绕组直流电阻的测量方法应根据绕组的具体结构，采用相应的方法。

5.3.2 按5.2.1测量电枢绕组直流电阻时，电刷自换向器上提起或与换向器绝缘有困难而将电刷放在换向器上，应在位于两组相邻电刷的中心线下面，距离等于或最接近于一极距的两片换向片上进行测量。

5.3.3 用于温升试验的电枢绕组冷状态直流电阻的测定，可在位于相邻两组电刷之间，距离约等于极距一半的两片换向片上进行测量，并在这两片换向片上做好标记。

大型电机测量电枢绕组冷状态直流电阻时，应在换向器上多选择几组不同位置的换向片。温升试验时，在电机断能停转后，总有一组换向片位于相邻电刷之间，可测量电枢绕组热状态直流电阻。

6 轴电压的测定

轴电压测定见图 5。

试验前应分别检查轴承座与金属垫片、金属垫片与金属底座间的绝缘电阻。

第一次测定时，被试电机应在额定电压、额定转速下空载运行，用高内阻毫伏表测量轴电压 U_1，然后用导线 A 将转轴一端与地短接，测量另一轴承座对地轴电压 U_3，测量完毕将导线 A 拆除。试验时测点表面与毫伏表引线的接触应良好。

第二次测定时，被试电机在额定电流、额定转速下短路或额定负载运行，测量轴承电压 U_2。对调速电机可仅在最高额定转速下进行检查。

1——轴承座；
2——绝缘垫片；
3——金属垫片；
4——绝缘垫片；
5——转子。

图 5

7 电感的测定

7.1 电枢回路电感的测定

7.1.1 不饱和电感的测定

试验开始前电机电刷的安装应接触良好，并(他)励磁场的绕组应短路以避免绕组感应高压。

试验时，在电机电枢回路端子通以 50 Hz 或 60 Hz 的单相交流电。固定电枢防止转动，交流电流应限制在额定电流的 20%左右，以避免在短暂的试验期间电刷和换向器过热。同时读取交流电压、交流电流、相角或功率，相角也可通过瓦特表间接求得。

7.1.2 饱和电感的测定

励磁绕组他励，通以额定励磁电流，励磁用直流电源的电流纹波因数不超过 6%。测定方法与不饱和电感相同。

串励电机电枢回路仅进行饱和电感的测试，此时串励绕组由直流电源他励，通以额定电流，励磁用直流电源的纹波因数不超过 6%。求得的饱和电感并不包括由于串励磁场引起的附加电感。

7.1.3 负载状态下的饱和电感的测定

被试电机作为发电机，在特定的负载电流状态下运行，使用一台交流发电机，一个电容器 C 和一个电感 L，如图 6 所示，将 20%左右额定电流的交流电流叠加在直流负载电流上。

电枢回路电感用交流电压、交流电流的有效值，按式(3)计算。

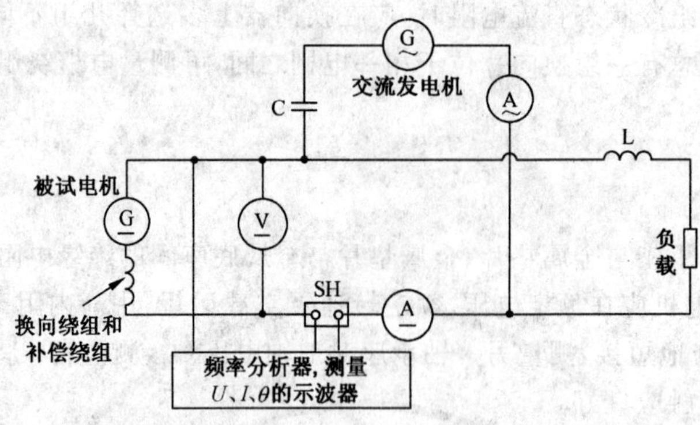

图 6

7.1.4 电枢回路电感试验值的计算

电枢回路电感试验值应按式(3)计算：

$$L_n = \frac{U\sin\theta}{2\pi fI} \qquad (3)$$

式中：

L_n——电枢回路电感的试验值，H；

U——交流电压的有效值，V；

θ——交流电压，交流电流间的相角；

f——频率，Hz；

I——交流电流的有效值，A。

7.2 并(他)励励磁绕组电感的测定

7.2.1 不饱和电感的测定

试验时，电机励磁绕组用一在被试电机额定励磁电流时电压调整率小于2%的电源他励，将电机驱动到额定转速，电枢两端开路，调节励磁使电枢电压至额定，在额定和零之间来回两次，然后降低电枢电压到50%额定值左右，记下励磁绕组电压为预定值，再将励磁电压减小到零，断开励磁回路，调节励磁电压到预定值，再合上励磁回路，观察并摄录励磁电压、励磁电流、电枢电压相对于时间的变化过程。

7.2.2 饱和电感的测定

试验线路见图7。

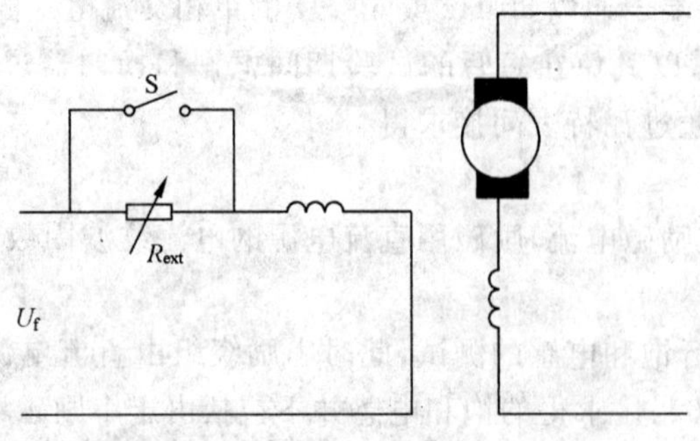

图 7

试验时，将电机驱动到额定转速，对调速电机，应驱动到最低额定转速，电枢两端开路，闭合开关S，调节励磁电压U_f，使电枢两端产生100%额定电枢电压，然后打开开关S，调节R_{ext}使电枢电压在90%～110%额定值之间变动两次，最终使之停止于90%额定值处。闭合开关S，观察并摄录励磁电压、励磁电流、电枢电压相对于时间的变化过程。

7.2.3 励磁绕组电感试验值的计算

7.2.3.1 不考虑铁心涡流效应时励磁绕组电感按式(4)、式(5)计算：

$$L_f = R_f T_{fi} \quad \cdots\cdots (4)$$

$$L_{feff} = R_f T_{AV} \quad \cdots\cdots (5)$$

式中：

L_f——励磁绕组电感，H；

R_f——励磁绕组直流电阻，Ω；

T_{fi}——励磁电流变化量达到最大值的63.2%时的时间，s；

L_{feff}——励磁绕组有效电感，H；

T_{AV}——电枢电压变化量达到最大值的63.2%时的时间，s。

7.2.3.2 考虑电机铁心涡流效应时励磁绕组电感按式(6)计算：

$$L_f = R_f \frac{a}{c} \quad \cdots\cdots (6)$$

式中：

R_f——励磁绕组直流电阻，Ω；

a——在半对数坐标$I_{f\infty}-I_f/I_{f\infty}$与$t$的关系曲线上，曲线直线部分的延长线与纵坐标轴交点之值（见图8）；

$I_{f\infty}$——励磁电流的稳态值。

c按式(7)计算：

$$c = \frac{\ln b_1 - \ln b_2}{t_2 - t_1} \quad \cdots\cdots (7)$$

式中：

t_1、b_1和t_2、b_2——在曲线的直线部分任取两点P和Q的相应值（见图8）。

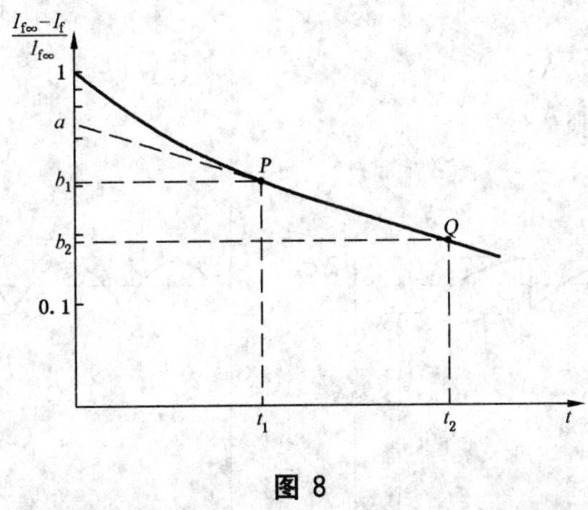

图8

8 空载特性的测定

8.1 空载发电机法

试验时，电机以空载发电机方式运行，励磁绕组他励，保持额定转速不变，逐步增加电机的励磁电流，直到电枢电压接近额定值的130%时为止，然后逐步减小励磁电流到零，做上升或下降分支时各读取9点～11点，在电枢电压的额定值左右应多读取几点，每一点上同时读取电枢电压和励磁电流的数值。

如电机的磁路比较饱和，电枢电压不能调节到上述数值时，则应调节到可能达到的最大电压时为止，但须注意不使励磁绕组过热。

试验过程中，励磁电流只允许向同一方向调节，如需反向调节，应先将励磁电流回复到零（上升分支）或增加到最大值（下降分支），然后再调节到所需数值。

8.2 空载电动机法

此法仅限于中小型电动机的检查试验。

试验时，励磁绕组他励，并由其他可变电压的直流电源给电枢供电，作空载电动机运行，加在电枢上的电压从额定电压的25%左右到120%左右调节，保持额定转速不变，同时读取电枢电压和励磁电流的数值。在低电压时，电动机运行很不稳定，应注意不要使电机超速。

9 整流电源供电时电机的电压、电流纹波因数及电流波形因数的测定

9.1 脉动电压、脉动电流最大值、最小值的测定

脉动电压、脉动电流最大值、最小值可用示波器记录电压、电流波形进行测定。

9.2 电压、电流纹波因数的计算

9.2.1 电压、电流波形不间断时纹波因数的计算

电压、电流波形不间断时（见图9），其纹波因数应按式(8)、式(9)计算：

$$K_{0CU}=\frac{U_{max}-U_{min}}{U_{max}+U_{min}} \quad \cdots\cdots(8)$$

式中：

K_{0CU}——电压纹波因数；

U_{max}——脉动电压最大值，V；

U_{min}——脉动电压最小值，V。

$$K_{0CI}=\frac{I_{max}-I_{min}}{I_{max}+I_{min}} \quad \cdots\cdots(9)$$

式中：

K_{0CI}——电流纹波因数；

I_{max}——脉动电流最大值，A；

I_{min}——脉动电流最小值，A。

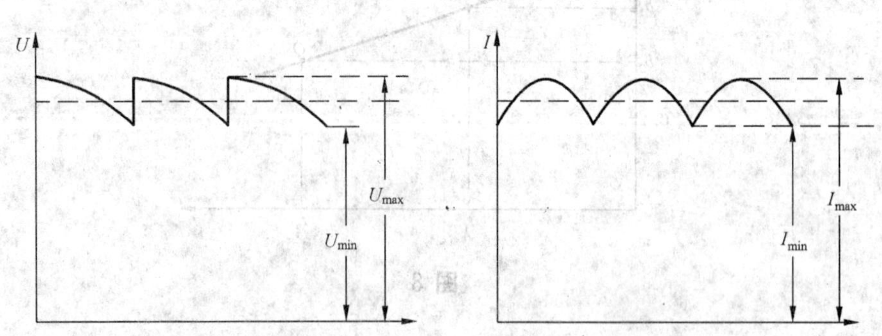

图9

9.2.2 电压、电流波形间断时纹波因数的计算

电压、电流纹波间断式（见图10），其纹波因数应按式(10)、式(11)计算：

$$K_{0CU}=\frac{U_{max}-U_{aV}}{U_{aV}} \quad \cdots\cdots (10)$$

式中：

K_{0CU}——电压纹波因数；

U_{max}——脉动电压最大值，V；

U_{aV}——直流电压平均值，V。

$$K_{0CI}=\frac{I_{max}-I_{aV}}{I_{aV}} \quad \cdots\cdots (11)$$

式中：

K_{0CI}——电流纹波因数；

I_{max}——脉动电流最大值，A；

I_{aV}——直流电流平均值，A。

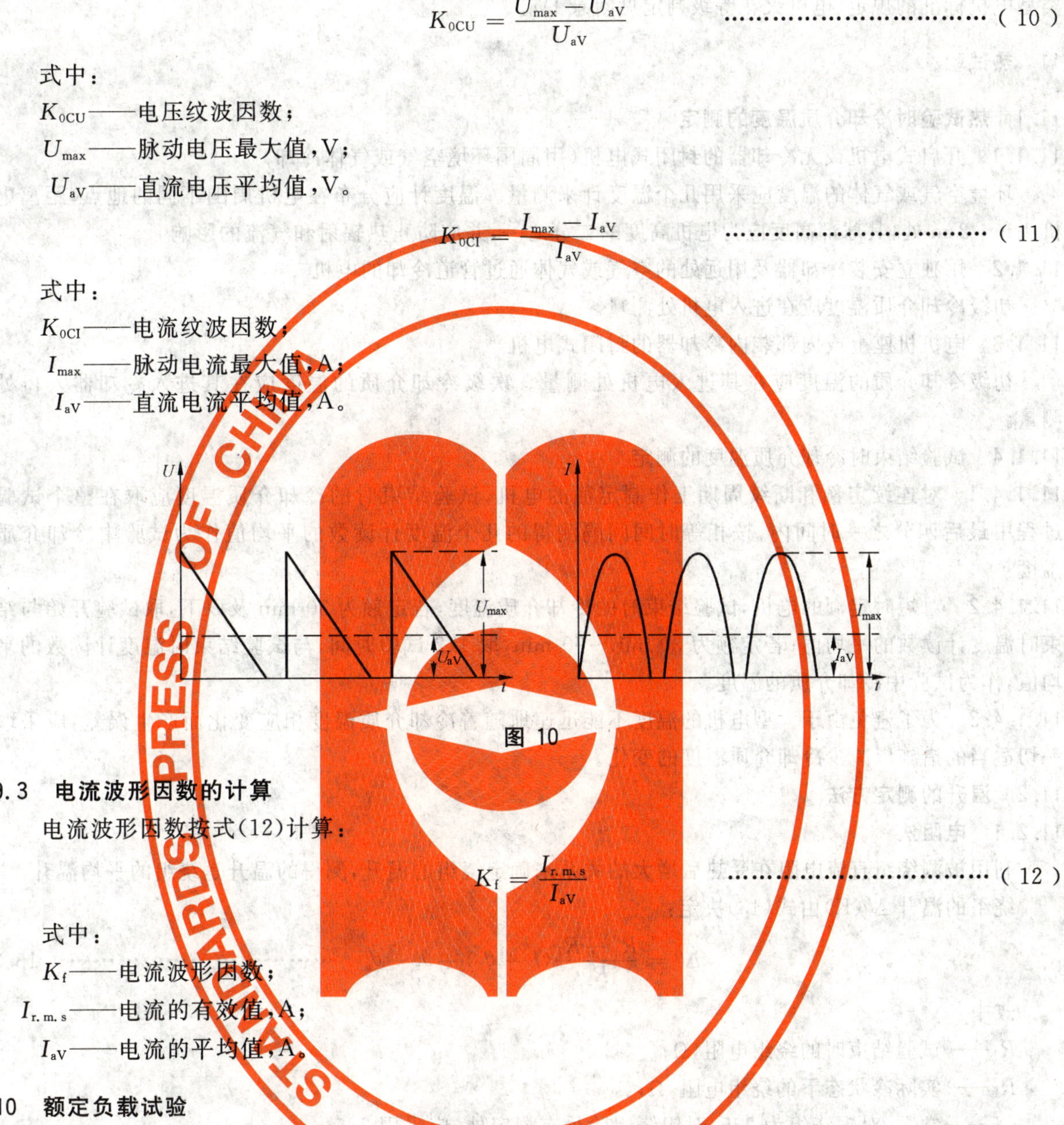

图 10

9.3 电流波形因数的计算

电流波形因数按式(12)计算：

$$K_f=\frac{I_{r.m.s}}{I_{aV}} \quad \cdots\cdots (12)$$

式中：

K_f——电流波形因数；

$I_{r.m.s}$——电流的有效值，A；

I_{aV}——电流的平均值，A。

10 额定负载试验

直流发电机的额定负载试验，是当发电机在额定电流、额定电压及额定转速下，确定额定励磁电流。

直流电动机的额定负载试验，是当电动机在额定电流，额定电压、额定励磁电流或额定励磁电压下(对不带磁场变阻器的并励电机)校核转速。

小功率直流电动机的额定负载试验，是当电动机在额定功率或额定转矩、额定电压、额定励磁电压下，确定额定电流及校核转速。

调速电动机的额定负载试验，应分别在最低额定转速及最高额定转速下进行。

试验时，应测定电枢电压、电枢电流、励磁电流及转速。

对保持额定功率进行试验的小功率直流电动机还应测定转矩。

在型式试验中，电机的额定负载试验，应在电机额定运行至各部分的温升达到热稳定时进行。

在检查试验中，电机额定运行的持续时间由该类型电机标准规定。

电机的换向检查应在电机额定负载试验中同时进行。检查的方法是将负载自空载或 1/4 额定负载(对不允许空载的电机)调节到额定负载。此时，在换向器及电刷上的火花等级应不超过 GB 755 或该类型电机标准的规定(电机火花等级判定见附录D)。

11 热试验

11.1 热试验时冷却介质温度的测定

11.1.1 开启式电机或无冷却器的封闭式电机(用周围环境空气或气体冷却)

环境空气或气体的温度应采用几个温度计来测量。温度计应分布在电机周围不同的地点,距离电机1 m～2 m处,其球部高度应为电机高度的二分之一,并应防止热辐射和气流的影响。

11.1.2 用独立安装冷却器及用远处的空气或气体通过管道冷却的电机

初级冷却介质温度应在进入电机处测量。

11.1.3 电机机座上或内部装内冷却器的封闭式电机

初级冷却介质的温度应在其进入电机处测量。次级冷却介质的温度应在其进入冷却器入口处测量。

11.1.4 试验结束时冷却介质温度的测定

11.1.4.1 对连续定额和断续周期工作制定额的电机,试验结束时的冷却介质温度应取在整个试验过程中最后四分之一时间内,按相等时间间隔测得的几个温度计读数的平均值作为试验中冷却介质温度。

11.1.4.2 对短时定额的电机,试验结束时的冷却介质温度,若定额为30 min及以下,取试验开始与结束时温度计读数的平均值;若定额为30 min～90 min,取1/2试验时间,与试验结束时温度计读数的平均值,作为试验中冷却介质的温度。

11.1.4.3 为了避免由于大型电机的温度不能迅速地随着冷却介质温度相应变化而产生误差,应采取一切适当的措施以减少冷却介质温度的变化。

11.2 温升的测定方法

11.2.1 电阻法

利用被测绕组直流电阻在受热后增大的关系来确定绕组的温升,测得的温升是绕组的平均温升。

绕组的温升$\Delta\theta$(K)由式(13)决定:

$$\Delta\theta = \frac{R_2 - R_1}{R_1}(k + \theta_1) + \theta_1 - \theta_a \qquad (13)$$

式中:

R_2——试验结束时的绕组电阻,Ω;

R_1——实际冷状态下的绕组电阻,Ω;

k——常数,对铜绕组为235;对铝绕组除另有规定外,应采用225;

θ_1——实际冷状态下的绕组温度,℃;

θ_a——试验结束时冷却介质的温度,℃。

11.2.2 埋置检温计法

即将电阻检温计、热电偶或半导体热敏元件等在电机制造过程中,埋置于电机制成后所不能达到的部位,检温计应适当分布在电机绕组中,其数量应不少于6个。在保证安全的前提下,应尽可能使检温计埋置于预计绕组为最热点的各个部位,并应有效地防止检温计与初级冷却介质接触。埋置检温计诸元件的最高读数作为绕组温度的读数。

11.2.3 温度计法

温度计包括膨胀式温度计(例如:水银、酒精等温度计),半导体温度计及非埋置的热电偶或电阻温度计。有强交变磁场的地方不能采用水银温度计。用此法测量温度时,应将温度计贴附于电机被测部分可接触到最热点的表面,以测出接触点表面的温度,被测点与温度计的热传导应尽可能良好,并用绝热材料覆盖,以减少热量的泄漏。

11.3 热试验时电机各部分温度的测定

11.3.1 定子绕组

定子绕组温度应用电阻法测定。对低电阻绕组,如串励绕组换向极绕组及补偿绕组,也可用温度计法测定,各绕组所安放的温度计应不少于2支。

11.3.2 电枢绕组

电枢绕组的温度应用电阻法测定,应于电机断能停转后,在测量电枢绕组冷状态直流电阻的同样两片换向片上立即进行。

11.3.3 电枢铁心

电枢铁心齿部和钢丝扎箍的温度,用温度计法或埋置检温计法测定。测定时,应于电机断能停转后,立即测取不少于两点的温度。

11.3.4 换向器

换向器的温度应在电机断能停转后立即测定,测定时建议采用时间常数较小的温度计(如半导体点温计)。

11.3.5 轴承

轴承温度可用温度计法或埋置检温计法进行测量。测量时,应保证检温计与被测部位之间有良好的热传递,滑动轴承或滚动轴承温度的测量应按GB 755的规定进行。

11.4 电机断能停转后所测得温度的修正

11.4.1 用电阻法测量断能停转后的电机温度时,要求在热试验结束就立即使电机停转,为了能足够迅速地获得可靠读数,需要有精心安排的操作程序和适量的试验人员,电机断能后如能在表2所规定的时间内测得第一点读数,则以该读数计算电机温升而不需要外推至断能瞬间。

表2

电机的额定功率/kW	断能后间隔时间/s
≤50	30
>50～200	90
>200～5 000	120
>5 000	按专门协议

11.4.2 若在表2规定时间内不能测得第一点读数,则应尽快测得它,以后每隔约1 min读取一次读数,直至这些读数开始明显地从最高值下降为止。将测得的读数作为时间的函数绘成曲线,并根据电机的额定功率,将此曲线外推至表2相应的间隔时间,所获得的电阻或温度即作为电机断能瞬间的电阻或温度值,绘制曲线时推荐采用半对数坐标,电阻或温度值标在对数坐标轴上,如图11所示。

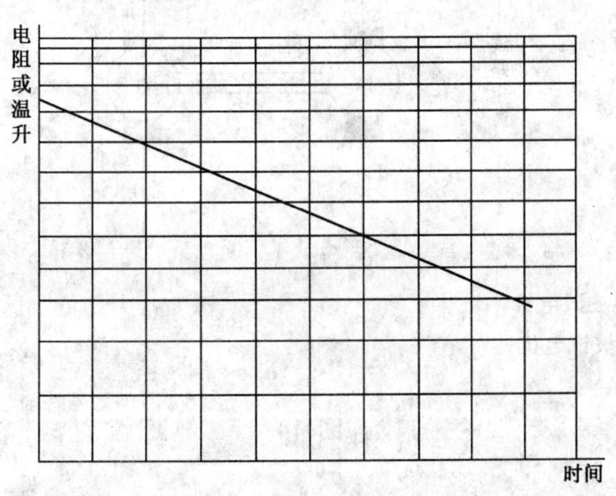

图11

如电机断能后测得第一点读数的时间超过表 2 规定时间的两倍，则本条所规定的方法只有在制造厂与用户取得协议后才能采用。

11.4.3 若在断能后测得的电机个别部分的温度先上升，然后再下降，则应取测得温度中的最高数值作为电机断能瞬间的温度。

11.5 热试验方法

11.5.1 连续定额电机的热试验

11.5.1.1 连续定额电机的热试验应在额定功率或铭牌电流、额定电压及额定转速下用直接负载法进行，直到电机各部分温升达到热稳定时为止。试验过程中如有可能应测量机壳、并(他)励绕组、串励绕组、补偿绕组、换向绕组、轴承、进出风和冷却介质的温度，至少每小时一次。

试验可以从电机在实际冷状态时开始，也可以从热状态开始。

对采用强迫通风或闭路循环冷却系统的电机，在电机断能时同时停止冷却介质的供给。

恒转矩调速电动机的温升试验，在最低额定转速及最高额定转速下按其相应的额定功率或按该类型电机标准的规定进行。

恒功率调速电动机的热试验，在最低额定转速下按其额定功率进行。

11.5.1.2 当试验电源为普通电源时，电机加负载的方法一般用回馈法，将被试电机与相应规格的另一台直流电机在机械上和电气上相互连接，其中一台电机作为电动机运行，而另一台则作为发电机运行。两台电机的损耗由线路电源或升压机供给，原理如图 12 或图 13 所示。两台电机的损耗也可由线路电源和升压机联合供给，如图 14 所示。

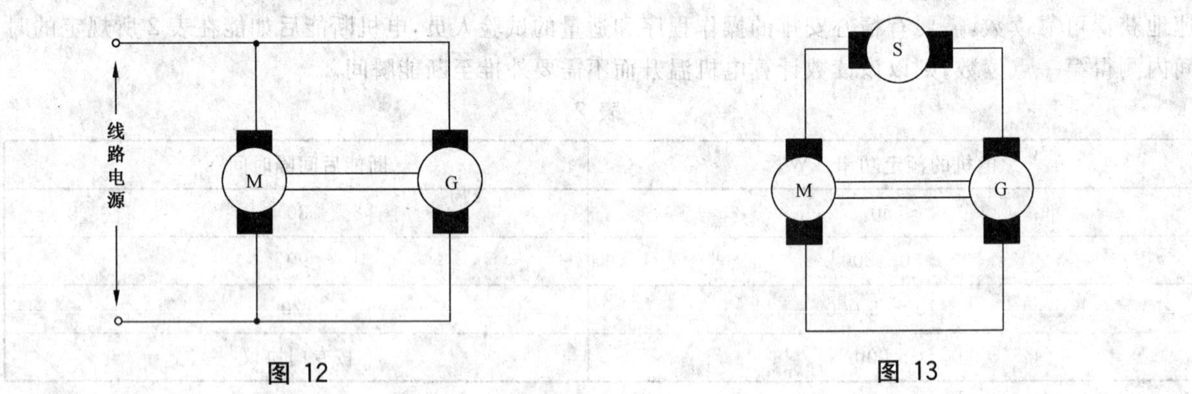

图 12　　图 13

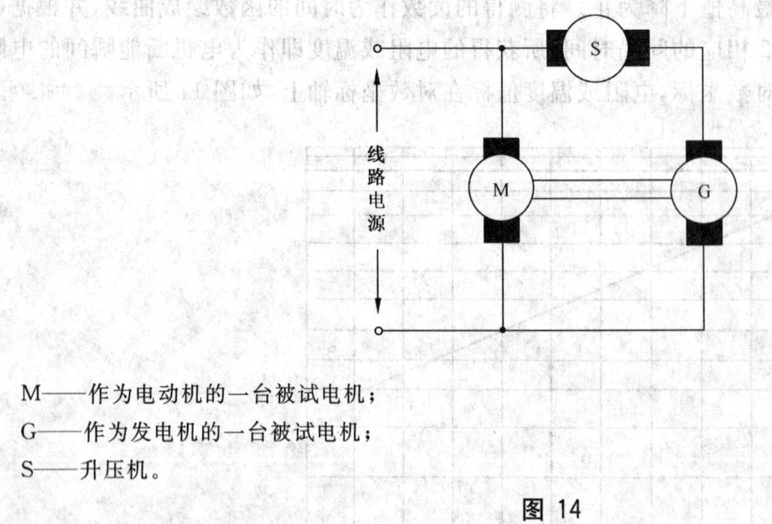

M——作为电动机的一台被试电机；

G——作为发电机的一台被试电机；

S——升压机。

图 14

对于小功率直流电动机，为了保持额定输出功率或转矩不变，一般应采用测功机作负载进行热试验。热试验时所用支架和散热板应按该类型电机标准的规定。

11.5.1.3　对于大中型电机，当受试验设备条件限制时，允许采用间接法（空载短路法）进行热试验。间接法热试验时，被试电机应在额定转速下，分别做额定电流时的短路温升、电枢电压为额定负载时内电势值的空载温升及不加励磁情况下的空转温升试验。在试验过程中如有可能应测量机壳、并（他）励绕组、串励绕组、换向极绕组、补偿绕组、轴承、进出风和冷却介质的温度，至少每小时一次，直到电机各部分温升达到热稳定为止。

电机断能后的要求同本标准11.4。

电机各部分绕组在额定负载时的温升 $\Delta\theta$(K)可用式(14)求得：

$$\Delta\theta = \Delta\theta_d + \Delta\theta_0 - \Delta\theta_r \qquad (14)$$

式中：

$\Delta\theta_d$——额定电流时的短路温升，K；

$\Delta\theta_0$——电枢电压为额定负载时内电势值的空载温升，K；

$\Delta\theta_r$——不加励磁情况下的空转温升，K。

换向器温升由额定电流时的短路热试验求得。

11.5.1.4　电动机的热试验如在铭牌电流下进行时，功率可能与额定功率略有不同。此时试验所得的电枢回路绕组温升数值 $\Delta\theta$ 由式(15)换算到额定功率时的数值 $\Delta\theta_N$：

$$\Delta\theta_N = \Delta\theta\left(\frac{I_N}{I_t}\right)^2 \qquad (15)$$

但 $\frac{I_N - I_t}{I_N} \times 100\%$ 应不超过±5%

式中：

$\Delta\theta$——对应于试验电流 I_t 的绕组温升，K；

I_N——电动机额定输出功率时的电流，A；

I_t——电动机试验时电流，取试验过程中最后1 h内几个相等时间间隔时的电流读数的平均值，A。

11.5.2　短时定额电机的热试验

试验的持续时间即为该定额所规定的时限。试验开始时，电机应为实际冷状态。

在试验过程中，按照定额时间的长短每间隔3 min～15 min记录一次。

其他试验要求同11.5.1的规定。

11.5.3　周期工作定额电机的热试验

对断续负载，应按规定的负载周期连续运行，如无其他规定，试验时每一工作周期应为10 min，直至达到实际上相同的温度循环，即将两个工作周期上的相应点连成直线，其梯度应小于每小时2 K，电机各部分温度的测定应在最后一个工作周期内，产生最大热量时间一半时，切断电源立即进行测量。

对用于几个不同负载持续率的周期工作定额的电机，其热试验应按每一负载持续率分别进行。对于他励电机，如果设计中规定他励绕组在全部工作周期内是接在线路中，则在断能停转时他励绕组不应自线路上断开。

其他试验要求同11.5.1的规定。

12　效率的测定

效率的测定方法有间接法（由各项损耗之和确定效率和由总损耗确定效率）和直接法。

12.1　由各项损耗之和确定效率

试验电源用普通电源。

12.1.1 电机各种损耗的确定

12.1.1.1 铜耗

电枢回路铜耗为电枢回路中所有绕组的电阻(换算到基准工作温度,见表3)之和与电枢电流平方的乘积。

表 3

绝缘结构的热分级	基准工作温度/℃
A、E	75
B	95
F	115
H	130

12.1.1.2 电刷的电损耗

电刷的电损耗为电枢电流与电刷电压降的乘积,这一电压降的数值为:碳-石墨、石墨及电化石墨电刷 2 V;金属石墨电刷 0.6 V。

12.1.1.3 铁耗及机械损耗

铁耗和机械损耗可用下列方法之一测定:

a) 空载电动机法

电机空载运行一段时间,使电机的轴承及电刷摩擦损耗达到稳定。试验时,电机作空载运行,励磁建议采用他励,转速应保持在额定值,外施电压从125%的额定电压开始,逐步降低至可能达到的最低值。在每一电压下测量电枢电压、电枢电流及励磁电流。试验后应立即测量电枢回路各部分绕组的电阻。

被试电机的铁耗(P_{Fe})及机械损耗(P_{fw})之和由式(16)计算:

$$P_{Fe} + P_{fw} = P_0 - P_{Cu0} - P_{Cub0} \qquad (16)$$

式中:

$P_0 = I_0 U_0$(I_0——空载电枢电流,A;U_0——空载时电枢端电压,V),W;

P_{Cu0}——电枢回路中各部分绕组的铜耗,为试验后量得的电枢各绕组电阻之和与空载电流平方的乘积,W;

P_{Cub0}——空载电刷电损耗,W。

为确定铁耗及机械损耗,应绘制铁耗及机械损耗之和对于电枢电压平方的曲线,并将其延长至与纵轴相交(见图15),交点的纵坐标即为机械损耗。

被试电机的铁耗应按相应的感应电势求得,即为被试电机是发电机时,电枢感应电势等于额定电压加上电枢回路各部分绕组的电压降及电刷压降,当被试电机是电动机时,电枢感应电势等于额定电压减去电枢回路各部分绕组的电压降及电刷压降。

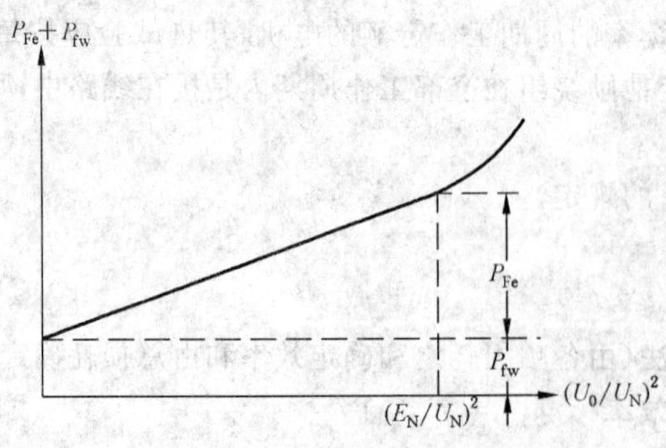

图 15

b） 空载发电机法

被试电机应在发电机方式下空载运行一段时间，使轴承及电枢摩擦损耗达到稳定。试验时，被试电机应他励，转速应保持在额定值，被试电机的空载电枢电压调节到等于被试电机在额定运行时的感应电势，此时测功机或转矩测量仪测得的功率即为被试电机的铁耗与机械损耗之和。再使被试电机在空载不励磁情况下运行，此时测功机或转矩测量仪测得的功率即为机械损耗。

上述两个损耗间的差值即为被试电机的铁耗。

12.1.1.4 励磁损耗

a） 励磁绕组铜耗

励磁绕组铜耗为励磁绕组的电阻(换算到基准工作温度)与励磁电流平方的乘积。

当计算电机在额定负载下的效率时，如励磁电流不能由直接负载试验测定，可取下列数值：

对并励或他励发电机(不论有无换向极)按电机空载电压等于额定电压加上额定电流时电枢回路(包括电枢绕组、电刷、换向绕组)的压降所需励磁电流的110%；

对带有补偿绕组的并励或他励发电机，按电机在空载电压等于额定电压加上额定电流时电枢回路(包括电枢绕组、换向绕组、补偿绕组及电刷)电压降时的励磁电流；

对平复励发电机，取空载电压等于额定电压时的励磁电流；

对过复励及欠复励发电机，由制造厂与用户协议；

对电动机，取额定电压、额定转速时的空载励磁电流。

b） 主励磁回路中变阻器损耗

主励磁回路中变阻器损耗为指定负载时变阻器的电阻数值与在该负载时的励磁电流平方的乘积，也可为指定负载时变阻器上的电压降与该负载时励磁电流的乘积。

c） 励磁机损耗

由被试电机驱动并为其专用的励磁机，其损耗应计入被试电机的励磁损耗内。此项损耗为励磁机的输入功率(除励磁机本身的机械损耗外)与励磁机输出功率间的差值加上励磁机的励磁损耗(如励磁机为他励时)。励磁机的输出功率即为上述a)项及b)项之和。

如励磁机可从被试电机轴上拆下而单独进行试验时，则励磁机在指定输出时的输入功率可用测功机或转矩测量仪来测定；如励磁机不能拆下时，则可将被试电机由独立的电源他励，在电动机状态下运行，测定励磁机在负载及空载不励磁时整个机组的损耗，两个损耗的差值即为励磁机的输入功率。

如上述方法都不能应用时，则励磁机损耗可以用本条所述的损耗分析法确定，但已计入在被试电机中的机械损耗不应计入。

12.1.1.5 杂散损耗

在额定负载时杂散损耗应按下列办法确定：

a） 无补偿绕组——额定输入的1%(电动机)；
额定输出的1%(发电机)。

b） 有补偿绕组——额定输入的0.5%(电动机)；
额定输出的0.5%(发电机)。

当电机功率不等于额定值时，杂散损耗值应按电流平方成正比而进行修正。

对恒速电机，额定输入或额定输出是指最高额定电压及最大额定电流时的输入和输出。

对借调节外施电压改变转速的调速电动机，每一特定转速时的额定输入是指最大额定电流与该特定转速时的电压乘积。对借励磁改变转速的调速电动机，额定输入是指额定电压与最大额定电流的乘积。对借励磁保持恒压的调速发电机，额定输出是指额定电压与最大额定电流时的输出。上列百分数是指在最低额定转速时的杂散损耗。在其他转速时，应再乘以表4的校正系数。

表 4

速比	1.5 : 1	2 : 1	3 : 1	4 : 1
系数	1.4	1.7	2.5	3.2
注：速比是指某一实际转速与连续运行的最低额定转速之比。对于未列出的转速比，其相应的校正系数可用插入法求取。				

12.1.2　效率

12.1.2.1　电机总损耗

总损耗＝铜耗＋电刷电损耗＋铁耗＋机械损耗＋励磁损耗＋杂散损耗。

12.1.2.2　效率的计算

直流电动机的效率：

$$\eta_M = \frac{P_1 - \sum P}{P_1} \times 100\% \qquad \cdots\cdots (17)$$

式中：

η_M——直流电动机的效率；

P_1——电动机输入功率，W；

$\sum P$——总损耗，W。

直流发电机的效率：

$$\eta_0 = \frac{P_2}{P_2 + \sum P} \times 100\% \qquad \cdots\cdots (18)$$

式中：

η_0——直流发电机的效率；

P_2——发电机输出功率，W；

$\sum P$——总损耗，W。

12.2　总损耗确定效率

试验电源用普通电源，由单电源回馈试验测定总损耗。

12.2.1　方法和要求

两台相同规格的电机，机械耦合并接在同一电源上，如图 16 所示。其中一台作为发电机运行，而另一台作为电动机运行。电机各部分的温度应接近热稳定，两台电机应由独立的直流电源他励，应调节励磁电流使电机在额定转速时满足下列要求：

a)　两台电机电枢电流的平均值应等于电机在额定运行时的电枢电流；

b)　两台电机的电枢感应电势应等于电机在额定运行时的电枢感应电势。电枢回路中的电压降由升压机补偿。

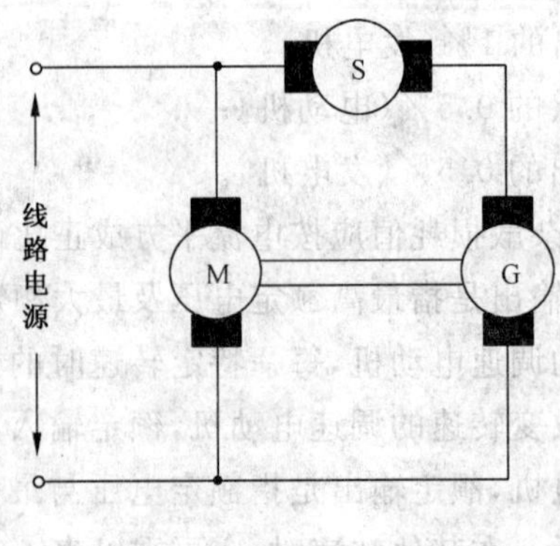

图 16

12.2.2 效率的计算

直流电动机的效率：

$$\eta_{M} = \left[1 - \frac{\frac{1}{2}(U_{C}I_{C} + U_{S}I_{G}) + U_{T}I_{T}}{U_{M}I_{M}}\right] \times 100\% \quad \cdots\cdots (19)$$

直流发电机的效率：

$$\eta_{G} = \left[1 - \frac{\frac{1}{2}(U_{C}I_{C} + U_{S}I_{G}) + U_{T}I_{T}}{U_{G}I_{G} + \frac{1}{2}(U_{C}I_{C} + U_{S}I_{G}) + U_{T}I_{T}}\right] \times 100\% \quad \cdots\cdots (20)$$

式中：

U_{C}——线路电源的电压，V；

I_{C}——线路电源的电流，A；

U_{S}——升压机的端电压，V；

I_{G}——发电机的电枢电流，A；

U_{T}——他励励磁绕组的端电压，V；

I_{T}——他励励磁绕组的电流，A；

U_{M}——电动机的端电压，V；

I_{M}——电动机的电枢电流，A；

U_{G}——发电机的端电压，V。

12.3 试验电源为整流电源时电动机效率的测定

12.3.1 电动机纹波损耗的测定

当电枢电流纹波因数超过 0.1 时，必须考虑由交流分量引起的纹波损耗，纹波损耗测定的接线如图 17。

在电枢回路里最好串入空心电流互感器。如用带有铁心的互感器，互感器应有足够容量，以避免直流电流通过互感器一次绕组而引起的磁饱和。互感器二次绕组串连于低功率因数瓦特表电流线圈中；同时将用以隔离电压直流分量的电容器同低功率因数瓦特表的电压线圈串联后，跨接在电枢的两端。电容器应有适当容量，以使电容器两端的交流压降不大于被测电压交流分量的 2%。由低功率因数瓦特表读取的交流输入功率，即为电动机的纹波损耗。

为得到比较准确的试验结果，所用仪表和元器件的工作频率应在 300 Hz 以上。

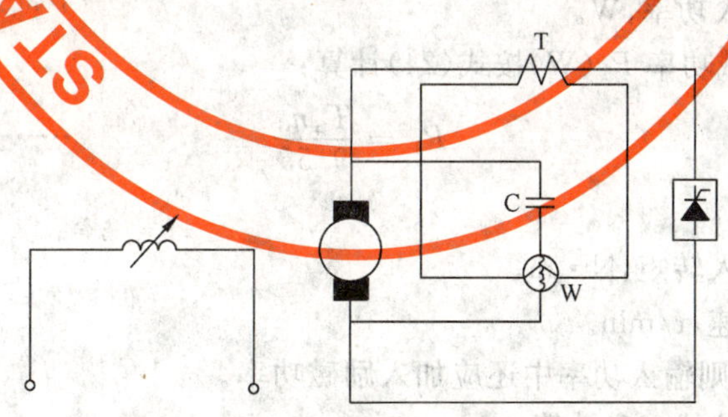

T——电流互感器；

C——电容器；

W——低功率因数瓦特表。

图 17

12.3.2 效率的计算

整流电源供电的直流电动机效率按式(21)计算：

$$\eta=\eta_{M}\frac{P_1}{P_1+\sum P_{\sim}} \quad \cdots\cdots (21)$$

式中：

η_M——试验电源用普通电源时，按12.1、12.2确定的电机效率；

P_1——试验电源用直流电源时的电动机的输入功率，W；

$\sum P_{\sim}$——由12.3.1测得的交流分量产生的纹波损耗，W。

12.4 效率的直接测定法

12.4.1 输入功率和输出功率的测量

直接测定效率时，电动机的输入功率用电工仪表测量(见3.2.3)，输出的机械功率用测功机、转矩测量仪测量；发电机的输出功率用电工仪表测量，输入功率用测功机、转矩测量仪测量。

测功机的功率，在与被试电机同样的转速下应不超过被试电机额定功率的三倍；转矩测量仪的标称转矩，应不超过被试电机额定转矩的三倍。测功机与被试电机之间应用弹性连轴器连接，连接应保证良好、同心。

12.4.2 试验方法

试验时，被试电机应在额定功率或额定转矩、额定电压及额定转速下运行至热稳定，读取输入或输出的电压、电流、功率、转速及转矩，并记录周围冷却空气温度，然后立即测定串励、并(他)励及电枢绕组的电阻，并将冷却空气温度换算至25 ℃。

12.4.3 试验结果的计算

被试电动机的输出机械功率 P_2 按式(22)计算：

$$P_2=\frac{T_M n_M}{9.55} \quad \cdots\cdots (22)$$

式中：

T_M——被试电动机输出转矩，N·m；

n_M——被试电动机转速，r/min。

被试电动机的效率 η_M 按式(23)计算：

$$\eta_M=\frac{P_2}{P_1}\times 100\% \quad \cdots\cdots (23)$$

式中：

P_1——被试电动机输入功率，W。

被试发电机的输入机械功率 P_1(W)按式(24)计算：

$$P_1=\frac{T_G n_G}{9.55} \quad \cdots\cdots (24)$$

式中：

T_G——被试发电机输入转矩，N·m；

n_G——被试发电机转速，r/min。

如被试发电机为他励，则输入功率中还应加入励磁功率。

被试发电机的效率 η_G 按式(25)计算：

$$\eta_G=\frac{P_2}{P_1}\times 100\% \quad \cdots\cdots (25)$$

式中：

P_2——被试发电机输出电功率，W。

12.4.4 效率的温度换算

用直接法测定电机效率时，如试验时的冷却空气温度不是25 ℃，应按下列公式换算到25 ℃。

电机额定输出功率时,效率的温度换算应按式(26):

$$\eta_{25}=\frac{P_2}{P_{1(25)}}\times 100\% \qquad \cdots\cdots(26)$$

$$P_{1(25)}=P_1+I_a^2R_{2a}\frac{(\Delta\theta_a+25)-\theta_{2a}}{k+\theta_{2a}}+I_a^2R_{2c}\frac{(\Delta\theta_c+25)-\theta_{2c}}{k+\theta_{2c}}+I_f^2R_{2f}\frac{(\Delta\theta_f+25)-\theta_{2f}}{k+\theta_{2f}} \qquad \cdots\cdots(27)$$

式中:

η_{25}——冷却空气温度为 25 ℃时电机的效率;

P_2——效率测定时电机的额定输出功率,W;

$P_{1(25)}$——冷却空气温度为 25 ℃时电机的额定输入功率,W;

P_1——效率测定时电机的额定输入功率,W;

I_a——效率测定时电机的额定电枢电流,A;

I_f——效率测定时电机的额定励磁电流,A;

R_{2a}、R_{2c}、R_{2f}——效率测定后立即测得的电枢绕组、串励绕组及并励绕组的电阻,Ω;

$\Delta\theta_a$、$\Delta\theta_c$、$\Delta\theta_f$——额定输出功率时电枢绕组、串励绕组及并励绕组温升值,K;

θ_{2a}、θ_{2c}、θ_{2f}——效率测定后立即测得的电枢绕组、串励绕组及并励绕组的温度,℃;

k——常数,见 11.2.1。

θ_{2a}按式(28)计算:

$$\theta_{2a}=\frac{R_{2a}-R_1}{R_1}(k+\theta_1)+\theta_1 \qquad \cdots\cdots(28)$$

式中:

R_{2a}——效率测定后立即测得的电枢绕组电阻,Ω;

R_1——实际冷状态时电枢绕组电阻,Ω;

θ_1——实际冷状态时电枢绕组温度,℃;

k——常数,见 11.2.1。

θ_{2c}与θ_{2f}的计算方法与θ_{2a}相同。

12.4.5 测功机转矩读数的修正

如果对测量准确度有更高要求时,则应按附录 B 对测功机所测的输出或输入转矩值进行修正,以便求得被试电机的实际输出或输入转矩值。

13 电机偶然过电流和电动机的短时过转矩试验

偶然过电流试验时,电机应在最高满磁场转速(发电机为额定转速)和相应的电枢电压下进行。

电动机短时过转矩试验时,电压应为额定值,励磁电流应调节到额定值(串励电动机除外)并保持不变。

偶然过电流和过转矩的倍数及其持续时间按 GB 755 或该类型电机标准的规定。试验时同时检查换向。

电动机的短时过转矩试验,当受试验设备条件限制时,可以用相应的过电流值代替。

对大中型电机当受试验设备条件限值时,可以在短路方式下进行(短路方法见附录 C)。

调速电动机的短时过转矩试验应分别在最低额定转速和最高额定转速下,按其相应的过转矩值进行。

14 发电机的外特性和固有电压调整率的测定

被试电机应额定运行于热稳定,保持额定转速及励磁调节不变(对他励电机保持励磁电流不变),逐步减少及增加负载电流，反复进行若干次，直到额定电流下电压相近为止。

14.1 发电机外特性的试验方法

发电机外特性的试验方法可按下列方法之一：

a) 电机从额定负载开始，逐步减少负载电流到空载，然后逐步增加负载，每隔约25％额定负载读数，直至1.2倍～1.5倍额定负载。

b) 电机从额定负载开始，逐步增加负载到1.2倍～1.5倍额定负载。逐步减小负载，每隔约25％额定负载读数，直至空载。

试验过程中，若在额定电流时的电压读数与开始值有明显差异时，则应重新进行试验。试验时，应同时读取电枢电压、负载电流、励磁电流和转速的数值，并绘制电压对负载电流的关系曲线。

14.2 固有电压调整率的测定

固有电压调整率的测定方法同14.1。在检查试验中，允许只在满载及空载时读取两点读数。

固有电压调整率按式(29)计算：

$$\Delta U_N = \frac{U_0 - U_N}{U_N} \times 100\% \qquad (29)$$

式中：

ΔU_N——固有电压调整率；

U_0——空载时端电压，V；

U_N——额定电压，V。

15 电动机的转速特性和固有转速调整率的测定

被试电机应额定运行于热稳定，保持额定电压，对于他励或并励电机，保持励磁电流不变；对于复励电机，应保持励磁调节不变。逐步减少及增加负载电流，反复进行若干次，直到额定电流下转速相近为止。

15.1 电动机转速特性的试验方法

电动机转速特性的试验方法可按下列方法之一：

a) 电机由额定负载和额定转速开始，逐步减少到空载(对不允许空载的电动机，减少到1/4额定负载)，然后逐步增加负载电流，每隔约25％额定电流读数，直至1.2倍～1.5倍额定负载；

b) 电机由额定负载和额定转速开始，逐步增加到1.2倍～1.5倍额定负载，然后逐步减少到空载(对不允许空载的电动机，减少到1/4额定负载)，每隔约25％额定电流读数。

试验过程中，如在额定电流时的转速与开始值有明显差异时，则应重新进行试验。试验时应同时读取转速、负载电流、励磁电流和电枢电压的数值，并绘制转速对于负载电流的关系曲线。

15.2 固有转速调整率的测定

固有转速调整率的测定方法同15.1。在检查试验中，允许只在满载及空载(对不允许空载的电动机，减少到1/4额定负载)时读取两点读数。

允许逆转的电动机，应在每个旋转方向测定固有转速调整率。

调速电动机应在最低额定转速及最高额定转速时测定固有转速调整率。

固有转速调整率按式(30)计算：

$$\Delta n_N = \frac{n_0 - n_N}{n_N} \times 100\% \qquad (30)$$

式中：

Δn_N——固有转速调整率；

n_0——空载时的转速，r/min；

n_N——额定转速，r/min。

16 转动惯量的测定

16.1 自减速法

首先测定电机在额定转速时的空载铁耗和机械损耗。在额定励磁电流和高于额定转速 n_N 下，作空载运行(串励电机在他励情况下)，待电机运行平稳后迅速地切断电枢电源，励磁电流保持不变，由其惯性而自然减速，建议用 x-y 记录仪测定其减速曲线(如图 18)，在 1.1 倍～0.9 倍额定转速范围内进行计算。

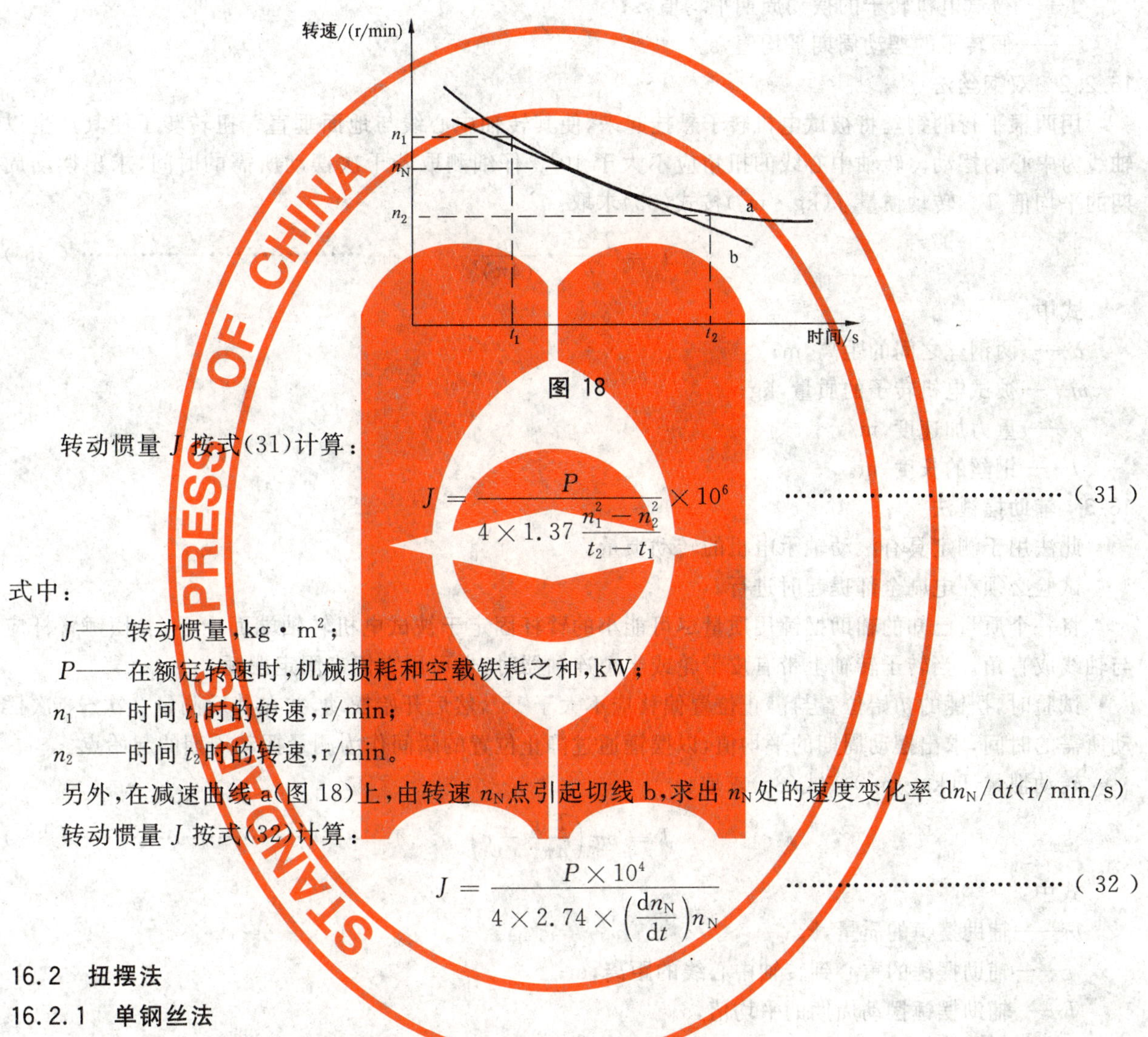

图 18

转动惯量 J 按式(31)计算：

$$J=\frac{P}{4\times 1.37\dfrac{n_1^2-n_2^2}{t_2-t_1}}\times 10^6 \qquad \cdots\cdots(31)$$

式中：

J——转动惯量，kg · m^2；

P——在额定转速时，机械损耗和空载铁耗之和，kW；

n_1——时间 t_1 时的转速，r/min；

n_2——时间 t_2 时的转速，r/min。

另外，在减速曲线 a(图 18)上，由转速 n_N 点引起切线 b，求出 n_N 处的速度变化率 dn_N/dt(r/min/s)

转动惯量 J 按式(32)计算：

$$J=\frac{P\times 10^4}{4\times 2.74\times\left(\dfrac{dn_N}{dt}\right)n_N} \qquad \cdots\cdots(32)$$

16.2 扭摆法

16.2.1 单钢丝法

采用单钢丝扭转摆动比较法测定电机转子的转动惯量。

选择密度均匀的金属制成假转子，假转子形状应为简单的圆柱体，以便能用式(33)较精确地计算出假转子的转动惯量。假转子的质量应能将所选用的钢丝拉直且钢丝不变形。把假转子可靠地悬挂在长度 $l\geqslant 0.5$ m 的钢丝一端，钢丝的另一端固定在支架上，钢丝轴线应与假转子轴线同心且垂直地面。

将假转子绕心轴扭转一个适当角度，仔细测量往复摆动次数 N 及所需时间 t(s)，求得摆动周期平均值 T'($T'=N/t$)。被试电机转子在相同的条件下，重复上述试验，按上方法求得其摆动周期的平均值 T，按式(34)计算被试电机的转动惯量 J。

假转子的转动惯量 J'(kg · m^2)由下式计算：

$$J'=\frac{mD^2}{8} \qquad \cdots\cdots(33)$$

式中：

m——直径 D 部分的圆柱体质量，kg；

D——圆柱体直径，m。

被试电机转子的转动惯量 $J(\mathrm{kg \cdot m^2})$ 按下式计算：

$$J = J' \frac{T^2}{T'^2} \qquad (34)$$

式中：

T——被试电机转子的摆动周期平均值，s；

T'——假转子的摆动周期平均值，s。

16.2.2 双钢丝法

用两根平行的钢丝将被试电机转子悬挂起来，使其转轴中心线与地面垂直。扭转转子使其产生以轴线为中心的摆动。转轴中心线的扭角应不大于 10°。仔细测取若干次摆动所需的时间，求出摆动周期的平均值 T。转动惯量 $J(\mathrm{kg \cdot m^2})$ 按式(35)求取：

$$J = \frac{T^2 a^2}{l} \cdot \frac{mg}{(4\pi)^2} \qquad (35)$$

式中：

a——两钢丝之间的距离，m；

m——被试电机转子的质量，kg；

g——重力加速度，$\mathrm{m/s^2}$；

l——钢丝的长度，m。

16.3 辅助摆锤法

此法用于测定具有滚动轴承电机的转动惯量。

试验必须在电刷全部提起时进行。

将一个质量已知的辅助摆锤用质量尽可能小的臂杆固定于被试电机转轴端面中心上，摆锤臂杆应与轴线成直角。当转子转轴上带有皮带轮或半个连轴器时，也可用它们来固定摆锤。

试验时，摆锤的初始位置与静止位置偏移应不大于 15°，然后开始摆动，并在其后测量 2 次～3 次摆动所需的时间，求出摆动周期的平均值，以摆锤通过静止位置的瞬间作为测量摆动周期的起始点。

转动惯量 $J(\mathrm{kg \cdot m^2})$ 按式(36)求取：

$$J = mr\left(\frac{T^2 g}{4\pi^2} - r\right) \qquad (36)$$

式中：

m——辅助摆锤的质量，kg；

r——辅助摆锤的重心到转轴中心线的距离，m；

T——辅助摆锤摆动周期的平均值，s。

对功率为 10 kW～1 000 kW 的电机，选用辅助摆锤时，应使摆动周期为 3 s～8 s。

为了校核，试验应在摆锤质量较大或较小的情况下时重复进行。

17 无火花换向区域的测定

17.1 无火花换向区试验目的

无火花换向区试验目的是求出换向极磁势的极限值，在换向极磁势的极限值之间负载电流从空载电流直到不小于额定电流的范围内可得到无火花换向。

17.2 无火花换向区试验步骤

无火花换向区试验适用于带换向极绕组的电机，测定时应在最低额定转速下和最高额定转速下进行试验。如可能，试验应在负载状态下进行。对于额定功率 500 kW 及以上的电机，无火花换向区试验可在发电机短路状态下进行。如被试电机在电动机状态下试验，应用平滑电流电源供电。

为了得到最可靠结果，推荐电机在热稳定状态下进行试验。试验前必须确保电刷和换向器接触良好。

为改变换向极磁势强度，把低电压发电机并联接于换向极绕组(和补偿绕组，如有)(见图 19)。

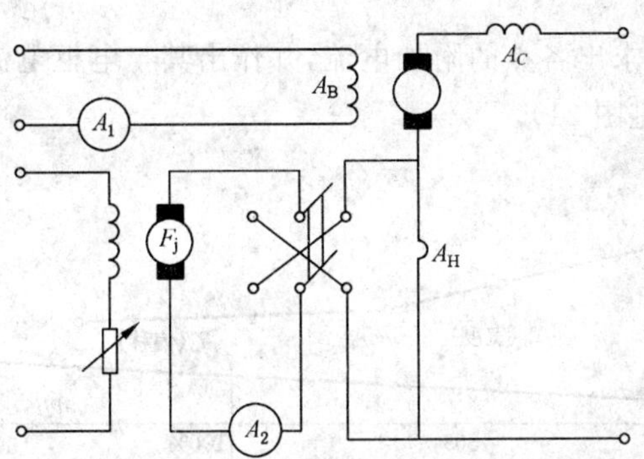

A_H——换向极绕组和补偿绕组；

A_B——并(他)励绕组；

A_C——串励绕组；

F_J——附加电源。

图 19

如换向极绕组和(或)补偿绕组均分开，分别和电枢绕组两边相连，磁势变化将受到电枢绕组影响。用一台辅助发电机与被试电机电刷直接相连，来增大或减小电枢电流(见图 20)。

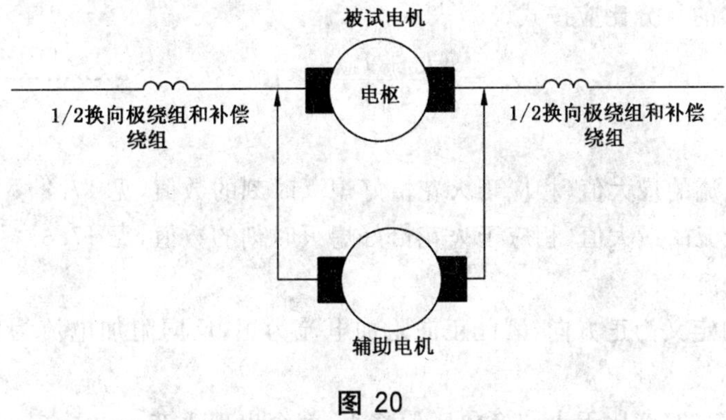

图 20

如果换向极绕组接在电枢绕组的一边，补偿绕组接在另一边，那么低电压发电机与换向极绕组并联，从而改变换向极绕组磁势。正向的附加电流(I_b)或反向的附加电流(I_{div})按式(37)修正到等效电流(I_{beff})：

$$I_{beff}=\frac{W_z}{W_z+W_k a_z/a_k}I_b(\text{或 } I_{div}) \qquad (37)$$

式中：

W_z——一个换向极绕组的匝数；

W_k——一个极补偿绕组的匝数；

a_z——换向极绕组并联支路数；

a_k——补偿绕组并联支路数。

当换向绕组电流增大或减小时，应维持转速和励磁电流不变。

17.3 测定换向极绕组磁动势最小值

为测定特定负载下换向极绕组最小磁动势，在换向极绕组加入正、反向附加电流，增大该电流直到换向器上能观察到火花，再渐渐减少该电流直到火花恰好消失时，量取该附加电流。用同样的方法，反复进行试验。

重复测试不同电枢电流值求出各点的附加电流，并作出其与电枢电流对应的关系曲线，求出无火花换向区域的最高值和最低值(见图 21)。

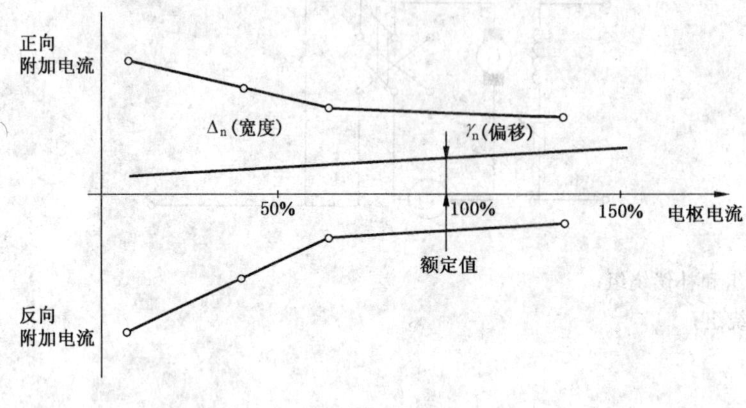

图 21

17.4 无火花换向区宽度和偏移的计算

每一个试验点无火花换向区宽度百分比应按式(38)表示：

$$\Delta_n = \frac{(I_b - I_{div})}{I_{aN}} \times 100\% \qquad (38)$$

无火花换向区偏移的百分比应按式(39)表示：

$$\gamma_n = \frac{(I_b + I_{div})}{2I_{aN}} \times 100\% \qquad (39)$$

式中：

I_b——正向附加电流的最大值(相应于火花恰好熄灭时刻的数值，见 17.3)；

I_{div}——反向附加电流的最大值(相应于火花恰好熄灭时刻的数值，见 17.3)；

I_{aN}——额定电枢电流。

补偿绕组电流方向定义为正方向，因此正向附加电流为正，反向附加电流为负，分别以各自的符号代入公式。

若无火花换向区一半宽度比无火花换向区偏移小，就会出现火花。

一般认为理想状况是偏移等于零，即水平轴线位于两个限值中间。

17.5 整流电源供电电动机的无火花换向区试验

无火花换向区试验，最好用纯正的直流电源。当不可能用直流电源时，用整流电源供电，但在此情况下，需要在附加电流的回路里串联适当的阻抗，以避免电枢回路的交流分量在换向极绕组中被分流。

18 电枢电流变化率的测定

18.1 测定方法

电枢电流的最大变化率必须在电机允许的换向火花等级下测定。测定时，保持励磁电压不变，对复励电机应将串励绕组断开，对串励电机应有独立的直流电源作他励。

试验电路见图 22。

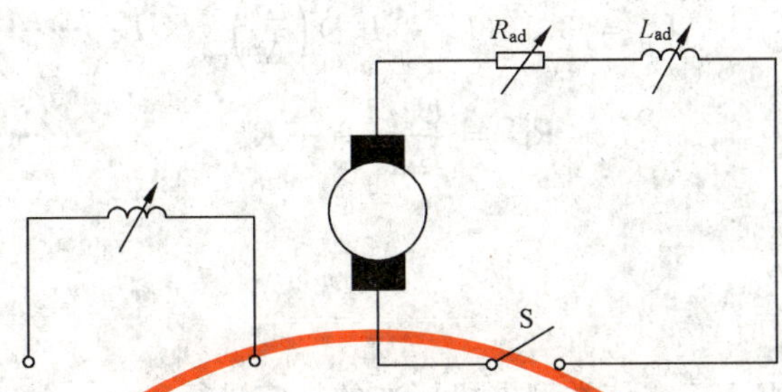

R_{ad}——电机接线端接入电阻；

L_{ad}——电机接线端接入电感；

S——回路开关。

图 22

当电机在电动机状态下空载运行达到额定转速时，断开电机电枢电源并将适当的电阻器和电抗器接入电枢回路，使电机处于能耗制动状态，同时进行换向检查，如果换向火花等级不是电机允许的等级，就要改变试验线路的参数反复进行测试，一直得到最大允许的电流变化率。改变电路参数可改变外接电阻器或电抗器的数值，也可以在测试前预先调节励磁电流的数值。

电流变化率可用记忆示波器或适当频率的记录仪记下来，得到图 23 所示曲线。

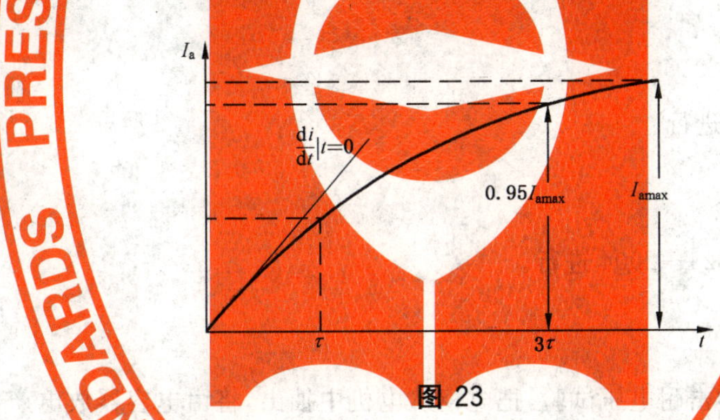

图 23

18.2 测试结果的计算（参见图 23）

电流变化的平均速率由式(40)计算：

$$\left(\frac{\Delta i}{\Delta t}\right)_{aV} = \frac{0.95I_{amax}}{TI_N} = \frac{0.95I_{amax}}{3\tau I_N} \quad \cdots\cdots (40)$$

初始电流变化率由式(41)求取：

$$\left.\frac{di}{dt}\right|_{t=0} = \frac{I_{amax}}{\tau I_N} \quad \cdots\cdots (41)$$

式中：

$T=3\tau$，电流从零增加到 95%I_{amax}的时间，s；

$$\tau = \frac{L_{ac}+L_{ad}}{R_{ac}+R_{ad}} \quad \cdots\cdots (42)$$

式中：

L_{ac}、R_{ac}——电机内电枢回路的电感和电阻值；

L_{ad}、R_{ad}——电机出线端接入的电感和电阻值。

18.3 电路参数的估算

所需制动电阻值的初步估算：

$$U_a = 3.16(L_{ac}+L_{ad})\left(\frac{\Delta i}{\Delta t}\right)_{aV} \times I_N \quad \cdots\cdots (43)$$

$$R_{ad} = \frac{U_a/I_N}{I_{max}/I_N} - R_{ac} \quad \cdots\cdots (44)$$

19 超速试验

19.1 超速方法

电机的超速试验应按 GB 755 或该类型电机标准的规定进行。

19.1.1 被试电机作为电动机运行时，以减小励磁电流及增加端电压的方法使电机超速，端电压的增加应小于130%额定电压，减小励磁电流时应使转速平稳上升。

19.1.2 被试电机用辅助设备驱动到所需转速。

19.2 转速测量及试验后的检查

试验时，应采取安全防护措施，尽可能远距离测量转速。

试验停止后，应检查轴承，定子与转子有无相擦，冷却风扇、换向器、绑线、紧固部件等有无异常情况出现。

20 噪声的测定

噪声的测定按 GB/T 10069.1—2006 进行。

21 振动的测定

振动的测定按 GB 10068 进行。

22 电磁兼容性测定

无线电干扰测定按 GB 4824—2004 进行。

23 匝间绝缘试验

电机电枢绕组匝间绝缘冲击耐电压试验，把电枢从电机中抽出，将由电容器放电产生的冲击电压直接施加于换向器片间，冲击次数和冲击电压峰值按有关标准的规定。试验时，电枢轴应接地，匝间短路的判别可采用波形比较法，以被试绕组波形与正常波形比较，波形一致者为合格。亦可采用其他有效的判别方法。

试验方法有跨距法和片间法，应根据绕组类型选择。

23.1 跨距法

在换向器上选取一段跨距(推荐5片～7片)，将冲击电压直接施加于该跨距首尾两片换向片上。

为了使每一片间都经受一个相同条件的冲击电压试验，推荐逐片进行试验(可根据均压线的连接方式减少试验次数)。

23.2 片间法

依次对换向器上一对相邻换向片进行试验。试验时，如未试线圈中产生高的感应电压，应在被试换向片两侧的换向片上设置接地装置，并良好接地。

24 短时升高电压试验

短时升高电压试验应按该类型电机标准的规定进行。

试验时，发电机可以用增加励磁电流及提高转速的方法来提高电压，但转速的数值应不超过115%额定转速。对磁路比较饱和的发电机，在转速增加至115%且励磁电流亦已增加至允许的限值时，如感应电压仍不能达到所规定的试验电压，则试验允许在所能达到的最高电压下进行。

对电动机在提高外施电压时允许同时提高其转速，但转速的数值应不超过115%额定转速或超速试验中所规定的转速。允许提高的转速值应按该类型电机标准的规定。

对调速电动机，短时升高电压试验应在最高额定转速下进行。

25 耐电压试验

耐电压试验应按GB 755或该类型电机标准的规定进行。

25.1 试验一般要求

试验应在电机静止的状态下进行，试验前应先测定绕组的绝缘电阻，在冷状态下测得的绝缘电阻，按绕组的额定电压计算应不低于1 MΩ/kV。如需进行超速、偶然过电流或短时过转矩试验时，本项试验应在这些试验后进行；如需进行温升试验，则应在温升试验后立即进行。

试验时，电压应施加于绕组与机壳之间，此时其他不参与试验的绕组均应和铁心及机壳连接。

25.2 试验电压和时间

试验电压的频率为50 Hz，波形尽可能接近正弦波。

试验电压的电源由试验变压器供给，变压器的容量，对每1 kV试验电压应不小于1 kVA；对小功率电动机，每1 kV试验电压应不小于0.5 kVA。

试验电压的数值应在试验变压器高压侧用静电电压表或通过电压互感器进行测量。

试验时，施加的电压应从不超过试验电压全值的一半开始，然后以不超过全值的5%均匀地或分段地增加至全值，电压自半值增加至全值的时间应不少于10 s，全值电压试验时间应持续1 min。

对额定电压为660 V及以下，大批连续生产的电机进行检查试验时，允许用标准规定试验电压数值的120%，历时1 s的试验代替，并应突然施加试验电压。

附　录　A
（规范性附录）
输入电流及输入功率的修正方法

A.1　直流电源供电时电动机输入电流修正方法

图 A.1 为永磁电动机、串励电动机及他励电动机测量线路，图 A.2 为并励电动机及复励电动机测量线路，为避免修正计算的麻烦，电压的测量应尽可能选用高内阻磁电式电压表。

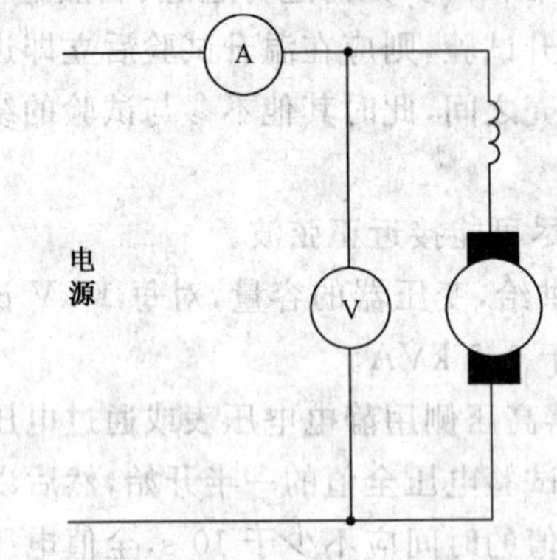

图 A.1

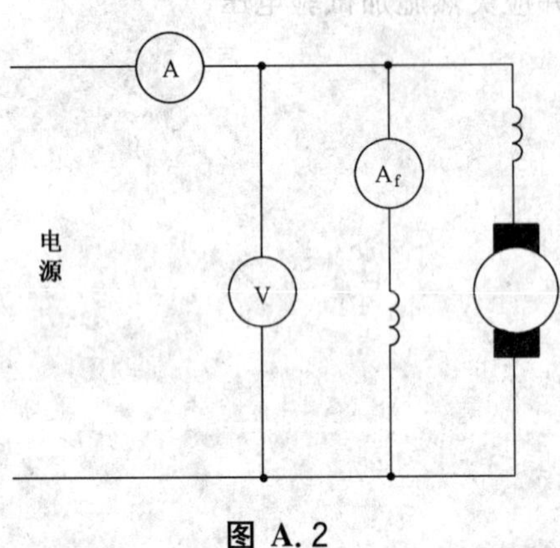

图 A.2

在效率测定、额定负载试验及温升试验中，当通过电压表的电流大于电动机输入电流的 0.5% 时，则应对被试电动机的实际输入电流 I(A) 按式(A.1)和式(A.2)进行修正：

$$I = I_A - I_V \quad \text{(A.1)}$$

$$I_V = \frac{U}{R_V} \quad \text{(A.2)}$$

式中：

I_A——电流表 A 测得的电动机输入电流，A；

I_V——通过电压表的电流，A；

U——电压表测得的电压，V；

R_V——电压表内阻，Ω。

A.2 并励磁场电流的测定及电枢电流的计算

并励或复励电动机的电枢电流 I_a 按式(A.3)计算：

$$I_a = I_A - I_V - I_f \quad \cdots\cdots (A.3)$$

式中：

I_f——电流表 A_f 测得的并励磁场电流，A。

并励磁场电流的测定应选用内阻较小的电流表，电流表的电压降应不大于被试电动机额定电压的 0.5%，测定时导线压降的影响应设法消除。

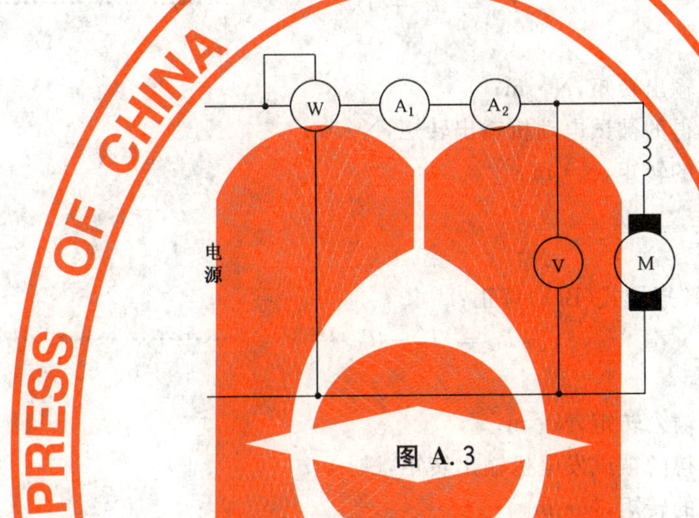

图 A.3

A.3 用整流电源供电时输入功率的修正方法

图 A.3 为永磁电动机、串励电动机及他励电动机用整流电源供电进行试验时的测量线路。电机电压用磁电式电压表测量，通过电压表的电流应不大于被试电动机额定电流的 0.5%。电机电流的平均值及有效值分别用磁电式及电动式电流表进行测量，电机的输入功率用真实读数的瓦特表测量。

被试电动机的实际输入功率 P_1(W)按式(A.4)修正：

$$P_1 = P - I^2R \quad \cdots\cdots (A.4)$$

式中：

P——瓦特表测得的输入功率，W；

I——电动式电流表测得的电流，A；

R——磁电式、电动式两只电流表和瓦特表电流线圈的总内阻，Ω。

当 $I^2R < 0.5\%P$ 时，可认为 $P_1 = P$ 不作修正。

当试验结果要求特别准确时，还应在式(A.4)中减去电压表损耗的功率。

附 录 B
（规范性附录）
测功机转矩读数的修正

B.1 电动机输出转矩的修正

被试电动机的实际输出转矩按式(B.1)修正：

$$T_{M} = T'_{M} + T_{fw} \qquad \text{(B.1)}$$

式中：

T_{M}——被试电动机实际输出转矩，N·m；

T'_{M}——试验时测功机测得的被试电动机输出转矩，N·m；

T_{fw}——测功机本身消耗的转矩，N·m。

B.2 发电机输入转矩的修正

被试发电机的实际输入转矩按式(B.2)修正：

$$T_{G} = T'_{G} - T_{fw} \qquad \text{(B.2)}$$

式中：

T_{G}——被试发电机实际输入转矩，N·m；

T'_{G}——试验时测功机测得的被试发电机输出转矩，N·m；

T_{fw}——测功机本身消耗的转矩，N·m。

B.3 测功机转矩 T_{fw} 的测定计算方法

T_{fw}(N·m)按式(B.3)计算：

$$T_{fw} = \frac{9.55(P_{1} - P_{0})}{n_{t}} - T_{d} \qquad \text{(B.3)}$$

式中：

P_{1}——被试电机在接近额定电压下驱动测功机空转时的输入功率(此时，测功机的电枢及励磁回路应开路)，W；

P_{0}——被试电机在上述相同电压下空载运转时的输入功率，W；

T_{d}——测定 P_{1} 时测功机指示的转矩值，N·m；

n_{t}——测定 P_{1} 及 T_{d} 时被试电机的转速(此转速应调节到等于效率测定时的转速)，r/min。

上述 T_{fw} 的测定方法一般称为空拖试验，应在效率测定后机组安装状态不改变的情况下进行此项试验。

被试电动机的实际输出转矩 T_{M} 及被试发电机的实际输入转矩 T_{G} 求得后，即可按式(22)及式(24)算出较准确的输出及输入的机械功率，从而可求得较准确的效率。

附　录　C
（规范性附录）
直流电机的短路方法

由于直流电机在短路运行时的自励作用，将使电枢电流达到很大数值，可能使电机受到损害。为保证电机可靠运行及稳定的调节，可用下列方法之一进行短路。

C.1　具有串励绕组的电机在发电机方式下的短路方法

电机应接成他励，串励绕组反向接入（差复励）。用感应法检查其极性，在电机静止时，主极绕组中交替地接通、断开励磁电流（应不超过额定值的20%），用直流电压表在串励绕组两端测量其感应电势的极性（图C.1），如在接通励磁电流瞬时串励绕组中的感应电势使电压表正向偏转，则主极绕组中接电源正端和串励绕组中接电压表的正端为同极性。

将被试电机按空载发电机方式运行，励磁电源的极性与前相同，用电压表测电枢两端电压的极性，然后停机将串励绕组的正端与空载发电机电压的负端相连接，此时串励绕组即为反向接入（图C.2）。

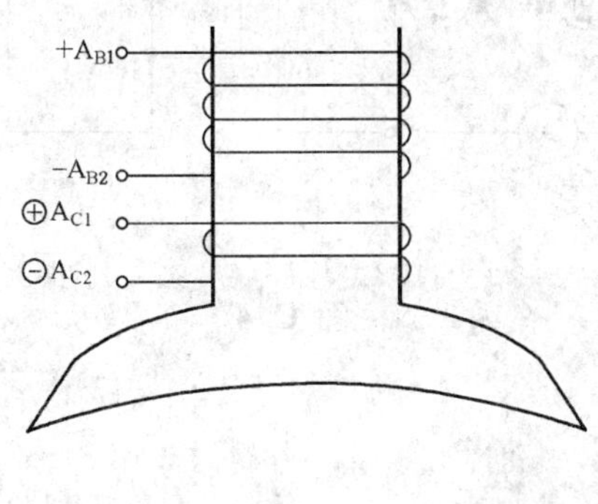

图 C.1

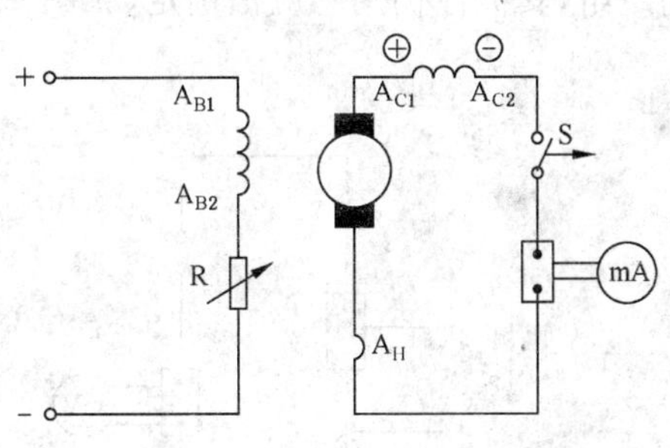

图 C.2

C.2　在发电机方式下用功率扩大机控制励磁的短路方法

试验电路见图C.3。

按图C.3做负载试验时R_4应短接。

如果没有功率扩大机，可用复励直流发电机代替，将其串励绕组代替A_{K3}接成差复励，或者用两台互相串连（其电势方向相反）的励磁机供被试电机励磁（图C.4）。

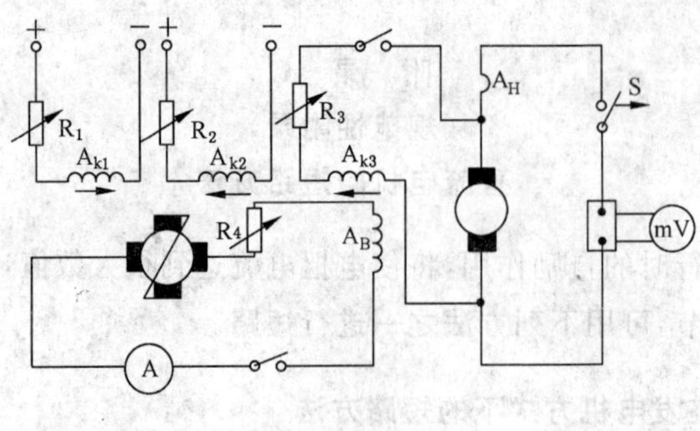

图 C.3

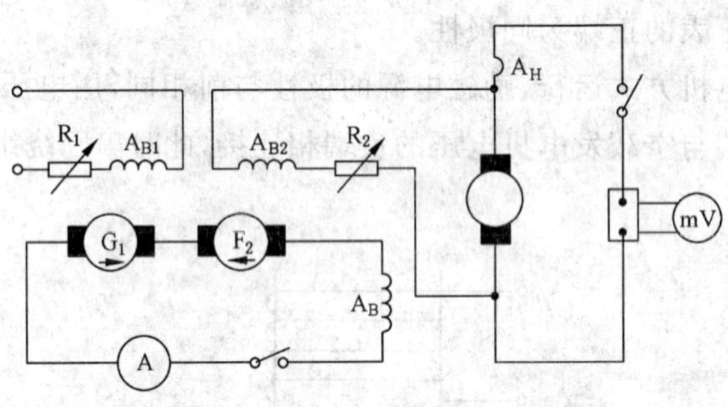

图 C.4

C.3 临时缠绕串励绕组的短路方法

在主极上临时缠绕一个串励绕组，其极性仍用感应法确定(见图 C.5)。

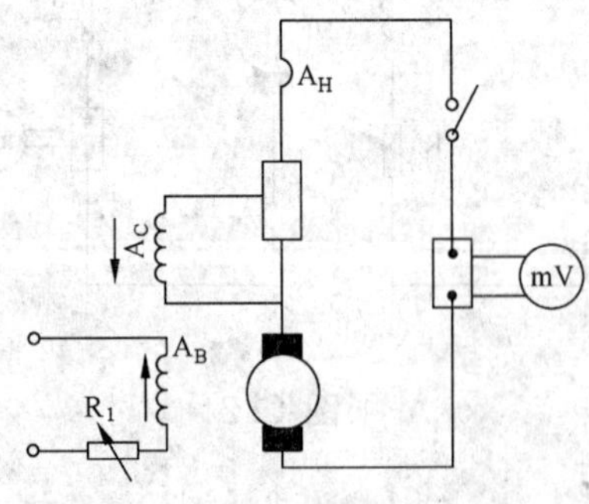

图 C.5

C.4 将一半主极绕组反接的短路方法

将并励或串励(对串励电机)绕组分成相同的两组,一组他励(为防止剩磁电压使发电机短路时冲击电流太大,励磁方向应与剩磁方向相反),另一组则并联在电枢两端(图 C.6)。

上述四种方法,不但在发电机方式下短路时是必需的,而且在大功率的直流电机作负载试验时,为使其安全可靠地调节,稳定地运行,也是常采用的,C.1 和 C.3 两种方法适用于回馈运行时的辅助电机,C.2 方法适用于被试电机及辅助电机。

图 C.6

附 录 D
（资料性附录）
电机的换向火花等级判定

表 D.1

<table>
<tr><th>火花等级</th><th>电刷下的火花程度</th><th>换向器及电刷的状态</th></tr>
<tr><td>1</td><td>无火花</td><td rowspan="2">换向器上没有黑痕及电刷上没有灼痕</td></tr>
<tr><td>$1\frac{1}{4}$</td><td>电刷边缘仅小部分(约1/5至1/4刷边长)有断续的几点点状火花</td></tr>
<tr><td>$1\frac{1}{2}$</td><td>电刷边缘大部分(大于1/2刷边长)有连续的、较稀的颗粒状的火花</td><td>换向器上有黑痕，但不发展，用汽油擦其表面即能除去，同时在电刷上有轻微的灼痕</td></tr>
<tr><td>2</td><td>电刷边缘大部分或全部有连续的、较密的颗粒状火花，开始有断续的舌状火花</td><td>换向器上有黑痕，用汽油不能擦除，同时在电刷上有灼痕；如短时出现这一级火花，换向器上不出现灼痕，电刷不烧焦或损坏</td></tr>
<tr><td colspan="3">注：如所有电刷下的火花程度均匀，则可用一个等级表示，但如在其中一个电刷下面有较高一级的火花出现，则应按较高一级的火花等级确定。如电刷下的火花程度与同等级换向器及电刷的表面状态不一致时，应以换向器及电刷的表面状态作为确定火花等级的主要依据，必要时可延长试验时间再行确定。</td></tr>
</table>

ICS 61.020
Y 75

中华人民共和国国家标准

GB/T 1335.1—2008
代替 GB/T 1335.1—1997

服装号型　男子

Standard sizing systems for garments—Men

2008-12-31 发布　　2009-08-01 实施

中华人民共和国国家质量监督检验检疫总局
中国国家标准化管理委员会　发布

前言

GB/T 1335 分为如下三个部分：

——GB/T 1335.1《服装号型　男子》；

——GB/T 1335.2《服装号型　女子》；

——GB/T 1335.3《服装号型　儿童》。

本部分为 GB/T 1335.1《服装号型　男子》。

本部分代替 GB/T 1335.1—1997《服装号型　男子》。

本部分与 GB/T 1335.1—1997 相比主要变化如下：

——修改了标准的英文名称；

——修改了标准的规范性引用文件；

——在第 4 章的号型系列设置(4.1.7～4.1.10)中增加了号为 190 及对应的型设置；

——在附录 B(表 B.1～表 B.4)中增加了号为 190 的控制部位值。

本部分的附录 A 和附录 B 为规范性附录，附录 C 为资料性附录。

本部分由中国纺织工业协会提出。

本部分由全国服装标准化技术委员会(SAC/TC 219)归口。

本部分由全国服装标准化技术委员会负责解释。

本部分主要起草单位：上海市服装研究所、中国服装协会、中国标准化研究院、中国科学院系统所、上海海螺服饰有限公司。

本部分主要起草人：张广闽、许鉴、聂雅渊、施琴、肖惠、冯士雍、李瑾、秦威。

本部分所代替标准的历次版本发布情况为：

——GB 1335.1—1981，GB 1335.1—1991，GB/T 1335.1—1997。

服装号型 男子

1 范围

GB/T 1335 的本部分规定了男子服装的号型定义、号型标志、号型应用和号型系列。

本部分适用于成批生产的男子服装。

2 规范性引用文件

下列文件中的条款通过 GB/T 1335 的本部分的引用而成为本部分的条款。凡是注日期的引用文件,其随后所有的修改单(不包括勘误的内容)或修订版均不适用于本部分,然而,鼓励根据本部分达成协议的各方研究是否可使用这些文件的最新版本。凡是不注日期的引用文件,其最新版本适用于本部分。

GB/T 16160 服装用人体测量的部位与方法

3 术语和定义

GB/T 16160 确立的以及下列术语和定义适用于 GB/T 1335 的本部分。

3.1

号 height

人体的身高,以厘米为单位表示,是设计和选购服装长短的依据。

3.2

型 girth

人体的上体胸围或下体腰围,以厘米为单位表示,是设计和选购服装肥瘦的依据。

3.3

体型 body type

以人体的胸围与腰围的差数为依据来划分的人体类型。体型划分为四类,分类代号分别为 Y、A、B、C。

体型分类代号表示如下:

a) Y 体型表示胸围与腰围的差数在 17 cm～22 cm 之间。

b) A 体型表示胸围与腰围的差数在 12 cm～16 cm 之间。

c) B 体型表示胸围与腰围的差数在 7 cm～11 cm 之间。

d) C 体型表示胸围与腰围的差数在 2 cm～6 cm 之间。

4 要求

4.1 号型系列

4.1.1 号型系列以各体型中间体为中心,向两边依次递增或递减组成。

4.1.2 身高以 5 cm 分档组成系列。

4.1.3 胸围以 4 cm 分档组成系列。

4.1.4 腰围以 4 cm、2 cm 分档组成系列。

4.1.5 身高与胸围搭配组成 5・4 号型系列。

4.1.6 身高与腰围搭配组成 5・4、5・2 号型系列。

4.1.7 5・4、5・2Y 号型系列见表 1。

表 1

单位为厘米

胸围	Y															
	身高															
	155		160		165		170		175		180		185		190	
	腰围															
76			56	58	56	58	56	58								
80	60	62	60	62	60	62	60	62	60	62						
84	64	66	64	66	64	66	64	66	64	66	64	66				
88	68	70	68	70	68	70	68	70	68	70	68	70	68	70		
92			72	74	72	74	72	74	72	74	72	74	72	74	72	74
96					76	78	76	78	76	78	76	78	76	78	76	78
100							80	82	80	82	80	82	80	82	80	82
104									84	86	84	86	84	86	84	86

4.1.8 5·4、5·2A 号型系列见表 2。

表 2

单位为厘米

胸围	A																							
	身高																							
	155			160			165			170			175			180			185			190		
	腰围																							
72				56	58	60	56	58	60															
76	60	62	64	60	62	64	60	62	64	60	62	64												
80	64	66	68	64	66	68	64	66	68	64	66	68	64	66	68									
84	68	70	72	68	70	72	68	70	72	68	70	72	68	70	72	68	70	72						
88	72	74	76	72	74	76	72	74	76	72	74	76	72	74	76	72	74	76	72	74	76			
92				76	78	80	76	78	80	76	78	80	76	78	80	76	78	80	76	78	80	76	78	80
96							80	82	84	80	82	84	80	82	84	80	82	84	80	82	84	80	82	84
100										84	86	88	84	86	88	84	86	88	84	86	88	84	86	88
104													88	90	92	88	90	92	88	90	92	88	90	92

4.1.9 5·4、5·2B 号型系列见表 3。

表 3

单位为厘米

胸围	B																	
	身高																	
	150		155		160		165		170		175		180		185		190	
	腰围																	
72	62	64	62	64	62	64												
76	66	68	66	68	66	68	66	68										
80	70	72	70	72	70	72	70	72	70	72								

表 3（续）　　单位为厘米

B																		
胸围	身高																	
	150		155		160		165		170		175		180		185		190	
	腰围																	
84	74	76	74	76	74	76	74	76	74	76	74	76						
88			78	80	78	80	78	80	78	80	78	80	78	80				
92			82	84	82	84	82	84	82	84	82	84	82	84	82	84		
96					86	88	86	88	86	88	86	88	86	88	86	88	86	88
100							90	92	90	92	90	92	90	92	90	92	90	92
104									94	96	94	96	94	96	94	96	94	96
108											98	100	98	100	98	100	98	100
112													102	104	102	104	102	104

4.1.10　5・4、5・2C 号型系列见表 4。

表 4　　单位为厘米

C																		
胸围	身高																	
	150		155		160		165		170		175		180		185		190	
	腰围																	
76			70	72	70	72	70	72										
80	74	76	74	76	74	76	74	76	74	76								
84	78	80	78	80	78	80	78	80	78	80	78	80						
88	82	84	82	84	82	84	82	84	82	84	82	84	82	84				
92			86	88	86	88	86	88	86	88	86	88	86	88	86	88		
96			90	92	90	92	90	92	90	92	90	92	90	92	90	92	90	92
100					94	96	94	96	94	96	94	96	94	96	94	96	94	96
104							98	100	98	100	98	100	98	100	98	100	98	100
108									102	104	102	104	102	104	102	104	102	104
112											106	108	106	108	106	108	106	108
116													110	112	110	112	110	112

4.2　分档数值

服装号型各系列分档数值见附录 A。

4.3　控制部位数值

控制部位数值是指人体主要部位的数值(系净体数值)，是设计服装规格的依据。服装号型各系列控制部位数值见附录 B。

4.4　号型覆盖率

各体型的比例和服装号型的覆盖率见附录 C。

4.5　号型标志

4.5.1　上、下装分别标明号型。

4.5.2　号型表示方法：号与型之间用斜线分开，后接体型分类代号。

例：上装 170/88A。其中，170 代表号，88 代表型，A 代表体型分类。下装 170/74A。其中，170 代表号，74 代表型，A 代表体型分类。

附　录　A
（规范性附录）
服装号型各系列分档数值

表 A.1

单位为厘米

体型	Y								A							
部位	中间体		5·4 系列		5·2 系列		身高[a]、胸围[b]、腰围[c]每增减 1 cm		中间体		5·4 系列		5·2 系列		身高[a]、胸围[b]、腰围[c]每增减 1 cm	
	计算数	采用数	计算数	采用数	计算数	采用数	计算数	采用数	计算数	采用数	计算数	采用数	计算数	采用数	计算数	采用数
身高	170	170	5	5	5	5	1	1	170	170	5	5	5	5	1	1
颈椎点高	144.8	145.0	4.51	4.00			0.90	0.80	145.1	145.0	4.50	4.00	4.00		0.90	0.80
坐姿颈椎点高	66.2	66.5	1.64	2.00			0.33	0.40	66.3	66.5	1.86	2.00			0.37	0.40
全臂长	55.4	55.5	1.82	1.50			0.36	0.30	55.3	55.5	1.71	1.50			0.34	0.30
腰围高	102.6	103.0	3.35	3.00	3.35	3.00	0.67	0.60	102.3	102.5	3.11	3.00	3.11	3.00	0.62	0.60
胸围	88	88	4	4			1	1	88	88	4	4			1	1
颈围	36.3	36.4	0.89	1.00			0.22	0.25	37.0	36.8	0.98	1.00			0.25	0.25
总肩宽	43.6	44.0	1.97	1.20			0.27	0.30	43.7	43.6	1.11	1.20			0.29	0.30
腰围	69.1	70.0	4	4	2	2	1	1	74.1	74.0	4	4	2	2	1	1
臀围	87.9	90.0	3.00	3.20	1.50	1.60	0.75	0.80	90.1	90.0	2.91	3.20	1.46	1.60	0.73	0.80

表 A.1（续）

单位为厘米

体型	B								C							
部位	中间体		5・4 系列		5・2 系列		身高[a]、胸围[b]、腰围[c]每增减 1 cm		中间体		5・4 系列		5・2 系列		身高[a]、胸围[b]、腰围[c]每增减 1 cm	
	计算数	采用数	计算数	采用数	计算数	采用数	计算数	采用数	计算数	采用数	计算数	采用数	计算数	采用数	计算数	采用数
身高	170	170	5	5	5	5	1	1	170	170	5	5	5	5	1	1
颈椎点高	145.4	145.5	4.54	4.00			0.90	0.80	146.1	146.0	4.57	4.00			0.91	0.80
坐姿颈椎点高	66.9	67.0	2.01	2.00			0.40	0.40	67.3	67.5	1.98	2.00			0.40	0.40
全臂长	55.3	55.5	1.72	1.50			0.34	0.30	55.4	55.5	1.84	1.50			0.37	0.30
腰围高	101.9	102.0	2.98	3.00	2.98	3.00	0.60	0.60	101.6	102.0	3.00	3.00	3.00	3.00	0.60	0.60
胸围	92	92	4	4			1	1	96	96	4	4			1	1
颈围	38.2	38.2	1.13	1.00			0.28	0.25	39.5	39.6	1.18	1.00			0.30	0.25
总肩宽	44.5	44.4	1.13	1.20			0.28	0.30	45.3	45.2	1.18	1.20			0.30	0.30
腰围	82.8	84.0	4	4	2	2	1	1	92.6	92.0	4	4	2	2	1	1
臀围	94.1	95.0	3.04	2.80	1.52	1.40	0.76	0.70	98.1	97.0	2.91	2.80	1.46	1.40	0.73	0.70

a 身高所对应的高度部位是颈椎点高、坐姿颈椎点高、全臂长、腰围高。

b 胸围所对应的围度部位是颈围、总肩宽。

c 腰围所对应的围度部位是臀围。

附 录 B
（规范性附录）
服装号型各系列控制部位数值

B.1 5·4、5·2Y 号型系列控制部位数值见表 B.1。

表 B.1

单位为厘米

部位	Y 数值															
身高	155		160		165		170		175		180		185		190	
颈椎点高	133.0		137.0		141.0		145.0		149.0		153.0		157.0		161.0	
坐姿颈椎点高	60.5		62.5		64.5		66.5		68.5		70.5		72.5		74.5	
全臂长	51.0		52.5		54.0		55.5		57.0		58.5		60.0		61.5	
腰围高	94.0		97.0		100.0		103.0		106.0		109.0		112.0		115.0	
胸围	76		80		84		88		92		96		100		104	
颈围	33.4		34.4		35.4		36.4		37.4		38.4		39.4		40.4	
总肩宽	40.4		41.6		42.8		44.0		45.2		46.4		47.6		48.8	
腰围	56	58	60	62	64	66	68	70	72	74	76	78	80	82	84	86
臀围	78.8	80.4	82.0	83.6	85.2	86.8	88.4	90.0	91.6	93.2	94.8	96.4	98.0	99.6	101.2	102.8

B.2 5·4、5·2A 号型系列控制部位数值见表 B.2。

表 B.2

单位为厘米

部位	A 数值							
身高	155	160	165	170	175	180	185	190
颈椎点高	133.0	137.0	141.0	145	149	153.0	157.0	161.0
坐姿颈椎点高	60.5	62.5	64.5	66.5	68.5	70.5	72.5	74.5

表 B.2（续）

单位为厘米

部位	A																										
	数值																										
全臂长	51.0			52.5			54.0				55.5			57.0			58.5				60.0			61.5			
腰围高	93.5			96.5			99.5				102.5			105.5			108.5				111.5			114.5			
胸围	72			76			80			84			88			92			96			100			104		
颈围	32.8			33.8			34.8			35.8			36.8			37.8			38.8			39.8			40.8		
总肩宽	38.8			40.0			41.2			42.4			43.6			44.8			46.0			47.2			48.4		
腰围	56	58	60	60	62	64	64	66	68	68	70	72	72	74	76	76	78	80	80	82	84	84	86	88	88	90	92
臀围	75.6	77.2	78.8	78.8	80.4	82.0	82.0	83.6	85.2	85.2	86.8	88.4	88.4	90.0	91.6	91.6	93.2	94.8	94.8	96.4	98.0	98.0	99.6	101.2	101.2	102.8	104.4

B.3 5·4、5·2B 号型系列控制部位数值见表 B.3。

表 B.3

单位为厘米

部位	B																					
	数值																					
身高	155			160		165			170			175		180			185			190		
颈椎点高	133.5			137.5		141.5			145.5			149.5		153.5			157.5			161.5		
坐姿颈椎点高	61.0			63.0		65.0			67.0			69.0		71.0			73.0			75		
全臂长	51.0			52.5		54.0			55.5			57.0		58.5			60.0			61.5		
腰围高	93.0			96.0		99.0			102.0			105.0		108.0			111.0			114.0		
胸围	72		76		80		84		88		92		96		100		104		108		112	
颈围	33.2		34.2		35.2		36.2		37.2		38.2		39.2		40.2		41.2		42.2		43.2	
总肩宽	38.4		39.6		40.8		42.0		43.2		44.4		45.6		46.8		48.0		49.2		50.4	
腰围	62	64	66	68	70	72	74	76	78	80	82	84	86	88	90	92	94	96	98	100	102	104
臀围	79.6	81.0	82.4	83.8	85.2	86.6	88.0	89.4	90.8	92.2	93.6	95.0	96.4	97.8	99.2	100.6	102.0	103.4	104.8	106.2	107.6	109.0

B.4 5·4、5·2C 号型系列控制部位数值见表 B.4。

表 B.4

单位为厘米

部位	C 数值							
身高	155	160	165	170	175	180	185	190
颈椎点高	134.0	138.0	142.0	146.0	150.0	154.0	158.0	162.0
坐姿颈椎点高	61.5	63.5	65.5	67.5	69.5	71.5	73.5	75.5
全臂长	51.0	52.5	54.0	55.5	57.0	58.5	60.0	61.5
腰围高	93.0	96.0	99.0	102.0	105.0	108.0	111.0	114.0

部位	C 数值										
胸围	76	80	84	88	92	96	100	104	108	112	116
颈围	34.6	35.6	36.6	37.6	38.6	39.6	40.6	41.6	42.6	43.6	44.6
总肩宽	39.2	40.4	41.6	42.8	44.0	45.2	46.4	47.6	48.8	50.0	51.2

部位	C 数值																			
腰围	70	72	74	76	78	80	82	84	86	88	90	92	94	96	98	100	102	104	106	108	110	112
臀围	81.6	83.0	84.4	85.8	87.2	88.6	90.0	91.4	92.8	94.2	95.6	97.0	98.4	99.8	101.2	102.6	104.0	105.4	106.8	108.2	109.6	111

附 录 C
（资料性附录）
各体型的比例和服装号型覆盖率

C.1 全国各体型的比例和服装号型覆盖率

C.1.1 各体型人体在总量中的比例

见表C.1。

表 C.1

%

体型	Y	A	B	C
比例	20.98	39.21	28.65	7.92

C.1.2 服装号型覆盖率

C.1.2.1 Y体型身高与胸围覆盖率见表C.2。

表 C.2

胸围/cm	身高/cm						
	155	160	165	170	175	180	185
	比例/%						
76		0.74	0.95	0.57			
80	0.67	2.47	4.23	3.38	1.26		
84	0.77	3.78	8.57	9.08	4.48	1.03	
88	0.41	2.63	7.92	11.11	7.27	2.22	
92		0.83	3.34	6.21	5.38	2.18	0.41
96			0.64	1.58	1.82	0.97	

C.1.2.2 Y体型身高与腰围覆盖率见表C.3。

表 C.3

腰围/cm	身高/cm						
	155	160	165	170	175	180	185
	比例/%						
56		0.16	0.20				
58		0.41	0.58	0.39			
60	0.25	0.83	1.34	1.04	0.38		
62	0.36	1.37	2.51	2.20	0.92	0.18	
64	0.42	1.82	3.79	3.78	1.80	0.41	
66	0.39	1.96	4.64	5.25	2.84	0.73	
68	0.30	1.70	4.59	5.90	3.63	1.06	
70	0.19	1.20	3.67	5.37	3.75	1.25	0.20
72		0.68	2.38	3.95	3.14	1.19	0.21
74		0.31	1.25	2.35	2.12	0.91	0.19
76			0.53	1.13	1.16	0.57	
78			0.18	0.44	0.52	0.29	
80					0.18		

C.1.2.3 A体型身高与胸围覆盖率见表C.4。

表 C.4

胸围/cm	身高/cm					
	155	160	165	170	175	180
	比例/%					
72	0.58	0.94	0.74			
76	1.31	2.78	2.90	1.48	0.37	
80	1.70	4.75	6.51	4.40	1.46	
84	1.28	4.70	8.49	7.54	3.29	0.70
88	0.55	2.69	6.41	7.49	4.30	1.21
92		0.89	2.80	4.31	3.26	1.21
96			0.71	1.44	1.43	0.70
100					0.36	

C.1.2.4 A体型身高与腰围覆盖率见表C.5。

表 C.5

腰围/cm	身高/cm						
	150	155	160	165	170	175	180
	比例/%						
56			0.22	0.16			
58		0.27	0.45	0.38	0.16		
60		0.44	0.83	0.79	0.38		
62		0.62	1.32	1.43	0.77	0.21	
64	0.16	0.76	1.86	2.27	1.39	0.43	
66		0.83	2.29	3.17	2.20	0.76	
68		0.79	2.47	3.87	3.04	1.20	0.24
70		0.66	2.35	4.16	3.70	1.65	0.37
72		0.49	1.95	3.91	3.94	1.99	0.50
74		0.31	1.42	3.23	3.68	2.11	0.60
76		0.18	0.91	2.34	3.02	1.96	0.63
78			0.51	1.49	2.17	1.59	0.58
80			0.25	0.83	1.37	1.14	0.47
82				0.41	0.76	0.71	0.34
84				0.17	0.37	0.39	0.21
86					0.16	0.19	

C.1.2.5 B体型身高与胸围覆盖率见表C.6。

表 C.6

胸围/cm	身高/cm								
	145	150	155	160	165	170	175	180	185
	比例/%								
68		0.53	0.61	0.40					
72	0.33	0.92	1.42	1.22	0.59				
76		1.13	2.33	2.67	1.72	0.62			
80		0.99	2.70	4.13	3.53	1.69	0.45		
84		0.61	2.22	4.52	5.15	3.28	1.17		
88			1.30	3.51	5.32	4.51	2.14	0.57	
92			0.53	1.93	3.90	4.40	2.78	0.98	
96				0.75	2.02	3.04	2.55	1.20	
100					0.74	1.49	1.66	1.04	0.36
104						0.52	0.77	0.64	

C.1.2.6 B体型身高与腰围覆盖率见表C.7。

表 C.7

腰围/cm	身高/cm								
	145	150	155	160	165	170	175	180	185
	比例/%								
56		0.16	0.16						
58		0.24	0.28	0.19					
60		0.33	0.44	0.34					
62	0.16	0.42	0.64	0.56	0.28				
64	0.16	0.49	0.86	0.85	0.48	0.16			
66		0.54	1.06	1.20	0.78	0.29			
68		0.54	1.22	1.57	1.16	0.49			
70		0.50	1.29	1.90	1.60	0.77	0.21		
72		0.43	1.26	2.12	2.03	1.11	0.35		
74		0.34	1.14	2.18	2.38	1.49	0.53		
76		0.25	0.95	2.08	2.59	1.84	0.75	0.17	
78		0.17	0.74	1.83	2.60	2.10	0.97	0.26	
80			0.53	1.49	2.41	2.22	1.17	0.35	
82			0.35	1.12	2.07	2.17	1.30	0.45	
84			0.21	0.78	1.64	1.96	1.34	0.52	
86				0.50	1.20	1.64	1.28	0.57	
88				0.30	0.81	1.26	1.12	0.57	0.16
90				0.16	0.51	0.90	0.91	0.53	0.17
92					0.29	0.59	0.68	0.45	0.17
94					0.16	0.36	0.47	0.36	
96						0.20	0.30	0.26	
98							0.18	0.18	

C.1.2.7　C体型身高与胸围覆盖率见表C.8。

表 C.8

胸围/cm	身高/cm							
	150	155	160	165	170	175	180	185
	比例/%							
72		0.39						
76	0.55	1.01	1.00	0.54				
80	0.76	1.82	2.38	1.68	0.64			
84	0.72	2.29	3.95	3.68	1.86	0.51		
88	0.48	2.00	4.54	5.59	3.72	1.34		
92		1.21	3.64	5.90	5.19	2.47	0.63	
96		0.51	2.03	4.34	5.03	3.16	1.07	
100			0.78	2.22	3.39	2.81	1.26	
104				0.79	1.59	1.73	1.03	0.33
108					0.52	0.74	0.58	

C.1.2.8　C体型身高与腰围覆盖率见表C.9。

表 C.9

腰围/cm	身高/cm						
	150	155	160	165	170	175	180
	比例/%						
68		0.23	0.21				
70	0.20	0.36	0.35	0.20			
72	0.26	0.51	0.56	0.35			
74	0.31	0.67	0.84	0.58	0.23		
76	0.34	0.83	1.16	0.90	0.40		
78	0.35	0.96	1.48	1.30	0.64	0.18	
80	0.33	1.02	1.77	1.73	0.95	0.29	
82	0.29	1.01	1.97	2.15	1.32	0.46	
84	0.24	0.94	2.03	2.49	1.71	0.66	
86	0.19	0.80	1.95	2.67	2.05	0.89	0.22
88		0.64	1.75	2.67	2.30	1.11	0.30
90		0.48	1.45	2.48	2.39	1.29	0.39
92		0.33	1.12	2.15	2.31	1.40	0.48
94		0.21	0.81	1.73	2.08	1.41	0.54
96			0.54	1.29	1.74	1.32	0.56
98			0.34	0.90	1.36	1.15	0.55
100			0.19	0.58	0.98	0.93	0.50
102				0.35	0.66	0.70	0.42
104				0.20	0.41	0.49	0.33
106					0.24	0.32	0.24
108						0.19	0.16

C.2 东北、华北地区各体型的比例和服装号型覆盖率

C.2.1 各体型人体在该地区总量中的比例

见表 C.10。

表 C.10

%

体型	Y	A	B	C
比例	25.45	37.85	24.98	6.68

C.2.2 服装号型覆盖率

C.2.2.1 Y 体型身高与胸围覆盖率见表 C.11。

表 C.11

胸围/cm	身高/cm						
	155	160	165	170	175	180	185
	比例/%						
76		0.38	0.63	0.47			
80		1.40	2.93	2.83	1.27		
84	0.42	2.44	6.56	8.15	4.68	1.24	
88		2.04	7.06	11.26	8.30	2.82	0.44
92		0.82	3.65	7.47	7.06	3.08	0.62
96			0.90	2.38	2.88	1.62	0.42
100				0.36	0.56	0.41	

C.2.2.2 Y 体型身高与腰围覆盖率见表 C.12。

表 C.12

腰围/cm	身高/cm						
	155	160	165	170	175	180	185
	比例/%						
58		0.22	0.41	0.36			
60		0.45	0.94	0.93	0.44		
62	0.16	0.77	1.78	1.95	1.02	0.25	
64	0.20	1.09	2.79	3.39	1.96	0.54	
66	0.21	1.27	3.60	4.85	3.11	0.95	
68	0.18	1.22	3.83	5.72	4.06	1.37	0.22
70		0.96	3.36	5.56	4.38	1.64	0.29
72		0.63	2.43	4.45	3.89	1.62	0.32
74		0.34	1.45	2.94	2.85	1.31	0.29
76			0.71	1.60	1.72	0.88	0.21
78			0.29	0.72	0.85	0.48	
80				0.27	0.35	0.22	

C.2.2.3　A 体型身高与胸围覆盖率见表 C.13。

表 C.13

胸围/cm	身高/cm						
	155	160	165	170	175	180	185
	比例/%						
72		0.32	0.36				
76	0.39	1.27	1.83	1.19	0.35		
80	0.64	2.70	5.13	4.39	1.68		
84	0.57	3.15	7.87	8.84	4.46	1.01	
88		2.02	6.61	9.74	6.45	1.92	
92		0.70	3.04	5.88	5.12	2.00	0.35
96			0.76	1.94	2.22	1.14	
100				0.35	0.53	0.35	

C.2.2.4　A 体型身高与腰围覆盖率见表 C.14。

表 C.14

腰围/cm	身高/cm						
	155	160	165	170	175	180	185
	比例/%						
56			0.16				
58		0.31	0.39	0.23			
60	0.18	0.58	0.84	0.55	0.17		
62	0.25	0.93	1.54	1.16	0.40		
64	0.31	1.29	2.43	2.09	0.81		
66	0.33	1.54	3.31	3.23	1.43	0.29	
68	0.29	1.59	3.89	4.31	2.18	0.50	
70	0.23	1.41	3.92	4.96	2.85	0.74	
72		1.07	3.41	4.91	3.21	0.95	
74		0.71	2.55	4.18	3.11	1.05	0.16
76		0.40	1.64	3.06	2.60	1.00	0.17
78		0.19	0.91	1.93	1.87	0.82	0.16
80			0.43	1.05	1.15	0.58	
82			0.18	0.49	0.62	0.35	
84				0.20	0.28	0.18	

C.2.2.5 B体型身高与胸围覆盖率见表C.15。

表 C.15

胸围/cm	身高/cm							
	150	155	160	165	170	175	180	185
	比例/%							
72	0.36	0.68	0.70	0.39				
76	0.51	1.27	1.71	1.26	0.50			
80	0.51	1.68	2.99	2.89	1.52	0.43		
84	0.36	1.58	3.71	4.74	3.27	1.22		
88		1.06	3.28	5.51	5.02	2.47	0.66	
92		0.50	2.06	4.56	5.47	3.55	1.25	
96			0.92	2.69	4.24	3.64	1.69	0.42
100				1.13	2.34	2.64	1.62	0.53
104				0.34	0.92	1.37	1.10	0.48
108						0.50	0.53	

C.2.2.6 B体型身高与腰围覆盖率见表C.16。

表 C.16

腰围/cm	身高/cm							
	150	155	160	165	170	175	180	185
	比例/%							
60		0.20	0.18					
62	0.16	0.31	0.32	0.18				
64	0.20	0.44	0.52	0.34	0.12			
66	0.23	0.57	0.77	0.57	0.23			
68	0.25	0.70	1.06	0.89	0.41			
70	0.25	0.78	1.36	1.29	0.68	0.20		
72	0.23	0.82	1.60	1.73	1.03	0.34		
74	0.19	0.79	1.75	2.15	1.46	0.54		
76		0.70	1.77	2.47	1.90	0.80	0.19	
78		0.58	1.66	2.63	2.29	1.10	0.29	
80		0.44	1.44	2.58	2.56	1.40	0.42	
82		0.31	1.15	2.35	2.64	1.63	0.56	
84		0.20	0.85	1.98	2.52	1.77	0.69	
86			0.58	1.54	2.23	1.78	0.78	0.19
88			0.37	1.11	1.82	1.65	0.82	0.23
90			0.22	0.74	1.38	1.42	0.80	0.25
92				0.46	0.97	1.13	0.73	0.26
94				0.26	0.63	0.83	0.61	0.24
96					0.37	0.56	0.47	0.21
98					0.21	0.35	0.33	0.17
100						0.21	0.22	

C.2.2.7 C体型身高与胸围覆盖率见表C.17。

表 C.17

胸围/cm	身高/cm						
	155	160	165	170	175	180	185
	比例/%						
80	0.53	0.81	0.65				
84	1.10	2.17	2.24	1.21	0.34		
88	1.44	3.70	4.93	3.43	1.24		
92	1.20	4.00	6.91	6.22	2.92	0.71	
96	0.64	2.75	6.16	7.19	4.37	1.38	
100		1.21	3.50	5.28	4.16	1.71	0.36
104		0.34	1.26	2.47	2.52	1.34	0.37
108				0.74	0.97	0.67	

C.2.2.8 C体型身高与腰围覆盖率见表C.18。

表 C.18

腰围/cm	身高/cm						
	155	160	165	170	175	180	185
	比例/%						
72		0.16					
74	0.19	0.30	0.25				
76	0.29	0.50	0.46	0.23			
78	0.40	0.76	0.78	0.43			
80	0.50	1.06	1.21	0.74	0.24		
82	0.58	1.37	1.72	1.16	0.42		
84	0.63	1.62	2.25	1.68	0.67		
86	0.61	1.76	2.71	2.23	0.99	0.23	
88	0.55	1.76	2.99	2.73	1.33	0.35	
90	0.46	1.61	3.03	3.06	1.65	0.48	
92	0.35	1.36	2.82	3.15	1.88	0.60	
94	0.24	1.05	2.41	2.97	1.97	0.70	
96	0.16	0.74	1.89	2.58	1.89	0.74	0.16
98		0.48	1.36	2.05	1.67	0.72	0.17
100		0.29	0.90	1.50	1.35	0.65	0.17
102		0.16	0.55	1.01	1.00	0.53	
104			0.30	0.62	0.68	0.40	
106			0.16	0.35	0.43	0.28	
108				0.18	0.25	0.18	

C.3 中西部地区各体型的比例和服装号型覆盖率

C.3.1 各体型人体在该地区总量中的比例

见表 C.19。

表 C.19

%

体型	Y	A	B	C
比例	19.66	37.24	29.97	9.50

C.3.2 服装号型覆盖率

C.3.2.1 Y 体型身高与胸围覆盖率见表 C.20。

表 C.20

胸围/cm	身高/cm					
	155	160	165	170	175	180
	比例/%					
76		1.01	1.67	1.03		
80	0.36	2.36	5.66	5.01	1.64	
84		2.56	8.84	11.27	5.31	0.92
88		1.28	6.39	11.72	7.95	1.99
92			2.14	5.64	5.50	1.98
96			0.33	1.25	1.76	0.91

C.3.2.2 Y 体型身高与腰围覆盖率见表 C.21。

表 C.21

腰围/cm	身高/cm					
	155	160	165	170	175	180
	比例/%					
54			0.18			
56		0.30	0.49	0.30		
58		0.58	1.09	0.79	0.22	
60	0.16	0.92	2.05	1.73	0.56	
62	0.18	1.22	3.17	3.15	1.20	0.17
64	0.17	1.34	4.08	4.76	2.12	0.36
66		1.22	4.35	5.96	3.12	0.62
68		0.92	3.85	6.19	3.80	0.89
70		0.57	2.83	5.33	3.84	1.06
72		0.30	1.72	3.81	3.22	1.04
74			0.87	2.26	2.24	0.85
76			0.36	1.11	1.29	0.58
78				0.45	0.62	0.32
80					0.24	

C.3.2.3 A体型身高与胸围覆盖率见表C.22。

表C.22

胸围/cm	身高/cm					
	155	160	165	170	175	180
	比例/%					
72		0.59	0.66	0.33		
76	0.61	1.95	2.83	1.86	0.55	
80	0.84	3.51	6.66	5.72	2.23	0.39
84	0.63	3.45	8.53	9.56	4.86	1.12
88		1.85	5.96	8.72	5.78	1.74
92		0.54	2.27	4.33	3.75	1.47
96			0.47	1.17	1.33	0.68

C.3.2.4 A体型身高与腰围覆盖率见表C.23。

表C.23

腰围/cm	身高/cm					
	155	160	165	170	175	180
	比例/%					
56		0.25	0.28			
58	0.18	0.50	0.63	0.37		
60	0.27	0.86	1.25	0.83	0.25	
62	0.36	1.30	2.12	1.60	0.55	
64	0.41	1.67	3.11	2.65	1.04	0.19
66	0.40	1.86	3.91	3.78	1.68	0.34
68	0.34	1.78	4.24	4.64	2.34	0.54
70	0.25	1.47	3.96	4.91	2.80	0.73
72	0.16	1.04	3.19	4.48	2.89	0.86
74		0.64	2.21	3.52	2.57	0.86
76		0.33	1.32	2.38	1.97	0.75
78			0.68	1.38	1.30	0.56
80			0.30	0.69	0.74	0.36
82				0.30	0.36	0.20

C.3.2.5 B体型身高与胸围覆盖率见表C.24。

表 C.24

胸围/cm	身高/cm							
	150	155	160	165	170	175	180	185
	比例/%							
68		0.37						
72	0.50	0.98	1.02	0.57				
76	0.67	1.76	2.45	1.82	0.72			
80	0.63	2.18	4.02	3.95	2.07	0.58		
84	0.40	1.85	4.52	5.89	4.10	1.52		
88		1.07	3.48	6.01	5.55	2.73	0.71	
92		0.42	1.83	4.21	5.15	3.35	1.17	
96			0.66	2.02	3.27	2.83	1.30	0.32
100				0.66	1.42	1.63	1.00	0.32
104					0.42	0.65	0.52	

C.3.2.6 B体型身高与腰围覆盖率见表C.25。

表 C.25

腰围/cm	身高/cm							
	150	155	160	165	170	175	180	185
	比例/%							
58		0.16						
60	0.16	0.28	0.26					
62	0.22	0.43	0.45	0.26				
64	0.27	0.61	0.73	0.48	0.17			
66	0.31	0.79	1.08	0.81	0.33			
68	0.33	0.94	1.46	1.24	0.57			
70	0.32	1.03	1.82	1.75	0.92	0.26		
72	0.28	1.03	2.07	2.27	1.35	0.44		
74	0.23	0.95	2.17	2.70	1.83	0.67		
76	0.17	0.80	2.08	2.95	2.27	0.95	0.22	
78		0.62	1.84	2.95	2.58	1.23	0.32	
80		0.44	1.48	2.71	2.69	1.46	0.43	
82		0.29	1.10	2.28	2.58	1.58	0.53	
84		0.17	0.75	1.77	2.27	1.58	0.60	
86			0.47	1.25	1.83	1.45	0.63	
88			0.27	0.82	1.35	1.22	0.60	0.16
90				0.49	0.92	0.94	0.52	0.16
92				0.27	0.57	0.67	0.42	
94					0.33	0.43	0.31	
96					0.17	0.26	0.21	

C.3.2.7 C 体型身高与胸围覆盖率见表 C.26。

表 C.26

胸围/cm	身高/cm					
	155	160	165	170	175	180
	比例/%					
80		0.77	1.11	0.75		
84	0.52	1.93	3.35	2.72	1.04	
88	0.68	3.02	6.31	6.17	2.82	0.60
92	0.55	2.96	7.44	8.73	4.80	1.23
96		1.81	5.47	7.73	5.11	1.58
100		0.69	2.52	4.27	3.39	1.26
104			0.72	1.48	1.41	0.63
108				0.32	0.37	

C.3.2.8 C 体型身高与腰围覆盖率见表 C.27。

表 C.27

腰围/cm	身高/cm					
	155	160	165	170	175	180
	比例/%					
74		0.20	0.29	0.20		
76		0.35	0.55	0.41		
78	0.16	0.56	0.95	0.76	0.29	
80	0.22	0.82	1.49	1.28	0.53	
82	0.27	1.09	2.11	1.95	0.86	0.18
84	0.30	1.31	2.72	2.70	1.28	0.29
86	0.30	1.43	3.19	3.40	1.73	0.42
88	0.28	1.42	3.39	3.88	2.12	0.55
90	0.24	1.27	3.27	4.01	2.35	0.66
92	0.18	1.04	2.86	3.77	2.37	0.71
94		0.77	2.28	3.22	2.17	0.70
96		0.52	1.64	2.49	1.81	0.62
98		0.31	1.08	1.75	1.36	0.51
100		0.17	0.64	1.12	0.93	0.37
102			0.35	0.65	0.58	0.25
104			0.17	0.34	0.33	
106				0.16	0.17	

C.4 长江下游地区各体型的比例和服装号型覆盖率

C.4.1 各体型人体在该地区总量中的比例

见表 C.28。

表 C.28

%

体型	Y	A	B	C
比例	22.89	37.17	27.14	8.17

C.4.2 服装号型覆盖率

C.4.2.1 Y 体型身高与胸围覆盖率见表 C.29。

表 C.29

胸围/cm	身高/cm						
	155	160	165	170	175	180	185
	比例/%						
76	0.40	0.94	1.07	0.58			
80	1.02	3.25	4.93	3.57	1.23		
84	1.12	4.80	9.74	9.45	4.38	0.97	
88	0.53	3.05	8.28	10.74	6.65	1.96	
92		0.83	3.02	5.24	4.34	1.72	0.32
96			0.47	1.09	1.21	0.64	

C.4.2.2 Y 体型身高与腰围覆盖率见表 C.30。

表 C.30

腰围/cm	身高/cm						
	155	160	165	170	175	180	185
	比例/%						
56		0.24	0.24				
58	0.25	0.62	0.71	0.39			
60	0.43	1.24	1.68	1.07	0.33		
62	0.59	1.96	3.11	2.34	0.83		
64	0.63	2.46	4.58	4.03	1.68	0.33	
66	0.53	2.44	5.32	5.49	2.69	0.62	
68	0.35	1.92	4.90	5.93	3.40	0.92	
70	0.19	1.19	3.57	5.06	3.40	1.08	0.16
72		0.59	2.06	3.42	2.69	1.00	0.18
74		0.23	0.94	1.83	1.69	0.74	
76			0.34	0.77	0.83	0.43	
78				0.26	0.33	0.20	

C.4.2.3 A 体型身高与胸围覆盖率见表 C.31。

表 C.31

胸围/cm	身高/cm					
	155	160	165	170	175	180
	比例/%					
76	0.75	1.80	1.96	0.98		
80	1.35	4.53	6.91	4.80	1.52	
84	1.07	4.99	10.59	10.25	4.52	0.91
88	0.37	2.40	7.08	9.54	5.86	1.64
92		0.50	2.06	3.87	3.31	1.29
96				0.68	0.81	0.44

C.4.2.4 A体型身高与腰围覆盖率见表C.32。

表 C.32

腰围/cm	身高/cm					
	155	160	165	170	175	180
	比例/%					
58	0.18	0.38	0.37	0.16		
60	0.34	0.83	0.93	0.48		
62	0.52	1.47	1.91	1.15	0.32	
64	0.65	2.14	3.25	2.28	0.74	
66	0.66	2.55	4.52	3.70	1.40	0.24
68	0.56	2.50	5.16	4.92	2.17	0.44
70	0.38	2.01	4.83	5.37	2.76	0.65
72	0.22	1.32	3.71	4.81	2.88	0.80
74		0.71	2.34	3.53	2.47	0.80
76		0.32	1.21	2.13	1.73	0.65
78			0.51	1.05	1.00	0.44
80			0.18	0.43	0.47	0.24
82					0.18	

C.4.2.5 B体型身高与胸围覆盖率见表C.33。

表 C.33

胸围/cm	身高/cm									
	140	145	150	155	160	165	170	175	180	185
	比例/%									
64		0.46	0.43							
68	0.37	0.81	1.05	0.79	0.34					
72	0.32	0.99	1.78	1.86	1.13	0.40				
76		0.84	2.10	3.05	2.57	1.26	0.36			

表 C.33（续）

胸围/cm	身高/cm									
	140	145	150	155	160	165	170	175	180	185
	比例/%									
80		0.50	1.73	3.48	4.07	2.77	1.10			
84			0.99	2.77	4.50	4.25	2.34	0.75		
88			0.39	1.53	3.46	4.55	3.47	1.54	0.40	
92				0.59	1.85	3.38	3.59	2.21	0.79	
96					0.69	1.75	2.58	2.21	1.10	0.32
100						0.63	1.30	1.54	1.07	0.43
104							0.45	0.75	0.72	0.40
108									0.34	

C.4.2.6 B体型身高与腰围覆盖率见表C.34。

表 C.34

腰围/cm	身高/cm									
	140	145	150	155	160	165	170	175	180	185
	比例/%									
54		0.20	0.18							
56		0.28	0.30	0.20						
58	0.17	0.36	0.45	0.34	0.16					
60	0.17	0.43	0.62	0.55	0.29					
62	0.17	0.47	0.79	0.81	0.50	0.18				
64		0.47	0.93	1.10	0.78	0.34				
66		0.44	1.00	1.37	1.13	0.56	0.17			
68		0.37	0.99	1.57	1.51	0.87	0.30			
70		0.29	0.90	1.66	1.85	1.24	0.50			
72		0.21	0.76	1.62	2.09	1.62	0.75	0.21		
74			0.59	1.45	2.17	1.95	1.05	0.34		
76			0.42	1.20	2.07	2.16	1.35	0.51		
78			0.27	0.91	1.83	2.20	1.00	0.70	0.18	
80			0.17	0.64	1.48	2.07	1.74	0.88	0.27	
82				0.41	1.11	1.79	1.75	1.03	0.36	
84				0.24	0.76	1.43	1.62	1.10	0.45	
86					0.48	1.05	1.38	1.09	0.52	
88					0.28	0.71	1.08	0.99	0.54	0.18
90						0.44	0.78	0.82	0.53	0.20
92						0.25	0.52	0.63	0.47	0.21
94							0.32	0.45	0.38	0.20
96							0.18	0.29	0.29	0.17
98								0.18	0.20	

C.4.2.7 C体型身高与胸围覆盖率见表C.35。

表 C.35

胸围/cm	身高/cm								
	145	150	155	160	165	170	175	180	185
	比例/%								
68	0.52	0.60	0.41						
72	0.77	1.19	1.07	0.57					
76	0.83	1.72	2.09	1.48	0.61				
80	0.67	1.85	2.99	2.83	1.57	0.51			
84	0.39	1.46	3.16	4.01	2.97	1.29	0.33		
88		0.85	2.47	4.18	4.15	2.41	0.82		
92		0.36	1.42	3.21	4.27	3.31	1.50	0.40	
96			0.60	1.82	3.23	3.36	2.04	0.73	
100				0.76	1.81	2.51	2.04	0.97	
104					0.74	1.38	1.51	0.96	0.36
108						0.56	0.82	0.70	0.35
112							0.33	0.37	

C.4.2.8 C体型身高与腰围覆盖率见表C.36。

表 C.36

腰围/cm	身高/cm								
	145	150	155	160	165	170	175	180	185
	比例/%								
62	0.20	0.24	0.17						
64	0.26	0.34	0.27						
66	0.31	0.46	0.41	0.23					
68	0.35	0.58	0.59	0.37					
70	0.37	0.69	0.80	0.56	0.24				
72	0.37	0.78	1.01	0.80	0.39				
74	0.35	0.83	1.20	1.07	0.59	0.20			
76	0.31	0.82	1.35	1.35	0.84	0.32			
78	0.26	0.77	1.42	1.61	1.12	0.48			
80	0.20	0.68	1.41	1.80	1.40	0.68	0.20		
82		0.57	1.32	1.89	1.66	0.90	0.30		
84		0.45	1.17	1.87	1.85	1.13	0.42		
86		0.33	0.97	1.75	1.94	1.33	0.56		
88		0.23	0.76	1.54	1.92	1.47	0.70	0.20	
90			0.56	1.27	1.78	1.54	0.82	0.27	

表 C.36（续）

腰围/cm	身高/cm								
	145	150	155	160	165	170	175	180	185
	比例/%								
92			0.39	0.99	1.56	1.52	0.90	0.33	
94			0.25	0.72	1.28	1.40	0.94	0.39	
96				0.50	1.00	1.22	0.92	0.43	
98				0.32	0.73	1.00	0.85	0.45	
100				0.20	0.50	0.78	0.74	0.44	0.16

C.5 长江中游地区各体型的比例和服装号型覆盖率

C.5.1 各体型人体在该地区总量中的比例

见表 C.37。

表 C.37

%

体型	Y	A	B	C
比例	24.40	46.07	24.34	3.34

C.5.2 服装号型覆盖率

C.5.2.1 Y 体型身高与胸围覆盖率见表 C.38。

表 C.38

胸围/cm	身高/cm					
	155	160	165	170	175	180
	比例/%					
76		0.40	0.53			
80	0.65	2.71	4.81	3.64	1.18	
84	0.97	5.37	12.60	12.65	5.43	0.99
88	0.43	3.12	9.71	12.89	7.32	1.78
92		0.53	2.19	3.86	2.91	0.93
96				0.33	0.33	

C.5.2.2 Y 体型身高与腰围覆盖率见表 C.39。

表 C.39

腰围/cm	身高/cm					
	155	160	165	170	175	180
	比例/%					
58			0.21			
60		0.54	0.87	0.60	0.18	
62	0.32	1.36	2.48	1.97	0.68	
64	0.49	2.38	4.97	4.50	1.77	0.30
66	0.53	2.91	6.94	7.18	3.22	0.63

表 C.39（续）

腰围/cm	身高/cm					
	155	160	165	170	175	180
	比例/%					
68	0.39	2.48	6.77	8.00	4.11	0.91
70	0.20	1.48	4.60	6.22	3.65	0.93
72		0.61	2.19	3.38	2.26	0.66
74		0.18	0.72	1.28	0.98	0.33
76			0.17	0.34	0.30	

C.5.2.3 A 体型身高与胸围覆盖率见表 C.40。

表 C.40

胸围/cm	身高/cm					
	155	160	165	170	175	180
	比例/%					
76	0.34	1.19	1.68	0.96		
80	0.91	4.20	7.79	5.84	1.76	
84	0.88	5.36	13.06	12.84	5.09	0.81
88		2.48	7.94	10.24	5.33	1.11
92		0.41	1.74	2.96	2.02	0.56

C.5.2.4 A 体型身高与腰围覆盖率见表 C.41。

表 C.41

腰围/cm	身高/cm					
	155	160	165	170	175	180
	比例/%					
58			0.19			
60		0.44	0.65	0.40		
62	0.26	1.05	1.74	1.19	0.34	
64	0.42	1.90	3.56	2.75	0.87	
66	0.52	2.65	5.58	4.84	1.73	0.25
68	0.49	2.82	6.68	6.52	2.62	0.43
70	0.35	2.30	6.12	6.72	3.04	0.56
72	0.20	1.43	4.29	5.30	2.69	0.56
74		0.68	2.30	3.20	1.83	0.43
76		0.25	0.95	1.48	0.95	0.25
78			0.30	0.52	0.38	

C.5.2.5 B 体型身高与胸围覆盖率见表 C.42。

表 C.42

胸围/cm	身高/cm					
	155	160	165	170	175	180
	比例/%					
76		0.73	1.04	0.77		
80	0.72	2.16	3.36	2.73	1.15	
84	1.19	3.91	6.68	5.96	2.77	0.67
88	1.21	4.37	8.20	8.02	4.09	1.09
92	0.76	3.02	6.21	6.67	3.73	1.09
96		1.29	2.90	3.42	2.10	0.67
100		0.34	0.84	1.08	0.73	

C.5.2.6 B体型身高与腰围覆盖率见表C.43。

表 C.43

腰围/cm	身高/cm					
	155	160	165	170	175	180
	比例/%					
64		0.21	0.30	0.22		
66		0.40	0.58	0.45	0.18	
68	0.23	0.67	1.03	0.82	0.34	
70	0.34	1.03	1.64	1.37	0.59	
72	0.45	1.43	2.37	2.05	0.92	0.22
74	0.54	1.79	3.07	2.76	1.30	0.32
76	0.59	2.01	3.60	3.36	1.64	0.42
78	0.57	2.04	3.80	3.69	1.88	0.50
80	0.51	1.87	3.62	3.65	1.93	0.53
82	0.40	1.55	3.11	3.26	1.79	0.51
84	0.29	1.15	2.41	2.63	1.50	0.45
86	0.19	0.77	1.68	1.91	1.13	0.35
88		0.47	1.06	1.25	0.77	0.25
90		0.26	0.60	0.74	0.48	0.16
92			0.31	0.39	0.26	
94				0.19		

C.5.2.7 C体型身高与胸围覆盖率见表C.44。

表 C.44

胸围/cm	身高/cm				
	155	160	165	170	175
	比例/%				
76		0.79	0.92	0.37	
80	0.57	2.29	3.14	1.49	
84	0.93	4.35	6.97	3.86	0.73

表 C.44（续）

胸围/cm	身高/cm				
	155	160	165	170	175
	比例/%				
88	0.99	5.38	10.06	6.51	1.45
92	0.68	4.33	9.47	7.15	1.86
96		2.27	5.81	5.12	1.56
100		0.78	2.32	2.39	0.85
104			0.60	0.73	

C.5.2.8 C 体型身高与腰围覆盖率见表 C.45。

表 C.45

腰围/cm	身高/cm				
	155	160	165	170	175
	比例/%				
70		0.28	0.32		
72		0.49	0.60	0.26	
74	0.21	0.79	1.04	0.47	
76	0.29	1.18	1.66	0.81	
78	0.36	1.60	2.42	1.27	0.23
80	0.43	2.00	3.25	1.82	0.35
82	0.45	2.30	3.99	2.40	0.49
84	0.45	2.41	4.49	2.89	0.64
86	0.40	2.33	4.64	3.20	0.76
88	0.33	2.06	4.40	3.25	0.83
90	0.25	1.67	3.82	3.03	0.83
92	0.17	1.24	3.05	2.59	0.76
94		0.85	2.23	2.03	0.64
96		0.53	1.50	1.46	0.49
98		0.30	0.92	0.96	0.35
100		0.16	0.52	0.58	0.22
102			0.27	0.32	
104				0.16	

C.6 广东、广西、福建地区各体型的比例和服装号型覆盖率

C.6.1 各体型人体在该地区总量中的比例

见表 C.46。

表 C.46

%

体型	Y	A	B	C
比例	12.34	37.27	37.04	11.56

C.6.2 服装号型覆盖率

C.6.2.1 Y 体型身高与胸围覆盖率见表 C.47。

表 C.47

胸围/cm	身高/cm						
	150	155	160	165	170	175	180
	比例/%						
76		0.50	1.10	1.25	0.74		
80	0.36	1.80	4.65	6.26	4.37	1.58	
84	0.42	2.46	7.52	11.92	9.80	4.18	0.92
88		1.30	4.67	8.72	8.45	4.25	1.11
92			1.11	2.45	2.79	1.66	0.51
96					0.35		

C.6.2.2 Y 体型身高与腰围覆盖率见表 C.48。

表 C.48

腰围/cm	身高/cm						
	150	155	160	165	170	175	180
	比例/%						
56			0.19	0.22			
58		0.24	0.59	0.76	0.51	0.18	
60		0.56	1.43	1.94	1.39	0.52	
62	0.19	0.97	2.64	3.80	2.88	1.15	0.24
64	0.23	1.28	3.71	5.67	4.56	1.94	0.43
66	0.22	1.29	3.98	6.44	5.50	2.48	0.59
68	0.16	0.99	3.24	5.58	5.05	2.41	0.61
70		0.58	2.01	3.68	3.54	1.79	0.48
72		0.26	0.95	1.85	1.89	1.01	0.29
74			0.34	0.71	0.77	0.44	
76				0.21	0.24		

C.6.2.3 A 体型身高与胸围覆盖率见表 C.49。

表 C.49

胸围/cm	身高/cm						
	150	155	160	165	170	175	180
	比例/%						
72			0.37				
76		1.20	2.57	2.55	1.17		
80	0.40	2.46	6.96	9.11	5.54	1.56	
84		1.95	7.28	12.57	10.08	3.74	0.64
88		0.60	2.95	6.73	7.11	3.48	0.79
92			0.46	1.39	1.94	1.25	0.38

C.6.2.4　A体型身高与腰围覆盖率见表C.50。

表 C.50

腰围/cm	身高/cm						
	150	155	160	165	170	175	180
	比例/%						
58		0.21	0.38	0.31			
60		0.48	0.98	0.94	0.41		
62	0.17	0.85	2.00	2.18	1.11	0.26	
64	0.20	1.18	3.19	4.00	2.33	0.63	
66	0.19	1.28	3.98	5.73	3.84	1.19	0.17
68		1.09	3.90	6.45	4.96	1.77	0.29
70		0.73	2.99	5.68	5.02	2.06	0.39
72		0.38	1.80	3.93	3.99	1.88	0.41
74		0.16	0.85	2.13	2.48	1.34	0.34
76			0.31	0.90	1.21	0.75	0.22
78				0.30	0.46	0.33	

C.6.2.5　B体型身高与胸围覆盖率见表C.51。

表 C.51

胸围/cm	身高/cm							
	145	150	155	160	165	170	175	180
	比例/%							
64	0.46	0.57	0.36					
68	0.80	1.42	1.30	0.62				
72	0.88	2.27	3.02	2.08	0.74			
76	0.62	2.32	4.48	4.48	2.31	0.62		
80		1.50	4.23	6.14	4.61	1.79	0.36	
84		0.62	2.55	5.37	5.86	3.30	0.96	
88			0.98	2.99	4.74	3.88	1.64	0.36
92				1.06	2.45	2.91	1.79	0.57
96					0.81	1.39	1.24	0.57
100						0.42	0.55	0.37

C.6.2.6　B体型身高与腰围覆盖率见表C.52。

表 C.52

腰围/cm	身高/cm							
	145	150	155	160	165	170	175	180
	比例/%							
54	0.20	0.24						
56	0.28	0.40	0.30					
58	0.36	0.62	0.55	0.26				
60	0.42	0.85	0.91	0.51				

表 C.52（续）

腰围/cm	身高/cm							
	145	150	155	160	165	170	175	180
	比例/%							
62	0.44	1.05	1.34	0.90	0.32			
64	0.41	1.17	1.77	1.42	0.60			
66	0.34	1.17	2.11	2.01	1.02	0.27		
68	0.26	1.05	2.25	2.56	1.54	0.49		
70	0.17	0.84	2.16	2.93	2.10	0.80	0.16	
72		0.61	1.86	3.01	2.58	1.17	0.28	
74		0.40	1.44	2.78	2.83	1.53	0.43	
76		0.23	1.00	2.31	2.80	1.80	0.61	
78			0.63	1.72	2.48	1.90	0.77	0.16
80			0.35	1.15	1.98	1.81	0.87	0.22
82			0.18	0.69	1.42	1.54	0.89	0.27
84				0.37	0.91	1.18	0.81	0.29
86				0.18	0.53	0.81	0.66	0.29
88					0.27	0.50	0.49	0.25
90						0.28	0.32	0.20
92							0.19	

C.6.2.7 C 体型身高与胸围覆盖率见表 C.53。

表 C.53

胸围/cm	身高/cm							
	145	150	155	160	165	170	175	180
	比例/%							
64		0.34						
68	0.42	0.78	0.76	0.39				
72	0.53	1.32	1.72	1.18	0.43			
76	0.50	1.65	2.86	2.62	1.26	0.32		
80	0.34	1.51	3.49	4.26	2.74	0.93		
84		1.02	3.14	5.11	4.38	1.98	0.47	
88		0.50	2.07	4.50	5.14	3.10	0.99	
92			1.01	2.92	4.45	3.57	1.52	0.34
96			0.36	1.39	2.82	3.03	1.71	0.51
100				0.49	1.32	1.89	1.42	0.56
104					0.45	0.86	0.87	0.46
108							0.39	

C.6.2.8 C体型身高与腰围覆盖率见表C.54。

表 C.54

腰围/cm	身高/cm							
	145	150	155	160	165	170	175	180
	比例/%							
60		0.20	0.19					
62		0.29	0.30	0.18				
64	0.19	0.38	0.45	0.30				
66	0.21	0.48	0.63	0.46	0.19			
68	0.23	0.58	0.83	0.68	0.32			
70	0.23	0.65	1.05	0.95	0.49			
72	0.22	0.70	1.24	1.25	0.72	0.23		
74	0.20	0.70	1.39	1.56	0.99	0.36		
76	0.17	0.67	1.48	1.84	1.30	0.52		
78		0.61	1.48	2.05	1.61	0.71	0.18	
80		0.52	1.41	2.16	1.88	0.93	0.26	
82		0.42	1.27	2.16	2.08	1.14	0.35	
84		0.32	1.08	2.03	2.18	1.33	0.46	
86		0.23	0.86	1.82	2.16	1.46	0.56	
88		0.16	0.66	1.53	2.03	1.52	0.64	
90			0.47	1.22	1.80	1.50	0.71	0.19
92			0.32	0.92	1.51	1.39	0.73	0.22
94			0.21	0.66	1.20	1.23	0.71	0.23
96				0.45	0.90	1.02	0.66	0.24
98				0.29	0.64	0.81	0.58	0.23
100				0.17	0.43	0.60	0.48	0.22
102					0.27	0.42	0.37	0.19
104					0.16	0.28	0.28	
106						0.18	0.19	

C.7 云、贵、川地区各体型的比例和服装号型覆盖率

C.7.1 各体型人体在该地区总量中的比例

见表C.55。

表 C.55

%

体型	Y	A	B	C
比例	17.08	41.58	32.22	7.40

C.7.2 服装号型覆盖率

C.7.2.1 Y体型身高与胸围覆盖率见表C.56。

表 C.56

胸围/cm	身高/cm					
	155	160	165	170	175	180
	比例/%					
76	0.56	1.26	1.19	0.47		
80	1.73	5.00	6.00	3.01	0.62	
84	2.26	8.27	12.62	8.03	2.13	
88	1.23	5.74	11.12	8.98	3.02	0.42
92		1.66	4.10	4.20	1.80	0.32
96			0.63	0.82	0.45	

C.7.2.2 Y体型身高与腰围覆盖率见表C.57。

表 C.57

腰围/cm	身高/cm						
	150	155	160	165	170	175	180
	比例/%						
58		0.22	0.49	0.46	0.18		
60		0.52	1.31	1.40	0.63		
62		0.92	2.65	3.21	1.64	0.35	
64	0.16	1.24	4.05	5.56	3.21	0.78	
66		1.26	4.69	7.30	4.78	1.31	
68		0.98	4.11	7.25	5.38	1.68	0.22
70		0.57	2.72	5.45	4.59	1.62	0.24
72		0.25	1.37	3.11	2.97	1.19	0.20
74			0.52	1.34	1.45	0.66	
76				0.44	0.54	0.28	

C.7.2.3 A体型身高与胸围覆盖率见表C.58。

表 C.58

胸围/cm	身高/cm						
	150	155	160	165	170	175	180
	比例/%						
72			0.32				
76	0.51	1.59	2.53	2.08	0.88		
80	0.98	3.82	7.68	7.96	4.25	1.17	
84	0.73	3.59	9.11	11.91	8.02	2.78	0.50
88		1.32	4.23	6.98	5.93	2.60	0.59
92			0.76	1.60	1.71	0.95	

C.7.2.4 A体型身高与腰围覆盖率见表C.59。

表 C.59

腰围/cm	身高/cm						
	150	155	160	165	170	175	180
	比例/%						
58		0.25	0.34	0.24			
60	0.21	0.62	0.95	0.75	0.31		
62	0.36	1.20	2.08	1.85	0.85	0.20	
64	0.48	1.82	3.54	3.55	1.84	0.49	
66	0.51	2.15	4.70	5.30	3.10	0.93	
68	0.41	1.97	4.85	6.16	4.04	1.37	0.24
70	0.26	1.41	3.90	5.57	4.11	1.57	0.31
72		0.78	2.44	3.92	3.25	1.40	0.31
74		0.34	1.19	2.14	2.00	0.97	0.24
76			0.45	0.91	0.96	0.52	
78				0.30	0.36	0.22	

C.7.2.5 B体型身高与胸围覆盖率见表 C.60。

表 C.60

胸围/cm	身高/cm							
	145	150	155	160	165	170	175	180
	比例/%							
68		0.50	0.69	0.51				
72		1.02	1.82	1.71	0.86			
76	0.32	1.40	3.21	3.89	2.50	0.85		
80		1.30	3.83	5.96	4.93	2.16	0.50	
84		0.81	3.07	6.15	6.54	3.68	1.10	
88		0.34	1.66	4.28	5.85	4.23	1.63	0.33
92			0.60	2.00	3.52	3.28	1.62	0.42
96				0.63	1.43	1.71	1.09	0.37
100					0.39	0.60	0.49	

C.7.2.6 B体型身高与腰围覆盖率见表 C.61。

表 C.61

腰围/cm	身高/cm						
	150	155	160	165	170	175	180
	比例/%						
52		0.19					
54	0.22	0.31	0.24				
58	0.31	0.49	0.41	0.18			

表 C.61（续）

腰围/cm	身高/cm						
	150	155	160	165	170	175	180
	比例/%						
60	0.41	0.71	0.66	0.33			
62	0.50	0.97	1.00	0.55	0.16		
64	0.57	1.22	1.40	0.85	0.28		
66	0.60	1.44	1.83	1.24	0.45		
68	0.60	1.58	2.23	1.68	0.67		
70	0.55	1.62	2.54	2.12	0.94	0.22	
72	0.47	1.54	2.69	2.49	1.23	0.32	
74	0.38	1.37	2.65	2.73	1.50	0.44	
76	0.28	1.13	2.43	2.79	1.70	0.55	
78	0.19	0.87	2.09	2.65	1.79	0.65	
80		0.63	1.66	2.35	1.77	0.71	
82		0.42	1.24	1.94	1.62	0.72	0.17
84		0.26	0.86	1.49	1.39	0.68	0.18
86			0.55	1.07	1.10	0.61	0.18
88			0.33	0.72	0.82	0.50	0.16
90			0.19	0.45	0.57	0.38	
92				0.26	0.37	0.27	
94					0.22	0.18	

C.7.2.7 C体型身高与胸围覆盖率见表C.62。

表 C.62

胸围/cm	身高/cm						
	150	155	160	165	170	175	180
	比例/%						
76	0.42	0.82	0.83	0.44			
80	0.82	2.06	2.73	1.89	0.69		
84	0.96	3.15	5.44	4.91	2.33	0.58	
88	0.68	2.92	6.55	7.70	4.75	1.54	
92		1.63	4.77	7.31	5.87	2.47	0.54
96		0.55	2.10	4.19	4.39	2.41	0.69
100			0.56	1.46	1.98	1.42	0.53
104					0.54	0.50	

C.7.2.8　C体型身高与腰围覆盖率见表C.63。

表 C.63

腰围/cm	身高/cm						
	150	155	160	165	170	175	180
	比例/%						
70		0.24	0.25				
72	0.20	0.43	0.49	0.30			
74	0.29	0.68	0.87	0.60	0.22		
76	0.37	0.97	1.38	1.06	0.44		
78	0.43	1.25	1.97	1.68	0.78	0.19	
80	0.44	1.44	2.53	2.40	1.23	0.34	
82	0.41	1.50	2.92	3.08	1.76	0.55	
84	0.35	1.39	3.02	3.55	2.26	0.78	
86	0.26	1.17	2.82	3.68	2.61	1.00	0.21
88	0.18	0.88	2.36	3.43	2.70	1.15	0.27
90		0.60	1.78	2.88	2.52	1.20	0.31
92		0.36	1.20	2.17	2.11	1.11	0.32
94		0.20	0.73	1.47	1.59	0.93	0.30
96			0.40	0.89	1.07	0.70	0.25
98			0.20	0.49	0.65	0.47	0.19
100				0.24	0.36	0.29	

ICS 61.020
Y 75

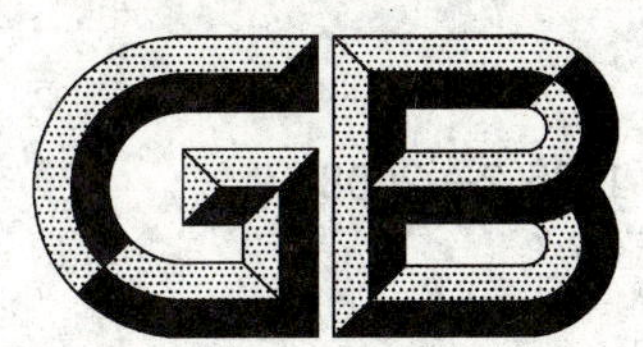

中华人民共和国国家标准

GB/T 1335.2—2008
代替 GB/T 1335.2—1997

服装号型 女子

Standard sizing systems for garments—Women

2008-12-31 发布 2009-08-01 实施

中华人民共和国国家质量监督检验检疫总局
中国国家标准化管理委员会 发布

前言

GB/T 1335 分为如下三个部分：

——GB/T 1335.1《服装号型　男子》；

——GB/T 1335.2《服装号型　女子》；

——GB/T 1335.3《服装号型　儿童》。

本部分为 GB/T 1335.2《服装号型　女子》。

本部分代替 GB/T 1335.2—1997《服装号型　女子》。

本部分与 GB/T 1335.2—1997 相比主要变化如下：

——修改了标准的英文名称；

——修改了标准的规范性引用文件；

——在第 4 章的号型系列设置(4.1.7～4.1.10)中增加了号为 180 及对应的型设置；

——在附录 B(表 B.1～表 B.4)中增加了号为 180 的控制部位值。

本部分的附录 A 和附录 B 为规范性附录，附录 C 为资料性附录。

本部分由中国纺织工业协会提出。

本部分由全国服装标准化技术委员会(SAC/TC 219)归口。

本部分由全国服装标准化技术委员会负责解释。

本部分主要起草单位：上海市服装研究所、中国服装协会、中国标准化研究院、中国科学院系统所、上海开开实业股份有限公司。

本部分主要起草人：张广闽、许鉴、聂雅渊、施琴、肖惠、冯士雍、叶本、王宏明。

本部分所代替标准的历次版本发布情况为：

——GB 1335.2—1981，GB 1335.2—1991，GB/T 1335.2—1997。

服装号型　女子

1　范围

GB/T 1335 的本部分规定了女子服装的号型定义、号型标志、号型应用和号型系列。

本部分适用于成批生产的女子服装。

2　规范性引用文件

下列文件中的条款通过 GB/T 1335 的本部分的引用而成为本部分的条款。凡是注日期的引用文件，其随后所有的修改单(不包括勘误的内容)或修订版均不适用于本部分，然而，鼓励根据本部分达成协议的各方研究是否可使用这些文件的最新版本。凡是不注日期的引用文件，其最新版本适用于本部分。

GB/T 16160　服装用人体测量的部位与方法

3　术语和定义

GB/T 16160 确立的以及下列术语和定义适用于 GB/T 1335 的本部分。

3.1

号　height

人体的身高，以厘米为单位表示，是设计和选购服装长短的依据。

3.2

型　girth

人体的上体胸围或下体腰围，以厘米为单位表示，是设计和选购服装肥瘦的依据。

3.3

体型　body type

以人体的胸围与腰围的差数为依据来划分的人体类型。体型划分为四类，分类代号分别为 Y、A、B、C。

体型分类代号表示如下：

a)　Y 体型表示胸围与腰围的差数在 19 cm～24 cm 之间。

b)　A 体型表示胸围与腰围的差数在 14 cm～18 cm 之间。

c)　B 体型表示胸围与腰围的差数在 9 cm～13 cm 之间。

d)　C 体型表示胸围与腰围的差数在 4 cm～8 cm 之间。

4　要求

4.1　号型系列

4.1.1　号型系列以各体型中间体为中心，向两边依次递增或递减组成。

4.1.2　身高以 5 cm 分档组成系列。

4.1.3　胸围以 4 cm 分档组成系列。

4.1.4　腰围以 4 cm、2 cm 分档组成系列。

4.1.5　身高与胸围搭配组成 5・4 号型系列。

4.1.6　身高与腰围搭配组成 5・4、5・2 号型系列。

4.1.7　5・4、5・2Y 号型系列见表 1。

表 1

单位为厘米

Y																
胸围	身高															
	145		150		155		160		165		170		175		180	
	腰围															
72	50	52	50	52	50	52	50	52								
76	54	56	54	56	54	56	54	56	54	56						
80	58	60	58	60	58	60	58	60	58	60	58	60				
84	62	64	62	64	62	64	62	64	62	64	62	64	62	64		
88	66	68	66	68	66	68	66	68	66	68	66	68	66	68	66	68
92			70	72	70	72	70	72	70	72	70	72	70	72	70	72
96					74	76	74	76	74	76	74	76	74	76	74	76
100							78	80	78	80	78	80	78	80	78	80

4.1.8 5·4、5·2A 号型系列见表 2。

表 2

单位为厘米

A																								
胸围	身高																							
	145			150			155			160			165			170			175			180		
	腰围																							
72				54	56	58	54	56	58	54	56	58												
76	58	60	62	58	60	62	58	60	62	58	60	62	58	60	62									
80	62	64	66	62	64	66	62	64	66	62	64	66	62	64	66	62	64	66						
84	66	68	70	66	68	70	66	68	70	66	68	70	66	68	70	66	68	70	66	68	70			
88	70	72	74	70	72	74	70	72	74	70	72	74	70	72	74	70	72	74	70	72	74	70	72	74
92				74	76	78	74	76	78	74	76	78	74	76	78	74	76	78	74	76	78	74	76	78
96							78	80	82	78	80	82	78	80	82	78	80	82	78	80	82	78	80	82
100										82	84	86	82	84	86	82	84	86	82	84	86	82	84	86

4.1.9 5·4、5·2B 号型系列见表 3。

表 3

单位为厘米

B																
胸围	身高															
	145		150		155		160		165		170		175		180	
	腰围															
68			56	58	56	58	56	58								
72	60	62	60	62	60	62	60	62	60	62						
76	64	66	64	66	64	66	64	66	64	66						
80	68	70	68	70	68	70	68	70	68	70	68	70				
84	72	74	72	74	72	74	72	74	72	74	72	74	72	74		

表 3（续）

单位为厘米

胸围	B															
	身高															
	145		150		155		160		165		170		175		180	
	腰围															
88	76	78	76	78	76	78	76	78	76	78	76	78	76	78	76	78
92	80	82	80	82	80	82	80	82	80	82	80	82	80	82	80	82
96			84	86	84	86	84	86	84	86	84	86	84	86	84	86
100					88	90	88	90	88	90	88	90	88	90	88	90
104							92	94	92	94	92	94	92	94	92	94
108									96	98	96	98	96	98	96	98

4.1.10　5·4、5·2C 号型系列见表 4。

表 4

单位为厘米

胸围	C															
	身高															
	145		150		155		160		165		170		175		180	
	腰围															
68	60	62	60	62	60	62										
72	64	66	64	66	64	66	64	66								
76	68	70	68	70	68	70	68	70								
80	72	74	72	74	72	74	72	74	72	74						
84	76	78	76	78	76	78	76	78	76	78	76	78				
88	80	82	80	82	80	82	80	82	80	82	80	82				
92	84	86	84	86	84	86	84	86	84	86	84	86	84	86		
96			88	90	88	90	88	90	88	90	88	90	88	90	88	90
100			92	94	92	94	92	94	92	94	92	94	92	94	92	94
104					96	98	96	98	96	98	96	98	96	98	96	98
108							100	102	100	102	100	102	100	102	100	102
112									104	106	104	106	104	106	104	106

4.2　分档数值

服装号型各系列分档数值见附录 A。

4.3　控制部位数值

控制部位数值是指人体主要部位的数值(系净体数值),是设计服装规格的依据。服装号型各系列控制部位数值见附录 B。

4.4　号型覆盖率

各体型的比例和服装号型覆盖率见附录 C。

4.5　号型标志

4.5.1　上、下装分别标明号型。

4.5.2　号型表示方法:号与型之间用斜线分开,后接体型分类代号。

例:上装 160/84A。其中,160 代表号,84 代表型,A 代表体型分类。下装 160/68A。其中,160 代表号,68 代表型,A 代表体型分类。

附　录　A
（规范性附录）
服装号型各系列分档数值

表 A.1

单位为厘米

体型	Y								A							
部位	中间体		5·4 系列		5·2 系列		身高[a]、胸围[b]、腰围[c]每增减 1 cm		中间体		5·4 系列		5·2 系列		身高[a]、胸围[b]、腰围[c]每增减 1 cm	
	计算数	采用数	计算数	采用数	计算数	采用数	计算数	采用数	计算数	采用数	计算数	采用数	计算数	采用数	计算数	采用数
身高	160	160	5	5	5	5	1	1	160	160	5	5	5	5	1	1
颈椎点高	136.2	136.0	4.46	4.00			0.89	0.80	136.0	136.0	4.53	4.00			0.91	0.80
坐姿颈椎点高	62.6	62.5	1.66	2.00			0.33	0.40	62.6	62.5	1.65	2.00			0.33	0.40
全臂长	50.4	50.5	1.66	1.50			0.33	0.30	50.4	50.5	1.70	1.50			0.34	0.30
腰围高	98.2	98.0	3.34	3.00	3.34	3.00	0.67	0.60	98.1	98.0	3.37	3.00	3.37	3.00	0.68	0.60
胸围	84	84	4	4			1	1	84	84	4	4			1	1
颈围	33.4	33.4	0.73	0.80			0.18	0.20	33.7	33.6	0.78	0.80			0.20	0.20
总肩宽	39.9	40.0	0.70	1.00			0.18	0.25	39.9	39.4	0.64	1.00			0.16	0.25
腰围	63.6	64.0	4	4	2	2	1	1	68.2	68	4	4	2	2	1	1
臀围	89.2	90.0	3.12	3.60	1.56	1.80	0.78	0.90	90.9	90.0	3.18	3.60	1.59	1.80	0.80	0.90

表 A.1（续）

单位为厘米

体型	B								C							
部位	中间体		5·4 系列		5·2 系列		身高[a]、胸围[b]、腰围[c] 每增减 1 cm		中间体		5·4 系列		5·2 系列		身高[a]、胸围[b]、腰围[c] 每增减 1 cm	
	计算数	采用数	计算数	采用数	计算数	采用数	计算数	采用数	计算数	采用数	计算数	采用数	计算数	采用数	计算数	采用数
身高	160	160	5	5	5	5	1	1	160	160	5	5	5	5	1	1
颈椎点高	136.3	136.5	4.57	4.00			0.92	0.80	136.5	136.5	4.48	4.00			0.90	0.80
坐姿颈椎点高	63.2	63.0	1.81	2.00			0.36	0.40	62.7	62.5	1.80	2.00			0.35	0.40
全臂长	50.5	50.5	1.68	1.50			0.34	0.30	50.5	50.5	1.60	1.50			0.32	0.30
腰围高	98.0	98.0	3.34	3.00	3.30	3.00	0.67	0.60	98.2	98.0	3.27	3.00	3.27	3.00	0.65	0.60
胸围	88	88	4	4			1	1	88	88	4	4			1	1
颈围	34.7	34.6	0.81	0.80			0.20	0.20	34.9	34.8	0.75	0.80			0.19	0.20
总肩宽	40.3	39.8	0.69	1.00			0.17	0.25	40.5	39.2	0.69	1.00			0.17	0.25
腰围	76.6	78.0	4	4	2	2	1	1	81.9	82	4	4	2	2	1	1
臀围	94.8	96.0	3.27	3.20	1.64	1.60	0.82	0.80	96.0	96.0	3.33	3.20	1.67	1.60	0.83	0.80

[a] 身高所对应的高度部位是颈椎点高、坐姿颈椎点高、全臂长、腰围高。

[b] 胸围所对应的围度部位是颈围、总肩宽。

[c] 腰围所对应的围度部位是臀围。

附　录　B
（规范性附录）
服装号型各系列控制部位数值

B.1　5・4、5・2Y 号型系列控制部位数值见表 B.1。

表 B.1

单位为厘米

<table>
<tr><td colspan="17">Y</td></tr>
<tr><td>部　位</td><td colspan="16">数　值</td></tr>
<tr><td>身高</td><td colspan="2">145</td><td colspan="2">150</td><td colspan="2">155</td><td colspan="2">160</td><td colspan="2">165</td><td colspan="2">170</td><td colspan="2">175</td><td colspan="2">180</td></tr>
<tr><td>颈椎点高</td><td colspan="2">124.0</td><td colspan="2">128.0</td><td colspan="2">132.0</td><td colspan="2">136.0</td><td colspan="2">140.0</td><td colspan="2">144.0</td><td colspan="2">148.0</td><td colspan="2">152.0</td></tr>
<tr><td>坐姿颈椎点高</td><td colspan="2">56.5</td><td colspan="2">58.5</td><td colspan="2">60.5</td><td colspan="2">62.5</td><td colspan="2">64.5</td><td colspan="2">66.5</td><td colspan="2">68.5</td><td colspan="2">70.5</td></tr>
<tr><td>全臂长</td><td colspan="2">46.0</td><td colspan="2">47.5</td><td colspan="2">49.0</td><td colspan="2">50.5</td><td colspan="2">52.0</td><td colspan="2">53.5</td><td colspan="2">55.0</td><td colspan="2">56.5</td></tr>
<tr><td>腰围高</td><td colspan="2">89.0</td><td colspan="2">92.0</td><td colspan="2">95.0</td><td colspan="2">98.0</td><td colspan="2">101.0</td><td colspan="2">104.0</td><td colspan="2">107.0</td><td colspan="2">110.0</td></tr>
<tr><td>胸围</td><td colspan="2">72</td><td colspan="2">76</td><td colspan="2">80</td><td colspan="2">84</td><td colspan="2">88</td><td colspan="2">92</td><td colspan="2">96</td><td colspan="2">100</td></tr>
<tr><td>颈围</td><td colspan="2">31.0</td><td colspan="2">31.8</td><td colspan="2">32.6</td><td colspan="2">33.4</td><td colspan="2">34.2</td><td colspan="2">35.0</td><td colspan="2">35.8</td><td colspan="2">36.6</td></tr>
<tr><td>总肩宽</td><td colspan="2">37.0</td><td colspan="2">38.0</td><td colspan="2">39.0</td><td colspan="2">40.0</td><td colspan="2">41.0</td><td colspan="2">42.0</td><td colspan="2">43.0</td><td colspan="2">44.0</td></tr>
<tr><td>腰围</td><td>50</td><td>52</td><td>54</td><td>56</td><td>58</td><td>60</td><td>62</td><td>64</td><td>66</td><td>68</td><td>70</td><td>72</td><td>74</td><td>76</td><td>78</td><td>80</td></tr>
<tr><td>臀围</td><td>77.4</td><td>79.2</td><td>81.0</td><td>82.8</td><td>84.6</td><td>86.4</td><td>88.2</td><td>90.0</td><td>91.8</td><td>93.6</td><td>95.4</td><td>97.2</td><td>99.0</td><td>100.8</td><td>102.6</td><td>104.4</td></tr>
</table>

B.2　5・4、5・2A 号型系列控制部位数值见表 B.2。

表 B.2

单位为厘米

A								
部　位	数　值							
身高	145	150	155	160	165	170	175	180
颈椎点高	124.0	128.0	132.0	136.0	140.0	144.0	148.0	152.0
坐姿颈椎点高	56.5	58.5	60.5	62.5	64.5	66.5	68.5	70.5

表 B.2（续）

单位为厘米

部位	A 数值																						
全臂长	46.0			47.5			49.0			50.5			52.0			53.5			55.0			56.5		
腰围高	89.0			92.0			95.0			98.0			101.0			104.0			107.0			110.0		
胸围	72			76			80			84			88			92			96			100		
颈围	31.2			32.0			32.8			33.6			34.4			35.2			36.0			36.8		
总肩宽	36.4			37.4			38.4			39.4			40.4			41.4			42.4			43.4		
腰围	54	56	58	58	60	62	62	64	66	66	68	70	70	72	74	74	76	78	78	80	82	82	84	86
臀围	77.4	79.2	81.0	81.0	82.8	84.6	84.6	86.4	88.2	88.2	90.0	91.8	91.8	93.6	95.4	95.4	97.2	99.0	99.0	100.8	102.6	102.6	104.4	106.2

B.3 5·4、5·2B 号型系列控制部位数值见表 B.3。

表 B.3

单位为厘米

部位	B 数值																					
身高	145		150			155			160		165			170			175		180			
颈椎点高	124.5		128.5			132.5			136.5		140.5			144.5			148.5		152.5			
坐姿颈椎点高	57.0		59.0			61.0			63.0		65.0			67.0			69.0		71			
全臂长	46.0		47.5			49.0			50.5		52.0			53.5			55.0		56.5			
腰围高	89.0		92.0			95.0			98.0		101.0			104.0			107.0		110.0			
胸围	68		72		76		80		84		88		92		96		100		104		108	
颈围	30.6		31.4		32.2		33.0		33.8		34.6		35.4		36.2		37.0		37.8		38.6	
总肩宽	34.8		35.8		36.8		37.8		38.8		39.8		40.8		41.8		42.8		43.8		44.8	
腰围	56	58	60	62	64	66	68	70	72	74	76	78	80	82	84	86	88	90	92	94	96	98
臀围	78.4	80.0	81.6	83.2	84.8	86.4	88.0	89.6	91.2	92.8	94.4	96.0	97.6	99.2	100.8	102.4	104.0	105.6	107.2	108.8	110.4	112.0

B.4 5·4、5·2C 号型系列控制部位数值见表 B.4。

表 B.4

单位为厘米

C																								
部位	数值																							
身高	145			150			155			160			165			170			175			180		
颈椎点高	124.5			128.5			132.5			136.5			140.5			144.5			148.5			152.5		
坐姿颈椎点高	56.5			58.5			60.5			62.5			64.5			66.5			68.5			70.5		
全臂长	46.0			47.5			49.0			50.5			52.0			53.5			55.0			56.5		
腰围高	89.0			92.0			95.0			98.0			101.0			104.0			107.0			110.0		
胸围	68		72		76		80		84		88		92		96		100		104		108		112	
颈围	30.8		31.6		32.4		33.2		34.8		34.8		35.6		36.4		37.2		38.0		38.8		39.6	
总肩宽	34.2		35.2		36.2		37.2		38.2		39.2		40.2		41.2		42.2		43.2		44.2		45.2	
腰围	60	62	64	66	68	70	72	74	76	78	80	82	84	86	88	90	92	94	96	98	100	102	104	106
臀围	78.4	80.0	81.6	83.2	84.8	86.4	88.0	89.6	91.2	92.8	94.4	96.0	97.6	99.2	100.8	102.4	104.0	105.6	107.2	108.8	110.4	112.0	113.6	115.2

附 录 C
（资料性附录）
各体型的比例和服装号型覆盖率

C.1 全国各体型的比例和服装号型覆盖率

C.1.1 各体型人体在总量中的比例

见表 C.1。

表 C.1

%

体型	Y	A	B	C
比例	14.82	44.13	33.72	6.45

C.1.2 服装号型覆盖率

C.1.2.1 Y 体型身高与胸围覆盖率见表 C.2。

表 C.2

胸围/cm	身高/cm					
	145	150	155	160	165	170
	比例/%					
72		0.75	1.04	0.86		
76	0.70	2.49	4.00	2.90	0.95	
80	1.11	4.57	8.45	7.05	2.66	0.45
84	0.97	4.61	9.83	9.46	4.11	0.80
88	0.47	2.57	6.31	7.00	3.50	0.79
92		0.79	2.23	2.85	1.64	0.43
96			0.43	0.64	0.43	

C.1.2.2 Y 体型身高与腰围覆盖率见表 C.3。

表 C.3

腰围/cm	身高/cm					
	145	150	155	160	165	170
	比例/%					
50		0.16	0.21			
52		0.38	0.53	0.34		
54	0.23	0.76	1.15	0.78	0.24	
56	0.36	1.31	2.12	1.55	0.51	
58	0.50	1.92	3.33	2.62	0.93	
60	0.58	2.39	4.47	3.77	1.44	0.25
62	0.57	2.55	5.11	4.64	1.90	0.35
64	0.48	2.32	4.99	4.87	2.14	0.42

表 C.3（续）

腰围/cm	身高/cm					
	145	150	155	160	165	170
	比例/%					
66	0.35	1.80	4.16	4.36	2.06	0.44
68	0.22	1.19	2.96	3.33	1.69	0.39
70		0.67	1.80	2.17	1.18	0.29
72		0.32	0.93	1.21	0.71	0.19
74			0.41	0.57	0.63	
76			0.16	0.23	0.16	

C.1.2.3 A 体型身高与胸围覆盖率见表 C.4。

表 C.4

胸围/cm	身高/cm					
	145	150	155	160	165	170
	比例/%					
68		0.43	0.64	0.46		
72	0.39	1.39	2.27	1.74	0.62	
76	0.78	2.95	5.25	4.36	1.70	
80	1.00	4.13	7.95	7.16	3.02	0.59
84	0.85	3.78	7.89	7.71	3.52	0.75
88	0.47	2.27	5.14	5.44	2.69	0.62
92		0.89	2.19	2.52	1.35	0.34
96			0.61	0.76	0.44	

C.1.2.4 A 体型身高与腰围覆盖率见表 C.5。

表 C.5

腰围/cm	身高/cm					
	145	150	155	160	165	170
	比例/%					
52		0.18	0.28	0.20		
54		0.36	0.57	0.43		
56	0.18	0.64	1.05	0.81	0.29	
58	0.27	1.00	1.71	1.37	0.52	
60	0.37	1.42	2.52	2.10	0.82	
62	0.46	1.81	3.33	2.88	1.17	0.22
64	0.50	2.06	3.96	3.56	1.50	0.29
66	0.50	2.11	4.21	3.94	1.72	0.35
68	0.44	1.95	4.03	3.92	1.78	0.38

表 C.5（续）

腰围/cm	身高/cm					
	145	150	155	160	165	170
	比例/%					
70	0.35	1.61	3.46	3.49	1.65	0.37
72	0.25	1.19	2.67	2.80	1.38	0.32
74	0.16	0.80	1.85	2.02	1.03	0.25
76		0.48	1.15	1.30	0.69	0.17
78		0.26	0.64	0.76	0.42	
80			0.32	0.39	0.23	
82				0.18		

C.1.2.5 B体型身高与胸围覆盖率见表C.6。

表 C.6

胸围/cm	身高/cm					
	145	150	155	160	165	170
	比例/%					
64		0.45	0.50			
68	0.40	1.09	1.34	0.75		
72	0.70	2.09	2.83	1.75	0.49	
76	0.97	3.16	4.72	3.22	1.01	
80	1.05	3.77	6.21	4.68	1.61	
84	0.89	3.56	6.46	5.36	2.03	0.35
88	0.60	2.65	5.29	4.85	2.03	0.39
92	0.32	1.55	3.43	3.46	1.59	0.34
96		0.72	1.75	1.95	0.99	
100			0.71	0.86	0.49	

C.1.2.6 B体型身高与腰围覆盖率见表C.7。

表 C.7

腰围/cm	身高/cm					
	145	150	155	160	165	170
	比例/%					
52		0.20	0.23			
54		0.33	0.39	0.22		
56	0.18	0.50	0.62	0.36		
58	0.25	0.71	0.93	0.56		
60	0.32	0.96	1.31	0.82	0.24	
62	0.39	1.22	1.75	1.15	0.35	

表 C.7（续）

腰围/cm	身高/cm					
	145	150	155	160	165	170
	比例/%					
64	0.45	1.48	2.20	1.51	0.48	
66	0.50	1.68	2.63	1.89	0.62	
68	0.51	1.82	2.96	2.22	0.77	
70	0.50	1.85	3.15	2.47	0.89	
72	0.46	1.79	3.18	2.60	0.98	0.17
74	0.40	1.63	3.03	2.59	1.02	0.18
76	0.33	1.40	2.72	2.43	1.00	0.19
78	0.26	1.14	2.32	2.16	0.93	0.18
80	0.19	0.88	1.86	1.82	0.82	0.17
82		0.64	1.42	1.44	0.68	
84		0.44	1.02	1.08	0.53	
86		0.28	0.69	0.77	0.39	
88		0.18	0.44	0.52	0.28	
90			0.27	0.33	0.18	
92				0.20		

C.1.2.7 C体型身高与胸围覆盖率见表C.8。

表 C.8

胸围/cm	身高/cm						
	140	145	150	155	160	165	170
	比例/%						
64		0.41	0.52	0.33			
68		0.77	1.13	0.83			
72	0.35	1.20	2.04	1.73	0.72		
76	0.39	1.55	3.06	2.99	1.45	0.35	
80	0.36	1.67	3.80	4.30	2.42	0.67	
84		1.49	3.92	5.14	3.35	1.08	
88		1.10	3.37	5.10	3.84	1.44	
92		0.68	2.40	4.21	3.67	1.59	0.34
96		0.35	1.42	2.88	2.91	1.46	0.36
100			0.70	1.64	1.91	1.11	0.32
104				0.77	1.05	0.70	
108					0.48	0.37	

C.1.2.8 C体型身高与腰围覆盖率见表C.9。

表 C.9

腰围/cm	身高/cm						
	140	145	150	155	160	165	170
	比例/%						
56			0.20				
58		0.22	0.30	0.21			
60		0.30	0.44	0.32			
62		0.38	0.60	0.48	0.19		
64		0.48	0.80	0.67	0.29		
66	0.16	0.57	1.02	0.92	0.42		
68	0.18	0.66	1.25	1.19	0.58		
70	0.18	0.73	1.47	1.49	0.77	0.20	
72	0.18	0.77	1.65	1.79	0.98	0.27	
74	0.17	0.78	1.79	2.06	1.20	0.36	
76	0.16	0.77	1.86	2.28	1.42	0.45	
78		0.72	1.85	2.42	1.60	0.54	
80		0.64	1.77	2.46	1.74	0.62	
82		0.56	1.63	2.41	1.81	0.69	
84		0.46	1.43	2.26	1.81	0.73	
86		0.37	1.21	2.04	1.73	0.75	0.16
88		0.28	0.98	1.76	1.59	0.73	0.17
90		0.20	0.77	1.46	1.41	0.69	0.17
92			0.57	1.16	1.19	0.62	0.16
94			0.41	0.89	0.97	0.54	
96			0.28	0.65	0.76	0.45	
98			0.19	0.46	0.57	0.36	
100				0.31	0.41	0.27	
102				0.20	0.28	0.20	
104					0.19		

C.2 东北、华北地区各体型的比例和服装号型覆盖率

C.2.1 各体型人体在该地区总量中的比例

见表 C.10。

表 C.10 %

体型	Y	A	B	C
比例	15.15	47.61	32.22	4.47

C.2.2 服装号型覆盖率

C.2.2.1 Y 体型身高与胸围覆盖率见表 C.11。

表 C.11

胸围/cm	身高/cm					
	145	150	155	160	165	170
	比例/%					
72		0.43	0.95	0.86	0.32	
76		1.35	3.26	3.24	1.33	
80	0.39	2.54	6.72	7.36	3.33	0.62
84	0.41	2.88	8.40	10.10	5.03	1.03
88		1.98	6.34	8.39	4.59	1.03
92		0.82	2.90	4.22	2.54	0.63
96			0.80	1.28	0.85	

C.2.2.2 Y体型身高与腰围覆盖率见表C.12。

表 C.12

腰围/cm	身高/cm					
	145	150	155	160	165	170
	比例/%					
50			0.19	0.18		
52		0.20	0.45	0.43	0.17	
54		0.39	0.92	0.92	0.38	
56		0.66	1.65	1.70	0.73	
58	0.16	0.99	2.57	2.76	1.24	0.23
60	0.20	1.30	3.50	3.92	1.82	0.35
62	0.22	1.49	4.17	4.85	2.35	0.47
64	0.21	1.49	4.34	5.25	2.65	0.55
66	0.18	1.30	3.95	4.97	2.60	0.57
68		0.99	3.14	4.11	2.24	0.51
70		0.66	2.18	2.97	1.68	0.40
72		0.39	1.32	1.87	1.10	0.27
74		0.20	0.70	1.03	0.63	0.16
76			0.32	0.50	0.32	
78				0.21		

C.2.2.3 A体型身高与胸围覆盖率见表C.13。

表 C.13

胸围/cm	身高/cm					
	145	150	155	160	165	170
	比例/%					
68		0.40	0.81	0.69		
72		1.06	2.36	2.21	0.87	
76	0.33	1.96	4.79	4.93	2.12	0.38

表 C.13（续）

胸围/cm	身高/cm					
	145	150	155	160	165	170
	比例/%					
80	0.39	2.53	6.80	7.66	3.63	0.72
84	0.32	2.29	6.75	8.34	4.33	0.94
88		1.45	4.68	6.34	3.61	0.86
92		0.64	2.27	3.37	2.11	0.55
96			0.77	1.25	0.86	
100				0.33		

C.2.2.4　A 体型身高与腰围覆盖率见表 C.14。

表 C.14

腰围/cm	身高/cm					
	145	150	155	160	165	170
	比例/%					
50			0.19	0.16		
52		0.19	0.38	0.33		
54		0.32	0.68	0.62	0.24	
56		0.50	1.12	1.06	0.42	
58		0.72	1.69	1.66	0.69	
60	0.16	0.95	2.32	2.39	1.03	0.19
62	0.19	1.14	2.91	3.14	1.42	0.27
64	0.20	1.25	3.35	3.77	1.78	0.35
66	0.19	1.26	3.53	4.15	2.05	0.42
68	0.17	1.16	3.40	4.17	2.16	0.47
70		0.98	2.99	3.84	2.07	0.47
72		0.76	2.41	3.24	1.82	0.43
74		0.53	1.78	2.49	1.47	0.36
76		0.34	1.20	1.76	1.08	0.28
78		0.20	0.74	1.13	0.73	0.20
80			0.42	0.67	0.45	
82			0.22	0.36	0.25	
84				0.18		

C.2.2.5　B 体型身高与胸围覆盖率见表 C.15。

表 C.15

胸围/cm	身高/cm					
	145	150	155	160	165	170
	比例/%					
64		0.46	0.64	0.38		
68		0.95	1.49	0.99		
72	0.39	1.62	2.84	2.10	0.65	
76	0.48	2.24	4.40	3.63	1.26	
80	0.48	2.53	5.55	5.12	1.99	0.32
84	0.40	2.32	5.70	5.89	2.56	0.47
88		1.74	4.77	5.52	2.68	0.55
92		1.06	3.26	4.21	2.29	0.52
96		0.53	1.81	2.62	1.59	0.41
100			0.82	1.32	0.90	
104			0.30	0.55	0.42	

C.2.2.6 B体型身高与腰围覆盖率见表C.16。

表 C.16

腰围/cm	身高/cm					
	145	150	155	160	165	170
	比例/%					
50			0.20			
52		0.22	0.32	0.19		
54		0.32	0.49	0.31		
56		0.45	0.72	0.49		
58		0.60	1.00	0.72	0.22	
60	0.18	0.76	1.34	1.01	0.32	
62	0.21	0.92	1.70	1.35	0.45	
64	0.23	1.05	2.07	1.72	0.61	
66	0.24	1.16	2.39	2.09	0.78	
68	0.24	1.21	2.64	2.43	0.95	0.16
70	0.22	1.21	2.77	2.68	1.10	0.19
72	0.20	1.16	2.78	2.83	1.22	0.22
74	0.17	1.05	2.65	2.84	1.29	0.25
76		0.91	2.41	2.72	1.30	0.26
78		0.75	2.10	2.49	1.25	0.27
80		0.59	1.73	2.17	1.15	0.26
82		0.44	1.37	1.80	1.00	0.24

表 C.16（续）

腰围/cm	身高/cm					
	145	150	155	160	165	170
	比例/%					
84		0.31	1.03	1.42	0.83	0.21
86		0.21	0.74	1.07	0.66	0.17
88			0.50	0.77	0.50	
90			0.33	0.53	0.36	
92			0.20	0.35	0.25	
94				0.22	0.16	

C.2.2.7 C 体型身高与胸围覆盖率见表 C.17。

表 C.17

胸围/cm	身高/cm					
	145	150	155	160	165	170
	比例/%					
68		0.37	0.35			
72	0.38	0.87	0.96	0.51		
76	0.62	1.65	2.10	1.28	0.37	
80	0.81	2.49	3.67	2.58	0.87	
84	0.85	3.01	5.11	4.15	1.61	
88	0.71	2.90	5.67	5.32	2.38	0.51
92	0.47	2.23	5.03	5.44	2.81	0.69
96		1.37	3.56	4.44	2.65	0.75
100		0.67	2.01	2.89	1.99	0.65
104			0.91	1.51	1.19	0.45
108			0.33	0.63	0.57	

C.2.2.8 C 体型身高与腰围覆盖率见表 C.18。

表 C.18

腰围/cm	身高/cm					
	145	150	155	160	165	170
	比例/%					
60		0.16	0.17			
62		0.24	0.27			
64		0.35	0.41	0.24		
66	0.19	0.49	0.61	0.37		
68	0.24	0.65	0.86	0.55	0.18	
70	0.29	0.83	1.15	0.79	0.26	

表 C.18（续）

腰围/cm	身高/cm					
	145	150	155	160	165	170
	比例/%					
72	0.33	1.00	1.48	1.07	0.38	
74	0.37	1.17	1.81	1.38	0.52	
76	0.38	1.29	2.12	1.71	0.67	
78	0.38	1.36	2.37	2.01	0.84	0.17
80	0.37	1.38	2.52	2.27	1.00	0.22
82	0.34	1.33	2.57	2.44	1.14	0.26
84	0.29	1.22	2.50	2.51	1.23	0.30
86	0.24	1.07	2.32	2.46	1.28	0.33
88	0.19	0.90	2.06	2.30	1.27	0.34
90		0.72	1.74	2.06	1.19	0.34
92		0.55	1.41	1.76	1.08	0.32
94		0.40	1.08	1.43	0.93	0.29
96		0.28	0.80	1.12	0.76	0.26
98		0.19	0.56	0.83	0.60	0.21
100			0.38	0.59	0.45	0.17
102			0.24	0.40	0.32	
104				0.26	0.22	
106				0.16		

C.3 中西部地区各体型的比例和服装号型覆盖率

C.3.1 各体型人体在该地区总量中的比例

见表 C.19。

表 C.19

%

体型	Y	A	B	C
比例	17.50	46.79	30.34	4.52

C.3.2 服装号型覆盖率

C.3.2.1 Y 体型身高与胸围覆盖率见表 C.20。

表 C.20

胸围/cm	身高/cm					
	145	150	155	160	165	170
	比例/%					
72		0.52	0.84	0.59		
76	0.46	1.99	3.74	3.07	1.10	

表 C.20（续）

胸围/cm	身高/cm					
	145	150	155	160	165	170
	比例/%					
80	0.76	3.84	8.47	8.14	3.41	0.62
84	0.64	3.78	9.75	10.97	5.38	1.15
88		1.89	5.72	7.53	4.33	1.08
92		0.48	1.71	2.63	1.77	0.52
96				0.47	0.37	

C.3.2.2　Y 体型身高与腰围覆盖率见表 C.21。

表 C.21

腰围/cm	身高/cm					
	145	150	155	160	165	170
	比例/%					
52		0.27	0.43	0.29		
54		0.60	1.02	0.76	0.25	
56	0.25	1.09	2.04	1.65	0.58	
58	0.35	1.65	3.36	2.98	1.14	0.19
60	0.40	2.07	4.61	4.45	1.87	0.34
62	0.38	2.16	5.25	5.53	2.53	0.50
64	0.31	1.87	4.96	5.70	2.85	0.62
66	0.20	1.35	3.89	4.89	2.66	0.63
68		0.80	2.54	3.47	2.07	0.53
70		0.40	1.37	2.05	1.33	0.37
72		0.16	0.62	1.00	0.71	0.22
74			0.23	0.41	0.32	

C.3.2.3　A 体型身高与胸围覆盖率见表 C.22。

表 C.22

胸围/cm	身高/cm					
	145	150	155	160	165	170
	比例/%					
68			0.54	0.44		
72		0.98	2.04	1.73	0.59	

表 C.22(续)

胸围/cm	身高/cm					
	145	150	155	160	165	170
	比例/%					
76	0.43	2.31	5.04	4.44	1.58	
80	0.64	3.60	8.18	7.52	2.80	0.42
84	0.63	3.69	8.74	8.38	3.25	0.51
88	0.40	2.49	6.15	6.15	2.49	0.40
92		1.10	2.85	2.97	1.25	
96		0.32	0.87	0.94	0.42	

C.3.2.4 A体型身高与腰围覆盖率见表C.23。

表 C.23

腰围/cm	身高/cm					
	145	150	155	160	165	170
	比例/%					
52			0.26	0.22		
54		0.26	0.54	0.45		
56		0.47	0.99	0.85	0.29	
58		0.77	1.65	1.43	0.51	
60	0.21	1.13	2.47	2.19	0.79	
62	0.27	1.49	3.33	3.01	1.10	0.16
64	0.31	1.78	4.04	3.73	1.39	0.21
66	0.33	1.91	4.43	4.16	1.58	0.24
68	0.32	1.85	4.38	4.19	1.62	0.25
70	0.27	1.62	3.89	3.80	1.50	0.24
72	0.21	1.27	3.12	3.11	1.25	0.20
74		0.90	2.26	2.29	0.94	
76		0.58	1.47	1.52	0.64	
78		0.33	0.87	0.91	0.39	
80		0.17	0.46	0.49	0.21	
82			0.22	0.24		

C.3.2.5 B体型身高与胸围覆盖率见表C.24。

表 C.24

胸围/cm	身高/cm				
	145	150	155	160	165
	比例/%				
68		0.38	0.87	0.76	
72	0.33	0.97	2.16	1.83	0.59
76	0.51	1.91	4.18	3.47	1.09
80	0.63	2.94	6.33	5.15	1.58
84	0.61	3.55	7.49	5.97	1.80
88	0.46	3.35	6.93	5.42	1.60
92		2.48	5.01	3.84	1.11
96		1.43	2.84	2.13	0.60
100		0.65	1.25	0.92	
104			0.43		

C.3.2.6 B体型身高与腰围覆盖率见表C.25。

表 C.25

腰围/cm	身高/cm				
	145	150	155	160	165
	比例/%				
54			0.22	0.20	
56		0.17	0.39	0.34	
58		0.28	0.63	0.54	0.18
60		0.43	0.97	0.83	0.27
62		0.63	1.40	1.18	0.38
64		0.86	1.91	1.59	0.50
66	0.19	1.12	2.45	2.03	0.63
68	0.24	1.37	2.97	2.43	0.75
70	0.28	1.58	3.38	2.74	0.84
72	0.31	1.72	3.64	2.91	0.88
74	0.32	1.76	3.68	2.92	0.87
76	0.31	1.70	3.52	2.76	0.82

表 C.25（续）

腰围/cm	身高/cm				
	145	150	155	160	165
	比例/%				
78	0.28	1.54	3.16	2.45	0.72
80	0.25	1.32	2.68	2.06	0.60
82	0.20	1.07	2.14	1.63	0.47
84		0.81	1.61	1.21	0.34
86		0.58	1.15	0.85	0.24
88		0.39	0.77	0.56	0.16
90		0.25	0.48	0.35	
92			0.29	0.21	
94			0.16		

C.3.2.7 C体型身高与胸围覆盖率见表C.26。

表 C.26

胸围/cm	身高/cm				
	145	150	155	160	165
	比例/%				
68			0.43		
72		0.74	1.17	0.70	
76	0.32	1.47	2.53	1.67	0.42
80	0.46	2.31	4.40	3.21	0.89
84	0.52	2.90	6.11	4.90	1.50
88	0.48	2.92	6.76	5.99	2.02
92	0.35	2.34	5.98	5.84	2.18
96		1.50	4.23	4.55	1.87
100		0.77	2.39	2.83	1.28
104			1.07	1.41	0.70
108			0.39	0.56	

C.3.2.8 C体型身高与腰围覆盖率见表C.27。

表 C.27

腰围/cm	身高/cm				
	145	150	155	160	165
	比例/%				
60				0.17	
62			0.22	0.28	
64			0.36	0.45	0.22
66		0.18	0.56	0.67	0.31
68		0.28	0.83	0.96	0.43
70		0.41	1.17	1.31	0.57
72		0.57	1.57	1.69	0.71
74		0.75	2.00	2.08	0.84
76		0.94	2.43	2.43	0.95
78	0.17	1.12	2.80	2.70	1.01
80	0.20	1.28	3.07	2.86	1.03
82	0.23	1.38	3.20	2.87	1.00
84	0.24	1.42	3.17	2.75	0.92
86	0.25	1.38	2.98	2.50	0.81
88	0.24	1.28	2.67	2.16	0.67
90	0.22	1.13	2.27	1.77	0.53
92	0.19	0.95	1.84	1.38	0.40
94	0.16	0.76	1.42	1.03	0.29
96		0.58	1.04	0.73	0.20
98		0.42	0.72	0.49	
100		0.29	0.48	0.31	
102		0.19	0.19		

C.4 长江下游地区各体型的比例和服装号型覆盖率

C.4.1 各体型人体在该地区总量中的比例

见表 C.28。

表 C.28 %

体型	Y	A	B	C
比例	16.23	39.96	33.18	8.78

C.4.2 服装号型覆盖率

C.4.2.1 Y 体型身高与胸围覆盖率见表 C.29。

表 C.29

胸围/cm	身高/cm					
	145	150	155	160	165	170
	比例/%					
72		1.02	1.41	0.74		
76	0.80	3.52	5.89	3.77	0.91	
80	1.07	5.73	11.67	9.06	2.68	
84	0.68	4.44	10.98	10.36	3.72	0.50
88		1.63	4.91	5.63	2.46	0.41
92			1.04	1.45	0.77	

C.4.2.2 Y 体型身高与腰围覆盖率见表 C.30。

表 C.30

腰围/cm	身高/cm					
	145	150	155	160	165	170
	比例/%					
50		0.17	0.20			
52		0.47	0.62	0.31		
54	0.27	1.04	1.53	0.85	0.18	
56	0.43	1.86	3.04	1.89	0.44	
58	0.55	2.67	4.89	3.39	0.89	
60	0.57	3.10	6.34	4.92	1.44	0.16
62	0.47	2.90	6.63	5.75	1.89	0.23
64	0.32	2.18	5.60	5.43	1.99	0.27
66	0.17	1.33	3.81	4.13	1.69	0.26
68		0.65	2.09	2.53	1.16	0.20
70		0.26	0.92	1.25	0.64	
72			0.33	0.50	0.29	
74				0.16		

C.4.2.3 A 体型身高与胸围覆盖率见表 C.31。

表 C.31

胸围/cm	身高/cm					
	145	150	155	160	165	170
	比例/%					
68		0.40	0.72	0.57		
72		1.37	2.63	2.20	0.81	
76	0.63	2.94	6.02	5.39	2.11	0.36

表 C.31(续)

胸围/cm	身高/cm					
	145	150	155	160	165	170
	比例/%					
80	0.80	4.00	8.72	8.32	3.47	0.63
84	0.64	3.43	7.98	8.12	3.61	0.70
88	0.33	1.86	4.61	5.00	2.37	0.49
92		0.64	1.68	1.95	0.99	
96			0.39	0.48		

C.4.2.4 A体型身高与腰围覆盖率见表C.32。

表 C.32

腰围/cm	身高/cm					
	145	150	155	160	165	170
	比例/%					
52		0.18	0.33	0.27		
54		0.36	0.68	0.56	0.20	
56		0.63	1.23	1.05	0.39	
58	0.22	1.00	2.01	1.76	0.68	
60	0.30	1.41	2.91	2.62	1.04	0.18
62	0.37	1.78	3.76	3.49	1.42	0.25
64	0.40	1.99	4.33	4.13	1.73	0.31
66	0.39	1.98	4.44	4.36	1.88	0.35
68	0.33	1.76	4.06	4.10	1.81	0.35
70	0.26	1.40	3.31	3.44	1.56	0.31
72	0.18	0.99	2.41	2.57	1.20	0.25
74		0.62	1.56	1.71	0.82	0.17
76		0.35	0.90	1.02	0.50	
78		0.17	0.46	0.54	0.27	
80			0.21	0.25		

C.4.2.5 B体型身高与胸围覆盖率见表C.33。

表 C.33

胸围/cm	身高/cm					
	145	150	155	160	165	170
	比例/%					
64		0.66	0.66			
68	0.60	1.50	1.71	0.90		
72	0.93	2.63	3.42	2.05	0.57	

表 C.33(续)

胸围/cm	身高/cm					
	145	150	155	160	165	170
	比例/%					
76	1.12	3.60	5.33	3.65	1.15	
80	1.05	3.84	6.48	5.05	1.81	
84	0.76	3.19	6.13	5.44	2.23	0.42
88	0.43	2.06	4.52	4.57	2.13	0.46
92		1.04	2.60	2.99	1.59	0.39
96		0.41	1.16	1.52	0.92	
100			0.40	0.60	0.42	

C.4.2.6 B体型身高与腰围覆盖率见表C.34。

表 C.34

腰围/cm	身高/cm					
	145	150	155	160	165	170
	比例/%					
50		0.17	0.17			
52		0.28	0.29			
54	0.18	0.44	0.49	0.25		
56	0.26	0.65	0.76	0.42		
58	0.34	0.90	1.12	0.65	0.18	
60	0.42	1.17	1.55	0.96	0.28	
62	0.49	1.45	2.02	1.32	0.40	
64	0.53	1.68	2.48	1.71	0.55	
66	0.55	1.84	2.87	2.09	0.72	
68	0.54	1.89	3.12	2.41	0.87	
70	0.49	1.84	3.20	2.62	1.00	0.18
72	0.43	1.68	3.10	2.68	1.08	0.21
74	0.35	1.44	2.82	2.58	1.10	0.22
76	0.27	1.17	2.42	2.34	1.06	0.22
78	0.19	0.89	1.95	2.00	0.96	0.21
80		0.64	1.48	1.60	0.81	0.19
82		0.44	1.06	1.22	0.65	0.16
84		0.28	0.72	0.87	0.49	
86		0.17	0.46	0.58	0.35	
88			0.27	0.37	0.23	
90				0.22		

C.4.2.7　C 体型身高与胸围覆盖率见表 C.35。

表 C.35

胸围/cm	身高/cm						
	140	145	150	155	160	165	170
	比例/%						
56	0.33	0.40					
60	0.53	0.81	0.56				
64	0.71	1.37	1.20	0.47			
68	0.79	1.94	2.15	1.07			
72	0.74	2.30	3.21	2.03	0.57		
76	0.57	2.27	4.01	3.20	1.15		
80	0.37	1.87	4.18	4.22	1.92	0.39	
84		1.28	3.64	4.64	2.67	0.69	
88		0.73	2.64	4.27	3.10	1.02	
92		0.35	1.60	3.27	3.01	1.25	
96			0.81	2.09	2.43	1.28	
100			0.34	1.11	1.64	1.09	0.33
104				0.50	0.92	0.78	
108					0.43	0.46	

C.4.2.8　C 体型身高与腰围覆盖率见表 C.36。

表 C.36

腰围/cm	身高/cm					
	140	145	150	155	160	165
	比例/%					
50		0.20				
52	0.19	0.28	0.19			
54	0.24	0.38	0.29			
56	0.28	0.50	0.42	0.17		
58	0.32	0.62	0.58	0.26		
60	0.35	0.75	0.78	0.38		
62	0.37	0.88	1.00	0.54		
64	0.37	0.98	1.24	0.74	0.21	
66	0.36	1.05	1.47	0.97	0.31	
68	0.34	1.09	1.67	1.23	0.43	
70	0.30	1.08	1.84	1.49	0.57	
72	0.26	1.03	1.94	1.73	0.73	
74	0.22	0.95	1.97	1.94	0.91	0.20

表 C.36（续）

腰围/cm	身高/cm					
	140	145	150	155	160	165
	比例/%					
76	0.17	0.83	1.91	2.09	1.08	0.27
78		0.71	1.79	2.16	1.24	0.34
80		0.58	1.62	2.15	1.36	0.41
82		0.45	1.40	2.06	1.44	0.48
84		0.34	1.16	1.89	1.46	0.54
86		0.25	0.93	1.67	1.43	0.58
88		0.17	0.72	1.42	1.34	0.60
90			0.53	1.16	1.21	0.60
92			0.38	0.91	1.05	0.58
94			0.26	0.69	0.88	0.53
96			0.17	0.50	0.70	0.47
98				0.35	0.54	0.40
100				0.23	0.40	0.33
102					0.29	0.26
104					0.20	0.20

C.5 长江中游地区各体型的比例和服装号型覆盖率

C.5.1 各体型人体在该地区总量中的比例

见表 C.37。

表 C.37

%

体型	Y	A	B	C
比例	13.93	46.48	33.89	5.17

C.5.2 服装号型覆盖率

C.5.2.1 Y 体型身高与胸围覆盖率见表 C.38。

表 C.38

胸围/cm	身高/cm					
	145	150	155	160	165	170
	比例/%					
72		0.35	0.59	0.42		
76	0.32	1.43	2.67	2.12	0.71	
80	0.68	3.32	6.83	5.97	2.21	0.35
84	0.81	4.37	9.92	9.54	3.89	0.67
88	0.55	3.26	8.15	8.64	3.88	0.74
92		1.38	3.80	4.43	2.20	0.46
96		0.33	1.00	1.29	0.70	

C.5.2.2 Y体型身高与腰围覆盖率见表C.39。

表 C.39

腰围/cm	身高/cm					
	145	150	155	160	165	170
	比例/%					
50			0.16			
52		0.23	0.39	0.29		
54		0.47	0.86	0.67	0.22	
56	0.19	0.86	1.64	1.33	0.46	
58	0.28	1.34	2.69	2.29	0.83	
60	0.37	1.82	3.82	3.41	1.29	0.21
62	0.41	2.14	4.71	4.40	1.75	0.29
64	0.40	2.18	5.02	4.92	2.05	0.36
66	0.33	1.92	4.64	4.76	2.08	0.38
68	0.24	1.46	3.71	3.99	1.82	0.35
70		0.97	2.57	2.90	1.39	0.28
72		0.55	1.54	1.82	0.92	0.19
74		0.27	0.80	0.99	0.52	
76			0.36	0.47	0.26	
78				0.19		

C.5.2.3 A体型身高与胸围覆盖率见表C.40。

表 C.40

胸围/cm	身高/cm					
	145	150	155	160	165	170
	比例/%					
68			0.32	0.34		
72		0.57	1.59	1.67	0.66	
76		1.68	4.72	5.00	1.99	
80	0.39	3.00	8.49	9.05	3.63	0.54
84	0.42	3.24	9.26	9.93	4.01	0.60
88		2.13	6.11	6.60	2.68	0.41
92		0.85	2.45	2.66	1.09	
96			0.59	0.65		

C.5.2.4 A体型身高与腰围覆盖率见表C.41。

表 C.41

腰围/cm	身高/cm					
	145	150	155	160	165	170
	比例/%					
54			0.35	0.37		
56		0.26	0.73	0.77	0.30	
58		0.49	1.36	1.43	0.57	
60		0.79	2.23	2.35	0.94	
62		1.14	3.22	3.42	1.36	0.20
64	0.19	1.45	4.12	4.38	1.76	0.26
66	0.21	1.64	4.65	4.97	2.00	0.30
68	0.21	1.63	4.65	4.98	2.01	0.30
70	0.19	1.43	4.10	4.41	1.79	0.27
72		1.11	3.20	3.46	1.41	0.21
74		0.76	2.20	2.39	0.98	
76		0.46	1.34	1.46	0.60	
78		0.25	0.72	0.79	0.32	
80			0.34	0.38	0.16	
82				0.16		

C.5.2.5 B体型身高与胸围覆盖率见表 C.42。

表 C.42

胸围/cm	身高/cm					
	145	150	155	160	165	170
	比例/%					
64			0.39			
68		0.70	1.19	0.81		
72	0.33	1.52	2.78	2.03	0.59	
76	0.50	2.52	4.99	3.93	1.23	
80	0.59	3.21	6.85	5.82	1.96	
84	0.54	3.13	7.20	6.59	2.40	0.34
88	0.37	2.34	5.80	5.72	2.25	0.35
92		1.33	3.58	3.81	1.61	
96		0.58	1.69	1.94	0.89	
100			0.61	0.76	0.37	

C.5.2.6 B体型身高与腰围覆盖率见表 C.43。

表 C.43

腰围/cm	身高/cm					
	145	150	155	160	165	170
	比例/%					
52			0.17			
54		0.19	0.31	0.20		
56		0.32	0.53	0.35		
58		0.49	0.85	0.59	0.16	
60		0.70	1.27	0.91	0.26	
62	0.20	0.94	1.77	1.33	0.39	
64	0.24	1.19	2.33	1.81	0.56	
66	0.27	1.41	2.86	2.31	0.74	
68	0.29	1.56	3.29	2.76	0.92	
70	0.29	1.62	3.55	3.09	1.07	
72	0.27	1.57	3.59	3.25	1.17	0.17
74	0.24	1.43	3.40	3.20	1.19	0.18
76	0.20	1.23	3.02	2.95	1.14	0.18
78		0.98	2.51	2.55	1.03	0.16
80		0.73	1.96	2.06	0.86	
82		0.52	1.43	1.57	0.68	
84		0.34	0.98	1.11	0.50	
86		0.21	0.63	0.74	0.35	
88			0.38	0.46	0.23	
90			0.21	0.27		

C.5.2.7 C 体型身高与胸围覆盖率见表 C.44。

表 C.44

胸围/cm	身高/cm				
	145	150	155	160	165
	比例/%				
64			0.37		
68		0.58	1.07	0.81	
72		1.29	2.42	1.89	0.60
76	0.48	2.25	4.35	3.48	1.15
80	0.64	3.10	6.18	5.09	1.73
84	0.68	3.39	6.94	5.87	2.05
88	0.57	2.92	6.16	5.36	1.92

表 C.44（续）

胸围/cm	身高/cm				
	145	150	155	160	165
	比例/%				
92	0.38	1.99	4.32	3.87	1.43
96		1.08	2.40	2.21	0.84
100		0.46	1.05	1.00	0.39
104			0.37	0.36	

C.5.2.8　C体型身高与腰围覆盖率见表C.45。

表 C.45

腰围/cm	身高/cm				
	145	150	155	160	165
	比例/%				
58			0.23	0.17	
60		0.21	0.39	0.30	
62		0.33	0.62	0.48	0.16
64		0.50	0.94	0.74	0.24
66		0.70	1.35	1.08	0.35
68	0.20	0.94	1.82	1.47	0.49
70	0.25	1.18	2.32	1.89	0.64
72	0.29	1.41	2.80	2.30	0.78
74	0.32	1.58	3.17	2.64	0.91
76	0.34	1.67	3.40	2.86	0.99
78	0.34	1.67	3.44	2.92	1.02
80	0.31	1.58	3.28	2.82	1.00
82	0.28	1.41	2.95	2.56	0.92
84	0.23	1.18	2.51	2.20	0.80
86	0.18	0.94	2.01	1.78	0.65
88		0.70	1.52	1.36	0.51
90		0.50	1.09	0.98	0.37
92		0.33	0.73	0.67	0.25
94		0.21	0.47	0.43	0.17
96			0.28	0.26	
98			0.16		

C.6 广东、广西、福建地区各体型的比例和服装号型覆盖率

C.6.1 各体型人体在该地区总量中的比例

见表C.46。

表 C.46

%

体型	Y	A	B	C
比例	9.27	38.24	40.67	10.86

C.6.2 服装号型覆盖率

C.6.2.1 Y体型身高与胸围覆盖率见表C.47。

表 C.47

胸围/cm	身高/cm					
	140	145	150	155	160	165
	比例/%					
72		0.55	0.78	0.43		
76	0.40	2.07	4.13	3.19	0.95	
80	0.44	3.26	9.16	9.94	4.16	0.67
84		2.17	8.58	13.07	7.69	1.74
88		0.61	3.39	7.27	6.01	1.92
92			0.56	1.70	1.98	0.89

C.6.2.2 Y体型身高与腰围覆盖率见表C.48。

表 C.48

腰围/cm	身高/cm					
	140	145	150	155	160	165
	比例/%					
50		0.16	0.22			
52		0.38	0.59	0.36		
54		0.72	1.32	0.94	0.26	
56	0.20	1.13	2.42	2.02	0.65	
58	0.22	1.46	3.66	3.56	1.35	0.20
60	0.22	1.54	4.54	5.18	2.30	0.39
62		1.34	4.63	6.20	3.22	0.65
64		0.96	3.90	6.10	3.71	0.87
66		0.57	2.69	4.94	3.52	0.97
68		0.28	1.53	3.30	2.75	0.89
70			0.72	1.81	1.77	0.67
72			0.28	0.82	0.94	0.42
74				0.30	0.41	0.21

C.6.2.3 A 体型身高与胸围覆盖率见表 C.49。

表 C.49

胸围/cm	身高/cm					
	140	145	150	155	160	165
	比例/%					
68			0.62	0.56		
72		1.07	2.54	2.64	1.19	
76	0.34	2.14	5.87	7.00	3.63	0.82
80	0.33	2.43	7.67	10.53	6.29	1.63
84		1.56	5.70	9.00	6.18	1.84
88		0.57	2.40	4.36	3.44	1.18
92			0.57	1.20	1.09	0.43

C.6.2.4 A 体型身高与腰围覆盖率见表 C.50。

表 C.50

腰围/cm	身高/cm					
	140	145	150	155	160	165
	比例/%					
52			0.27	0.24		
54		0.27	0.59	0.56	0.23	
56		0.48	1.12	1.15	0.51	
58		0.74	1.88	2.06	0.99	0.20
60	0.16	1.01	2.73	3.21	1.65	0.37
62	0.18	1.19	3.45	4.35	2.39	0.57
64	0.17	1.22	3.80	5.13	3.02	0.77
66		1.09	3.63	5.26	3.31	0.90
68		0.85	3.02	4.69	3.16	0.93
70		0.57	2.19	3.64	2.63	0.82
72		0.34	1.38	2.45	1.90	0.64
74		0.17	0.76	1.44	1.19	0.43
76			0.36	0.74	0.65	0.25
78				0.33	0.31	

C.6.2.5 B 体型身高与胸围覆盖率见表 C.51。

表 C.51

胸围/cm	身高/cm					
	140	145	150	155	160	165
	比例/%					
64		0.35	0.52			
68		0.88	1.54	1.10	0.32	
72		1.59	3.36	2.87	0.99	
76	0.34	2.11	5.34	5.45	2.25	0.37
80		2.05	6.18	7.55	3.73	0.74
84		1.44	5.23	7.63	4.50	1.07
88		0.74	3.22	5.62	3.97	1.13
92			1.45	3.03	2.56	0.87
96			0.47	1.19	1.20	0.49
100				0.34	0.41	

C.6.2.6 B 体型身高与腰围覆盖率见表 C.52。

表 C.52

腰围/cm	身高/cm					
	140	145	150	155	160	165
	比例/%					
52			0.21			
54		0.24	0.39	0.26		
56		0.37	0.66	0.48		
58		0.53	1.03	0.81	0.26	
60		0.71	1.49	1.27	0.45	
62	0.16	0.88	2.00	1.86	0.71	
64	0.17	1.01	2.48	2.50	1.03	0.17
66	0.16	1.07	2.85	3.13	1.40	0.26
68		1.05	3.04	3.61	1.76	0.35
70		0.95	3.00	3.87	2.05	0.44
72		0.80	2.74	3.84	2.21	0.52
74		0.62	2.32	3.53	2.20	0.56
76		0.45	1.82	3.00	2.04	0.56
78		0.30	1.32	2.37	1.74	0.52
80		0.19	0.88	1.73	1.38	0.45
82			0.55	1.17	1.01	0.36
84			0.32	0.73	0.69	0.27
86			0.17	0.42	0.43	0.18
88				0.23	0.25	

C.6.2.7　C体型身高与胸围覆盖率见表C.53。

表 C.53

胸围/cm	身高/cm					
	140	145	150	155	160	165
	比例/%					
64		0.45	0.55	0.34		
68	0.32	0.91	1.25	0.85		
72	0.48	1.52	2.35	1.80	0.67	
76	0.60	2.11	3.65	3.11	1.31	
80	0.61	2.41	4.66	4.45	2.10	0.49
84	0.52	2.27	4.92	5.26	2.77	0.72
88	0.36	1.77	4.29	5.13	3.02	0.88
92		1.14	3.08	4.12	2.72	0.88
96		0.60	1.83	2.74	2.02	0.73
100			0.90	1.50	1.24	0.50
104			0.36	0.68	0.63	

C.6.2.8　C体型身高与腰围覆盖率见表C.54。

表 C.54

腰围/cm	身高/cm					
	140	145	150	155	160	165
	比例/%					
56		0.19	0.23			
58		0.28	0.36	0.22		
60		0.39	0.52	0.35		
62	0.18	0.51	0.73	0.51	0.18	
64	0.21	0.65	0.98	0.72	0.26	
66	0.25	0.79	1.26	0.98	0.38	
68	0.27	0.93	1.55	1.27	0.51	
70	0.29	1.03	1.82	1.58	0.68	
72	0.29	1.11	2.06	1.89	0.85	0.19
74	0.28	1.14	2.24	2.16	1.03	0.24
76	0.27	1.12	2.32	2.37	1.19	0.29
78	0.24	1.06	2.31	2.48	1.32	0.34
80	0.20	0.95	2.20	2.50	1.40	0.38

表 C.54（续）

腰围/cm	身高/cm					
	140	145	150	155	160	165
	比例/%					
82	0.17	0.83	2.01	2.41	1.42	0.41
84		0.69	1.76	2.23	1.39	0.42
86		0.55	1.48	1.98	1.30	0.42
88		0.42	1.19	1.68	1.16	0.40
90		0.31	0.92	1.36	1.00	0.36
92		0.21	0.68	1.06	0.82	0.31
94			0.48	0.79	0.65	0.26
96			0.33	0.57	0.49	0.21
98			0.21	0.39	0.35	0.16
100				0.26	0.25	
102				0.16	0.16	

C.7 云、贵、川地区各体型的比例和服装号型覆盖率

C.7.1 各体型人体在该地区总量中的比例

见表 C.55。

表 C.55

%

体型	Y	A	B	C
比例	15.75	43.41	33.12	6.66

C.7.2 服装号型覆盖率

C.7.2.1 Y 体型身高与胸围覆盖率见表 C.56。

表 C.56

胸围/cm	身高/cm					
	145	150	155	160	165	170
	比例/%					
72		0.58	1.12	0.98	0.39	
76	0.42	2.00	4.30	4.24	1.91	0.39
80	0.66	3.51	8.49	9.40	4.76	1.10
84	0.53	3.16	8.60	10.69	6.09	1.58
88		1.46	4.47	6.24	3.99	1.17
92		0.35	1.19	1.86	1.34	0.44

C.7.2.2 Y 体型身高与腰围覆盖率见表 C.57。

表 C.57

腰围/cm	身高/cm					
	140	145	150	155	160	165
	比例/%					
52		0.19	0.35	0.30		
54		0.48	0.95	0.86	0.36	
56	0.21	0.98	2.08	2.01	0.90	0.18
58	0.32	1.59	3.60	3.73	1.77	0.38
60	0.39	2.05	4.96	5.50	2.79	0.65
62	0.37	2.10	5.44	6.44	3.49	0.87
64	0.28	1.71	4.74	6.00	3.48	0.92
66	0.17	1.11	3.28	4.44	2.75	0.78
68		0.57	1.81	2.61	1.73	0.52
70		0.23	0.79	1.22	0.87	0.28
72			0.28	0.46	0.34	

C.7.2.3 A 体型身高与胸围覆盖率见表 C.58。

表 C.58

胸围/cm	身高/cm					
	140	145	150	155	160	165
	比例/%					
68		0.36	0.75	0.67		
72		1.03	2.36	2.33	1.00	
76	0.33	1.96	4.96	5.42	2.55	0.52
80	0.38	2.49	6.96	8.39	4.37	0.98
84		2.11	6.52	8.66	4.98	1.23
88		1.20	4.07	5.97	3.79	1.03
92		0.45	1.69	2.74	1.92	0.58
96			0.47	0.84	0.65	

C.7.2.4 A 体型身高与腰围覆盖率见表 C.59。

表 C.59

腰围/cm	身高/cm					
	140	145	150	155	160	165
	比例/%					
50			0.17			
52		0.17	0.36	0.32		
54		0.31	0.67	0.63	0.26	
56		0.49	1.13	1.12	0.48	

表 C.59（续）

腰围/cm	身高/cm					
	140	145	150	155	160	165
	比例/%					
58		0.72	1.73	1.79	0.80	
60	0.16	0.95	2.40	2.61	1.23	0.25
62	0.19	1.14	3.01	3.44	1.70	0.36
64	0.19	1.23	3.42	4.10	2.12	0.47
66	0.18	1.21	3.52	4.43	2.41	0.56
68		1.07	3.28	4.33	2.47	0.61
70		0.86	2.77	3.84	2.30	0.59
72		0.63	2.11	3.07	1.94	0.53
74		0.41	1.46	2.23	1.48	0.42
76		0.25	0.91	1.47	1.02	0.30
78			0.52	0.87	0.64	0.20
80			0.27	0.47	0.36	
82				0.23	0.18	

C.7.2.5　B 体型身高与胸围覆盖率见表 C.60。

表 C.60

胸围/cm	身高/cm					
	140	145	150	155	160	165
	比例/%					
64			0.39	0.32		
68		0.65	1.16	1.03	0.45	
72	0.35	1.36	2.62	2.49	1.17	
76	0.51	2.16	4.48	4.57	2.30	0.57
80	0.57	2.60	5.78	6.34	3.42	0.91
84	0.49	2.36	5.65	6.65	3.86	1.10
88		1.63	4.18	5.29	3.29	1.01
92		0.85	2.34	3.18	2.13	0.70
96		0.33	0.99	1.45	1.04	0.37
100			0.32	0.50	0.38	

C.7.2.6　B 体型身高与腰围覆盖率见表 C.61。

表 C.61

腰围/cm	身高/cm					
	140	145	150	155	160	165
	比例/%					
52			0.18	0.16		
54		0.16	0.33	0.29		
56		0.29	0.54	0.49	0.22	
58		0.44	0.84	0.79	0.37	
60	0.16	0.62	1.22	1.19	0.57	
62	0.20	0.82	1.66	1.66	0.82	0.20
64	0.24	1.01	2.11	2.18	1.11	0.28
66	0.27	1.17	2.51	2.67	1.40	0.37
68	0.28	1.26	2.79	3.06	1.66	0.44
70	0.27	1.27	2.90	3.27	1.83	0.51
72	0.25	1.20	2.82	3.28	1.89	0.54
74	0.22	1.06	2.57	3.08	1.83	0.54
76	0.17	0.88	2.19	2.70	1.65	0.50
78		0.68	1.74	2.22	1.40	0.44
80		0.49	1.30	1.70	1.10	0.35
82		0.33	0.90	1.22	0.82	0.27
84		0.21	0.59	0.82	0.57	0.19
86			0.36	0.51	0.37	
88			0.20	0.30	0.22	
90				0.17		

C.7.2.7 C体型身高与胸围覆盖率见表C.62。

表 C.62

胸围/cm	身高/cm					
	140	145	150	155	160	165
	比例/%					
68		0.36	0.68	0.60		
72		0.79	1.54	1.43	0.64	
76	0.33	1.40	2.85	2.77	1.29	
80	0.45	2.00	4.28	4.36	2.12	0.49
84	0.50	2.34	5.23	5.58	2.85	0.69
88	0.45	2.22	5.20	5.81	3.10	0.79
92	0.33	1.72	4.21	4.92	2.75	0.73
96		1.08	2.77	3.39	1.98	0.55

表 C.62（续）

胸围/cm	身高/cm					
	140	145	150	155	160	165
	比例/%					
100		0.55	1.48	1.90	1.16	0.34
104			0.65	0.87	0.56	
108				0.32		

C.7.2.8 C 体型身高与腰围覆盖率见表 C.63。

表 C.63

腰围/cm	身高/cm					
	140	145	150	155	160	165
	比例/%					
58			0.17	0.16		
60			0.27	0.25		
62		0.21	0.41	0.38	0.17	
64		0.30	0.59	0.56	0.26	
66		0.40	0.81	0.79	0.37	
68		0.52	1.08	1.06	0.50	
70		0.65	1.37	1.37	0.66	
72	0.18	0.78	1.67	1.70	0.83	0.19
74	0.20	0.90	1.95	2.02	1.01	0.24
76	0.22	0.99	2.19	2.30	1.16	0.28
78	0.22	1.05	2.35	2.51	1.29	0.32
80	0.22	1.06	2.42	2.63	1.37	0.34
82	0.21	1.03	2.39	2.64	1.40	0.36
84	0.20	0.96	2.26	2.54	1.37	0.35
86	0.17	0.86	2.05	2.35	1.29	0.34
88		0.73	1.78	2.07	1.16	0.31
90		0.60	1.49	1.76	1.00	0.27
92		0.47	1.19	1.43	0.82	0.23
94		0.36	0.91	1.11	0.65	0.18
96		0.26	0.67	0.83	0.50	
98		0.18	0.47	0.60	0.36	
100			0.32	0.41	0.25	
102			0.21	0.27	0.17	
104				0.17		

ICS 81.040.20
Q 33

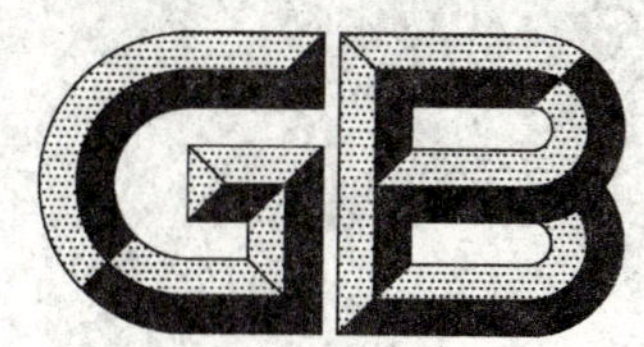

中华人民共和国国家标准

GB/T 1347—2008
代替 GB/T 1347—1988

钠钙硅玻璃化学分析方法

Methods for chemical analysis of soda-lime-silica glass

2008-10-15 发布　　　　2009-06-01 实施

中华人民共和国国家质量监督检验检疫总局
中国国家标准化管理委员会　发布

前言

本标准代替 GB/T 1347—1988《钠钙硅玻璃化学分析方法》。

本标准与原标准相比,主要变化为:

——扩展了分析方法的测定范围(本版第1章);

——增加了对分析值修约位数的规定(本版第4章第5节);

——增加了等离子体发射光谱分析方法(本版第18章,第20章);

——本标准增加了测定成分,由原来的12种,增加至18种(增加了氧化铜、氧化锌、三氧化二钴、氧化镍、三氧化二铬、氧化镉、一氧化锰共七种)。

本标准的附录A是规范性附录。

本标准由中国建筑材料联合会提出。

本标准由全国建筑用玻璃标准化技术委员会(SAC/TC 255)归口。

本标准起草单位:中国建筑材料科学研究总院、中国建筑材料检验认证中心。

本标准起草人:白永智、崔金华、郭中宝、王潇、邹琼慧、张瑞艳、梅一飞。

本标准委托中国建筑材料检验认证中心负责解释。

本标准所代替标准的历次版本发布情况为:

——GB/T 1347—1977、GB/T 1347—1988。

钠钙硅玻璃化学分析方法

1 范围

本标准规定了钠钙硅玻璃的化学分析方法。

本标准适用于钠钙硅玻璃、以钠钙硅为主要成分的其他玻璃，如着色玻璃等。

2 规范性引用文件

下列文件中的条款通过本标准的引用而成为本标准的条款。凡是注日期的引用文件，其随后所有的修改单(不包括勘误的内容)或修订版均不适用于本标准，然而，鼓励根据本标准达成协议的各方研究是否可使用这些文件的最新版本。凡是不注日期的引用文件，其最新版本适用于本标准。

GB/T 6682 分析试验室用水规格和试验方法

GB/T 8170 数值修约规则

3 试样制备

3.1 将实验室样品破碎至 6 mm～7 mm 以下，按四分法缩分至约 100 g。

3.2 将缩分后的样品粉碎至 0.5 mm 以下，继续缩分至约 20 g。

3.3 试样经清洗、干燥后粉碎，粒径均小于 0.08 mm，避免引进杂质，贮存于带磨口塞的广口瓶中备用。

3.4 试样分析前应在 105 ℃～110 ℃烘 1 h，置于干燥器中冷至室温。

4 分析方法

4.1 试剂

除另有说明外，试验中所用试剂应不低于分析纯，所用水应符合 GB/T 6682 中规定的三级水要求，其中原子吸收光谱法及等离子体发射光谱法使用 GB/T 6682 中规定的二级水。

4.2 方法说明

标准中对同一成分并列的测定方法，可根据实际情况任选一种。在有争议时，同一成分并列的测定方法以先列的方法为准。

4.3 测定次数

在重复性条件下测定两次。

4.4 空白试验

在重复性条件下做空白试验。

4.5 结果表述

所得结果应按 GB/T 8170 修约，保留 2 位小数；当含量小于 0.10%时结果保留 2 位有效数字。

4.6 分析结果的采用

当所得试样的两个有效分析值之差不大于表 3 所规定的允许差时，以其算术平均值作为最终分析结果；否则，应按附录 A 的规定进行追加分析和数据处理。

4.7 质量保证和控制

4.7.1 工作曲线应定期(不超过 3 个月)用标准物质校准。如果改变仪器条件，应重新绘制工作曲线，并用同类型标准物质校准。当标准物质的分析值与标准值之差大于表 3 所规定允许差的 0.7 倍时，应重新绘制工作曲线。

4.7.2 一般情况下，标准滴定溶液的浓度应每两个月重新标定；如果两个月内温度变化超过 10 ℃，应及时标定。重新标定后，应用标准物质进行验证，当标准物质的分析值与标准值之差不大于表 3 所规定允许差的 0.7 倍时，则标定结果有效，否则无效。

仲裁试验时，应随同试样分析同类型标准物质。当标准物质的分析值与标准值之差不大于表 3 所规定允许差的 0.7 倍时，则试样分析值有效，否则无效。

5 试验报告

试验报告应至少包括以下内容：

——委托单位；

——试样名称；

——分析结果；

——使用标准(GB/T 1347—2008)；

——与规定的分析步骤的差异(如有必要)；

——在试验中观察到的异常现象(如有必要)；

——试验日期；

——实验人签名，审核人签名。

6 烧失量的测定(灼烧差减法)

6.1 试料量

称取约 1 g(m_1)试样，精确至 0.000 1 g。

6.2 测定

将试料置于已恒量(两次灼烧称量的差值小于等于 0.000 2 g)的铂坩埚或瓷坩埚中，盖上盖，并稍留缝隙，放入高温炉内，从低温升至 550 ℃，保温 1 h，取出稍冷，即放入干燥器中，冷至室温，称量。重复灼烧(每次 15 min)，称量，直至恒量(当烧失量小于等于 1%时，2 次灼烧称量的差值小于等于 0.000 2 g；当烧失量大于 1%时，2 次灼烧称量的差值小于等于 0.000 5 g，即为恒量)。

6.3 分析结果的计算

烧失量的质量分数($w_{L.O.I}$)按式(1)计算：

$$w_{L.O.I} = \frac{m_1 - m_2}{m_1} \times 100 \quad \cdots\cdots(1)$$

式中：

$w_{L.O.I}$——烧失量的质量分数，%；

m_1——6.1 试料质量，单位为克(g)；

m_2——灼烧后试料的质量，单位为克(g)。

7 二氧化硅的测定(盐酸一次脱水重量法)

7.1 试剂与仪器

7.1.1 无水碳酸钠(Na_2CO_3)。

7.1.2 盐酸(HCl ρ 约 1.19 g/mL)。

7.1.3 盐酸(HCl 1+1)。

7.1.4 盐酸(HCl 5+95)。

7.1.5 盐酸(HCl 1+11)。

7.1.6 氢氟酸(HF 优级纯，ρ 约 1.15 g/mL)。

7.1.7 硫酸(H_2SO_4 1+4)。

7.1.8 氢氧化钠溶液(100 g/L):称取10 g氢氧化钠(NaOH)于塑料杯中,加100 mL水溶解,贮存于塑料瓶中。

7.1.9 氟化钾溶液(20 g/L):称取2 g氟化钾(KF)于塑料杯中,加100 mL水溶解,贮存于塑料瓶中。

7.1.10 硼酸溶液(20 g/L):称取2 g硼酸(H_3BO_3)于烧杯中,加100 mL水溶解,贮存于玻璃瓶中。

7.1.11 对硝基酚指示剂(5 g/L):称取0.5 g对硝基酚($C_6H_5NO_3$)于烧杯中,溶于100 mL乙醇中。

7.1.12 乙醇(C_2H_5OH 95%)。

7.1.13 钼酸铵溶液(80 g/L):称取8 g钼酸铵[$(NH_4)_6Mo_7O_{24}\cdot 4H_2O$]溶于100 mL水中,过滤,贮存于塑料瓶中。

7.1.14 抗坏血酸溶液(20 g/L):称取2 g抗坏血酸($C_6H_8O_6$)溶于100 mL水中(使用时配制)。

7.1.15 二氧化硅标准溶液(0.10 mg/mL):准确称取0.100 0 g预先经1 000 ℃灼烧1 h的高纯二氧化硅(SiO_2,纯度为99.99%以上)于铂坩埚中,加2 g无水碳酸钠,混匀。先低温加热,逐渐升高温度至1 000 ℃,得到透明熔体,继续熔融3 min~5 min。冷却,用热水浸取熔块于300 mL塑料杯中,加入150 mL沸水,搅拌使其溶解(此时溶液应澄清)。冷却,移入1 L容量瓶中,用水稀释至标线,摇匀后立刻转移到塑料瓶中贮存。

7.1.16 分光光度计。

7.2 标准曲线的绘制

于一组100 mL容量瓶中,各加5 mL盐酸(7.1.5)及20 mL水,摇匀。移取0 mL,1.00 mL,2.00 mL,3.00 mL,4.00 mL,5.00 mL,6.00 mL,7.00 mL,8.00 mL二氧化硅标准溶液(7.1.15),加8 mL乙醇(7.1.12),4 mL钼酸铵溶液(7.1.13),摇匀,于20℃~30℃放置15 min,加15 mL盐酸(7.1.3),用水稀释至90 mL左右。加5 mL抗坏血酸溶液(7.1.14),用水稀释至标线,摇匀。1 h后,于分光光度计上,以试剂空白作参比,选用5 mm比色皿,在波长700 nm处测定溶液的吸光度。按测得吸光度与比色溶液浓度的关系绘制标准曲线。

7.3 分析步骤

7.3.1 试料量

称取0.5 g(m_3)试样,精确至0.000 1 g。

7.3.2 测定

将试料置于铂坩埚中,加1.5 g无水碳酸钠(7.1.1),与试料混匀,再取0.5 g无水碳酸钠(7.1.1)铺在表面,盖上坩埚盖,先低温加热,逐渐升高温度至1 000 ℃,熔融至透明状态,继续熔融15 min。用坩埚钳夹持坩埚,小心旋转,使熔融物均匀地附在坩埚内壁。冷却,用热水浸取熔块移入铂蒸发皿(或瓷蒸发皿)中。

盖上表面皿,加10 mL盐酸(7.1.3)溶解熔块,用少量盐酸(7.1.3)及热水洗净坩埚,洗液并入蒸发皿内,将皿置于水浴上蒸发至近干,冷却。加5 mL盐酸(7.1.2),放置约5 min,加50 mL热水,搅拌使盐类溶解。用中速定量滤纸倾泻过滤,滤液用250 mL容量瓶承接,以热盐酸(7.1.4)洗涤皿壁及沉淀8次~10次,热水洗3次~5次。在沉淀上加4滴硫酸(7.1.7),将滤纸及沉淀转入铂坩埚中,放在电炉上低温烘干,升高温度使滤纸充分灰化。于1 100 ℃灼烧1 h,在干燥器中冷却至室温,称量。反复灼烧,直至恒量。将沉淀用水润湿,加4滴硫酸(7.1.7)及5 mL~7 mL氢氟酸(7.1.6),于低温电炉上蒸发至干,重复处理一次。逐渐升高温度,驱尽三氧化硫白烟,将残渣于1 100 ℃灼烧15 min,在干燥器中冷却至室温,称量。反复灼烧,直至恒量。

将上述的滤液用水稀释至标线,摇匀。移取25.00 mL滤液于100 mL塑料杯中,加5 mL氟化钾溶液(7.1.9),摇匀。放置10 min后,加5 mL硼酸溶液(7.1.10),加1滴对硝基酚指示剂(7.1.11),滴加氢氧化钠溶液(7.1.8)至溶液变黄色,加5 mL盐酸(7.1.5),移入100 mL容量瓶中。加8 mL乙醇(7.1.12),4 mL钼酸铵溶液(7.1.13),摇匀,于20 ℃~30 ℃放置15 min,加15 mL盐酸(7.1.3),用水稀释至90 mL左右。加5 mL抗坏血酸溶液(7.1.14),用水稀释至标线,摇匀。1 h后,于分光光度计上，以试剂空白作参比，选用 5 mm 比色皿，在波长 700 nm 处测定溶液的吸光度，从标准曲线上查得二氧化硅的含量(c_1)。

7.3.3 **分析结果的计算**

二氧化硅的质量分数(w_{SiO_2})按式(2)计算：

$$w_{SiO_2} = \left(\frac{m_4 - m_5}{m_3} + \frac{c_1 \times 100}{m_3 \times 1\,000}\right) \times 100 \qquad \cdots\cdots(2)$$

式中：

w_{SiO_2}——二氧化硅的质量分数，%；

m_3——7.3.1 试料质量，单位为克(g)；

m_4——灼烧后未经氢氟酸处理的沉淀及坩埚质量，单位为克(g)；

m_5——经氢氟酸处理后灼烧的残渣及坩埚质量，单位为克(g)；

c_1——在标准曲线上查得所分取滤液中二氧化硅的含量，单位为毫克(mg)。

8 二氧化硅的测定(氟硅酸钾容量法)

8.1 试剂

8.1.1 盐酸(HCl 1+1)

8.1.2 氢氧化钾(KOH)。

8.1.3 氯化钾(KCl)。

8.1.4 乙醇(C_2H_5OH 95%)。

8.1.5 硝酸(HNO_3 ρ 约 1.42 g/mL)。

8.1.6 氯化钾溶液(50 g/L)：称取 5 g 氯化钾(KCl)，溶于 100 mL 水中，摇匀。

8.1.7 氯化钾乙醇溶液(50 g/L)：称取 5 g 氯化钾(KCl)，溶于 50 mL 水中，加 50 mL 乙醇(C_2H_5OH 95%)，摇匀。

8.1.8 氟化钾溶液(150 g/L)：称取 150 g 氟化钾(KF)置于塑料杯中，加水溶解，稀释至 1 L，贮存于塑料瓶中。

8.1.9 酚酞指示剂(10 g/L)：称取 1 g 酚酞($C_{20}H_{14}O_4$)溶于 100 mL 乙醇(8.1.4)中，用稀氢氧化钠溶液(8.1.10)调微红色(pH8～pH10)。

8.1.10 氢氧化钠标准滴定溶液(0.15 mol/L)：称取 30 g 氢氧化钠(NaOH)，溶于 5 L 经煮沸过的冷水中，贮存于装有钠石灰干燥管的塑料瓶中，充分摇匀。

氢氧化钠标准滴定溶液的标定：称取约 0.7 g(m_6)苯二甲酸氢钾($C_8H_5KO_4$，基准试剂)精确至 0.000 1 g，于 300 mL 烧杯中，加入 150 mL 经煮沸、冷却，用稀氢氧化钠中和过的去离子水，搅拌使其溶解。加 15 滴酚酞指示剂(8.1.9)，用氢氧化钠标准滴定溶液滴定至微红色。

氢氧化钠标准滴定溶液的浓度 $c(NaOH)$ 按式(3)计算：

$$c(NaOH) = \frac{m_6 \times 1\,000}{V_1 \times 204.2} \qquad \cdots\cdots(3)$$

式中：

$c(NaOH)$——氢氧化钠标准滴定溶液的浓度，单位为摩尔每升(mol/L)；

V_1——滴定时消耗氢氧化钠标准滴定溶液的体积，单位为毫升(mL)；

m_6——苯二甲酸氢钾的质量，单位为克(g)；

204.2——苯二甲酸氢钾的摩尔质量，单位为克每摩尔(g/mol)。

8.2 试料量

称取 0.1 g(m_7)试样，精确至 0.000 1 g。

8.3 测定

将试料置于镍坩埚中，加约 2 g 氢氧化钾(8.1.2)，先低温熔融，经常摇动坩埚。然后，在 600 ℃～650 ℃继续熔融 15 min～20 min。旋转坩埚，使熔融物均匀地附着在坩埚内壁。冷却，用热水浸取熔融物于 300 mL 塑料杯中。盖上表面皿，一次加入 15 mL 硝酸(8.1.5)，再用少量盐酸(8.1.1)及水洗净坩埚，洗液并于塑料杯中，控制试液体积在 60 mL 左右。冷却至室温，用少量氯化钾溶液(8.1.6)洗涤塑料杯壁，在搅拌下加入氯化钾至过饱和(过饱和量控制在 0.5 g～1 g)，缓慢加入 10 mL 氟化钾溶液(8.1.8)，用塑料棒仔细搅拌，压碎大颗粒氯化钾，使其完全饱和，并有少量氯化钾析出，放置 10 min～15 min。用塑料漏斗以快速定性滤纸过滤，用氯化钾溶液(8.1.6)洗涤塑料杯 2 次～3 次，再洗涤滤纸一次。将滤纸和沉淀放回原塑料杯中，沿杯壁加入 10 mL 氯化钾乙醇溶液(8.1.7)及 1 mL 酚酞指示剂(8.1.9)。用氢氧化钠标准滴定溶液(8.1.10)中和未洗净的残余酸，仔细搅拌滤纸，并擦洗杯壁，直至试液呈现微红色不消失。加入 200 mL～250 mL 中和过的沸水，立即以氢氧化钠标准滴定溶液(8.1.10)滴定至微红色。

8.4 分析结果的计算

二氧化硅的质量分数(w_{SiO_2})按式(4)计算：

$$w_{SiO_2}=\frac{c(NaOH)\times V_2\times 15.02}{m_7\times 1\ 000}\times 100 \qquad (4)$$

式中：

w_{SiO_2}——二氧化硅的质量分数，%；

$c(NaOH)$——氢氧化钠标准滴定溶液浓度，单位为摩尔每升(mol/L)；

V_2——滴定时消耗氢氧化钠标准滴定溶液的体积，单位为毫升(mL)；

m_7——8.2 中试料质量，单位为克(g)；

15.02——(1/4 二氧化硅)的摩尔质量，单位为克每摩尔(g/mol)。

9 三氧化二铝的测定(配位滴定法)

9.1 试剂

9.1.1 氢氟酸(HF 优级纯，ρ 约 1.15 g/mL)。

9.1.2 乙酸(CH_3COOH ρ 约 1.05 g/mL)。

9.1.3 硫酸(H_2SO_4 1+1)。

9.1.4 盐酸(HCl 1+1)。

9.1.5 氨水($NH_3\cdot H_2O$ 1+1)。

9.1.6 氢氧化钾溶液(200 g/L)：称取 20 g 氢氧化钾(KOH)于塑料杯中，加 100 mL 水溶解，储存于塑料瓶中。

9.1.7 六次甲基四胺溶液(200 g/L)：称取 200 g 六次甲基四胺($C_6H_{12}N_4$)于烧杯中，加水溶解，用水稀释至 1 L。

9.1.8 氧化钙标准溶液(1.00 mg/mL)：准确称取 1.784 8 g 预先经 105 ℃～110 ℃烘干 2 h 的碳酸钙($CaCO_3$，基准试剂)，于 200 mL 烧杯中，盖表面皿，加少量水，缓慢加入 20 mL 盐酸(9.1.4)溶解，加热微沸，以驱尽二氧化碳。冷却，移入 1 L 容量瓶中，用水稀释至标线，摇匀。

9.1.9 乙二胺四乙酸二钠(EDTA)标准滴定溶液(0.01 mol/L)：称取 3.7 g EDTA(乙二胺四乙酸二钠，$C_{10}H_{14}N_2O_8Na_2\cdot 2H_2O$)于烧杯中，加入约 200 mL 水，加热溶解，用水稀释至 1 L。

EDTA 标准滴定溶液(0.01 mol/L)的标定：移取 10.00 mL 氧化钙标准溶液(1.00 mg/mL)于 300 mL 烧杯中，加约 150 mL 水，滴加氢氧化钾溶液(9.1.6)调节 pH 值近似为 12 后，再加 2 mL 氢氧化钾溶液(9.1.6)。加入适量的 CMP 混合指示剂(9.1.11)，用 EDTA 标准滴定溶液(9.1.9)滴定至绿色荧光完全消失并呈现红色。

EDTA 标准滴定溶液的浓度 $c(EDTA)$以 mol/L 表示，按式(5)计算，保留四位有效数字：

$$c(\mathrm{EDTA})=\frac{m_8}{56.08\times V_3} \quad \cdots\cdots(5)$$

式中：

$c(EDTA)$——EDTA 标准滴定溶液的浓度，单位为摩尔每升(mol/L)；

V_3——滴定时消耗 EDTA 标准滴定溶液的体积，单位为毫升(mL)；

m_8——氧化钙的毫克数(mg)；

56.08——氧化钙的摩尔质量，单位为克每摩尔(g/mol)。

9.1.10　乙酸锌标准滴定溶液(0.01 mol/L)：称取 2.1 g 乙酸锌[$Zn(CH_3COO)_2\cdot 2H_2O$]于烧杯中，加入少量水及 2 mL 乙酸溶液(9.1.2)，移入 1 L 容量瓶中，用水稀释至标线，摇匀。

乙酸锌标准滴定溶液与 EDTA 标准滴定溶液体积比的测定：

移取 10.00 mL EDTA 标准滴定溶液(9.1.9)，于 300 mL 烧杯中，加约 150 mL 水，再加 5 mL 六次甲基四胺溶液(9.1.7)(此时溶液 pH 应为 5.5～5.8)和 3 滴～4 滴二甲酚橙指示剂(9.1.12)，用乙酸锌标准滴定溶液(9.1.10)滴定至溶液由黄色变为玫瑰红色。

乙酸锌标准滴定溶液与 EDTA 标准滴定溶液的体积比按式(6)计算：

$$K=\frac{10}{V_4} \quad \cdots\cdots(6)$$

式中：

K——每毫升乙酸锌标准滴定溶液相当于 EDTA 标准滴定溶液的毫升数；

V_4——滴定时消耗乙酸锌标准滴定溶液的体积，单位为毫升(mL)。

9.1.11　钙黄绿素-甲基百里香-酚酞混合指示剂(简称 CMP 混合指示剂)：称取 1.000 g 钙黄绿素、1.000 g 甲基百里香酚蓝、0.200 g 酚酞与 50 g 已在 105 ℃～110 ℃烘干过的硝酸钾，在玛瑙乳钵中仔细研磨混匀，贮存于磨口棕色瓶中。

9.1.12　二甲酚橙指示剂溶液(2 g/L)：称取 0.2 g 二甲酚橙，溶于 100 mL 水中。

9.2　试料量

称取 0.5 g(m_9)试样，精确至 0.000 1 g。

9.3　测定

将试料置于铂皿中，用少量水润湿，加 1 mL 硫酸(9.1.3)和 7 mL～10 mL 氢氟酸(9.1.1)，于低温电炉上蒸发至冒三氧化硫白烟。重复处理一次，逐渐升高温度，驱尽三氧化硫白烟。冷却，加 10 mL 盐酸(9.1.4)及适量水，加热溶解。冷却后，移入 250 mL 容量瓶中，用水稀释至标线，摇匀。此为试液(A)。供测定三氧化二铝、三氧化二铁、二氧化钛、氧化钙、氧化镁。

移取 25.00 mL 试液(A)于 300 mL 烧杯中，用滴定管准确加入 10.00 mL EDTA 标准滴定溶液(9.1.9)，以氨水(9.1.5)调节试液 pH 至 3～3.5，煮沸 2 min～3 min，冷却至室温，用水稀释到 200 mL 左右。加 5 mL 六次甲基四胺溶液(9.1.7)(此时溶液 pH 应为 5.5～5.8)和 3 滴～4 滴二甲酚橙指示剂(9.1.12)，用乙酸锌标准滴定溶液(9.1.10)滴定至试液由黄色变为玫瑰红。

9.4　分析结果的计算

三氧化二铝的质量分数($w_{Al_2O_3}$)按式(7)计算：

$$w_{\mathrm{Al_2O_3}}=\frac{c(\mathrm{EDTA})\times 50.98\times(V_5-K\times V_6)\times 10}{m_9\times 1\,000}\times 100-aw_{\mathrm{X1}} \quad \cdots\cdots(7)$$

式中：

$w_{Al_2O_3}$——三氧化二铝的质量分数，%；

$c(EDTA)$——EDTA 标准滴定溶液的浓度，单位为摩尔每升(mol/L)；

V_5——加入 EDTA 标准滴定溶液的体积，单位为毫升(mL)；

V_6——滴定过量 EDTA 消耗乙酸锌标准滴定溶液的体积，单位为毫升(mL)；

K——每毫升乙酸锌标准滴定溶液相当于 EDTA 标准滴定溶液的毫升数；

m_9——9.2 中试料质量，单位为克(g)；

50.98——($1/2Al_2O_3$)的摩尔质量，单位为克每摩尔(g/mol)；

w_{X1}——试样中金属氧化物的质量分数(%)；

a——三氧化二铁、二氧化钛、氧化铜、氧化锌、三氧化二钴、氧化镍、三氧化二铬、氧化镉、一氧化锰对三氧化二铝的换算系数，见表 1。

表 1　各氧化物对三氧化二铝的换算系数

氧化物名称	Fe_2O_3	TiO_2	CuO	ZnO	Co_2O_3	NiO	Cr_2O_3	CdO	MnO
换算系数	0.638 4	0.638 0	0.640 9	0.626 5	0.614 7	0.682 4	0.670 8	0.397 0	0.718 7

10　二氧化钛的测定(二安替比咻甲烷分光光度法)

10.1　试剂与仪器

10.1.1　焦硫酸钾($K_2S_2O_7$)。

10.1.2　盐酸(HCl 1+2)。

10.1.3　盐酸(HCl 1+11)。

10.1.4　硫酸(H_2SO_4 1+1)。

10.1.5　抗坏血酸溶液(10 g/L)：称取 1 g 抗坏血酸($C_6H_8O_6$)溶于 100 mL 水中(使用时配制)。

10.1.6　二安替比咻甲烷溶液(30 g/L)：称取 3 g 二安替比咻甲烷($C_{23}H_{24}N_4O_2$)溶于 100 mL 盐酸(10.1.3)中，过滤后使用。

10.1.7　二氧化钛标准溶液(0.10 mg/mL)：准确称取 0.100 0 g 预先经 800 ℃～950 ℃灼烧 1 h 的二氧化钛(TiO_2，光谱纯试剂)于铂坩埚中，加约 3 g 焦硫酸钾(10.1.1)，先在低温电炉上熔融，再移至喷灯上熔至呈透明状态。放冷后，用 20 mL 热硫酸(10.1.4)浸取熔块于预先盛有 80 mL 硫酸(10.1.4)的烧杯中，加热溶解，冷却后，移入 1 L 容量瓶中，用水稀释至标线，摇匀。

10.1.8　二氧化钛标准溶液(0.010 mg/mL)：移取 100.00 mL 二氧化钛标准溶液(10.1.7)于 1 L 容量瓶中，用水稀释至标线，摇匀。

10.1.9　分光光度计

10.2　标准曲线的绘制

移取 0 mL，1.00 mL，3.00 mL，5.00 mL，7.00 mL，9.00 mL 二氧化钛标准溶液(10.1.8)，分别放入一组 100 mL 容量瓶中，依次加入 10 mL 盐酸(10.1.2)，10 mL 抗坏血酸溶液(10.1.5)，20 mL 二安替比咻甲烷溶液(10.1.6)，用水稀释至标线，摇匀。放置 40 min 后，于分光光度计上，以试剂空白作参比，选用 2 cm 比色皿，在波长 430 nm 处测定溶液的吸光度，按测得的吸光度与比色溶液浓度的关系绘制标准曲线。

10.3　测定

移取 50.00 mL 试液(A)(9.3)于 100 mL 容量瓶中，依次加入 10 mL 盐酸(10.1.2)，10 mL 抗坏血酸溶液(10.1.5)，20 mL 二安替比咻甲烷溶液(10.1.6)，用水稀释至标线，摇匀。放置 40 min 后，于分光光度计上，以试剂空白作参比，选用 2 cm 比色皿，在波长 430 nm 处测定溶液的吸光度，从标准曲线上查得所分取试液中二氧化钛的含量(c_2)。

10.4　分析结果的计算

二氧化钛的质量分数(w_{TiO_2})按式(8)计算：

$$w_{TiO_2} = \frac{c_2 \times 5}{m_9 \times 1\ 000} \times 100 \qquad \cdots\cdots (8)$$

式中：

w_{TiO_2}——二氧化钛的质量分数，%；

c_2——在标准曲线上查得所分取试液中二氧化钛的含量，单位为毫克(mg)；

m_9——9.2 中试料质量，单位为克(g)。

11 三氧化二铁的测定(邻菲啰啉分光光度法)

11.1 试剂与仪器

11.1.1 硝酸(HNO_3 ρ 约 1.42 g/mL)。

11.1.2 盐酸(HCl 1+1)。

11.1.3 氨水($NH_3 \cdot H_2O$ 1+1)。

11.1.4 盐酸羟胺溶液(100 g/L)。称取 10 g 盐酸羟胺($NH_2OH \cdot HCl$)，溶于 100 mL 水中，摇匀。

11.1.5 酒石酸溶液(100 g/L)。称取 10 g 酒石酸($H_6C_4O_6$)，溶于 100 mL 水中，摇匀。

11.1.6 邻菲啰啉溶液(1 g/L)：称取 0.1 g 邻菲啰啉($C_{12}H_8N_2 \cdot 2H_2O$)溶于 10 mL 乙醇，加 90 mL 水混匀。

11.1.7 三氧化二铁标准溶液(0.10 mg/mL)：准确称取 0.100 0 g 预先经 105 ℃～110 ℃烘干 2 h 的三氧化二铁(Fe_2O_3，光谱纯试剂)于烧杯中，加 20 mL 盐酸(11.1.2)和 2 mL 硝酸(11.1.1)加热溶解。冷却，移入 1 L 容量瓶中，用水稀释至标线，摇匀。

11.1.8 三氧化二铁标准溶液(0.02 mg/mL)：准确移取 100.00 mL 三氧化二铁标准溶液(11.1.7)放入 500 mL 容量瓶中，用水稀释至标线，摇匀。

11.1.9 对硝基酚指示剂(5 g/L)：(7.1.11)。

11.1.10 分光光度计。

11.2 标准曲线的绘制

移取 0 mL，1.00 mL，3.00 mL，5.00 mL，7.00 mL，9.00 mL，11.00 mL 三氧化二铁标准溶液(11.1.8)，分别放入一组 100 mL 容量瓶中，用水稀释至 40 mL～50 mL。加 4 mL 酒石酸溶液(11.1.5)，加 1 滴～2 滴对硝基酚指示剂(11.1.9)，滴加氨水(11.1.3)至溶液呈现黄色，随即滴加盐酸至溶液刚无色。此时溶液 pH 值近似 5，加 2 mL 盐酸羟胺溶液(11.1.4)，10 mL 邻菲啰啉溶液(11.1.6)，用水稀释至标线，摇匀。放置 20 min 后，于分光光度计上，以试剂空白作参比，选用 1 cm 比色皿，在波长 510 nm 处测定溶液的吸光度，按测得的吸光度与比色溶液浓度的关系绘制标准曲线。

11.3 测定

移取 25.00 mL 试液 A(9.3)于 100 mL 容量瓶中，用水稀释至 40 mL～50 mL，加 4 mL 酒石酸溶液(11.1.5)，加 1 滴～2 滴对硝基酚指示剂(11.1.9)，滴加氨水(11.1.3)至溶液呈现黄色，随即滴加盐酸至溶液刚无色。此时溶液 pH 值近似 5，加 2 mL 盐酸羟胺溶液(11.1.4)，10 mL 邻菲啰啉溶液(11.1.6)，用水稀释至标线，摇匀。放置 20 min 后，于分光光度计上，以试剂空白作参比，选用 1 cm 比色皿，在波长 510 nm 处测定溶液的吸光度，从标准曲线上查得三氧化二铁的含量(c_3)。

11.4 分析结果的计算

三氧化二铁的质量分数($w_{Fe_2O_3}$)按式(9)计算：

$$w_{Fe_2O_3} = \frac{c_3 \times 10}{m_9 \times 1\,000} \times 100 \qquad \cdots\cdots(9)$$

式中：

$w_{Fe_2O_3}$——三氧化二铁的质量分数，%；

c_3——在标准曲线上查得所分取试液中三氧化二铁的含量，单位为毫克(mg)；

m_9——9.2 中试料质量，单位为克(g)。

12 氧化钙的测定(配位滴定法)

12.1 试剂

12.1.1 三乙醇胺($C_6H_{15}NO_3$ 1+1)。

12.1.2 氢氧化钾溶液(200 g/L):(9.1.6)。

12.1.3 EDTA 标准滴定溶液(0.01 mol/L):(9.1.9)。

12.1.4 钙黄绿素-甲基百里香-酚酞混合指示剂(简称 CMP 混合指示剂):(9.1.11)。

12.1.5 盐酸羟胺($NH_2OH \cdot HCl$)。

12.2 测定

移取 25.00 mL 试液 A(9.3)于 300 mL 烧杯中,用水稀释至约 150 mL,加少量盐酸羟胺(12.1.5),加 3 mL 三乙醇胺(12.1.1),滴加氢氧化钾溶液(12.1.2)至溶液 pH 值近似为 12,再加 2 mL 氢氧化钾溶液(12.1.2)。加入适量 CMP 混合指示剂(12.1.4),用 EDTA 标准滴定溶液(12.1.3)滴定至绿色荧光完全消失并呈现红色。

12.3 分析结果的计算

氧化钙的质量分数(w_{CaO})按式(10)计算:

$$w_{CaO} = \frac{c(EDTA) \times V_7 \times 56.08 \times 10}{m_9 \times 1\,000} \times 100 \qquad \cdots\cdots(10)$$

式中:

w_{CaO}——氧化钙的质量分数,%;

$c(EDTA)$——EDTA 标准滴定溶液的浓度,单位为摩尔每升(mol/L);

V_7——滴定氧化钙时消耗 EDTA 标准滴定溶液的体积,单位为毫升(mL);

56.08——CaO 的摩尔质量,单位为克每摩尔(g/mol);

m_9——9.2 中的试料质量,单位为克(g)。

13 氧化镁的测定(配位滴定法)

13.1 试剂

13.1.1 三乙醇胺($C_6H_{15}NO_3$ 1+1):(12.1.1)。

13.1.2 氨水($NH_3 \cdot H_2O$ 1+1)。

13.1.3 氨水-氯化铵缓冲溶液(pH 为 10):称取 67.5 g 氯化铵溶于适量水中,加 570 mL 氨水(ρ 约 0.90 g/mL),然后用水稀释至 1 升。

13.1.4 EDTA 标准滴定溶液(0.01 mol/L):(9.1.9)。

13.1.5 酸性铬蓝 K-萘酚绿 B(1∶3)混合指示剂(简称 K-B 指示剂):称取 1.000 g 酸性铬蓝 K、3.000 g 萘酚绿 B 与 50 g 已在 105 ℃～110 ℃烘干过的硝酸钾在玛瑙乳钵中仔细研磨混匀,贮存于磨口棕色瓶中。

13.1.6 盐酸羟胺($NH_2OH \cdot HCl$):(12.1.5)。

13.2 测定

移取 25.00 mL 试液(A)(9.3)于 300 mL 烧杯中,用水稀释至约 150 mL,加少量盐酸羟胺(13.1.6),加 3 mL 三乙醇胺(13.1.1),以氨水(13.1.2)调至 pH 值近似为 10,再加 10 mL 氨水-氯化铵缓冲溶液(13.1.3)及适量 K-B 指示剂(13.1.5),用 EDTA 标准滴定溶液(13.1.4)滴定至试液由紫红色变为蓝绿色。

13.3 分析结果的计算

氧化镁的质量分数(w_{MgO})按式(11)计算:

$$w_{MgO} = \frac{c(EDTA) \times (V_8 - V_7) \times 40.31 \times 10}{m_9 \times 1\,000} \times 100 \qquad \cdots\cdots(11)$$

式中：

w_{MgO}——氧化镁的质量分数，%；

c(EDTA)——EDTA 标准滴定溶液的浓度，单位为摩尔每升(mol/L)；

V_7——滴定氧化钙时消耗 EDTA 标准滴定溶液的体积，单位为毫升(mL)；

V_8——滴定氧化镁时消耗 EDTA 标准滴定溶液的体积，单位为毫升(mL)；

40.31——MgO 的摩尔质量，单位为克每摩尔(g/mol)；

m_9——9.2 中的试料质量，单位为克(g)。

14 三氧化硫的测定(硫酸钡重量法)

14.1 试剂

14.1.1 硝酸(HNO_3 ρ 约 1.42 g/mL)。

14.1.2 高氯酸($HClO_4$ ρ 约 1.67 g/mL)。

14.1.3 氢氟酸(HF 优级纯，ρ 约 1.15 g/mL)。

14.1.4 盐酸(HCl 1+1)。

14.1.5 氯化钡溶液(50 g/L)：称取 50 g 氯化钡($BaCl_2 \cdot 2H_2O$)，溶于 1 L 水中，摇匀。

14.1.6 硝酸银溶液(10 g/L)：称取 1 g 硝酸银($AgNO_3$)溶于 95 mL 水中，加入 5 mL 硝酸(14.1.1)，贮存于棕色瓶中。

14.2 试料量

称取 1.0 g(m_{10})试样，精确至 0.000 1 g。

14.3 测定

将试料置于铂皿中，加 2 mL 硝酸(14.1.1)，1 mL 高氯酸(14.1.2)和 10 mL 氢氟酸(14.1.3)，于低温电炉上缓慢加热蒸发至开始逸出高氯酸白烟。冷却，再加 2 mL 高氯酸(14.1.2)和 5 mL 氢氟酸(14.1.3)，继续加热蒸发至干，冷却，加 20 mL 水及 4 mL 盐酸(14.1.4)，加热至盐类完全溶解。将所得试液移入 300 mL 烧杯中，用水稀释至约 150 mL，加热微沸，在不断搅拌下滴加 5 mL 氯化钡溶液(14.1.5)，继续微沸约 10 min。移至温处静置约 1 h，再于室温下静置 4 h 或 12 h～24 h(仲裁分析须静置 12 h～24 h)。用慢速定量滤纸过滤，以温水洗涤沉淀至无氯根反应为止[用硝酸银溶液(14.1.6)检验]。

将滤纸及沉淀移入已恒量的铂坩埚中，灰化后，在 850 ℃灼烧 30 min，在干燥器中冷却至室温，称量。反复灼烧，直至恒量。

14.4 分析结果的计算

三氧化硫的质量分数(w_{SO_3})按式(12)计算：

$$w_{SO_3} = \frac{m_{11} \times 0.343\,0}{m_{10}} \times 100 \qquad (12)$$

式中：

w_{SO_3}——三氧化硫的质量分数，%；

m_{10}——14.2 中的试料质量，单位为克(g)；

m_{11}——灼烧后沉淀的质量，单位为克(g)；

0.343 0——硫酸钡对三氧化硫的换算系数。

15 五氧化二磷的测定(磷钒钼黄分光光度法)

15.1 试剂与仪器

15.1.1 硝酸(HNO_3 ρ 约 1.42 g/mL)。

15.1.2 硝酸(HNO_3 1+2)。

15.1.3 高氯酸($HClO_4$ ρ 约 1.67 g/mL)。

15.1.4 氢氟酸(HF 优级纯,ρ 约 1.15 g/mL)。

15.1.5 钼酸铵-钒酸铵显色剂:

钼酸铵溶液(甲):称取 25 g 钼酸铵[$(NH_4)_6Mo_7O_{24}\cdot 4H_2O$]溶于约 150 mL 水中,加热至 60 ℃,待溶解后,冷却(必要时过滤)用水稀释至 250 mL,并加入 1 mL 硝酸(15.1.1)。

钒酸铵溶液(乙):称取 0.75 g 钒酸铵(NH_4VO_3)溶于 150 mL 水中,加热至 60 ℃,待溶解后冷却,加 15 mL 硝酸(15.1.1),用水稀释至 250 mL。

将甲、乙两溶液混合,混匀后保存在棕色瓶中。

15.1.6 五氧化二磷标准溶液(0.10 mg/mL):准确称取 0.191 7 g 预先经 105 ℃~110 ℃烘干 2 h 的磷酸二氢钾(KH_2PO_4,基准试剂)溶于水中,移入 1 L 容量瓶中,用水稀释至标线,摇匀。

15.1.7 分光光度计。

15.2 试料量

称取 1.0 g(m_{12})试样,精确至 0.000 1 g。

15.3 标准曲线的绘制

移取 0 mL,2.50 mL,5.00 mL,7.50 mL,10.00 mL,12.50 mL,15.00 mL 五氧化二磷标准溶液(15.1.6)于 100 mL 容量瓶中。加入 5 mL 硝酸(15.1.2),然后用水稀释至 50 mL~60 mL,加入 10 mL 钼酸铵-钒酸铵显色剂(15.1.5),用水稀释至标线,摇匀。放置 10 min 后,于分光光度计上,以试剂空白作参比,选用 1 cm 的比色皿,在波长 460 nm 处测量溶液的吸光度,按测得的吸光度与比色溶液的关系绘制标准曲线。

15.4 测定

将试料置于铂皿中,用少量水润湿,加入 5 mL~6 mL 高氯酸(15.1.3)、2 mL~3 mL 硝酸(15.1.1)和 7 mL~10 mL 氢氟酸(15.1.4),于低温电炉上蒸发至近干,用水冲洗皿壁,再加 1 mL 硝酸(15.1.1)继续蒸发至干,冷却,加 5 mL 硝酸(15.1.1)及适量水,加热溶解,冷却后,移入 100 mL 容量瓶中,溶液的体积保持在 50 mL~60 mL,加入 10 毫升钼酸铵-钒酸铵显色剂(15.1.5),用水稀释至标线,摇匀。放置 10 min 后,于分光光度计上,以试剂空白作参比,选用 1 cm 的比色皿,在波长 460 nm 处测量溶液的吸光度,从标准曲线上查得五氧化二磷的含量(c_4)。

15.5 分析结果的计算

五氧化二磷的质量分数($w_{P_2O_5}$)按式(13)计算:

$$w_{P_2O_5}=\frac{c_4}{m_{12}\times 1\,000}\times 100 \qquad \cdots\cdots(13)$$

式中:

$w_{P_2O_5}$——五氧化二磷的质量分数,%;

c_4——在标准曲线上查得被测溶液中五氧化二磷的含量,单位为毫克(mg);

m_{12}——15.2 中的试料质量,单位为克(g)。

16 三氧化二铁、氧化钙、氧化镁、氧化钾、氧化钠的测定(原子吸收光谱法)

16.1 试剂与仪器

16.1.1 氢氟酸(HF 优级纯,ρ 约 1.15 g/mL)。

16.1.2 硝酸(HNO_3优级纯,ρ 约 1.42 g/mL)。

16.1.3 高氯酸($HClO_4$ 高纯,ρ 约 1.67 g/mL)。

16.1.4 盐酸(HCl 优级纯 1+1)。

16.1.5 氯化锶溶液(200 g/L):称取 200 g 氯化锶($SrCl_2 \cdot 6H_2O$)溶于 1 L 水中,摇匀,贮存于塑料瓶中。

16.1.6 氧化钠标准溶液(1.00 mg/mL):准确称取 1.885 9 g 预先经 400 ℃~500 ℃灼烧至恒量并冷却至室温的氯化钠(NaCl,基准试剂或光谱纯试剂)溶于水中,移入 1 L 容量瓶中,用水稀释至标线,摇匀。贮存于塑料瓶中。

16.1.7 氧化钾标准溶液(1.00 mg/mL):准确称取 1.583 0 g 预先经 400 ℃~500 ℃灼烧至恒量并冷却至室温的氯化钾(KCl,基准试剂或光谱纯试剂)溶于水中,移入 1 L 容量瓶中,用水稀释至标线,摇匀。贮存于塑料瓶中。

16.1.8 氧化钙标准溶液(1.00 mg/mL):准确称取 1.784 8 g 预先经 105 ℃~110 ℃烘干 2 h 的碳酸钙($CaCO_3$,基准试剂),于 200 mL 烧杯中,盖表面皿,加少量水,加 20 mL 盐酸(16.1.4)溶解,加热微沸,以驱尽二氧化碳,冷却,移入 1 L 容量瓶中,用水稀释至标线,摇匀。贮存于塑料瓶中。

16.1.9 氧化镁标准溶液(1.00 mg/mL):准确称取 0.500 0 g 预先经 950 ℃灼烧 2 h 的氧化镁(MgO,光谱纯试剂),用水润湿,加 20 mL 盐酸(16.1.4),加热溶解,冷却,移入 500 mL 容量瓶中,用水稀释至标线,摇匀。贮存于塑料瓶中。

16.1.10 三氧化二铁标准溶液(1.00 mg/mL):准确称取 0.500 0 g 预先经 105 ℃~110 ℃烘干 2 h 的三氧化二铁(Fe_2O_3,光谱纯试剂) 于 200 mL 烧杯中,加入 40 mL 盐酸(16.1.4)、2 mL 硝酸(16.1.2),加热溶解,冷却。移入 500 mL 容量瓶中,用水稀释至标线,摇匀。贮存于塑料瓶中。

16.1.11 混合标准溶液(20 μg/mL):分别移取 20.00 mL 氧化钾(16.1.7)、氧化钠(16.1.6)、氧化钙(16.1.8)、氧化镁(16.1.9)、三氧化二铁(16.1.10)标准溶液,放入同一个 1L 容量瓶中,用水稀释至标线,摇匀。

16.1.12 标准系列溶液:准确移取混合标准溶液(16.1.11)5.00 mL,10.00 mL,15.00 mL,20.00 mL,25.00 mL,30.00 mL,35.00 mL,40.00 mL 分别放入一组 100 mL 容量瓶中,加 4 mL 盐酸(16.1.4)和 5 mL 氯化锶溶液(16.1.5),用水稀释至标线,摇匀。此标准系列溶液中氧化钾、氧化钠、氧化钙、氧化镁、三氧化二铁浓度分别为 1.00 μg/mL,2.00 μg/mL,3.00 μg/mL,4.00 μg/mL,5.00 μg/mL,6.00 μg/mL,7.00 μg/mL,8.00 μg/mL。

16.2 原子吸收光谱仪,采用空气-乙炔火焰,铁灯在 248.3 nm、钙灯在 422.7 nm、镁灯在 285.2 nm、钾灯在 766.5 nm、钠灯在 589.0 nm 处。空气和乙炔气体要足够纯净(不含水、油、钙、镁、钾、钠、铁),以提供稳定清澈的贫燃火焰。

16.3 试料量

称取 0.1 g(m_{13})试样,精确至 0.000 1 g。

16.4 测定

将试料置于铂皿中,用少量水润湿,加 1 mL 高氯酸(16.1.3)和 10 mL~15 mL 氢氟酸(16.1.1),于低温电炉上加热分解,蒸发至糊状,用水冲洗皿壁,再加 0.5 mL 高氯酸(16.1.3),继续加热蒸发至高氯酸白烟冒尽。冷却后,加约 20 mL 水和 8 mL 盐酸(16.1.4),缓慢加热 20 min~30 min,待残渣全部溶解后,冷却至室温移入 200 mL 容量瓶中,用水稀释至标线,摇匀。此为试液(B)。测定三氧化二铁直接用试液(B)。测定氧化钙、氧化镁和氧化钾时,移取 20 mL 试液(B)于 100 mL 容量瓶中,加 4 mL 盐酸(16.1.4)及 5 mL 氯化锶溶液(16.1.5),用水稀释至标线,摇匀;测定氧化钠时,移取 10 mL 试液(B)于 100 mL 容量瓶中。加 4 mL 盐酸(16.1.4)及 5mL 氯化锶溶液(16.1.5),用水稀释至标线,摇匀。

将仪器调节至最佳工作状态,用空气-乙炔火焰,以试剂空白作参比,对试液和标准系列溶液进行测定。如果试样溶液和标准系列溶液浓度接近则按直接比较法计算,否则,需测定两个参考标准,按内插法计算。

直接比较法按式(14)计算:

$$c_{X1} = \frac{A_{X1}}{A_{标1}} \times c_{标1} \qquad \cdots\cdots(14)$$

式中：

c_{X1}——被测溶液中各氧化物浓度，单位为微克每毫升(μg/mL)；

$c_{标1}$——标准溶液浓度，单位为微克每毫升(μg/mL)；

A_{X1}——被测溶液的吸光度；

$A_{标1}$——标准溶液的吸光度。

内插法按式(15)计算：

$$c_{X2} = c_5 + \frac{c_6 - c_5}{A_2 - A_1}(A_{X2} - A_1) \qquad \cdots\cdots(15)$$

式中：

c_{X2}——被测溶液中各氧化物浓度，单位为微克每毫升(μg/mL)；

c_5、c_6——标准溶液浓度，单位为微克每毫升(μg/mL)；

A_1、A_2——标准溶液吸光度；

A_{X2}——被测溶液的吸光度。

16.5 分析结果的计算

各氧化物的质量分数(w_{X2})按式(16)计算：

$$w_{X2} = \frac{c_{X3} \times V_9 \times n}{m_{13} \times 10^6} \times 100 \qquad \cdots\cdots(16)$$

式中：

w_{X2}——各氧化物的质量分数，%；

c_{X3}——被测溶液中各氧化物浓度，单位为微克每毫升(μg/mL)；

V_9——测量溶液的体积，单位为毫升(mL)；

n——被测溶液稀释倍数；

m_{13}——16.3 中的试料质量，单位为克(g)。

17 氧化钾和氧化钠的测定(火焰光度法)

17.1 试剂与仪器

17.1.1 氢氟酸(HF 优级纯，ρ 约 1.15 g/mL)。

17.1.2 硫酸(H_2SO_4 优级纯 1+1)。

17.1.3 盐酸(HCl 优级纯 1+1)。

17.1.4 氧化钾标准溶液(1.00 mg/mL)：(16.1.7)。

17.1.5 氧化钠标准溶液(5.00 mg/mL)：准确称取 4.714 7 g 预先经 400 ℃～500 ℃灼烧至恒量并冷却至室温的氯化钠(NaCl，基准试剂或光谱纯试剂)溶于水中，移入 500 mL 容量瓶中，用水稀释至标线，摇匀。贮存于塑料瓶中。

17.1.6 混合标准溶液(氧化钾 0.10 mg/mL，氧化钠 1.00 mg/mL)：分别移取 10.00 mL 氧化钾溶液(17.1.4)和 20.00 mL 氧化钠标准溶液(17.1.5)，放入 100 mL 容量瓶中，用水稀释至标线，摇匀。得到混合标准溶液。

17.1.7 混合标准溶液系列：准确移取混合标准溶液(17.1.6)1.00 mL，2.00 mL，3.00 mL，4.00 mL，5.00 mL，6.00 mL，7.00 mL，分别放入一组 100 mL 容量瓶中(每份溶液中氧化钾和氧化钠的含量之比为 1∶10)，加入 2 mL 盐酸(17.1.3)，用水稀释至标线，摇匀。

17.1.8 火焰光度计。

17.2 试料量

称取 0.1 g(m_{14})试样,精确至 0.000 1 g。

17.3 测定

将试料置于铂皿中,用少量水润湿,加 4 滴~5 滴硫酸(17.1.2)和 7 mL~10 mL 氢氟酸(17.1.1),于低温电炉上蒸发至干,逐渐升高温度驱尽三氧化硫白烟。取下,冷却,加约 30 mL 水及 5 mL 盐酸(17.1.3),缓慢加热 20 min~30 min,待残渣全部溶解后,冷却,移入 250 mL 容量瓶中,用水稀释至标线,摇匀。此为试液(C)供测定氧化钾。

移取 50.00 mL 试液(C)于 100 mL 容量瓶中,加 1 mL 盐酸(17.1.3)用水稀释至标线,摇匀。此为试液(D)供测定氧化钠。

17.4 计算结果的表示

在火焰光度计上用曲线法(或内插法)进行氧化钾和氧化钠的测定。

氧化钾及氧化钠的质量分数(w_{K_2O}、w_{Na_2O})按式(17)、(18)计算:

$$w_{K_2O} = \frac{c_7 \times 250}{m_{14} \times 1\,000} \times 100 \qquad \cdots\cdots(17)$$

$$w_{Na_2O} = \frac{c_8 \times 250 \times 2}{m_{14} \times 1\,000} \times 100 \qquad \cdots\cdots(18)$$

式中:

w_{K_2O}——氧化钾的质量分数,%;

w_{Na_2O}——氧化钠的质量分数,%;

c_7——在氧化钾标准曲线上查得被测溶液中氧化钾的含量,单位为毫克每毫升(mg/mL);

c_8——在氧化钠标准曲线上查得被测溶液中氧化钠的含量,单位为毫克每毫升(mg/mL);

m_{14}——17.2 中的试料质量,单位为克(g)。

18 三氧化二铝、三氧化二铁、氧化钙、氧化镁、氧化钾、氧化钠、二氧化钛、五氧化二磷的测定(等离子体发射光谱法)

18.1 试剂与仪器

18.1.1 氢氟酸(HF 优级纯,ρ 约 1.15 g/mL)。

18.1.2 高氯酸($HClO_4$ 高纯,ρ 约 1.67 g/mL)。

18.1.3 盐酸(HCl 优级纯,ρ 约 1.19 g/mL)。

18.1.4 盐酸(HCl 优级纯 1+1)。

18.1.5 硫酸(H_2SO_4 优级纯 1+9)。

18.1.6 硝酸(HNO_3 优级纯,ρ 约 1.42 g/mL)。

18.1.7 硝酸(HNO_3 优级纯 1+1)。

18.1.8 硫酸(H_2SO_4 优级纯,ρ 约 1.84 g/mL)。

18.1.9 三氧化二铝标准溶液(1.00 mg/mL):称取已在硅胶干燥器内存放过夜的金属铝(Al,光谱纯试剂)0.529 3 g,置于 200 mL 烧杯中,盖表面皿,加 20 mL 水,40 mL 盐酸(18.1.4),滴加 1 mL~2 mL 硝酸(18.1.6),低温加热使其完全溶解,再微沸数分钟,取下冷却至室温后,移入 1 L 容量瓶中,用水稀释至标线,摇匀。贮存于塑料瓶中。

18.1.10 二氧化钛标准溶液(1.00 mg/mL):称取已在硅胶干燥器内存放过夜的金属钛(Ti,光谱纯试剂)0.299 7 g 置于铂皿中,加少许水润湿,慢慢滴加氢氟酸(18.1.1)使样品溶解,再滴加硝酸(18.1.6)使低价钛完全氧化,加入 10 mL 硫酸(18.1.8),在电炉上低温蒸发近干,再逐渐升温至白烟冒尽,取下冷却,加硫酸溶液(18.1.5)并用硫酸(18.1.5)代替水将铂皿中的溶液移入 500 mL 容量瓶中,用水稀释至标线,摇匀。贮存于塑料瓶中。

18.1.11 氧化镁标准溶液(1.00 mg/mL):准确称取0.500 0 g预先经950 ℃灼烧至恒量的氧化镁(MgO,光谱纯试剂)用水润湿,加20 mL盐酸(18.1.4),加热溶解,冷却,移入500 mL容量瓶中,用水稀释至标线,摇匀。贮存于塑料瓶中。

18.1.12 三氧化二铁标准溶液(1.00 mg/mL):准确称取0.500 0 g预先经105 ℃~110 ℃烘干2 h的三氧化二铁(Fe_2O_3,光谱纯试剂),溶于40 mL盐酸(18.1.4)和2 mL硝酸(18.1.6)中,加热溶解,冷却。移入500 mL容量瓶中,用水稀释至标线,摇匀。贮存于塑料瓶中。

18.1.13 氧化钾标准溶液(1.00 mg/mL):准确称取1.583 0 g预先经400 ℃~500 ℃灼烧至恒量并冷却至室温的氯化钾(KCl,基准试剂或光谱纯试剂),溶于水中,移入1 L容量瓶中,用水稀释至标线,摇匀。贮存于塑料瓶中。

18.1.14 氧化钙标准溶液(0.50 mg/mL):准确称取0.892 4 g预先经105 ℃~110 ℃烘干2 h的碳酸钙($CaCO_3$,基准试剂),于200 mL烧杯中,盖表面皿,加少量水,加20 mL盐酸(18.1.4)溶解,加热微沸,以驱尽二氧化碳,冷却,移入1 L容量瓶中,用水稀释至标线,摇匀。贮存于塑料瓶中。

18.1.15 氧化钠标准溶液(0.50 mg/mL):准确称取0.943 0 g预先经400 ℃~500 ℃灼烧至恒量并冷却至室温的氯化钠(NaCl,基准试剂或光谱纯试剂)溶于水中,移入1 L容量瓶中,用水稀释至标线,摇匀,贮存于塑料瓶中。

18.1.16 五氧化二磷标准溶液(0.10 mg/mL):准确称取0.191 7 g预先经105 ℃~110 ℃烘干2 h的磷酸二氢钾(KH_2PO_4,基准试剂)溶于水中,移入1 L容量瓶中,用水稀释至标线,摇匀。

18.1.17 混合标准过渡溶液[三氧化二铝、三氧化二铁、氧化镁、氧化钾、二氧化钛(均为100 μg/mL)、五氧化二磷(10 μg/mL)混合标准过渡溶液]:分别准确移取100.00 mL三氧化二铝(18.1.9)、三氧化二铁(18.1.12)、氧化镁(18.1.11)、氧化钾(18.1.13)、二氧化钛(18.1.10)、五氧化二磷(18.1.16)标准溶液,放入1 000 mL容量瓶中,用水稀释至标线,摇匀。

18.1.18 氧化钠标准过渡溶液(100 μg/mL):准确移取200.00 mL氧化钠标准溶液(18.1.15)于1 000 mL容量瓶中,用水稀释至标线,摇匀。

18.1.19 氧化钙标准过渡溶液(100 μg/mL):准确移取200.00 mL氧化钙标准溶液(18.1.14)于1 000 mL容量瓶中,用水稀释至标线,摇匀。

18.1.20 高浓度标准溶液:准确移取20.00 mL混合标准过渡溶液(18.1.17),放入100 mL容量瓶中,再准确移取15 mL氧化钠标准溶液(18.1.15)和10 mL氧化钙标准溶液(18.1.14),放入同一个100 mL容量瓶中,加入10 mL硝酸(18.1.7),用水稀释至标线,摇匀。得到氧化钠为75 μg/mL,氧化钙为50 μg/mL,氧化二铝、三氧化二铁、氧化镁、氧化钾、二氧化钛各为20 μg/mL,五氧化二磷为2 μg/mL的混合标准溶液,此溶液在后续分析中作为高浓度标准溶液。

18.1.21 低浓度标准溶液:分别准确移取20.00 mL氧化钠标准过渡溶液(18.1.18)和10.00 mL氧化钙标准过渡溶液(18.1.19)放入100 mL容量瓶中,加入10 mL硝酸(18.1.7),用水稀释至标线,摇匀。得到氧化钠为20 μg/mL,氧化钙为10 μg/mL,三氧化二铝、三氧化二铁、氧化镁、氧化钾、二氧化钛、五氧化二磷各为0 μg/mL的混合标准溶液,此溶液在后续分析中作为低浓度标准溶液。

18.1.22 等离子体发射光谱仪。

18.2 试料量

称取0.1 g(m_{15})试样(测五氧化二磷时,试料量为0.5 g~1.0 g),精确至0.000 1 g。

18.3 测定

将试料置于铂金皿中,用水润湿,加1 mL高氯酸(18.1.2),10 mL~15 mL氢氟酸(18.1.1)。将铂金皿置于电热板上低温加热,蒸发至糊状,用水冲洗四壁,再加0.5 mL高氯酸(18.1.2),加热蒸发至干,冷却,加10 mL硝酸(18.1.7)及适量水,加热溶解,冷却后,移入100 mL容量瓶中,用水稀释至标线,摇匀。

在分析样品前,预先将等离子体发射光谱仪电路通电,稳定后,按仪器要求编制分析控制程序。打开仪器的气路、水路，接通高频电源，用工作气体将管路和雾化系统内的空气排除干净，点燃等离子体火焰。仪器的输出功率控制为 1.1 kW，反射功率小于 10 W，冷却气流量 16 L/min，进样量 1 mL/min～2 mL/min，待仪器工作 15 min～30 min 稳定后，按照分析控制程序分别吸入低浓度标准溶液(18.1.21)和高浓度标准溶液(18.1.20)进行仪器的标准化，建立标准曲线。完成标准化工作后，按程序吸入样品溶液，转入样品分析，测定样品溶液中各氧化物的浓度。

分析过程中穿插测试试剂空白溶液和硝酸溶液(18.1.7)，确定试剂空白的大小，并加以扣除。如果发现存在明显的试剂空白，则需更新带来空白效应的试剂，重新分析。

18.4 分析结果的表示

每种氧化物的质量分数(w_{X3})按式(19)计算：

$$w_{X3}=\frac{c_{X3}\times V_{10}}{m_{15}\times 10^6}\times 100 \qquad \cdots\cdots(19)$$

式中：

w_{X3}——分别为各氧化物的质量分数，%；

c_{X3}——被测溶液中各氧化物的浓度，单位为微克每毫升(μg/mL)；

V_{10}——测量溶液的体积，单位为毫升(mL)；

m_{15}——18.2 中的试料质量，单位为克(g)。

19 氧化铜、氧化锌、三氧化二钴、氧化镍、三氧化二铬、氧化镉、一氧化锰的测定(原子吸收光谱法)

19.1 试剂与仪器

19.1.1 氢氟酸(HF 优级纯，ρ 约 1.15 g/mL)。

19.1.2 高氯酸($HClO_4$ 高纯，ρ 约 1.67 g/mL)。

19.1.3 盐酸(HCl 优级纯，ρ 约 1.19 g/mL)。

19.1.4 盐酸(HCl 优级纯，1+1)。

19.1.5 硝酸(HNO_3 优级纯，ρ 约 1.42 g/mL)。

19.1.6 硝酸(HNO_3 优级纯，1+1)。

19.1.7 氧化铜标准溶液(1.00 mg/mL)：准确称取经 105 ℃～110 ℃烘干的氧化铜(CuO，高纯或光谱纯试剂)0.500 0 g，置于 200 mL 玻璃烧杯中，加入 15 mL 盐酸(19.1.4)和 3 mL 硝酸(19.1.5)，加热至近干，再加 5 mL 硝酸(19.1.5)，使残渣溶解，完全溶解后冷却，移入 500 mL 容量瓶中，用水稀释至标线，摇匀。贮存于塑料瓶中。

19.1.8 氧化锌标准溶液(1.00 mg/mL)：准确称取经表面处理过的高纯金属锌(Zn，高纯或光谱纯试剂)0.401 7 g，置于 200 mL 玻璃烧杯中，加入 20 mL 盐酸(19.1.4)和 3 mL 硝酸(19.1.5)，加热完全溶解后冷却，移入 500 mL 容量瓶中，用水稀释至标线，摇匀。贮存于塑料瓶中。

19.1.9 三氧化二钴标准溶液(1.00 mg/mL)：准确称取经 105 ℃～110 ℃烘干的三氧化二钴(Co_2O_3，高纯或光谱纯试剂)0.500 0 g，置于 200 mL 玻璃烧杯中，加入 15 mL 盐酸(19.1.4)和 3 mL 硝酸(19.1.5)，加热至近干，再加 5mL 硝酸(19.1.5)，使残渣溶解，完全溶解后冷却，移入 500 mL 容量瓶中，用水稀释至标线，摇匀。贮存于塑料瓶中。

19.1.10 氧化镍标准溶液(1.00 mg/mL)：准确称取经 105 ℃～110 ℃烘干不少于 2 h 的氧化镍(NiO，高纯或光谱纯试剂)0.500 0 g，置于 200 mL 玻璃烧杯中，加入 15 mL 盐酸(19.1.4)和 3 mL 硝酸(19.1.5)，加热溶解后，加热至近干，再加 5 mL 硝酸(19.1.5)，使残渣溶解，完全溶解后冷却，移入 500 mL 容量瓶中，用水稀释至标线，摇匀。贮存于塑料瓶中。

19.1.11 三氧化三铬标准溶液(1.00 mg/mL)：准确称取经 105 ℃～110 ℃烘干的三氧化三铬(Cr_2O_3，高纯或光谱纯试剂)0.500 0 g，置于 200 mL 玻璃烧杯中，加 15 mL 盐酸(19.1.4)和 3 mL 硝酸

(19.1.5)，加热至近干，再加 5 mL 硝酸(19.1.5)，使残渣溶解，完全溶解后冷却，移入 500 mL 容量瓶中，用水稀释至标线，摇匀。贮存于塑料瓶中。

19.1.12　氧化镉标准溶液(1.00 mg/mL)：准确称取经表面处理过的高纯金属镉(Cd，高纯或光谱纯试剂)0.437 7 g，置于 200 mL 玻璃烧杯中，加入 50 mL 盐酸(19.1.4)和 3 mL 硝酸(19.1.5)，加热完全溶解后再加 5 mL 硝酸，冷却，移入 500 mL 容量瓶中，用水稀释至标线，摇匀。贮存于塑料瓶中。

19.1.13　一氧化锰标准溶液(1.00 mg/mL)：准确称取经 105 ℃～110 ℃烘干的一氧化锰(MnO，高纯或光谱纯试剂)0.500 0 g，置于 200 mL 玻璃烧杯中，加入 15 mL 盐酸(19.1.4)和 3 mL 硝酸(19.1.5)，加热溶解后，加热至近干，再加 5 mL 硝酸(19.1.5)，使残渣溶解，完全溶解后冷却，移入 500 mL 容量瓶中，用水稀释至标线，摇匀。贮存于塑料瓶中。

19.1.14　氧化铜、氧化锌、三氧化二钴、氧化镍、三氧化二铬、氧化镉、一氧化锰混合标准溶液(100 μg/mL)：分别准确移取 100 mL 氧化铜标准溶液(19.1.7)、氧化锌标准溶液(19.1.8)、三氧化二钴标准溶液(19.1.9)、氧化镍标准溶液(19.1.10)、三氧化二铬标准溶液(19.1.11)、氧化镉标准溶液(19.1.12)、一氧化锰标准溶液(19.1.13)于同一个 1 L 容量瓶中，补加 10 mL 盐酸(19.1.4)，用水稀释至标线，摇匀。

19.1.15　氧化铜、氧化锌、三氧化二钴、氧化镍、三氧化二铬、氧化镉、一氧化锰混合标准溶液(10 μg/mL)：准确移取 100.00 mL 混合标准溶液(19.1.14)，放入 1L 容量瓶中，用水稀释至标线，摇匀。

19.1.16　标准系列溶液：准确移取混合标准溶液(19.1.15)5.00 mL，10.00 mL，15.00 mL，20.00 mL，25.00 mL，30.00 mL，35.00 mL，40.00 mL 分别放入一组 100 mL 容量瓶中，分别加入 10 mL 盐酸(19.1.4)，用水稀释至标线，摇匀。此标准系列溶液中氧化铜、氧化锌、三氧化二钴、氧化镍、三氧化二铬、氧化镉、一氧化锰浓度分别为 0.50 μg/mL，1.00 μg/mL，1.50 μg/mL，2.00 μg/mL，2.50 μg/mL，3.00 μg/mL，3.50 μg/mL，4.00 μg/mL。

19.1.17　原子吸收光谱仪。

19.2　试料量

称取 0.1 g(m_{16})试样，精确至 0.000 1 g。

19.3　测定

将试料置于铂金皿中，用水润湿，加 1 mL 高氯酸(19.1.2)，10 mL～15 mL 氢氟酸(19.1.1)。将铂金皿置于电热板上低温加热，蒸发至糊状，用水冲洗内壁，再加 0.5 mL 高氯酸(19.1.2)，加热蒸发至干，冷却，加 10 mL 盐酸(19.1.4)及适量水，加热溶解，冷却后，移入 100 mL 容量瓶中，用水稀释至标线，摇匀。采取与样品相同的分析步骤做试剂空白。

将仪器调节至最佳工作状态，用空气-乙炔火焰，以试剂空白作参比，对试液和标准系列溶液进行测定。如果试样溶液和标准系列溶液浓度接近则按直接比较法计算。

各氧化物的测量波长如表 2 所示。

表 2　各氧化物的测量波长

氧化物名称	CuO	ZnO	Co_2O_3	NiO	Cr_2O_3	CdO	MnO
波长/nm	324.8	213.9	240.7	232.0	357.9	228.8	279.5

19.4　计算结果的表示

直接比较法按式(20)计算：

$$c_{X4}=\frac{A_{X2}}{A_{标2}}\times c_{标2} \qquad (20)$$

式中：

c_{X4}——被测溶液中各氧化物浓度，单位为微克每毫升(μg/mL)；

$c_{标2}$——标准溶液浓度，单位为微克每毫升(μg/mL)；

A_{X2}——被测溶液的吸光度；

$A_{标2}$——标准溶液的吸光度。

每种氧化物的质量分数(w_{X4})按式(21)计算：

$$w_{X4}=\frac{c_{X4}\times V_{11}}{m_{16}\times 10^6}\times 100 \qquad \cdots\cdots(21)$$

式中：

w_{X4}——氧化物的质量分数，%；

c_{X4}——被测溶液中各氧化物的浓度，单位为微克每毫升(μg/mL)；

V_{11}——测量溶液的体积，单位为毫升(mL)；

m_{16}——19.2 中的试料质量，单位为克(g)。

20 氧化铜、氧化锌、三氧化二钴、氧化镍、三氧化二铬、氧化镉、一氧化锰的测定(等离子体发射光谱法)

20.1 试剂与仪器

20.1.1 氢氟酸(HF 优级纯，ρ 约 1.15 g/mL)。

20.1.2 高氯酸($HClO_4$ 高纯，ρ 约 1.67 g/mL)。

20.1.3 硝酸(HNO_3 优级纯，ρ 约 1.42 g/mL)。

20.1.4 硝酸(HNO_3 优级纯 1+1)。

20.1.5 高浓度标准溶液(10 μg/mL)：移取混合标准溶液(19.1.14)10.00 mL 置于 100 mL 容量瓶中，加入 5 mL 硝酸(20.1.3)，用水稀释至标线，摇匀。得到氧化铜、氧化锌、三氧化二钴、氧化镍、三氧化二铬、氧化镉、一氧化锰浓度分别 10.00 μg/mL 的混合标准溶液，此溶液在后续分析中作为高浓度标准溶液。

20.1.6 低浓度标准溶液(0.10 μg/mL)：移取混合标准溶液(19.1.15)1.00 置于 100 mL 容量瓶中，加入 5 mL 硝酸(20.1.3)，用水稀释至标线，摇匀。得到氧化铜、氧化锌、三氧化二钴、氧化镍、三氧化二铬、氧化镉、一氧化锰浓度为 0.10 μg/mL 的混合标准溶液，此溶液在后续分析中作为低浓度标准溶液。

20.1.7 等离子体发射光谱仪。

20.2 试料量

称取 0.5 g(m_{17})试样，精确至 0.000 1 g。

20.3 测定

将试料置于铂金皿中，用水润湿，加 1 mL 高氯酸(20.1.2)，10 mL～15 mL 氢氟酸(20.1.1)。将铂金皿置于电热板上低温加热，蒸发至糊状，用水冲洗内壁，再加 0.5 mL 高氯酸(20.1.2)，加热蒸发至干，冷却，加 10 mL 硝酸(20.1.4)及适量水，加热溶解，冷却后，移入 100 mL 容量瓶中，用水稀释至标线，摇匀。采取与试样相同的分析步骤做试剂空白。

在分析样品前，预先将等离子体发射光谱仪电路通电，稳定后，按仪器要求编制分析控制程序。打开仪器的气路、水路，接通高频电源，用工作气体将管路和雾化系统内的空气排除干净，点燃等离子体火焰。仪器的输出功率控制为 1.1 kW，反射功率小于 10 W，冷却气流量 16 L/min，进样量 1 mL/min～2 mL/min，待仪器工作 15 min～30 min 稳定后，按照分析控制程序分别吸入低浓度标准溶液(20.1.6)和高浓度标准溶液(20.1.5)进行仪器的标准化，建立标准曲线。完成标准化工作后，按程序吸入样品溶液转入样品分析，确定样品溶液中各氧化物的浓度。

分析过程中穿插测试试剂空白溶液和硝酸溶液(20.1.4)，确定试剂空白的大小，并加以扣除。如果发现存在明显的试剂空白，则需更新带来空白效应的试剂重新分析。

20.4 **分析结果的表示**

每种氧化物的质量分数(w_{X5})按式(22)计算：

$$w_{X5}=\frac{c_{X5}\times V_{12}}{m_{17}\times 10^{6}}\times 100 \qquad \cdots\cdots(22)$$

式中：

w_{X5}——分别为各氧化物的质量分数，%；

c_{X5}——被测溶液中各氧化物的浓度，单位为微克每毫升(μg/mL)；

V_{12}——测量溶液的体积，单位为毫升(mL)；

m_{17}——20.2 中的试料质量，单位为克(g)。

21 分析结果的允许误差

21.1 分析结果允许的误差范围见表 3。

表 3 分析结果允许的误差范围

%

测定项目	含量范围	A	B
		重复性极限	再现性极限
L. O. I	<1.0	0.05	0.06
SiO_2	>50	0.20	0.25
Al_2O_3	<5	0.06	0.08
TiO_2	<0.5	0.01	0.01
Fe_2O_3	<0.5	0.01	0.02
CaO	<10	0.10	0.15
MgO	<10	0.10	0.15
K_2O	<5	0.05	0.07
Na_2O	>10	0.20	0.25
SO_3	<0.5	0.03	0.04
P_2O_5	<0.2	0.02	0.03
CuO	<0.2	0.005	0.01
ZnO	<0.2	0.005	0.01
Co_2O_3	<0.2	0.005	0.01
NiO	<0.2	0.005	0.01
Cr_2O_3	<0.2	0.005	0.01
CdO	<0.2	0.005	0.01
MnO	<0.2	0.005	0.01

21.2 在采用本方法测定同一试样时，同一试验室的同一分析人员，须重复进行两次测定，两次分析结果之差应符合 A 项规定，如超出 A 项规定，须进行第三次测定，所得分析结果与前两次分析结果中之一次之差符合 A 项规定时，则取其平均值，否则应查找原因，重新进行测定。

21.3 在采用本方法测定同一试样时，同一试验室的两个分析人员所得分析结果之差应符合 A 项规定，如超出 A 项规定，须找第三者按本标准同一方法进行测定，分析结果与前者或其中之一的分析结果之差符合 A 项规定时，则取其平均值。

21.4 在采用本方法测定同一试样时，不同试验室所得的分析结果之差应符合 B 项规定。如有争议，应共同商定由另一单位按仲裁分析方法进行测定。以仲裁单位报出的分析结果为准，与两个单位的分析结果比较，若与其中任何一方分析结果之差符合 B 项规定，则认为此分析结果是准确的，对超出 B 项规定的分析结果，则认为是不准确的。

附　录　A
（规范性附录）
验收分析值程序

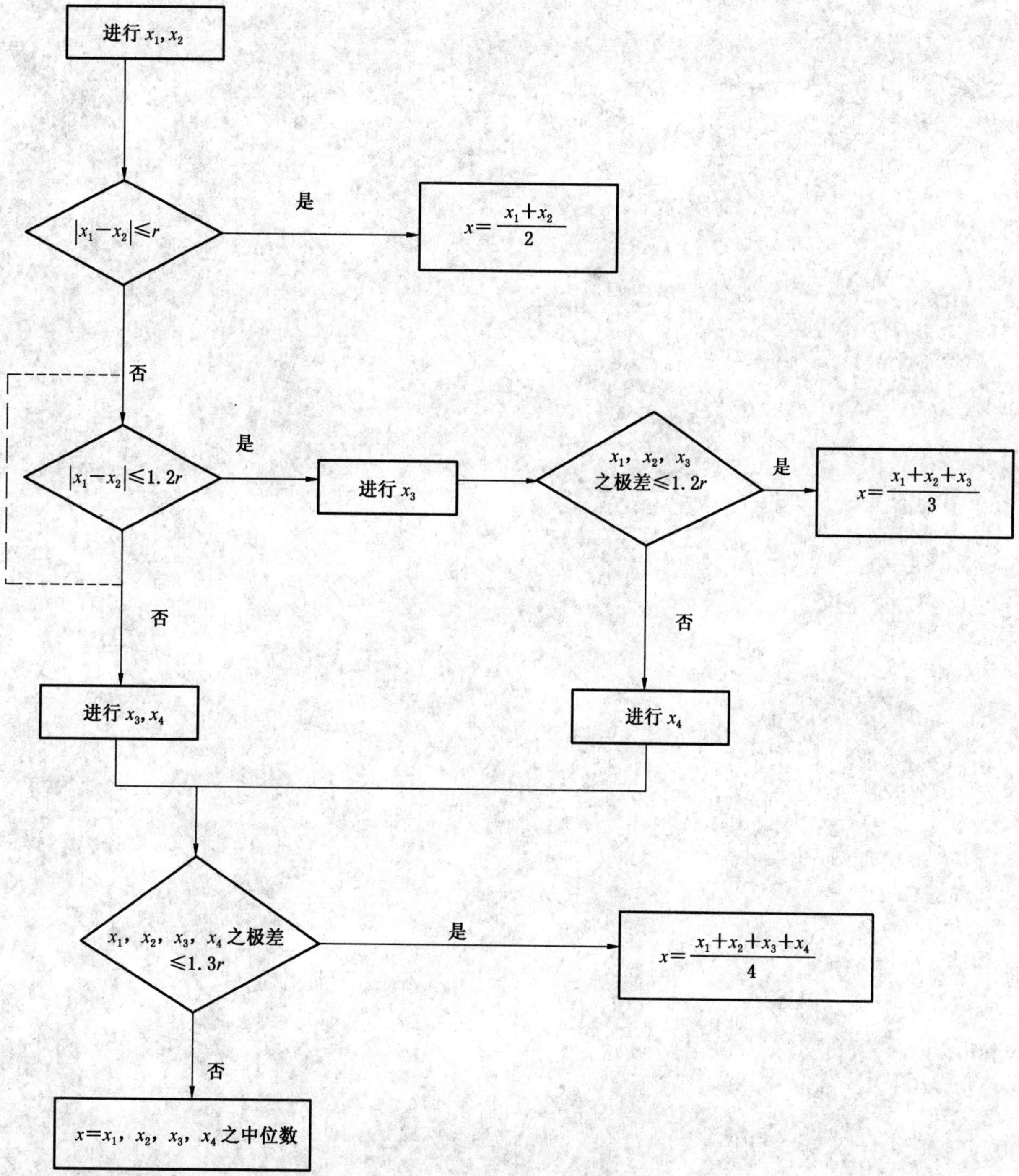

进行 x_1, x_2

$|x_1-x_2| \leqslant r$

是

$x=\frac{x_1+x_2}{2}$

否

$|x_1-x_2| \leqslant 1.2r$

是

进行 x_3

x_1，x_2，x_3 之极差 $\leqslant 1.2r$

是

$x=\frac{x_1+x_2+x_3}{3}$

否

进行 x_4

否

进行 x_3, x_4

x_1，x_2，x_3，x_4 之极差 $\leqslant 1.3r$

是

$x=\frac{x_1+x_2+x_3+x_4}{4}$

否

$x=x_1$，x_2，x_3，x_4 之中位数

x_i——分析值；

r——允许差。

ICS 67.060
B 22

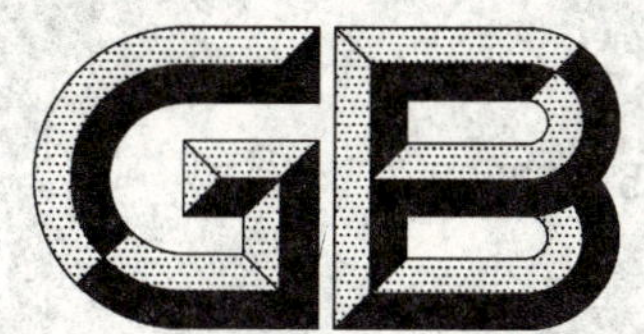

中华人民共和国国家标准

GB 1351—2008
代替 GB 1351—1999

2008-01-01 发布　　　　2008-05-01 实施

中华人民共和国国家质量监督检验检疫总局
中国国家标准化管理委员会　发布

前　言

本标准的全部技术内容为强制性。

本标准是对 GB 1351—1999《小麦》的修订。

本标准与 GB 1351—1999 的主要技术差异：

——修改了杂质等术语和定义；

——增加了硬度指数术语和定义；

——以硬度指数取代角质率、粉质率作为小麦硬、软的表征指标；

——对分类原则和指标进行了调整；

——对质量要求中的不完善粒指标作了修改；

——增加了检验规则；

——增加了有关标签标识的规定。

本标准自实施之日起代替 GB 1351—1999。

本标准由国家粮食局提出。

本标准由全国粮油标准化技术委员会归口。

本标准起草单位：国家粮食局标准质量中心、北京国家粮食质量监测中心、河南省粮食局、国家粮食局科学研究院、中国储备粮管理总公司、河南工业大学、农业部谷物及制品质量监督检验测试中心（哈尔滨）、山东省粮食局、河北省粮食局、安徽省粮食局、内蒙古自治区粮食局、黑龙江省粮食局、江苏省粮食局、四川省粮食局、新疆维吾尔自治区粮食局、陕西省粮食局、吉林省粮食局。

本标准主要起草人：杜政、唐瑞明、龙伶俐、朱之光、谢华民、李玥、周光俊、尚艳娥、周展明、王彩琴、尹成华、张玉琴、孙辉、袁小平、吴存荣、王乐凯、杜向东、肖丽荣、丁世琪、何中虎、王步军、顾雅贤、杨军、伊军、张雪梅、刘玉平、徐向颖、宋长权。

本标准所代替标准的历次版本发布情况为：

——GB 1351—1986、GB 1351—1999。

小　麦

1　范围

本标准规定了小麦的相关术语和定义、分类、质量要求、卫生要求、检验方法、检验规则、标签标识，以及包装、储存和运输要求。

本标准适用于收购、储存、运输、加工和销售的商品小麦。

本标准不适用于本标准分类规定以外的特殊品种小麦。

2　规范性引用文件

下列文件中的条款通过本标准的引用而成为本标准的条款。凡是注日期的引用文件，其随后所有的修改单(不包括勘误的内容)或修订版均不适用于本标准，然而，鼓励根据本标准达成协议的各方研究是否可使用这些文件的最新版本。凡是不注日期的引用文件，其最新版本适用于本标准。

GB 2715　粮食卫生标准

GB/T 5490　粮食、油料及植物油脂检验　一般规则

GB 5491　粮食、油料检验　扦样、分样法

GB/T 5492　粮食、油料检验　色泽、气味、口味鉴定法

GB/T 5493　粮食、油料检验　类型及互混检验法

GB/T 5494　粮食、油料检验　杂质、不完善粒检验法

GB/T 5497　粮食、油料检验　水分测定法

GB/T 5498　粮食、油料检验　容重测定法

GB 13078　饲料卫生标准

GB/T 21304　小麦硬度测定　硬度指数法

3　术语和定义

下列术语和定义适用于本标准。

3.1

容重　test weight

小麦籽粒在单位容积内的质量，以克每升(g/L)表示。

3.2

不完善粒　unsound kernel

受到损伤但尚有使用价值的小麦颗粒。包括虫蚀粒、病斑粒、破损粒、生芽粒和生霉粒。

3.2.1

虫蚀粒　injured kernel

被虫蛀蚀，伤及胚或胚乳的颗粒。

3.2.2

病斑粒　spotted kernel

粒面带有病斑，伤及胚或胚乳的颗粒。

3.2.2.1

黑胚粒　black germ kernel

籽粒胚部呈深褐色或黑色，伤及胚或胚乳的颗粒。

3.2.2.2

赤霉病粒　gibberella damaged kernel

籽粒皱缩,呆白,有的粒面呈紫色,或有明显的粉红色霉状物,间有黑色子囊壳。

3.2.3

破损粒　broken kernel

压扁、破碎,伤及胚或胚乳的颗粒。

3.2.4

生芽粒　sprouted kernel

芽或幼根虽未突破种皮但胚部种皮已破裂或明显隆起且与胚分离的颗粒,或芽或幼根突破种皮不超过本颗粒长度的颗粒。

3.2.5

生霉粒　moldy kernel

粒面生霉的颗粒。

3.3

杂质　foreign material

除小麦粒以外的其他物质,包括筛下物、无机杂质和有机杂质。

3.3.1

筛下物　throughs

通过直径 1.5 mm 圆孔筛的物质。

3.3.2

无机杂质　inorganic impurity

砂石、煤渣、砖瓦块、泥土等矿物质及其他无机类物质。

3.3.3

有机杂质　organic impurity

无使用价值的小麦,异种粮粒及其他有机类物质。

注:常见无使用价值的小麦有:霉变小麦、生芽粒中芽超过本颗粒长度的小麦、线虫病小麦、腥黑穗病小麦等颗粒。

3.4

色泽、气味　colour and odour

一批小麦固有的综合颜色、光泽和气味。

3.5

小麦硬度　wheat hardness

小麦籽粒抵抗外力作用下发生变形和破碎的能力。

3.6

小麦硬度指数　wheat hardness index

在规定条件下粉碎小麦样品,留存在筛网上的样品占试样的质量分数,用 HI 表示。硬度指数越大,表明小麦硬度越高,反之表明小麦硬度越低。

4　分类

4.1　硬质白小麦

种皮为白色或黄白色的麦粒不低于 90%,硬度指数不低于 60 的小麦。

4.2　软质白小麦

种皮为白色或黄白色的麦粒不低于 90%,硬度指数不高于 45 的小麦。

4.3 **硬质红小麦**

种皮为深红色或红褐色的麦粒不低于90%,硬度指数不低于60的小麦。

4.4 **软质红小麦**

种皮为深红色或红褐色的麦粒不低于90%,硬度指数不高于45的小麦。

4.5 **混合小麦**

不符合4.1至4.4规定的小麦。

5 质量要求和卫生要求

5.1 质量要求

各类小麦质量要求见表1。其中容重为定等指标,3等为中等。

表1 小麦质量要求

等级	容重/(g/L)	不完善粒/%	杂质/%		水分/%	色泽、气味
			总量	其中:矿物质		
1	≥790	≤6.0	≤1.0	≤0.5	≤12.5	正常
2	≥770					
3	≥750	≤8.0				
4	≥730					
5	≥710	≤10.0				
等外	<710	—				
注:"—"为不要求。						

5.2 卫生要求

5.2.1 食用小麦按GB 2715及国家有关规定执行。

5.2.2 饲料用小麦按GB 13078及国家有关规定执行。

5.2.3 其他用途小麦按国家有关标准和规定执行。

5.2.4 植物检疫按国家有关标准和规定执行。

6 检验方法

6.1 扦样、分样:按GB 5491执行。

6.2 色泽、气味检验:按GB/T 5492执行。

6.3 小麦皮色检验:按GB/T 5493执行。

6.4 小麦硬度检验:按GB/T 21304执行。

6.5 杂质、不完善粒检验:按GB/T 5494执行。

6.6 水分检验:按GB/T 5497执行。

6.7 容重检验:按GB/T 5498执行。

7 检验规则

7.1 检验的一般规则按GB/T 5490执行。

7.2 检验批为同种类、同产地、同收获年度、同运输单元、同储存单元的小麦。

7.3 判定规则:容重应符合表1中相应等级的要求,其他指标按国家有关规定执行。

8 标签标识

应在包装物上或随行文件中注明产品的名称、类别、等级、产地、收获年度和月份。

9 包装、储存和运输

9.1 包装

包装应清洁、牢固、无破损，封口严密、结实，不应撒漏；不应给产品带来污染和异常气味。

9.2 储存

应储存在清洁、干燥、防雨、防潮、防虫、防鼠、无异味的仓房内，不应与有毒有害物质或含水量较高的物质混存。

9.3 运输

应使用符合卫生要求的运输工具，运输过程中应注意防止雨淋和被污染。

ICS 21.200
J 17

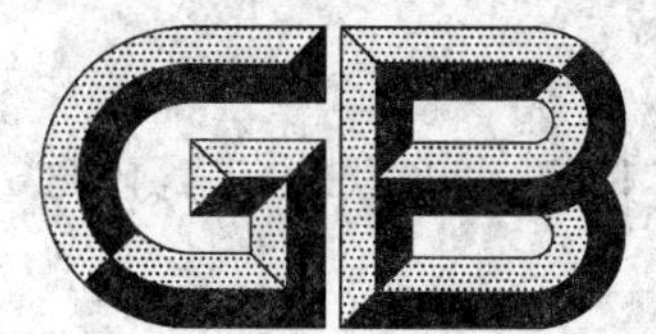

中华人民共和国国家标准

GB/T 1357—2008/ISO 54:1996
代替 GB/T 1357—1987

通用机械和重型机械用圆柱齿轮　模数

Cylindrical gears for general engineering and for heavy engineering—Modules

(ISO 54:1996,IDT)

2008-12-04 发布　　2009-06-01 实施

中华人民共和国国家质量监督检验检疫总局
中国国家标准化管理委员会　发布

前言

本标准等同采用 ISO 54:1996《通用机械和重机械用圆柱齿轮　模数》(英文版)。

本标准等同翻译 ISO 54:1996。

为方便使用,本标准作了下列编辑性修改:

——将“本国际标准”改为“本标准”;

——删除国际标准的前言;

——用小数点“.”代替作为小数点的“,”。

本标准是对 GB /T 1357—1987《渐开线圆柱齿轮模数》的修订。

与 GB /T 1357—1987 相比,主要内容修改如下:

——本标准不适用于汽车齿轮;

——取消了 1 以下的模数值,规定模数值≥1;

——第Ⅱ系列中,增加了 1.125 和 1.375;

——第Ⅱ系列中,取消了 3.25 和 3.75。

本标准自实施之日起代替 GB /T 1357—1987。

本标准由全国齿轮标准化技术委员会(SAC/TC 52)提出并归口。

本标准起草单位:郑州机械研究所。

本标准主要起草人:杨星原、王琦、职彦峰、王长路、陈爱闽、张元国。

本标准所代替标准的历次版本发布情况为:

——GB 1357—1978、GB/T 1357—1987。

通用机械和重型机械用圆柱齿轮　模数

1　范围

本标准规定了通用机械和重型机械用直齿和斜齿渐开线圆柱齿轮的法向模数。

本标准不适用于汽车齿轮。

2　术语和定义

下列术语和定义适用于本标准。

2.1

模数　module

模数是齿距(mm)除以圆周率 π 所得的商,或分度圆直径(mm)除以齿数所得的商。

注：法向模数被定义在基本齿条[1)]的法截面上。

3　模数

优先采用表 1 中给出的第Ⅰ系列法向模数。应避免采用第Ⅱ系列中的法向模数 6.5。

表 1　模数 m

单位为毫米

系列	
Ⅰ	Ⅱ
1	
	1.125
1.25	
	1.375
1.5	
	1.75
2	
	2.25
2.5	
	2.75
3	
	3.5
4	
	4.5
5	
	5.5
6	
	(6.5)
	7
8	
	9
10	

1)　"基本齿条"见 GB/T 1356—2001　通用机械和重型机械用圆柱齿轮　标准基本齿条齿廓(ISO 53:1998,IDT)

表 1（续）

单位为毫米

系列	
Ⅰ	Ⅱ
	11
12	
	14
16	
	18
20	
	22
25	
	28
32	
	36
40	
	45
50	

ICS 73.060.10
H 31

中华人民共和国国家标准

GB/T 1361—2008
代替 GB/T 1361—1978

铁矿石分析方法总则及一般规定

General rules and regulations for analysis of iron ores

2008-05-13 发布　　2008-11-01 实施

中华人民共和国国家质量监督检验检疫总局
中国国家标准化管理委员会
发布

前言

本标准代替 GB/T 1361—1978《铁矿石分析方法总则及一般规定》。

本标准与 GB/T 1361—1978 比较，其主要变化如下：

——增加了“1 范围”和“2 规范性引用文件”的内容；

——本标准增加了 3.1、3.4、3.7、3.8、4.6、4.8、4.21 条款的内容；

——对原标准结构进行了修改，原标准中 1、2、3、4、5、6、7、8、9、10、11、12 对应本标准的 3.2、3.3、3.9、3.10、3.5、3.6、4.1、4.5、4.7～4.20，并修订了相应的内容；

——删去原标准 14、15 条款内容。

本标准由中国钢铁工业协会提出。

本标准由冶金工业信息标准研究院归口。

本标准起草单位：包头钢铁(集团)公司、冶金工业信息标准研究院。

本标准主要起草人：安静、董玉兰、陈自斌、魏春艳、谢丽、周景涛。

本标准 1978 年首次发布。

铁矿石分析方法总则及一般规定

1 范围

本标准规定了铁矿石分析方法总则及一般规定。

本标准适用于天然铁矿石、铁精矿和造块包括烧结矿产品中分析方法标准的制定、修订和使用。

2 规范性引用文件

下列文件中的条款通过本标准的引用而成为本标准的条款。凡是注日期的引用文件，其随后所有的修改单(不包括勘误的内容)或修订版均不适用于本标准，然而，鼓励根据本标准达成协议的各方研究是否可使用这些文件的最新版本。凡是不注日期的引用文件，其最新版本适用于本标准。

GB 3100 国际单位制及其应用

GB 3101 有关量、单位和符号的一般原则

GB/T 6379.1 测量方法与结果的准确度(正确度与精密度) 第1部分:总则与定义(GB/T 6379.1—2004,ISO 5725-1:1994,IDT)

GB/T 6379.2 测量方法与结果的准确度(正确度与精密度) 第2部分:确定标准测量方法重复性与再现性的基本方法(GB/T 6379.2—2004,ISO 5725-2:1994,IDT)

GB/T 6730.1 铁矿石化学分析方法 分析用预干燥试样的制备

GB/T 8170 数值修约规则

GB/T 10322.1 铁矿石 取样和制样方法

3 总则

3.1 在进行铁矿石分析方法标准制定、修订时，应符合国家有关要求编写。

3.2 铁矿石现行标准GB/T 6730系列所载入的化学分析方法标准，可作为仲裁分析、验证其他分析方法以及标准样品定值分析时使用，也可作为铁矿石的例行分析方法。

3.3 同一元素具有一个以上方法标准时，可根据试样的组成和含量情况选择使用。仲裁分析时应选择对待测元素干扰小，精密度高的分析方法。

3.4 物质的量、单位和符号按GB 3100和GB 3101的规定执行。

3.5 铁矿石分析方法标准制定或修订时，分析结果的描述应写明表示结果的方法，计算公式及简化公式、式中符号、代号和系数的含义与单位，以及指出分析结果所要求的小数位数或有效位数。

3.6 数字修约方法按GB/T 8170的规定进行。

3.7 精密度按GB/T 6379.1和GB/T 6379.2的规定进行统计处理。每个方法均列出精密度表，方法精密度可用重复性标准差，实验室间标准差，再现性标准差，重复性限，再现性限，允许差与平均水平之间的函数关系式表示。如果与平均水平之间不存在函数关系时，应给出每种情况下的重复性标准差和再现性标准差的最终值。

3.8 分析样品的制备按GB/T 10322.1的规定进行。

3.9 试样必须进行二次以上独立分析，如果两个独立测定结果之差值超过了相应的允许差，则认为这两个结果是可疑的，应进行再分析。

3.10 试样分析时应同时进行有证标准样品的分析，有证标准样品须和待测项目含量相近并与试样同类型或组分相似。有证标准样品的分析值与其标准值之差应在统计上无显著性差异，当差异显著时，应和试样一起重新分析。在任何情况下，试样分析值的可接受性应视有证标准样品分析值的可接受性而定。

4 一般规定

4.1 除另有规定外，分析试样一般使用预干燥试样。分析用预干燥试样的制备按 GB/T 6730.1 的规定进行。

4.2 吸湿性强的试样，应采用减量法称量。

4.3 含有机物、碳化物及硫化物较高的试样，一般应在试料分解前将所称取的试样于 800℃灼烧 1 h。

4.4 称量所用分析天平精度级别不应低于三级，其感量应达到 0.1 mg。天平与砝码应定期由有资质的计量部门检定。

4.5 容量器具（容量瓶、滴定管、移液管、比色管等）应选用国家标准 A 级产品，并按国家有关规程进行校准。

4.6 配制贮存试剂溶液，使用硬质玻璃容器，对玻璃有腐蚀性的试剂、容易分解的试剂，应指明使用何种材料的容器贮存，贮存时的注意事项及贮存时间。如："高压聚乙烯塑料瓶"、"棕色瓶"等。

4.7 测定所用的试剂，如无特殊说明，一般应使用符合国家标准或行业标准的分析纯试剂，若用其他规格的试剂，应在该试剂后注明试剂规格。作为基准物质应使用基准试剂。用金属配制标准溶液时，其纯度应在 99.99%以上。

4.8 标准中所载入的液体试剂，除注明外，均指该试剂的市售溶液，并在该试剂名称后注明密度。含结晶水的固体试剂，须在其名称后写出分子式。

4.9 配制溶液与分析过程中所用的水，为蒸馏水或去离子水。

4.10 标准中所配制的溶液除注明溶剂外，均指水溶液。

4.11 由液体试剂配制的非标准溶液的浓度以（V_1+V_2）表示，即将体积为 V_1 的特定溶液加入到体积为 V_2 的溶剂中。

4.12 由固体试剂按比例相混合，系指质量之比。

4.13 由固体试剂配制的非标准溶液的浓度用质量浓度表示。单位为 g/L 或 mg/mL。

4.14 标准溶液的浓度单位以 mol/L、mg/mL、μg/mL 和 ng/mL 之一表示。

4.15 标准系列溶液的换算因数、标准溶液的浓度（单位为 mol/L），均应保留四位有效数字。

4.16 标准系列溶液，应取标准贮存溶液逐级稀释配制而成，一般应用时配制。

4.17 标准中的"灼烧或烘干至恒量"，如无特殊说明，系指灼烧或烘干及冷却等操作重复进行至最后两次所称量之差不大于 0.000 3 g 为恒量。

4.18 标准中的"干过滤"，系指溶液用干滤纸和干漏斗过滤于干燥容器中，并弃去最初部分滤液。

4.19 测定试样时，应进行空白试验。空白试验应与试样同时、同过程、同条件操作，使用同一瓶试剂配制溶液等。

4.20 标准中的温度表示使用摄氏温度（℃）。

标准温度是指 20℃。一般情况常温是 15℃～25℃，室温是 1℃～35℃。除另有规定外，冷处是指 1℃～15℃，温水是指 40℃～60℃，热水或热溶液的温度是指 70℃～80℃，冷水的温度是指 15℃以下。

4.21 本标准允许使用计量确认有效期内不同型号的测量仪器，所用仪器应满足分析方法标准的要求，分析方法标准中应注明所使用的仪器应达到的具体指标。在进行分析前，应根据所使用的仪器的工作条件检查仪器的稳定性、线性关系、漂移校准等，并用标准样品进行检查性测量，确定无误后方可使用。

ICS 83.080.01
G 31

中华人民共和国国家标准

GB/T 1404.1—2008/ISO 14526-1:1999

塑料　粉状酚醛模塑料
第1部分:命名方法和基础规范

Plastics—Phenolic powder moulding compounds—
Part 1:Designation system and basis for specifications

(ISO 14526-1:1999 Plastics—Phenolic powder moulding compounds (PF-PMCs)—Part 1:Designation system and basis for specifications,IDT)

2008-08-04 发布　　2009-04-01 实施

中华人民共和国国家质量监督检验检疫总局
中国国家标准化管理委员会　发布

前言

《塑料 粉状酚醛模塑料》分如下几个部分：

——第1部分：命名方法和基础规范；

——第2部分：试样制备和性能测定；

——第3部分：选定模塑料的要求。

本部分为《塑料 粉状酚醛模塑料》的第1部分。

本部分等同采用ISO 14526-1:1999《塑料——粉状酚醛模塑料(PF-PMCs)——第1部分：命名方法和基础规范》(英文版)。

本部分等同翻译ISO 14526-1:1999。

为便于使用，本部分做了下列编辑性修改：

——删除了国际标准的"前言"；

——用小数点"."代替作为小数点的逗号","；

——删除了1.6的内容；

——第2章"规范性引用文件"中，凡有对应采用ISO、IEC标准的国家标准，均由此国家标准替代。

本部分由中国石油和化学工业协会提出。

本部分由全国塑料标准化技术委员会塑料树脂通用方法和产品分技术委员会(SAC/TC 15/SC 4)归口。

本部分负责起草单位：上海欧亚合成材料有限公司、国家合成树脂质量监督检验中心。

本部分参加起草单位：上海双树塑料厂、江苏常熟东南塑料有限公司、浙江嘉化实业股份有限公司和福建厦门第二化工厂。

本部分主要起草人：朱永茂、陈则凌、刘勇、殷荣忠、夏一平、魏卫、顾良忠、杨若飞、王建东。

塑料　粉状酚醛模塑料
第1部分：命名方法和基础规范

1　范围

1.1　GB/T 1404 本部分规定了塑料-粉状酚醛模塑料(PF-PMCs)命名的字符组系统。

1.2　PF-PMC 的各种型号是按照填料/增强材料种类和含量、成型加工方法、某些特殊性能以及为命名所规定特殊性能(特征性能)的信息所构成的分类体系来区分的。

1.3　本部分适用于所有通常为粉状、粒状或磨细材料的 PF-PMCs。

1.4　具有相同命名的材料不一定具有同样的性能，本部分不提供为材料具体用途或加工方法所需的工程数据、性能数据或加工条件数据。如果需要这些附加的性能，它们将按 GB/T 1404.2 所规定的适用的试验方法进行测定。

1.5　当需要明示符合 GB 1404.3—2008 所列的通用数据要求时，也需使用本字符组系统。

2　规范性引用文件

下列文件中的条款通过 GB/T 1404 的本部分的引用而成为本部分的条款。凡是注日期的引用文件，其随后所有的修改单(不包括勘误的内容)或修订版均不适用于本部分，然而，鼓励根据本部分达成协议的各方研究是否可使用这些文件的最新版本。凡是不注日期的引用文件，其最新版本适用于本部分。

GB/T 1043.1—2008　塑料　简支梁冲击性能的测定　第1部分：非仪器化冲击试验(ISO 179-1:2000,IDT)

GB/T 1404.2—2008　塑料　粉状酚醛模塑料　第2部分：试样制备和性能测定(ISO 14526-2:1999,IDT)

GB 1404.3—2008　塑料　粉状酚醛模塑料　第3部分：选定模塑料的要求(ISO 14526-3:1999,IDT)

GB/T 1634.2—2004　塑料　负荷变形温度的测定　第2部分：塑料、硬橡胶和长纤维增强复合材料(ISO 75-2:2003,IDT)

GB/T 1844.1—2008　塑料　符号和缩略语　第1部分：基础聚合物及其特征性能(ISO 1043-1:1997,IDT)

GB/T 1844.2—2008　塑料　符号和缩略语　第2部分：填料和增强材料(ISO 1043-2:2000,IDT)

GB/T 2035—2008　塑料术语及其定义(ISO 472:1999,IDT)

3　术语和定义

GB/T 2035—2008 和 GB/T 1404.2—2008 确立的以及下列术语和定义适用于本部分。

3.1

粉状模塑料　powder moulding compound

通过加工机械的喂料系统能自由流动，又能模塑的粉状、粒状或磨细的材料。对于薄片通常不认为是粉状模塑料。

粉状模塑料的缩写代号为 PMC(以此类推，块状模塑料为 BMC，片状模塑料为 SMC)。

3.2

PF-PMC

以酚醛树脂为基材适用于注塑和压塑的粉状酚醛模塑料的缩写代号。

4 命名方法

4.1 总则

本部分确定的命名方法基于下列标准模式：

<table>
<tr><td colspan="7">命　名</td></tr>
<tr><td rowspan="3">说明部分</td><td colspan="6">特　性　组</td></tr>
<tr><td rowspan="2">国家
标准号</td><td colspan="5">单　项　组</td></tr>
<tr><td>字符组
1</td><td>字符组
2</td><td>字符组
3</td><td>字符组
4</td><td>字符组
5</td></tr>
</table>

此命名包括可选择的说明部分，称为“PMC”，特性组包括国家标准号和单项组。对于具体的标识，单项组再分成 5 个字符组，由以下部分组成：

字符组 1：标识组

第 1 项：GB/T 1844.1—2008 所规定的基本聚合物代号；

第 2 项：GB/T 1844.2—2008 所规定的增强材料或填料种类代号；

第 3 项：GB/T 1844.2—2008 所规定的增强材料或填料形状代号；

第 4 项：表 1 所规定的增强材料或填料的含量代号。

表 1　字符组 1 中用的字符代号和数字代号

填料/增强材料种类（符合 GB/T 1844.2—2008）		填料/增强材料形状（符合 GB/T 1844.2—2008）		含量 w/%	
		B	球；珠；小球状	05	w<7.5
C	碳	C	碎片；切片	10	7.5≤w<12.5
D	氢氧化铝	D	细粒；粉末	15	12.5≤w<17.5
E	高岭土			20	17.5≤w<22.5
		F	纤维	25	22.5≤w<27.5
G	玻璃	G	磨碎	30	27.5≤w<32.5
K	碳酸钙			35	32.5≤w<37.5
L1	纤维素			40	37.5≤w<42.5
L2	棉			45	42.5≤w<47.5
M	矿物			50	47.5≤w<52.5
P	云母			55	52.5≤w<57.5
Q	硅土			60	57.5≤w<62.5
R	回收材料			65	62.5≤w<67.5
S	有机合成	S	鳞片；薄片	70	67.5≤w<72.5
T	滑石			75	72.5≤w<77.5
W	木材			80	77.5≤w<82.5
X	不指定	X	不指定	85	82.5≤w<87.5
Z	其他	Z	其他	90	87.5≤w<92.5
				95	92.5≤w<97.5
注：混合填料和其形状以其相应的代码用“+”相连接，并用圆括号括起来表示。示例，20%玻纤(GF)和 20%矿物(MD)混合填料，就以(GF20+MD20)表示。					

字符组 2：加工方法

表 2 规定的模塑料的加工方法代号。

表 2 字符组 2 中有关加工方法的字符代号

G	通用	T	传递模塑
M	注塑	X	不规定
Q	压塑	Z	其他

字符组 3:特性

第 1 项:表 3 规定的特殊性能;

第 2 项:特征性能 1:按 GB/T 1043.1—2008 测定的冲击强度;

第 3 项:特征性能 2:按 GB/T 1634.2—2004 测定的耐热性。

字符组 4:补充资料,由有关国际、国家或企业标准获得。

字符组 5(可选项):附加要求。

单项组应与说明部分和标准号以连字号连接,字符组之间用逗号分开。

如果一个字符组不使用,但其后面要跟随其他字符组时,应该用"X"(=不使用)标识该字符组。

为了标识的目的,并且其后没有跟随其他的字符组,则在第 1 与第 2 字符组之间的逗号可省略。

如果不需要,就不必在其间填写字符组。

4.2 字符组 1

第 1 项:按 GB/T 1844.1—2008 规定,连字号后,粉状酚醛模塑料代号为 PF。

混合和改性按 GB/T 1844.1—2008 第 4 章和第 5 章的规定命名。

下列各项将限于在使用材料中寻求指定的填料/增强材料:

第 2 项:填料/增强材料的种类符合表 1 的规定。

第 3 项:填料/增强材料的形状符合表 1 的规定。

第 4 项:填料/增强材料的标称含量(%)符合表 1 的规定。

注:在第 2 项和第 3 项中相同的代号字符有其不同的含义。

无论何时第 3 项是必需的,当第 2 项不使用时可用"X"(=不使用)表示。

4.3 字符组 2

在此字符组中,给出加工方法信息,其代号字符见表 2。

字符组 2 中用于表明加工方法的代号字符应仔细选择。某些牌号的材料可用一种以上的方法加工,如既可以压塑(Q)又可以注塑(M),此牌号应命名为"通用(G)"。特殊加工方法的命名应用于特殊的改性材料。

4.4 字符组 3

4.4.1 总则

在此字符组中,其特殊性能(见 4.4.2)代号字符的表示与第 1 项一样,而特征性能(见 4.4.3 和 4.4.4)与第 2 项和第 3 项一样。第 2 项与第 3 项之间用短划线连接。

如果特征性能的数值低于或接近临界值,制造商应阐明材料的指定范围。如果其后的单个试验值处于界限之上或者二者之间,由于制造公差,不影响其命名。

当仅需要第 2 项或第 3 项时,则第 1 项和第 2 项必须用"X"(=不使用)标识。

4.4.2 第 1 项:特殊性能

任何特殊性能所使用的代号字符应符合表 3 的规定。

表 3 字符组 3 中使用的代号字符

A	无氨	R	包含回收材料
E	电性能	T	耐热
FR	阻燃	X	不规定
M	力学性能	Z	其他
N	食品(食品接触)		

4.4.3 特征性能 1:冲击强度

冲击强度按 GB/T 1043.1—2008 测定的结果来标识。

4.4.4 特征性能 2:耐热性

耐热性按 GB/T 1634.2—2004 测定的结果来标识。

4.5 字符组 4

本字符组引用了相应的国际、国家或企业标准资料。

4.6 字符组 5

此字符组中所包含附加的要求考虑了供需双方可商定的特殊协议。

5 命名示例

5.1 总则

按第 4 章规定的命名方法,给出命名通式如下:

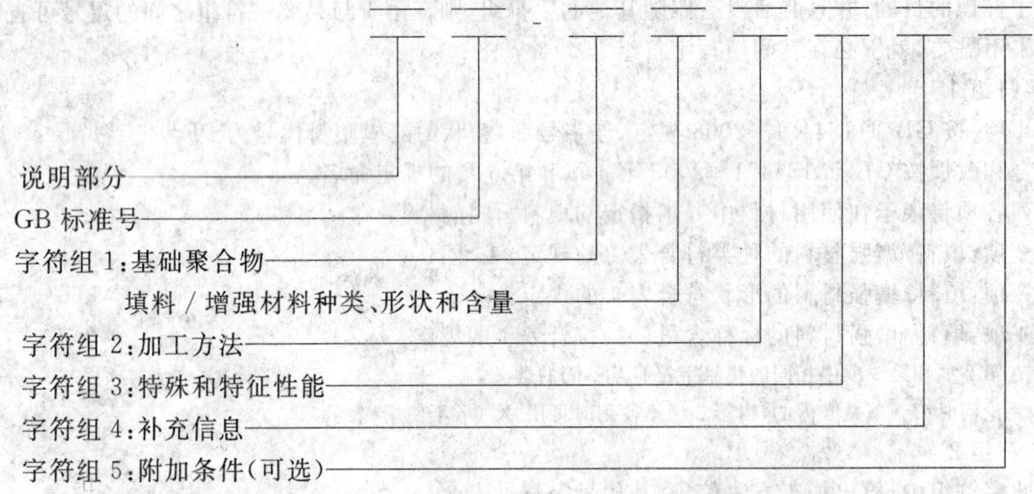

5.2 示例

示例 1

PMC GB/T 1404.1-PF (WD30+MD20),Q,X,ISO 800 PF2A1

PF	酚醛树脂
WD30	木粉:27.5%~32.5%
MD20	矿物(粉):17.5%~22.5%
Q	加工方法:压塑
X	不使用字符组 3
ISO 800	(已废止)对应该标准中的 PF2A1 类

简略的命名标识为:PF(WD30+MD20)

示例 2

PMC GB/T 1404.1-PF (WD20+GB20),M,R

PF	酚醛树脂
WD20	木粉:17.5%~22.5%
GB20	玻璃球:17.5%~22.5%
M	加工方法:注塑
R	包含回收材料

简略的命名标识为:PF(WD20+GB20)

示例 3

PMC GB/T 1404.1-PF MF40,X,FR

PF	酚醛树脂
MF40	矿物纤维:37.5%～42.5%
X	不指定加工方法
FR	耐燃性

简略的命名标识为：PF MF40

ICS 83.080.01
G 31

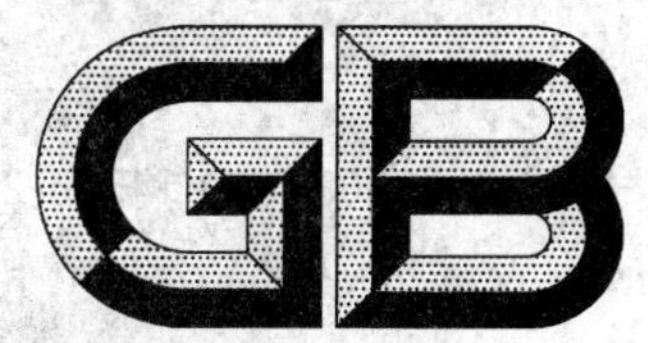

中华人民共和国国家标准

GB/T 1404.2—2008/ISO 14526-2:1999

塑料　粉状酚醛模塑料 第2部分:试样制备和性能测定

Plastics—Phenolic powder moulding compounds—
Part 2:Preparation of test specimens and determination of properties

(ISO 14526-2:1999 Plastics—Phenolic powder moulding compounds(PF-PMCs)—Part 2:Preparation of test specimens and determination of properties,IDT)

2008-08-04 发布　　　　2009-04-01 实施

中华人民共和国国家质量监督检验检疫总局
中国国家标准化管理委员会　发布

前言

《塑料 粉状酚醛模塑料》分如下几个部分：

——第1部分：命名方法和基础规范；

——第2部分：试样制备和性能测定；

——第3部分：选定模塑料的要求。

本部分为GB/T 1404的第2部分。

本部分等同采用ISO 14526-2:1999《塑料——粉状酚醛模塑料(PF-PMCs)——第2部分：试样制备和性能测定》(英文版)。

本部分等同翻译ISO 14526-2:1999。

为便于使用，本部分做了下列编辑性修改：

——删除了国际标准的“前言”；

——用小数点“.”代替作为小数点的逗号“,”；

——第2章“规范性引用文件”中，凡有对应采用ISO、IEC标准的国家标准，均由此国家标准替代。

本部分由中国石油和化学工业协会提出。

本部分由全国塑料标准化技术委员会塑料树脂通用方法和产品分技术委员会(SAC/TC 15/SC 4)归口。

本部分负责起草单位：上海欧亚合成材料有限公司、国家合成树脂质量监督检验中心。

本部分参加起草单位：上海双树塑料厂、江苏常熟东南塑料有限公司、浙江嘉化实业股份有限公司和福建厦门第二化工厂。

本部分主要起草人：朱永茂、陈则凌、刘勇、殷荣忠、夏一平、魏卫、顾良忠、杨若飞、王建东。

塑料　粉状酚醛模塑料
第2部分:试样制备和性能测定

1　范围

GB/T 1404的本部分规定了粉状酚醛模塑料(PF-PMCs)试样制备方法和性能测定的试验方法。并给出了试验材料的处理要求及试验材料在模塑前和试样在测试前的状态调节要求。

本部分给出了试样制备以及使用这些试样进行性能测试的步骤和条件。并列出了表征PMCs所适用的和必须的性能和试验方法。

这些性能选自GB/T 19467.1—2004中的通用试验方法。其他广泛使用或对PMCs特别重要的试验方法包含在本部分中,特征性能符合GB/T 1404.1—2008中4.4.3和4.4.4的规定。

为了获得可重现的和可比的试验结果,必须采用标准规定的试样制备和状态调节方法,试样尺寸及试验步骤。采用不同的试样尺寸或不同的制备步骤所获得的数据未必一致。

2　规范性引用文件

下列文件中的条款通过GB/T 1404本部分的引用而成为本部分的条款。凡是注日期的引用文件,其随后所有的修改单(不包括勘误的内容)或修订版均不适用于本部分,然而,鼓励根据本部分达成协议的各方研究是否可使用这些文件的最新版本。凡是不注日期的引用文件,其最新版本适用于本部分。

GB/T 1033.1—2008　塑料　非泡沫塑料密度的测定　第1部分:浸渍法、液体比重瓶法和滴定法(ISO 1183:2004,IDT)

GB/T 1034—2008　塑料　吸水性的测定(ISO 62:2008,IDT)

GB/T 1040.1—2006　塑料　拉伸性能的测定　第1部分:总则(ISO 527-1:1993,IDT)

GB/T 1040.2—2006　塑料　拉伸性能的测定　第2部分:模塑和挤塑塑料的试验条件(ISO 527-2:1993,IDT)

GB/T 1043.1—2008　塑料　简支梁冲击性能的测定　第1部分:非仪器化冲击试验(ISO 179-1:2000,IDT)

GB/T 1404.1—2008　塑料　粉状酚醛模塑料　第1部分:命名方法和基础规范(ISO 14526-1:1999,IDT)

GB 1404.3—2008　塑料　粉状酚醛模塑料　第3部分:选定模塑料的要求(ISO 14526-3:1999,IDT)

GB/T 1408.1—2006　绝缘材料电气强度试验方法　第1部分:工频下试验(IEC 60243-1:1998,IDT)

GB/T 1409—2006　测量电气绝缘材料在工频、音频、高频(包括米波波长在内)下介电常数和介质损耗因数的推荐方法(IEC 60250:1969,IDT)

GB/T 1410—2006　固体绝缘材料体积电阻率和表面电阻率试验方法(IEC 60093:1980,IDT)

GB/T 1634.2—2004　塑料　负荷变形温度的测定　第2部分:塑料、硬橡胶和长纤维增强复合材料(ISO 75-2:2003,IDT)

GB/T 1636—2008　塑料　能从规定漏斗流出的材料表观密度的测定(ISO 60:1977,IDT)

GB/T 2035—2008　塑料术语及其定义(ISO 472:1999,IDT)

GB/T 2918—1998　塑料试样状态调节和试验的标准环境(idt ISO 291:1997,IDT)

GB/T 3398.1—2008 塑料 硬度测定 第1部分:球压痕法(ISO 2039-1:2001,IDT)

GB/T 4207—2003 固体绝缘材料在潮湿条件下相比电痕化指数和耐电痕化指数的测定方法(IEC 60112:1979,IDT)

GB/T 5169.16—2008 电工电子产品着火危险试验 第16部分:试验火焰50 W水平与垂直火焰试验方法(IEC 60695-11-10:2003,IDT)

GB/T 5169.17—2008 电工电子产品着火危险试验 第17部分:试验火焰500 W火焰试验方法(IEC 60695-11-20:2003,IDT)

GB/T 5471—2008 塑料 热固性塑料试样的压塑(ISO 295:2004,IDT)

GB/T 8324—2008 塑料 模塑材料体积系数试验方法(ISO 171:1980,IDT)

GB/T 9341—2000 塑料弯曲性能试验方法(ISO 178:1993,IDT)

GB/T 11020—2005 固体非金属材料暴露在火焰源时的燃烧性试验方法清单(IEC 60707:1999,IDT)

GB/T 11546.1—2008 塑料 蠕变特性的测定 第1部分:拉伸蠕变(ISO 899-1:2003,IDT)

GB/T 19467.1—2004 塑料 可比单点数据的获得和表示 第1部分:模塑材料(ISO 10350-1:1998,IDT)

ISO 120:1977 塑料——酚醛模塑制品——游离氨和铵化合物的测定——比色法

ISO 2577:1984 塑料——热固性模塑料——收缩率的测定

ISO 2818:1994 塑料——机加工试样的制备

ISO 3167:1993 塑料——多用途试样

ISO 3671:1976 塑料——氨基模塑料——挥发物的测定

ISO 4589-2:1996 塑料——用氧指数法测定燃烧性能——第2部分:室温试验

ISO 4614:1977 塑料——三聚氰胺甲醛模塑料——可萃取甲醛的测定

ISO 6603-2:2000 塑料——硬质塑料穿孔冲击性能的测定——第2部分:仪器冲击试验

ISO 7808:1992 塑料——热固性模塑料——传递流动性的测定

ISO 8256:1990 塑料——拉伸冲击强度的测定

ISO 10724-1:1998 塑料——粉状热固性模塑料(PMCs)注塑试样——第1部分:总则和多用途试样制备

ISO 10724-2:1999 塑料——粉状热固性模塑料(PMCs)注塑试样——第2部分:小方板

ISO 11359-2:1999 塑料——热机分析——第2部分:线性热膨胀系数和玻璃化转变温度的测定

IEC 60167:1964 测定固体绝缘材料电阻的试验方法

IEC 60296:1982 变压器和开关装置用的未使用过的矿物绝缘油规范

3 术语和定义

GB/T 2035—2008 和 GB/T 1404.1—2008 确立的以及下列术语和定义适用于本部分。

3.1

热流动 thermal flow

表征热固性模塑料塑化过程流动行为的参数。

4 试样制备

4.1 总则

必须保证以同样的加工条件和同样的加工方法来制备试样(不管是注塑还是压塑)。

每一种试验方法所采用的加工方法都在表3和表4中作了说明(M=注塑,Q=压塑)。

材料在使用前应保存在防潮的容器内。

填充和增强的材料的水分含量以混合物的总质量分数表示。

4.2 材料预处理

注塑前,一般不须预处理。如果需要处理,则须按照材料生产厂家的建议进行。

压塑前,可以依照 GB/T 5471—2008 中 5.2(预成型);6.2(干燥处理);6.3(高频预热)或 6.4(预塑化)的规定进行预处理。

4.3 注塑

注塑试样应依照 ISO 10724-1:1998 或 ISO 10724-2:1999 的规定,采用表 1 的条件。

注塑条件可以在表 1 给定的范围内选择,考虑到 4.1 的规定,在每一种具体情况下,须拟订出明确的条件值(而不是范围):

——熔体温度 T_M

——模具温度 T_C

——固化时间 t_{CR}

表 1 试样注塑条件

PMC 型号	熔体温度(T_M) 范围/℃	模具温度(T_C) 范围/℃	平均注射速度(V_t) 范围/(mm/s)	固化时间(t_{CR}) 范围/s
PF-PMC 注塑	110～120	165～175	50～150	见正文

固化时间 t_{CR} 根据 PF-PMCs 在试验状况下的固化性能和预处理方式来作出选择,并且任何一种型号的 PF-PMCs,具有同一厚度的试样应保持相同的固化时间,并与结果一起注明。固化时间应确保所有试样应尽可能完全而均匀地固化。

注:对于热流动性大的 PF-PMCs,会有以下情况:

——可以注塑达到预期质量要求的某些模塑制品;

——对于试样(例如 ISO 3167:1993 中 A 型多用途试样或 ISO 10724-2:1999 中 D1/D2 型小方板试样)的注塑不可能。

在这种情况下,也只有在这种情况下,推荐以下试样:

——按照 GB/T 5471—2008 采用压塑方法制备;

——从 GB/T 5471—2008 压塑的 E 型(120 mm×120 mm×厚度)板材上按 ISO 2818:1994 规定的机械加工方法制备。

4.4 压塑

压塑试样应按照 GB/T 5471—2008 的规定,采用表 2 的条件。

表 2 试样压塑条件

PMC 型号	模具温度(T_C) 范围/℃	模具压力(P_M) 范围/MPa	固化时间(t_{CR}) 范围/s
细填料压塑 PF-PMC	165～175	25～40	20～60
粗填料压塑 PF-PMC	165～175	40～60	

压塑条件可以在表 2 给定的范围内选择,考虑到 4.1 的规定,在每一种具体情况下,须拟订明确的条件值(而不是范围):

——模具温度,T_C;

——模具压力,P_M;

——固化时间,t_{CR}。

固化时间应根据 PF-PMC 在试验状况下的固化性能及预处理方式来作出选择,并且任何一种型号的 PF-PMC,具有同一厚度的试样应保持相同的固化时间,并与结果一起注明。固化时间应确保所有试样应尽可能完全而均匀地固化。

性能测定所需的试样应依照 ISO 2818:1994 从压塑的板材中机械加工而成,或者使用依照 GB/T 5471—2008 压塑的 ISO 3167:1993 A 型多用途试样。

5 试样状态调节

除非另有规定,在测试表 3 和表 4 中所列性能前,试样应按下述方法进行状态调节。

5.1 方法 1

试样按照 GB/T 2918—1998 的规定,在温度(23±2)℃和相对湿度 50%±5%环境中至少保持 16 h。

本方法为常规试验方法,适用于未规定采用方法 2 的所有情况。方法 1 不再在表 3 和表 4 中叙述。

5.2 方法 2

试样在室温的蒸馏水中放置 24 h,然后按照 GB/T 2918—1998 的规定,在温度(23±2)℃和相对湿度 50%±5%环境中保持 2 h。

6 性能测定

对于性能测定和数据表示,将应用 GB/T 19467.1—2004 所给出的标准、补充说明和注释。

除表 3 和表 4 明确规定外,所有试验应在标准大气压,温度(23±2)℃和相对湿度 50%±5%下进行。

表 3 编辑自 GB/T 19467.1—2004,其所列性能适用于压塑或注塑的 PF-PMCs。这些性能对不同的热固性塑料和热塑性塑料之间数据的比较是有用的。

表 4 所列的性能,在表 3 中未被列出,它们可能对描述 PF-PMCs 有意义。利用这些性能,可以对那些相同类别的热固性塑料进行比较。

表 3 性能与试验条件

<table>
<tr><td></td><td>1</td><td>2</td><td>3</td><td>4</td><td>5</td><td>6</td><td colspan="2">7</td></tr>
<tr><td></td><td>性 能</td><td>符号</td><td>标 准</td><td>试样规格/mm</td><td>加工方法[a]</td><td>单位</td><td colspan="2">试验条件及补充说明</td></tr>
<tr><td>1</td><td colspan="8">流动和工艺性能</td></tr>
<tr><td>1.1</td><td rowspan="3">模塑收缩率</td><td>S_{Mo}</td><td>ISO 2577:1984</td><td>120×120×2
GB/T 5471—2008
E2 型</td><td>Q</td><td rowspan="3">%</td><td colspan="2">2 个互相垂直方向的平均值</td></tr>
<tr><td>1.2</td><td>S_{Mp}</td><td rowspan="2">见脚注 b</td><td rowspan="2">60×60×2
ISO 10724-2:1999
D2 型</td><td rowspan="2">M</td><td colspan="2">与熔融流动方向平行</td></tr>
<tr><td>1.3</td><td>S_{Mn}</td><td colspan="2">与熔融流动方向垂直</td></tr>
<tr><td>2</td><td colspan="8">机械性能</td></tr>
<tr><td>2.1</td><td>拉伸模量</td><td>E_t</td><td rowspan="3">GB/T 1040.1—2006,
GB/T 1040.2—2006</td><td rowspan="5">ISO 3167:1993
A 型
或
从 GB/T 5471—2008
E 型制得</td><td rowspan="5">Q/M</td><td rowspan="2">MPa</td><td colspan="2">试验速度 1 mm/min</td></tr>
<tr><td>2.2</td><td>拉伸强度</td><td>σ_B</td><td rowspan="2" colspan="2">试验速度 5 mm/min</td></tr>
<tr><td>2.3</td><td>拉伸应变</td><td>ε_B</td><td>%</td></tr>
<tr><td>2.4</td><td rowspan="2">拉伸蠕变</td><td>E_{tc}</td><td rowspan="2">GB/T 11546.1—2008</td><td rowspan="2">MPa</td><td>1 h 时</td><td rowspan="2">应变≤0.5%</td></tr>
<tr><td>2.5</td><td>$E_{tc}\times10^3$</td><td>1 000 h 时</td></tr>
<tr><td>2.6</td><td>弯曲模量</td><td>E_f</td><td rowspan="2">GB/T 9341—2000</td><td rowspan="2">80×10×4</td><td rowspan="2">Q/M</td><td rowspan="2">MPa</td><td rowspan="2" colspan="2">试验速度 2 mm/min</td></tr>
<tr><td>2.7</td><td>弯曲强度</td><td>σ_{fM}</td></tr>
</table>

表 3（续）

	1	2	3	4	5	6	7		
	性 能	符号	标 准	试样规格/mm	加工方法[a]	单位	试验条件及补充说明		
2.8	简支梁冲击强度	a_{cu}	GB/T 1043.1—2008	80×10×4	Q/M	kJ/m²	侧向冲击		
2.9	简支梁缺口冲击强度	a_{cA}		80×10×4 机加工 V-缺口 r=0.25					
2.10	拉伸冲击强度	a_{t1}	ISO 8256:1990	80×10×4 机加工双 V-缺口 r=1			记录简支梁缺口冲击试验未能被破坏的情况		
2.11	穿孔冲击性能 峰值力	F_M	ISO 6603-2:2000	60×60×2 从 ISO 295 制备的 E2 型制得或为 ISO 10724-2:1999 的 D2 型	Q/M	N	最大力	冲锤速度 4.4 m/s；冲锤直径 20 mm。润滑冲锤。夹紧试样，防止其外侧部位发生任何平面外的移动	
2.12	峰值能量	W_P				J	最大力减小至 50%后的穿刺能量		
3	热性能								
3.1	负载热变形温度	T_f1.8	GB/T 1634.2—2004	80×10×4	Q/M	℃	1.8	最大表面应力 MPa	对平放试样加载
3.2		T_f8.0					8.0		
3.3	线膨胀系数	α_o	ISO 11359-2:1999	60×10×2 从 GB/T 5471—2008 E2 型 120×120×2 制得	Q	℃$^{-1}$	—	记录温度范围 23 ℃～55 ℃的正割值	
3.4		α_p		60×10×4 从 ISO 3167:1993 A 型制得	M		平行于熔融流体方向		
3.5		α_p		60×10×2 从 ISO 10724-2:1999 D2 型 60×60×2 制得			平行于熔融流体方向		
3.6		α_n					垂直于熔融流体方向		
3.7	燃烧性	$B_{50/3.0}$	GB/T 5169.16—2008	125×13×3	Q	—	记录其中一个级别： V-0；V-1；HB40 或 HB75 （V-2 不适用热固性塑料）		
3.8		$B_{50/x}$		不同厚度 x 的附加样品					
3.9		$B_{500/3.0}$	GB/T 5169.17—2008	≥150×≥150×3	Q	—	记录其中一个级别： 5VA；5VB 或 N		
3.10		$B_{500/x}$		不同厚度 x 的附加样品					
3.11	氧指数	O/23	ISO 4589-2:1996	80×10×4	Q/M	%	用程序 A：顶部点火		

表 3(续)

	1	2	3	4	5	6	7
	性能	符号	标准	试样规格/mm	加工方法[a]	单位	试验条件及补充说明
4	电性能						
4.1	相对介电常数	ε_r100	GB/T 1409—2006	≥60×≥60×1 或 ≥60×≥60×2	Q/M	—	100 Hz；对电极边缘效应进行补偿 1 min 数值
4.2		ε_r1M					1 MHz
4.3	介质损耗因数	tanδ100			Q/M	—	100 Hz
4.4		tanδ1M					1 MHz
4.5	体积电阻率	ρ_e	GB/T 1410—2006	≥60×≥60×1 或 ≥60×≥60×2	Q/M	Ω·cm	电压 500 V；1 min 数值
4.6	表面电阻率	σ_e				Ω	电压 500 V；使用接触电极长 50 mm,宽 1 mm～2 mm,间隔 5 mm；1 min 数值
4.7	电气强度	E_s1	GB/T 1408.1—2006	≥60×≥60×1	Q/M	kV/mm	用直径 20 mm 的球形电极浸入与 IEC 60296 一致的变压器油中;电压升压速率 2 kV/s。
4.8		E_s2		≥60×≥60×2			
4.9	耐电痕化指数	PTI	GB/T 4207—2003	≥15×≥15×4 从 GB/T 5471—2008 E4 型的 120×120×4 或 ISO 3167:1993 A 型制得	Q/M	—	使用 A 溶液
5	其他性能						
5.1	吸水性	W_w124	GB/T 1034—2008	60×60×1 从 GB/T 5471—2008 E1 型 120×120×1 或 ISO 10724-2:1999 D1 型 60×60×1 制得	Q/M	mg	浸入 23 ℃水中 24 h
5.2		W_w24				%	
5.3	密度	ρ_m	GB/T 1033.1—2008	≥10×≥10×4 从 GB/T 5471—2008 E4 型 120×120×4 或 ISO 3167:1993 A 型的中心部分制得	Q/M	g/cm³	

a Q=压塑;
M=注塑。

b 准备制定为国家标准。

表 4 附加性能与试验条件

<table>
<tr><td></td><td>1</td><td>2</td><td>3</td><td>4</td><td>5</td><td>6</td><td colspan="2">7</td></tr>
<tr><td></td><td>性 能</td><td>符号</td><td>标 准</td><td>试样规格/mm</td><td>加工方法[a]</td><td>单位</td><td colspan="2">试验条件及补充说明</td></tr>
<tr><td>1</td><td colspan="8">流动和工艺性能</td></tr>
<tr><td>1.1</td><td>表观密度</td><td>ρ_u</td><td>GB/T 1636—2008</td><td rowspan="3">模塑料</td><td rowspan="3">—</td><td>g/cm³</td><td colspan="2">—</td></tr>
<tr><td>1.2</td><td>体积系数</td><td>γ</td><td>GB/T 8324—2008</td><td>g/cm³</td><td colspan="2">体积系数 $\gamma=\rho_m/\rho_u$（ρ_m 见表 3 的 5.3）</td></tr>
<tr><td>1.3</td><td>传递流动性</td><td>F_{tr}</td><td>ISO 7808:1992</td><td>%</td><td colspan="2">—</td></tr>
<tr><td>2</td><td colspan="8">机械性能</td></tr>
<tr><td>2.1</td><td>球压痕硬度</td><td>$H_{961/30}$</td><td>GB/T 3398.1—2008</td><td>≥20×≥20×4</td><td>Q/M</td><td>MPa</td><td colspan="2">压痕负荷 961 N，压痕时间 30 s</td></tr>
<tr><td>3</td><td colspan="8">燃烧性</td></tr>
<tr><td>3.1</td><td>可燃性（炽热棒）</td><td>BH</td><td>GB/T 11020—2005</td><td>(125±5)×10×4 从 ISO 3167:1993 A 型或 GB/T 5471—2008 E4 ≥120×≥120×4 制得</td><td>Q/M</td><td>—</td><td colspan="2">BH 法</td></tr>
<tr><td>4</td><td colspan="8">电性能</td></tr>
<tr><td>4.1</td><td rowspan="2">绝缘电阻</td><td>R_{25d}</td><td rowspan="2">IEC 60167:1964</td><td rowspan="2">≥50×75×4</td><td rowspan="2">Q</td><td rowspan="2">Ω</td><td rowspan="2">电压 500 V
1 min 数值</td><td>干法，方法 1</td></tr>
<tr><td>4.2</td><td>R_{25W}</td><td>湿法，方法 2</td></tr>
<tr><td>5</td><td colspan="8">其他性能</td></tr>
<tr><td rowspan="2">5.1</td><td rowspan="2">游离氨</td><td rowspan="2">m_EAM</td><td rowspan="2">ISO 120:1977</td><td>≥120×≥120×4 GB/T 5471—2008 E4 型</td><td>Q</td><td rowspan="2">%</td><td colspan="2" rowspan="2">将一个有代表性的模塑样品磨碎成粉状</td></tr>
<tr><td>ISO 3167:1993 A 型</td><td>M</td></tr>
<tr><td>5.2</td><td>挥发物</td><td>m_V</td><td>ISO 3671:1976</td><td colspan="5">无</td></tr>
<tr><td>
5.3
5.4
5.5</td><td>可萃取甲醛
用水
用乙酸
用乙醇</td><td>
$m_{E/W}$F
$m_{E/AA}$F
$m_{E/AL}$F</td><td>ISO 4614:1977</td><td colspan="5">无</td></tr>
<tr><td colspan="9">[a] Q=压塑；
M=注塑。</td></tr>
</table>

ICS 83.080.10
G 32

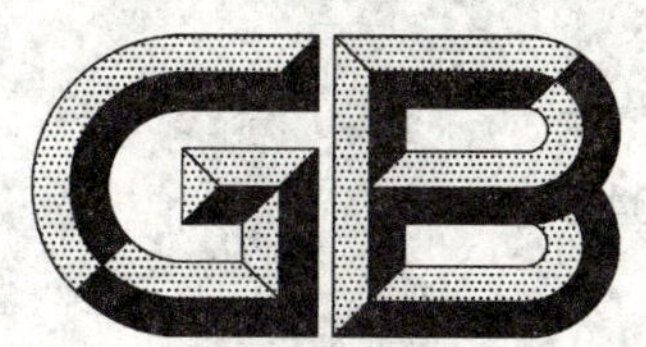

中华人民共和国国家标准

GB 1404.3—2008
代替 GB 1404—1995

塑料　粉状酚醛模塑料
第3部分:选定模塑料的要求

Plastics—Phenolic powder moulding compounds—
Part 3:Requirements for selectes moulding compounds

(ISO 14526-3:1999,Plastics—Phenolic powder moulding compounds (PF-PMCs)—Part 3:Requirements for selectes moulding compounds,MOD)

2008-09-24 发布　　2009-09-01 实施

中华人民共和国国家质量监督检验检疫总局
中国国家标准化管理委员会　发布

前言

本部分表 1 中的部分指标为强制性的，其余为推荐性的。

《塑料　粉状酚醛模塑料》分如下几个部分：

——第 1 部分：命名系统和基本规范；

——第 2 部分：试样制备和性能测定；

——第 3 部分：选定模塑料的要求。

本部分为《塑料　粉状酚醛模塑料》的第 3 部分。

本部分修改采用 ISO 14526-3：1999《塑料——粉状酚醛模塑料(PF-PMCs)——第 3 部分：选定模塑料的要求》(英文版)。

采用 ISO 14526-3：1999 时，本部分作了一些修改。有关技术性差异已编入正文中并在它们所涉及的条款的页边空白处用垂直单线标识。在附录 B 中给出了这些技术差异及其原因的一览表以供参考。

为便于使用，本部分作了下列编辑性修改：

a) 删除了 ISO 14526-3：1999 的“前言”；

b) 用小数点“.”代替作为小数点的逗号“,”；

c) 第 2 章“规范性引用文件”中，凡有对应采用 ISO、IEC 标准的国家标准，均由此国家标准替代；

d) 用“ρ_v”代替“ρ_e”、“ρ_s”代替“σ_e”。

本部分代替 GB 1404—1995《酚醛模塑料》。

本部分与 GB 1404—1995 的差异：

a) 标准名称改为《塑料　粉状酚醛模塑料　第 3 部分：选定模塑料的要求》；

b) 修改采用 ISO 14526-3：1999；

c) 产品以填料类型、形状和含量分为 10 类；

d) 性能增加了拉伸断裂应力 σ_B、负荷变形温度 $T_f 8.0$ 和介质损耗因数 $\tan\delta 100$ 等 3 项指标。

本部分的附录 A、附录 B 为资料性附录。

本部分由中国石油和化学工业协会提出。

本部分由全国塑料标准化技术委员会通用方法和产品分技术委员会归口。

本部分负责起草单位：上海欧亚合成材料有限公司、国家合成树脂质量监督检验中心负责起草。

本部分参加起草单位：上海双树塑料厂、常熟东南塑料有限公司、浙江嘉化集团股份有限公司、厦门二化化工有限公司和沙县宏盛塑料有限公司。

本部分主要起草人：朱永茂、陈则凌、刘勇、殷荣忠、夏一平、魏卫、顾良忠、杨若飞、陈银桂、王建东。

本部分所代替标准的历次版本发布情况为：

——GB 1404—1978、GB 1404—1986、GB 1404—1995。

塑料　粉状酚醛模塑料
第3部分:选定模塑料的要求

1　范围

本部分规定了对由压塑或注塑试样测定的粉状酚醛模塑料(PF-PWCs)的物理和化学性能的要求。

本部分适用于不同组分和性能、有一般技术和经济价值的粉状模塑料。

2　规范性引用文件

下列文件中的条款通过本部分的引用而成为本部分的条款。凡是注日期的引用文件,其随后所有的修改单(不包括勘误的内容)或修订版均不适用于本部分,然而,鼓励根据本部分达成协议的各方研究是否可使用这些文件的最新版本。凡是不注日期的引用文件,其最新版本适用于本部分。

GB/T 1404.1—2008　塑料　粉状酚醛模塑料　第1部分:命名方法和基础规范(ISO 14526-1:1999,IDT)

GB/T 1404.2—2008　塑料　粉状酚醛模塑料　第2部分:试样制备和性能测定(ISO 14526-2:1999,IDT)

GB/T 2035—2008　塑料术语及其定义(ISO 472:1999,IDT)

GB/T 2407—2008　塑料　硬质塑料小试样与炽热棒接触时燃烧特性的测定(ISO 181:1981,IDT)

GB/T 2547—2008　塑料　取样方法

3　术语和定义

GB/T 2035—2008、GB/T 1404.1—2008、GB/T 1404.2—2008 确立的术语和定义适用于本部分。

4　要求

4.1　性能值

粉状酚醛模塑料应符合表1、表2和表3所示的相应性能要求。

表1、表2和表3给出一组试样性能测定的平均值,表中2.1、2.2、2.3和2.4行的各单个测定值与平均值之差,应在平均值的10%范围内;3.1和3.2行的各单个测定值与平均值之差,应在平均值的5℃范围内。

流变特性和成型工艺性能均没有特别的限定,但是,适宜的流变特性和成型工艺性能,对于能令人满意地进行模塑是最基本的。其试验方法和试验条件应由供需双方商定。

另外,对某些应用,可能希望得到其他有关数据,例如:

——固化时间;

——粒径;

——水分含量。

如果这样的话,这些性能和试验方法及试验条件应由供需双方商定。

表 1 含有(WD+MD)或(LF+MD)填料的粉状酚醛模塑料的性能要求

	性能	单位	加工方法[a]	最大或最小	1	2	3	4
					型号:模塑料 GB/T 1404.1—2008-PF…			
					(WD30+MD20) ~ (WD40+MD10)	(WD30+MD20),X,E ~ (WD40+MD10),X,E	(WD30+MD20),X,A ~ (WD40+MD10),X,A	(LF20+MD25) ~ (LF30+MD15)
1	流动和工艺性能							
1.1					供需双方商定			
2	机械性能							
2.1	拉伸断裂应力 σ_B	MPa	Q M	≥ ≥	40 50	40 50	40 50	40 50
2.2	弯曲强度 σ_{fM}	MPa	Q M	≥ ≥	70 80	70 80	70 80	70 80
2.3	简支梁冲击强度 a_{cU}	kJ/m²	Q M	≥ ≥	4.5 5.0	4.5 5.0	4.5 5.0	4.5 5.0
2.4	简支梁缺口冲击强度 a_{cA}	kJ/m²	Q M	≥ ≥	1.3 1.3	1.3 1.3	1.3 1.3	2.5 2.5
3	热性能							
3.1	负荷变形温度 T_f1.8	℃	Q/M	≥	160	160	160	160
3.2	负荷变形温度 T_f8.0	℃	Q/M	≥	115	115	115	110
3.3	可燃性(炽热棒)BH	—	Q/M	≤	BH 2-10	BH 2-10	BH 2-10	BH 2-30
4	电性能							
4.1	介质损耗因数 tanδ100	—	Q/M	≤	—	0.10	—	—
4.2	介质损耗因数 tanδ1M	—	Q/M	≤	—	0.10	—	—
4.3	体积电阻率 ρ_v	Ω·cm	Q/M	≥	—	10^{11}	—	—
4.4	表面电阻率 ρ_s	Ω	Q/M	≥	10^9	10^{10}	10^9	10^8
4.5	电气强度 E_s2	kV/mm	Q/M	≥	—	10	—	—
4.6	耐电痕化指数 PTI	—	Q/M	≥	125	125	125	125

表 1(续)

				1	2	3	4
				型号:模塑料 GB/T 1404.1—2008-PF…			
	性能	单位	加工方法[a]	最大或最小	(WD30+MD20)~(WD40+MD10)	(WD30+MD20),X,E~(WD40+MD10),X,E	(WD30+MD20),X,A~(WD40+MD10),X,A	(LF20+MD25)~(LF30+MD15)
5	其他性能							
5.1	吸水性 W_W24	mg	Q/M	≤	100	100	100	150
5.2		%		≤	—	—	—	—
5.3	游离氨 $m_E AM$	%	Q/M	≤	—	—	0.02	—

注 1:试样制备和性能测定的方法见 GB/T 1404.2—2008 表 3、表 4 的第 3、4 和 7 列。

注 2:考虑到模塑和注塑材料的特性指标范围的差异,即测试结果中可能的变化和材料本身隐含特性的较宽范围之间的差异,因此具有相同名称的材料,不应当视作绝对的等同。

注 3:表中 2.4、3.1 和 4.6 行为强制性能项目及指标值。

[a] Q=压塑成型。
M=注塑成型。

表 2 含有(SC+LF)、SS、PF 或(LF+MD)填料的粉状酚醛模塑料的性能要求

					5	6	7	8
					型号:模塑料 GB/T 1404.1—2008-PF…			
	性能	单位	加工方法[a]	最大或最小	(SC20+LF15)~(SC30+LF05)	SS40~SS50	PF40~PF60	(LF20+MD25)~(LF40+MD05)
1	流动和工艺性能							
1.1					供需双方商定			
2	机械性能							
2.1	拉伸断裂应力 σ_B	MPa	Q M	≥ ≥	35 45	30 45	30 40	35 45
2.2	弯曲强度 σ_{fM}	MPa	Q M	≥ ≥	70 80	60 70	50 60	70 80
2.3	简支梁冲击强度 a_{cU}	kJ/m²	Q M	≥ ≥	5.5 6.0	7.0 9.0	2.5 3.5	5.5 6.0
2.4	简支梁缺口冲击强度 a_{cA}	kJ/m²	Q M	≥ ≥	4.0 4.0	7.0 7.0	1.5 1.5	2.8 2.8
3	热性能							
3.1	负荷变形温度 $T_f1.8$	℃	Q/M	≥	160	160	170	160

表 2（续）

	性能	单位	加工方法[a]	最大或最小	5	6	7	8
					型号：模塑料 GB/T 1404.1—2008-PF…			
					(SC20＋LF15)～(SC30＋LF05)	SS40～SS50	PF40～PF60	(LF20＋MD25)～(LF40＋MD05)
3.2	负荷变形温度 T_f8.0	℃	Q/M	≥	110	115	130	115
3.3	可燃性（炽热棒）BH	—	Q/M	≤	BH 2-30	BH 2-30	BH 1	BH 2-30
4	电性能							
4.1	介质损耗因数 tanδ100	—	Q/M	≤	—	—	0.10	—
4.2	介质损耗因数 tanδ1M	—	Q/M	≤	—	—	0.10	—
4.3	体积电阻率 ρ_v	Ω·cm	Q/M	≥	—		10^{12}	—
4.4	表面电阻率 ρ_s	Ω	Q/M	≥	10^8	10^8	10^{11}	10^8
4.5	电气强度 E_s2	kV/mm	Q/M	≥	—	—	10	—
4.6	耐电痕化指数 PTI	—	Q/M	≥	125	125	175	125
5	其他性能							
5.1	吸水性 W_W24	mg	Q/M	≤	150	200	30	150
5.2		%		≤	—	—	—	—
5.3	游离氨 m_EAM	%	Q/M	≤	—	—	—	—

注 1：试样制备和性能测定的方法见 GB/T 1404.2—2008 表 3、表 4 的第 3、4 和 7 列。

注 2：考虑到模塑和注塑材料的特性指标范围的差异，即测试结果中可能的变化和材料本身隐含特性的较宽范围之间的差异，因此具有相同名称的材料，不应当视作绝对的等同。

注 3：表中 2.4、3.1 和 4.6 行为强制性能项目及指标值。

[a] Q＝压塑成型。

M＝注塑成型。

表 3　含有(GF+GG)或(GF+MD)填料的粉状酚醛模塑料的性能要求

	性能	单位	加工方法[a]	最大或最小	9	10	11	12
					型号:模塑料 GB/T 1404.1—2008-PF…			
					(GF20+GG30)～(GF30+GG20)	(GF30+MD20)～(GF40+MD10)	—	—
1	流动和工艺性能							
1.1	供需双方商定							
2	机械性能							
2.1	拉伸断裂应力 σ_B	MPa	Q M	≥ ≥	50 60	80 90		
2.2	弯曲强度 σ_{fM}	MPa	Q M	≥ ≥	80 90	140 150		
2.3	简支梁冲击强度 a_{cU}	kJ/m^2	Q M	≥ ≥	6.0 7.0	13.0 15.0		
2.4	简支梁缺口冲击强度 a_{cA}	kJ/m^2	Q M	≥ ≥	1.5 1.5	3.0 3.5		
3	热性能							
3.1	负荷变形温度 T_f1.8	℃	Q/M	≥	190	210		
3.2	负荷变形温度 T_f8.0	℃	Q/M	≥	140	160		
3.3	可燃性(炽热棒)BH	—	Q/M	≤	BH 1	BH 1		
4	电性能							
4.1	介质损耗因数 tanδ100	—	Q/M	≤	0.25	0.25		
4.2	介质损耗因数 tanδ1M	—	Q/M	≤	0.20	0.20		
4.3	体积电阻率 ρ_v	Ω·cm	Q/M	≥	10^{11}	10^{12}		
4.4	表面电阻率 ρ_s	Ω	Q/M	≥	10^{10}	10^{11}		
4.5	电气强度 E_s2	kV/mm	Q/M	≥	10	10		
4.6	耐电痕化指数 PTI	—	Q/M	≥	175	150		

表 3（续）

				9	10	11	12
				型号：模塑料 GB/T 1404.1—2008-PF…			
	性能	单位	加工方法[a]	最大或最小	(GF20+GG30)～(GF30+GG20)	(GF30+MD20)～(GF40+MD10)	—	—
5	其他性能							
5.1	吸水性 W_W24	mg	Q/M	≤	30	30		
5.2		%		≤	—	—		
5.3	游离氨 m_EAM	%	Q/M	≤	—	—		

注 1：试样制备和性能测定的方法见 GB/T 1404.2—2008 表 3、表 4 的第 3、4 和 7 列。

注 2：考虑到模塑和注塑材料的特性指标范围的差异，即测试结果中可能的变化和材料本身隐含特性的较宽范围之间的差异，因此具有相同名称的材料，不应当视作绝对的等同。

注 3：表中 2.4、3.1 和 4.6 行为强制性能项目及指标值。

[a] Q=压塑成型。
M=注塑成型。

4.2 填料类型和含量

粉状酚醛模塑料，其填料/增强材料的种类、形状和含量应符合模塑料命名的要求（见 GB/T 1404.1—2008 4.2）。

4.3 试验方法

4.3.1 取样方法

按 GB/T 2547—2008 的规定。

其中：

a） 样本的抽取采用系统抽样法。

b） 样品进行混合试验。

4.3.2 试样制备

试样的制备按 GB/T 1404.2—2008 中第 4 章的规定。

4.3.3 试样状态调节

试样状态调节按 GB/T 1404.2—2008 中第 5 章的规定。

4.3.4 试验方法

试验方法及试验条件按 GB/T 1404.2—2008 中第 6 章的规定。

其中：

体积电阻率和表面电阻率按 GB/T 1404.2—2008 中规定的方法进行测定。

试样：≥60 mm×≥60 mm×1 mm 或≥60 mm×≥60 mm×2 mm；电极：圆形三电极系统；施加电压：500 V，1 min 读数。

其中可燃性按 GB/T 2407—2008 的规定进行测定。

5 检验规则

5.1 粉状酚醛模塑料按同一原料、相同配方、相同工艺生产的，经一次混合的产品为一批。

5.2 生产厂应对每批粉状酚醛模塑料进行出厂检验。出厂检验项目,见表4。如经供需双方协商同意,可增加或减少出厂检验项目。

表4 出厂检验项目

序号	项目名称	出厂检验项目									
		1	2	3	4	5	6	7	8	9	10
1	流动和工艺性能										
1.1		供需双方商定									
2	机械性能										
2.1	拉伸断裂应力 σ_B										
2.2	弯曲强度 σ_{fM}										
2.3	简支梁冲击强度 a_{cU}										
2.4	简支梁缺口冲击强度 a_{cA}	√	√	√	√	√	√	√	√	√	√
3	热性能										
3.1	负荷变形温度 T_f1.8	√	√	√	√	√	√	√	√	√	√
3.2	负荷变形温度 T_f8.0										
3.3	可燃性(炽热棒)BH										
4	电性能										
4.1	介质损耗因数 tanδ100										
4.2	介质损耗因数 tanδ1M										
4.3	体积电阻率 ρ_v		√					√		√	√
4.4	表面电阻率 ρ_s		√					√		√	√
4.5	电气强度 E_s2		√					√		√	√
4.6	耐电痕化指数 PTI										
5	其他性能										
5.1	吸水性 W_W24										
5.2											
5.3	游离氨 m_EAM			√							
注:标有"√"者为出厂检验项目。											

5.3 本部分表1、表2和表3所示的全部性能要求为型式检验项目,每月至少进行一次。当原材料、配方、工艺改变时或合同约定等,也必须进行型式检验。

5.4 经检验若有任何一项指标不符合要求,应从双倍数量的包装件中重新取样,并以双倍的试样对该项指标进行重复检验。重复检验的结果若仍不符合要求,则该批产品应作不合格处理。

5.5 使用单位若需验收所收到的粉状酚醛模塑料的质量,应按照本部分的要求进行。生产厂根据使用单位的需求,可提供产品检验报告。

6 标志、包装、运输和贮存

6.1 标志

粉状酚醛模塑料产品包装件上应标明:

a) 产品名称及型号;

b) 产品标准编号；

c) 批号及生产日期；

d) 生产厂名称及商标；

e) 净含量。

另外还应标明“防潮”、“防热”等标识，并附有质量合格证。

6.2 包装

粉状酚醛模塑料应包装在衬有塑料袋的编织丝袋、纸袋或其他包装袋中，净含量为 25 kg 或其他。

6.3 运输

粉状酚醛模塑料为非危险品。在运输时应避免受潮、受热、受污和包装破损。

6.4 贮存

粉状酚醛模塑料应贮存在通风、干燥的库房内，室温不宜超过 35 ℃，不应靠近火源、暖气或受阳光直射。

粉状酚醛模塑料从生产日期起，贮存期为 12 个月。

附 录 A
（资料性附录）
命 名 对 照

表 A.1 采用粉状酚醛模塑料的国家标准和国际标准命名对照

国家或国际标准	1	2	3	4	5
	型号:模塑料 GB/T 1404.1—2008-PF…				
ISO 14526-3:1999	(WD30＋MD20)～(WD40＋MD10)	(WD30＋MD20),X,E～(WD40＋MD10),X,E	(WD30＋MD20),X,A～(WD40＋MD10),X,A	(LF20＋MD25)～(LF30＋MD15)	(SC20＋LF15)～(SC30＋LF05)
ISO 800:1992	PF 2A1	PF 2A2	PF 1A1	PF 2D2	PF 2D3
ASTM D 4617:1996	—	—	—	—	—
BS 771:1992	PF 2A1	PF 2A2	PF 1A1	PF 2D2	PF 2D3
DIN 7708-2:1975	31	31.5	31.9	51	84
JIS K 6915:1993	PM-GG	PM-GE	PM-EG-R	PM-ME	PM-MI
NF T 53-010:1992	PF 2A1	PF 2A2	PF 1A1	PF 2D2	PF 2D3

国家或国际标准	6	7	8	9	10
	型号:模塑料 GB/T 1404.1—2008-PF…				
ISO 14526-3:1999	SS40～SS50	PF40～PF60	(LF20＋MD25)～(LF40＋MD05)	(GF20＋GG30)～(GF30＋GG20)	(GF30＋MD20)～(GF40＋MD10)
ISO 800:1992	PF 2D4	PF 2C3	—	PF 2C4	—
ASTM D 4617:1996	—	—	—	—	—
BS 771:1992	PF 2D4	PF 2C3	—	PF 2C4	—
DIN 7708-2:1975	74	13	83	12	—
JIS K 6915:1993	—	—	—	PM-HH	—
NF T 53-010:1992	PF 2D4	PF 2C3	—	PF 2C4	—

附 录 B
（资料性附录）
本部分与 ISO 14526-3:1999 的技术差异

本部分与 ISO 14526-3:1999 的技术差异如表 B.1 所示。

表 B.1 本部分与 ISO 14526-3:1999 的技术差异

本部分章条编号	技 术 性 差 异
1	删除了 ISO 14526:1999 第 1 章中第 3 段和第 4 段的内容。
2	增加引用标准“GB/T 2547—1981 塑料树脂取样方法”、 增加引用标准“GB/T 2407 塑料燃烧性能试验方法 炽热棒法”。
3	要求（删除了 ISO 14526:1999 第 3 章的内容）。
4.1	表 1、表 2 和表 3 中增加了“介质损耗因数 tan δ1M”、“ 电气强度 E_s2”的性能及要求。 表 1、表 2 和表 3 中的“体积电阻率和表面电阻率”的符号“ρ_e 与 σ_e”分别由“ρ_v 与 ρ_s”替代；表面电阻率测试中用“圆形三电极”替代“接触电极，长 50 mm，宽 1 mm～2 mm，间距 5 mm”。
4.3	增加了“4.3 试验方法（4.3.1 取样方法、4.3.2 试样制备、4.3.3 试样状态调节和 4.3.4 试验方法）”的规定。
6	增加了“组批、检验分类、判定规则、复验和验收”内容。
6	增加了“标志、包装、运输和贮存”内容。

ICS 29.140.10
K 74

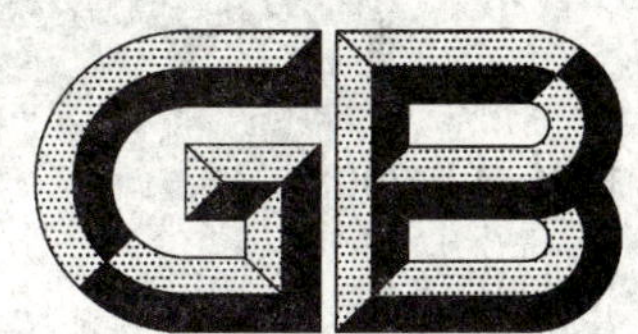

中华人民共和国国家标准

GB/T 1406.1—2008
代替 GB 1406—2001

灯头的型式和尺寸 第1部分:螺口式灯头

Types and dimensions of lamp caps—Part 1:Screw caps

(IEC 60061-1:2005,Lamp caps and holders together with gauges for the control of interchangeability and safety—Part 1:Lamp caps,MOD)

2008-04-29 发布　　　　2008-12-01 实施

中华人民共和国国家质量监督检验检疫总局
中国国家标准化管理委员会　发布

前　言

GB/T 1406《灯头的型式和尺寸》共分为5个部分：

——第1部分：螺口式灯头；

——第2部分：插脚式灯头；

——第3部分：预聚焦式灯头；

——第4部分：杂类灯头；

——第5部分：卡口式灯头。

本部分为GB/T 1406的第1部分。

GB/T 1406的本部分修改采用IEC 60061-1:2005《灯头、灯座及检验其安全性和互换性的量规　第1部分：灯头》(3.35版)的英文版。

本部分与IEC 60061-1:2005(3.35版)的英文版中有关螺口式灯头的型式和尺寸部分在技术内容上完全一致。

本部分中有关E12、E17、E26和E39灯头的技术内容仅供生产、销售、检验等部门出口时使用，但因安全、互换性等因素，在我国不准使用。

为了便于使用，本部分还做了下列编辑性修改：

——用小数点“.”代替作为小数点的逗号“,”；

——“本国际标准”一词改为“本部分”；

——删除国际标准前言及引言；

——为了与现有的标准及本部分中的技术内容一致，将国际标准的名称《灯头、灯座及检验其安全性和互换性的量规　第1部分：灯头》改为《灯头的型式和尺寸　第1部分：螺口式灯头》。

本部分代替GB 1406—2001《螺口式灯头的型式和尺寸》。

本部分与GB 1406—2001相比主要差异如下：

——保留了原GB 1406—2001全部灯头的技术内容；

——新增了E11、E26、E26d、E26/50×39和E26/51×39、E39灯头的技术内容。

本部分由中国轻工业联合会提出。

本部分由全国照明电器标准化技术委员会(SAC/TC 224)归口。

本部分主要起草单位：北京电光源研究所、中山市质量计量监督检测所。

本部分主要起草人：彭振坚、杨小平、赵秀荣、江姗、段彦芳。

本部分所代替标准的历次版本发布情况为：

——GB 1406—1978、GB 1406—1989、GB 1406—2001。

灯头的型式和尺寸
第1部分:螺口式灯头

1 范围

本部分规定了螺口式灯头的型式和尺寸。

本部分适用于那些使用本部分中规定型号的灯头作为灯用附件的电光源产品的设计和生产,也适用于其他电光源产品的设计。

2 规范性引用文件

下列文件中的条款通过GB/T 1406的本部分的引用而成为本部分的条款。凡是注日期的引用文件,其随后所有的修改单(不包括勘误的内容)或修订版均不适用于本部分,然而,鼓励根据本部分达成协议的各方研究是否可使用这些文件的最新版本。凡是不注日期的引用文件,其最新版本适用于本部分。

GB/T 1483.1 灯头、灯座检验量规 第1部分:螺口式灯头、灯座的量规(GB/T 1483.1—2008,IEC 60061-3:2004,Lamp caps and holders together with gauges for the control of interchangeability and safety—Part 3:Gauges,MOD)

GB/T 19148.1 灯座的型式和尺寸 第1部分:螺口式灯座(GB/T 19148.1—2008,IEC 60061-2:2004,Lamp caps and holders together with gauges for the control of interchangeability and safety—Part 2:Lampholders,MOD)

GB/T 21098 灯头、灯座及检验其安全性和互换性的量规 第4部分:导则及一般信息(GB/T 21098—2007,IEC 60061-4:2004,IDT)

3 型式和尺寸

灯头的型号应符合GB/T 21098的规定。

	E5 灯头	1/1

单位为毫米

附图仅表示互换性的基本尺寸。

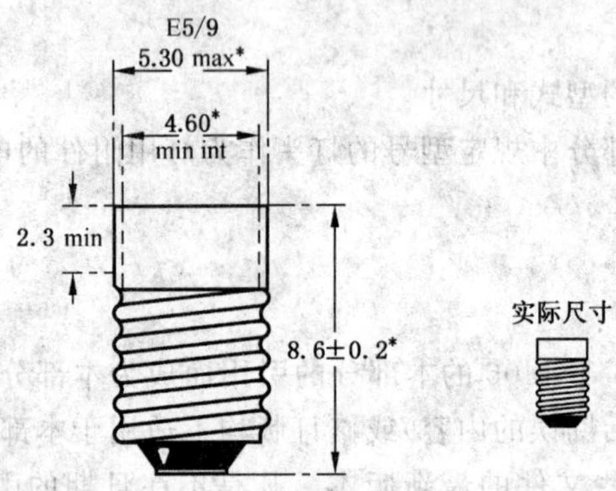

灯头可带有喇叭口,其直径*应不超过不带喇叭口灯头的最大允许直径0.5 mm。

对于成品灯,经过绝缘体的爬电距离应不小于0.8 mm。

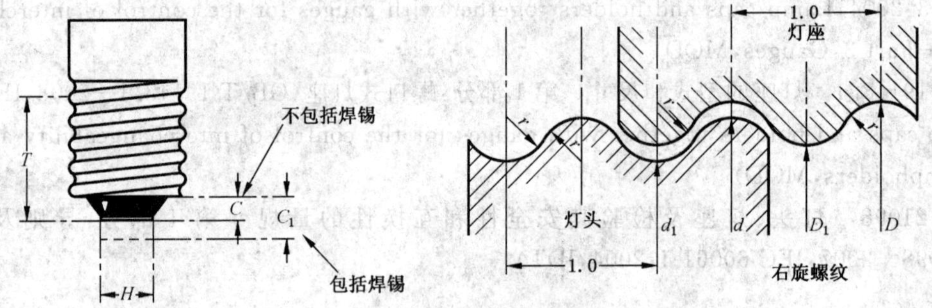

尺　　寸		最小值	最大值
灯头	C	0.8	1.2
	C_1	—	2.0
	H(1)	2.1	3.05
	T(2)	5.4	—
	d	5.23	5.33
	d_1	—	4.77
灯座	D	5.39	5.49
	D_1	4.83	4.93
r		0.293	

*　该尺寸仅用于灯头的设计,不用于成品灯的检验。

(1)　该尺寸采用千分尺进行检验。

(2)　"T"指灯头接触片至完整螺纹的距离。

GB/T 1406.1-7004-25-3

	E10 灯头	1/2

单位为毫米

附图仅表示互换性的基本尺寸。

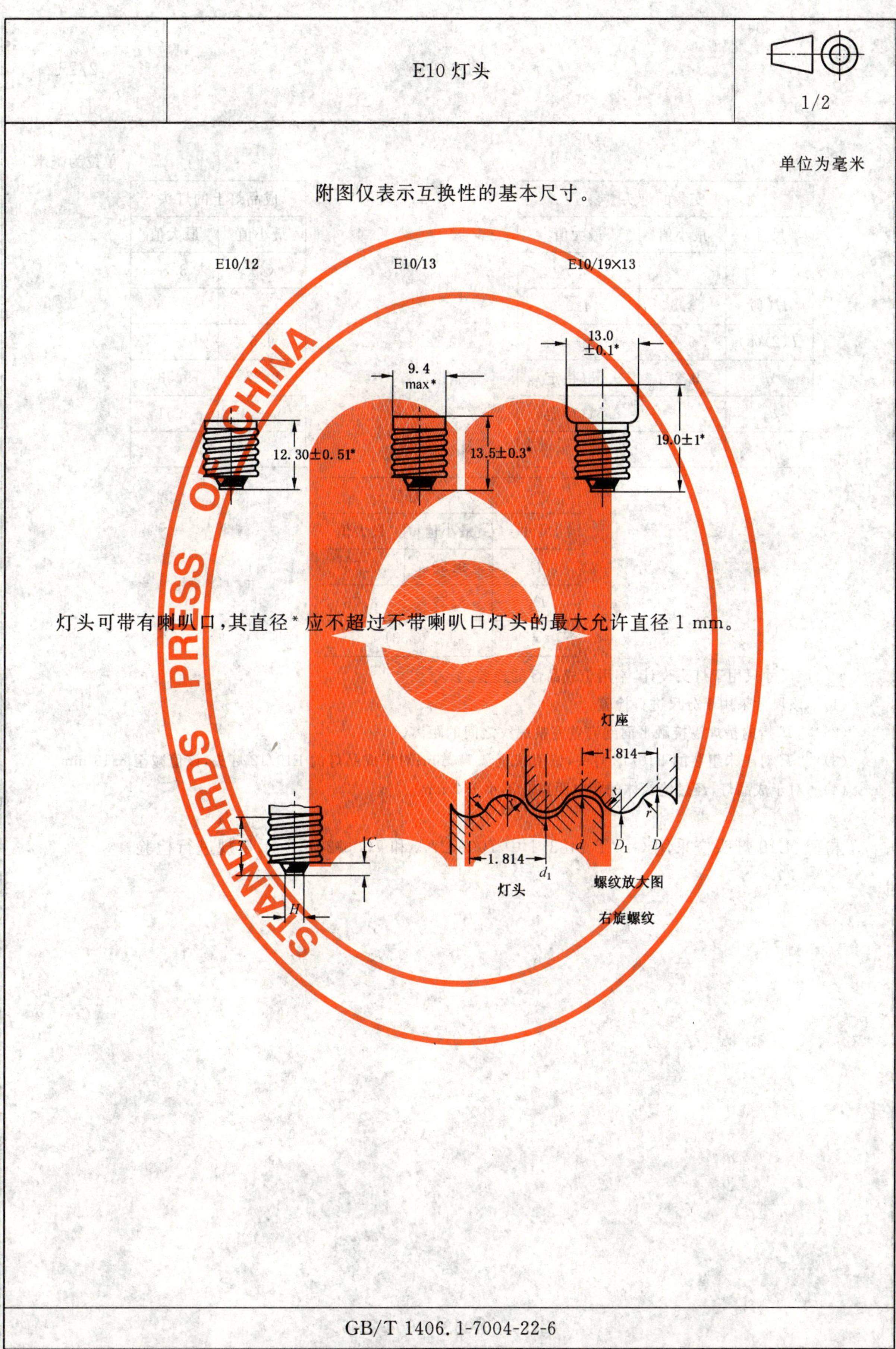

灯头可带有喇叭口，其直径* 应不超过不带喇叭口灯头的最大允许直径 1 mm。

GB/T 1406.1-7004-22-6

	E10 灯头	2/2

单位为毫米

未安装的灯头*			成品灯上的灯头	
尺寸	最小值	最大值	最小值	最大值
C	—	2.5	(4)	3.5
H(1)	3.5	4.0	—	—
T(2)(3)	9.5	—	9.5	—
d	9.27	9.53(待定)	9.27	9.53
d_1	—	8.51(待定)	—	8.51
r	0.531		0.531	

	灯座	
尺寸	最小值	最大值
D	9.59	9.78
D_1	8.57	8.76
r	0.531	

* 该尺寸只用于灯头设计，不用于成品灯的检验。

(1) 该尺寸采用千分尺进行检验。

(2) “T”指的是焊锡接触平面到有效完整螺纹之间的距离。

(3) “T”对于未组装的 E10/12 灯头，该值减至 7.75 mm；对于成品灯的 E10/12 灯头，该值减至 8.13 mm。

(4) 对于成品灯，经过绝缘体的爬电距离应不小于 2 mm。

检验：E10 灯头应采用 GB/T 1483.1 中 7006-27A 和 7006-28E 所示量规进行检验。

GB/T 1406.1-7004-22-6

	EP10 预聚焦螺口灯头	1/2

单位为毫米

附图仅表示互换性的基本尺寸。

有关预聚焦 EP10 灯座见 GB/T 19148.3-7005-30。

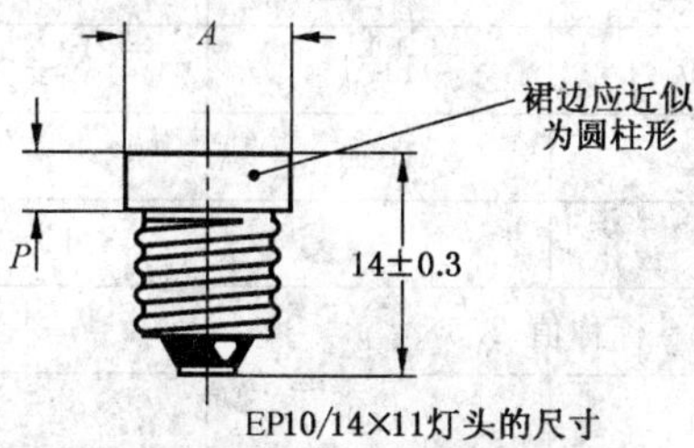

EP10/14×11灯头的尺寸

灯头可带有喇叭口,其直径*应不超过裙边最大允许直径 1 mm。对于成品灯,经过绝缘体的爬电距离应不小于 2 mm。

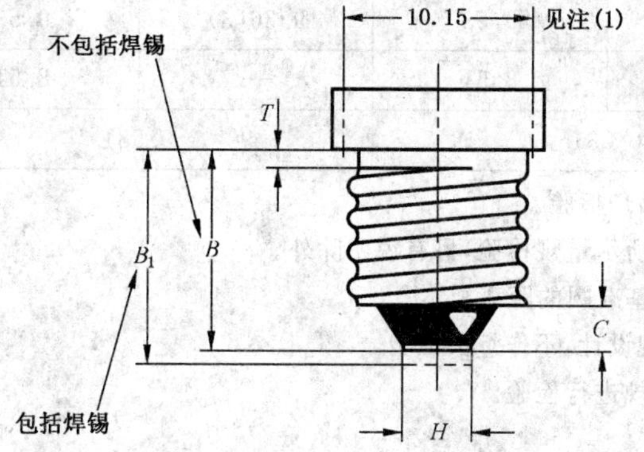

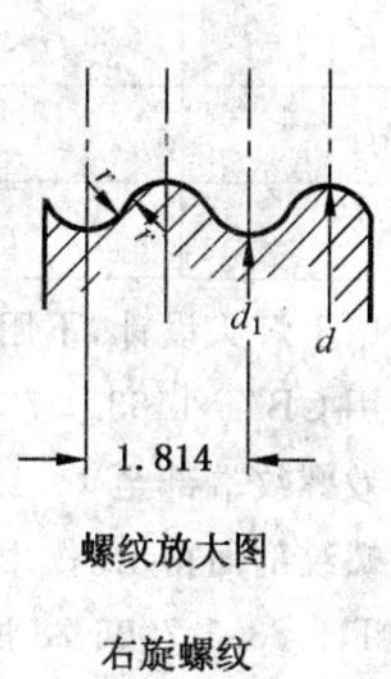

螺纹放大图

右旋螺纹

	EP10 预聚焦螺口灯头	2/2

单位为毫米

尺　寸	未安装的灯头*		成品灯上的灯头**	
	最小值	最大值	最小值	最大值
A	10.9	11.1	—	—
B	10.2	10.9	—	—
B_1	—	—	10.3	11.8
C	标称值 2.5		—	—
H	3.5	4.0	—	—
P	3.4	3.5	—	—
T(1)	—	1.0	—	—
d	9.36	9.53	9.36(3)	9.53
d_1	—	8.51	—	8.51
r(2)	0.531		0.531	

* 该尺寸只用于灯头设计，不用于成品灯检验。

** 该尺寸采用 GB/T 1483.1-7006-37 所示量规检验，另有说明除外。

(1) “T” 指有效螺纹端部至 10.15 mm 基准圆的距离。

(2) 该尺寸由螺纹剖面得出，仅用于量规设计，不作灯头检验。

(3) 采用 GB/T 1483.1-7006-28 所示量规进行检验。

GB/T 1406.1-7004-30-2

	EY10 灯头	1/2

单位为毫米

附图仅表示互换性的基本尺寸。

有关 EP10 灯座见 GB/T 19148.1-7005-7。

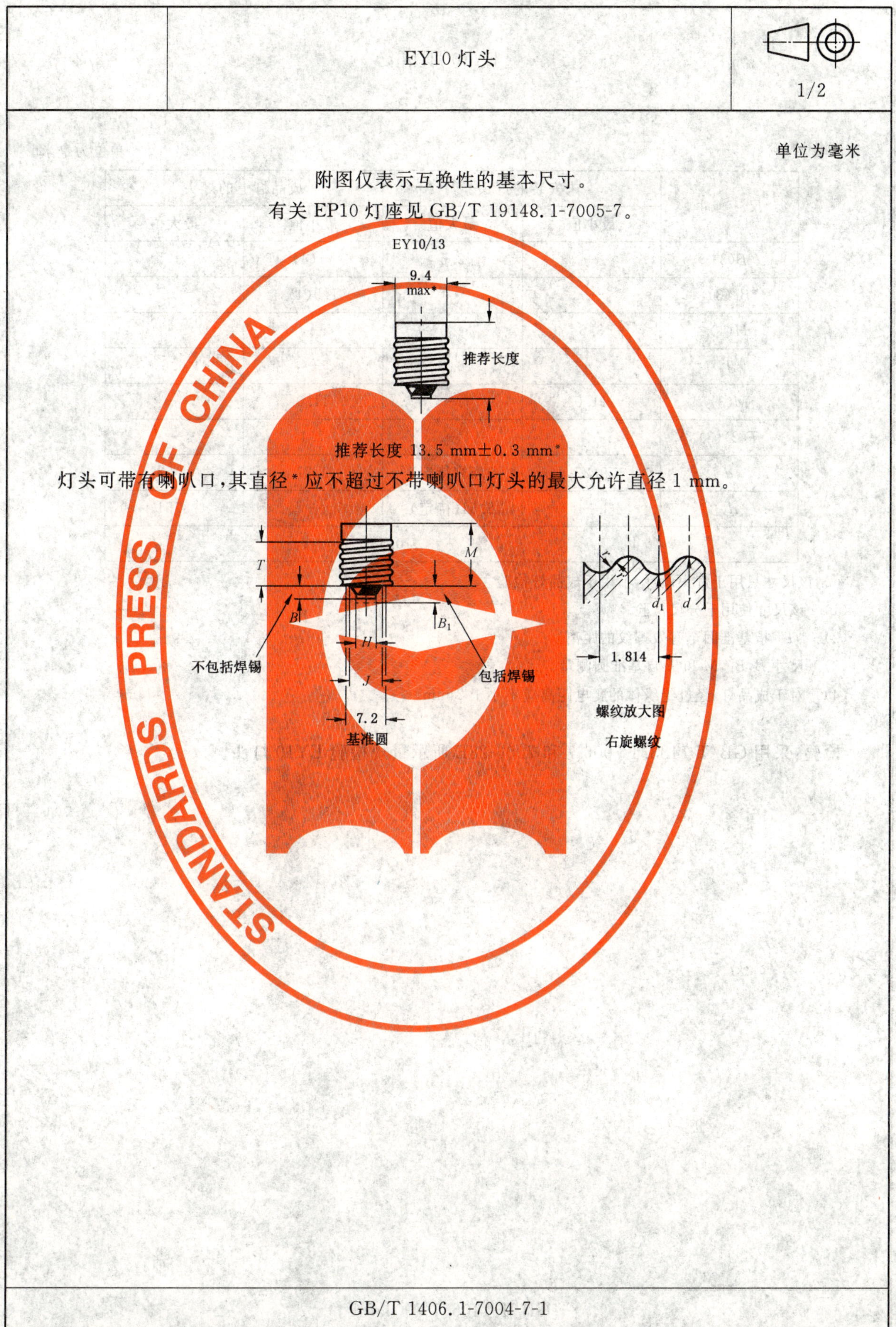

GB/T 1406.1-7004-7-1

	EY10 灯头	2/2

单位为毫米

尺　　寸	未安装的灯头*		成品灯上的灯头	
	最小值	最大值	最小值	最大值
B(3)	—	2.5	—(4)	—
B_1(3)	—	—	1.9(4)	3.5
H(1)	3.5	4.0	—	—
J	—	6.6	—	6.6
M(3)	11.0	—	11.0	—
T(2)(3)	7.4	—	7.4	—
d	9.27	9.53(待定)	9.27	9.53
d_1	—	8.51(待定)	—	8.51
r	0.531			

* 该尺寸只用于灯头设计，不用于成品灯检验。

(1) 该尺寸使用千分尺检验。

(2) “T”指基准圆至有效螺纹的距离。

(3) 尺寸 B，B_1，M 和 T 自基准圆测量。

(4) 对于成品灯，经过绝缘体的爬电距离应不小于 2 mm。

检验：采用 GB/T 1483.1-7006-7 和 7006-28E 所示量规检验 EY10 灯头。

GB/T 1406.1-7004-7-1

	EZ10 灯头	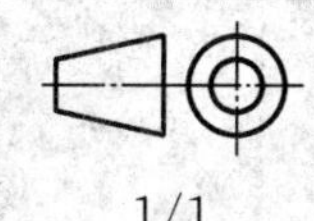 1/1

单位为毫米

附图仅表示互换性的基本尺寸。

关于 EZ10 灯座，见 GB/T 19148.1-7005-116。

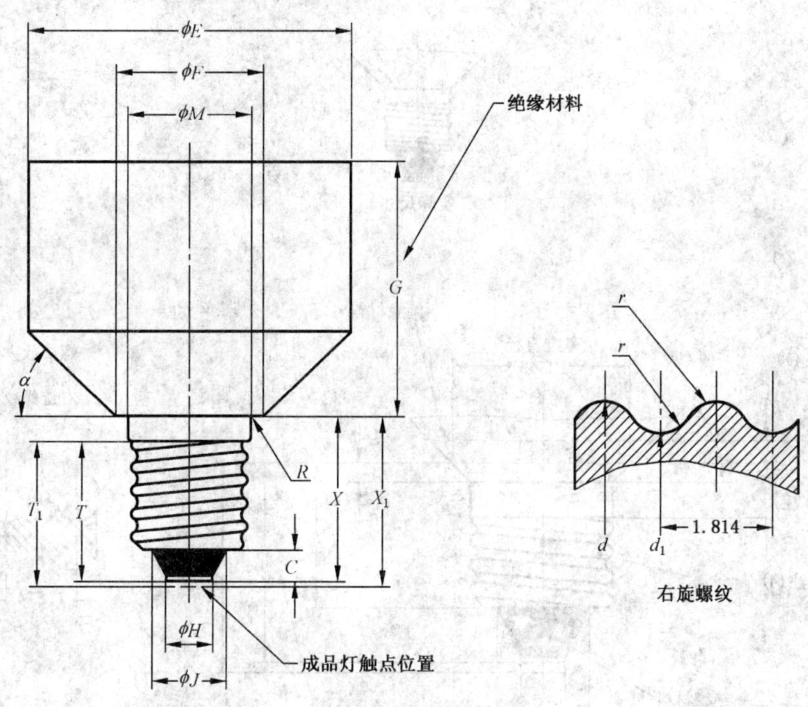

对于成品灯，经过绝缘体的爬电距离应不小于 1.5 mm。

尺　　寸	最小值	最大值
C	2.5	—
E	—	2.6
F	13.49(4)	(待定)
G	—	20
H*	3.5	4.37(5)
J	—	6.6*
M	—	9.91
R	—	0.5
T(1)	9.5	—
T_1(2)	9.5	—
X	11.69	12.8
X_1	—	13.5
d	9.27(3)	9.53
d_1	—	8.51
r	0.531	
α	标称值 43°	

* 该尺寸只用于灯头设计，不适用于成品灯检验。

(1) “T”指从接触面至有效完整螺纹的距离。

(2) “T_1”指从成品灯上接触片到完整有效螺纹之间的距离。

(3) 使用 GB/T 1483.1-7006-28E 所示量规检验。

(4) F_{min}是一种防止进入 E11 灯座所采取的措施之一。

(5) 对于新的设计，该值减至 4 mm。

GB/T 1406.1-7004-116-1

	E11 灯头	1/2

单位为毫米

附图仅表示互换性的基本尺寸。

关于 E11 灯座，见 GB/T 19148.1-7005-6。

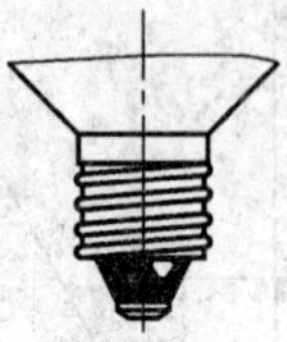

实际尺寸

比例 2:1

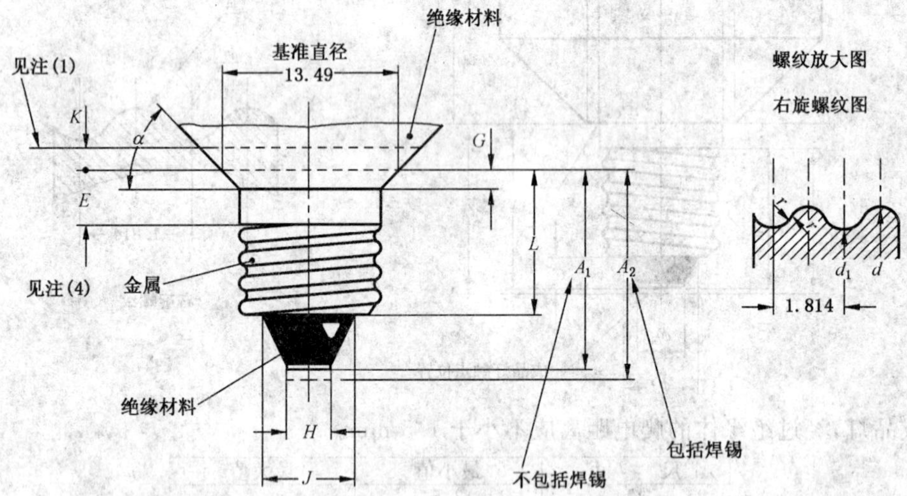

基准直径 13.49

绝缘材料

见注(1)

见注(4)

金属

绝缘材料

不包括焊锡

包括焊锡

螺纹放大图

右旋螺纹图

1.814

对于成品灯，经过绝缘体的爬电距离和电气间隙应不小于 3.18 mm。

GB/T 1406.1-7004-6-1

	E11 灯头	2/2

单位为毫米

尺　寸	最小值	最大值
A_1(2)(3)	13.97	14.99
A_2(2)	13.97	15.62
E(2)	—	4.09
G(2)	1.35	—
H	—	3.56
J	—	7.62
K(1)	1.57	—
L(2)	9.40	10.54
d	10.54	10.80
d_1	—	9.78
r	0.531	
α	43°	47°

(1) 灯头直径在该条线以上的锥体部分未受限制。

(2) 尺寸 A_1,A_2,E,G 和 L 从基准直径 13.49 mm 处测量。

(3) 该尺寸只用于灯头设计，不用于成品灯检验。

(4) 金属壳体上部边缘不应延伸进入灯头的锥体部分。

GB/T 1406.1-7004-6-1

E12 灯头

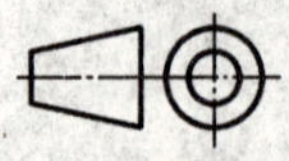

1/2

单位为毫米

附图仅表示互换性的基本尺寸。

关于 E12 型灯座，见 GB/T 19148.1-7005-28。

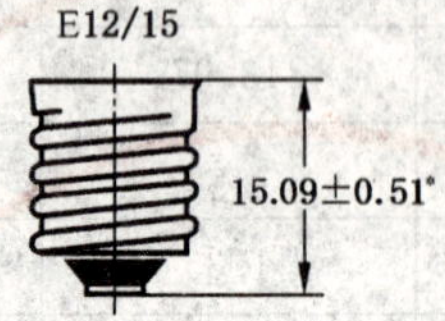

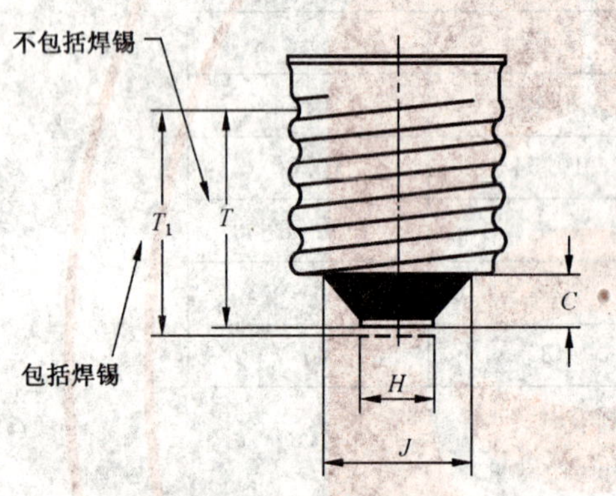

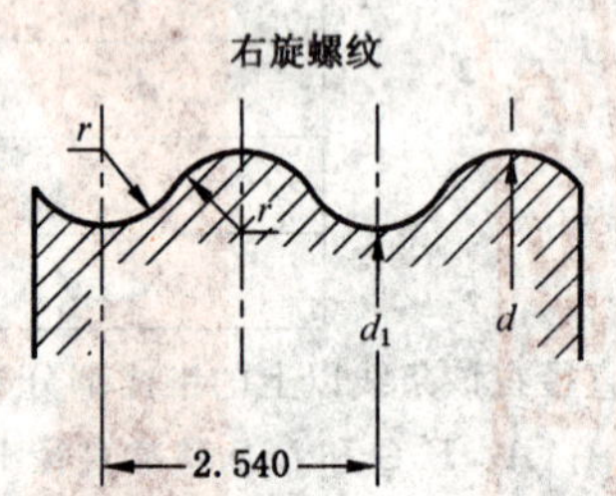

该灯头在美国标准中有时被称为“烛台螺纹灯头”。

灯头可带有喇叭口，其直径应不超过 12.32 mm。

GB/T 1406.1-7004-28-2

E12 灯头

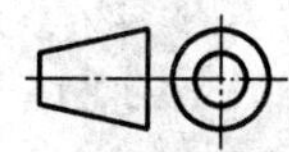

2/2

单位为毫米

尺　寸	未安装灯头*		成品灯灯头	
	最小值	最大值	最小值	最大值
C	1.60	—	1.60	—
H(1)	3.58	4.37	3.58	4.37
J	—	7.37	—	7.37
T(2)	10.66	—	—	—
T_1(3)	—	—	11.17	—
d	11.56	11.81	11.56	11.887
d_1	—	10.54	—	10.617
r(4)	0.792		0.792	

* 该尺寸只用于灯头设计，不用于检验。

(1) 该尺寸使用千分尺检验。

(2) “T”指从接触片至有效完整螺纹的距离。

(3) “T_1”指从焊锡接触面至有效完整螺纹的距离。

(4) 该尺寸由理论螺纹剖面得出，仅用于量规设计，不用作灯头检验。

检验：成品灯上 E12 灯头应采用 GB/T 1483.1-7006-32，7006-27H，7006-27J 和 7006-28C 所示量规检验。

GB/T 1406.1-7004-28-2

	E14 灯头	1/2

单位为毫米

附图仅表示互换性的基本尺寸。

未安装的灯头[a]

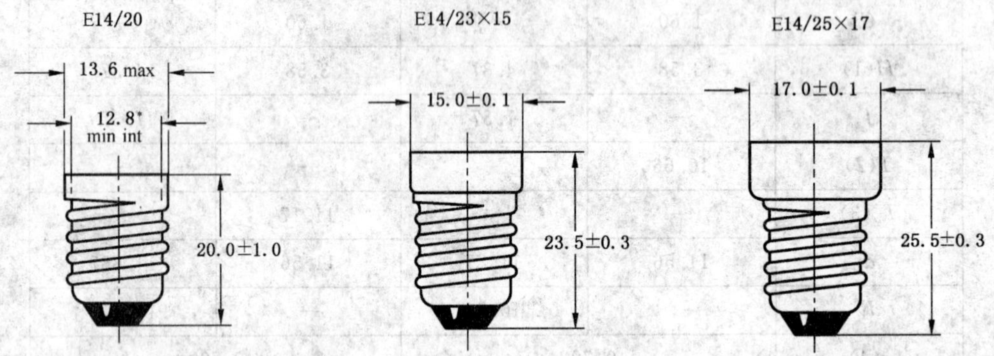

灯头可带有喇叭口，其直径应不超过不带喇叭口灯头的最大允许直径 1 mm。

对于成品灯，经过绝缘体的爬电距离应不小于 3 mm。

注：图中所示灯头外形仅作为示例，不作为要求。

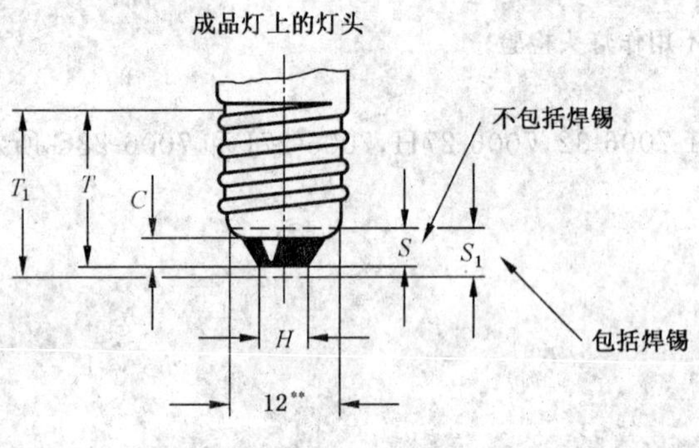

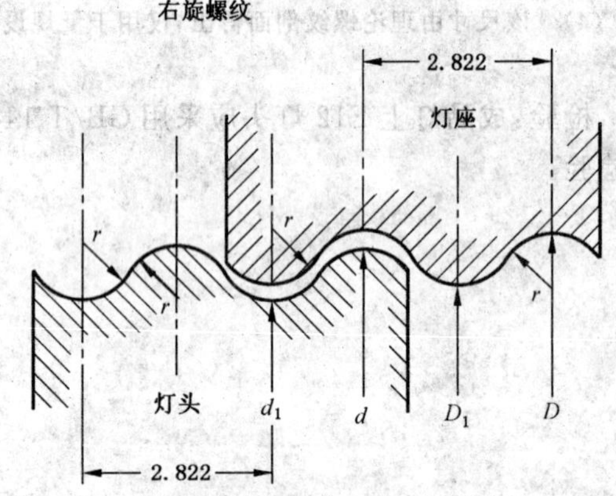

GB/T 1406.1-7004-23-6

	E14 灯头	2/2

单位为毫米

尺寸		未安装的灯头*		成品灯上的灯头	
		最小值	最大值	最小值	最大值
灯头	C	3.0	—	3.0	—
	H	4.8	6.2	4.8(1)	6.2(1)
	S	3.2	3.7	—	—
	S_1	—	—	3.5	4.5
	T(2)	16.0	—	—	—
	T_1(3)	—	—	16.0	—
	d	13.6	13.84	13.6	13.89
	d_1	—	12.24	—	12.29
	r(4)	0.822		0.822	

尺寸		最小值	最大值
灯座	D	13.97	—
	D_1	12.37	12.56
	r(4)	0.822	

* 该尺寸只用于灯头设计，不用于成品灯检验。

** 该值表示尺寸 S 和 S_1 应参考的基准圆的直径。

(1) 该尺寸使用千分尺检验。

(2) “T”指从接触片至有效完整螺纹的距离。

(3) “T_1”指从焊锡接触面至有效完整螺纹的距离。

(4) 该尺寸由理论螺纹剖面得出，仅用于量规设计，不用作灯头或灯座检验。

GB/T 1406.1-7004-23-6

	E17 灯头	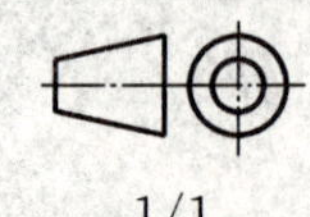 1/1

单位为毫米

附图仅表示互换性的基本尺寸。

关于 E17 灯座，见 GB/T 19148.1-7005-20。

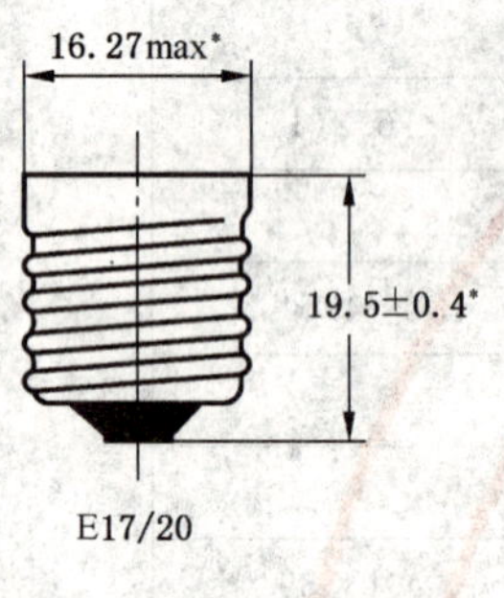

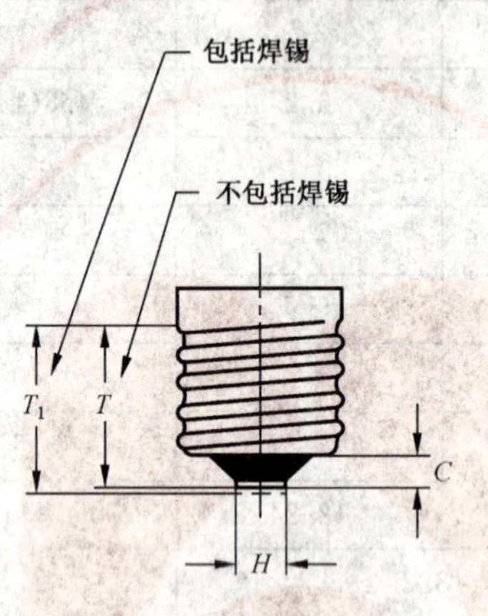

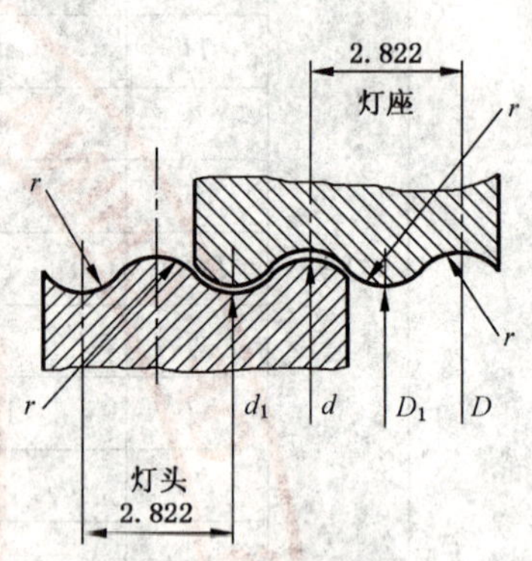

灯头可带有喇叭口*，其直径应不超过不带喇叭口灯头的最大允许直径 1 mm。

		未安装的灯头*		成品灯上的灯头	
灯头	尺寸	最小值	最大值	最小值	最大值
	C	2.36	—	2.36	—
	H(1)	4.0	5.2	4.0	5.2
	T(2)	14.5	—	—	—
	T_1(3)	—	—	15.24	—
	d	16.28	16.54	16.28	16.64
	d_1	—	15.16	—	15.27
	r	0.897			

	尺寸	最小值	最大值
灯座	D	16.69	16.87
	D_1	15.32	15.49
	r	0.897	

* 该尺寸只用于灯头设计，不用于成品灯检验。

(1) 该尺寸使用千分尺检验。

(2) “T” 指从接触片至有效完整螺纹的距离。

(3) “T_1”指从焊锡接触面至有效完整螺纹的距离。

GB/T 1406.1-7004-26-2

	E26 灯头	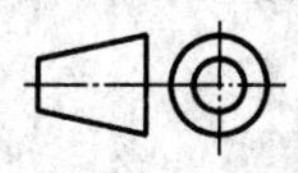 1/2

单位为毫米

附图仅表示互换性的基本尺寸。

关于 E2 灯座，见 GB/T 19148.1-7005-21A。

E26/24

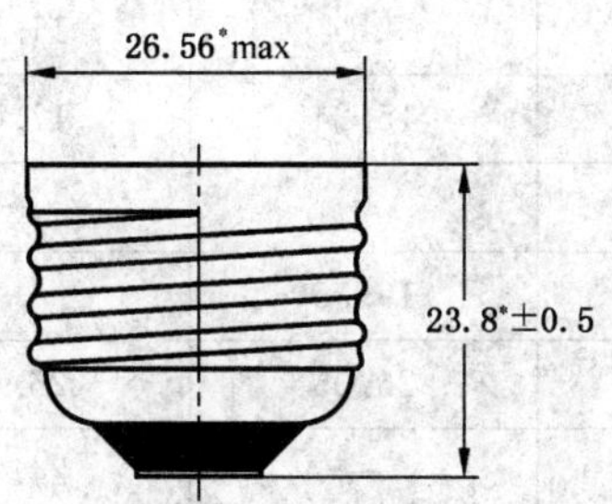

E26/25

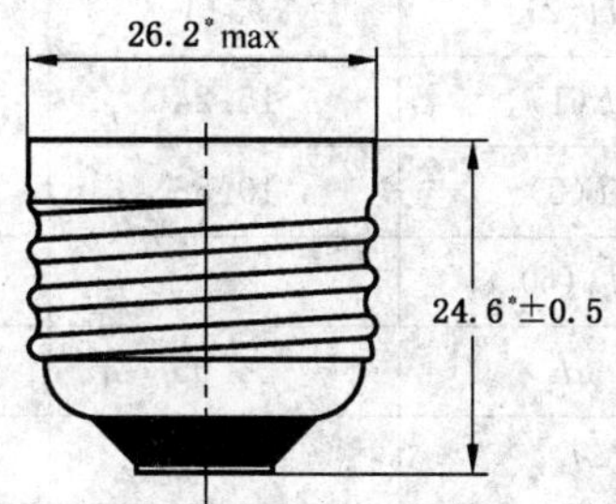

北美使用 E26/24 灯头，而日本使用 E26/25 灯头。

灯头可带有喇叭口，其直径应不超过不带喇叭口灯头的最大允许直径 1 mm。

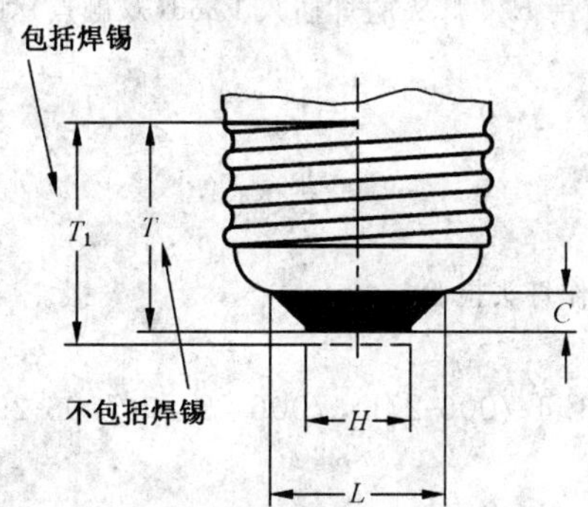

右旋螺纹

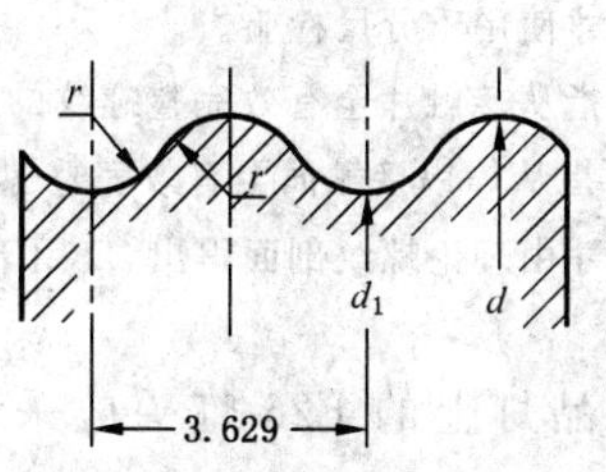

	E26 灯头	2/2

单位为毫米

尺　寸	未安装的灯头*		成品灯上的灯头	
	最小值	最大值	最小值	最大值
C(1)	3.25	—	3.25	—
H(2)	9.14	11.56	9.14	11.56
L(1)	15.24	17.01	15.24	17.01
T(3)	19.56	—	—	—
T_1(4)	—	—	19.56	—
d	26.05	26.34	26.05	26.41
d_1	—	24.66	—	24.72
r(5)	1.191		1.191	

* 该尺寸只用于灯头设计，不用于检验。

(1) 尺寸 C 和 L 用于控制绝缘部分的尺寸。目的是当使用 E26 灯头的灯插入 E26d(双触点)灯座时避免灯头壳体和灯座中心触点误接触。

(2) 该尺寸使用千分尺检验。

(3) “T”指从接触片至有效完整螺纹的距离。

(4) “T_1”指从焊锡接触面至有效完整螺纹的距离。

(5) 该尺寸由理论螺纹剖面得出，仅用于量规设计，不用作灯头检验。

检验：成品灯上的 E26 灯头应采用 GB/T 1483.1-7006-27D，7006-29 和 7006-29L 所示量规检验。

GB/T 1406.1-7004-21A-2

	E26d 灯头	 1/2

单位为毫米

附图仅表示互换性的基本尺寸。

关于 E26d 灯座，见 GB/T 19148.1-7005-29。

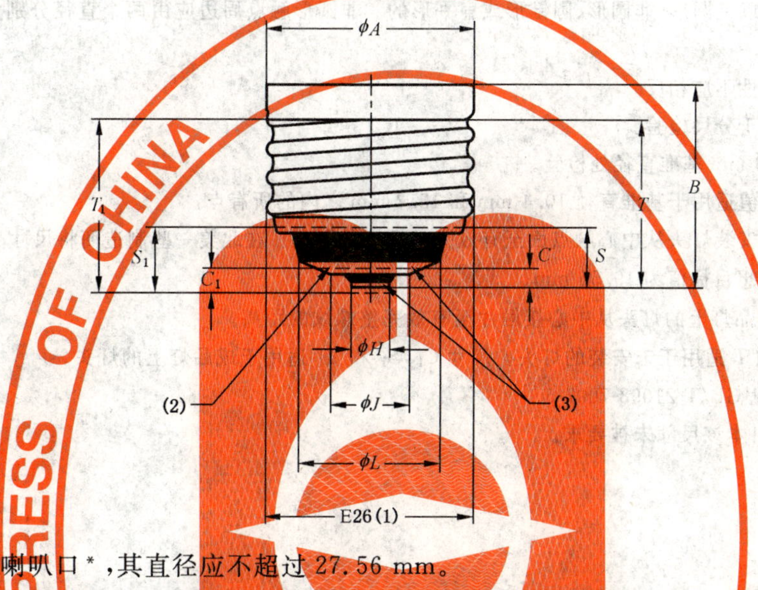

灯头可带有喇叭口*，其直径应不超过 27.56 mm。

尺寸	未安装的灯头*		成品灯上的灯头	
	最小值	最大值	最小值	最大值
A^*	—	26.2	—	—
B^*	23.29	24.31	—	—
C(6)(9)	0.23	2.67	—	—
C_1(6)(9)	—	—	0.79	3.17
H(4)	4.37	5.16	4.37	5.16
J(4)	8.38	10.41	8.38	10.41
L(4)	15.49	19.30	15.49	19.30
S(5)(9)(11)	5.08	7.75	—	—
S_1(5)(9)(11)	—	—	5.08	8.25
T(7)(9)	19.56	—	—	—
T_1(8)(9)	—	—	19.56	—

GB/T 1406.1-7004-29-2

	E26d 灯头	2/2

单位为毫米

* 该尺寸仅用于灯头设计，不用于检验。

(1) E26 灯头螺纹应符合本部分参数表 7004-21A 的要求。

(2) 中心触点可以是圆形、非圆形、圆锥形或扁平形的。非圆形触点周边应由两个直径分别为 L_{max} 和 L_{min} 的假想圆限定。

(3) 这些触点极性不应相反。

(4) 该尺寸使用千分尺检验。

(5) 该尺寸在 23 mm 基准直径处检验。

(6) 该尺寸限定值适用于基准直径 10.4 mm 和 13.2 mm 之内的所有点。

(7) “T” 指在未安装灯头从中心触点面至有效完整螺纹的距离。在北美一些制造商将尺寸 T_{min} 19.27 mm。尺寸 T_{min} 的理想目标值为 19.56 mm。

(8) “T_1”指在成品灯上的灯头从中心接触片至有效完整螺纹的距离。

(9) 尺寸 C，S 和 T 适用于未安装的灯头。尺寸 C_1，S_1 和 T_1 适用于成品灯上的灯头。

(10) 爬电距离见 GB/T 21098-7007-6。

(11) 在北美和日本该尺寸未被要求。

GB/T 1406.1-7004-29-2

E26/50×39&E26/51×39 带裙边的螺口灯头

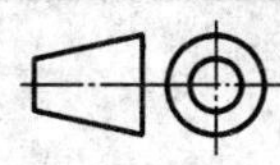

1/2

单位为毫米

附图仅表示互换性的基本尺寸。

关于 E26 灯座，见 GB/T 19148.1-7005-21A。

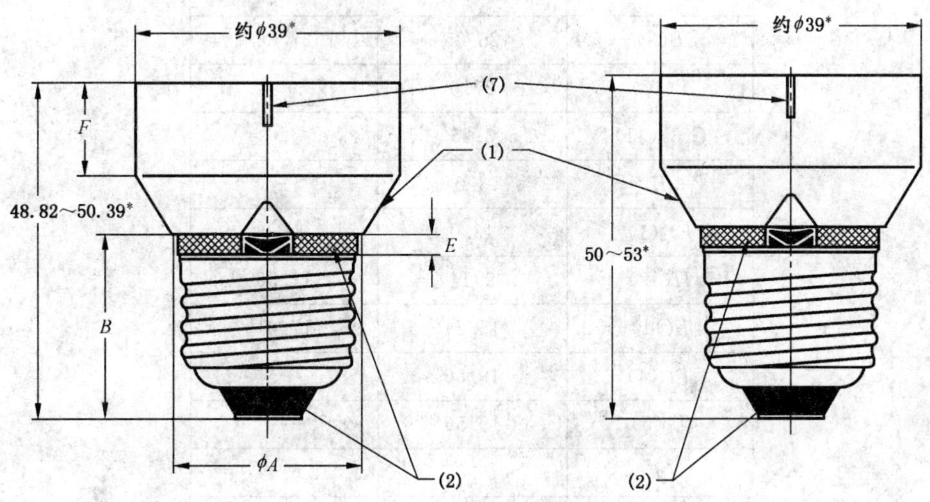

北美使用 E26/50×39 型灯头，在日本使用 E26/51×39 型灯头。

灯头可带有喇叭口*，其直径应不超过不带喇叭口灯头的最大允许直径 1 mm。

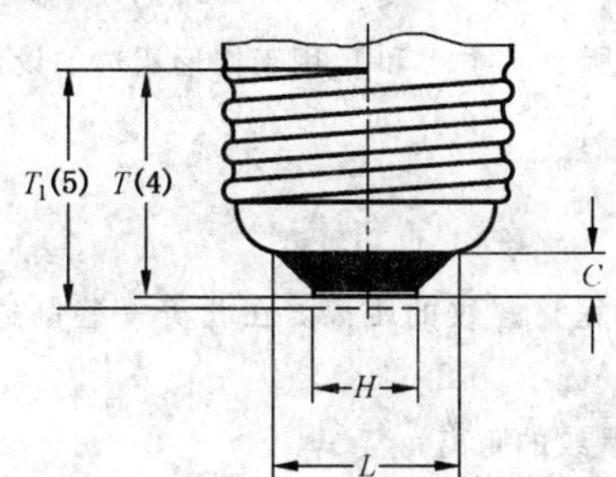

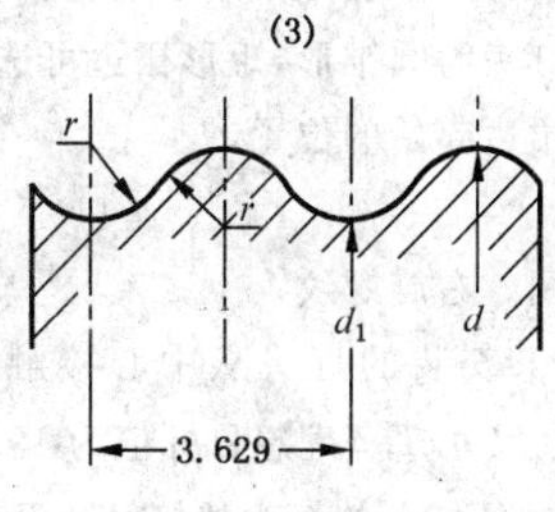

GB/T 1406.1-7004-130-1

	E26/50×39&E26/51×39 带裙边的螺口灯头	2/2

单位为毫米

尺　　寸	最小值	最大值
A(1)	—	31.0
B(9)	26.85	27.86
B(10)	27.6	—
C(8)(11)	3.25	—
E	3.0	—
F^*(1)	13.0	14.0
H(12)	9.14	11.56
L(11)	15.24	17.01
T^*(4)	19.56	—
T_1(5)	19.56	—
d	26.05	26.41
d_1	—	24.72
r(6)	1.191	

* 该尺寸只用于灯头设计，不用于检验。

(1) 图中所示灯头为圆锥形，矩形裙边可选择。如图所示尺寸 A 和 F 用于锥形裙边的设计的选择。尺寸 A 限定了锥形裙边起始的位置。

(2) 绝缘材料。

(3) 螺纹放大图。右旋螺纹。

(4) “T”指在未安装的灯头从中心接触片至有效完整螺纹的距离。在北美一些制造商将尺寸 T_{min} 定为 19.27 mm。尺寸 T_{min} 理想目标值为 19.56 mm。

(5) “T_1”指在成品灯上的灯头从接触片至有效完整螺纹的距离。

(6) 该尺寸由理论螺纹剖面得出，仅用于量规设计，不用作灯头检验。

(7) 本部分中不包括裙边开缝的变化。

(8) 关于爬电距离，见 GB/T 21098-7007-6。

(9) 只适用于 E26/50×39 灯头。

(10) 只适用于 E26/51×39 灯头。

(11) 尺寸 C 和 L 用于控制绝缘部分的尺寸。目的是当使用 E26/50×39 灯头或 E26/51×39 灯头的灯插入 E26d(双触点)灯座时避免灯头口圈和灯座中心触点误接触。

(12) 该尺寸使用千分尺检验。

检验：成品灯上的 E26/50×39 灯头和 E26/51×39 灯头采用 GB/T 1483.1-7006-27D，7006-29 和 7006-29L 所示量规检验。

GB/T 1406.1-7004-130-1

E27 灯头

1/2

单位为毫米

附图仅表示互换性的基本尺寸。

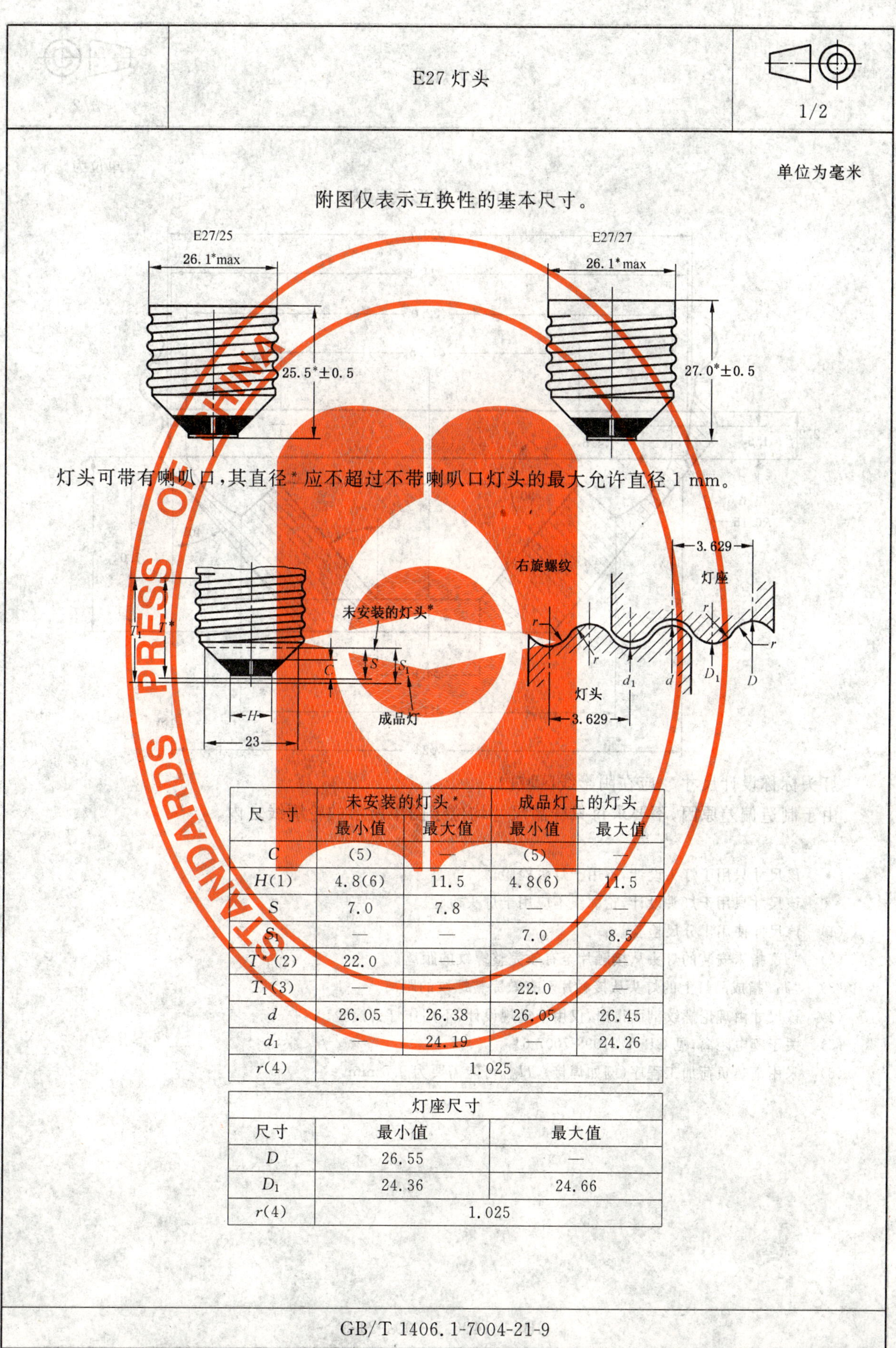

尺寸	未安装的灯头*		成品灯上的灯头	
	最小值	最大值	最小值	最大值
C	(5)	—	(5)	—
H(1)	4.8(6)	11.5	4.8(6)	11.5
S	7.0	7.8	—	—
S_1	—	—	7.0	8.5
T^*(2)	22.0	—	—	—
T_1(3)	—	—	22.0	—
d	26.05	26.38	26.05	26.45
d_1	—	24.19	—	24.26
r(4)	1.025			

灯座尺寸		
尺寸	最小值	最大值
D	26.55	—
D_1	24.36	24.66
r(4)	1.025	

GB/T 1406.1-7004-21-9

	E27 灯头	2/2

单位为毫米

E27 灯头末端形状区域

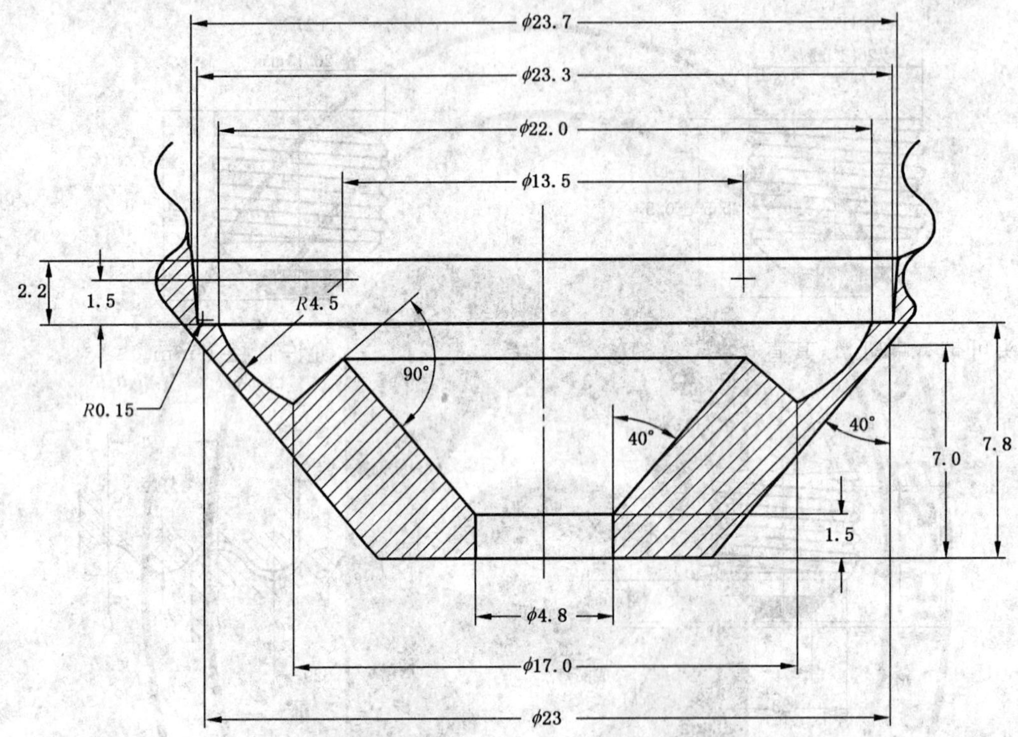

灯头标称设计尺寸** 应在阴影线区域内。

由于制造偏差原因，不要求每只样品尺寸均位于图中所示的轮廓线之内。

* 该尺寸只用于灯头设计，不用于灯头检验。

** 该尺寸只用于灯头设计，轮廓线不应用于灯头检验。

(1) 该尺寸使用千分尺检验。

(2) "T" 指未安装的灯头从接触片至有效完整螺纹的距离。

(3) "T_1"指成品灯上的灯头从接触片至有效完整螺纹的距离。

(4) 该尺寸由理论螺纹剖面得出，仅用于量规设计，不用作灯头检验。

(5) 关于爬电距离，见 GB/T 21098-7007-6。

(6) 采用高热负荷加工程序(例如焊接)，H_{min} 可能需要为 9.5 mm。

GB/T 1406.1-7004-21-9

	E27/51×39 灯头	1/2

单位为毫米

附图仅表示互换性的基本尺寸。

关于 E27 灯座,见 GB/T 19148.1-7005-21。

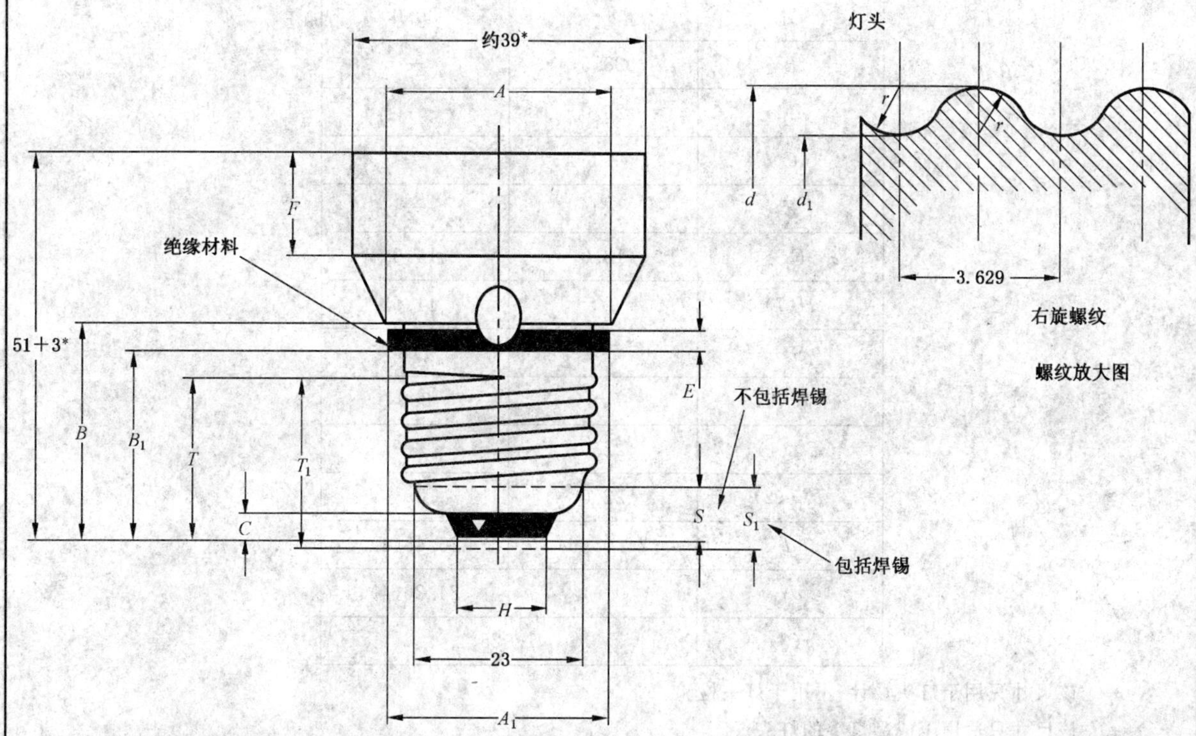

约39*
A
F
绝缘材料
51+3*
B
B_1
T
T_1
C
E
不包括焊锡
S
S_1
包括焊锡
H
23
A_1

灯头
r
r
d
d_1
3.629
右旋螺纹
螺纹放大图

灯头可带有喇叭口*,其直径应不超过不带喇叭口灯头的最大允许直径 1 mm。

对于成品灯上的灯头,带电部件之间和绝缘裙边与带电部件之间经过绝缘体的爬电距离应不小于 3 mm。

另有说明除外,表中对灯头的尺寸既适用于成品灯上的灯头,也适用于未安装的灯头。

GB/T 1406.1-7004-27-3

	E27/51×39 灯头	2/2

单位为毫米

尺　寸	最小值	最大值
A^*	—	31.0
A_1	—	30.0
B	28.5	—
B_1	25.0	—
C	3.5	—
E	3.0	—
F^*	13.0	14.0
H(7)	9.5	11.5
S^*	7.0	7.8
S_1^{**}(5)	7.0	8.5
T^*(1)	22.0	—
T_1^{**}(2)	22.0	—
d	26.05(6)	26.45(4)
d_1	—	24.26(4)
r(3)	1.025	

* 该尺寸只用于灯头设计，不用于灯头检验。

** 该尺寸只适用于成品灯上的灯头。

(1) “T”指从接触片至有效完整螺纹的距离。

(2) “T_1”指从焊锡接触面至有效完整螺纹的距离。最小值采用 GB/T 1483.1-7006-27B 所示量规检验。

(3) 该尺寸由理论螺纹剖面得出，仅用于量规设计，不用作灯头检验。

(4) 采用 GB/T 1483.1-7006-27B 所示量规检验。

(5) 采用 GB/T 1483.1-7006-27C 所示量规检验。

(6) 采用 GB/T 1483.1-7006-28A 所示量规检验。

(7) 该尺寸使用千分尺检验。

GB/T 1406.1-7004-27-3

	E39 灯头	1/2

单位为毫米

附图仅表示互换性的基本尺寸。

关于 E39 灯座，见 GB/T 19148.1-7005-24A。

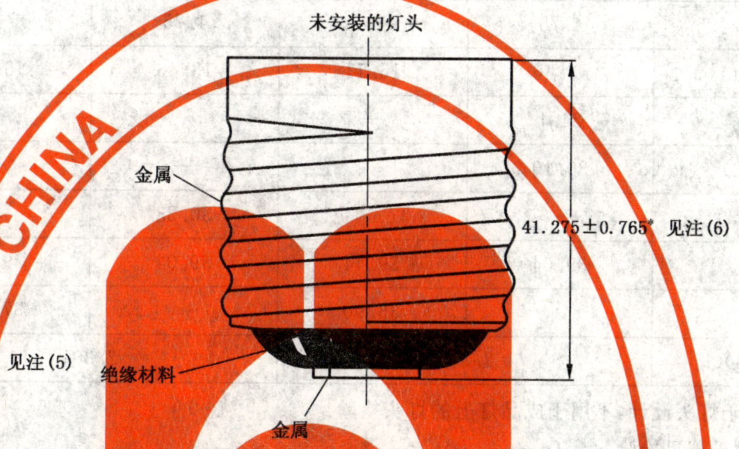

采用 E39 灯头尺寸的灯不适合采用欧洲标准尺寸(E40)的灯座。

灯头可带有喇叭口，其直径应不超过 40.26 mm。

对于成品灯上的灯头，经过绝缘材料的爬电距离应不小于 5 mm。

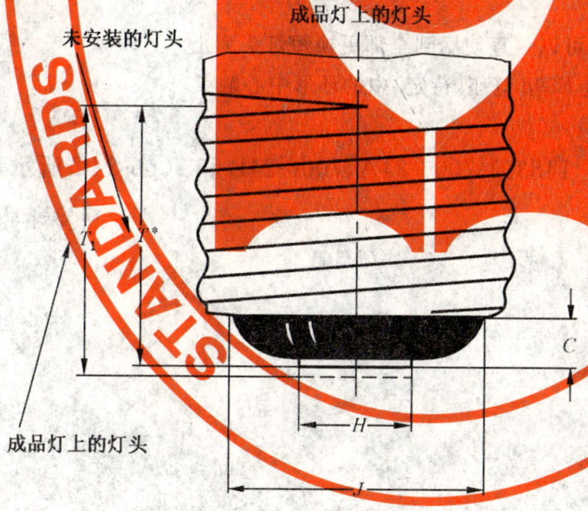

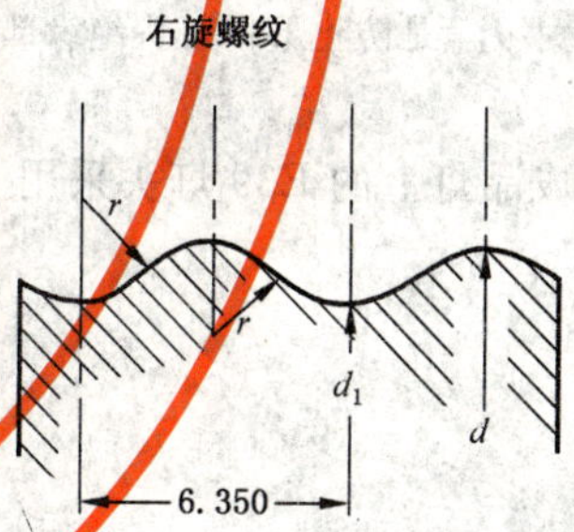

GB/T 1406.1-7004-24A-1

	E39 灯头	2/2

单位为毫米

尺　寸	未安装的灯头*		成品灯上的灯头	
	最小值	最大值	最小值	最大值
C	4.75	—	4.75	—
H(1)	13.46	15.11	13.46	15.11
J(7)	24.1	—	—	—
T(2)	30.10	—	—	—
T_1(3)	—	—	30.23	—
d	39.04	39.44	39.04	39.56
d_1	—	36.90	—	37.02
r(4)	2.301		2.301	

* 该尺寸只用于灯头设计，不用于成品灯上的灯头检验。

(1) 该尺寸使用千分尺检验。

(2) “T”指从未安装的灯头的接触片至有效完整螺纹的距离。

(3) “T_1”指从成品灯上的灯头的接触片至有效完整螺纹的距离。

(4) 该尺寸由理论螺纹剖面得出，仅用于量规设计，不用作灯头检验。

(5) 绝缘体的形状可任择。

(6) 在日本，安装总长度为 45 mm 灯头的灯可以一直使用到全部更换短灯头为止。

(7) 尺寸 J_{min} 是防止 E39 灯头绝缘部分穿过 E39d 灯座(待定)中的环形中心触点。

检验：成品灯上的 E39 灯头采用 GB/T 1483.1-7006-24A，7006-24B 和 7006-24C 所示量规试验。

GB/T 1406.1-7004-24A-1

	E40 灯头	1/2

单位为毫米

附图仅表示互换性的基本尺寸。

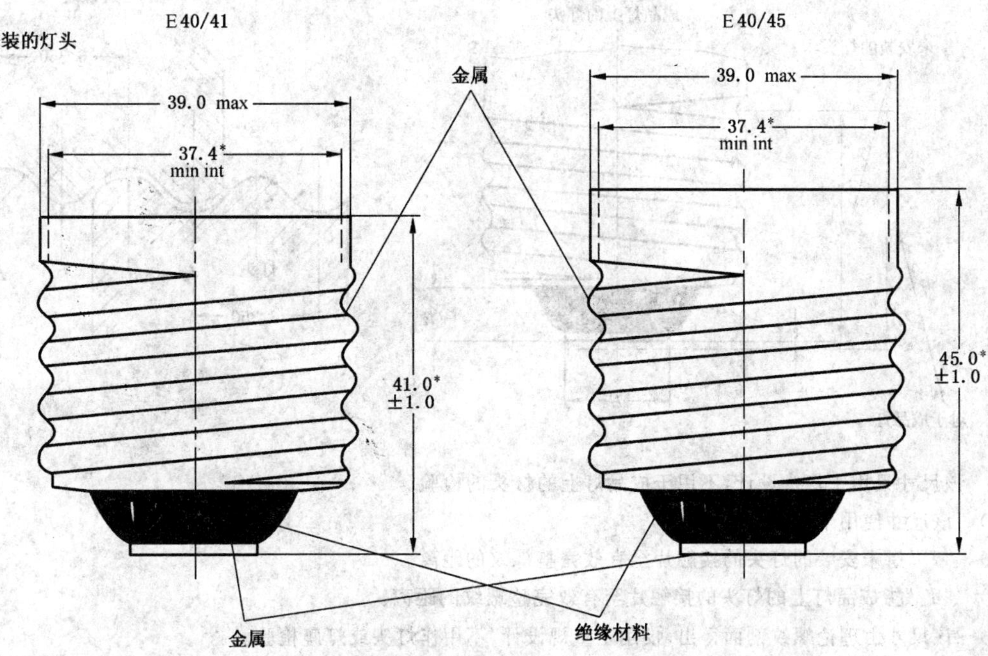

所有新灯设计时应以采用 E40/41 灯头为基础，因涉及接触性能，E40/41 灯头也用于灯座设计。（由于装有 E40/45 灯头的灯还可能使用相当长的时间，所以目前对于灯座的安全检验仍必须继续以 E40/45 灯头作为基础。）

安装 E40/45 灯头的灯应只在没有其他解决方法时使用，尤其是在现有装置上的灯座，若安装较短灯头的灯将会出现接触性问题时。

灯头可带有喇叭口，其直径应不超过不带喇叭口灯头的最大允许直径 1 mm。

对于成品灯上的灯头经过绝缘部分的爬电距离应不小于 5 mm。

GB/T 1406.1-7004-24-6

	E40 灯头	2/2

单位为毫米

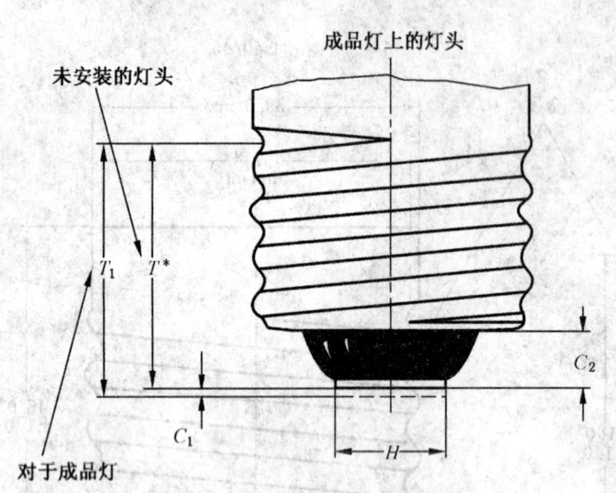

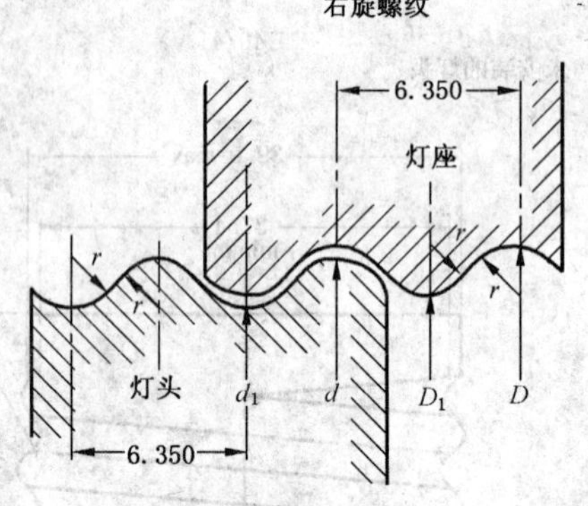

* 该尺寸只用于灯头设计，不用于成品灯上的灯头的检验。

(1) 该尺寸使用千分尺检验。

(2) "T"指未安装的灯头的接触片至有效完整螺纹的距离。

(3) "T_1"指成品灯上的灯头的接触片至有效完整螺纹的距离。

(4) 该尺寸由理论螺纹剖面得出，仅用于量规设计，不用作灯头或灯座检验。

尺寸		最小值	最大值
灯头	H(1)	14.0	18.0
	C_1	—	1.5
	C_2	4.7	—
	T^*(2)	34.0	—
	T_1(3)	34.0	—
	d	39.05	39.50
	d_1	35.45	35.90
	r(4)	1.85	

尺寸		最小值	最大值
灯座	D	39.60	40.05
	D_1	36.00	36.45
	r(4)	1.85	

GB/T 1406.1-7004-24-6

ICS 29.140.10
K 74

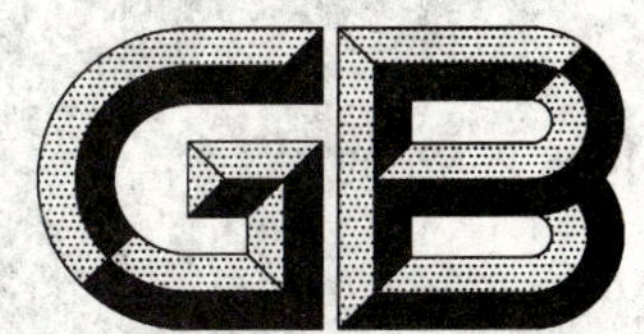

中华人民共和国国家标准

GB/T 1406.2—2008
代替 GB 2799—2001

灯头的型式和尺寸 第2部分:插脚式灯头

Types and dimentions of lamp caps—Part 2: Pin lamp caps

(IEC 60061-1:2005, Lamp caps and holders together with gauges for the control of interchangeability and safety—Part 1: Lamp caps, MOD)

2008-04-29 发布　　　　2008-12-01 实施

中华人民共和国国家质量监督检验检疫总局
中国国家标准化管理委员会　发布

前言

GB/T 1406《灯头的型式和尺寸》共分为5个部分：

——第1部分：螺口式灯头；

——第2部分：插脚式灯头；

——第3部分：预聚焦式灯头；

——第4部分：杂类灯头；

——第5部分：卡口式灯头。

本部分为GB/T 1406的第2部分。

GB/T 1406的本部分修改采用IEC 60061-1：2005《灯头、灯座及检验其安全性和互换性的量规　第1部分：灯头》(3.35版)的英文版。

本部分与IEC 60061-1：2005(3.35版)的英文版中有关插脚式灯头的型式和尺寸部分在技术内容上完全一致。

为了便于使用，本部分还做了下列编辑性修改：

——用小数点“.”代替作为小数点的逗号“，”；

——“本国际标准”一词改为“本部分”；

——删除国际标准前言及引言；

——为了与现有的标准及本部分中的技术内容一致，将国际标准的名称《灯头、灯座及检验其安全性和互换性的量规　第1部分：灯头》改为《灯头的型式和尺寸　第2部分：插脚式灯头》。

本部分代替GB 2799—2001《插脚式灯头的型式和尺寸》。

本部分与GB 2799—2001相比主要差异如下：

——保留了原标准全部灯头的技术内容；

——新增加灯头型号为：G1.27，GX1.27和GY1.3双插脚灯头；G2.54，GX2.54和GY2.5双插脚灯头；GUX2.5d，GUY2.5d和GUZ2.5d印刷电路灯头；G3.17和GY3.2双插脚灯头；GU4双插脚灯端；GY4双插脚灯端；GZ4双插脚灯端；GZ4双插脚灯端；G5.3-4.8灯端；GU5.3双插脚灯端；GX5.3双插脚灯端；GY5.3双插脚灯端；G6.35，GX6.35和GY6.35双插脚带有和不带有散热装置的灯端；G6.35，GX6.35和GY6.35双插脚带有和不带有散热装置的灯端；GU7双插脚灯端；印刷电路GZX7d-..，GZY7d-..和GZZ7d-..灯头；G7.9和GX7.9灯头；2G8灯头；G8.5灯端；G9灯端；GRX10q-..灯头；GRZ10d..灯头；GRZ10t灯头；GU10双插脚灯端；GU10q灯头；GZ10双插脚灯端；GZ10q灯头；GX12灯头；2GX13灯头；成品灯上的G16d接线片；G17q-7，放映机成品灯上的GX17q-7和GY17q-7灯头；G17.5t-1灯头；G20双插脚灯头；GY22双插脚灯头；GX38q四插脚灯头和灯端；成品灯上的G53接线片；GX53灯头；Fc2灯头和灯端。

本部分由中国轻工业联合会提出。

本部分由全国照明电器标准化技术委员会(SAC/TC 224)归口。

本部分主要起草单位：北京电光源研究所。

本部分主要起草人：屈素辉、杨小平、江姗、赵秀荣、段彦芳。

本部分所代替标准的历次版本发布情况为：

——GB 2799—1981、GB 2799—2001。

灯头的型式和尺寸 第2部分:插脚式灯头

1 范围

本部分规定了插脚式灯头的型式和尺寸。

本部分适用于那些使用本部分中规定型号的灯头作为灯用附件的电光源产品的设计和生产,也适用于其他电光源产品的设计。

2 规范性引用文件

下列文件中的条款通过GB/T 1406的本部分的引用而成为本部分的条款。凡是注日期的引用文件,其随后所有的修改单(不包括勘误的内容)或修订版均不适用于本部分,然而,鼓励根据本部分达成协议的各方研究是否可使用这些文件的最新版本。凡是不注日期的引用文件,其最新版本适用于本部分。

GB/T 1483.2 灯头、灯座检验量规 第2部分:插脚式灯头、灯座的量规(GB/T 1483.2—2008,IEC 60061-3:2004,Lamp caps and holders together with gauges for the control of interchangeability and safety—Part 3: Gauges,MOD)

GB/T 10682 双端荧光灯 性能要求(GB/T 10682—2002,neq IEC 60081:1997)

GB/T 19148.2 灯座的型式和尺寸 第2部分:插脚式灯座(GB/T 19148.2—2008,IEC 60061-2:2004,Lamp caps and holders together with gauges for the control of interchangeability and safety—Part 2:Lampholders,MOD)

GB/T 21092 杂类灯(GB/T 21092—2007,IEC 61549:2005,IDT)

GB/T 21098 灯头、灯座及检验其安全性和互换性的量规 第4部分:导则及一般信息(GB/T 21098—2007,IEC 60061-4:2004,IDT)

3 型式和尺寸

灯头的型号应符合GB/T 21098的规定。

	G1.27,GX1.27 和 GY1.3 双插脚灯头	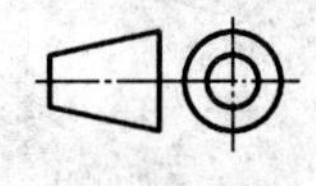 1/1

单位为毫米

附图仅表示互换性的基本尺寸。

关于 G1.27,GX1.27 和 GY1.3 灯座,见 GB/T 19148.2—7005-..(待定)。

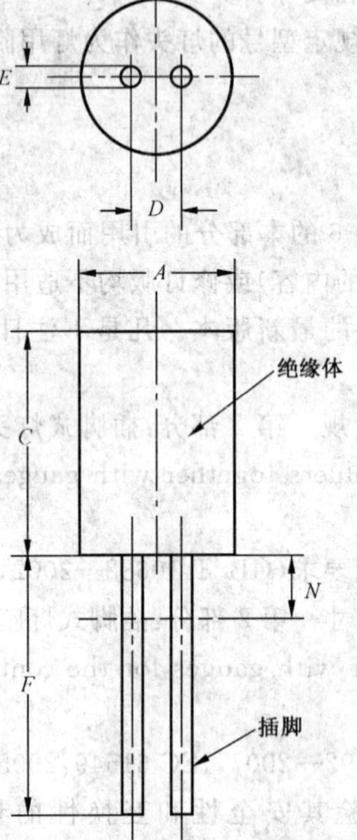

尺寸	G1.27		GX1.27		GY1.3-2.4ᵃ		GY1.3-3.2ᵃ	
	最小值	最大值	最小值	最大值	最小值	最大值	最小值	最大值
A	3.7	3.9	3.2	3.4	2.29	2.54	3.05	3.30
C	5.2	5.7	3.0	3.4	3.05(2)	3.30(2)	3.05(2)	3.3(2)
D	1.27(1)		1.27(1)		1.27(1)		1.27(1)	
E	0.45	0.55	0.45	0.55	0.45	0.55	0.45	0.55
F	5.85	6.85	5.85	6.85	4.83(3)		6.35(3)	
N	—	—	—	—	1.54(4)		1.54(4)	

(1) 该尺寸规定直接用于灯头。用 GB/T 1483.2—7006-4 中所示量规进行检验。

(2) 一些现有规格的尺寸为 2.41 mm～2.67 mm。

(3) 插脚的长度根据不同应用而不同。

(4) 尺寸 N 表示尺寸 D 应符合要求的最小范围。

GB/T 1406.2—7004-2-2

	G2.54,GX2.54 和 GY2.5 双插脚灯头	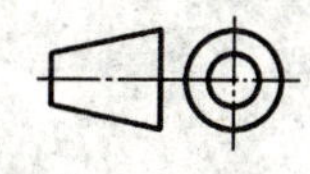 1/1

单位为毫米

附图仅表示互换性的基本尺寸。

关于 G2.54,GX2.54 和 GY2.5 灯座,见 GB/T 19148.2—7005-..(待定)。

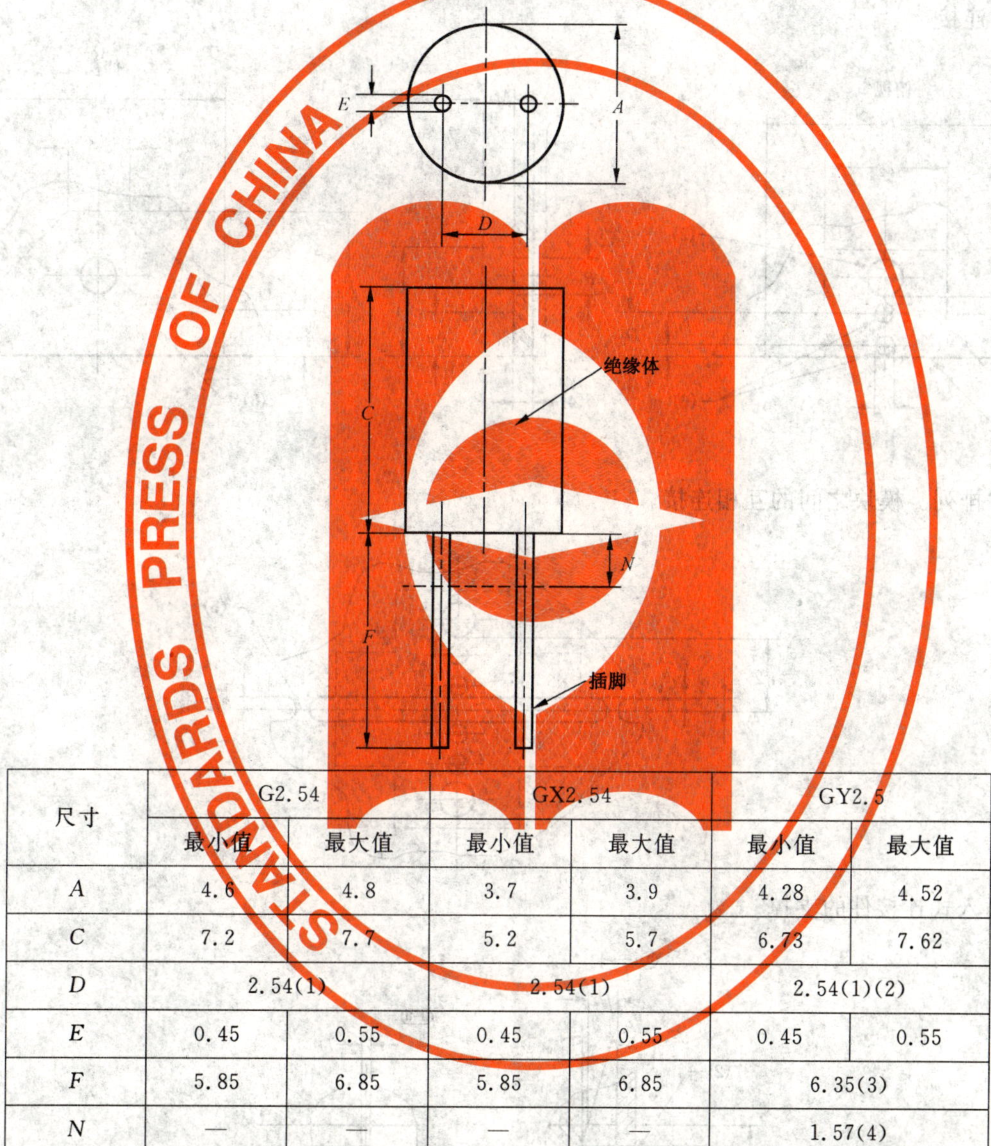

尺寸	G2.54		GX2.54		GY2.5	
	最小值	最大值	最小值	最大值	最小值	最大值
A	4.6	4.8	3.7	3.9	4.28	4.52
C	7.2	7.7	5.2	5.7	6.73	7.62
D	2.54(1)		2.54(1)		2.54(1)(2)	
E	0.45	0.55	0.45	0.55	0.45	0.55
F	5.85	6.85	5.85	6.85	6.35(3)	
N	—	—	—	—	1.57(4)	

该规格是由 GB/T 21098—7007-1 而来,可以将数值精确到小数点后一位。

(1) 该尺寸规定直接用于灯头。用 GB/T 1483.2—7006-4 中所示量规检验。

(2) 某些制造商目前的尺寸 *D* 为 3.05 mm~3.30 mm。该尺寸可以沿用至其被逐步淘汰并替换为推荐的尺寸 2.41 mm~2.67 mm。

(3) 插脚的长度根据不同应用而不同。

(4) 尺寸 *N* 表示尺寸 *D* 应符合要求的最小范围。

GB/T 1406.2—7004-3-2

GUX2.5d,GUY2.5d 和 GUZ2.5d 印刷电路灯头

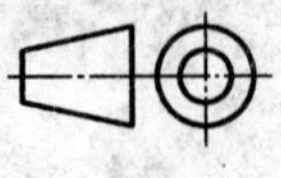

1/2

单位为毫米

附图仅表示互换性的基本尺寸。

关于 GUX2.5d,GUY2.5d 和 GUZ2.5d 灯座,见 GB/T 19148.2—7005-137。

单端连接

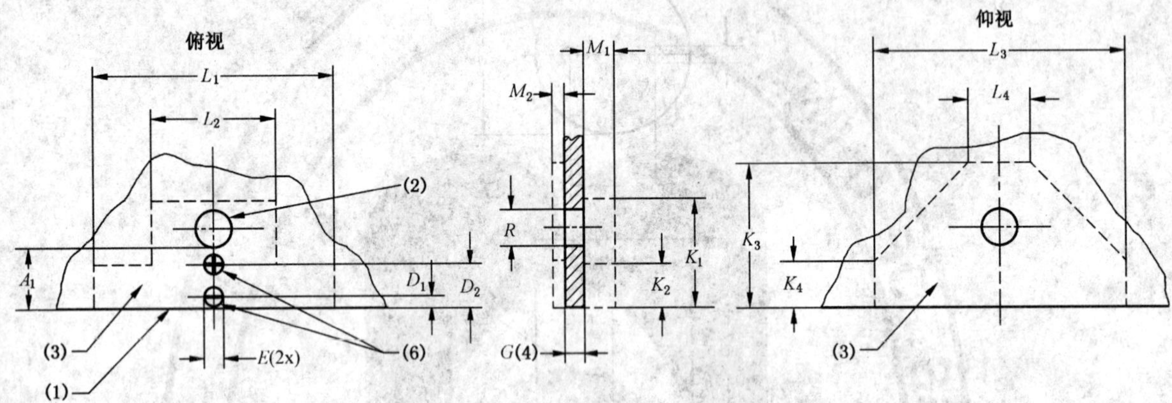

成对排列。模块之间的互相连接。

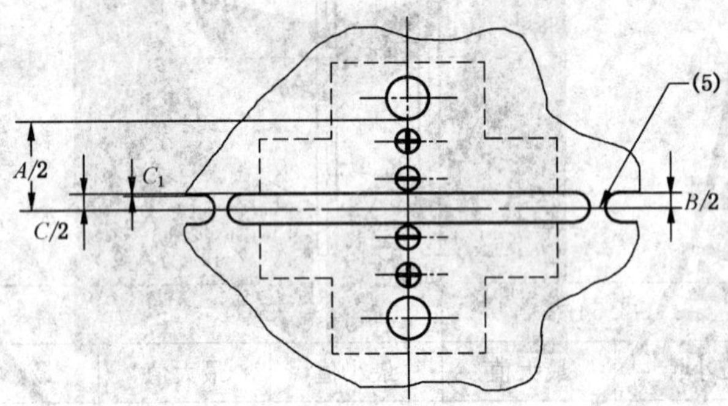

对插入式连接件的支撑

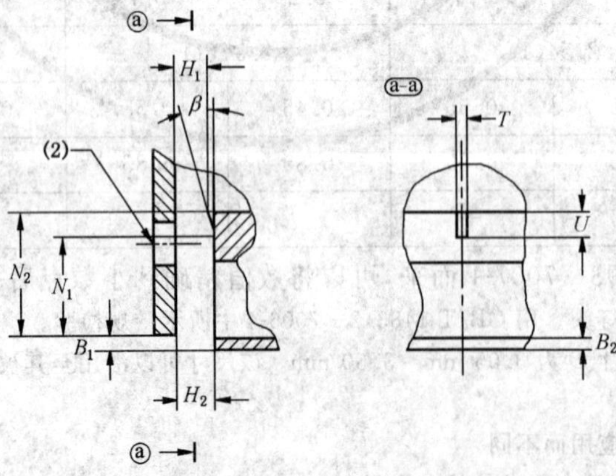

GB/T 1406.2—7004-137-1

GUX2.5d,GUY2.5d 和 GUZ2.5d 印刷电路灯头

2/2

单位为毫米

尺寸	最小值	最大值	尺寸	最小值	最大值
A	11.9	12.1	K_2(3)	3.6	
A_1	4.95	5.05	K_3(3)	11.8	
B	1.9	2.1	K_4(3)	3.8	
B_1	—	1.05	L_1(3)	20.5	
B_2	0.8	—	L_2(3)	10.5	
C	2.1	2.6	L_3(3)	20.5	
C_1	—	0.3	L_4(3)	5	
D_1	0.95	1.05	M_1(3)	2.7	
D_2	3.45	3.55	M_2(3)	1	
E(6)	1.65	1.75	N_1	—	7
G(GUX2.5d)(4)	1.4	1.7	N_2	8.7	8.8
G(GUY2.5d)(4)	0.9	1.1	R	2.95	3.05
G(GUZ2.5d)(4)	0.2	0.4	T	0.8	—
H_1	2.2	2.4	U	1.7	1.8
H_2	2.8	3.0	β	15°	
K_1(3)	8.8				

(1) 基准面。

(2) 夹持弹簧的孔(机械连接)。

(3) 尺寸 K_1,K_2,K_3,K_4,L_1,L_2,L_3,L_4,M_1 和 M_2 用来划分灯头占有的空间和连接件和/或灯具占有的空间。

(4) 尺寸 G 代表不同种类的支撑材料。GUX2.5d 和 GUY2.5d 用标准印刷电路板(刚性),GUZ2.5d 用金属片(挠性印刷电路板)。

(5) 模块可以连接在一起,也可设计成分开或切开为独立的部分。需要注意被分开/切开的区域。对于模块之间的互相连接,所有部分都应不超过尺寸 $B/2$ 最大值所限制的区域。穿过空白区域的两个相对部件的全长应不超过尺寸 B。

(6) 电子接触板。需要注意输入直流电压的极性。

GB/T 1406.2—7004-137-1

G3.17 和 GY3.2 双插脚灯头

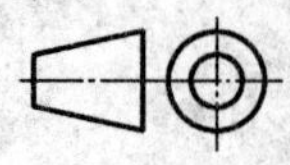

1/1

单位为毫米

附图仅表示互换性的基本尺寸。

关于 G3.17 和 GY3.2 灯座，见 GB/T 19148.2—7005-..(待定)。

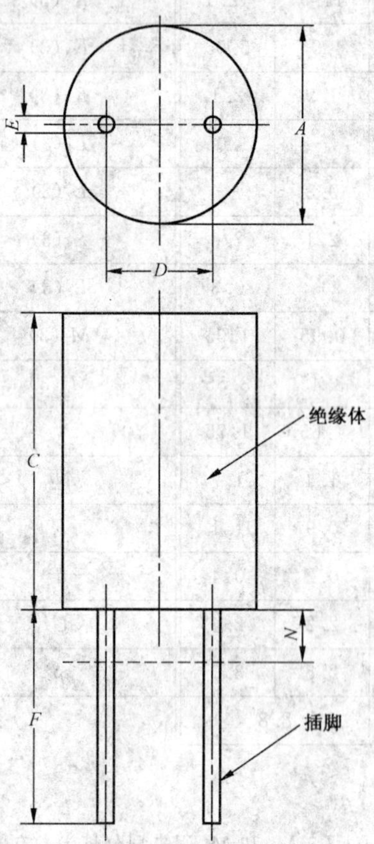

尺寸	G3.17		GY3.2*	
	最小值	最大值	最小值	最大值
A	5.7	5.9	5.59	5.84
C	8.5	9.0	7.49	—
D	3.17(1)		3.17(1)(2)	
E	0.45	0.55	0.45	0.55
F	5.85	6.85	6.35(3)	
N	—	—	1.57(4)	

* 该规格是由 GB/T 21098—7007-1 而来，可以将数值精确到小数点后一位。

(1) 该尺寸规定直接用于灯头。用 GB/T 1483.2—7006-4 中所示量规检验。

(2) 一些现有规格的间距尺寸 D 标称值为 3.05 mm。

(3) 插脚的长度根据不同应用而不同。

(4) 尺寸 N 表示尺寸 D 应符合要求的最小范围。

GB/T 1406.2—7004-4-2

	G4 双插脚灯端	1/1

单位为毫米

附图仅表示互换性的基本尺寸。

关于 G4 灯座,见 GB/T 19148.2—7005-72。

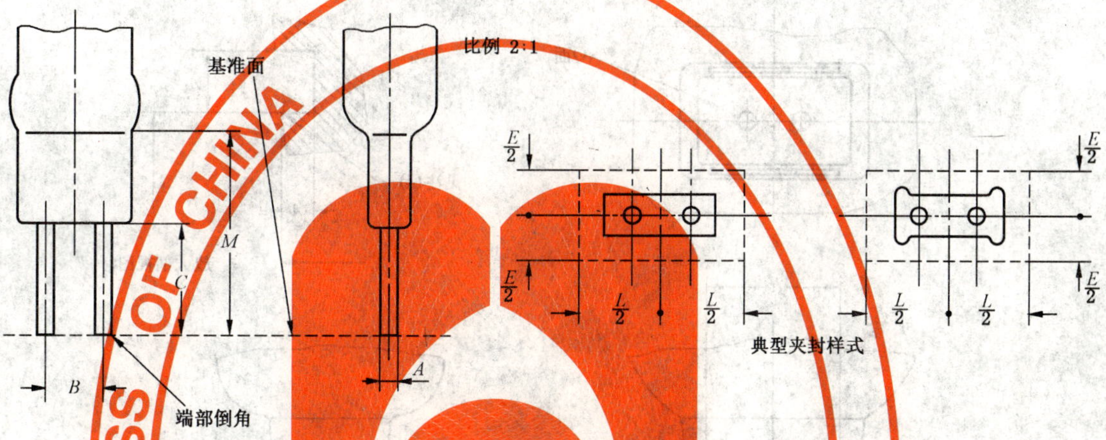

基准面
比例 2:1
M
C
B
A
E/2
L/2
端部倒角
典型夹封样式

尺寸	最小值	最大值
A(1)	0.65	0.75
B(2)	4.0	
C(3)	7.5	—
E(4)	—	6.0
L(4)	—	11.0
M(3)	13.5	—

(1) 用 GB/T 1483.2—7006-72 中所示量规 A 进行检验。

(2) 此数值为设计值,没有给出公差。公差应与插脚直径同时采用 GB/T 1483.2—7006-72 中的量规 B 进行检验。

(3) 采用 GB/T 1483.2—7006-72 中所示的量规 B 进行检验。

(4) 尺寸 *E* 和尺寸 *L* 表示 GB/T 1483.2—7006-72 中所示的量规 B 的凹槽的宽度和长度。适合尺寸 *M* 的灯玻壳的任何部分均应位于此轮廓之内。

GB/T 1406.2—7004-72-3

	GU4 双插脚灯端	1/3

单位为毫米

附图仅表示互换性的基本尺寸。

关于 GU4 灯座，见 GB/T 19148.2—7005-108。

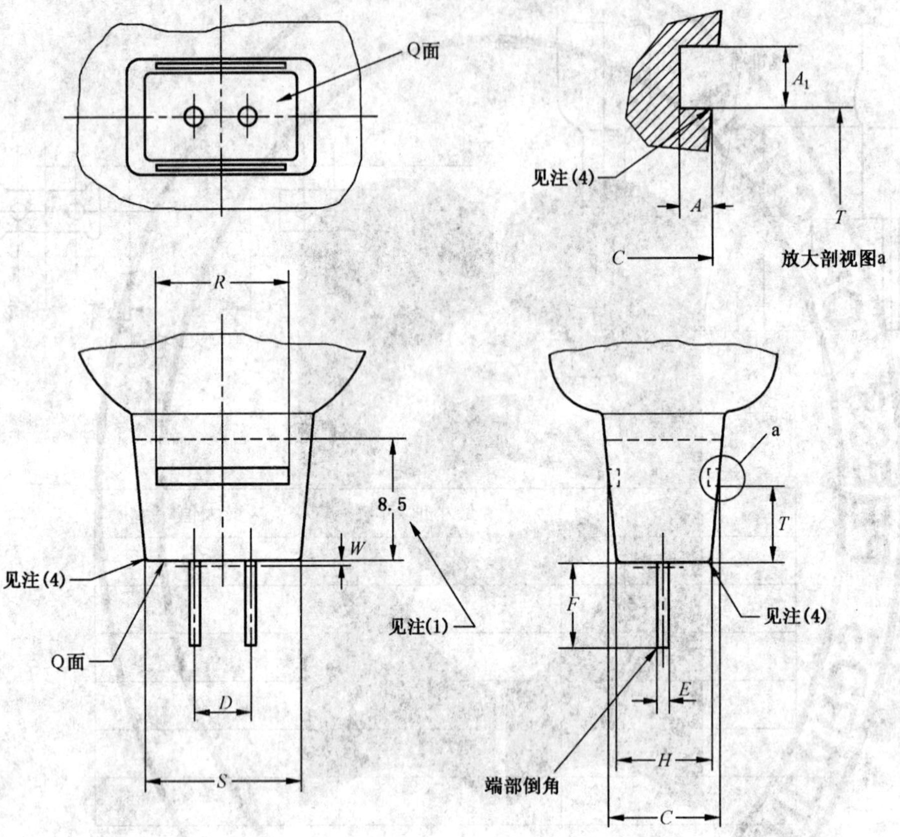

Q面

见注(4)

A_1

A

T

C

放大剖视图a

R

8.5

W

见注(4)

见注(1)

Q面

D

S

a

T

F

见注(4)

E

H

端部倒角

C

GB/T 1406.2—7004-108-2

GU4 双插脚灯端

2/3

单位为毫米

GU4 灯端可带有夹持支柱。

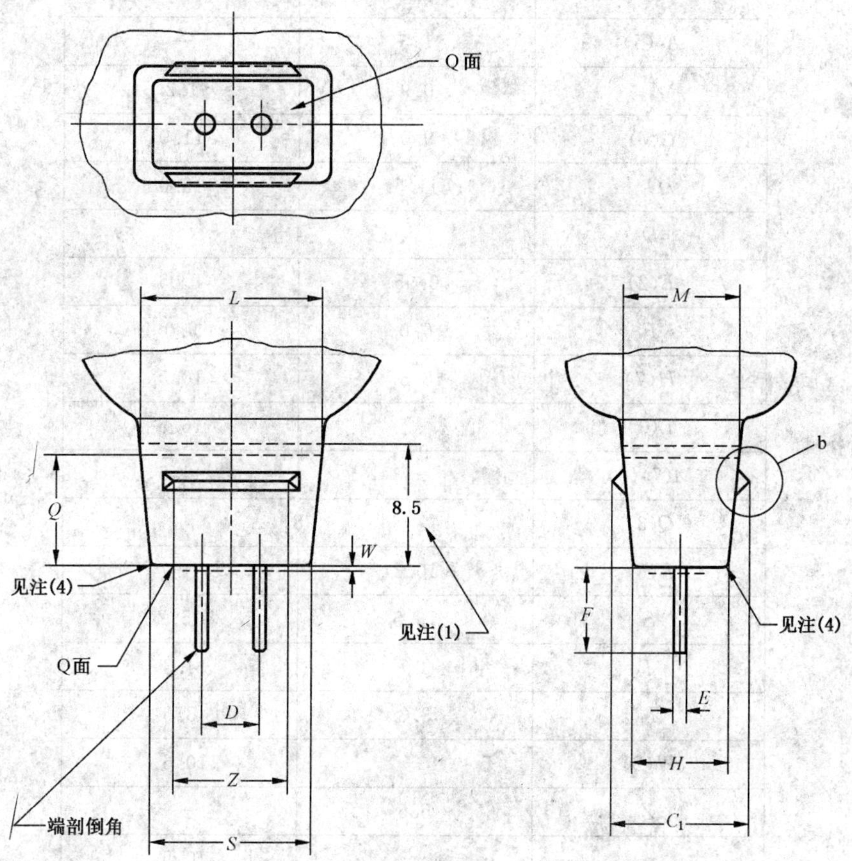

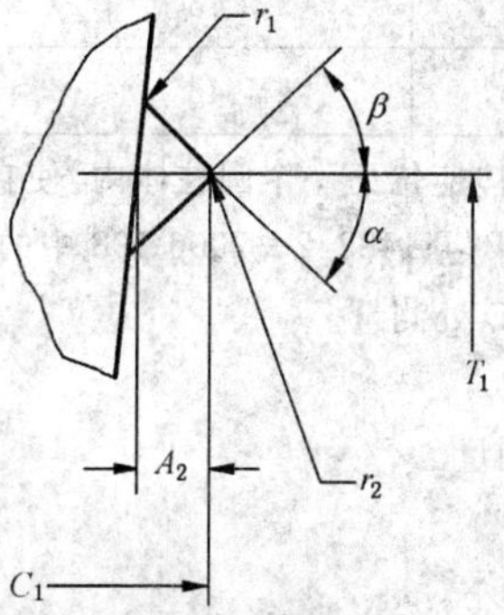

GB/T 1406.2—7004-108-2

GU4 双插脚灯端

3/3

单位为毫米

尺寸	最小值	最大值
A	0.4	—
A_1(5)	1.5	—
A_2	0.9	1.2
C(7)	9.0	11.0
C_1	11.5	13.0
D	4	
E(2)	0.95	1.05
F	6.0	9.0
H(7)	8.5	10.5
L(3)	—	16.5
M(7)(3)	—	11.5
Q(3)	8	
R(6)	10.2	—
S	13.5	15.2
T	3.7	4.3
T_1	3.3	3.6
W(2)	—	0.6
Z	5.5	—
r_1	—	0.5
r_2	—	0.8
α	43°	47°
β	43°	47°

(1) Q 平面以上 8.5 mm，灯端的主体应位于一个圆柱体内，使它的纵轴在灯端插脚的中间，直径为 23 mm。

(2) E_{max} 在距离 W 内不适用。用 GB/T 1483.2—7006-108 中的量规检验。

(3) 尺寸 L 和 M 从 Q 平面的距离 Q 处测量。

(4) 端部倒角或倒圆。

(5) 尺寸 A_1 应在 0.4 mm 深度处测量。

(6) 槽的长度。

(7) 尺寸 C 或 M 应大于或等于 H。

检验：GU4 灯端用 GB/T 1483.2—7006-108 中所示量规进行检验。

GB/T 1406.2—7004-108-2

	GY4 双插脚灯端	1/1

单位为毫米

附图仅表示互换性的基本尺寸。

关于 GY4 灯座，见 GB/T 19148.2—7005-72。

比例 2：1

灯的颈部的形状可任选，但不得用于起固定作用。

尺寸	最小值	最大值
A	0.65	0.75
B	4.0(1)	
C	6.0	—
L(2)	17.0	
N(2)	6.0	

(1) 用合适的量规进行检验。

(2) 尺寸 L 和 N 用来划分灯占有的空间和灯座和/或灯具占有的空间。

GB/T 1406.2—7004-72A-1

	GZ4 双插脚灯端	1/1

单位为毫米

附图仅表示互换性的基本尺寸。

关于 GZ4 灯座，见 GB/T 19148.2—7005-72。

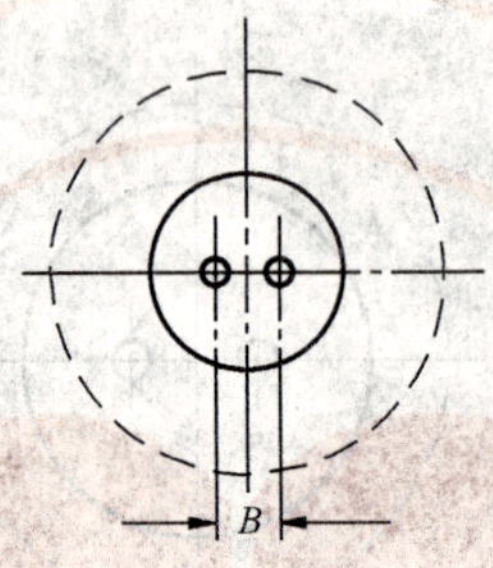

此灯端不规定基准面，因为采用推入式灯座，故无此必要。

灯的颈部的形状可任选，但不得用于起固定作用。

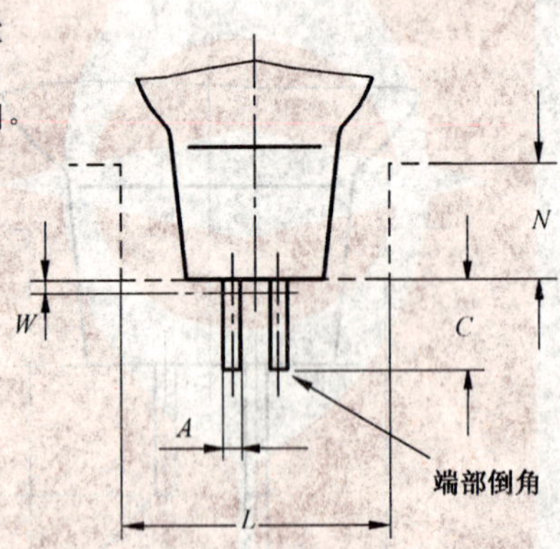

尺寸	最小值	最大值
A	0.95	1.05(2)
B	4.0	
C	6.0	11.5
L(1)	25.0	
N(1)	10.0	
W(2)	0.5	

(1) 尺寸 L 和 N 用来划分灯占有的空间和灯座和/或灯具的刚性部分占有的空间。

(2) 在距离 W 以内尺寸 A_{max} 不适用。

检验：GZ4 灯端应完成 GB/T 1483.2—7006-108 中所示量规的试验。

GB/T 1406.2—7004-67-3

	G5 双插脚灯头	1/2

单位为毫米

附图仅表示互换性的基本尺寸。

关于 G5 灯座,见 GB/T 19148.2—7005-51。

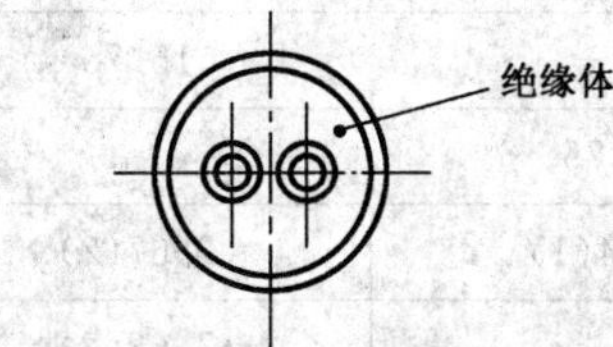

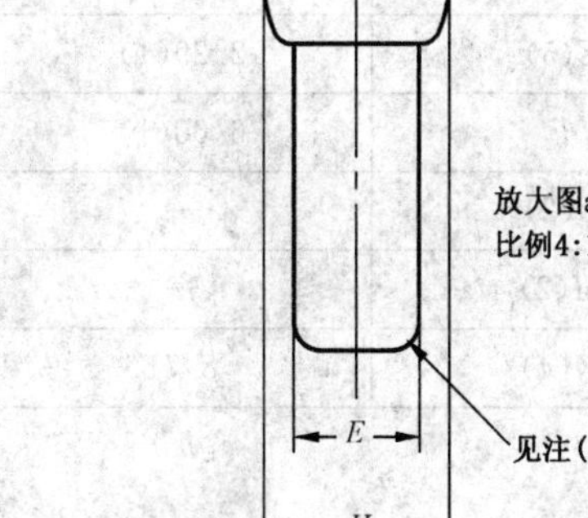

图 1

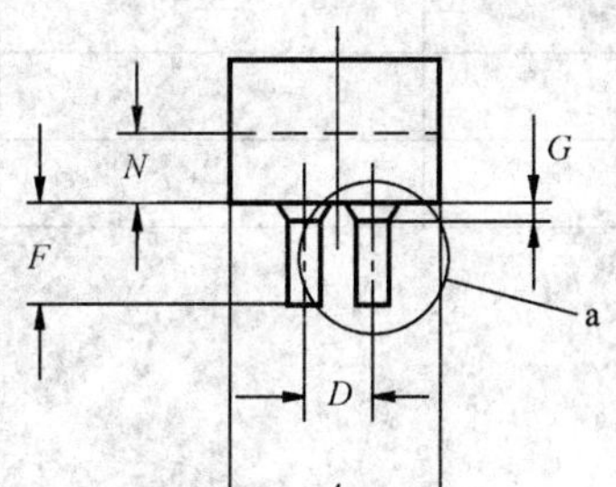

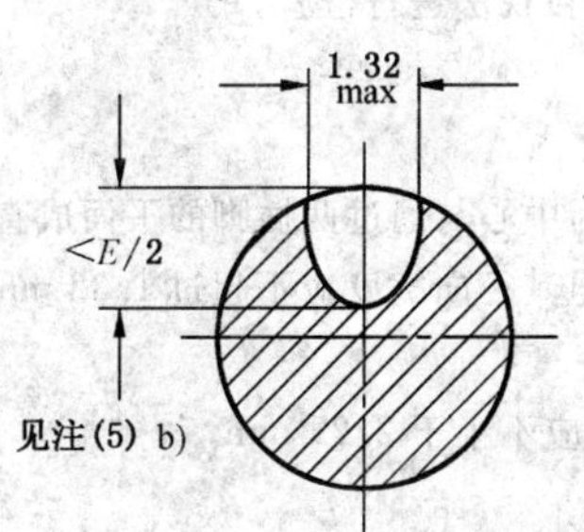

图 2

与灯头端面平行的平面上插脚凹痕或沟纹最大皱纹直径放大剖视图[参见注(5)]

与灯头端面平行的平面上的插脚放大剖视图[参见注(5)a)]

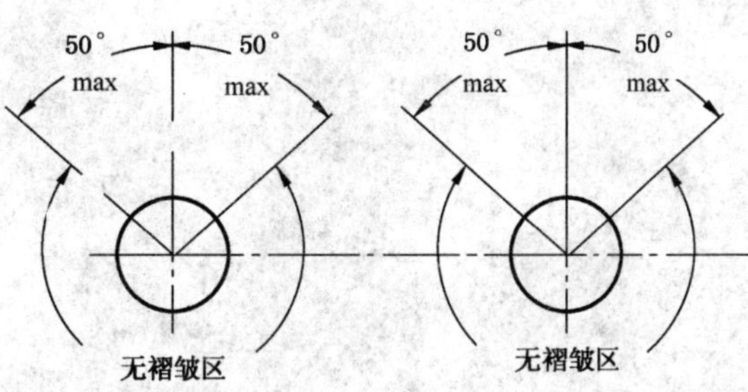

图 3

灯头可带有喇叭口,其直径不应超过不带喇叭口的灯头的最大允许直径 1 mm。

对于成品灯,带电部件与金属外壳之间通过绝缘体的爬电距离应不小于 1.5 mm。

GB/T 1406.2—7004-52-5

	G5 双插脚灯头	2/2

单位为毫米

尺寸	最小值	未组装灯头 最大值	成品灯上灯头 最大值
A	—	—	15.75
D(1)(2)	4.75		
E(5)	2.29(1)	2.44(1)	2.67(2)
F	6.60(1)	—	7.62(2)
G(2)	—	—	—
H(2)	—	—	—
N(4)	8.71	—	—

(1) 采用 GB/T 1483.2—7006-46 中所示量规进行检验。

(2) 采用 GB/T 1483.2—7006-46A 中所示量规进行检验。

(3) 插脚末端边缘应稍倒角或倒圆，以便插脚能顺利插入灯座，采用目视法进行检验。

(4) 尺寸 *N* 表示尺寸 *A* 应符合要求的最小范围。

(5) 插脚表面允许有凹痕或沟纹，但不应存在于插脚端部 0.4 mm 之内。

a) 每只插脚允许有一处“褶皱处”，每处区域要以插脚中心线为中心与通过两插脚的平面成直角。该区域的总角度应不超过 100°。该褶皱可位于该区域任何之处，但其径向宽度应不超过 1.32 mm。有关双插脚上的褶皱区如图 3 所示，它们可以位于中心线的另一边。

从垂直于通过两只插脚的轴线的平面上所测得的插脚直径应不小于 2.29 mm。

b) 凹痕或沟纹的深度应不大于原插脚直径的一半，见图 2。

c) 应避免褶皱拐角处影响与灯座接触的毛口。

d) 凹痕剖视图的形状不局限于图 2 所示的形状。

GB/T 1406.2—7004-52-5

	G5.3 双插脚灯头	1/1

单位为毫米

附图仅表示互换性的基本尺寸。

比例2:1

A

B

C

基准面

N

F

E

D

插脚的止挡不应超出基准面。

对于成品灯，通过绝缘体的爬电距离应不小于 2.5 mm。

尺寸	最小值	最大值
A	7.52	8.76(1)
B	18.11	18.92(1)
C	15.24(1)	—
D(1)	5.33	
E(1)	1.47	1.65(2)
F(1)	6.10	7.11(2)
N	0.76	—

(1) 采用 GB/T 1483.2—7006-73 中所示量规进行检验。

(2) 此值包括焊锡。

GB/T 1406.2—7004-73-2

	G5.3-4.8 灯端	1/1

单位为毫米

附图仅表示互换性的基本尺寸。

关于 G5.3-4.8 灯座，见 GB/T 19148.2—7005-126。

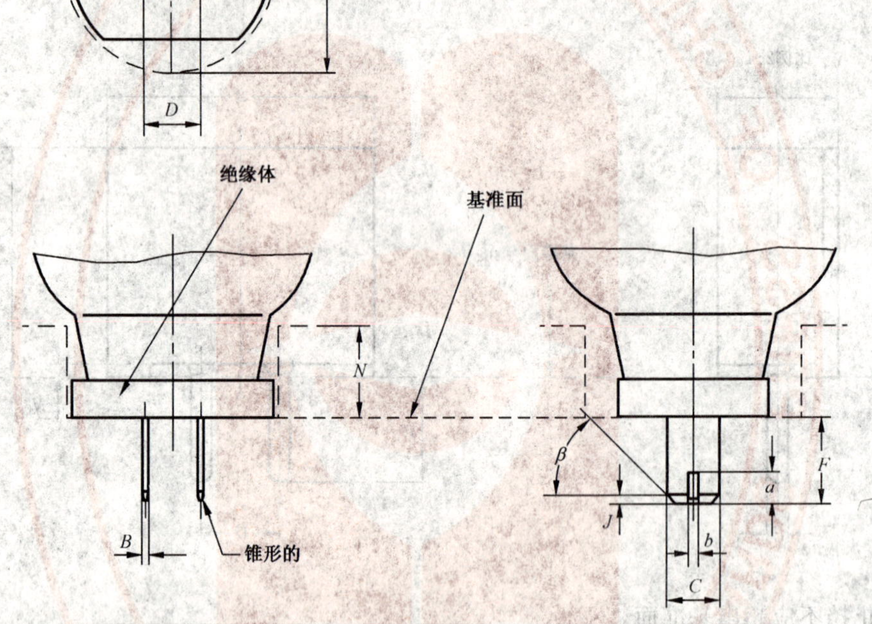

尺寸	最小值	最大值
A(1)	25	
B	0.47	0.53
C	4.7	4.9
D(2)	5.3	
F	6.7	7.3
J	0.7	1.3
N(1)	9	
a(3)	3.65	
b(3)	1.6	
β	约 45°	

(1) 尺寸 A 和 N 用来划分可能被灯占有的空间和可能被灯连接件和/或灯具占有的空间。

(2) 应用 GB/T 1483.2—7006-126 中所示量规进行检验。

(3) 在尺寸 a 和 b 规定的区域内允许使用制动装置。

GB/T 1406.2—7004-126-1

GU5.3 双插脚灯端

1/3

单位为毫米

附图仅表示互换性的基本尺寸。

关于 GU5.3 灯座，见 GB/T 19148.2—7005-109。

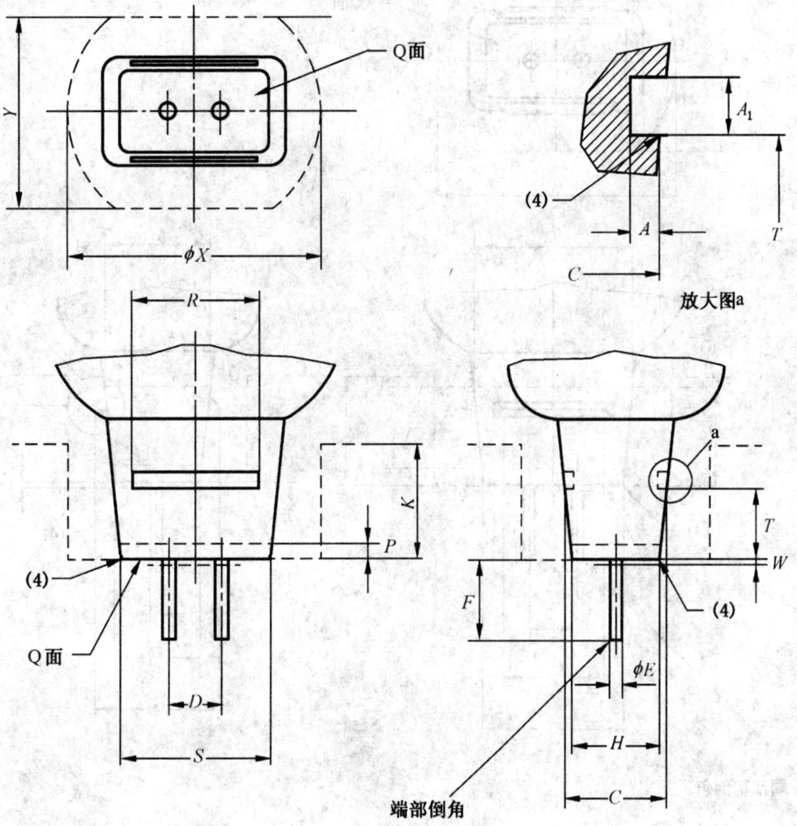

Q面

Y

ϕX

(4)

A_1

A

T

C

放大图a

R

K

P

(4)

Q面

D

S

a

T

W

F

(4)

ϕE

H

C

端部倒角

GB/T 1406.2—7004-109-2

GU5.3 双插脚灯端

2/3

单位为毫米

带有止挡的 GU5.3 灯端

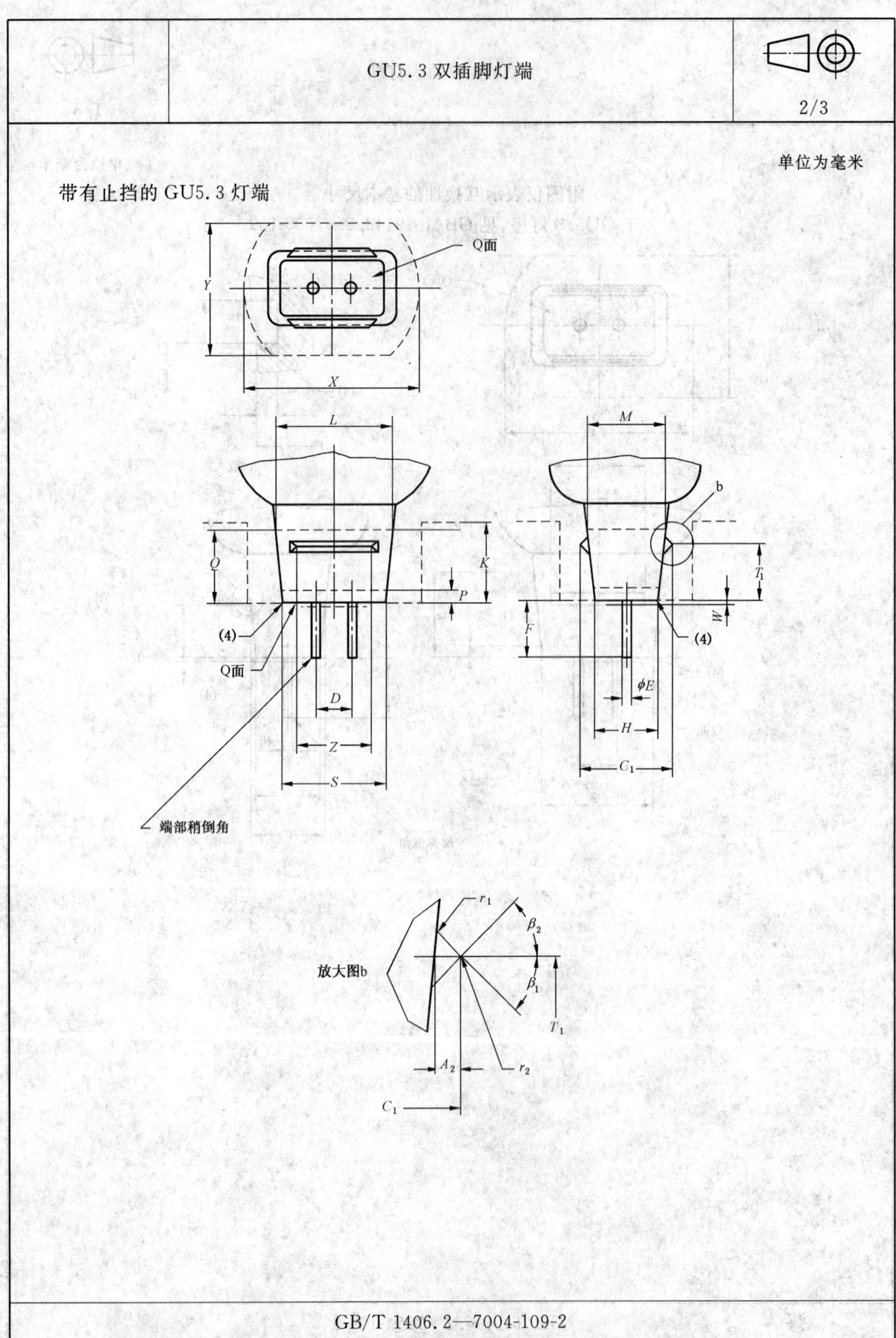

GB/T 1406.2—7004-109-2

GU5.3 双插脚灯端

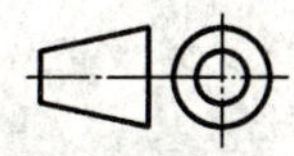

3/3

单位为毫米

尺寸	最小值	最大值
A	0.4	—
A_1(5)	1.5	—
A_2	0.9	1.5
C(7)	9.87	11.5
C_1	11.7	13.7
D	5.33	
E(2)	1.45	1.60
F	6.1	7.62
H(3)(7)	9.02	10.54
K(1)	14	
L(8)	—	18.5
M(7)(8)	—	12.0
P(3)	1.52	
Q(8)	12.5	
R(6)	17.1	—
S(3)	15.24	16.76
T	7.45	8.25
T_1	7.6	8.4
W(2)	—	0.6
X(1)	25	
Y(1)	19	
Z	5.5	—
r_1	—	0.5
r_2	—	0.8
β_1	43°	47°
β_2	43°	47°

(1) 尺寸 K、X 和 Y 用来划分可能被灯占有的空间和可能被灯座和/或灯具占有的空间。

(2) E_{max} 在距离 W 内不适用。用 GB/T 1483.2—7006-109 中的量规检验。

(3) 尺寸 H 和 S 从平面 Q 的距离 P 处测量。

(4) 端部倒角或倒圆。

(5) 尺寸 A_1 应在 0.4 mm 深度处测量。

(6) 槽的长度。

(7) 尺寸 C 或 M 应大于或等于 H。

(8) 尺寸 L 和 M 从平面 Q 的距离 Q 处测量。

检验：GU5.3 灯端采用 GB/T 1483.2—7006-109 中所示量规进行检验。

GB/T 1406.2—7004-109-2

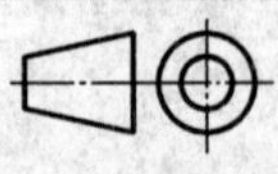

GX5.3 双插脚灯端

1/1

单位为毫米

附图仅表示互换性的基本尺寸。

关于 GX5.3 灯座，见 GB/T 19148.2—7005-73A。

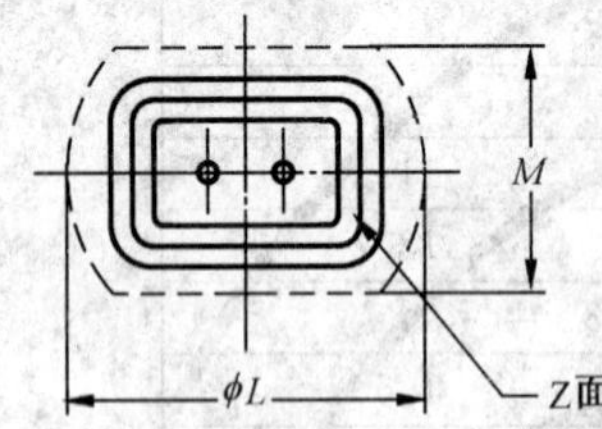

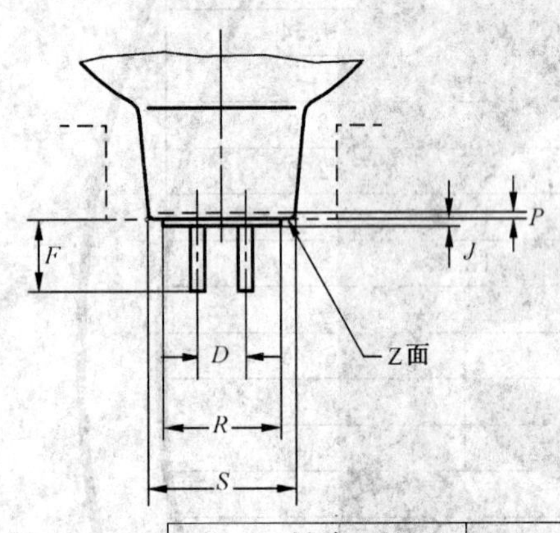

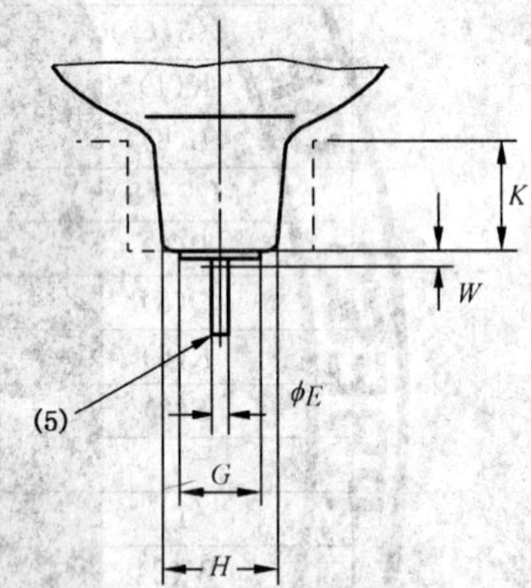

尺寸	最小值	最大值
D	5.33	
E	1.45	1.60(3)
F	5.21	6.73(4)
G	—	7.49
H(1)	9.02	10.54
J	—	0.76
K(2)	10.0	
L(2)	25.0	
M(2)	19	
P(1)	0.76	
R	—	13.08
S(1)	15.24	16.76
W(3)	—	1.27

(1) 尺寸 *H* 和 *S* 从平面 Z 的距离 *P* 处测量。

(2) 尺寸 *K*、*L* 和 *M* 用来划分可能被灯占有的空间和可能被灯座和/或灯具占有的空间。

(3) E_{max} 在距离 *W* 内不适用。

(4) 在欧洲，该值为 7.62 mm。

(5) 插脚端部倒角。

GB/T 1406.2—7004-73A-2

GY5.3 双插脚灯端	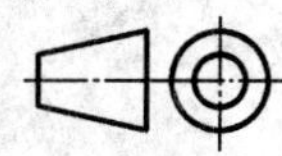 1/1

单位为毫米

附图仅表示互换性的基本尺寸。

关于 GY5.3 灯座,见 GB/T 19148.2—7005-73B。

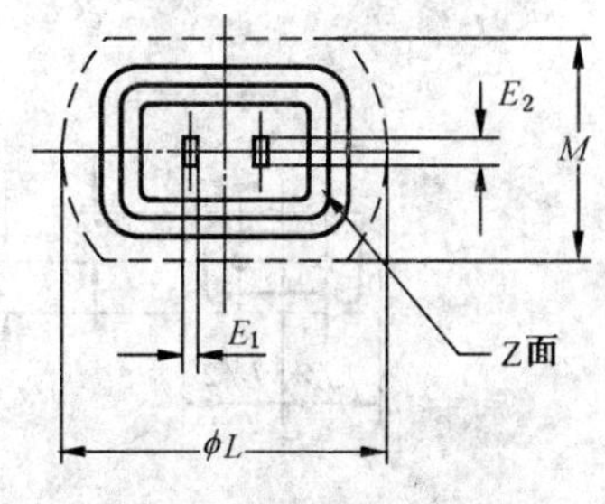

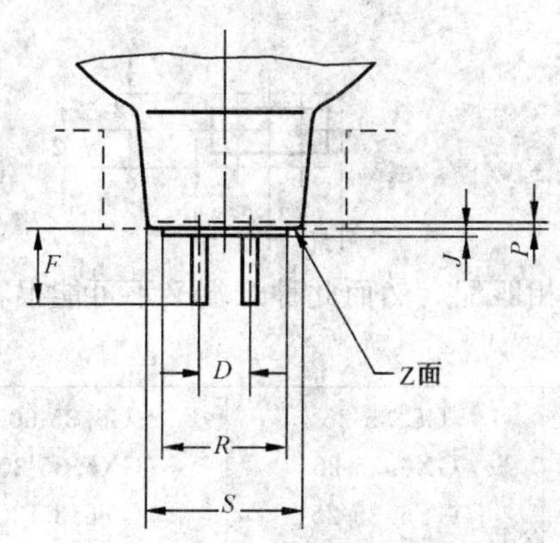

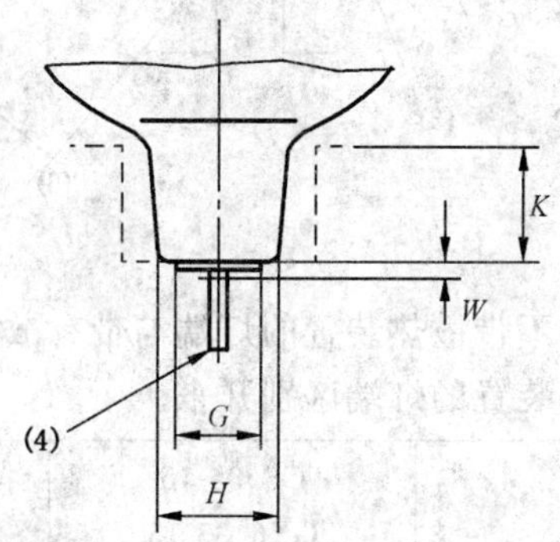

尺寸	最小值	最大值
D	5.33	
E_1	0.58	0.79(3)
E_2	1.78	2.29(3)
F	5.21	6.73
G	—	7.49
H(1)	9.02	10.54
J	—	0.76
K(2)	10.0	
L(2)	25.0	
M(2)	19	
P(1)	0.76	
R	—	13.08
S(1)	15.24	16.76
W(3)	—	1.27

(1) 尺寸 H 和 S 从平面 Z 的距离 P 处测量。

(2) 尺寸 K、L 和 M 用来划分可能被灯占有的空间和可能被灯座和/或灯具占有的空间。

(3) E_{1max} 和 E_{2max} 在距离 W 内不适用。

(4) 插脚端部倒角。

GB/T 1406.2—7004-73B-2

	G6.35,GX6.35 和 GY6.35 双插脚带有和不带有散热装置的灯端	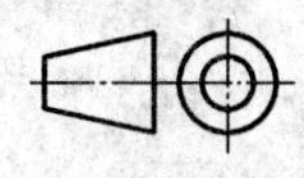 1/2

单位为毫米

附图仅表示互换性的基本尺寸。

关于 G6.35,GX6.35 和 GY6.35 灯座,见 GB/T 19148.2—7005-59。

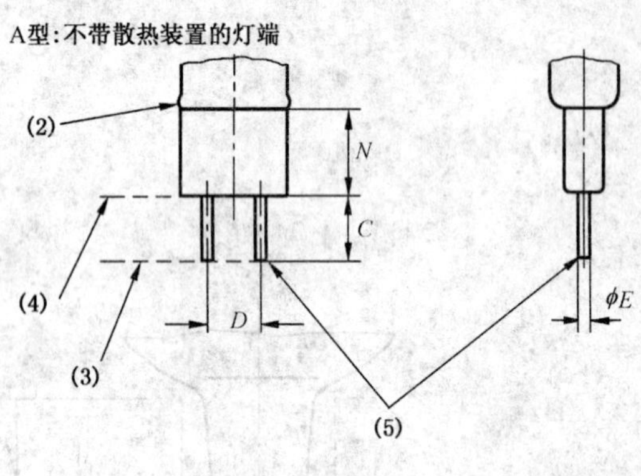

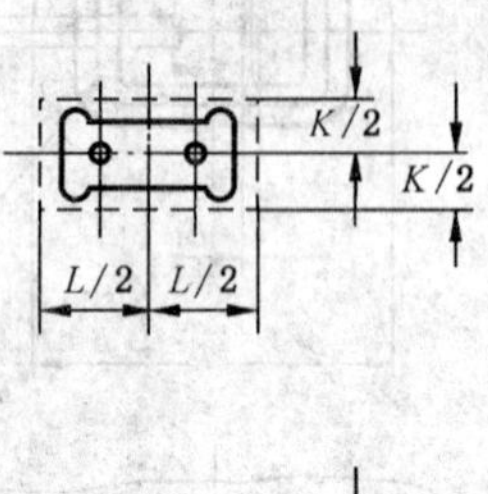

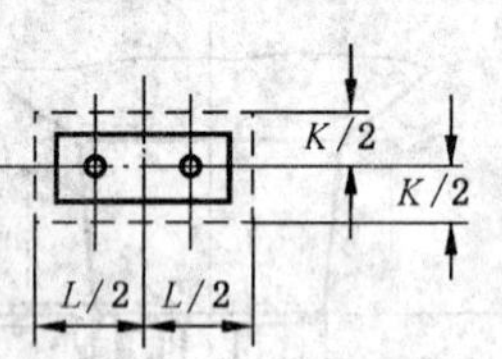

有些不带散热装置的灯端与带有散热装置的灯座不相匹配。然而此种灯端又不可能很容易地和带有散热装置的灯端区别开来。

尺寸	G6.35-15 GX6.35-15 GY6.35-15		G6.35-20 GX6.35-20 GY6.35-20		G6.35-25 GX6.35-25 GY6.35-25		G6.35-30 GX6.35-30 GY6.35-30	
	最小值	最大值	最小值	最大值	最小值	最大值	最小值	最大值
C(G 和 GY) *C*(GX)	0.95	1.05	0.95	1.05	0.95	1.05	0.95	1.05
D	6.35		6.35		6.35		6.35	
E(G 和 GX) *E*(GY)	7.5	—	7.5	—	7.5	—	7.5	—
K(1)	—	7.5	—	7.5	—	9.0	—	9.0
L(1)	—	15.0	—	20.0	—	25.0	—	30.0
N(1)	9.5	—	9.5	—	13.0	—	15.0	—

GB/T 1406.2—7004-59-6

G6.35,GX6.35 和 GY6.35 双插脚带有和不带有散热装置的灯端	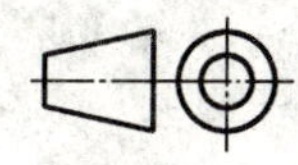 2/2

单位为毫米

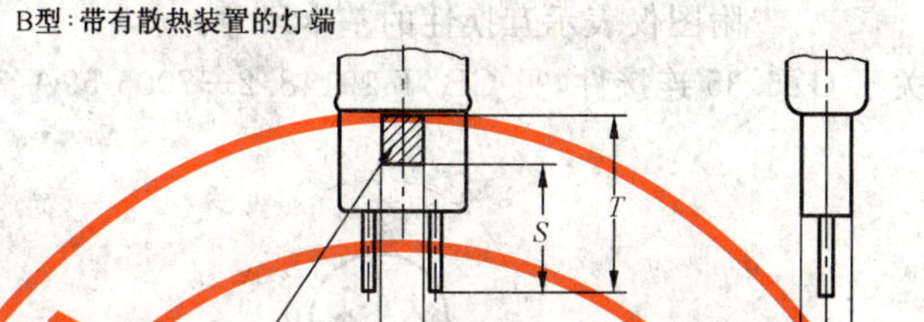

所有其他尺寸在不带散热装置的灯端中均已涉及。

带有散热装置的灯端与不带有散热装置的灯座均应相匹配。然而此时应注意在正常工作期间不可超过夹封部位最高温度。

尺寸	GY6.35-15		GY6.35-20		
	最小值	最大值	最小值	最大值	
G(6)	0.8	2.0	0.8	2.0	其他型号未标准化
R(6)	4.0	—	4.0	—	
S(6)	—	12.0	—	12.0	
T(6)	16.5	—	16.5	—	

(1) 尺寸 *K*、*L* 和 *N* 表示的是 GB/T 1483.2—7006-61A 中所示量规上的矩形凹处,在距离 *N* 范围内,夹封部位应位于该矩形内。

(2) 如果由于夹封过程使尺寸 *N* 限定的范围以上玻壳部分被向外压,该凸出部分应不影响相关灯标准中规定的自由空间。

(3) 关于 G6.35 和 GY6.35 灯端,其基准面由插脚端部确定。

(4) 关于 GX6.35 灯端,其基准面由夹封部位的下面确定。

(5) 边缘稍倒角。

(6) 由尺寸 *R*、*S* 和 *T* 规定的区域内的夹封部位每一侧,尺寸 *G* 均应符合其最大值和最小值。紧接着此区域的下面,在宽度 *R* 范围内,尺寸 *G* 应符合其最大值。

检验:灯端 G6.35,GX6.35 和 GY6.35 采用 GB/T 1483.2—7006-61 和 7006-61A 中所示的量规进行检验。

GB/T 1406.2—7004-59-6

	GZ6.35 双插脚灯端	1/1

单位为毫米

附图仅表示互换性的基本尺寸。

关于 GZ6.35 连接件,见 GB/T 19148.2—7005-59A。

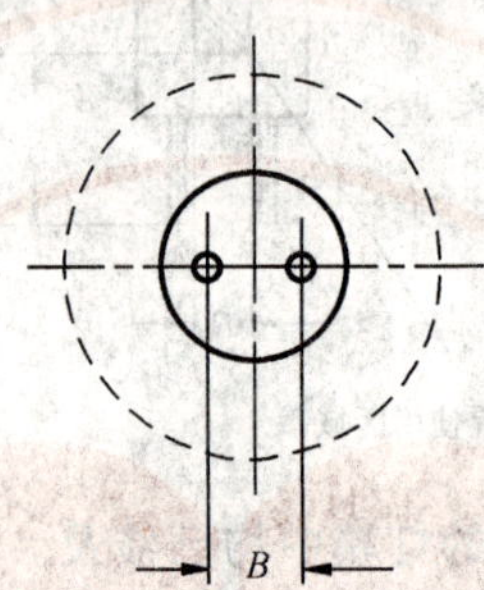

此灯端不规定基准面,因为采用推入式灯座,故无此必要。

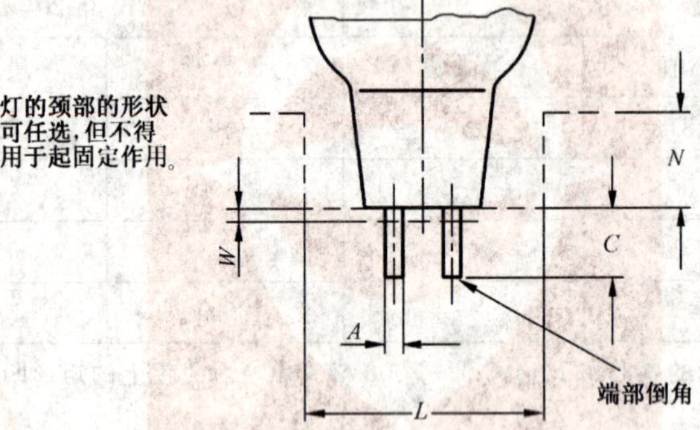

尺寸	最小值	最大值
A	0.95	1.05(2)
B	6.35	
C	6.0	8.5
L(1)	25.0	
N(1)	10.0	
W(1)	0.5	

(1) 尺寸 *L* 和 *N* 描绘出了在灯部件可能占有的空间与灯座和/或灯具的刚性部件可能占有的空间之间的界线。

(2) 尺寸 A_{max} 在 *W* 距离内不适用。

检验:灯端 GZ6.35 采用 GB/T 1483.2—7006-59B 和 7006-61 中所示的量规进行检验。

GB/T 1406.2—7004-59A-3

	2G7 灯头	1/2

单位为毫米

附图仅表示互换性的基本尺寸。

关于 2G7 灯座，见 GB/T 19148.2—7005-102。

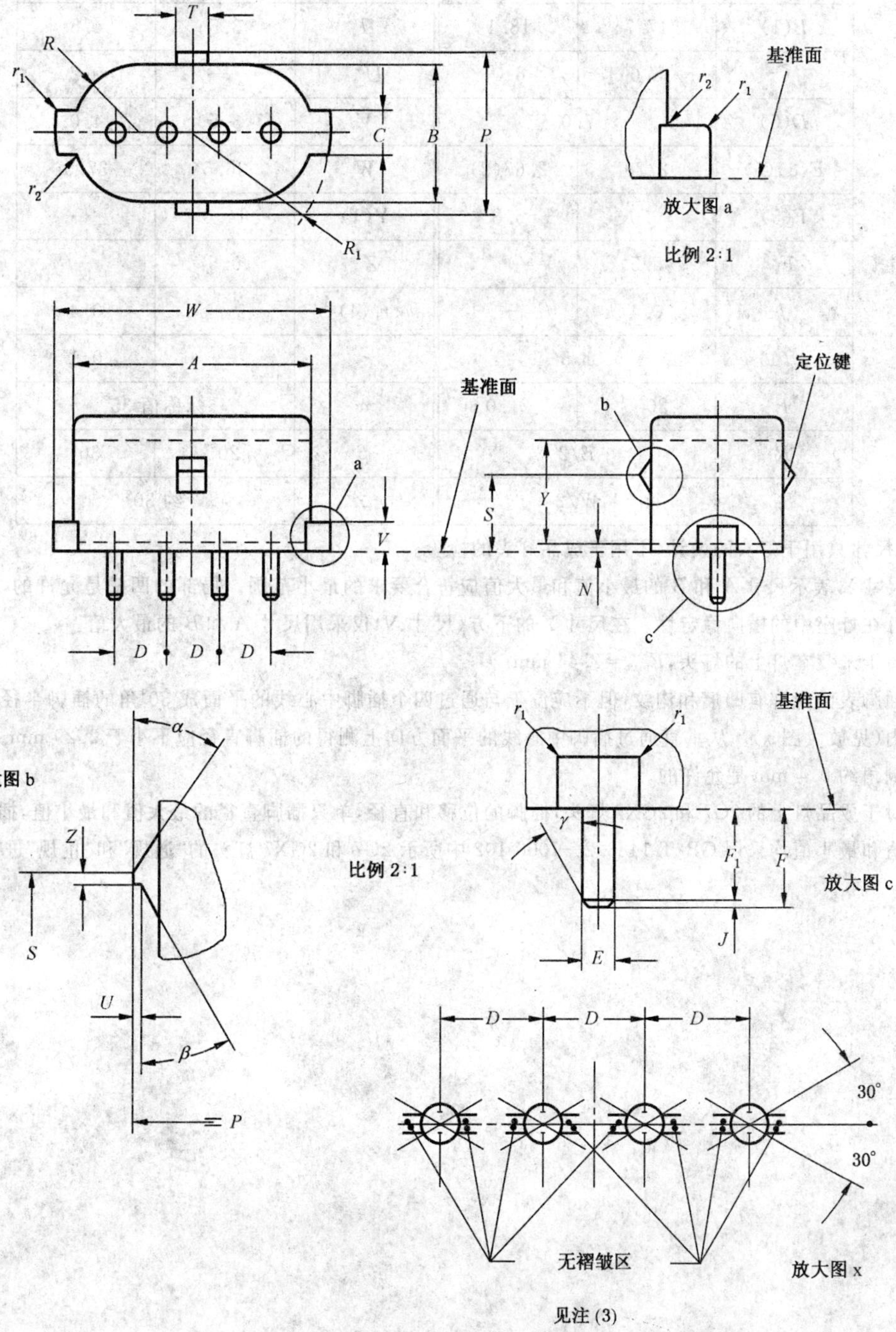

GB/T 1406.2—7004-102-1

	2G7 灯头	2/2

单位为毫米

尺寸	最小值	最大值	尺寸	最小值	最大值
A(1)	31.5	32.5	S	10.75	11.25
B(1)	17.7	18.1	T	3.5	4.5
C	5.0	6.0	U^*	—	0.2
D(5)	7.0		V	3.5	4.0
E(3)(5)	2.29	2.67(2)	W	36.5	37.5
F(5)	6.0	6.8	Y(1)	14.0	—
F_1	5.5	—	Z^*	0.5	—
J	0.4	—	r_1(4)	—	0.4
N(1)	1.5		r_2	—	0.1
P	20.6	21.0	α	标称值 35°	
R	$B/2$		β	20°	30°
R_1	$W/2$		γ	约 30°	

* 该尺寸只用于灯头的设计，不用于成品灯头的检验。

(1) 尺寸 Y 表示尺寸 A 和 B 的最小值和最大值应符合要求的最小范围。局部的凹槽是允许的，但其不应影响灯在灯座中的横向稳定性。在尺寸 Y 的下方(尺寸 N)仅采用尺寸 A 和 B 的最大值。

(2) 对于未装在灯上的灯头，E_{max} = 2.44 mm。

(3) 插脚表面允许有凹痕和沟纹，但不应位于与通过四个插脚中心线的平面成 30°角的插脚半径所限定区域之内(见放大图 x)。从垂直通过插脚中心线的平面方向上测得的插脚直径应不小于 2.29 mm。

(4) 倒角约 0.4 mm 是允许的。

(5) 对于成品灯上的 2G7 和 2GX7 灯头，插脚的位移和直径，单只插脚直径的最大值和最小值，插脚长度的最大值和最小值均采用 GB/T 1483.2—7006-102 中所示 2G7 和 2GX7 灯头的"通规"和"止规"进行检验。

GB/T 1406.2—7004-102-1

GU7 双插脚灯端

1/1

单位为毫米

附图仅表示互换性的基本尺寸。

关于 GU7 灯座，见 GB/T 19148.2—7005-113。

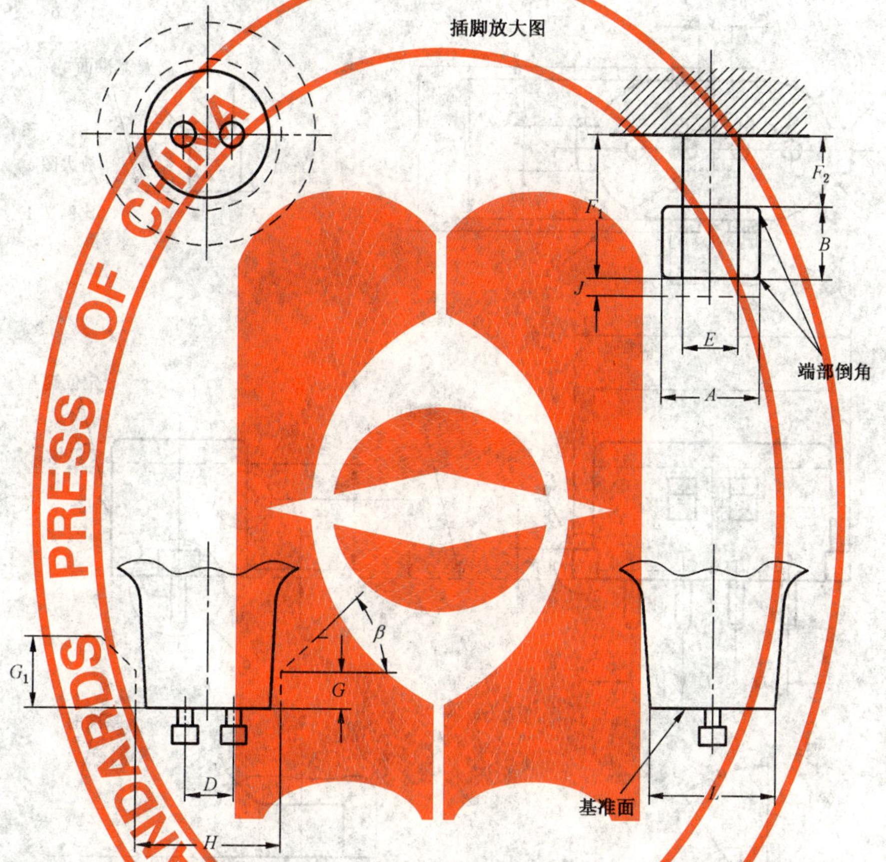

尺寸	最小值	最大值
A	3.4	3.6
B	2.4	2.7
D(1)	7.0	
E	1.6	2.1
F_1		5.4
F_2	2.4	
G(2)	6	
G_1(2)	12	
H(2)	20	
J(3)		0.9
L	17.5	19.0
β	45°	

(1) 采用 GB/T 1483.2—7006-113 中所示量规进行检验。

(2) 尺寸 G、G_1 和 H 用来划分可能被灯占有的空间和可能被灯座和/或灯具占有的空间。

(3) 允许锡焊或熔焊。

GB/T 1406.2—7004-113-1

	2GX7 灯头	1/2

单位为毫米

附图仅表示互换性的基本尺寸。

关于 2GX7 灯座，见 GB/T 19148.2—7005-103。

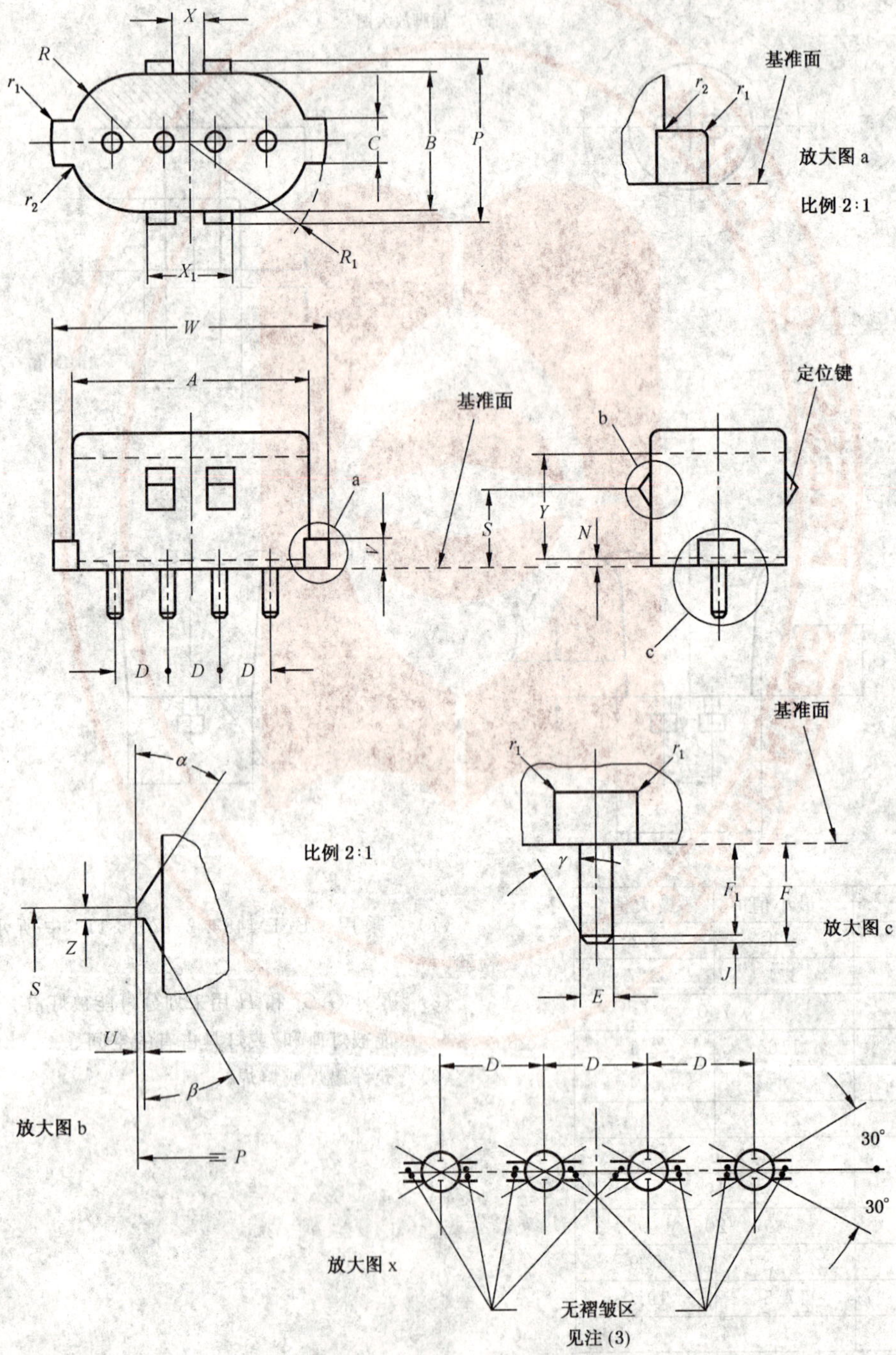

X
R
r_1
r_2
C
B
P
R_1
X_1
基准面
r_2
r_1
放大图 a
比例 2∶1
W
A
基准面
b
定位键
a
Y
S
N
c
D
D
D
基准面
α
比例 2∶1
r_1
r_1
γ
F_1
F
Z
S
放大图 c
J
E
U
β
D
D
D
30°
放大图 b
P
30°
放大图 x
无褶皱区
见注 (3)

GB/T 1406.2—7004-103-1

2GX7 灯头	2/2

单位为毫米

尺寸	最小值	最大值	尺寸	最小值	最大值
A(1)	31.5	32.5	U^*	—	0.2
B(1)	17.7	18.1	V	3.5	4.0
C	5.0	6.0	W	36.5	37.5
D(5)	7.0		X	3.5	4.5
E(3)(5)	2.29	2.67(2)	X_1	10.5	12.0
F(5)	6.0	6.8	Y(1)	14.0	—
F_1	5.5	—	Z^*	0.5	—
J	0.4	—	r_1(4)	—	0.4
N(1)	1.5		r_2	—	0.1
P	20.6	21.0	α	标称值 35°	
R	$B/2$		β	20°	30°
R_1	$W/2$		γ	约 30°	
S	10.75	11.25			

* 该尺寸只用于灯头的设计，不用于成品灯的检验。

(1) 尺寸 Y 表示尺寸 A 和 B 的最小值和最大值应符合要求的最小范围。局部的凹槽是允许的，但其不应影响灯在灯座中的横向稳定性。在尺寸 Y 的下方(尺寸 N)仅采用尺寸 A 和 B 的最大值。

(2) 对于未装在灯上的灯头，$E_{max}=2.44$ mm。

(3) 插脚表面允许有凹痕和沟纹，但不应位于与通过四个插脚中心线的平面成 30°角的插脚半径所限定区域之内(见放大图 x)。从垂直通过插脚中心线的平面方向上测得的插脚直径应不小于 2.20 mm。

(4) 倒角约 0.4 mm 是允许的。

(5) 对于成品灯头上的 2G7 和 2GX7 灯头，插脚的位移和直径，单只插脚直径的最大值和最小值，插脚长度的最大值和最小值均采用 GB/T 1483.2—7006-102 中所示 2G7 和 2GX7 灯头的“通规”和“止规”进行检验。

GB/T 1406.2—7004-103-1

GZX7d-..,GZY7d-..和 GZZ7d-..印刷电路灯头

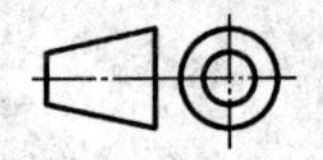

1/2

单位为毫米

附图仅表示互换性的基本尺寸。

关于 GZX7d-..,GZY7d-..和 GZZ7d-..灯座,见 GB/T 19148.2—7005-136。

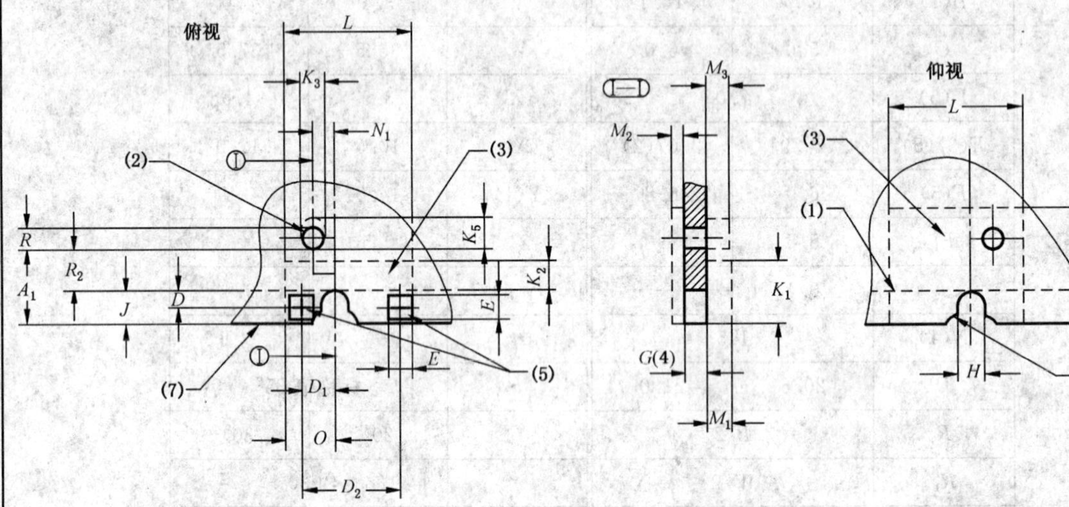

上图仅表示了模块(组件)的(带有定位键－1)一端。另一个定位键(定位键－2)位于模块(组件)的另一端,如下面 N_2 所示。

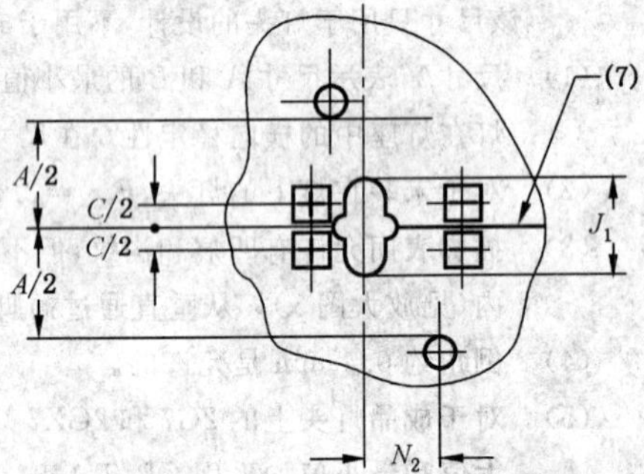

GZX7d-..,GZY7d-..和 GZZ7d-..印刷电路灯头 2/2

单位为毫米

尺寸	最小值	最大值
A	12.1	12.5
A_1	5.9	6.25
C	2.4	2.8
D	1.1	1.3
D_1	2.3	2.5
D_2	6.9	7.1
E(5)	1.65	1.75
G(GZX7d-..)(4)	1.4	1.7
G(GZY7d-..)(4)	0.9	1.1
G(GZZ7d-..)(4)	0.2	0.4
H	1.85	2.05
J	2.15	2.5
J_1	4.85	5.05
K_1(3)	4.45	
K_2(3)	2.3	
K_3(3)	1.85	
K_4(3)	6.0	
K_5(3)	2.2	
L(3)	9.2	
M_1(3)	1.8	
M_2(3)	0.8	
M_3(3)	1.7	
N_1(定位键-1)	1.4	1.6
N_2(定位键-2)	3.4	3.6
O(3)	3.6	
R	1.45	1.65
R_2	3.55	3.75
r_1(6)	0.9	

(1) 基准线。

(2) 定位键孔(机械连接)。

(3) 尺寸 K_1,K_2,K_3,K_4,K_5,L,M_1,M_2,M_3 和 O 用来划分可能被灯头占有的空间和可能被灯座和/或灯具占有的空间。

(4) 尺寸 G 代表不同种类的支撑材料。GZX7d-..和 GZY7d-..用标准印刷电路板(刚性),GZZ7d-..用金属片(挠性印刷电路板)。

(5) 电子接触板。也可用直径等于尺寸 E 的电路接触件。需要注意输入直流电压的极性。

(6) 引导连接键的引入区范围。

(7) 模块可以连接在一起,也可设计成分开或切开为独立的部分。需要注意被分开/切开的区域。对于模块之间的互相连接,其中一些应不超过由尺寸 $A/2$ 的最大值所限定的区域。

GB/T 1406.2—7004-136-1

G7.9 和 GX7.9 灯头

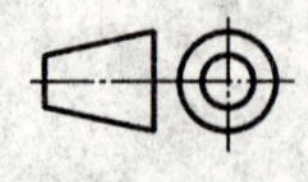

1/2

单位为毫米

附图仅表示互换性的基本尺寸。

关于 G7.9 和 GX7.9 灯座，见 GB/T 19148.2—7005-139。

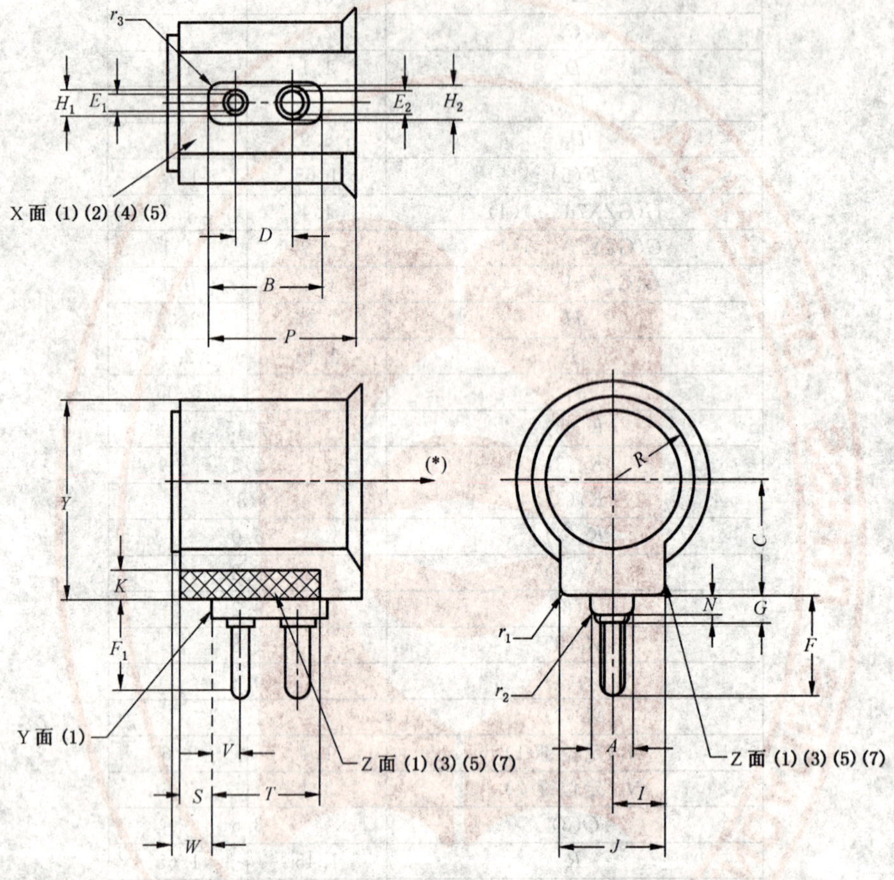

上图表示 G7.9 灯头。

G7.9 和 GX7.9 灯头的插脚的排列不同。GX7.9 灯头将大插脚和小插脚互换。

GB/T 1406.2—7004-139-1

	G7.9 和 GX7.9 灯头	2/2

单位为毫米

尺寸	最小值	最大值
A(8)	4.57	7.06
B(8)	15.7	15.8
C(5)(6)	15.87	
D(7)	7.92	
E_1(9)	2.31	2.49
E_2(9)	3.12	3.30
F	13.86	14.61
F_1(9)	11.71	—
G(9)	—	4.24
H_1	—	3.43
H_2	—	4.57
I(5)(7)	7.14	
J(2)	14.22	14.32
K(3)	3.86	—
N	2.49	3.12
P(4)	17.93	—
R(6)	11.10	
S(2)(3)	2.24	2.72
T(2)(3)	15.24	—
V(7)	3.78	3.99
W	—	4.93
Y	—	27.18
r_1	1.17	2.36
r_2(8)	0.53	1.27
$r3$	1.45	2.29

* 箭头表示光束的方向。

(1) X、Y 和 Z 面给灯端的光轴提供了一个直角的基准面。

(2) 在 0.08 mm 以内，X 面应是平的。尺寸 J,S 和 T 表示 X 面的最小范围。

(3) 尺寸 K,S 和 T 表示 Z 面。

(4) 尺寸 P 为 X 面的边界。灯头或灯座的任何部分都不应妨碍 X 面。

(5) 尺寸 C 和 I 分别位于 X 和 Z 面的光轴上。

(6) 尺寸 R 和 C 定义了一个位置，该位置用于安放适用于为灯提供夹持力和固定力的装置。例如将灯头压进灯座的夹钳。

(7) 尺寸 D,I 和 V_{max} 用 GB/T 1483.2—7006-.. 所示的灯头量规来检验。尺寸 I 使插脚中心线位于 Z 面。

(8) 半径 r_2 适用于由尺寸 A 和 B 定义的四个边缘。

(9) 由尺寸 F_1 减去尺寸 G 的距离决定了尺寸 E_1 和 E_2 的最小长度。

检验：灯头 G7.9 和 GX7.9 采用 GB/T 1483.2—7006-.. 中所示量规进行检验。单个插脚的直径要用一个合适的环规检验。

GB/T 1406.2—7004-139-1

	2G8 灯头	1/3

单位为毫米

附图仅表示互换性的基本尺寸。

关于 2G8 灯座，见 GB/T 19148.2—7005-141。

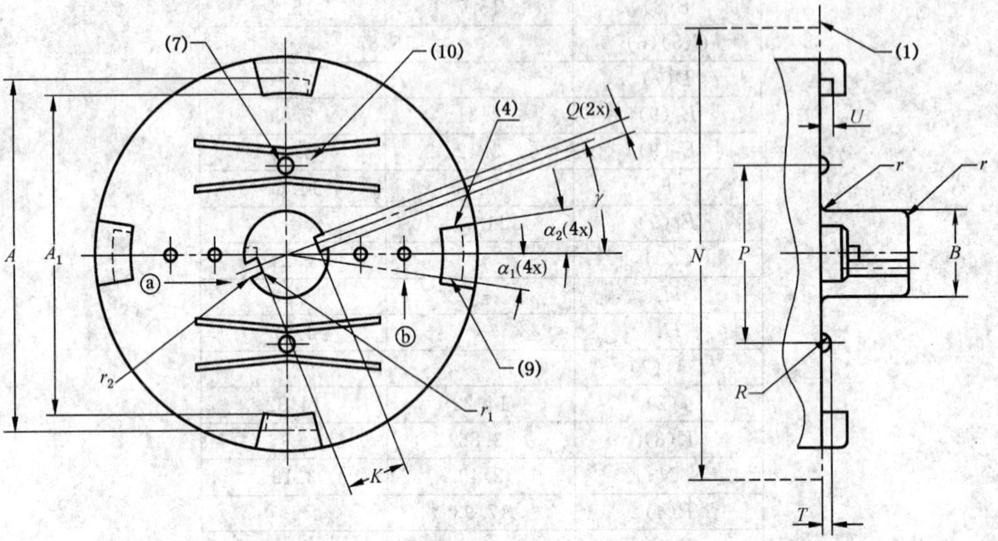

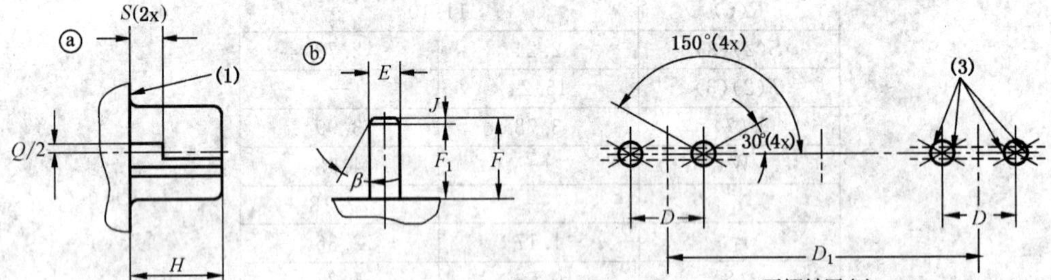

附图仅表示 2G8-1 灯头。不同型号的 2G8 灯头见下图。

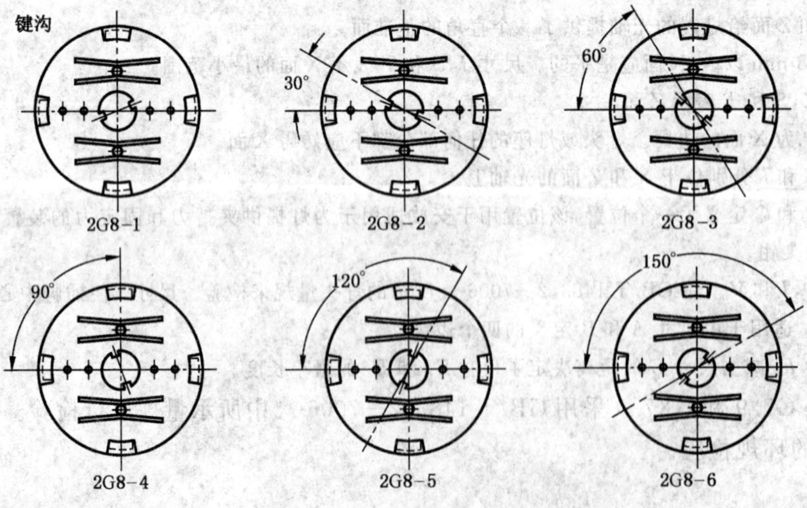

GB/T 1406.2—7004-141-1

	2G8 灯头	2/3

单位为毫米

尺寸	最小值	最大值	尺寸	最小值	最大值
A	59.4	59.6	Q	2.3	2.5
A_1	53.6	53.8	R(7)	1.4	1.6
B	14.1	14.6	S	5.4	5.7
D	7.5(6)		T	1.7(7)	1.8
D_1(5)	32.5(6)		U	2.3	2.4
E(3)	2.29	2.67(2)	r	0.9	1.1
F	6.0	6.8	r_1	—	0.8
F_1	5.5	—	r_2	—	0.3
H	14.4	14.7	α_1	8°	9°
J	0.4	—	α_2	7°	9°
K	—	10.4	β	约 30°	
N	(8)		γ	19°30′	20°30′
P	29.7	30.3			

* 除非另外指定，尖角要稍倒角或倒圆。

(1) 基准面。

(2) 对于未装在灯上的灯头，E_{max}＝2.44 mm。

(3) 插脚表面允许有凹痕或沟纹，但不应位于与插脚中心线所在平面成 30°与 150°角之间的插脚半径区域内。

(4) 在四个抓钩的入口允许有导入斜面(为使灯座容易插入)。

(5) 尺寸 D_1 表示两对插脚中心线之间的空间。

(6) 采用 GB/T 1483.2—7006-141K 中所示量规检验。

(7) 应能压下两个半球部分(尺寸 R)。这些部分应卡进相应的灯座凹槽。当一个大小为××N(待定)的力施加于单个半球部分的顶部时，该部分应至少压下 1.5 mm。

(8) 尺寸 N 用来划分可能被灯占有的空间和可能被灯座和/或灯具占有的空间。最大的外形尺寸见相关灯的活页。

(9) 止挡。在四个卡爪处都可能有止挡。

(10) 该柔性部分的形状是任意的。

检验：2G8 灯头应采用 GB/T 1483.2—7006-141，7006-141K，7006-141H 和 7006-141J 中所示量规进行检验。

GB/T 1406.2—7004-141-1

GR8 灯头

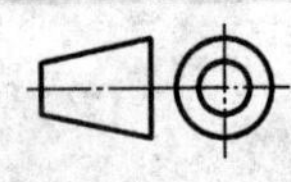

1/1

单位为毫米

附图仅表示互换性的基本尺寸。

关于 GR8 灯座,见 GB/T 19148.2—7005-68。

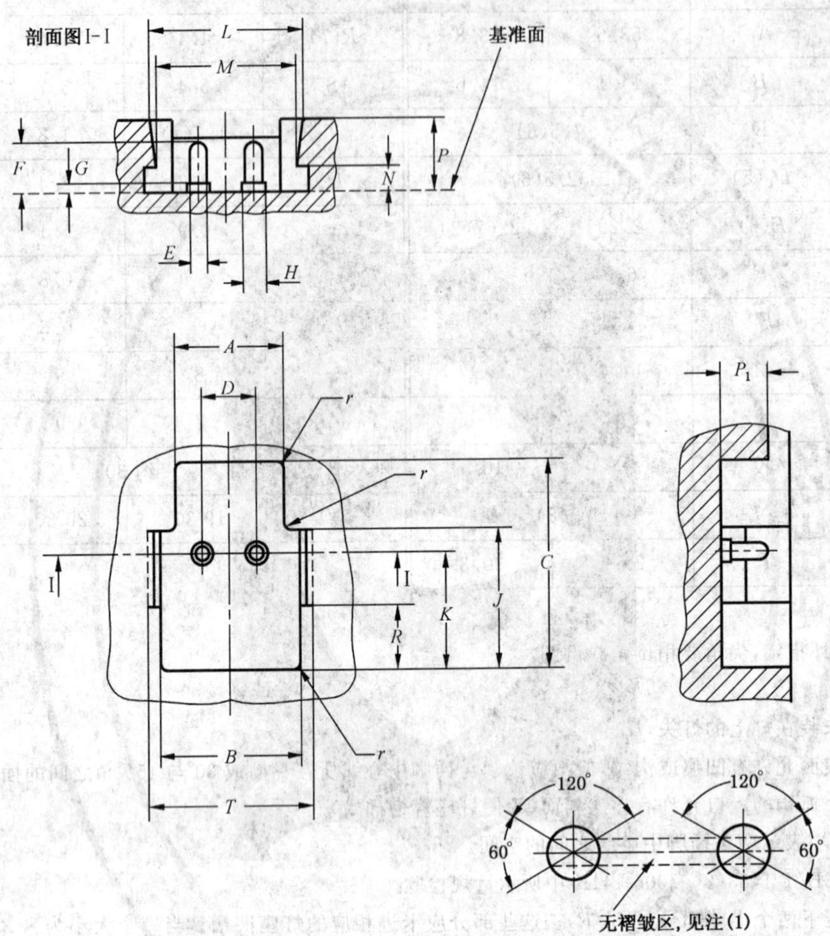

尺寸	最小值	最大值	尺寸	最小值	最大值
A	15.5	15.8	*K*	16.1	16.3
B	20.3	20.6	*L*	22.0	—
C	29.0	31.0	*M*	20.3	20.5
D	8.0		*N*	3.4	3.6
E	2.29	2.67	*P*	—	9.9
F	6.60	7.77	P_1	6.5	7.0
G	—	1.27	*R*	—	9.0
H	—	3.30	*T*	21.9	—
J	19.3	—	*r*	—	0.8

(1) 插脚表面允许有凹痕或沟纹,但不应位于上图所示的由 60°弧限定的插脚半径区域内。

检验:成品灯上的 GR8 灯头采用 GB/T 1483.2—7006-68,7006-68A,7006-68E 和 7006-68F 中所示量规进行检验。

GB/T 1406.2—7004-68-3

单位为毫米

附图仅表示互换性的基本尺寸。

关于 G8.5 灯座，见 GB/T 19148.2—7005-122。

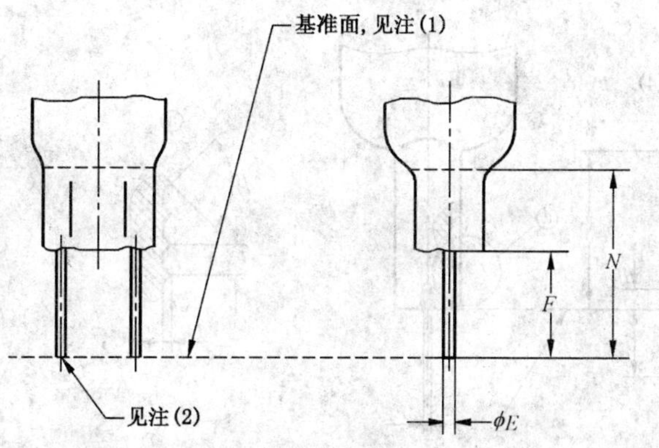

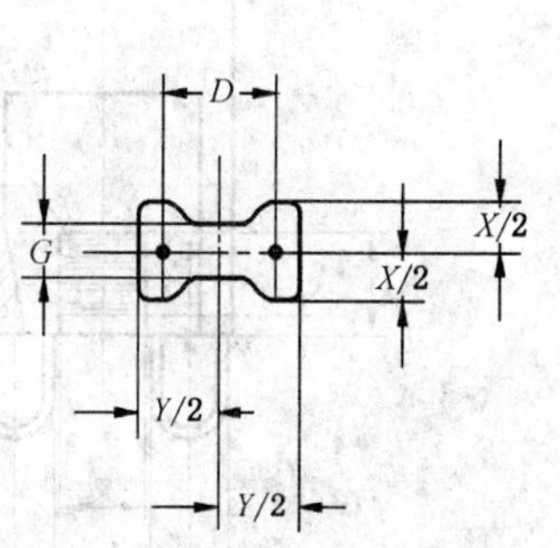

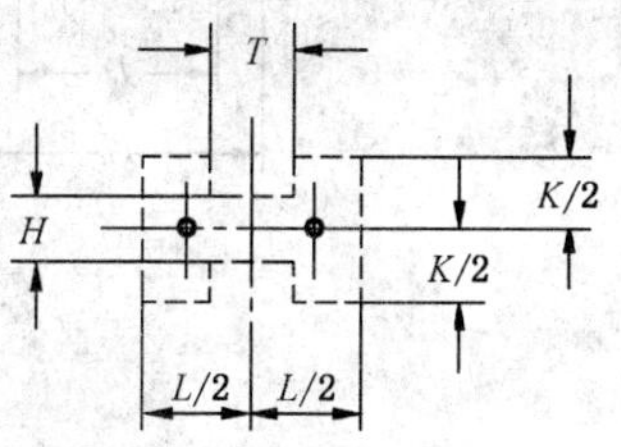

尺寸	最小值	最大值
D(5)	8.5	
E	0.95	1.05
F	11	13
G	2.5	4
H(4)	4	
K(4)	9.5	
L(4)	15.0	
N(4)	23.5	—
T(4)	5.5	
X(3)	5	—
Y(3)	11.5	—

(1) 基准面由插脚的末端确定。

(2) 插脚的末端应为半球状，倒角或倒圆，无尖角。

(3) 夹封部位尺寸 X 和 Y 在距离基准面 15 mm 处测量。

(4) 尺寸 H,K,L,N 和 T 表示一个凹槽。灯的夹封部位的任何部分都要在此区域内。

(5) 所有尺寸都与插脚的中心线相关。

检验：G8.5 灯端采用 GB/T 1483.2—7006-122 中所示量规检验。

GB/T 1406.2—7004-122-1

G9 灯端

1/2

单位为毫米

附图仅表示互换性的基本尺寸。

关于 G9 灯座,见 GB/T 19148.2—7005-129。

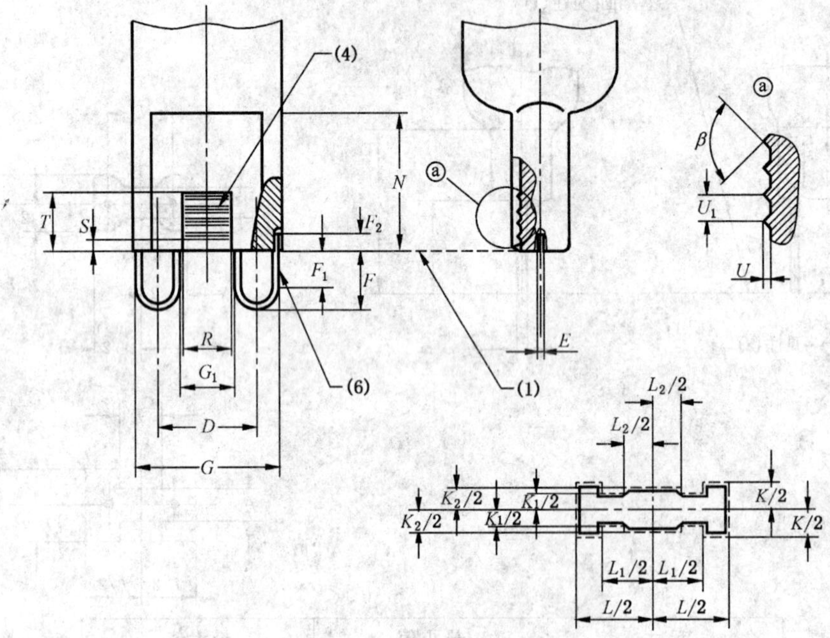

GB/T 1406.2—7004-129-1

	G9 灯端	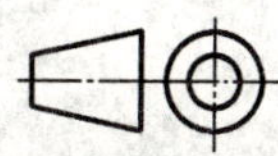 2/2

单位为毫米

尺寸	最小值	最大值
D	9.0	
E	0.5*	0.7
F	—	5.3
F_1(3)	3.0	—
F_2	—	3.0
G^*	12.4	13.3
G_1^*	5.2	—
K(5)	—	4.9
K_1(5)	—	3.0
K_2(5)	—	4.0
L(5)	—	13.7
L_1(5)	9.0	—
L_2(5)	—	5.0
N	12.3	—
R(2)	4.0*	5.0
S(2)	—	1.5*
T^*(2)	5.0	—
U^*	0.3	—
U_1^*	1.4	1.6
β^*	90°	

* 仅用于设计，不用于成品灯的检验。

(1) 基准面和管脚轴相垂直，由两个触点之间的管脚的两端定义(由 G_1 和 K_1 限定)。

(2) 这些值指管脚的表面。

(3) 尺寸 F_1 定义了接触区的长度。

(4) 把手(加紧片)为锯齿状表面。

(5) 尺寸 K,K_1,K_2,L,L_1,L_2 和 N 表示一个凹槽。灯管脚的任何部分都要在此区域内。

(6) 接触区域。

GB/T 1406.2—7004-129-1

	G9.5 双插脚灯头	1/1

单位为毫米

附图仅表示互换性的基本尺寸。

关于 G9.5 灯座,见 GB/T 19148.2—7005-70。

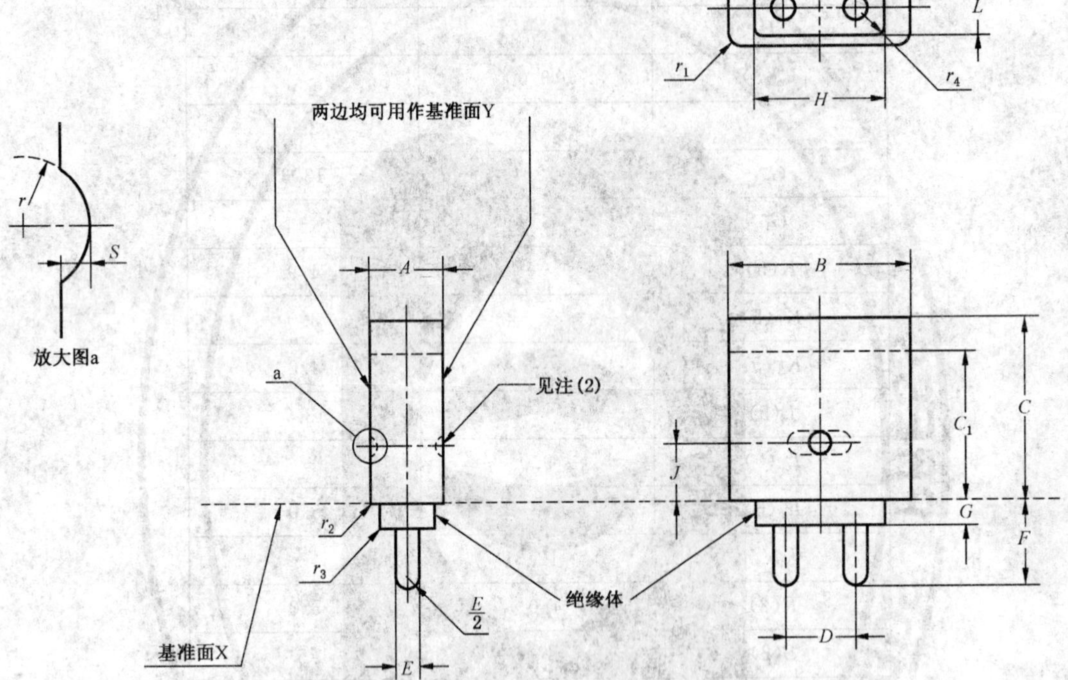

尺寸	最小值	最大值
A	9.27	9.78
B	23.44	23.95
C	23.37	—
C_1(1)	19.05	—
D	9.53*	
E	3.10	3.25
F	9.53	11.43
G	—	3.02
H	16.51	17.78
J	7.11	7.37
L	—	7.62
S	0.79	—
r	2.9	
r_1	3.18	4.62
r_2	0.76	1.70
r_3	0.28	—
r_4	1.27	—

可制成带有最大值为 1.0 mm 的喇叭口的灯头。

* 采用 GB/T 1483.2—7006-70D 中所示量规进行检验。

(1) “C_1”表示尺寸“A”和“B”应符合要求的最小范围。

(2) 圆形或长形凹痕剖视图。

GB/T 1406.2—7004-70-2

	GX9.5 双插脚灯头	1/1

单位为毫米

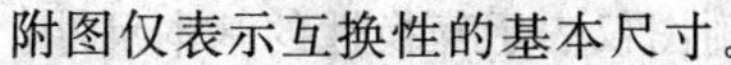

附图仅表示互换性的基本尺寸。

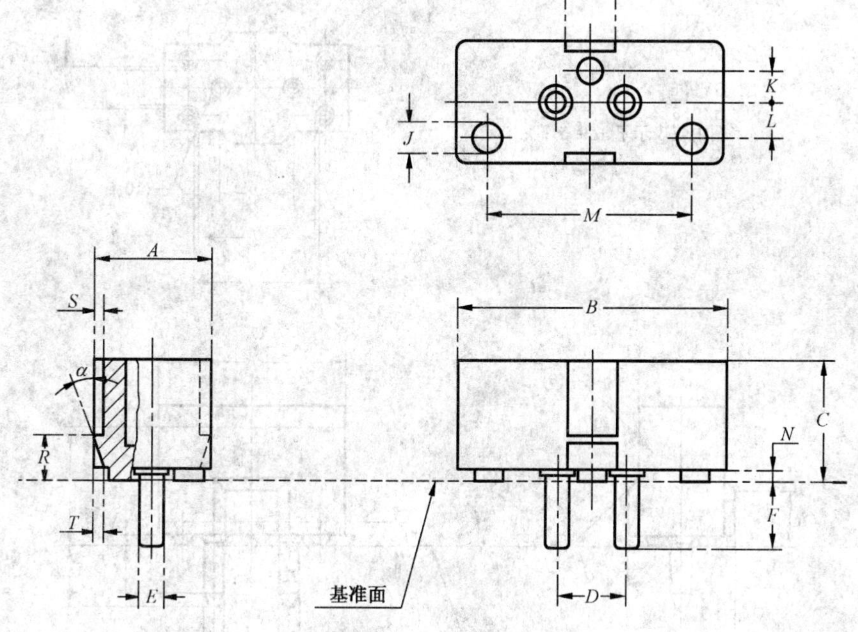

尺寸	最小值	最大值	成品灯上灯头最大值
A	15.4	16.0	—
B	34.4	36.0	—
C	16.0	—	—
D	9.53 *		—
E(1)	3.10	3.25	3.53
F	8.4	9.2	10.0
J	约 4		—
K	约 4		—
L	约 5		—
M	约 28		—
N	1.0	—	—
P	6.5	7.5	—
R	5.8	6.2	—
S	1.1	1.5	—
T	1.1	1.5	—
α	20°	25°	—

插脚的止挡不应超出基准面。

* 采用适当量规检验。

(1) 在基准面之上，对尺寸 *E* 不作要求。

GB/T 1406.2—7004-70A-1

	GY9.5、GZ9.5、GZX9.5、GZY9.5 和 GZZ9.5 双插脚灯头	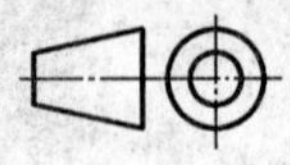 1/2

单位为毫米

附图仅表示互换性的基本尺寸。

关于 GY9.5、GZ9.5、GZX9.5、GZY9.5 和 GZZ9.5 灯座，见 GB/T 19148.2—7005-70B。

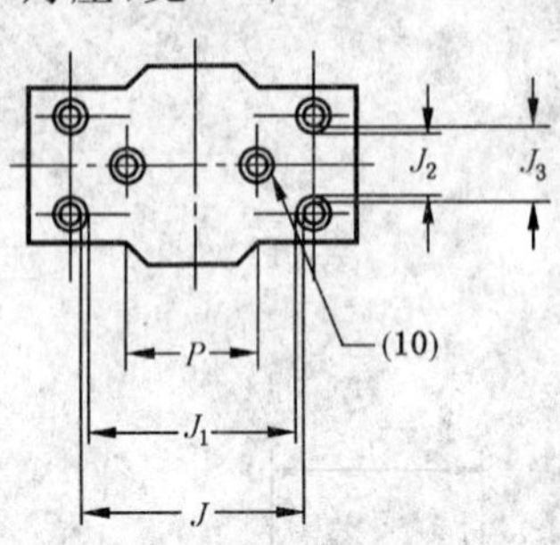

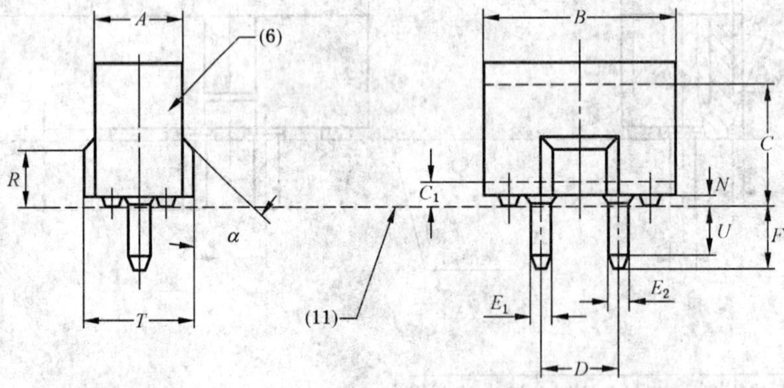

GZX9.5
GZY9.5
GZZ9.5
图中仅表示了GZX9.5灯头

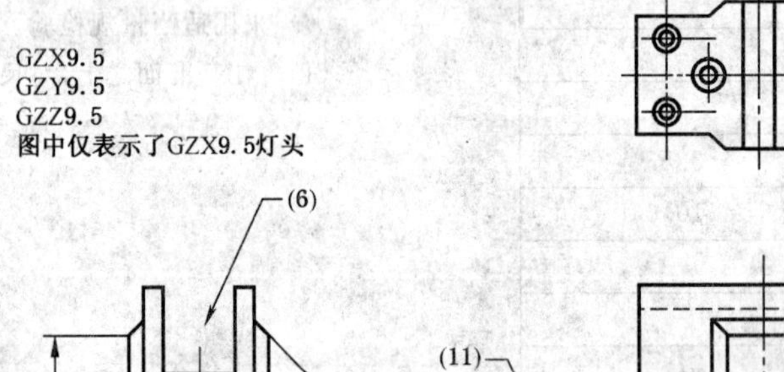

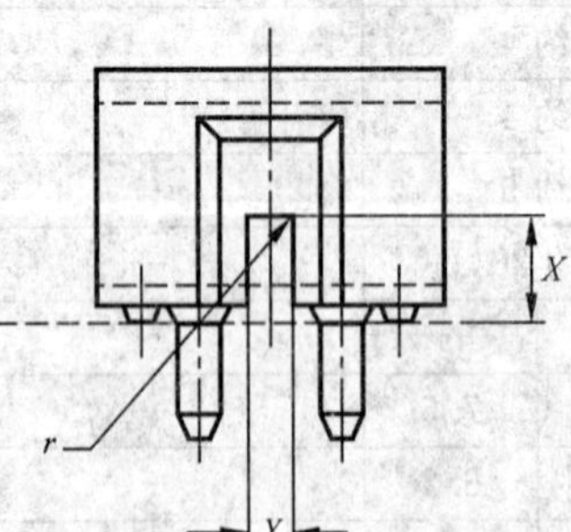

关于其他尺寸，见上述 GY9.5 和 GZ9.5 灯头。

GB/T 1406.2—7004-70B-4

	GY9.5、GZ9.5、GZX9.5、GZY9.5 和 GZZ9.5 双插脚灯头	2/2

单位为毫米

尺寸	GY9.5		GZ9.5		GZX9.5		GZY9.5		GZZ9.5	
	最小值	最大值	最小值	最大值	最小值	最大值	最小值	最大值	最小值	最大值
A(1)(2)	10.67	11.18	10.67	11.18	10.65	11.18	10.65	11.18	10.65	11.18
B(1)(2)	20.5(9)	30.0	20.5	24.13	20.5	24.13	20.5	24.13	20.5	24.13
C_1(2)	3.0	—	3.0	—	3.0	—	3.0	—	3.0	—
C(1)	15.75	—	15.75	—	15.75	—	15.75	—	15.75	—
D	9.53(4)		9.53(4)		9.53(4)		9.53(4)		9.53(4)	
E_1(5)	2.29	2.44	2.29	2.44	3.1	3.25	2.29	2.44	2.29	2.44
E_2(5)	3.1	3.25	3.1	3.25	3.1	3.25	3.1	3.25	2.29	2.44
F	7.11	8.64	7.11	8.64	7.11	8.64	7.11	8.64	7.11	8.64
J	14.0	—	14.0	19.05	14.0	19.05	14.0	19.05	14.0	19.05
J_1	12.7	—	12.7	—	12.7	—	12.7	—	12.7	—
J_2	—	—	—	—	2.7	—	2.7	—	2.7	—
J_3	—	—	—	—	4.0	9.05	4.0	9.05	4.0	9.05
N	1.0	—	1.0	—	1.0	1.6	1.0	1.6	1.0	1.6
P	9.14	10.0	9.14	10.0	9.14	10.0	9.14	10.0	9.14	10.0
R	7.75	8.26	7.75	8.26	12.2	13.7	12.2	13.7	12.2	13.7
T	13.7	14.35	13.7	14.35	13.7	14.35	13.7	14.35	13.7	14.35
U(5)	5.08	—	5.08	—	5.08	—	5.08	—	5.08	—
X	—	—	—	—	7.7	8.2	7.7	8.2	7.7	8.2
Y	—	—	—	—	3	3.4	3	3.4	3	3.4
r	—	—	—	—	—	0.2	—	0.2	—	0.2
α	40°	90°(3)	40°	90°(3)	标称值 45°		标称值 45°		标称值 45°	

(1) 尺寸 C 表示应采用尺寸 A 和 B 的最大值的最小范围。

(2) 尺寸 C_1 表示应采用尺寸 A 和 B 的最小值的最小范围。

(3) 如果 α 角约 90°，定位键应倒圆约 0.4 mm。

(4) 采用相应量规进行检验。

(5) 尺寸 U 表示尺寸 E_1 和 E_2 的最大值和最小值应符合要求的最小范围，在此之下，仅适用于限值 E_{1max} 和 E_{2max}。

(6) 在狭窄的边缘，绝缘体可为敞开式，此时，成品灯上的灯头和夹封部位的宽度在尺寸 C 确定的距离内应不超过尺寸 B_{max}。当要用这种结构时，应注意保证带电部件不可触及。

(7) 插脚的止挡不应突出基准面。

(8) 插脚的端部应为圆形或锥形，以易于插入灯座及取下。

(9) 在美国，GY9.5 灯头的此数值为 27.31 mm。

(10) 基准插脚。

(11) 基准面。

检验：GY9.5 和 GZ9.5 灯头采用 GB/T 1483.2—7006-70C 中所示量规进行检验。

GB/T 1406.2—7004-70B-4

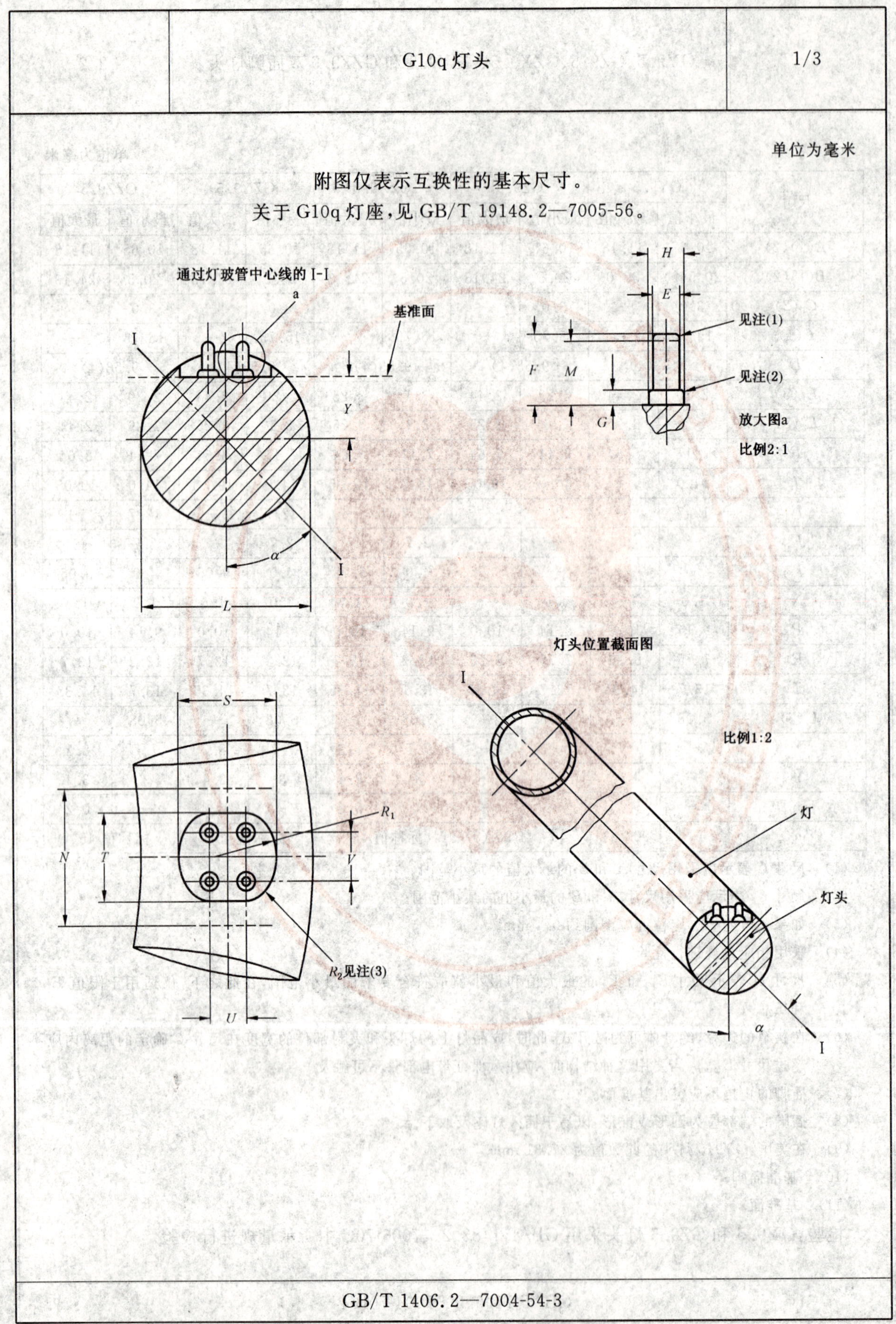
G10q 灯头
1/3
单位为毫米
附图仅表示互换性的基本尺寸。
关于 G10q 灯座，见 GB/T 19148.2—7005-56。
通过灯玻管中心线的 I-I
a
基准面
I
Y
α
L
H
E
见注(1)
F
M
见注(2)
G
放大图a
比例2:1
灯头位置截面图
比例1:2
S
R_1
N
T
V
R_2见注(3)
U
灯
灯头
GB/T 1406.2—7004-54-3

	G10q 灯头	2/3

单位为毫米

尺寸	最小值	最大值	成品灯上灯头最大值
E	2.29	2.44	(11)
F	6.35	—	7.62
G	—	1.27	1.27
H	—	3.30	3.30
L(6)(7)	—	31.0	31.0
M^*(8)(9)	5.59	—	—
N(6)	23.80	—	—
R_1(5)	11.61	—	—
R_2(3)(4)(5)	—	4.20	4.20
S	16.69	—	—
T	15.90	—	—
U(10)(11)	6.35		
V(10)(11)	7.92		
Y^*	9.5	12.5	12.5
α(12)	标称值 45°		

GB/T 1406.2—7004-54-3

	G10q 灯头	3/3

单位为毫米

* 该尺寸仅用于灯头设计，不用于成品灯的检验。

(1) 插脚末端应倒角或倒圆。

(2) 插脚止挡的外形应采用 GB/T 1483.2—7006-79 中所示量规并结合其他尺寸进行检验。

(3) 如果存在尺寸 R_2，该尺寸是灯头的四角被倒圆后所形成的圆弧的半径，圆弧与角的两边相切。

(4) 尺寸 R_2 的未来目标值是 3.8 mm(最大值)。

(5) 如果在设计上允许尺寸 S 和/或 T 的扩展不受限制的情况下，则可以不遵循尺寸 R_1 和 R_2 所规定的特性。

(6) 尺寸 N 表示应采用直径 L 的范围。

(7) 灯头的表面允许有不平之处，但是在中心线至基准面(尺寸 Y)之间以及在尺寸 N 与灯座(具有支撑与连接的作用)相吻合之处的尺寸 L 应符合要求。

(8) 在基准面以上尺寸 M 所示最小范围内，插脚应为柱形，但是插脚止挡高度尺寸 G 那部分除外。

(9) 在某些条件下(待定)插脚表面允许有凹痕和沟纹。

(10) 四只插脚的中心所位于的圆的直径约为 10 mm。

(11) 该尺寸应采用 GB/T 1483.2—7006-79 中所示量规并结合其他尺寸进行检验。

(12) 相对于通过玻管的平面，成品灯上的灯头应能毫不费力地至少转动标称角度 $\alpha\pm5°$ 的一个弧。在灯头转动最大角度时，导线不应短路。

检验：成品灯上的 G10q 灯头采用 GB/T 1483.2—7006-79 中所示量规进行检验。

GB/T 1406.2—7004-54-3

	GR10q 灯头	1/1

单位为毫米

附图仅表示互换性的基本尺寸。

关于 GR10q 灯座，见 GB/T 19148.2—7005-77。

尺寸	最小值	最大值	尺寸	最小值	最大值
A	15.5	15.8	K	9.9	10.1
B	20.3	20.6	L	22.0	—
C	29.0	31.0	M	20.3	20.5
D	8.0		N	3.4	3.6
D_1	6.35		P	—	9.9
E	2.29	2.67	P_1	6.5	7.0
F	6.60	7.77	R	—	9.0
G	—	1.27	T	21.9	—
H	—	3.30	r	—	0.8
J	19.3	—			

(1) 插脚的表面允许有凹痕和沟纹，但不应位于上图所示由 60°弧限定的插脚半径区域内。

检验：成品灯上的 GR10q 灯头采用 GB/T 1483.2—7006-77，7006-77A，7006-68E 和 7006-68F 中所示量规进行检验。

GB/T 1406.2—7004-77-2

	GRX10q-..灯头	1/2

单位为毫米

附图仅表示互换性的基本尺寸。

关于 GRX10q-..灯座,见 GB/T 19148.2—7005-101。

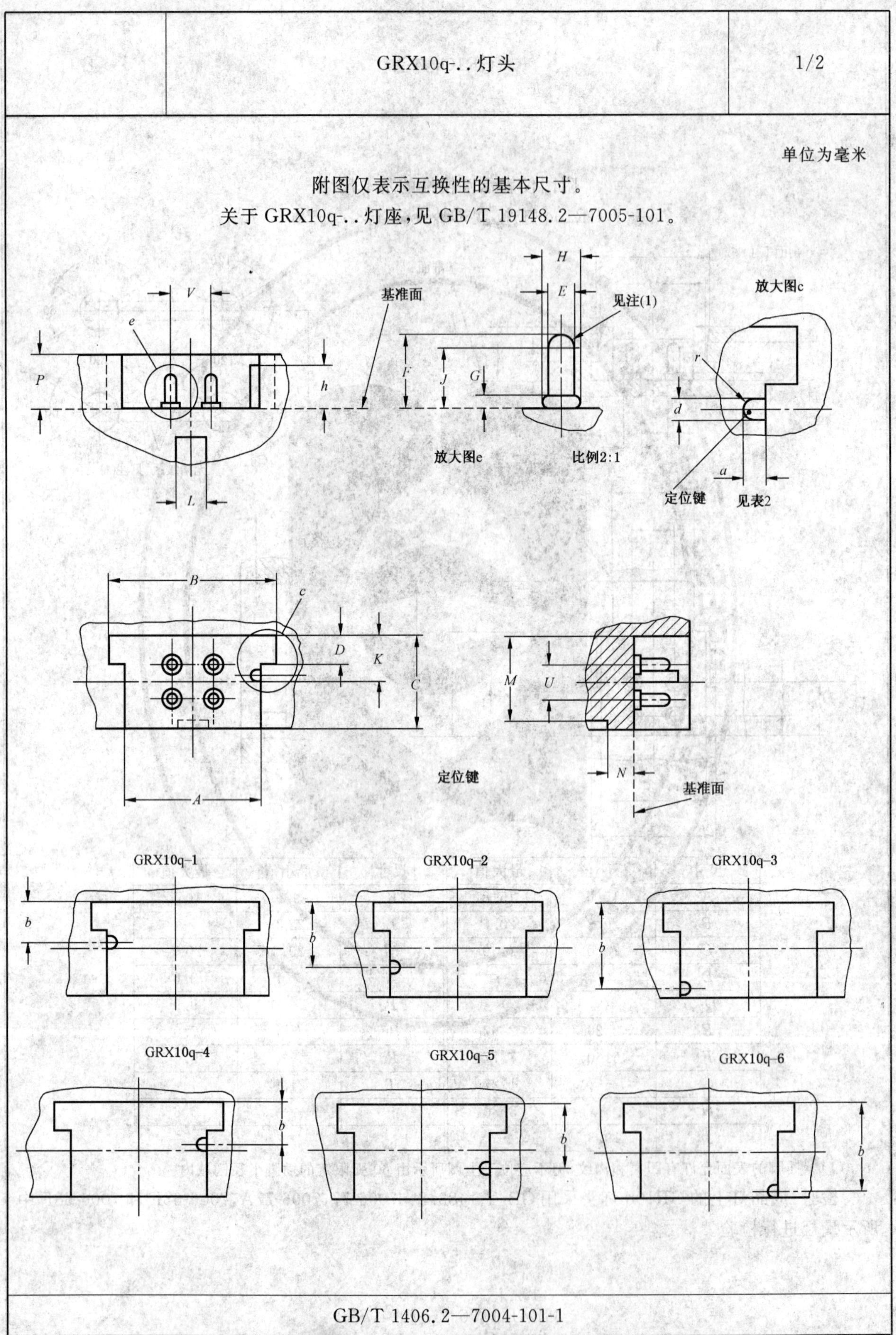

GB/T 1406.2—7004-101-1

GRX10q-.. 灯头 2/2

单位为毫米

尺寸	最小值	最大值	成品灯上的最大值
A	24.5	25.5	25.5
B	30.6	31.4	31.4
C	16.3	16.7	16.7
D	5.0	5.3	5.3
E	2.29	2.44	(7)
F	6.35	—	7.62
G(2)	—	1.27	1.27
H(2)	—	3.30	3.30
J(3)(4)	5.59	—	—
K	8.16	8.35	8.35
L	5.7	—	—
M	14.8	15.2	15.2
N	—	5.2	5.2
P	9.8	10.2	10.2
U(5)(6)	6.35		
V(5)(6)	7.92		
a	1.8	2.0	—
d	1.8	2.2	—
h	7.8	8.2	—
r	*d*/2		—

名称	尺寸 *b*	
	最小值	最大值
GRX10q-1	7.4	7.6
GRX10q-2	11.4	11.6
GRX10q-3	15.4	15.6
GRX10q-4	7.4	7.6
GRX10q-5	11.4	11.6
GRX10q-6	15.4	15.6

(1) 插脚末端应倒角或倒圆。

(2) 支台的轮廓用 GB/T 1483.2—7006-101 中所示量规检验。

(3) 尺寸 *J* 表示距离基准面的最小值，在此范围内插脚应为圆柱形，但插脚止挡的高度尺寸 *G* 除外。

(4) 插脚的表面允许有凹痕或沟纹。（研究中）

(5) 四只插脚的中心所位于的圆的直径约为 10 mm。

(6) 该灯头插脚用 GB/T 1483.2—7006-101 中所示“通规”进行检验。

(7) 该尺寸用 GB/T 1483.2—7006-101 中所示量规进行检验。

检验：成品灯上的 GRX10q 灯头应采用 GB/T 1483.2—7006-101，7006-101A 和 7006-101B 中所示量规进行检验。

GB/T 1406.2—7004-101-1

GRZ10d 灯头

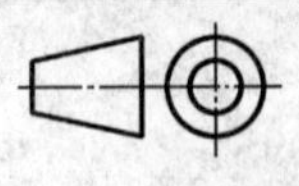

1/1

单位为毫米

附图仅表示互换性的基本尺寸。

关于 GRZ10d 灯座，见 GB/T 19148.2—7005-131。

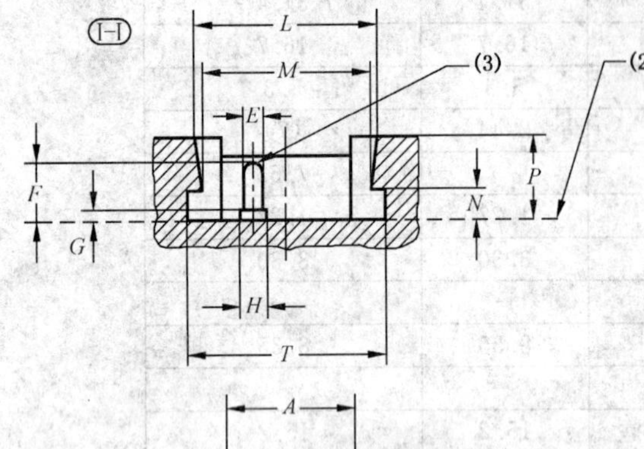

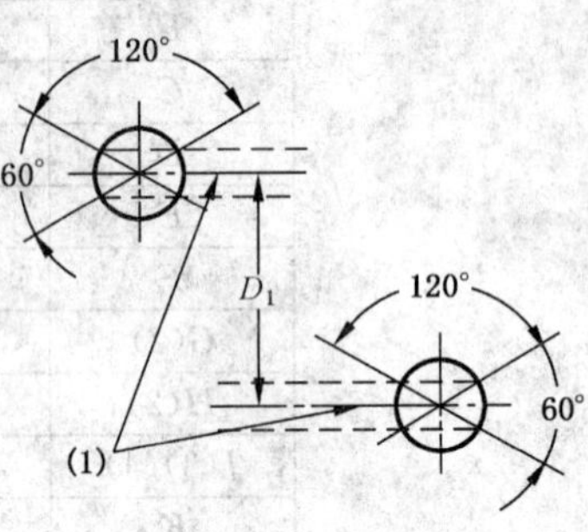

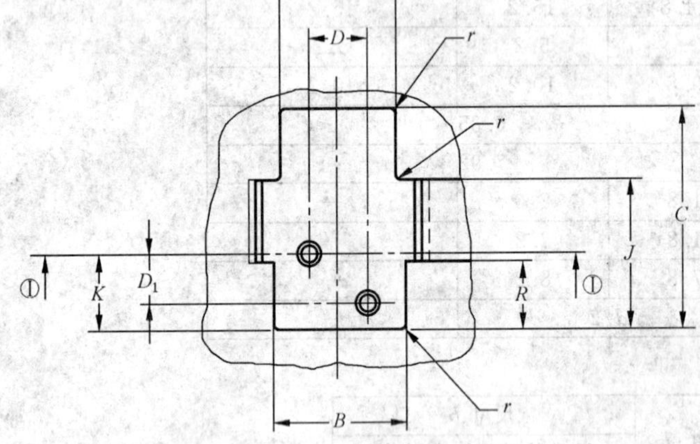

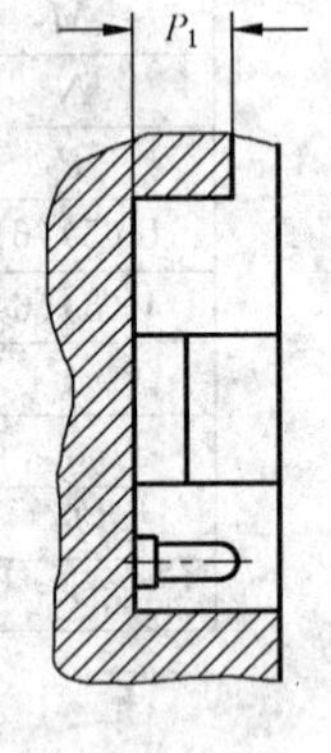

尺寸	最小值	最大值	尺寸	最小值	最大值
A	15.5	15.8	K	9.9	10.1
B	17.4	17.7	L	22.0	—
C	29.0	31.0	M	20.3	20.5
D	8.0		N	3.4	3.6
D_1	6.35		P	—	9.9
E	2.29	2.67	P_1	6.5	7.0
F	6.60	7.77	R	—	9.0
G	—	1.27	T	21.9	—
H	—	3.30	r	—	0.8
J	19.3	—			

(1) 无褶皱区。插脚表面允许有凹痕或沟纹，但不应位于上图所示由 60°弧限定的插脚半径区域内。

(2) 基准面。

(3) 插脚末端应倒角或倒圆。

检验：GRZ10d 灯头应采用 GB/T 1483.2—7006-131 和 7006-131B 中所示量规进行检验。

GB/T 1406.2—7004-131-1

尺寸	最小值	最大值	尺寸	最小值	最大值
A	15.5	15.8	*K*	9.9	10.1
B	17.4	17.7	*L*	22.0	—
C	29.0	31.0	*M*	20.3	20.5
D	8.0		*N*	3.4	3.6
D_1	6.35		*P*	—	9.9
E	2.29	2.67	P_1	6.5	7.0
F	6.60	7.77	*R*	—	9.0
G	—	1.27	*T*	21.9	—
H	—	3.30	*r*	—	0.8
J	19.3	—			

(1) 无褶皱区。插脚表面允许有凹痕或沟纹，但不应位于上图所示由 60°弧限定的插脚半径区域内。

(2) 功能接地端子。

(3) 基准面。

(4) 插脚的末端应倒角或倒圆。

检验：GRZ10t 灯头应采用 GB/T 1483.2—7006-132 和 7006-132B 中所示量规进行检验。

GB/T 1406.2—7004-132-1

GU10 双插脚灯端

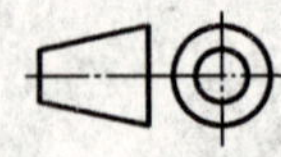

1/1

单位为毫米

附图仅表示互换性的基本尺寸。

关于 GU10 灯座，见 GB/T 19148.2—7005-121。

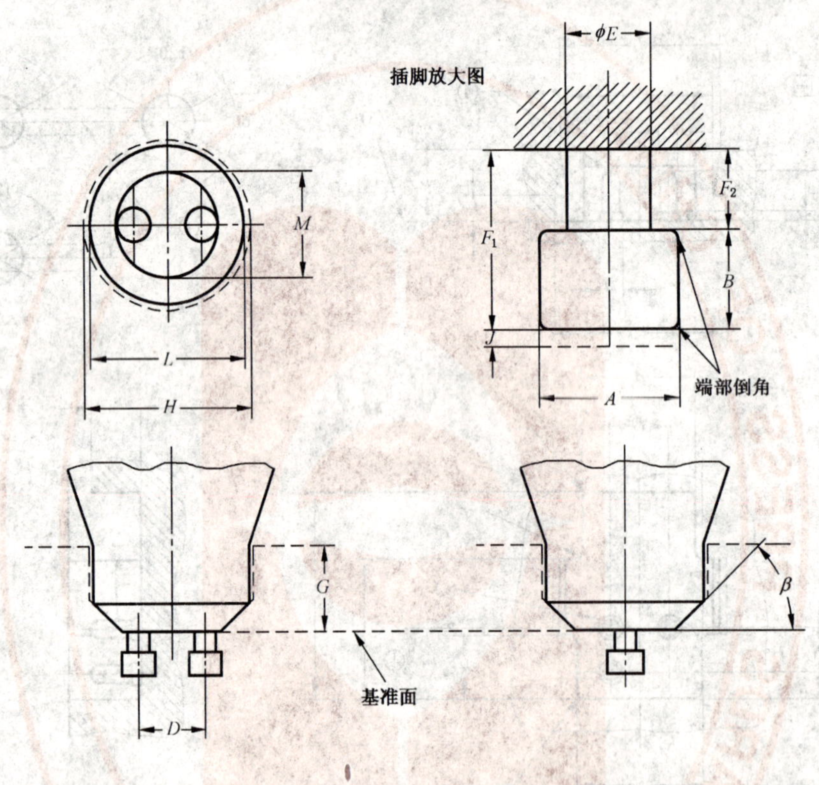

尺寸	最小值	最大值
A	4.9	5.1
B	2.9	3.1
D(1)	10	
E	—	3.1
F_1	—	6.4
F_2	2.9	—
G(2)	12	
H(2)	22.6	
J(3)	—	0.6
L	21.5	2
M	14	16
β	44°	46°

(1) 采用 GB/T 1483.2—7006-121 中所示量规进行检验。

(2) 尺寸 G,H 和 β 用来划分可能被灯占有的空间和可能被灯座和/或灯具占有的空间。

(3) 允许锡焊或熔焊。

检验：GU10 灯端应采用 GB/T 1483.2—7006-121 中所示量规进行检验。

GB/T 1406.2—7004-121-1

GU10q 灯头

1/2

单位为毫米

附图仅表示互换性的基本尺寸。

关于 GU10q 灯座，见 GB/T 19148.2—7005-123。

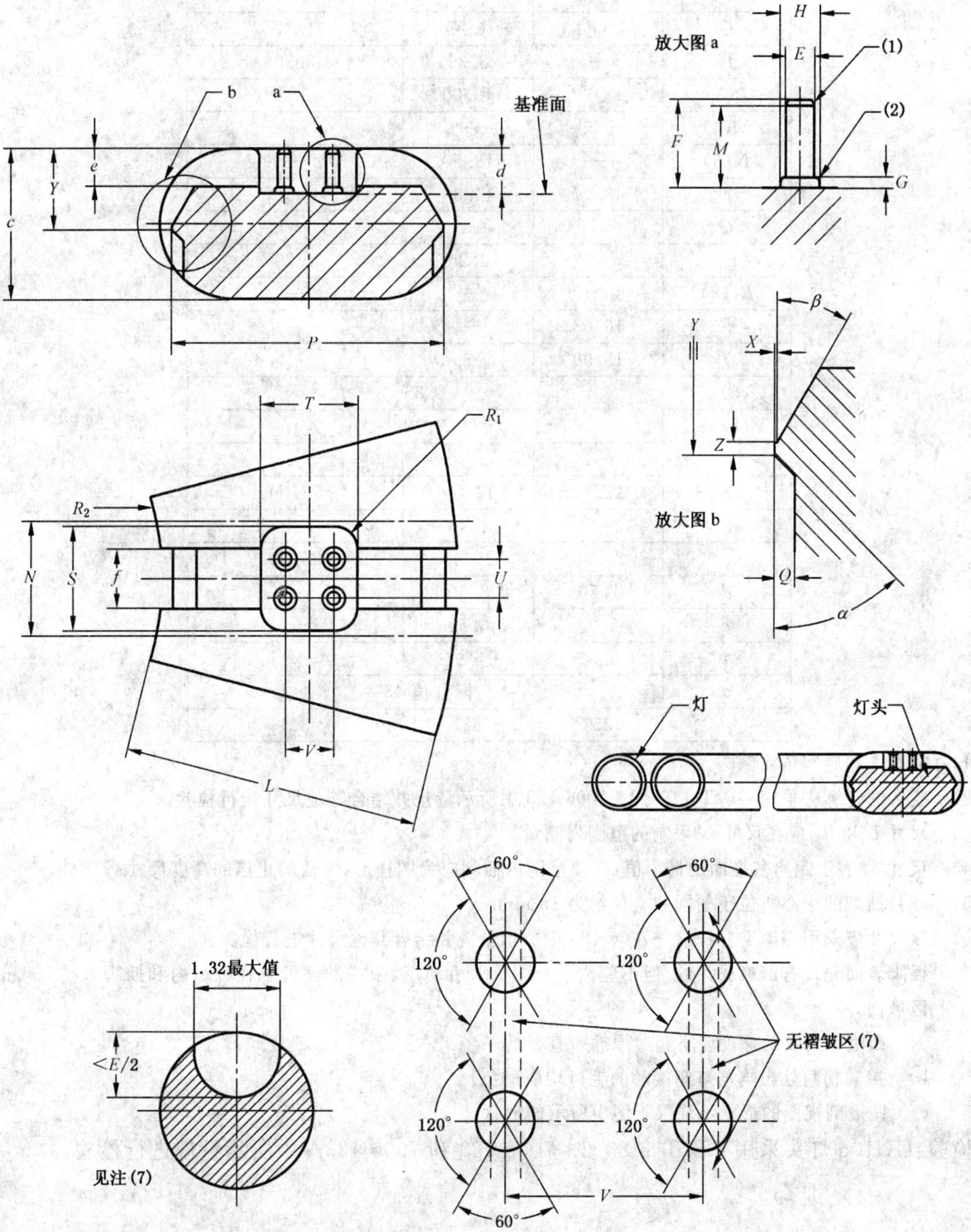

与灯头端面平行的平面上最大褶皱直径处的插脚褶皱区(凹痕或沟纹表面)放大剖视图。见注 7。

GB/T 1406.2—7004-123-1

GU10q 灯头

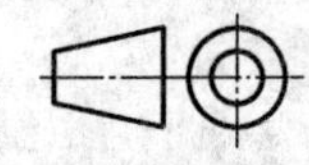

2/2

单位为毫米

尺寸	最小值	最大值	成品灯上的最大值
E(7)	2.29	2.44	2.67
F	6.35	—	7.62
G	—	1.27	1.27
H	—	3.30	3.30
L(3)	—	49.00	49.00
M(4)	5.59	—	—
N(3)	—	18.50	—
P	43.70	44.30	44.30
Q	1.70	—	—
R_1	—	4.20	4.20
R_2(3)	50.10	—	—
S	16.69	—	—
T	15.90	—	—
U(5)(6)	6.35		
V(5)(6)	7.92		
X	—	0.20	0.20
Y	12.40	13.00	13.00
Z	—	1.40	1.40
c	24.00	25.00	25.00
d	7.70	8.00	—
e	6.00	6.50	—
f	9.50	—	—
α	标称值 45°		
β	25°	35°	35°

(1) 插脚末端应倒角或倒圆。

(2) 支台的轮廓应采用 GB/T 1483.2—7006-123 中所示量规并结合其他尺寸进行检验。

(3) 尺寸 L 和 R_2 应在尺寸 N 限制的范围内测量。

(4) 尺寸 M 表示距离基准面的最小值，在此范围内插脚应为圆柱形，但插脚止挡的高度尺寸 G 除外。

(5) 四只插脚的中心所位于的圆的直径约为 10 mm。

(6) 该尺寸应采用 GB/T 1483.2—7006-123 中所示量规并结合其他尺寸进行检验。

(7) 插脚表面允许有凹痕或沟纹，但不应位于上图所示由 60°弧限定的插脚半径区域内和插脚末端 0.4 mm 的区域内。

a) 凹痕或沟纹的深度应不超过原插脚直径的一半。

b) 褶皱拐角处影响与灯座接触的毛口均应避免。

c) 凹痕剖视图的形状不局限于图中所示的形状。

检验：GU10q 灯头采用 GB/T 1483.2—7006-123 和 7006-123A 中所示量规进行检验。

GB/T 1406.2—7004-123-1

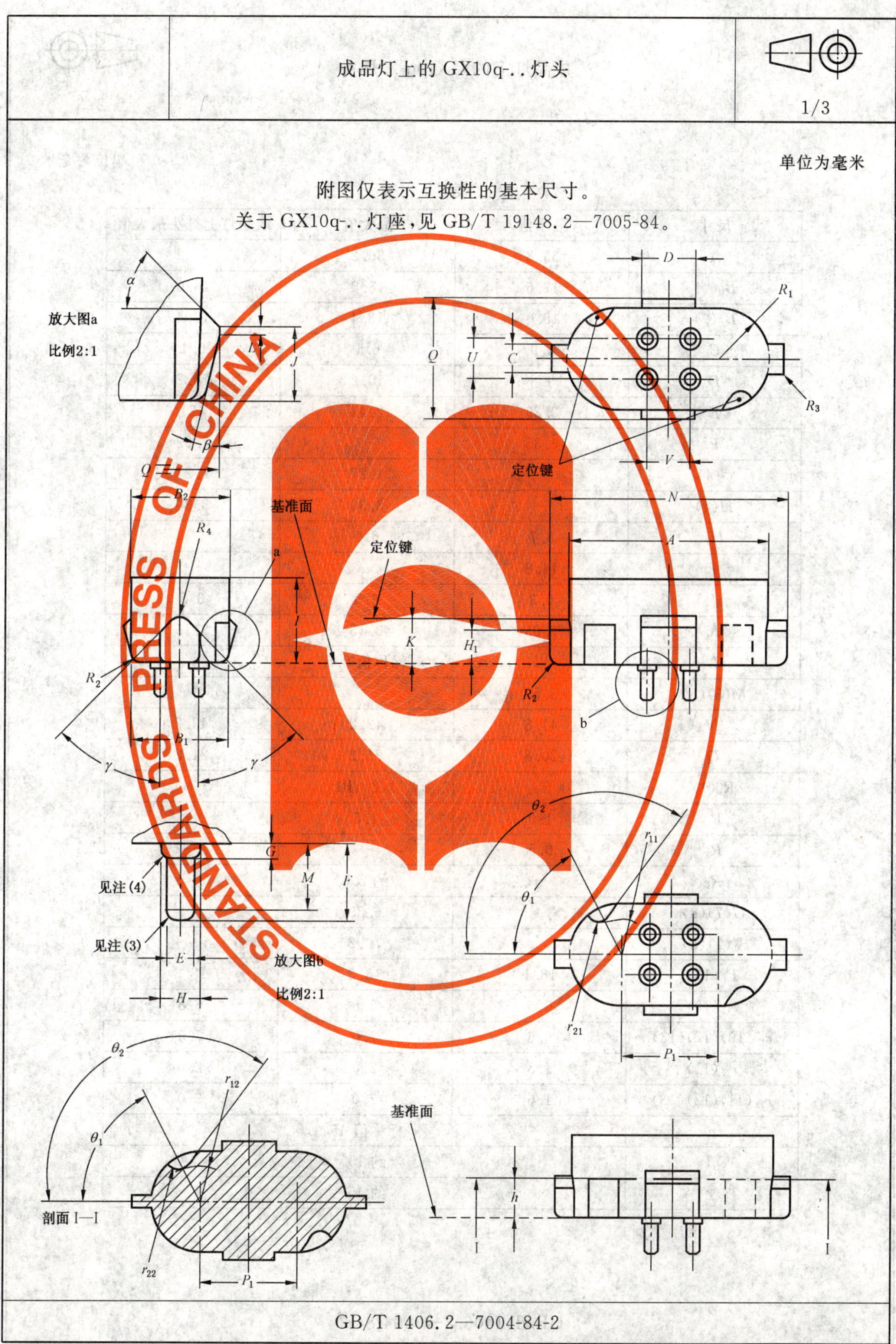
成品灯上的 GX10q-.. 灯头
1/3
单位为毫米
附图仅表示互换性的基本尺寸。
关于 GX10q-.. 灯座，见 GB/T 19148.2—7005-84。
放大图a
比例2:1
放大图b
比例2:1
基准面
定位键
见注(4)
见注(3)
剖面 I—I
GB/T 1406.2—7004-84-2

成品灯上的 GX10q-..灯头

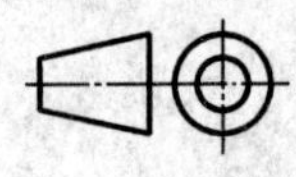

2/3

单位为毫米

表1

尺寸	最小值	最大值	成品灯上灯头最大值
A	35.8	36.2	36.2
B_1(1)	17.6	18.0	18.0
B_2(9)	18.0	18.4	18.4
C	5.9	6.1	6.1
D	9.8	10.2	10.2
E	2.29	2.44	(2)
F	6.35	—	7.62
G(4)	—	1.27	1.27
H(4)	—	3.30	3.30
H_1	5.7	6.0	—
I	14.8	—	—
J	6.3	6.5	6.5
K	7.85	8.15	8.15
L		标称值 0.5	
M(5)(6)	5.59	—	—
N	41.8	42.2	42.2
Q	20.8	21.2	21.2
R_1(1)		1/2 B1	
R_2	1.0	1.5	—
R_3	0.5	—	—
R_4		约 2.0	
U(7)(8)		6.35	
V(7)(8)		7.92	
P_1(10)	18.1	18.3	18.3
r_{11}(10)	6.6	6.8	6.8
r_{12}(10)(12)(13)	6.6	7.0	7.0
r_{21}(11)	1.8	2.0	2.0
r'_{22}(11)(12)(13)	1.6	2.0	2.0
α		标称值 45°	
β		约 15°	
γ		约 45°	

GB/T 1406.2—7004-84-2

成品灯上的 GX10q-..灯头

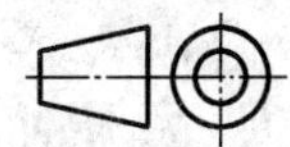

3/3

单位为毫米

表 2

灯头型号	尺寸 h		角 θ_1		角 θ_2(11)	
	最小值	最大值	最小值	最大值	最小值	最大值
GX10q-1	7.0	7.2	34°	36°	113°	115°
GX10q-2	7.0	7.2	61°	63°	124°	126°
GX10q-3	7.0	7.2	81°	83°	133°	135°
GX10q-4	14.0	14.2	34°	36°	113°	115°
GX10q-5	14.0	14.2	61°	63°	124°	126°
GX10q-6	14.0	14.2	81°	83°	133°	135°

(1) 尺寸 B_1 和 R_1 在距离基准面 2 mm 处测量。

(2) 该尺寸采用 GB/T 1483.2—7006-79 中所示量规进行检验。

(3) 插脚末端应倒角或倒圆。

(4) 插脚的止挡的轮廓采用 GB/T 1483.2—7006-79 中所示量规进行检验。

(5) 尺寸 M 表示距离基准面的最小值，在此范围内插脚应为圆柱形，但插脚止挡的高度尺寸 G 除外。

(6) 在某些条件下(待定)插脚表面允许有凹痕或沟纹。

(7) 四只插脚的中心所位于的圆的直径约为 10 mm。

(8) 该灯头插脚的排列方式和 G10q 灯头相同，所以采用 GB/T 1483.2—7006-79 中 G10q 灯头的“通规”进行检验，但不要采用 G10q 灯头的尺寸 R_1，R_2，S 和 T 的要求。

(9) 尺寸 B_2 在距离基准面 12.3 mm 处测量。

(10) 尺寸 P_1 表示半径 r_{11} 和 r_{12} 中心之间距离。

(11) 角 θ_2 表示半径 r_{21} 及 r_{22} 的切线的角度。

(12) GX10q-1、GX10q-2 和 GX10q-3 灯头上的半径 r_{12} 和 r_{22} 在距离基准面 7.0 mm 处测量。

(13) GX10q-4、GX10q-5 和 GX10q-6 灯头上的半径 r_{12} 和 r_{22} 在距离基准面 14.0 mm 处测量。

检验：成品灯上的 GX10q 灯头采用 GB/T 1483.2—7006-79，7006-84，7006-84A，7006-84B，7006-84E，7006-84F 中所示量规进行检验。

GB/T 1406.2—7004-84-2

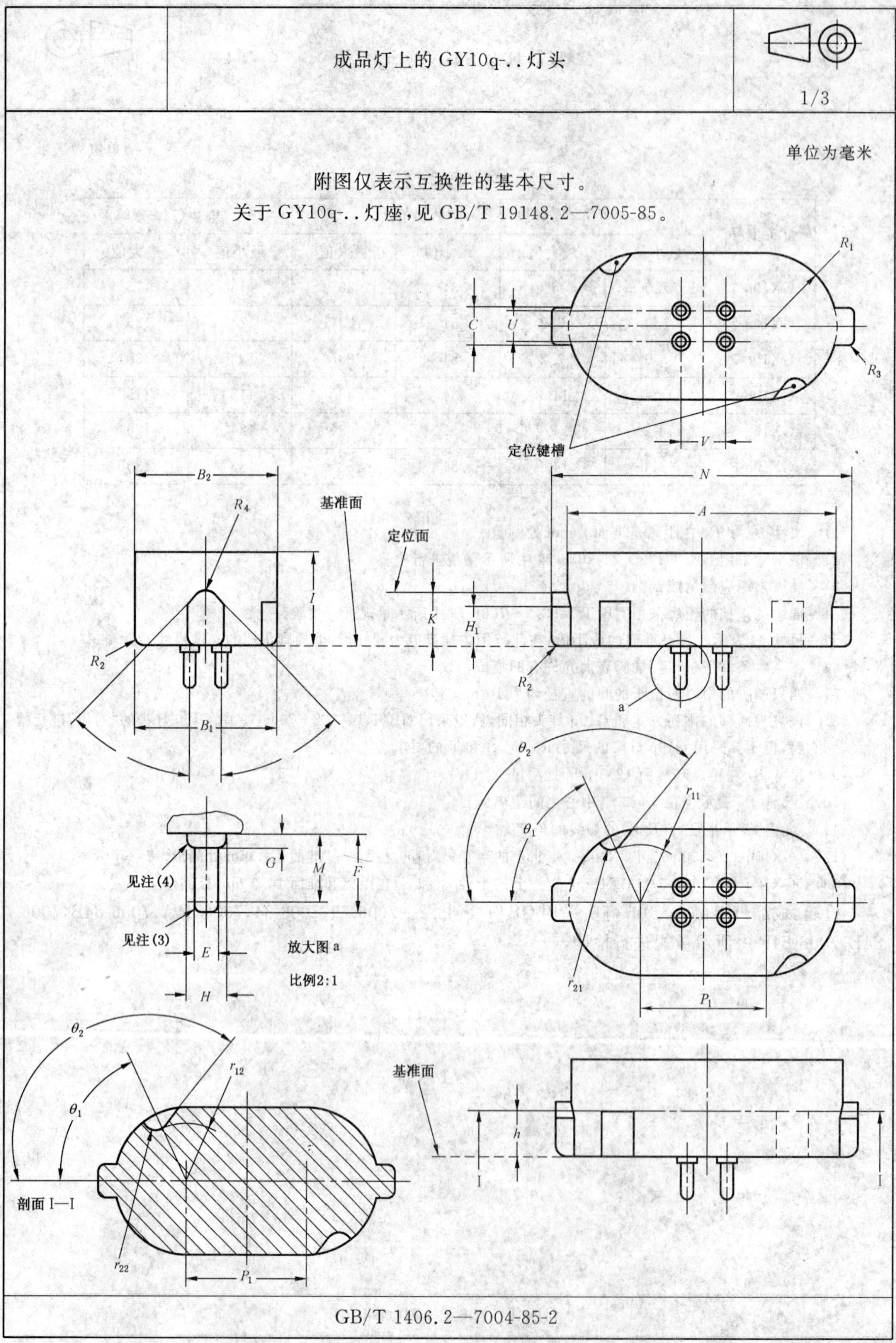
成品灯上的 GY10q-.. 灯头
1/3
单位为毫米
附图仅表示互换性的基本尺寸。
关于 GY10q-.. 灯座，见 GB/T 19148.2—7005-85。
R1
C
U
R3
定位键槽
V
B2
R4
基准面
定位面
N
A
I
K
H1
R2
a
B1
θ2
r11
θ1
见注(4)
G
M
F
见注(3)
E
放大图 a
比例2:1
H
r21
P1
θ2
r12
θ1
基准面
h
I
剖面 I—I
r22
P1
GB/T 1406.2—7004-85-2

	成品灯上的 GY10q-.. 灯头	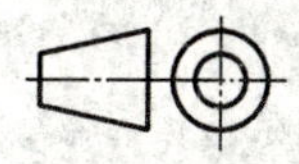 2/3

单位为毫米

表 1

尺寸	最小值	最大值	成品灯上灯头最大值
A	46.5	47.5	47.5
B_1(1)	24.4	24.8	24.8
B_2(9)	24.8	25.2	25.2
C	6.9	7.1	7.1
E	2.29	2.44	(2)
F	6.35	—	7.62
G(4)	—	1.27	1.27
H(4)	—	3.30	3.30
H_1	7.0	7.30	—
I	16.8	—	—
K	9.75	10.05	10.05
M(5)(6)	5.59	—	—
N	53.8	54.2	54.2
R_1(1)	1/2 B_1		
R_2	2.0	2.5	—
R_3	1.0	—	—
R_4	约 2.0		
U(7)(8)	6.35		
V(7)(8)	7.92		
P_1(10)	22.3	22.5	22.5
r_{11}(10)	9.5	9.7	9.7
r_{12}(10)(12)(13)	9.5	9.9	9.9
r_{21}(11)	1.9	2.1	2.1
r_{22}(11)(12)(13)	1.7	2.1	2.1
γ	约 45°		

GB/T 1406.2—7004-85-2

成品灯上的 GY10q-..灯头

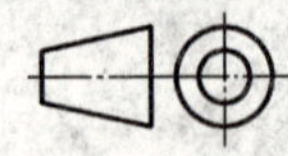

3/3

单位为毫米

表 2

灯头型号	尺寸 h		角 θ_1		角 θ_2(11)	
	最小值	最大值	最小值	最大值	最小值	最大值
GY10q-1	7.0	7.2	34°	36°	117°	119°
GY10q-2	7.0	7.2	64°	66°	130°	132°
GY10q-3	7.0	7.2	89°	91°	144°	146°
GY10q-4	14.0	14.2	34°	36°	117°	119°
GY10q-5	14.0	14.2	64°	66°	130°	132°
GY10q-6	14.0	14.2	89°	91°	144°	146°

(1) 尺寸 B_1 和 R_1 在距离基准面 2 mm 处测量。

(2) 该尺寸采用 GB/T 1483.2—7006-79 中所示量规进行检验。

(3) 插脚末端应倒角或倒圆。

(4) 插脚的止挡的轮廓采用 GB/T 1483.2—7006-79 中所示量规进行检验。

(5) 尺寸 M 表示距离基准面的最小值，在此范围内插脚应为圆柱形，但插脚止挡的高度尺寸 G 除外。

(6) 在某些条件下(待定)插脚表面允许有凹痕或沟纹。

(7) 四只插脚的中心所位于的圆的直径约为 10 mm。

(8) 该灯头插脚的排列方式和 G10q 灯头相同，所以采用 GB/T 1483.2—7006-79 中所示 G10q 灯头的“通规”进行检验，但不要采用 G10q 灯头的尺寸 R_1，R_2，S 和 T 的要求。

(9) 尺寸 B_2 在距离基准面 14.8 mm 处测量。

(10) 尺寸 P_1 表示半径 r_{11} 和 r_{12} 中心之间距离。

(11) 角 θ_2 表示半径 r_{21} 及 r_{22} 的切线的角度。

(12) GY10q-1、GY10q-2 和 GY10q-3 灯头上的半径 r_{12} 和 r_{22} 在距离基准面 7.0 mm 处测量。

(13) GY10q-4、GY10q-5 和 GY10q-6 灯头上的半径 r_{12} 和 r_{22} 在距离基准面 14.0 mm 处测量。

检验：成品灯上的 GY10q 灯头采用 GB/T 1483.2—7006-79，7006-85，7006-85A，7006-85D 和 7006-85E 中所示量规进行检验。

GZ10 双插脚灯端

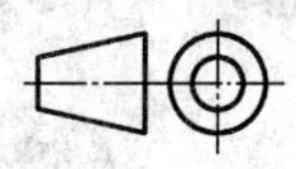

1/1

单位为毫米

附图仅表示互换性的基本尺寸。

关于 GZ10 灯座，见 GB/T 19148.2—7005-120。

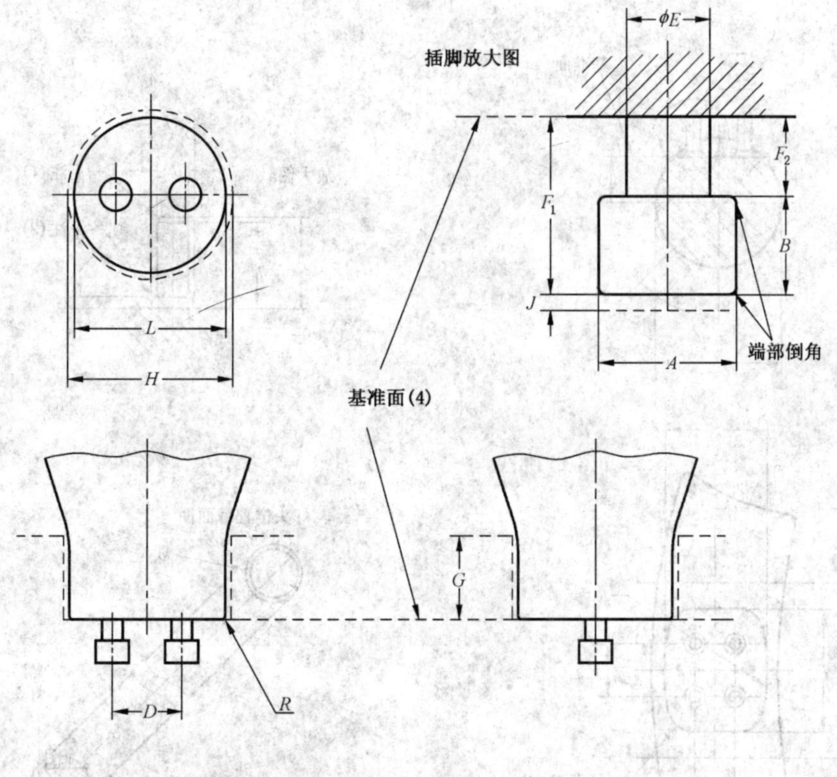

尺寸	最小值	最大值
A	4.9	5.1
B	2.9	3.1
D(1)	10	
E	—	3.1
F_1	—	6.4
F_2	2.9	—
G(2)	12	
H(2)	22.6	
J(3)	—	0.6
L(7)	21(5)(6)	(2)
R	—	0.5(6)

(1) 采用 GB/T 1483.2—7006-120 中所示量规进行检验。

(2) 尺寸 G 和 H 用来划分可能被灯占有的空间和可能被灯座和/或灯具占有的空间。

(3) 允许锡焊或熔焊。

(4) 由支台或一个连续的面确定基准面。如果有支台，则它的位置不应干涉到基准面上灯座的孔。

(5) 该数值是为以后灯端的设计，不用于成品灯的检验。

(6) 当尺寸 L 为最小值时该值用于 R_{max}，如果尺寸 L 超过了最小值，R_{max} 也随之增大。

(7) 直径 L 不需为连续的。

检验：GZ10 灯端采用 GB/T 1483.2—7006-120 中所示量规进行检验。

GB/T 1406.2—7004-120-1

GZ10q 灯头

1/2

单位为毫米

附图仅表示互换性的基本尺寸。

关于 GZ10q 灯座，见 GB/T 19148.2—7005-124。

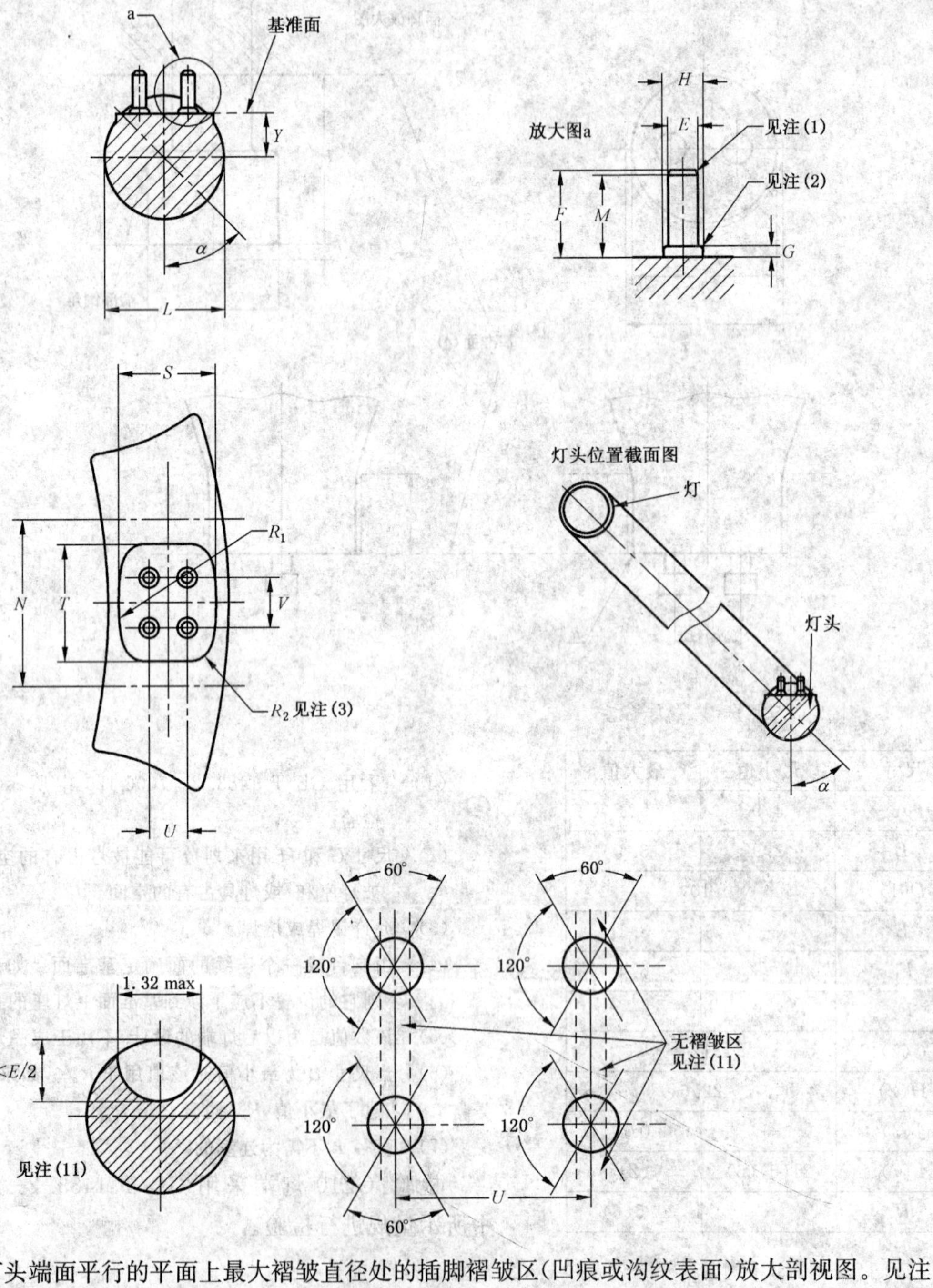

与灯头端面平行的平面上最大褶皱直径处的插脚褶皱区(凹痕或沟纹表面)放大剖视图。见注 11。

GB/T 1406.2—7004-124-1

GZ10q 灯头	2/2

单位为毫米

尺寸	最小值	最大值	成品灯上的最大值
E(11)	2.29	2.44	2.67
F	6.35	—	7.62
G	—	1.27	1.27
H	—	3.30	3.30
L(5)(6)	—	20.00	20.50
M^*(7)	5.59	—	—
N(5)(6)	26.10	—	—
R_1(4)	11.61	—	—
R_2(3)(4)	—	4.20	4.20
S(4)	—	15.80	—
T(4)	18.20	—	—
U(8)(9)		6.35	
V(8)(9)		7.92	
Y^*	6.50	7.50	7.50
α(10)	标称值 45°		

* 该尺寸仅用于灯头设计，不用于检验。

(1) 插脚末端应倒角或倒圆。

(2) 支台的轮廓应采用 GB/T 1483.2—7006-79 中所示量规并结合其他尺寸进行检验。

(3) 如果存在尺寸 R_2，该尺寸表示倒圆后所形成的圆弧的半径，与边相切。

(4) 如果在设计上允许尺寸 S 和/或 T 的扩展不受限制的情况下，则可以不遵循尺寸 R_1 和 R_2 所规定的特性。

(5) 尺寸 N 表示应采用直径 L 的范围。

(6) 灯头的表面允许有不平之处，但是在中心线至基准面（尺寸 Y）之间以及在尺寸 N 与灯座（具有支撑与连接的作用）相吻合之处的尺寸 L 必须符合要求。

(7) 在基准面以上尺寸 M 所示最小范围内，插脚应为柱形，但是插脚止挡高度尺寸 G 那部分除外。

(8) 四只插脚的中心所位于的圆的直径约为 10 mm。

(9) 该尺寸应采用 GB/T 1483.2—7006-79 中所示量规并结合其他尺寸进行检验。

(10) 相对于通过玻管的平面，成品灯上的灯头应能毫不费力地至少转动标称角度 $\alpha\pm5°$ 的一个弧。在灯头转动最大角度时，导线不应短路。

(11) 插脚表面允许有凹痕或沟纹，但不应位于上图所示由 60°弧限定的插脚半径区域内和插脚末端 0.4 mm 的区域内。

a) 凹痕或沟纹的深度应不超过原插脚直径的一半。

b) 褶皱拐角处影响与灯座接触的毛口均应避免。

c) 凹痕剖视图的形状不局限于图中所示的形状。

GB/T 1406.2—7004-124-1

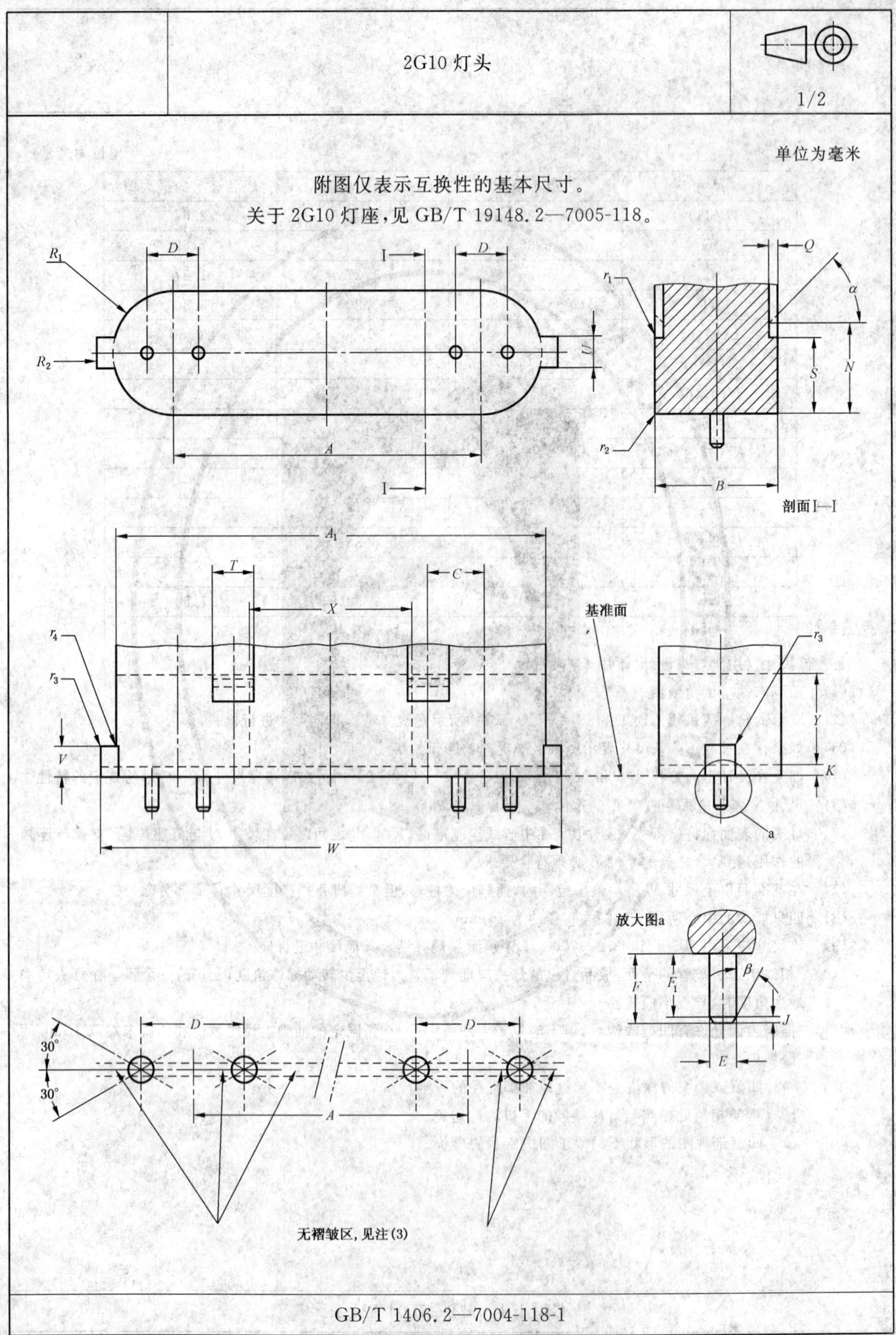
2G10 灯头
1/2
单位为毫米
附图仅表示互换性的基本尺寸。
关于 2G10 灯座,见 GB/T 19148.2—7005-118。
R1
R2
D
I
A
U
Q
r1
r2
α
S
N
B
剖面I—I
A1
T
C
X
基准面
r4
r3
V
Y
K
W
a
放大图a
F
F1
β
J
E
30°
无褶皱区,见注(3)
GB/T 1406.2—7004-118-1

	2G10 灯头	2/2

单位为毫米

尺寸	最小值	最大值	尺寸	最小值	最大值
A(6)	60		S(4)(5)*	14.0	14.4
A_1(1)	83.1	83.7	T(4)*	7.0	—
B(1)	23.2	23.6	U	5.6	6.0
C	10.8	11.2	V	5.6	6.0
D(5)	10		W	89.1	89.7
E(2)(5)	2.29	2.67	X(1)*	31.5	
F(5)	6.0	6.8	Y(1)*	17.2	—
F_1	5.5	—	r_1(5)*	0.3	0.5
J*	0.4	—	r_2(5)*	0.2	0.5
K(1)	2.0		r_3(7)*	—	0.4
N(4)*	17.0	—	r_4*	—	0.1
Q(4)(5)*	1.5	—	α(4)(5)*	45°	
R_1	$B/2$		β*	约 30°	
R_2	$W/2$				

* 该尺寸仅用于灯头设计，不用于成品灯的检验。

(1) 尺寸 Y 表示尺寸 A_1 和 B 的最大值和最小值应符合要求的最小长度。局部的凹槽是允许的，但其不应影响灯在灯座中的横向稳定性。在尺寸 Y 的下方(尺寸 K)仅采用尺寸 A 和 B 的最大值。在尺寸 X 范围内仅采用尺寸 B 的最大值。

(2) 对于未组装的灯头，$E_{max}=2.44$ mm。

(3) 插脚表面允许有凹痕和沟纹，但不应位于与通过四个插脚中心线的平面成 30°角的插脚半径所限定区域之内(见图)。从垂直通过插脚中心线的平面方向上测得的插脚直径应不小于 2.29 mm。

(4) 尺寸 N、S 和 α 表示采用尺寸 Q 和 T 的键槽最小长度。键槽的最大长度不做规定，它可延伸至灯头的顶部。

(5) 在键槽宽度尺寸 T 的范围内，采用尺寸 Q、S、r_1 和 r_2。在尺寸 T 所示范围之外，只采用 r_{2max}。

(6) 尺寸 A 表示两对插脚的中心线的间距。

(7) 倒角约 0.4 mm 是允许的。

(8) 成品灯上 2G10 灯头的插脚位移和直径，单只插脚直径的最大值和最小值，以及插脚长度的最大值和最小值采用 GB/T 1483.2—7006-118 中所示 2G10 灯头的“通规”和“止规”进行检验。

GB/T 1406.2—7004-118-1

	2G11 灯头	1/2

单位为毫米

附图仅表示互换性的基本尺寸。

关于 2G11 灯座，见 GB/T 19148.2—7005-82。

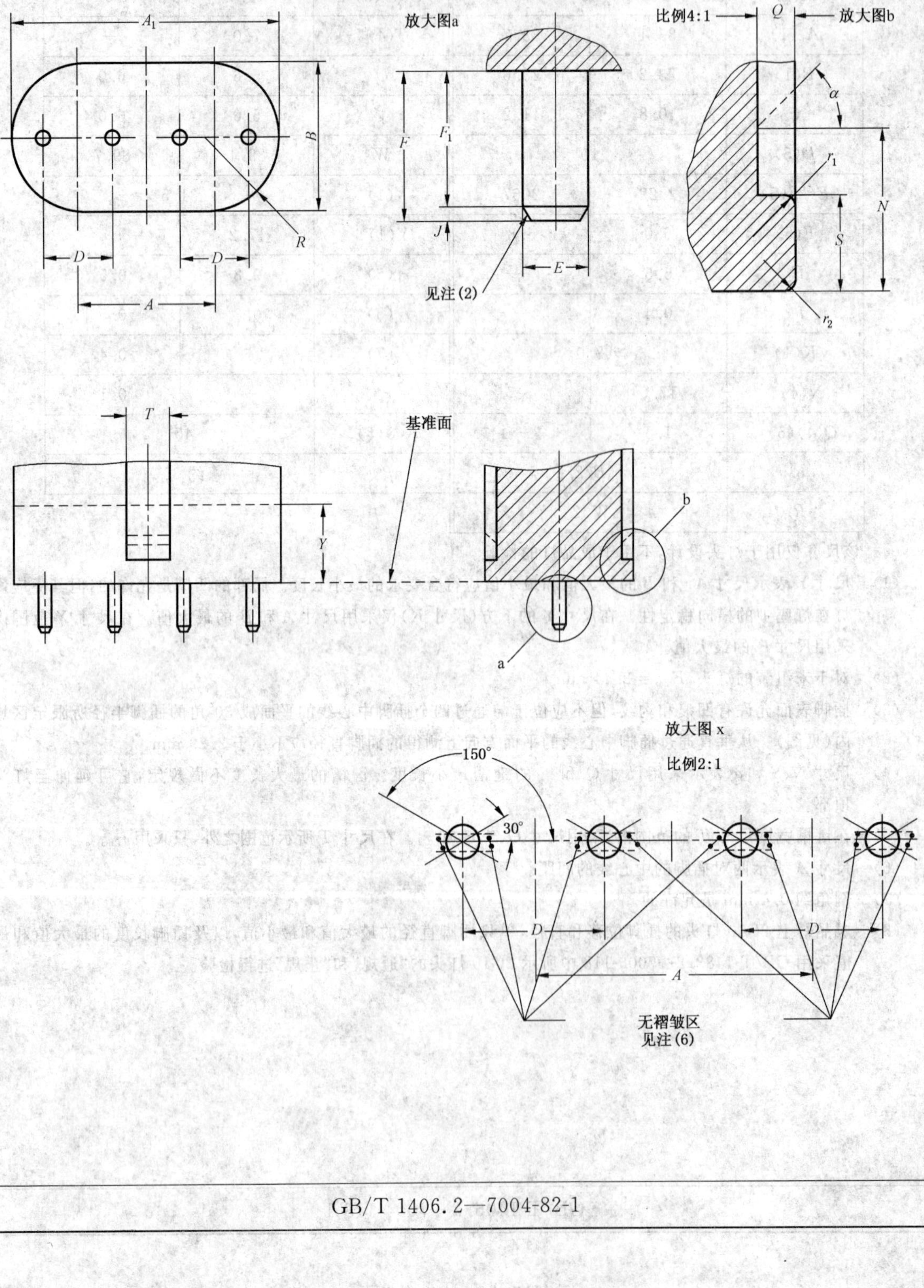

GB/T 1406.2—7004-82-1

2G11 灯头

2/2

单位为毫米

尺寸	最小值	最大值	尺寸	最小值	最大值
$A(7)$	22		$Q(4)(5)^*$	1.5	—
A_1^*	43.3	43.9	R	$B/2$	
B^*	23.2	23.6	$S(4)(5)^*$	3.5	3.9
D	11		T^*	7.0	—
$E(3)$	2.29	2.67	$Y(1)^*$	12.7	—
F	6.0	6.8	$r_1(5)^*$	0.3	0.5
F_1	5.5	—	$r_2(5)^*$	0.2	0.5
J^*	0.4	—	$\alpha(4)(5)^*$	45°	
$N(4)^*$	6.5	—			

* 该尺寸仅用于灯头设计，不用于成品灯的检验。

(1) 尺寸 Y 表示尺寸 A_1、B 和 R 的最大值应符合要求的最小距离。

(2) 边缘稍倒角或倒圆。

(3) 对于未装在灯上的灯头，$E_{max}=2.44$ mm。

(4) 尺寸 N、S 和 α 表示采用尺寸 Q 和 T 的键槽最小长度。键槽的最大长度不做规定，它可延伸至灯头的顶部。

(5) 在键槽宽度尺寸 T 的范围内，采用尺寸 Q、S、r_1 和 r_2。在尺寸 T 所示范围之外，只采用 r_{2max}。

(6) 插脚表面允许有凹痕或沟纹，但不应位于与通过插脚中心线的平面成 30°和 150°角的插脚半径所限定区域之内(见放大图 x)。在无褶皱区域内沿插脚长度所测量到的插脚直径应不小于2.29 mm。

(7) 尺寸 A 表示两对插脚的中心线的间距。

检验：成品灯 2G11 灯头应采用 GB/T 1483.2—7006-82 中所示量规进行检验。

GB/T 1406.2—7004-82-1

G12 灯头

1/2

单位为毫米

附图仅表示互换性的基本尺寸。

关于 G12 灯座，见 GB/T 19148.2—7005-63。

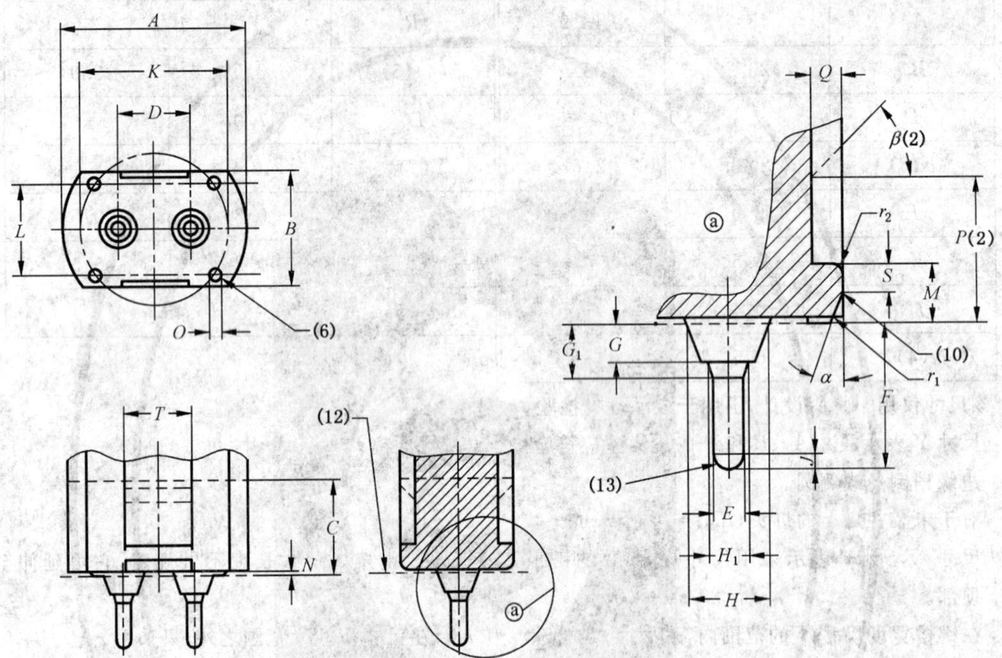

尺寸	最小值	最大值	尺寸	最小值	最大值
A(3)	—	30.6	L	约 15	
B(3)	18.5(1)	19.5	M(1)	4.6	5.0
C(3)	15.0	—	N	0.5	1.25
D(4)	12.0		O(6)(8)	1.5	2.5
E(4)	2.29	2.67(5)	P(2)	12.0	—
F	11.4	12.5	Q(1)	2.5	—
G^*	3.0	3.3	S(1)(11)	1.5	3.0
G_1	—	4.5	T(1)(2)(9)	9.0	—
H(8)	—	6.7	r_1(1)(7)	0.4	—
H_1^*	—	3.3	r_2(1)(7)	0.4	1.5
J	0.4	—	α(1)(11)	20°	25°
K	约 25		β(1)(2)	45°	

GB/T 1406.2—7004-63-2

	G12 灯头	2/2

单位为毫米

* 该尺寸仅用于灯头设计，不用于成品灯的检验。

(1) 在尺寸 T 的范围内，采用尺寸 α、β、B_{min}、Q、M、r_1 和 r_2。

(2) 尺寸 P 和 β 描绘了留给灯座中灯用固定装置的最小区间。

(3) 尺寸 C 表示尺寸 A 和 B 应符合要求的最小范围。

(4) 插脚托架的位移和直径以及与插脚有关的尺寸 A 和 B，单只插脚直径的最大值和最小值，插脚长度的最大值和最小值均采用 GB/T 1483.2—7006-80 中所示量规进行检验。

(5) 对于未装在灯上的灯头，$E_{max}=2.44$ mm。

(6) 灯头支台。

(7) 等效倒角也允许。

(8) 在基准面测量。

(9) 在尺寸 Q_{min} 内，尺寸 T 应符合要求。

(10) 应避免变形，如褶的展开、凸起(大于0.1 mm)和粗糙表面。

(11) 该形状可减小插入力。允许相同的半径。因此始于 S，由 α 描述的线描绘了半径(倒圆)的外形。

(12) 基准面。

(13) 插脚末端倒圆。

GB/T 1406.2—7004-63-2

	GX12 灯头	1/2

单位为毫米

附图仅表示互换性的基本尺寸。

关于 GX12 灯座，见 GB/T 19148.2—7005-135。

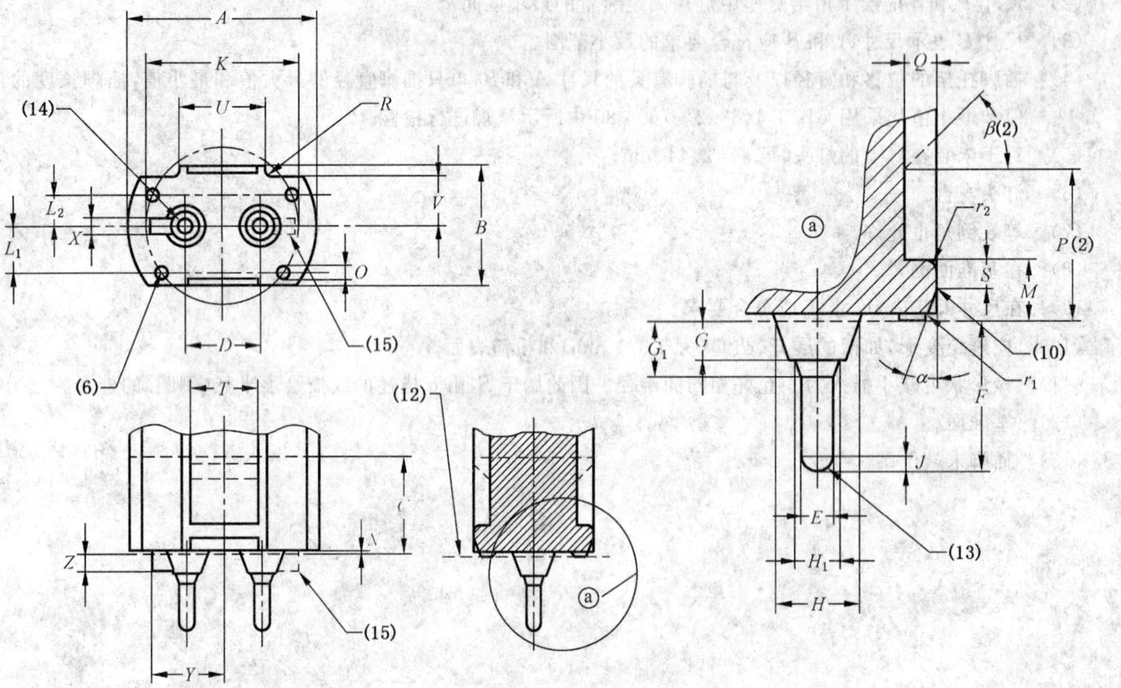

GB/T 1406.2—7004-135-1

	GX12 灯头	2/2

单位为毫米

尺寸	最小值	最大值
A(3)	—	30.6
B(3)	18.5(1)	19.5
C(3)	15	
D(4)	12	
E(4)	2.29	2.67(5)
F	11.4	12.5
G^*	3.0	3.3
G_1	—	4.5
H(8)	—	6.7
H_1^*	—	3.3
J	0.4	
K	约 25	
L_1	约 7.5	
L_2	约 5	
M(1)	4.6	5.0
N	0.5	1.25
O(6)(8)	1.5	2.5
P(2)	12.0	—
Q(1)	2.5(9)	—
R(3)	—	1.2
S(1)(11)	1.5	3.0
T(1)(2)(9)	9.0	—
U(3)	13.2	13.8
V(3)	7.4	7.9
X(15)	1.85	2.55
Y(15)	11.15	11.65
Z(15)	2.7	3.0
r_1(1)(7)	0.4	—
r_2(1)(7)	0.4	1.5
α(1)(11)	20°	25°
β(1)(2)	45°	

* 该尺寸仅用于灯头设计，不用于成品灯的检验。

(1) 在尺寸 T 的范围内，采用尺寸 $\alpha,\beta,B_{min},M,Q,S,r_1$ 和 r_2。

(2) 尺寸 P 和 β 描绘了留给灯座中灯用固定装置的最小区间。

(3) 尺寸 C 表示尺寸 A,B,U,V 和 R 应符合要求的范围。

(4) 插脚托架的位移和直径以及与插脚有关的尺寸 A 和 B，单只插脚直径的最大值和最小值，插脚长度的最大值和最小值均采用 GB/T 1483.2—7006-135 中所示量规进行检验。

(5) 对于未装在灯上的灯头，$E_{max}=2.44$ mm。

(6) 灯头支台。

(7) 等效倒角也允许。

(8) 在基准面测量。

(9) 在尺寸 Q_{min} 内，尺寸 T 应符合要求。

(10) 应避免变形，如褶的展开、凸起(大于0.1 mm)和粗糙表面。

(11) 该形状可减小插入力。允许相同的半径。因此始于 S，由 α 描述的线描绘了半径(倒圆)的外形。

(12) 基准面。

(13) 插脚末端倒圆。

(14) 如果该灯头用于需要高压启动脉冲的灯上，脉冲应适合这个接触插脚。与定位键的位置无关。

(15) 图中只显示 GX12-1 灯头。GX12-2 灯头的定位键像如虚线所示。定位键 2 和定位键 1 的尺寸相同。

检验：GX12 灯头采用 GB/T 1483.2—7006-135 中所示量规进行检验。

GB/T 1406.2—7004-135-1

	G13 双插脚灯头	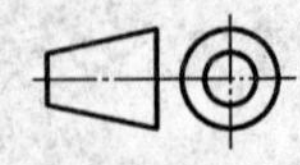 1/2

单位为毫米

附图仅表示互换性的基本尺寸。

关于 G13 灯座,见 GB/T 19148.2—7005-50。

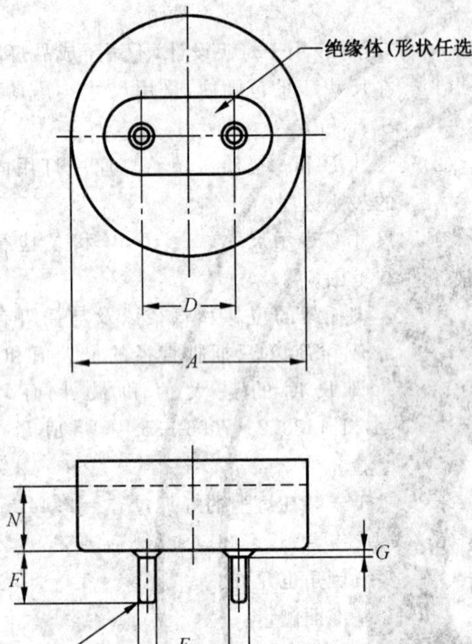

图 1

图 2

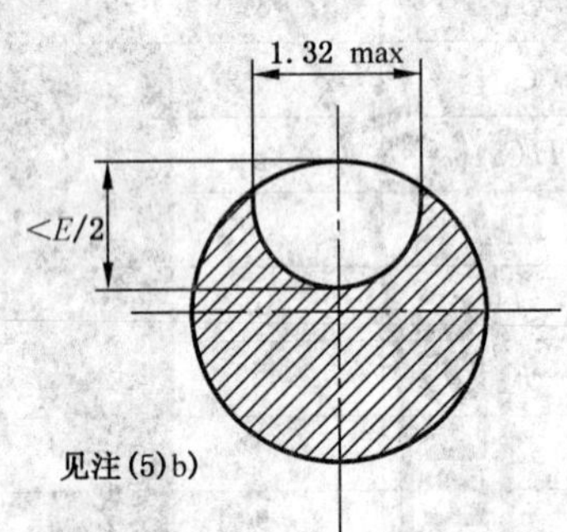

与灯头端面平行的平面上插脚凹痕或沟纹最大皱纹直径放大剖视图[参见注(5)]

图 3

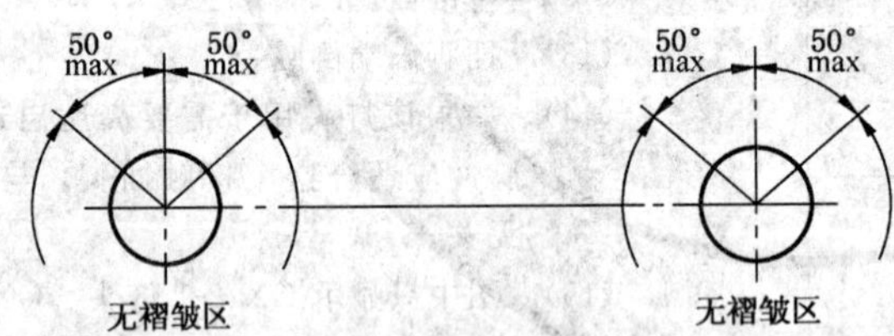

与灯头端面平行的平面上的插脚放大剖视图[见注(5)a)]

灯头可带有喇叭口,其直径应不超过非喇叭口灯头的最大允许直径 1 mm。

GB/T 1406.2—7004-51-8

	G13 双插脚灯头	2/2

单位为毫米

尺寸	最小值	最大值
A(4)	—	25.78(1)
	—	31.50(2)
	—	36.52(3)
D(6)(7)	12.70	
E(5)	2.29(6)	2.67(7)(8)
F	6.60(6)	7.62(7)
G(7)	—	—
H(7)	—	—
N(4)	8.71	—

(1) 用于标称管径为 25 mm 的直管形荧光灯。*

(2) 用于标称管径为 32 mm 的直管形荧光灯。*

(3) 用于标称管径为 38 mm 的直管形荧光灯。*

(4) 尺寸 N 表示尺寸 A 应符合要求的最小长度。

(5) 插脚表面允许有凹痕和沟纹，但不应存在于插脚端部 0.4 mm 以内。

a) 每只插脚允许有一处“褶皱区”。每处区域要以插脚中心线为中心，与通过两插脚的平面成直角，该区域的总角度应不超过 100°。该褶皱可位于该区域任何之处，但其径向宽度应不超过 1.32 mm。有关双插脚上的褶皱区如图 3 所示，它们可以位于中心线的另一边。从垂直于通过两个插脚的中心线平面上所测得的插脚直径应不小于 2.29 mm。

b) 凹痕或沟纹的深度应不大于原插脚直径的一半，见图 2。

c) 褶皱拐角处影响与灯座接触的毛口均应避免。

d) 凹痕剖视图的形状不局限于图 2 所示的形状。

(6) 采用 GB/T 1483.2—7006-44 中所示量规进行检验。

(7) 采用 GB/T 1483.2—7006-45 中所示量规进行检验。

(8) 对于未装在灯上的灯头，E_{max} = 2.44 mm。采用 GB/T 1483.2—7006-44 中所示量规进行检验。

(9) 插脚末端边沿应稍倒角或倒圆，以便帮助插脚轴向插入灯座。采用目视法检验。

* 见 IEC 60081。

GB/T 1406.2—7004-51-8

2G13 灯头

1/2

单位为毫米

附图仅表示互换性的基本尺寸。

关于 2G13 灯座，见 GB/T 19148.2—7005-33。

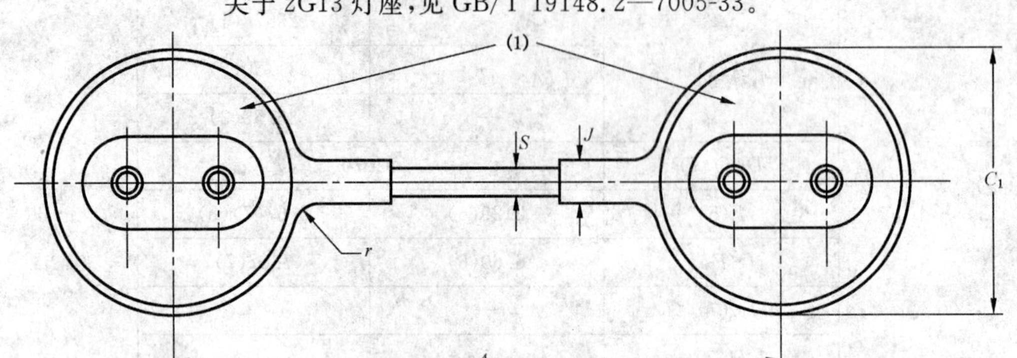

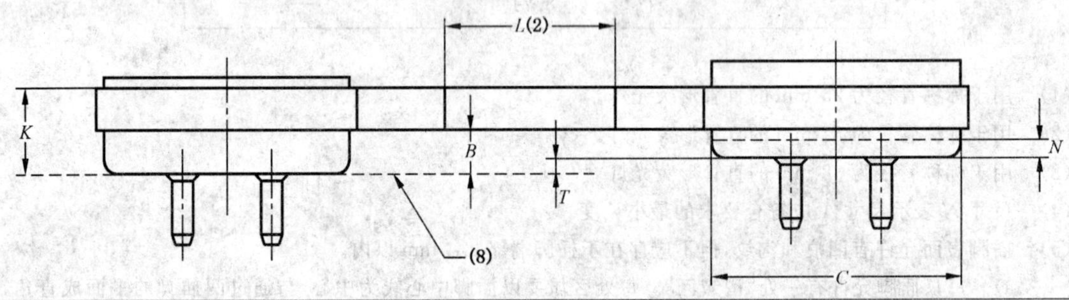

尺寸	2G13-41		2G13-56(3)		2G13-92(3)		2G13-152	
	最小值	最大值	最小值	最大值	最小值	最大值	最小值	最大值
A	41		56		92		152	
B	2.5	—	2.5	—	2.5	—	2.5	—
C(5)	—	25.78	—	25.78	—	36.52	—	25.78(T25) 36.52(T38)
C_1	—	27.9	—	27.0	—	38.5	—	27.9(T25) 38.5(T38)
J(6)	—	13.0	—	4.0	—	5.5(7)	—	3.4(T25) 13.0(T38)
K	—	—	8.0	11.5	8.0	13.0	—	—
L	—	—	10.0	—	29.0	—	—	—
N(5)	2.0	—	2.0	—	2.5	—	2.5	—
r	—	3.5	—	3.5	—	3.5	—	25.6(T25) 3.5(T38)
S(6)	—	13.0	—	3.0	—	4.0(7)	—	3.4(T25) 13.0(T38)
T	—	—	—	2.0	—	2.0	—	—

GB/T 1406.2—7004-33-4

	2G13 灯头	2/2

单位为毫米

(1) 所有其他与 G13 双插脚灯头相关的尺寸，见 G13 灯头的尺寸要求。

(2) 尺寸 L 也表示固位器表面最小长度，在此范围内应为 2G13-56 和 2G13-92 灯头提供一个平滑的区域。

(3) 尺寸 K、L、S 和 T 为 2G13-56 和 2G13-92 灯头固位器提供了数据。一些灯座用此固位器使灯头与灯座表面保持一定的位置。

(4) 固位器不应用于灯座或灯具中对灯起固定或支撑作用。该固位器的作用是为灯玻管保留适当的空间。

(5) 尺寸 N 表示尺寸 C 应符合要求的最小范围。

(6) 该固位器的形状任选。

(7) 在北美洲，尺寸 J_{max} 和 S_{max} 为 13.0 mm。

(8) 基准面。

检验：成品灯上的灯头采用 GB/T 1483.2—7006-33 中所示量规进行检验。当每只 G13 灯头两只插脚中至少一只插脚与量规 Z 面接触时，则两个 G13 灯头中至少一个的底面应与量规 X 面相接触。

2GX13 灯头

1/2

单位为毫米

附图仅表示互换性的基本尺寸。

关于 2GX13 灯座，见 GB/T 19148.2—7005-125。

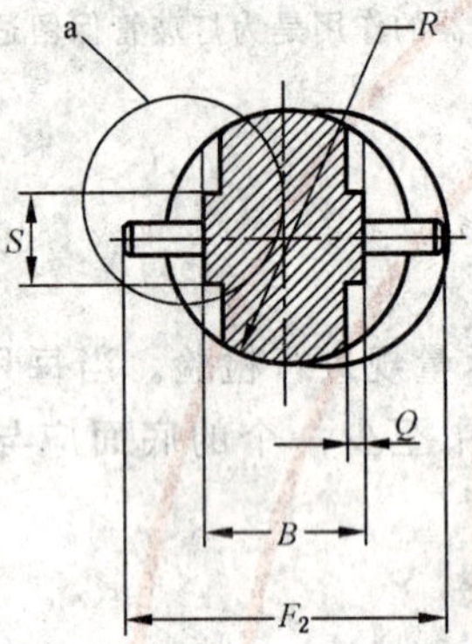

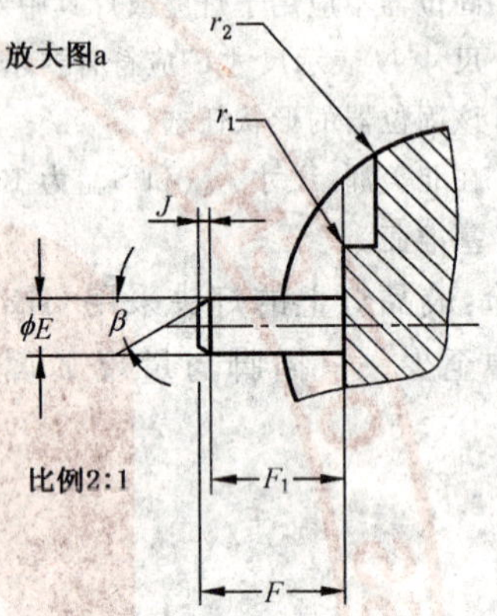

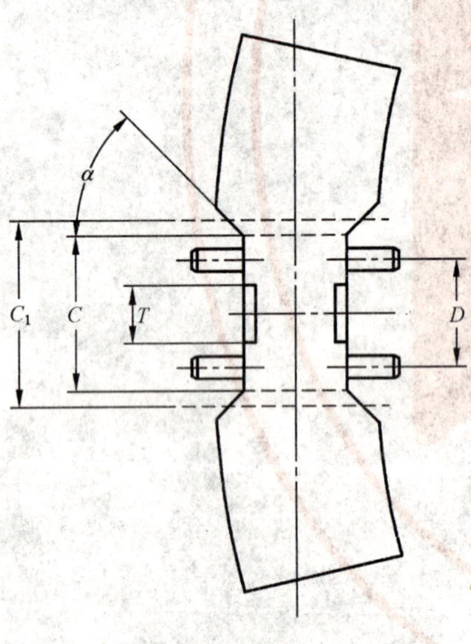

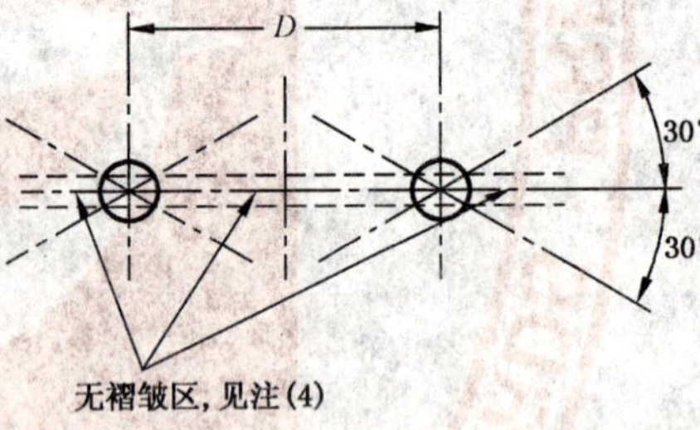

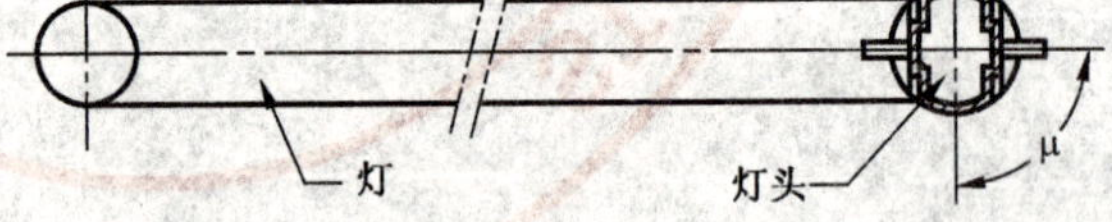

GB/T 1406.2—7004-125-1

	2GX13 灯头	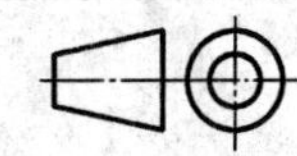 2/2

单位为毫米

尺寸	最小值	最大值
$B(1)$	12.6*	13
$C(1)$	19	
$C_1(1)$	22.5	
$D(2)$	13	
$E(2)(3)$	2.29	2.67
F	6.0	6.8
F_1	5.5	—
F_2	24.6	—
J	0.4	—
$Q(5)$	1.5	—
$R(1)$	—	9.25
S	7.0	7.4
$T(5)$	7.0	—
$r_1(5)$	0.3	0.5
$r_2(5)$	0.2	0.5
$\alpha(1)$	45°	
β	约 30°	
$\mu(6)$	标称值 90°	

* 该尺寸仅用于灯头设计，不用于成品灯的检验。

(1) 尺寸 B 和 R 只在尺寸 C 范围内应用。在尺寸 C 以外，尺寸 C_1 以内，轮廓线由角 α 定义。尺寸 C_1 以外，没有灯头轮廓线的要求。

(2) 组合位移和插脚直径，单只插脚直径的最大值和最小值，插脚长度的最大值和最小值，均采用 GB/T 1483.2—7006-125A 和 7006-125B 中关于成品灯的 2GX13 灯头的"通规"和"止规"进行检验。

(3) 对于未装在灯上的灯头，$E_{max}=2.44$ mm。

(4) 插脚表面允许有凹痕或沟纹，但不应位于由经过插脚中心平面 30°角限定的插脚半径区域内(见图)。从垂直于通过并列的两个插脚中心线的平面的方向上测得的插脚直径应不小于 2.29 mm。

(5) 尺寸 Q，r_1 和 r_2 在尺寸 T(槽口的宽度)的范围内应用。

(6) 不使用过度的力，成品灯上的灯头应能旋转，角度为从灯管所在平面开始 μ 角。在旋转角度最大时引线不应短路。

GB/T 1406.2—7004-125-1

成品灯上的 G16d 接线片

1/1

单位为毫米

附图仅表示互换性的基本尺寸。

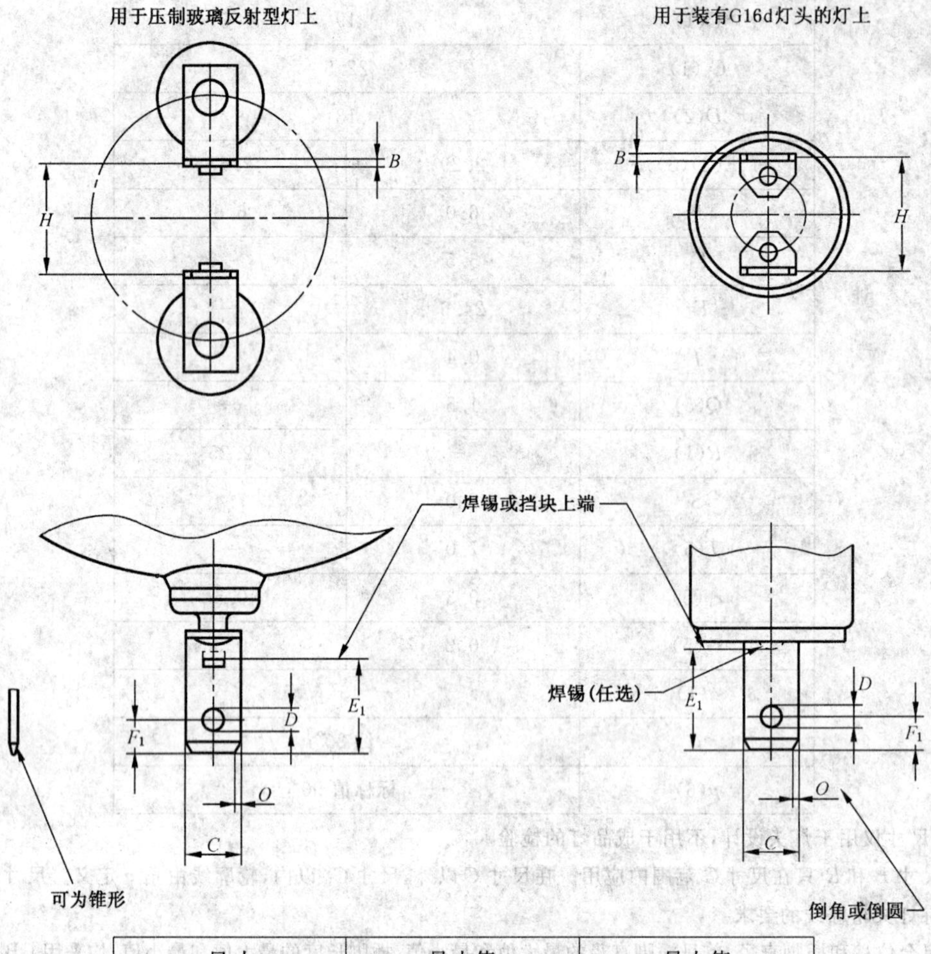
用于压制玻璃反射型灯上
用于装有G16d灯头的灯上
B
H
焊锡或挡块上端
焊锡(任选)
D
E_1
F_1
O
C
可为锥形
倒角或倒圆

尺寸	最小值	最大值
B	0.7	0.8
C(1)	7.7	8.1
D	3.0	3.3
E_1(1)	11.8	13.6
F_1	4.35	5.05
H(1)(2)	16.66	
O	0.8	2.0

(1) 采用 GB/T 1483.2—7006-95 中所示量规进行检验。

(2) 尺寸 H 是接线片中心线之间的距离。

GB/T 1406.2—7004-20-2

	成品灯上的 G16t 接触片	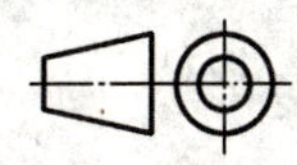 1/1

单位为毫米

附图仅表示互换性的基本尺寸。

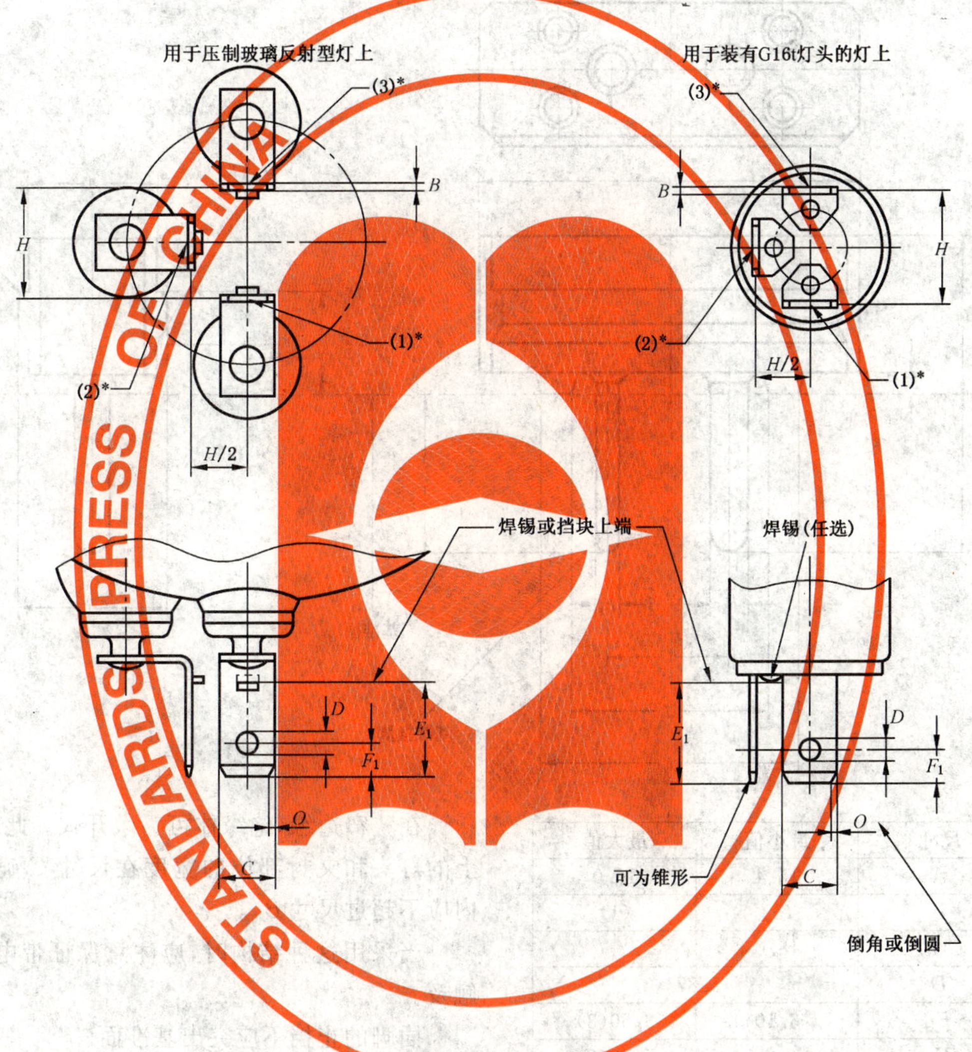

尺寸	最小值	最大值
B	0.7	0.8
C(4)	7.7	8.1
D	3.0	3.3
E_1(4)	11.8	13.6
F_1	4.35	5.05
H(4)(5)	16.66	
O	0.8	2.0

* 用于汽车前照灯的连接。

(1) 公共端。

(2) 近光/会车光束(上灯丝)。

(3) 远光/行车光束(下灯丝)。

(4) 采用 GB/T 1483.2—7006-95 中所示量规进行检验。

(5) 尺寸 H 是接线片中心线之间的距离。

GB/T 1406.2—7004-100-3

	GY16 双插脚灯头	1/1

单位为毫米

附图仅表示互换性的基本尺寸。

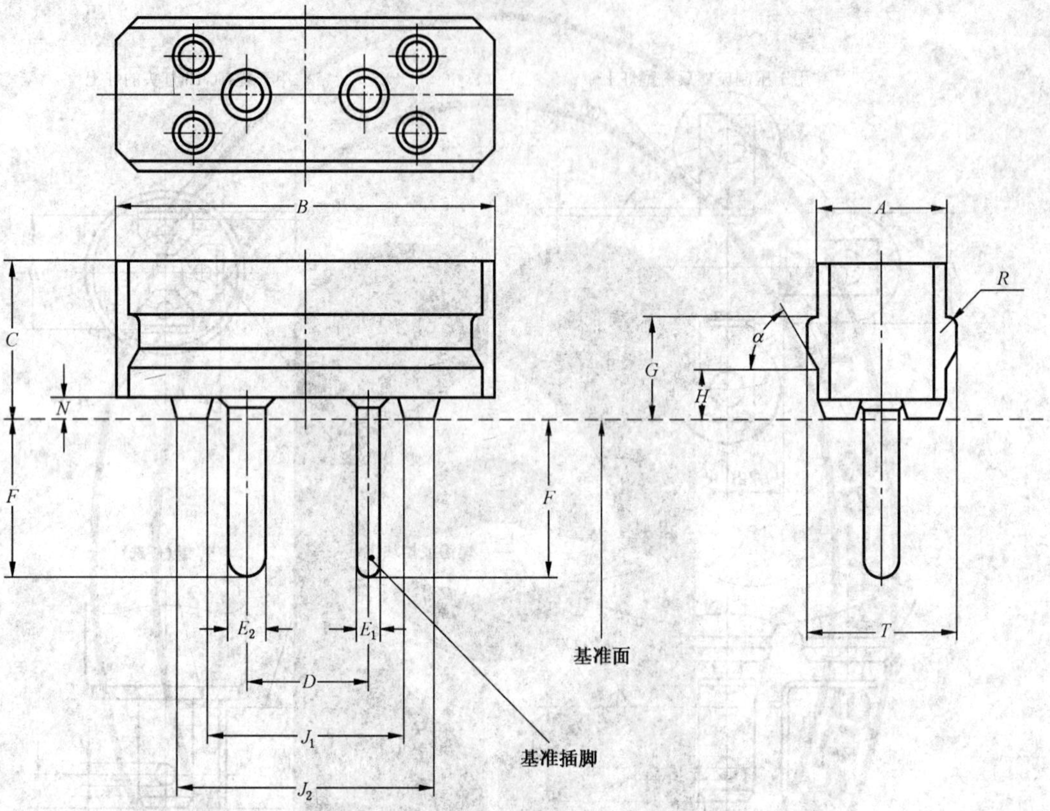

尺寸	最小值	最大值
A	15.4	16.0
B	(1)	(1)
C(2)	18.0	—
D	15.87*	
E_1	3.10	3.50(3)
E_2	4.7	5.00(3)
F(4)*	15.4	17.0
G	12.7	13.3
H	6.0	7.0
J_1	24.0	—
J_2	—	35.0
N	1.5	—
R	约 1.5	
T	18.4	19.2
α	60°	

在狭窄边缘，绝缘体可为敞开式。此时，成品灯上的灯头和夹封部位的宽度在尺寸 C 确定的距离内应不超过尺寸 B_{max}。

当采用这种结构时，应注意保证带电部件不可触及。

插脚的止挡不应突出基准面。

成品灯上的灯头，其通过绝缘体的爬电距离应不小于 2.5 mm。

* 采用 GB/T 1483.2—7006-74 中所示量规进行检验。

(1) 该尺寸应按照灯夹封部位的宽度，在 33 mm～35 mm之间选择一个数值，该推荐值正在研究。

(2) 该尺寸的推荐标称值为 24 mm。

(3) 这些值适用于成品灯上的灯头。对于未装在灯上的灯头，E_{1max} 为 3.25 mm，E_{2max} 为 4.85 mm。

(4) 当采用焊锡焊接导线时，对于未装在灯上的灯头，该尺寸的最大值推荐为 16.4 mm。

GB/T 1406.2—7004-74-2

	放映机成品灯上的 G17q-7,GX17q-7 和 GY17q-7 灯头	1/3

单位为毫米

附图仅表示互换性的基本尺寸。

关于 G17q-7,GX17q-7 和 GY17q-7 灯座,见 GB/T 19148.2—7005-45。

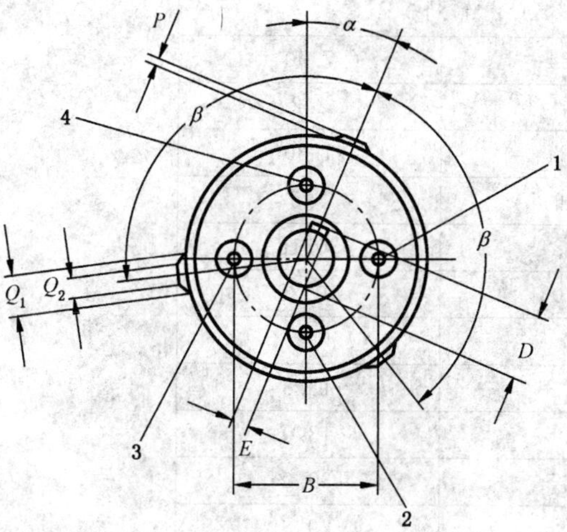

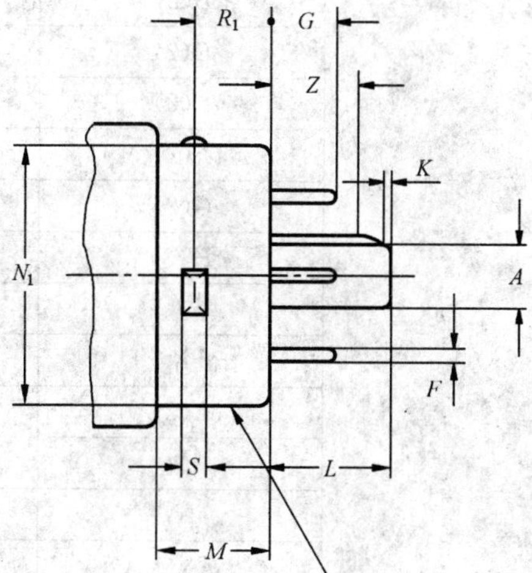

锥度大约是 1°30′

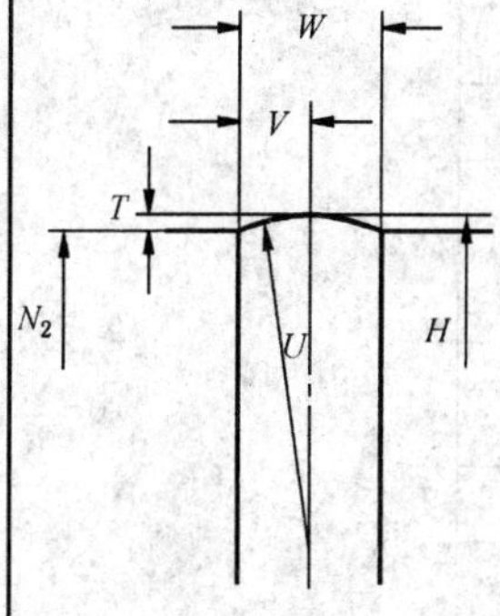

放大图 a

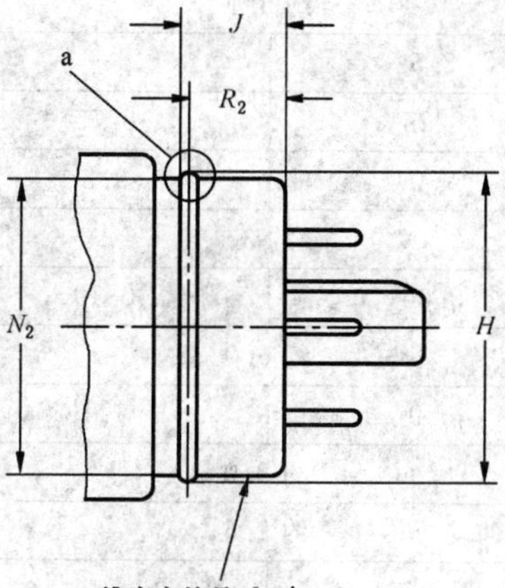

锥度大约是 2°30′

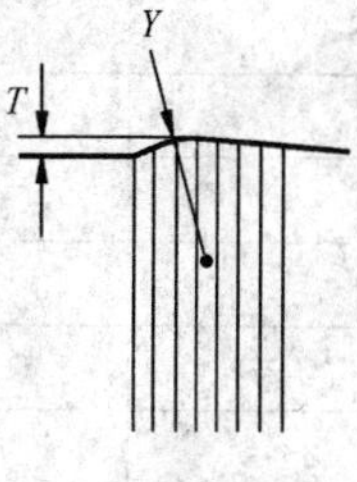

放大图 b

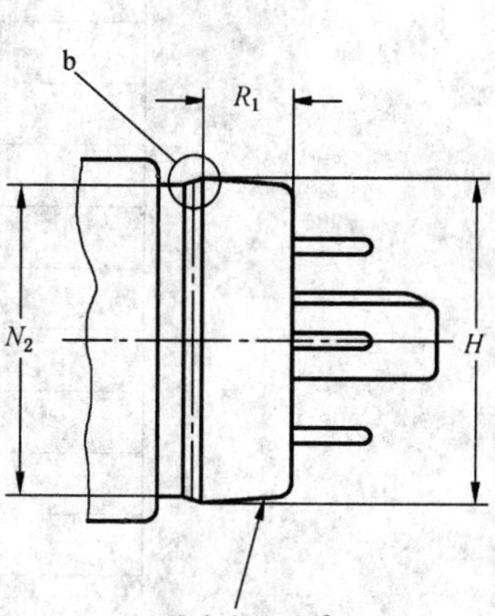

锥度大约是 4°

GB/T 1406.2—7004-45-3

	放映机成品灯上的 G17q-7,GX17q-7 和 GY17q-7 灯头	2/3

单位为毫米

尺寸	最小值	最大值
A(2)	6.56	6.75
B(2)	17.45	
D(2)	7.64	7.90
E(2)	2.1*	2.2
F(2)	1.24	1.30
G(2)	6.0	7.5
H(3)	29.84	30.18
J	10.03	10.29
K	0.71	—
L(2)	13.3	13.8
M	12.5	13.0
N_1	29.5	30.0
N_2^*	29.5	29.8
P	0.5	0.75
Q_1	约 5.0	
Q_2	2.5	—
R_1	8.25	8.75
R_2^*	9.0	9.3
S	约 3	
T	0.06	0.19
U^*	约 5.0	
V^*	0.9	1.1
W^*	约 2.0	
Y	约 1.6	
Z	10.0	—
α(1)(2)	22°30′	
β	120°	

* 该尺寸仅用于灯头设计,不用于成品灯的检验。

(1) 定位键与插脚之间的角度。外壳支台上角坐标精度不重要。

(2) 如果灯头采用 GB/T 1483.2—7006-58A 中关于 G17q-7 和 GY17q-7 灯头的量规,及 GB/T 1483.2—7006-58B 中关于 GX17q-7 灯头的量规进行检验并符合要求,则这些尺寸为正确的。

(3) 直径 H 的标称设计中心应为 29.97 mm。尺寸 H 的最小值由卡规进行检验;最大值由环规进行检验。

GB/T 1406.2—7004-45-3

	放映机成品灯上的 G17q-7,GX17q-7 和 GY17q-7 灯头	3/3

单位为毫米

灯丝在插脚 1 和 3 上排列。接触插脚是 1 和 4。对于特定形式的灯,灯丝在插脚 2 和 4 上排列,接触插脚是 1 和 2。该灯头型号为 GX17q-7。

第三种类型为灯丝在插脚 1 和 3 上排列,四个插脚均为接触插脚。

插脚 1 和 2,插脚 3 和 4 均互相接触。灯座中相应的触点也应互相连接起来。该灯头型号为 GY17q-7。

对于 G17q-7,插脚 2 可省略。该灯头型号为 G17t-7。

在经过 IEC 出版物 238 中所示的潮湿实验后,带电部件和金属外壳之间的绝缘层应能耐受住在所有插脚和外壳之间的有效值为 2 000 V,持续时间 1 min 的电压。

G17.5t-1 灯头

1/2

单位为毫米

附图仅表示互换性的基本尺寸。

关于 G17.5t-1 灯座，见 GB/T 19148.2—7005-117。

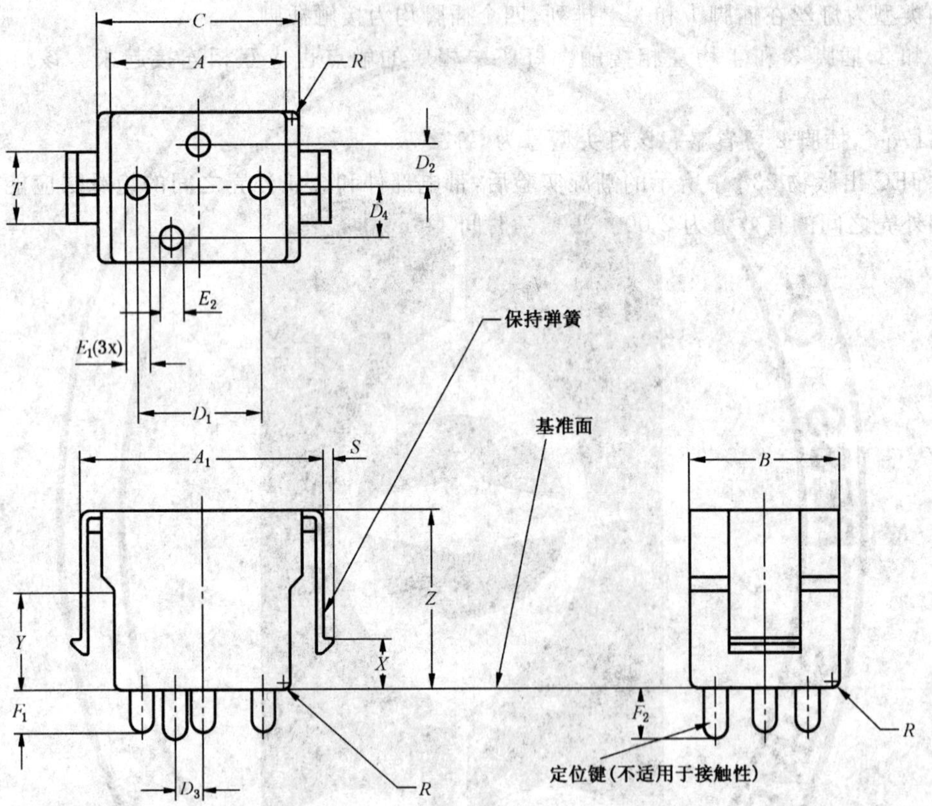

GB/T 1406.2—7004-117-1

G17.5t-1 灯头

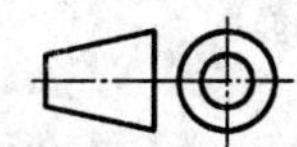

2/2

单位为毫米

尺寸	最小值	最大值
A	—	25.3
A_1(2)	35.0	35.5
A_1(3)	—	31
B	20	21
C	—	29
D_1	17.5(1)	
D_2	6(1)	
D_3	4(1)	
D_4	7(1)	
E_1(4)	3.5	3.65
E_2	2.7	3.0
F_1	5.5	6.5
F_2	7.5	8.0
R	1	—
S	1.3	1.7
T	9.5	10
X	6.8	7
Y	14	—
Z	标称值 27	

插脚端部和定位键端部应稍倒角或倒圆，以便于顺利插入灯座。

(1) 采用 GB/T 1483.2—7006-…(待定)中的方法进行检验。

(2) 在静止位置用卡爪进行测量。该尺寸从距离基准面 X 处测量。

(3) 从距离基准面 X 处用可对称向内按压的卡爪进行测量，不使用过度的力使灯插入。

(4) 适用于所有的接触插脚。

GB/T 1406.2—7004-117-1

	G20 双插脚灯头	1/1

单位为毫米

附图仅表示互换性的基本尺寸。

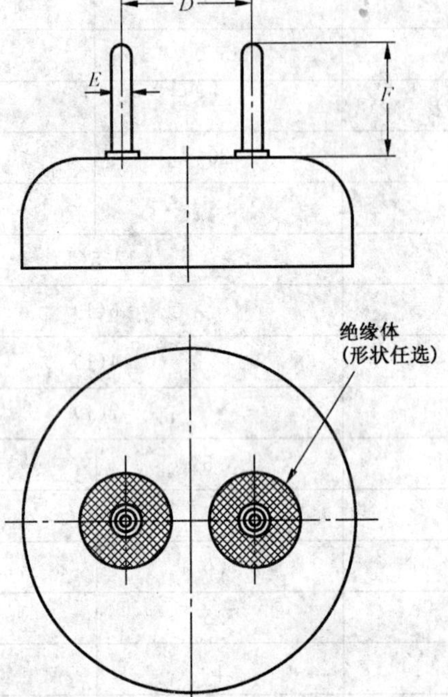

尺寸	最小值	最大值	带有焊锡的最大值
D	19.84		
E(1)	3.10	3.25	3.53
F	15.62	16.13	16.13

(1) 如图所示,如果插脚带有绝缘体支台,它们应经过 GB/T 1483.2—7006-…(待定)中所示量规的检验。

GB/T 1406.2—7004-53-2

G22 双插脚灯头和灯端

1/2

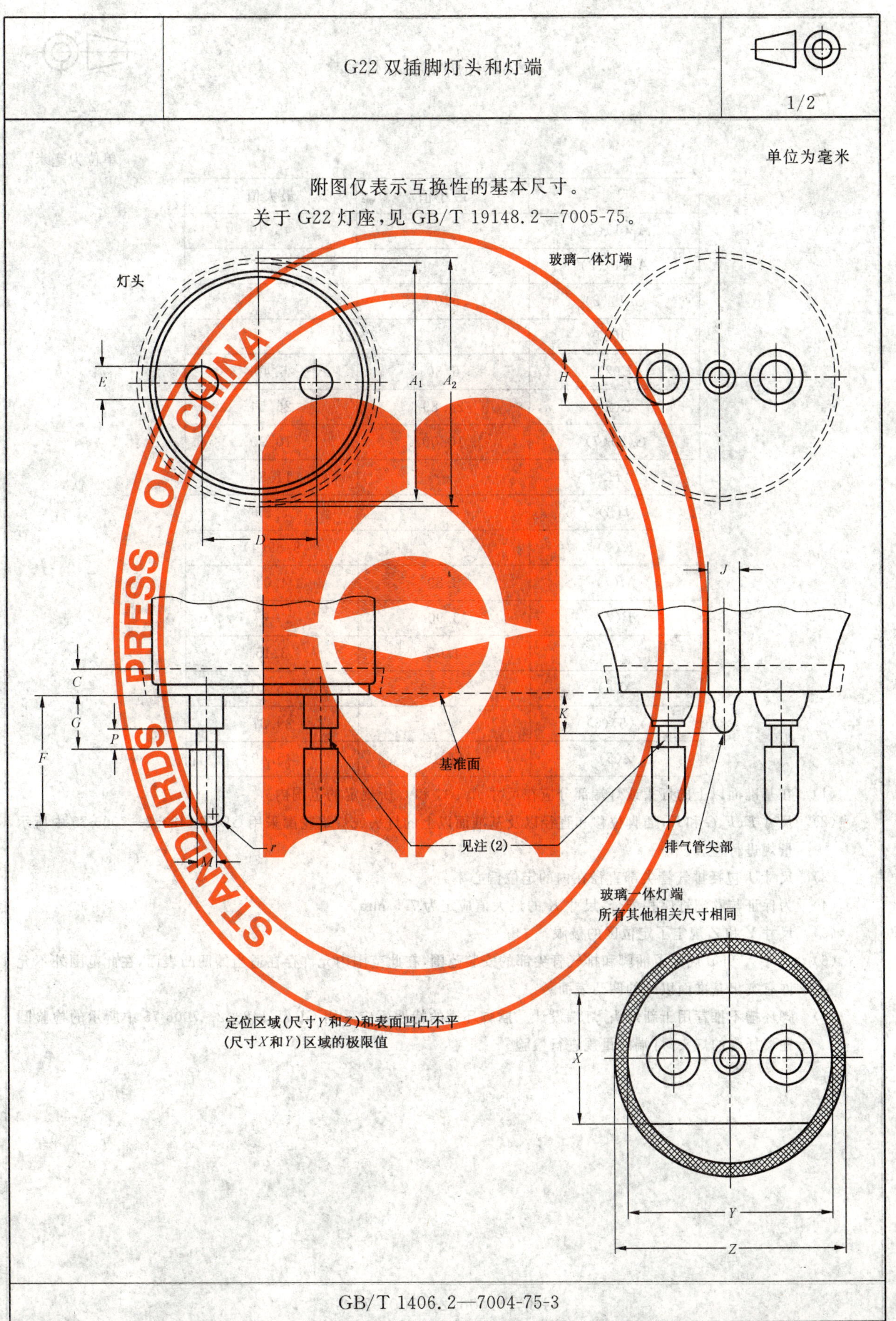

GB/T 1406.2—7004-75-3

G22 双插脚灯头和灯端

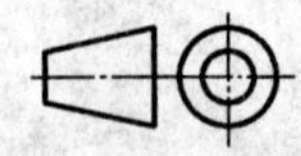

2/2

单位为毫米

尺寸	最小值	最大值
A_1(1)(2)	—	45.49
A_2(1)(2)	—	47.17
C(1)(2)	5.00	—
D(2)	22.22	
E(2)	6.30	6.40
F(2)	24.89	26.54
G(2)(7)	10.00	10.90
H	—	11.81
J(3)	—	5.99
K(2)	—	8.89(4)
M(7)	3.89	4.04
P(7)	3.90	—
r	1.02	3.15
X(6)	—	25.40
Y(5)(6)	—	39.37
Z(5)	41.15	45.49

(1) 在基准面以上的灯头或灯端部分应在尺寸 A_1、A_2 和 C 所规定的范围内。

(2) 尺寸 E、F、G 和 K，插脚位移和直径以及基准面以上的灯头或灯端轮廓采用 GB/T 1483.2—7006-75 中所示量规进行检验。

(3) 尺寸 J 包括排气管尖部直径在内的定位偏心率。

(4) 为保证与欧洲灯座相配合，尺寸 K 的最大值应定为 7.5 mm。

(5) 尺寸 Y 和 Z 规定了定位区的极限。

(6) 尺寸 X 和 Y 规定了插脚和排气管尖部的安装范围，在此范围内允许存在适当的凹凸表面，在此范围外不允许有突出基准面以外的凹凸表面。

(7) 脚环槽不推荐用于新灯头/灯端设计。插脚环槽的特性不应采用 GB/T 1483.2—7006-75 中所示的检验圆柱形插脚的灯头/灯端的量规进行检验。

GB/T 1406.2—7004-75-3

	GY22 双插脚灯头	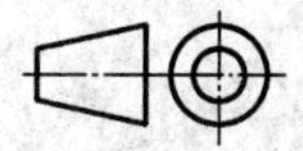 1/1

单位为毫米

附图仅表示互换性的基本尺寸。

关于 GY22 灯座，见 GB/T 19148.2—7005-119。

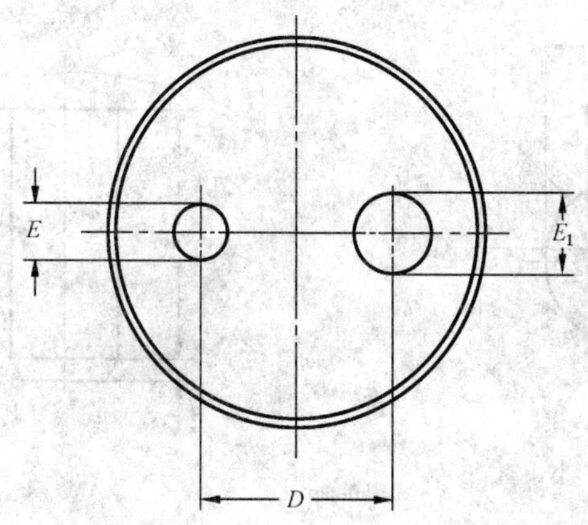

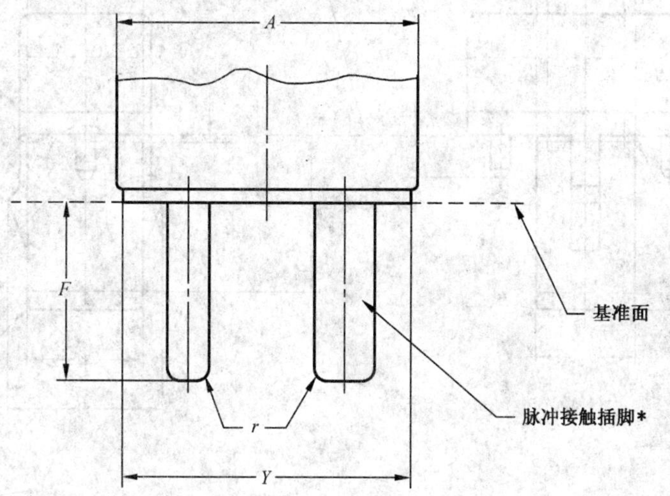

尺寸	最小值	最大值
A	—	47.2
D(1)	22.22	
E(1)(2)	6.3	6.4
E_1(1)(2)	9.0	9.1
F(1)	24.9	26.55
Y	41	—
r(3)	1	$E/2$

* 如果这些灯头用于需要高压启动脉冲的灯上，脉冲应适合这个接触插脚。

(1) 尺寸 E,E_1 和 F,插脚位移和直径以及基准面以上的灯头轮廓应采用 GB/T 1483.2—7006-119中所示量规进行检验。

(2) 如图所示，G22 灯头的两个插脚允许有凹槽。见 GB/T 1406.2—7004-75 中的尺寸 G,M 和 P。

(3) 允许引入端倒角。

GB/T 1406.2—7004-119-1

G23 双插脚灯头 1/2

单位为毫米

附图仅表示互换性的基本尺寸。

关于 G23 灯座，见 GB/T 19148.2—7005-69。

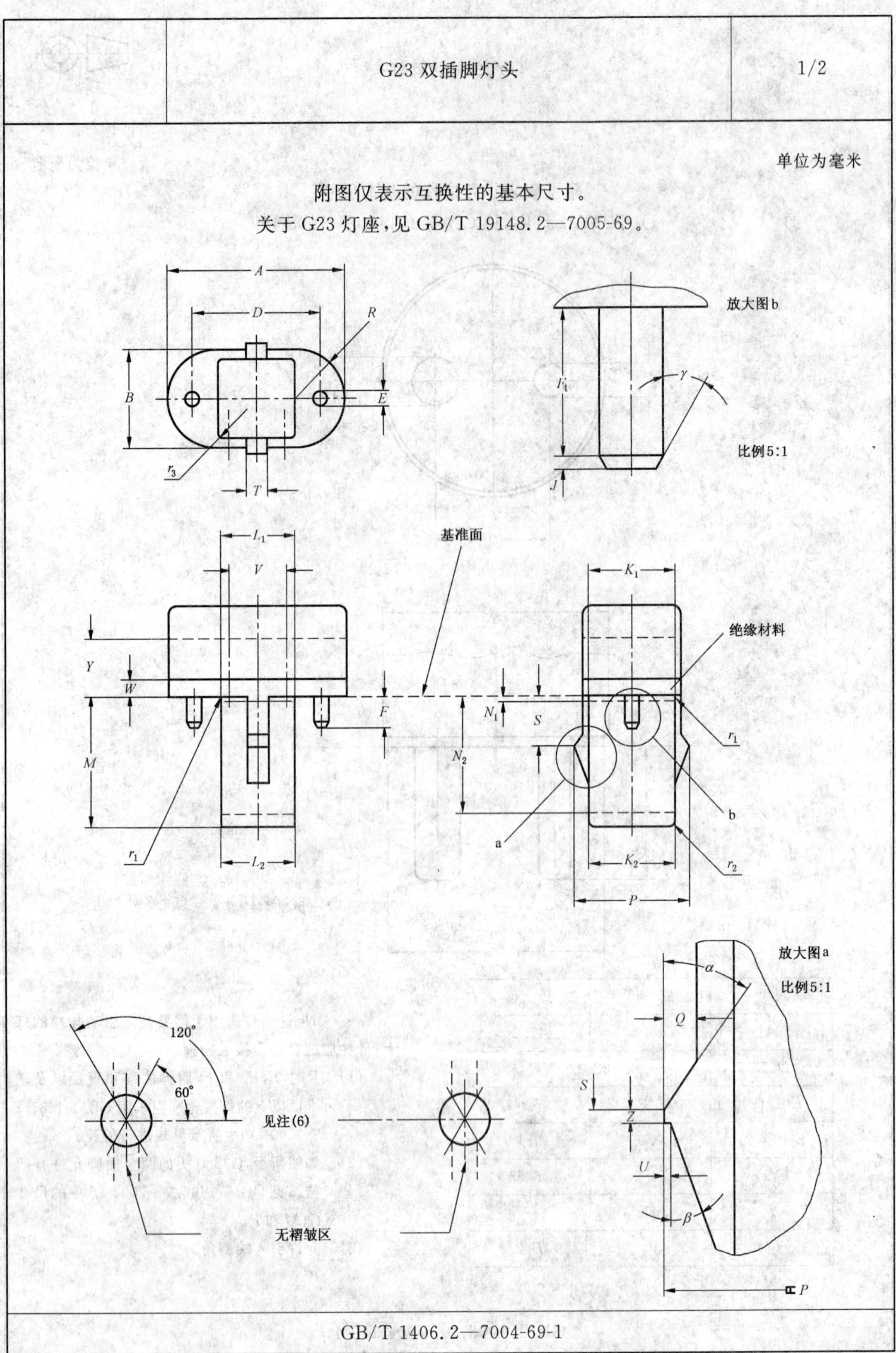

GB/T 1406.2—7004-69-1

	G23 双插脚灯头	2/2

单位为毫米

尺寸	最小值	最大值	尺寸	最小值	最大值
A(2)	31.5	32.5	Q	1.2	—
B(1)(2)	17.7	18.1	R(2)	—	9.05
D(9)	23.0		S	8.85	9.15
E(6)(9)	2.29	2.67(3)	T(1)(9)	3.5	4.5
F(9)	6.0	6.8	U^*	—	0.2
F_1	5.5	—	V(1)	11	
J	0.4	—	W(1)(8)	3.0	—
K_1(4)(9)	16.15	16.3	Y(2)	10.2	—
K_2(5)	15.6	15.75	Z^*	0.5	—
L_1(4)(9)	13.75	13.9	r_1	—	0.4
L_2(5)	13.2	13.35	r_2^*(7)	约 0.8	
M	—	23.0	r_3	0.5	1.0
N_1(4)	0.5		α^*	标称值 35°	
N_2(5)	21.0		β	20°	30°
P(9)	20.6	21.0	γ	约 30°	

* 这些尺寸仅用于灯头的设计，不用于成品灯的检验。

(1) 尺寸 B 在尺寸 T 所示的范围之外并至少在尺寸 V 所示范围之内和尺寸 W 所示最小值范围之内要符合其最小值。尺寸 B 在尺寸 T 所示范围之外还要符合其最大值。

(2) 尺寸 Y 表示尺寸 A、B 和 R 的最大值应符合要求的最小范围。

(3) 对于未装在灯上的灯头，$E_{max}=2.44$ mm。

(4) 尺寸 K_1 和 L_1 在与基准面相距尺寸 N_1 的部位测量。

(5) 尺寸 K_2 和 L_2 在与基准面相距尺寸 N_2 的部位测量。

(6) 插脚表面允许有凹痕或沟纹。但不应位于与通过插脚中心线的平面成 60°和 120°角的插脚半径所限定的区域之内(见附图)。从垂直于通过两个插脚中心线的平面的方向上测得的插脚直径应不小于2.29 mm。

(7) 倒角约 0.8 mm 是允许的。

(8) 尺寸 W 表示绝缘部分的高度。

(9) 插脚的位移和直径、单只插脚直径的最大值和最小值、插脚长度的最大值和最小值及尺寸 K_1、L_1、P 和 T 的最大值均采用 GB/T 1483.2—7006-69 中的量规进行检验。

如果该灯头用于单端荧光灯，灯的最大预热电流应不超过 240 mA。

对于预热电流超过 240 mA 的单端荧光灯，见 GX23 灯头。

GB/T 1406.2—7004-69-1

	GX23 双插脚灯头	1/2

单位为毫米

附图仅表示互换性的基本尺寸。

关于 GX23 灯座，见 GB/T 19148.2—7005-86。

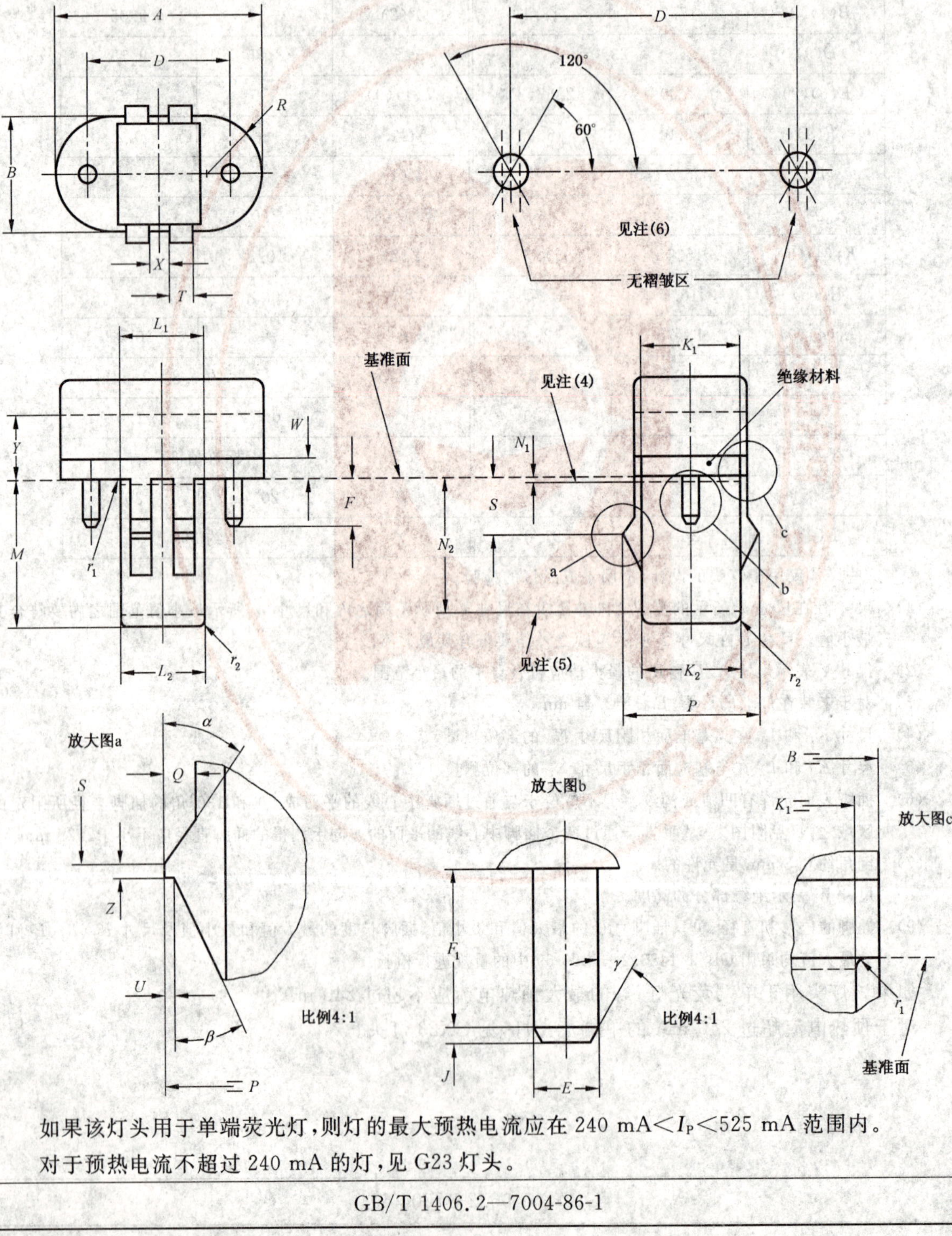

如果该灯头用于单端荧光灯，则灯的最大预热电流应在 240 mA<I_P<525 mA 范围内。

对于预热电流不超过 240 mA 的灯，见 G23 灯头。

GB/T 1406.2—7004-86-1

	GX23 双插脚灯头	2/2

单位为毫米

尺寸	最小值	最大值	尺寸	最小值	最大值
A(2)	31.5	32.5	Q	1.2	—
B(1)(2)	17.7	18.1	R(2)	—	9.05
D(9)	23.0		S	8.85	9.15
E(6)(9)	2.29	2.67(3)	T(1)(9)	3.5	4.5
F(9)	6.0	6.8	U^*	—	0.2
F_1	5.5	—	W(1)(8)	3.0	—
J	0.4	—	X	3.5	—
K_1(4)(9)	16.15	16.3	Y(2)	10.2	—
K_2(5)	15.6	15.75	Z^*	0.5	—
L_1(4)(9)	13.75	13.9	r_1	—	0.4
L_2(5)	13.2	13.35	r_2(7)*	约 0.8	
M	—	23.0	α^*	标称值 35°	
N_1(4)	0.5		β	20°	30°
N_2(5)	21.0		γ	约 30°	
P(9)	20.6	21.0			

* 这些尺寸仅用于灯头的设计，不用于成品灯的检验。

(1) 在宽度 X 和尺寸 W_{min} 所示范围内，采用 B_{min}。
在尺寸 T 所示范围之外采用 B_{max}。

(2) 尺寸 Y 表示尺寸 A、B 和 R 的最大值应符合要求的最小长度。

(3) 对于未装在灯上的灯头，E_{max}＝2.44 mm。

(4) 尺寸 K_1 和 L_1 在与基准面相距尺寸 N_1 的部位测量。

(5) 尺寸 K_2 和 L_2 在与基准面相距尺寸 N_2 的部位测量。

(6) 插脚表面允许有凹痕或沟纹，但不应位于与通过插脚中心线的平面成 60°和 120°角的插脚半径所限定的区域内（见附图），从垂直于通过两个插脚中心线的平面的方向上测得的插脚直径应不小于 2.29 mm。

(7) 倒角约 0.8 mm 是允许的。

(8) 尺寸 W 表示绝缘部分高度。

(9) 插脚的位移和直径、单只插脚直径的最大值和最小值、插脚长度的最大值和最小值及尺寸 K_1、L_1 和 T 的最小值均采用 GB/T 1483.2—7006-86 中所示量规进行检验。

GB/T 1406.2—7004-86-1

G24、GX24 和 GY24 灯头

1/4

单位为毫米

附图仅表示互换性的基本尺寸。

关于 G24、GX24 和 GY24 灯座，见 GB/T 19148.2—7005-78。

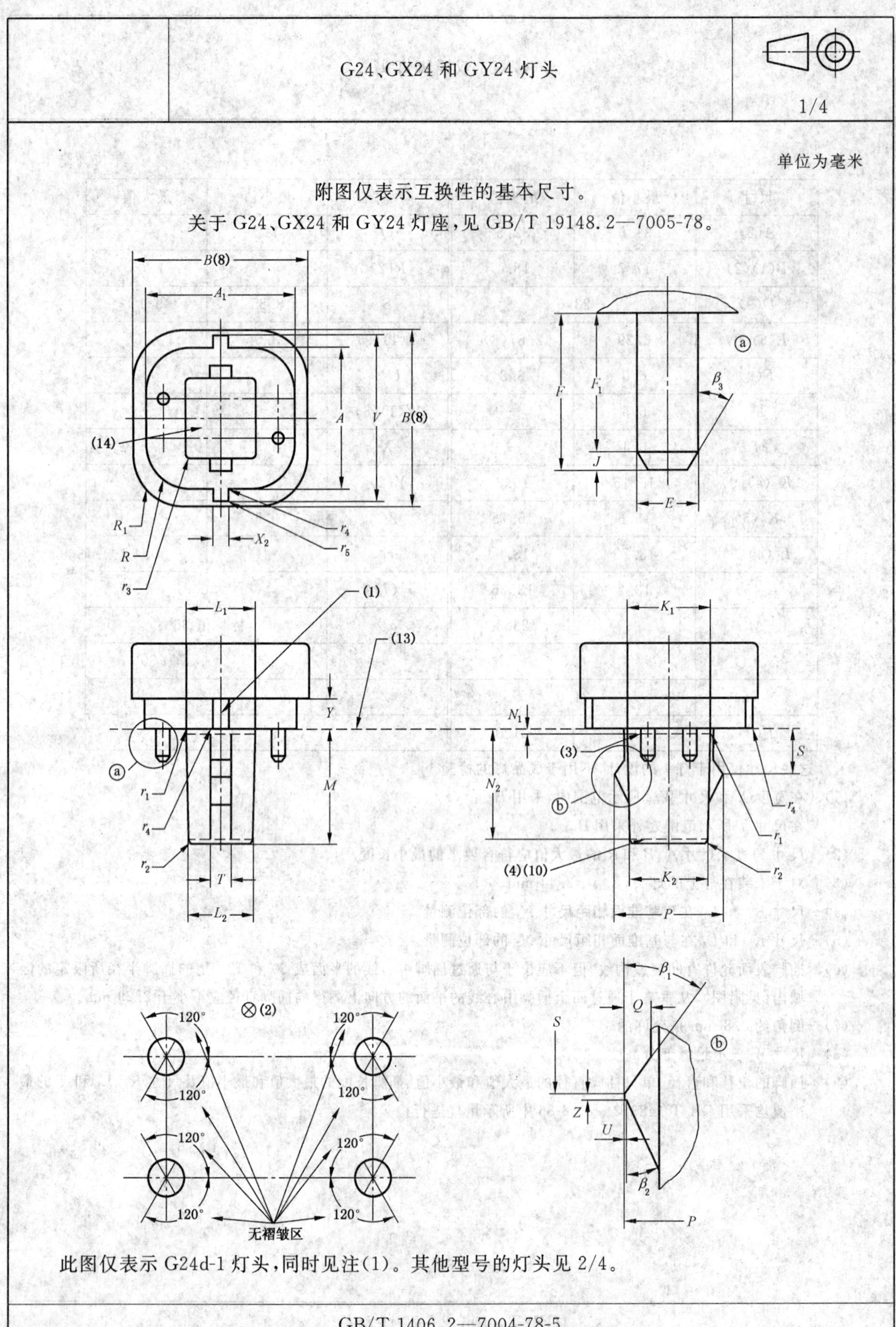

此图仅表示 G24d-1 灯头，同时见注(1)。其他型号的灯头见 2/4。

GB/T 1406.2—7004-78-5

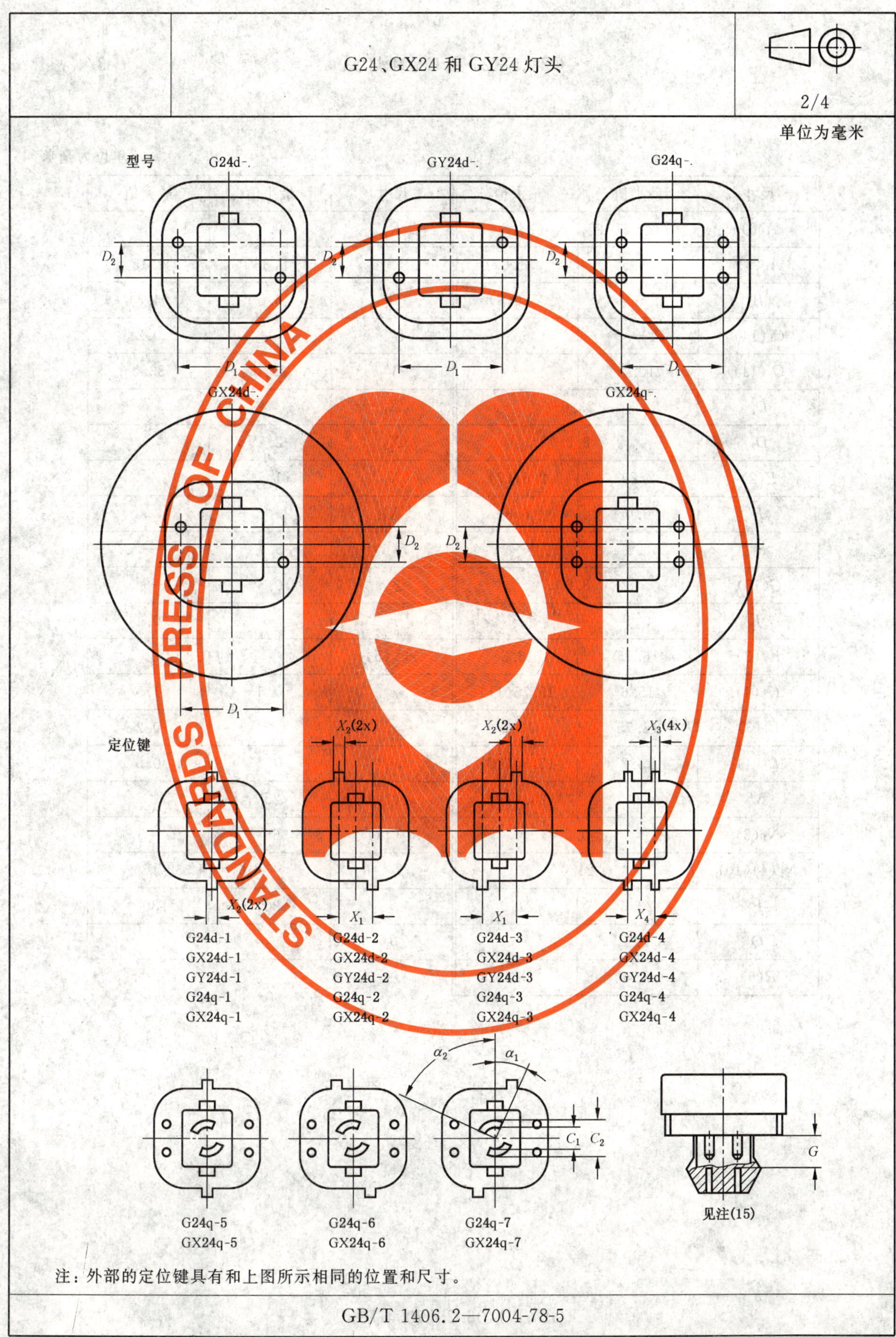
G24、GX24 和 GY24 灯头
2/4
单位为毫米
型号
G24d-.
GY24d-.
G24q-.
GX24d-.
GX24q-.
D_1
D_2
定位键
X_2(2x)
X_3(4x)
X_1
X_4
G24d-1
GX24d-1
GY24d-1
G24q-1
GX24q-1
G24d-2
GX24d-2
GY24d-2
G24q-2
GX24q-2
G24d-3
GX24d-3
GY24d-3
G24q-3
GX24q-3
G24d-4
GX24d-4
GY24d-4
G24q-4
GX24q-4
α_1
α_2
C_1
C_2
G
见注(15)
G24q-5
GX24q-5
G24q-6
GX24q-6
G24q-7
GX24q-7
注：外部的定位键具有和上图所示相同的位置和尺寸。
GB/T 1406.2—7004-78-5

	G24、GX24 和 GY24 灯头	3/4

单位为毫米

尺寸	最小值	最大值	尺寸	最小值	最大值
A(6)	27.5	28.5	R_1	9.0	—
A_1(6)	27.5	31.0	S	8.85	9.15
B	—	35.0(8)	T	3.5	4.5
C_1(14)	—	6.5	U^*	—	0.2
C_2(14)	10.1	—	V	32.0	33.0
D_1	23.0		X_1	9.3	
D_2	8.0		X_2	2.5	—
E(2)	2.29	2.67(7)	X_3	1.5	—
F	6.0	6.8	X_4	7.5	
F_1	5.5	—	Y(6)	5.7	—
G(15)	8.6		Z^*	0.5	—
J	0.4	—	r_1	—	0.4
K_1(3)	16.15	16.3	r_2^*(5)	约 0.8	
K_2(4)	15.6	15.75(11)	r_3	0.5	1.5
L_1(3)	13.75	13.9	r_4	—	0.2
L_2(4)	13.2	13.35(12)	r_5	0.2	0.5
M	—	23.0(9)	α_1(14)	25°	
N_1(3)	0.5		α_2(14)	65°	
N_2(4)(10)	21.0		β_1^*	标称值 35°	
P	20.6	21.0	β_2	20°	30°
Q	1.2	—	β_3	约 30°	
R(6)	8.4	9.5			

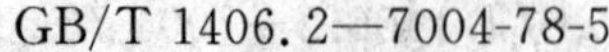
GB/T 1406.2—7004-78-5

	G24、GX24 和 GY24 灯头	4/4

单位为毫米

* 该尺寸仅用于灯头的设计，不用于成品灯的检验。

(1) 定位键。定位键-1 和-5 设计时应位于中心线上。

(2) 插脚表面允许有凹痕或沟纹，但不应位于与相距尺寸 D_2 的两平行面成 60°和 120°角的插脚半径所限定的区域内(见放大图 X)，从垂直于通过并列的两个插脚中心线的平面的方向上测得的插脚直径应不小于 2.29 mm。

(3) 尺寸 K_1 和 L_1 在与基准面相距尺寸 N_1 的部位测量。

(4) 尺寸 K_2 和 L_2 在与基准面相距尺寸 N_2 的部位测量。

(5) 倒角约 0.8 mm 是允许的。

(6) 在尺寸 Y 所示的范围内，灯头圆周应位于由尺寸 A_{max}，A_{1max} 和 R_{min} 所限定的区域与由 A_{min}，A_{1min} 和 R_{max} 所限定的区域之间，但灯头的定位键除外。

(7) 对于未装在灯上的灯头，$E_{max}=2.44$ mm。

(8) 对于 GX24d-.. 和 GX24q-.. 变形灯头，将尺寸 B 规定的外形图用最大值径 61 mm 的圆形外形图取代。

(9) 对于 G24q-.. 和 GX24q-.. 灯头，此值减至 16 mm。

(10) 对于 G24q-.. 和 GX24q-.. 灯头，此值减至 14 mm。

(11) 对于 G24q-.. 和 GX24q-.. 灯头，此值减至 15.95 mm。

(12) 对于 G24q-.. 和 GX24q-.. 灯头，此值减至 13.55 mm。

(13) 基准面。

(14) 为防止误插入，具有定位键-1，-2，-3 和-4 的灯头的中心柱底部应位于由尺寸 C_1，C_2，α_1 和 α_2 所确定的区域之内。

(15) 自由空间。只适用于带有定位键-5-6 和-7 的灯头。

检验：插脚的位移和直径，定位键的位移和宽度，尺寸 K_1、L_1、P 和 T 的最大值，单只插脚直径的最大值和最小值以及插脚长度的最大值和最小值均采用 GB/T 1483.2—7006-78 中所示相关量规进行检验。

GB/T 1406.2—7004-78-5

	成品灯上的 G32、GX32 和 GY32 灯头	1/4

单位为毫米

附图仅表示互换性的基本尺寸。

关于 G32d-..、G32q-..、GX32d-..、GX32 q-.. 和 GY32d-.. 灯座，见 GB/T 19148.2—7005-87。

与基准面相距尺寸 Y、N_1 和 N_2 的虚线仅表示检验灯头时的测量范围，见注 2、4 和 5。

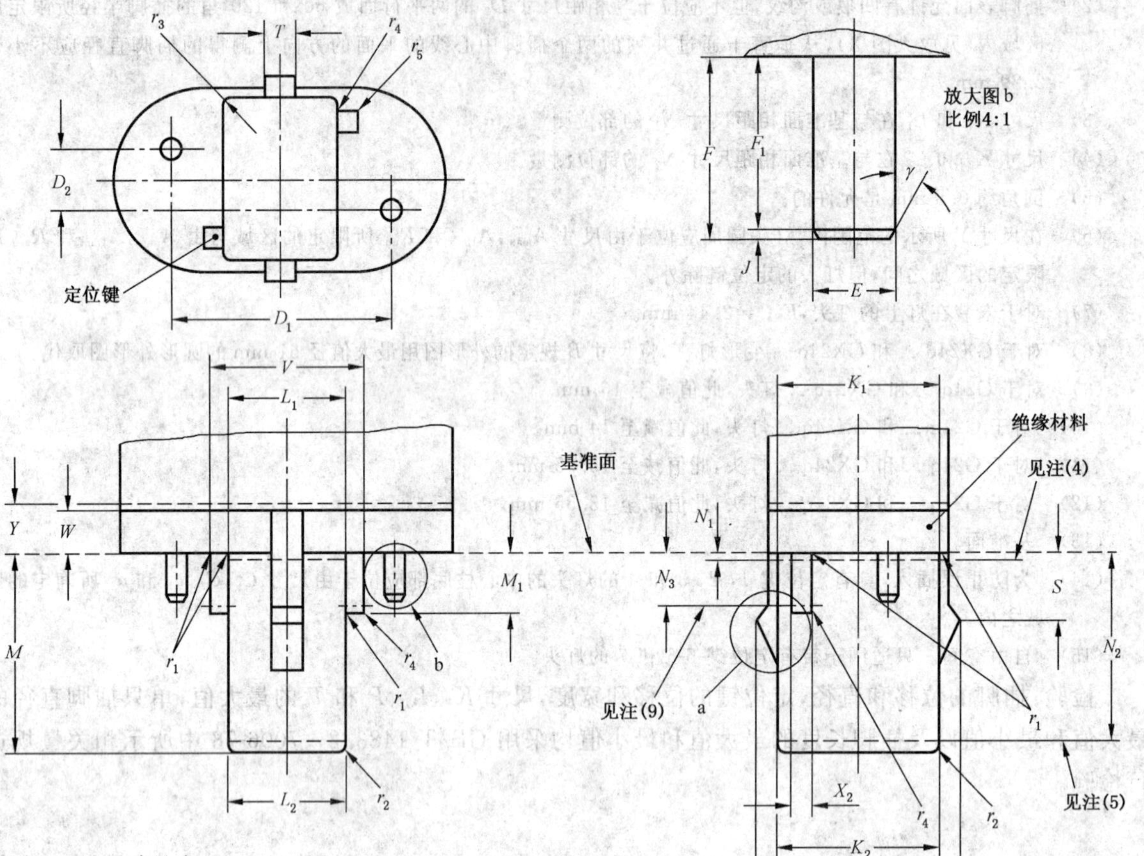

注：上述尺寸见表 2。

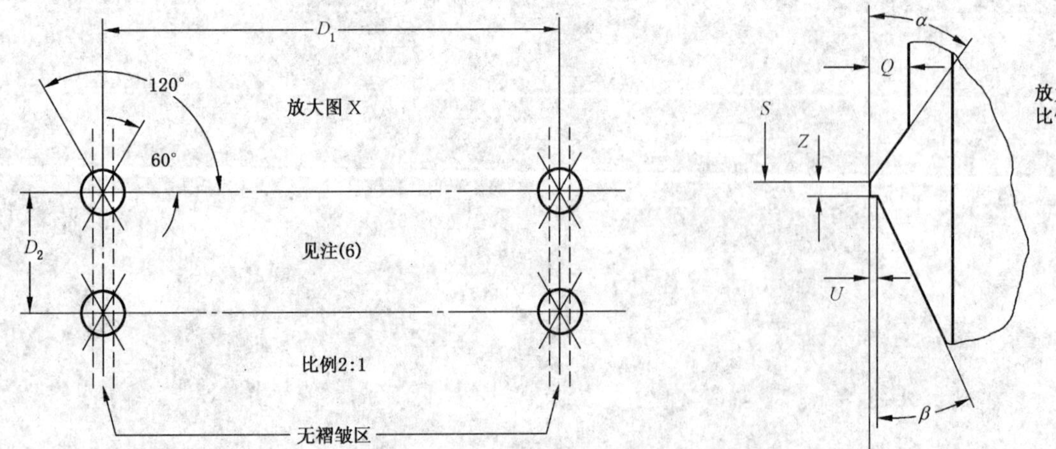

注：此图仅表示 G32d-4 灯头。其他型号的灯头见 2/4。

GB/T 1406.2—7004-87-2

	成品灯上的 G32、GX32 和 GY32 灯头	2/4

单位为毫米

插脚平台和插脚排列

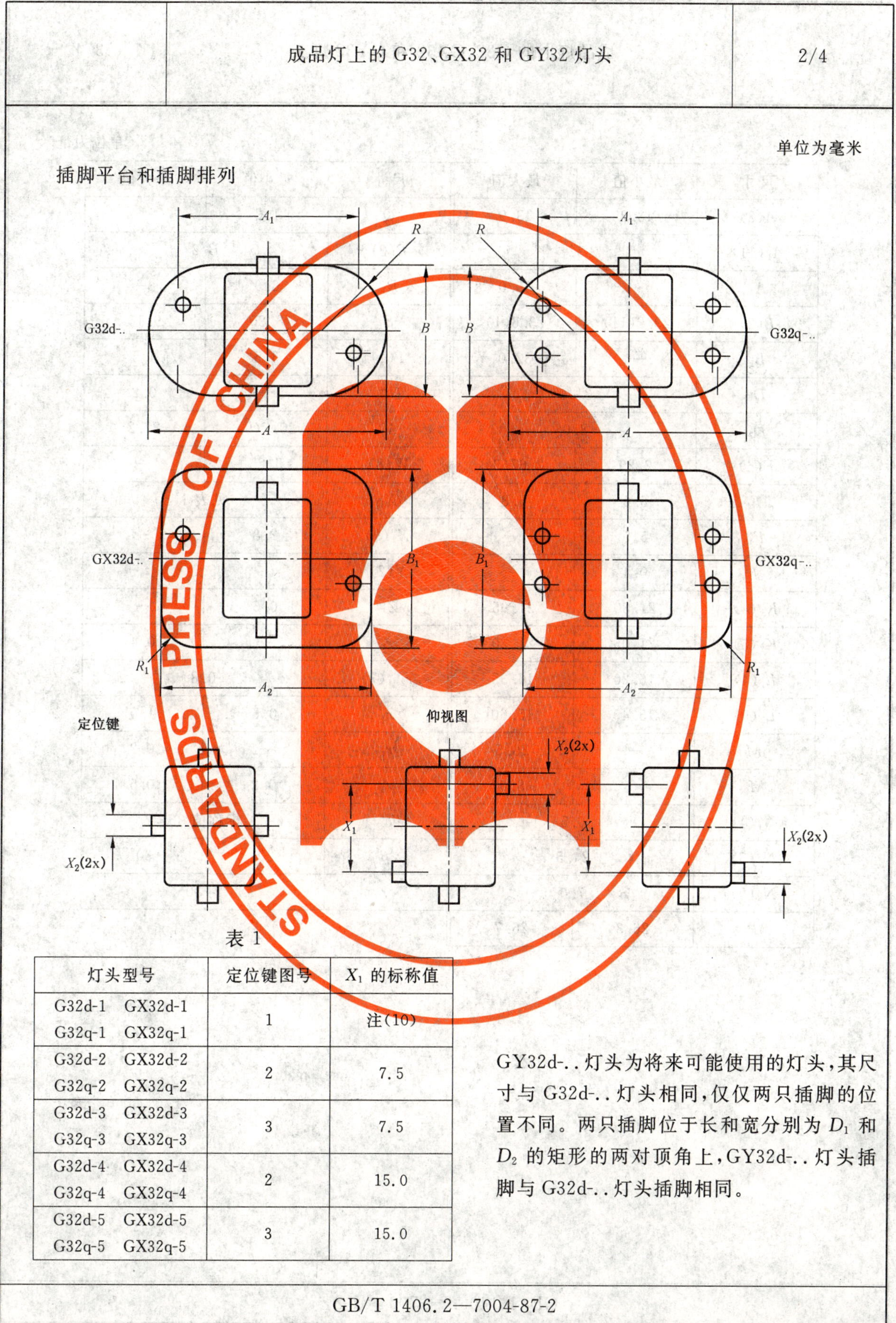

表 1

灯头型号	定位键图号	X_1 的标称值
G32d-1　GX32d-1 G32q-1　GX32q-1	1	注(10)
G32d-2　GX32d-2 G32q-2　GX32q-2	2	7.5
G32d-3　GX32d-3 G32q-3　GX32q-3	3	7.5
G32d-4　GX32d-4 G32q-4　GX32q-4	2	15.0
G32d-5　GX32d-5 G32q-5　GX32q-5	3	15.0

GY32d-..灯头为将来可能使用的灯头，其尺寸与 G32d-..灯头相同，仅仅两只插脚的位置不同。两只插脚位于长和宽分别为 D_1 和 D_2 的矩形的两对顶角上，GY32d-..灯头插脚与 G32d-..灯头插脚相同。

成品灯上的 G32、GX32 和 GY32 灯头

3/4

单位为毫米

尺寸	最小值	最大值	尺寸	最小值	最大值
A(2)	43.3	43.9	Q	1.2	—
A_1(11)	32		R(2)	B/2	
A_2	—	39.0	R_1	6.0	—
B(2)	23.2(11)	23.6(1)	S	8.85	9.15
B_1	—	32.0	T(1)	3.5	4.5
D_1	31.0		U^*	—	0.2
D_2	8.0		V	20.7(9)	21.2
E(6)	2.29	2.67(3)	W(8)	5.25	—
F	6.0	6.8	X_1	见表 1	
F_1	5.5	—	X_2(9)	2.8	—
J	0.4	—	Y(2)	5.7	
K_1(4)	21.80	21.95	Z^*	0.5	—
K_2(5)	21.05	21.20	r_1	—	0.4
L_1(4)	16.20	16.35	$r_2{}^*$(7)	0.8	
L_2(5)	15.45	15.60	r_3	0.5	1.0
M	—	26.5	r_4	—	0.2
M_1	—	8.0	r_5	0.2	0.5
N_1(4)	0.5		α^*	标称值 35°	
N_2(5)	24.5		β	20°	30°
N_3(9)	7.0		γ	约 30°	
P	26.3	26.7			

GB/T 1406.2—7004-87-2

	成品灯上的 G32、GX32 和 GY32 灯头	4/4

单位为毫米

* 这些尺寸仅用于灯头设计，不用于成品灯的检验。

(1) 在尺寸 T 所示范围之外，采用尺寸 B_{max}。

(2) 尺寸 Y 表示尺寸 A、B 和 R 的最大值或尺寸 A_2、B_1 和 R_1 的最大值应符合要求的最小长度。

在尺寸 Y 所示范围之外至玻壳方向，GX32d-.. 和 GX32q-.. 灯头的外形应位于由 GB/T 1483.2—7006-87F 所示“F”量规的尺寸 C、R_2 和 R_3 所限定的区域之内。

(3) 对于未装在灯上的灯头，$E_{max}=2.44$ mm。

(4) 尺寸 K_1 和 L_1 在与基准面相距尺寸 N_1 的部位测量。

(5) 尺寸 K_2 和 L_2 在与基准面相距尺寸 N_2 的部位测量。

(6) 插脚表面允许有凹痕或沟纹，但不应位于与相距尺寸 D_2 的两平行平面成 60°和 120°角的半径所限定的区域内(见放大图 X)。

在灯头插脚的无褶皱区测得的插脚直径应不小于 2.29 mm。

(7) 倒角约 0.8 mm 是允许的。

(8) 尺寸 W 表示绝缘部分的高度。

(9) 尺寸 V_{min} 最小值和 X_{2min} 在与基准面相距尺寸 N_3 的部位测量。

(10) 灯头定位键设计时应位于中心线上。

(11) 在尺寸 A_1 所限定的区域内，灯头圆周上允许存有凹痕。

检验：插脚的位移和直径，定位键的位移和宽度，尺寸 K_1、L_1、P、T 和 V 的最大值，单只插脚直径的最大值和最小值以及插脚长度的最大值和最小值均采用 GB/T 1483.2—7006-87 中相关量规进行检验。

GB/T 1406.2—7004-87-2

	G38 双插脚灯头和灯端	1/2

单位为毫米

附图仅表示互换性的基本尺寸。

关于 G38 灯座，见 GB/T 19148.2—7005-76。

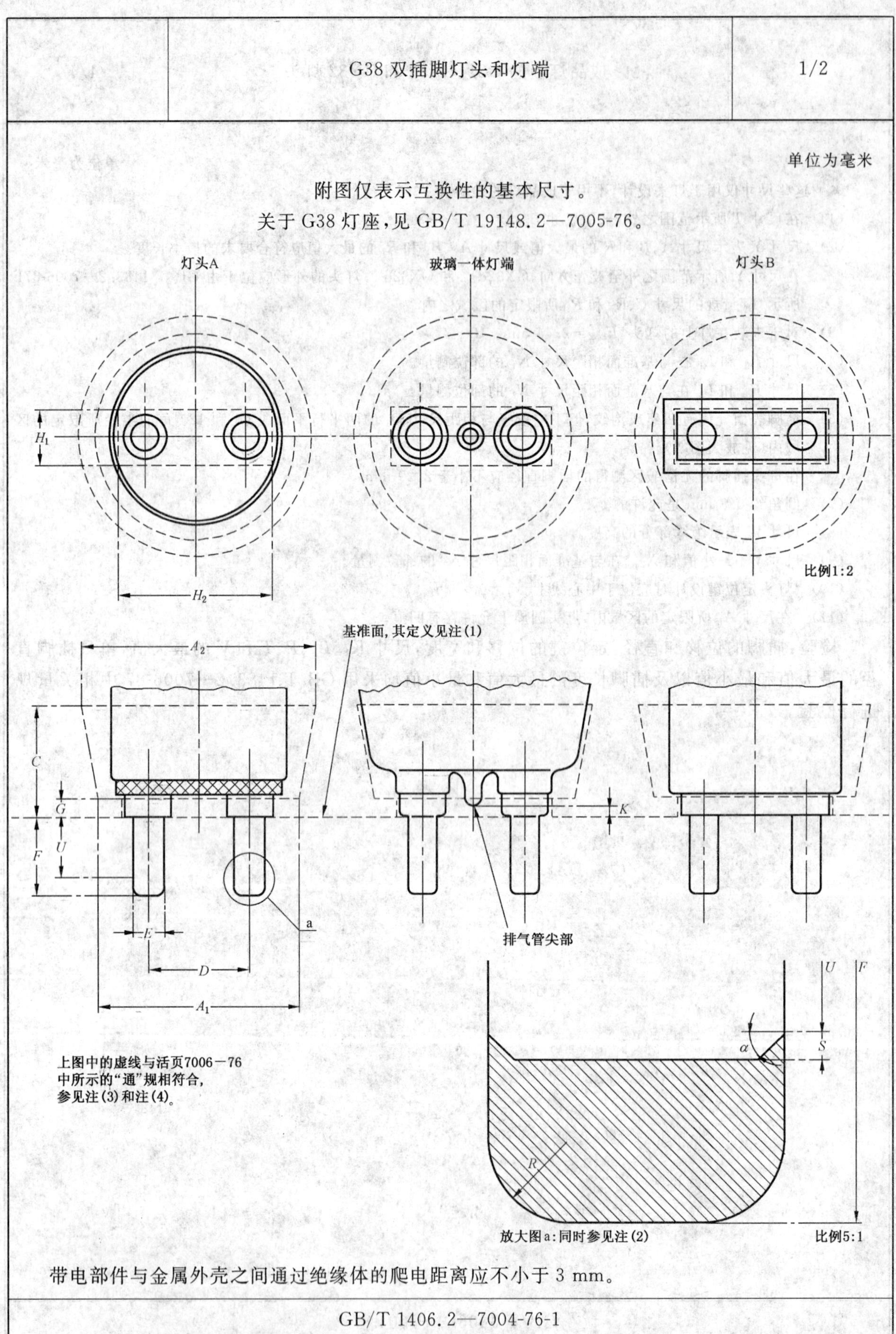

放大图 a：同时参见注(2)　　比例5:1

带电部件与金属外壳之间通过绝缘体的爬电距离应不小于 3 mm。

GB/T 1406.2—7004-76-1

	G38 双插脚灯头和灯端	2/2

单位为毫米

尺寸	最小值	最大值
A_1(3)(4)	—	76.5
A_2(3)(4)	—	89.0
C(3)(4)	41.0	—
D(4)	38.1	
E(4)(5)	10.97	11.23
F(2)	—	29.36
G(3)(4)	6.5	—
H_1(3)(4)	—	20.2
H_2(3)(4)	—	58.1
K	3.5	—
R(2)	3.0	
S(2)	1.0	
U(2)	22.17	—
α(2)	45°	

(1) 灯头或灯端的基准面为 GB/T 1483.2—7006-76 中所示通规的 X 面位置，灯头或灯端设计时要使 X 面与插脚的两止挡或者与绝缘体表面接触。

(2) 尺寸 U 表示尺寸 E 的最大值和最小值均应符合要求的最小长度。每只插脚端部应位于放大图 a 所示的阴影区域之内。插脚端部应倒圆或倒角，以便其能够毫无困难地插入并充分与灯座接触。

(3) 灯头或灯端基准面以上的部分应位于尺寸 A_1、A_2、C、G、H_1 和 H_2 所规定的范围之内。

(4) 基准面之上的灯头或灯端轮廓，插脚的位移和直径以及插脚最大长度均采用 GB/T 1483.2-7006-76 中所示量规进行检验。

(5) 单只插脚的直径采用 GB/T 1483.2—7006-76A 中所示量规进行检验。

GB/T 1406.2—7004-76-1

	GX38q 四插脚灯头和灯端	1/2

单位为毫米

附图仅表示互换性的基本尺寸。

关于 GX38q 灯座，见 GB/T 19148.2—7005-65。

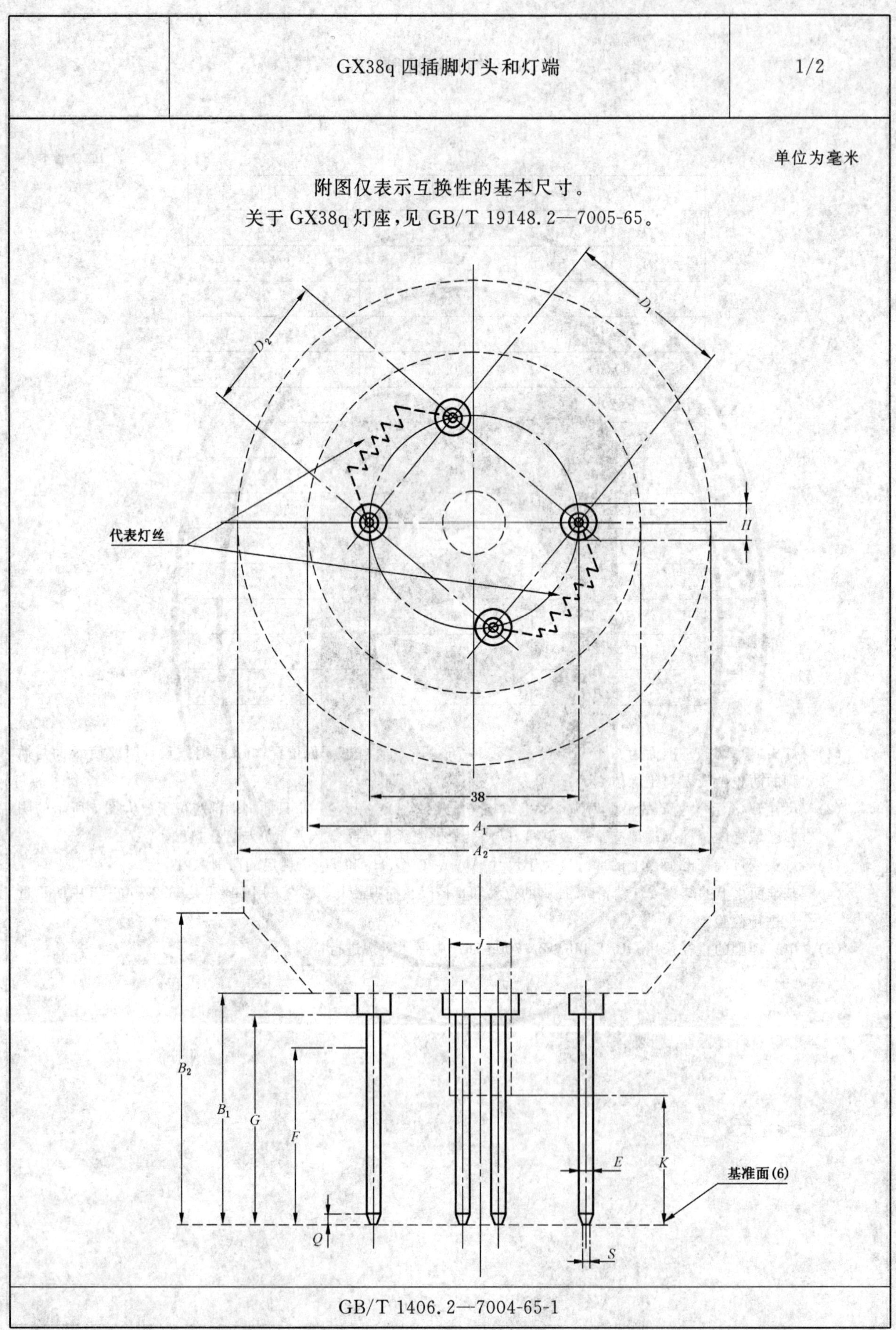

GB/T 1406.2—7004-65-1

GX38q 四插脚灯头和灯端	2/2

单位为毫米

尺寸	最小值	最大值	尺寸	最小值	最大值
A_1(1)(2)	—	60.0	F(2)(5)	31.0	—
A_2(1)(2)	—	85.0	G(1)	37.0	—
B_1(1)	41.0		H(1)(2)	—	6.5
B_2(1)	55.0		J(1)(2)	—	10.5
D_1(2)	29.5		K(1)(2)	23.0	—
D_2(2)	24.5		Q	2.0	
E	2.95(4)	3.05(3)	S	1.0	

(1) 这些尺寸定义了灯头或灯端的最大外形尺寸。

(2) 这些尺寸一起采用 GB/T 1483.2—7006-65 中所示量规的检验。

(3) 尺寸 E_{max} 应从插脚的末端 $31.0^{+0.0}_{-0.5}$ mm 处，采用带有直径为 $3.05^{+0.01}_{-0.0}$ mm，至少 6 mm 深的钻孔的“通规”进行检验。

(4) 尺寸 E_{min} 应采用一个有 10 mm 宽，$2.95^{+0.0}_{-0.01}$ mm 的间隙的合适的“止”卡钳来检验。检验应在等于尺寸 F 的长度上的每个半径的位置进行。

(5) 尺寸 F 定义了电接触发生的距离。

(6) 基准面在灯头或灯端的纵轴的右边的角上，和最长插脚的顶部重合。

GB/T 1406.2—7004-65-1

成品灯上的 G53 接线片

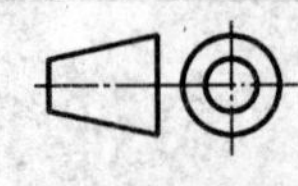

1/1

单位为毫米

附图仅表示互换性的基本尺寸。

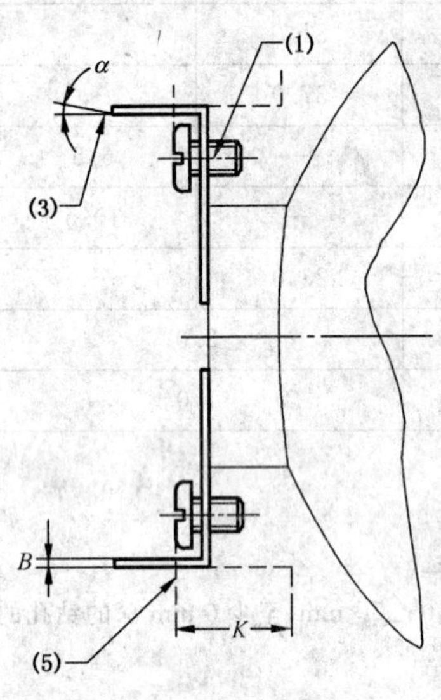

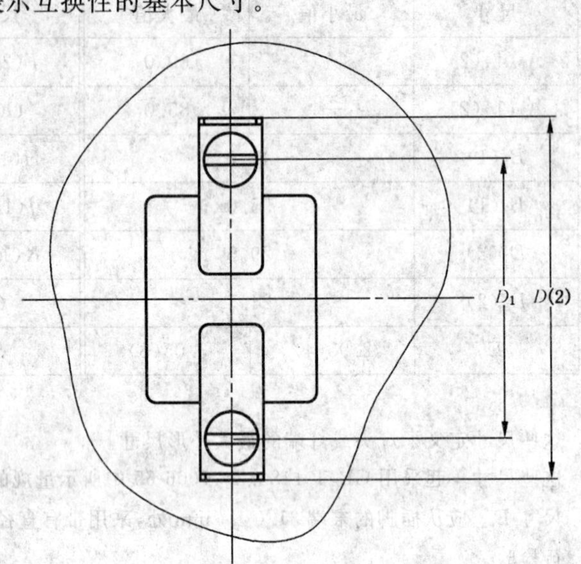

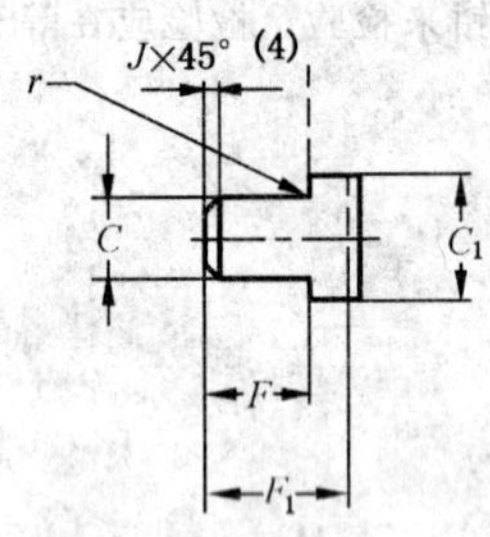

尺寸	最小值	最大值
B	0.77	0.84
C	6.2	6.4
C_1	7.4	—
D(2)	52.2	54.2
D_1	约 40	
F	7.8	8.4
F_1	10.1	—
J(4)	0.5	1.3
K(6)	13	
r	—	0.4
α(3)	约 10°	

电接触采用下面方式中的一种：

——通过和接头连接的插座的凹部的电缆；

——通过和螺纹连接的电缆；

——通过一个合适的连接器。

(1) 螺纹 M4×6。

(2) 接头片中心线之间的距离。

(3) 接头片端部可有锥度。

(4) 可倒角或倒圆。

(5) 基准面。只对于接头片和连接器。

(6) 尺寸 K 表示连接器之间的自由空间。

GB/T 1406.2—7004-134-1

GX53 灯头

1/1

单位为毫米

附图仅表示互换性的基本尺寸。

关于 GX53 灯座，见 GB/T 19148.2—7005-142。

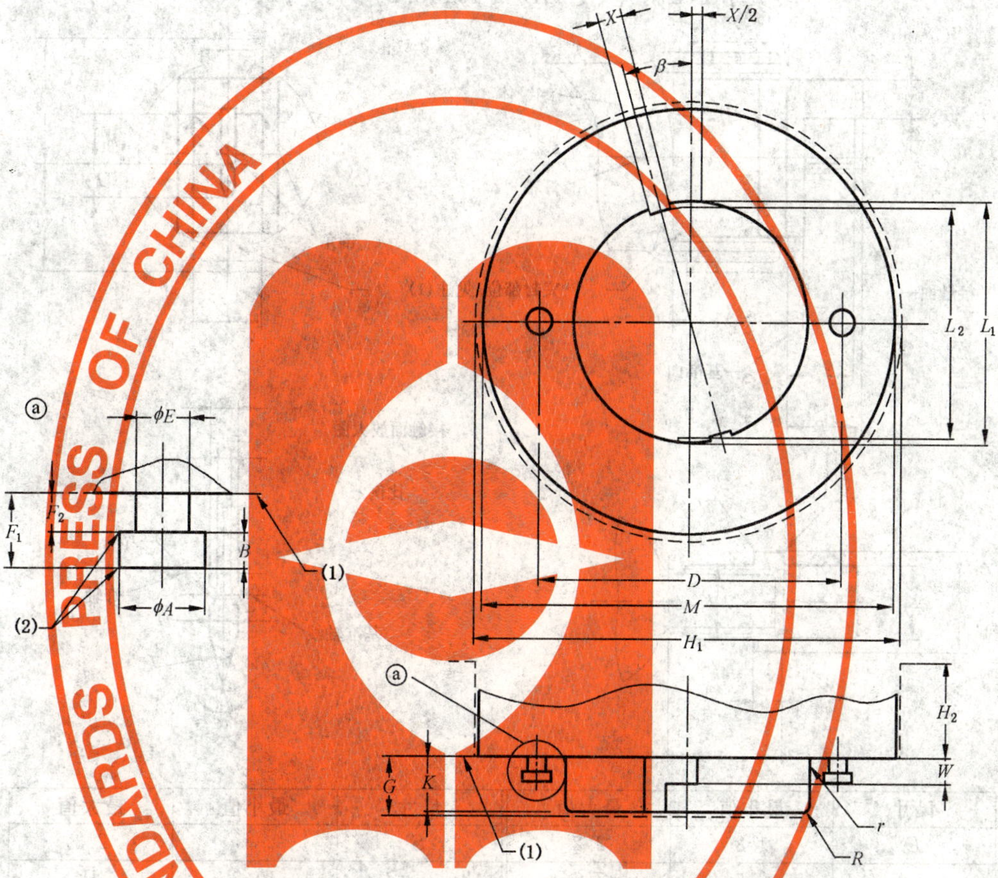

尺寸	最小值	最大值	尺寸	最小值	最大值
A	4.7	5	K(5)	—	9.4
B	1.9	2.2	L_1	42	42.5
D(4)	53		L_2	—	40.6
E	2.8	3.2	M	—	75.2
F_1	—	4.3	R	0.8	1.2
F_2	1.55	—	W	4.5	4.9
G(3)	9.5		X(6)	3.9	4.4
H_1(3)	75.4		r	—	0.2
H_2(3)	15.2		β	14°30′	15°30′

(1) 基准面。

(2) 边缘倒角。

(3) 尺寸 G,H_1 和 H_2 用来划分可能被灯占有的空间和可能被灯座和/或灯具占有的空间。

(4) 采用 GB/T 1483.2—7006-142 中所示量规进行检验。

(5) 需要注意尺寸 K 的最小值，以保证键控功能正常。

(6) 附图仅表示 GX53-1 灯头。两个位于现有键槽两边各 20°的附加的键槽待定。

GB/T 1406.2—7004-142-1

Fc2 灯头和灯端

1/1

单位为毫米

附图仅表示互换性的基本尺寸。

关于 Fc2 灯座，见 GB/T 19148.2—7005-114。

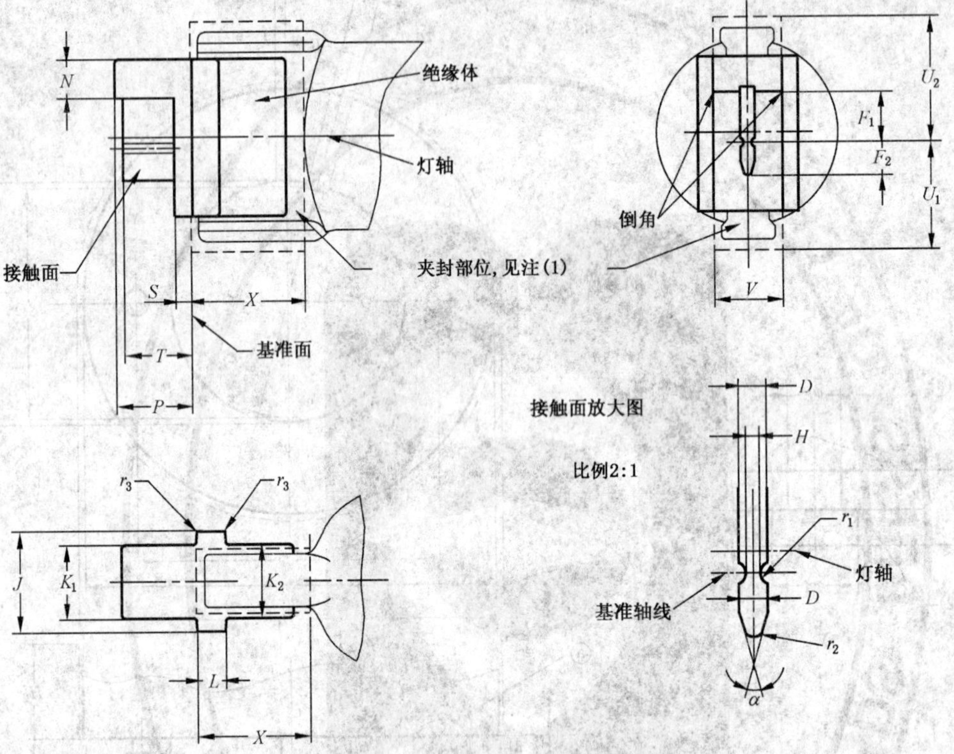
N
绝缘体
灯轴
接触面
S
X
T
基准面
P
夹封部位，见注(1)
U_2
F_1
F_2
U_1
倒角
V
D
H
接触面放大图
比例2:1
r_1
灯轴
基准轴线
D
r_2
α
r_3
r_3
J
K_1
K_2
L
X

尺寸	最小值	最大值	尺寸	最小值	最大值
D	1.8	2.2	S	—	2.3
F_1	6.5	7.5	T	10.5	P
F_2	4.3	4.7	U_1(1)(2)	15	
H	标称值 1		U_2(1)(4)	18	
J	13.5	14.5	V(1)	10.3	
K_1(3)	9.7	10.3	X(1)	16.5	—
K_2(3)	—	10.3	r_1	0.7	0.9
L	3.8	4.2	r_2*	0.4	0.6
N*(4)	3.3	—	r_3*	0.6	1
P	—	11.3	α*	25°	35°

* 这些尺寸仅用于灯头设计，不用于成品灯的检验。

(1) 尺寸 X 范围内的灯的夹封部位不应超出尺寸为 U_1，U_2 和 V 的矩形框的范围。

(2) 灯的绝缘部位的底面不应超出矩形框的底部（尺寸 U_1）。

(3) 采用 GB/T 1483.2—7006-114 中所示对准量规对成品灯上的两个灯头的对准进行检验。

(4) 尺寸 N 应不超过尺寸 U_2。

GB/T 1406.2—7004-114-1

	管形灯用 Fa4 单插脚灯头和灯端	1/1

单位为毫米

附图仅表示互换性的基本尺寸。

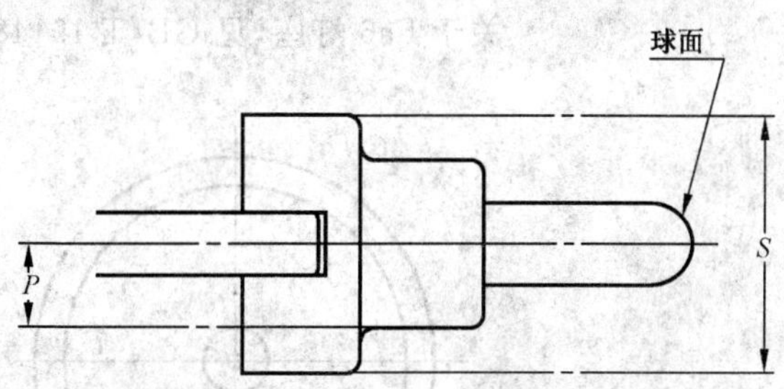

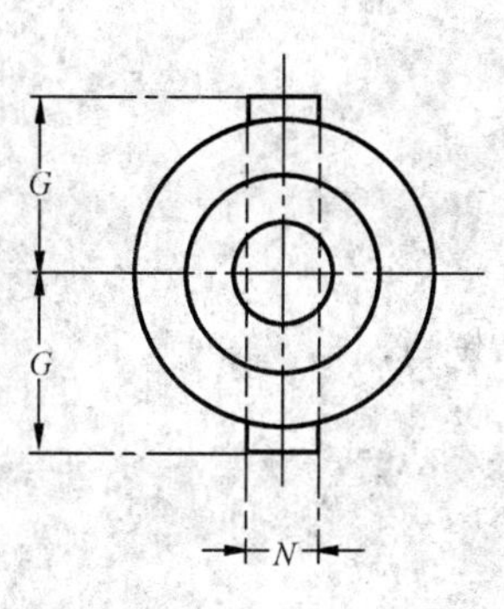

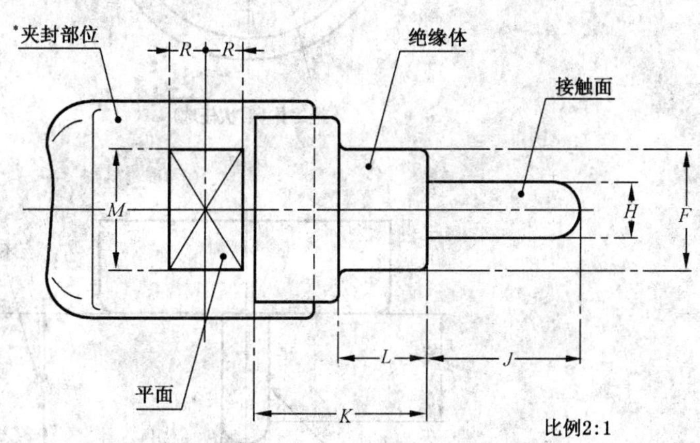

插脚轴线相对于灯轴线的最大角度偏差待定。

尺寸	最小值	最大值
F	7.8	8.2
G	—	7.4
H	3.98	4.0
J	9.7	10.3
K	—	12.5
L	5.85	—
M(1)	5.5	—
N	2.0	3.5
P	—	4.55
R(1)	2.5	—
S	11.5	12.5

* 灯座的设计应使夹封部位不承受任何侧向力。

(1) 安装散热装置的区域,该位置见 IEC 相关标准。

GB/T 1406.2—7004-58-1

	Fa6 单插脚灯头	1/1

单位为毫米

附图仅表示互换性的基本尺寸。

关于 Fa6 灯座，见 GB/T 19148.2—7005-55。

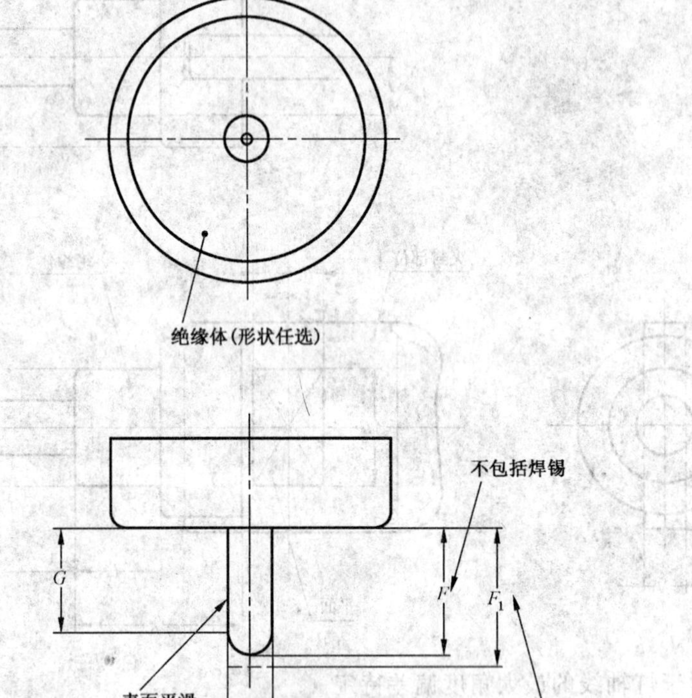

成品灯带电部件与金属外壳之间通过绝缘体的爬电距离应不小于 6 mm。

灯头插脚和金属外壳应镀镍或采用其他防腐方法。

焊接后的灯头插脚端部应为半球形。

尺寸	最小值	最大值
E	5.92*	6.00*
F	17.50*	18.00
F_1	—	18.50*
G(1)	14.5	

* 这些尺寸采用 GB/T 1483.2—7006-41 中所示量规进行检验。

(1) 尺寸 *G* 表示尺寸 *E* 应符合要求的最小长度。

GB/T 1406.2—7004-55-3

Fa8 单插脚灯头	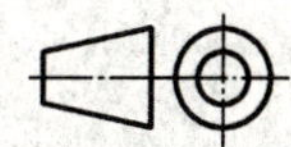 1/1

单位为毫米

附图仅表示互换性的基本尺寸。

关于 Fa8 灯座，见 GB/T 19148.2—7005-..。

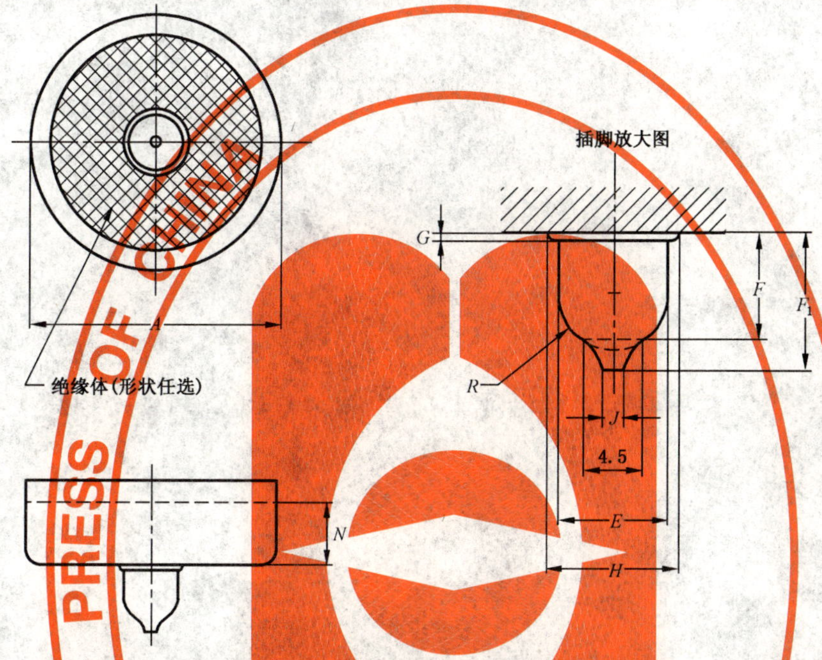

灯头可带有喇叭口，其直径应不超过非喇叭口灯头的最大允许直径 1 mm。

插脚端部的形状可为半球形，也可以是符合所限定尺寸的尖形。

尺寸	最小值	最大值
A(4)	—	36.52(5)
		25.83(6)
		19.05(7)
E	7.62(3)	8.26(2)
F	6.88	8.20(2)
F_1(1)	—	9.65
G	—	0.51(2)
H	—	9.65(2)
J	—	1.65
N(4)	8.71	—
R	3.81	4.13

(1) 该尺寸采用毫米尺进行检验。

(2) 这些尺寸采用 GB/T 1483.2—7006-40 中所示量规进行检验。

(3) 这些尺寸采用 GB/T 1483.2—7006-40A 中所示量规进行检验。

(4) 尺寸 *A* 应在 *N* 所示最小范围内测量。

(5) 为应用于管径为 38 mm 的管形荧光灯而设计。见 GB/T 10682。

(6) 为应用于管径为 26 mm 的管形荧光灯而设计。见 GB/T 21092。

(7) 为应用于管径为 19 mm 的管形荧光灯而设计。见 GB/T 21092。

GB/T 1406.2—7004-57-2

ICS 29.140.10
K 74

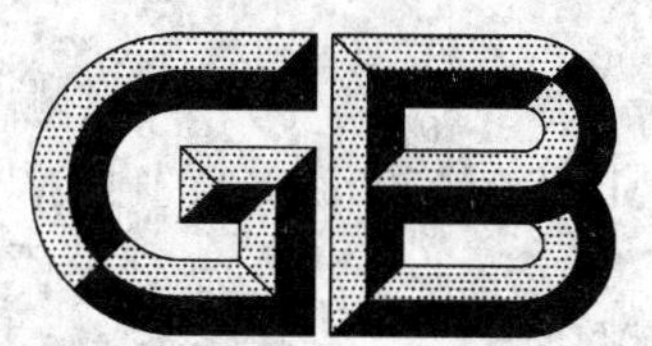

中华人民共和国国家标准

GB/T 1406.3—2008
代替 GB 1406.3—2003

灯头的型式和尺寸 第3部分：预聚焦式灯头

Types and dimensions of lamp caps—Part 3：Prefocus caps

(IEC 60061-1：2005，Lamp caps and holders together with gauges for the control of interchangeability and safety—Part 1：Lamp caps，MOD)

2008-04-29 发布　　2008-12-01 实施

中华人民共和国国家质量监督检验检疫总局
中国国家标准化管理委员会　发布

前 言

GB/T 1406《灯头的型式和尺寸》共分为5个部分：

——第1部分：螺口式灯头；

——第2部分：插脚式灯头；

——第3部分：预聚焦式灯头；

——第4部分：杂类灯头；

——第5部分：卡口式灯头。

本部分为GB/T 1406的第3部分。

GB/T 1406的本部分修改采用IEC 60061-1：2005《灯头、灯座及检验其安全性和互换性的量规　第1部分：灯头》(3.35版)的英文版。

本部分与IEC 60061-1：2005(3.35版)的英文版中有关聚焦式灯头的型式和尺寸部分在技术内容上完全一致。

为了便于使用，本部分做了下列编辑性修改：

——用小数点“.”代替作为小数点的逗号“,”；

——“本国际标准”一词改为“本部分”；

——删除国际标准前言及引言；

——为了与现有的标准及本部分中的技术内容一致，将国际标准的名称《灯头、灯座及检验其安全性和互换性的量规　第1部分：灯头》改为《灯头的型式和尺寸　第3部分：预聚焦式灯头》。

本部分代替GB 1406.3—2003《预聚焦式灯头的型式和尺寸》。

本部分与GB 1406.3—2003相比主要差异如下：

——保留了原GB 1406.3—2003全部灯头的技术内容；

——新增加型号为：PG20和PGU20；P23t预聚焦灯头；P26.4t和PJ26.4t预聚焦灯头；P38t预聚焦灯头。

本部分由中国轻工业联合会提出。

本部分由全国照明电器标准化技术委员会(SAC/TC 224)归口。

本部分主要起草单位：北京电光源研究所。

本部分主要起草人：赵秀荣、杨小平、江姗、段彦芳。

本部分所代替标准的历次版本发布情况为：

——GB 1406.3—1981、GB 1406.3—2003。

灯头的型式和尺寸
第3部分：预聚焦式灯头

1 范围

本部分规定了预聚焦式灯头的型式、基本尺寸和检验方法。

本部分适用于那些使用本部分中规定型号的灯头作为灯用附件的电光源产品的设计和生产，也适用于其他电光源产品的设计。

2 规范性引用文件

下列文件中的条款通过GB/T 1406的本部分的引用而成为本部分的条款。凡是注日期的引用文件，其随后所有的修改单（不包括勘误的内容）或修订版均不适用于本部分，然而，鼓励根据本部分达成协议的各方研究是否可使用这些文件的最新版本。凡是不注日期的引用文件，其最新版本适用于本部分。

GB/T 1483.3 灯头、灯座检验量规 第3部分：预聚焦式灯头、灯座的量规（GB/T 1483.3—2008，IEC 60061-3：2007，Lamp caps and holders together with gauges for the control of interchangeability and safety—Part 3：Gauges，MOD）

GB/T 21098 灯头、灯座及检验其安全性和互换性的量规 第4部分：导则及一般信息（GB/T 21098—2007，IEC 60061-4：2004，IDT）

IEC 60061-2 灯头、灯座及检验其安全性和互换性的量规 第2部分：灯座（Lamp caps and holders together with gauges for the control of interchangeability and safety—Part 2：Lampholders）

IEC 60809 道路机动车辆灯泡 尺寸、光电性能要求（Lamps for road vehicles—Dimensional，electrical and luminous requirements）

ISO 8092 道路车辆 车载电气线束的连接（Road vehicles—Connections for on-board electrical wiring harnesses）

3 型式和尺寸

灯头的型号应符合GB/T 21098的规定。

	P11.5d 灯头	1/2

单位为毫米

附图仅表示互换性的基本尺寸。

关于 P11.5d 灯座，见 IEC 60061-2 中 7005-79。

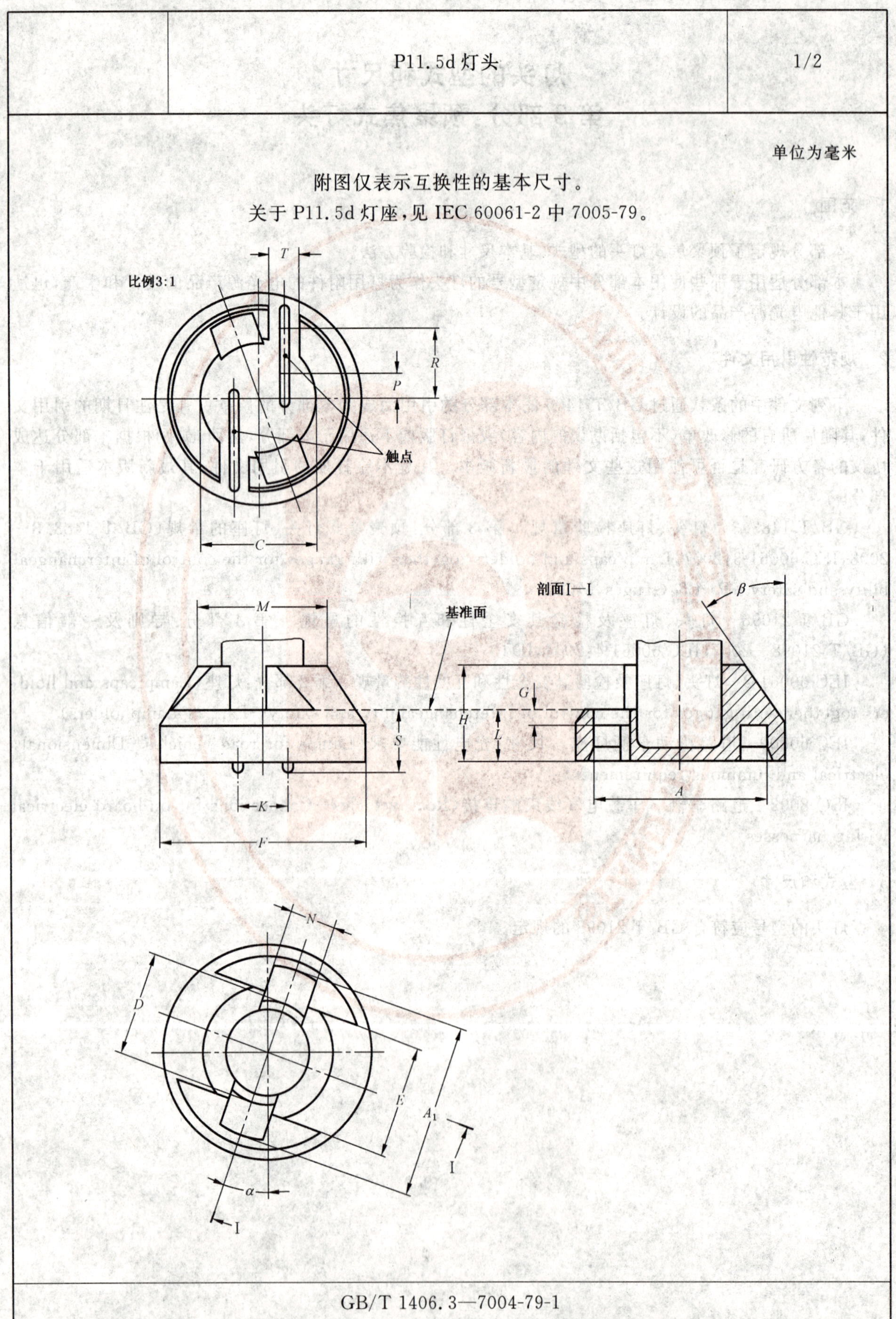

GB/T 1406.3—7004-79-1

P11.5d 灯头 2/2

单位为毫米

尺寸	最小值	最大值	尺寸	最小值	最大值
A	11.6	11.75	L	约 3.5	
A_1	11.4	11.6	M	约 9.0	
C	7.9	8.1	N	3.0	3.2
D	—	7.0	P(1)	1.6	
E	7.3	7.7	R(1)	4.6	
F	13.9	14.1	S	3.8	4.4
G	1.0	1.1	T	2.0	2.2
H	约 6.5		α	标称值 20°	
K	3.5	3.7	β	标称值 35°	

(1) 尺寸 P 和尺寸 R 表示接触的区域。

GB/T 1406.3—7004-79-1

	成品灯上 PG12-. 和 PGX12-. 灯头	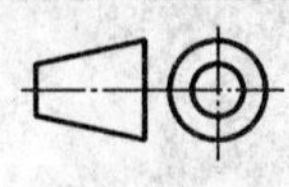 1/3

单位为毫米

附图仅表示互换性的基本尺寸。

关于 PG12-和 PGX12 灯座,见 IEC 60061-2 中 7005-64。

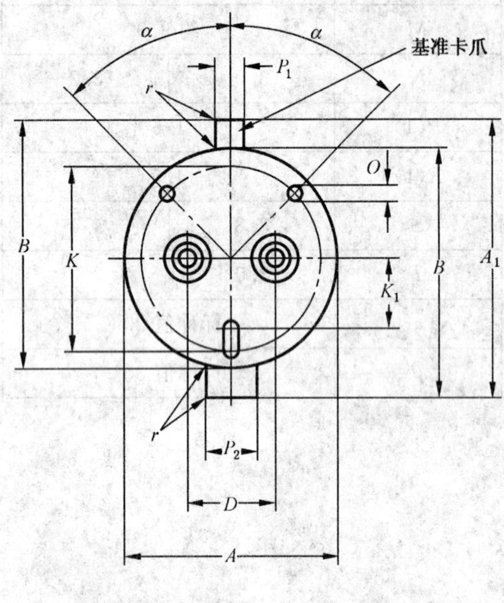

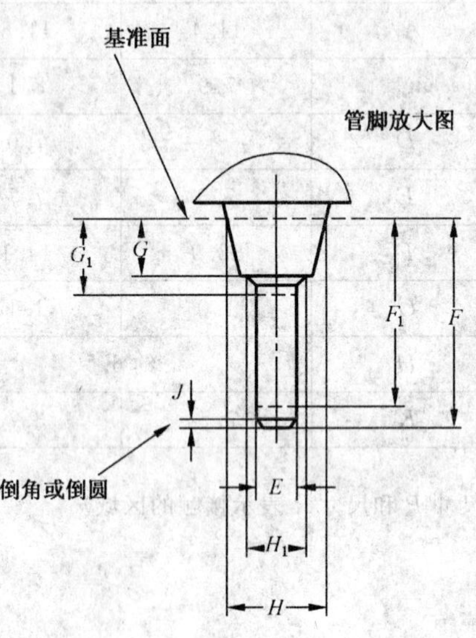

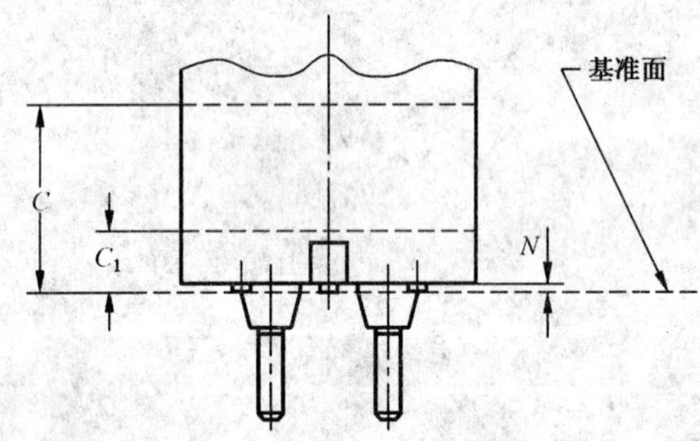

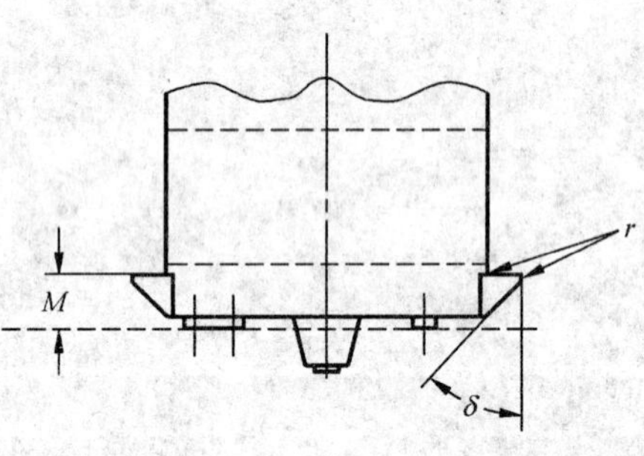

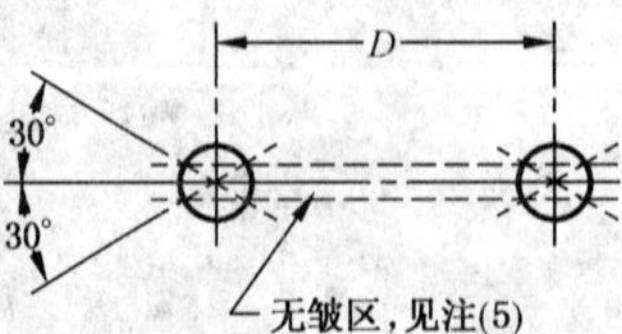

附图只表示 PG12-1 灯头。关于 PGX12 灯头及其他型号 PG 灯头的插脚和支撑凸台的排列见本参数表 3/3 页。PGX12-1 和 PGX12-2 灯头可在高温条件下使用(150℃以上,待定)。

GB/T 1406.3—7004-64-3

成品灯上 PG12-. 和 PGX12-. 灯头

单位为毫米

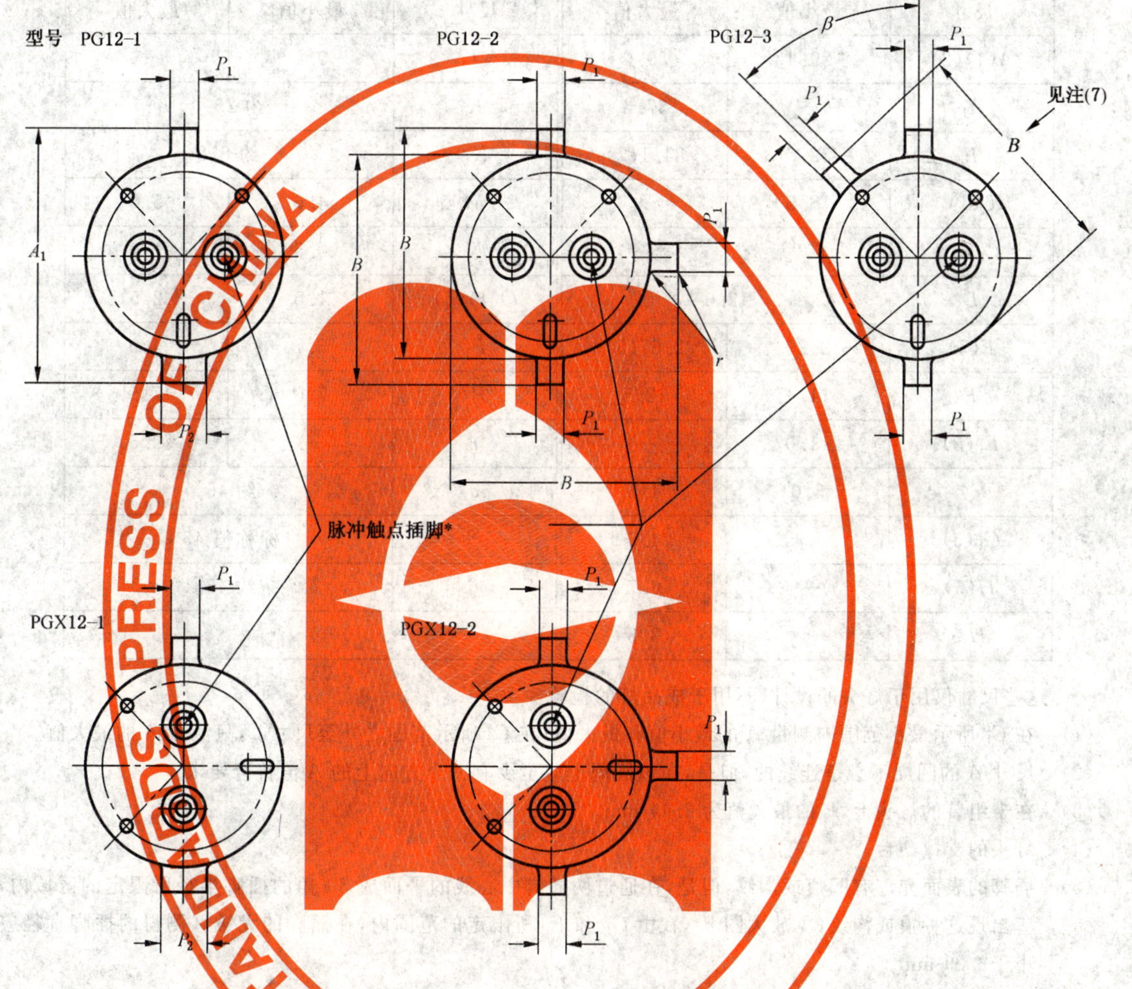

* 如果这些灯头用于需要高压脉冲启动的灯，则该脉冲应施加在此脉冲插脚上。

PG12-1 灯头的尺寸在 1/3 页中给出。

PG12-2 灯头的尺寸与 PG12-1 灯头的尺寸相同，只是它们卡爪的数量及其相关的尺寸有所不同。

三个类似卡爪的尺寸为 P_1、B、A_1、r、δ 和 M。

PG12-3 灯头的尺寸与 PG12-2 灯头的尺寸相同，只是它们卡爪的位置有所不同。

PGX12-1 灯头的尺寸与 PG12-1 灯头的尺寸相同，只是它们的插脚和支撑止挡的位置有所不同。这两种部件已按逆时针方向旋转了 90°。

PGX12-2 灯头与 PGX12-1 灯头的尺寸相同，只是卡爪的数量及相关尺寸不同。三个类似卡爪的尺寸为 P_1、B、A_1、r、δ 和 M。

GB/T 1406.3—7004-64-3

成品灯上 PG12-.和 PGX12-.灯头 3/3

单位为毫米

尺寸	最小值	最大值	尺寸	最小值	最大值
A(1)(2)	29.4	30.6	J	0.4	—
A_1	—	37.6	K	约 25.0	
B	32.9	34.1(7)	K_1	约 8.8	
C(1)	18.5	—	M	4.6	5.0
C_1(1)	6.0	—	N	0.5	1.0
D	12.0		O(4)(6)	1.5	2.5
E(5)	2.29	2.67(3)	P_1	3.7	4.0
F	11.4	12.5	P_2	7.0	7.5
F_1(5)	11.0	—	r	—	0.5
G^*	3.0	4.5	α	约 45°	
G_1(5)	—	4.5	β	标称值 45°	
H(6)	—	6.7	δ	约 45°	
H_1^*	—	3.3			

* 这些尺寸仅用于灯头的设计，不用于成品灯的检验。

(1) 在 C_1 所示最小范围内测量 A 的最小值和最大值；在 C_1 所示范围之外至尺寸 C，只测量 A 的最大值。

(2) 尺寸 A 的圆周不必是连续的，但是，在该圆周上应至少有三个方向上的 A 值符合要求。

(3) 在未组装的灯头上，E 的最大值为 2.44 mm。

(4) 灯头的支撑凸台。

(5) 插脚的表面允许有凹痕或沟纹，但是，在通过两插脚中心线的平面成 30°角的插脚半径所限定的区域内，不应出现这种痕或沟纹（见放大图 b），在由 G_1 和 F_1 所限定的范围内，在插脚的无皱区测得的插脚直径应不小于2.29 mm。

(6) 在基准位置测量。

(7) 只适用于参照本注的卡爪，在其他情况下，卡爪的最大长度依据 A_1 确定。

检验：

插脚的间距及直径，凹口的间距及直径，尺寸 A，P_1、P_2、G 的最大值，单个插脚的最小直径以及插脚的最小长度和最大长度均采用 GB/T 1483.3—7006-81 所示的量规进行检验。A 的最小值用适宜的测径规进行检验，该测径规有一个 3 mm 的扁平测量头，测量精度为+0.0，−0.01 mm。

GB/T 1406.3—7004-64-3

PG13 和 PGJ13 灯头

1/3

单位为毫米

附图仅表示互换性的基本尺寸。

关于 PG13 和 PGJ13 连接件，见 IEC 60061-2 中 7005-107。

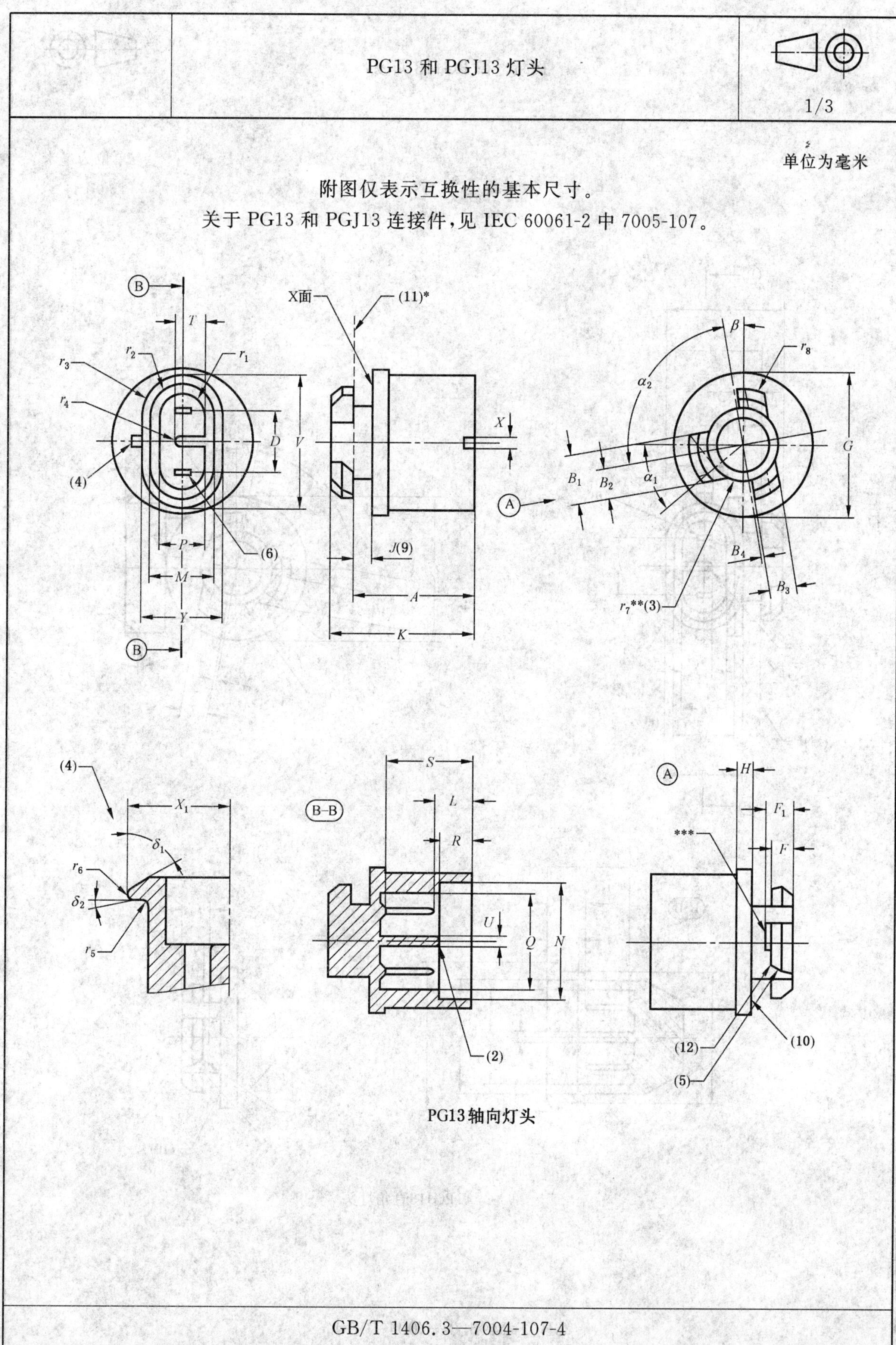

PG13轴向灯头

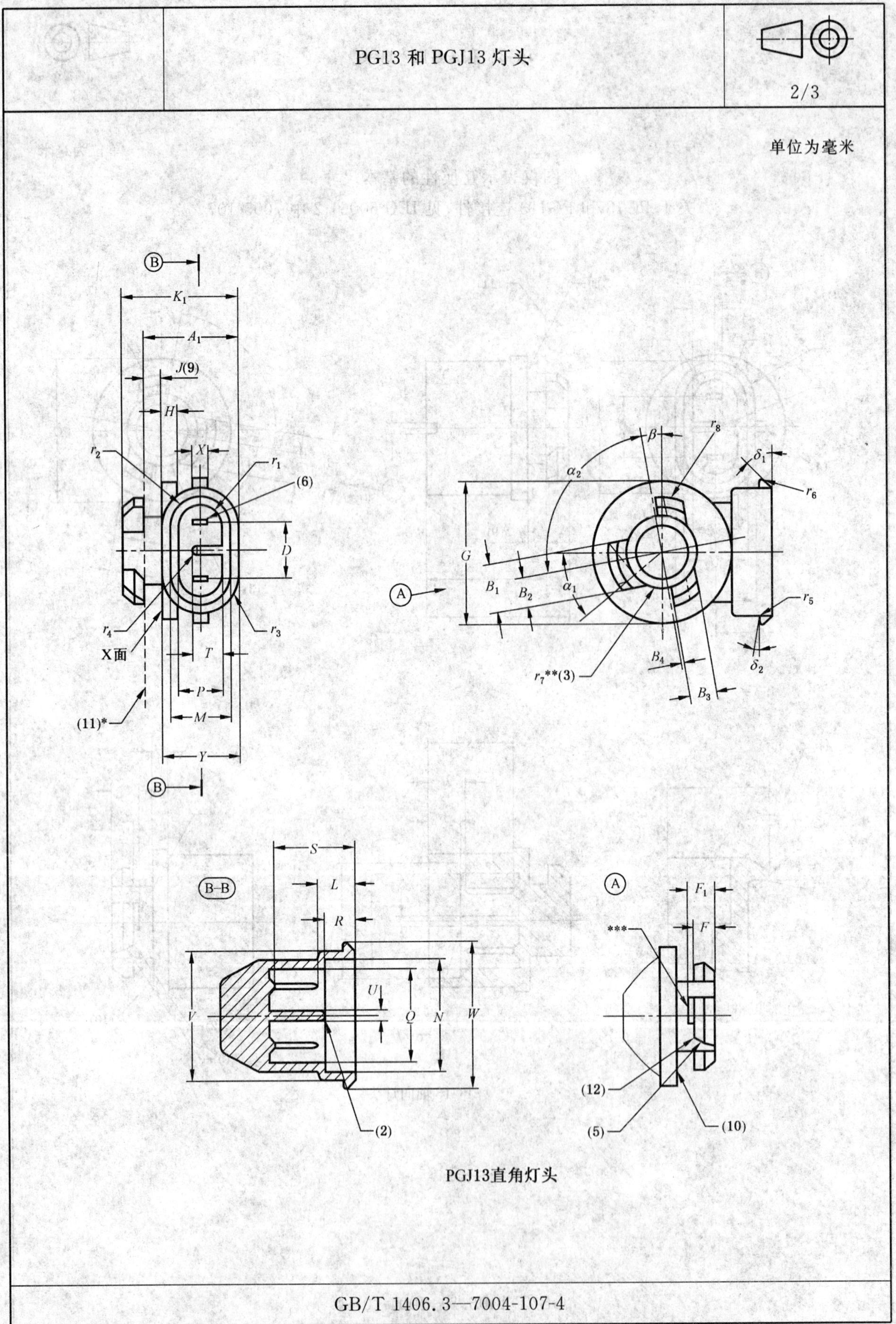

PGJ13直角灯头

	PG13 和 PGJ13 灯头	3/3

单位为毫米

尺寸	最小值	最大值	尺寸	最小值	最大值
A(PG13)	—	23.5	T(7)	5.3	5.6
A_1(PGJ13)	—	19.5	U(7)	1.55	1.85
B_1	8.85	9.15	V	24.0	24.6
B_2	5.5		W(PGJ13)	28.15	28.45
B_3	5.05	5.35	X	1.85	2.15
B_4	0.5		X_1(PG13)	9.3	9.6
D(1)	6.10		Y	14.85	15.15
F	3.9	4.2	r_1	$P/2$	
F_1	4.85	5.15	r_2	$M/2$	
G	26.05	26.35	r_3	$Y/2$	
H	2.85	3.15	r_4	$U/2$	
J	3.2	3.5	r_5	—	0.55
K(PG13)	26.45		r_6	—	0.55
K_1(PGJ13)	22.40		r_7(8)	6.4	6.7(3)
L	5.25	6.75	r_8	9.95	10.25
M	11.75	12.05	α_1	41°30′	42°30′
N	21.15	21.45	α_2	89°30′	90°30′
P	8.2	8.5	β	10°	
Q	17.65	17.95	δ_1	45°	
R	5.85	6.15	δ_2	10°	
S	15.85	—			

* 法兰的底面被视为基准面，它确定灯的轴向位置。

** 筒体直径由尺寸 r_7 得出，它确定灯头的水平定位。

*** 大法兰底面上的挡件确定灯头的旋转定位。

(1) 尺寸 D，包括触片间隔的公差，触片的尺寸及定位均采用 GB/T 1483.3—7006-107 所示量规进行检验。

(2) 定位键的边沿应是弧形的。

(3) 尺寸 r_7 的最大值采用 GB/T 1483.3—7006-107B 所示量规检验。

(4) 吊勾用于将电连接件固定到位。

(5) 斜台应具有一导入角度，以便有助灯头插入灯座。

(6) 连接插片尺寸为 2.85×0.85 其最小厚度应为 0.81 mm，其末端应是楔形的。

(7) 尺寸 T 规定了宽度为 U 的定位键的高度。

(8) 辨别这两种灯头是以 2 倍的 r_7 尺寸为基础，该值约为 13 mm。

(9) 尺寸 J 是 X 面和基准面之间的距离(筒体高度)，采用 GB/T 1483.3—7006-107C 所示量规进行检验。

(10) 与密封垫圈配合的光滑表面。

(11) 基准面。

(12) 锁。

检验：PG13 和 PGJ13 灯头应符合 GB/T 1483.3—7006-107；7006-107B 和 7006-107C 所示量规的检验要求。

GB/T 1406.3—7004-107-4

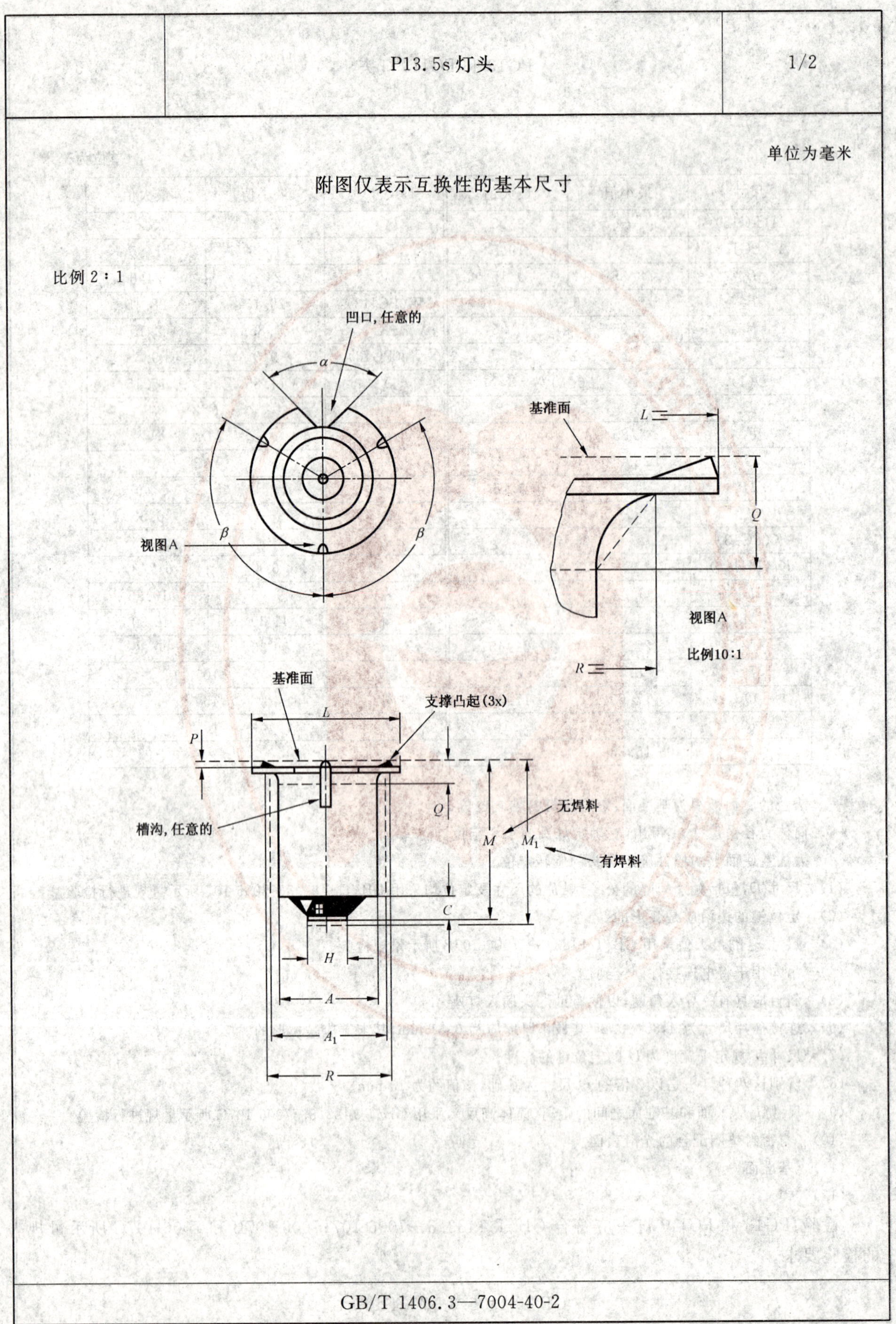
P13.5s 灯头
1/2
单位为毫米
附图仅表示互换性的基本尺寸
比例 2：1
凹口,任意的
α
β
β
视图A
基准面
L
Q
视图A
比例10:1
R
基准面
支撑凸起(3x)
L
P
Q
槽沟,任意的
M
M_1
无焊料
有焊料
C
H
A
A_1
R
GB/T 1406.3—7004-40-2

	P13.5s 灯头	2/2

单位为毫米

尺寸	最小值	最大值
A^*(1)	9.09	9.25
A_1(2)	11.2	
C	1.3*	—
H^*	3.5	4.0
L	13.34(3)	13.54
M^*	13.9	14.4
M_1	13.9	15.4
P	0.08	0.38*
Q^*(1)	2.0	
R^*(1)	11.2	
α	约 90°	
β	约 120°	

* 该尺寸仅用于灯头的设计,不用于成品灯的检验。

(1) Q 和 R 是基准尺寸。灯头的筒体部分至凸缘的过渡形状为任意的,但是,灯头的外形不应超过在距离基准面 Q 处通过实际尺寸 A 所描绘的圆的轨迹与灯头的凸缘上尺寸 R 的点所连接的直线。在尺寸 Q 所示范围之内,A 的最大值应符合要求。

(2) 直径为 A_1 的圆筒形规定了灯头各部件(例如侧面焊锡)可能占据的空间与灯座的刚性部件** 可能占据的空间之间的分界线。

(3) 在三个支撑凸台所在区域和任意的凹口处均不采用 L 的最小值。

** 灯头的三个支撑凸台应与灯座的基准面保持接触。

GB/T 1406.3—7004-40-2

	PX13.5s 灯头	1/2

单位为毫米

附图仅表示互换性的基本尺寸。

关于 PX13.5s 灯座，见 IEC 60061-2 中 7005-35。

比例 2∶1

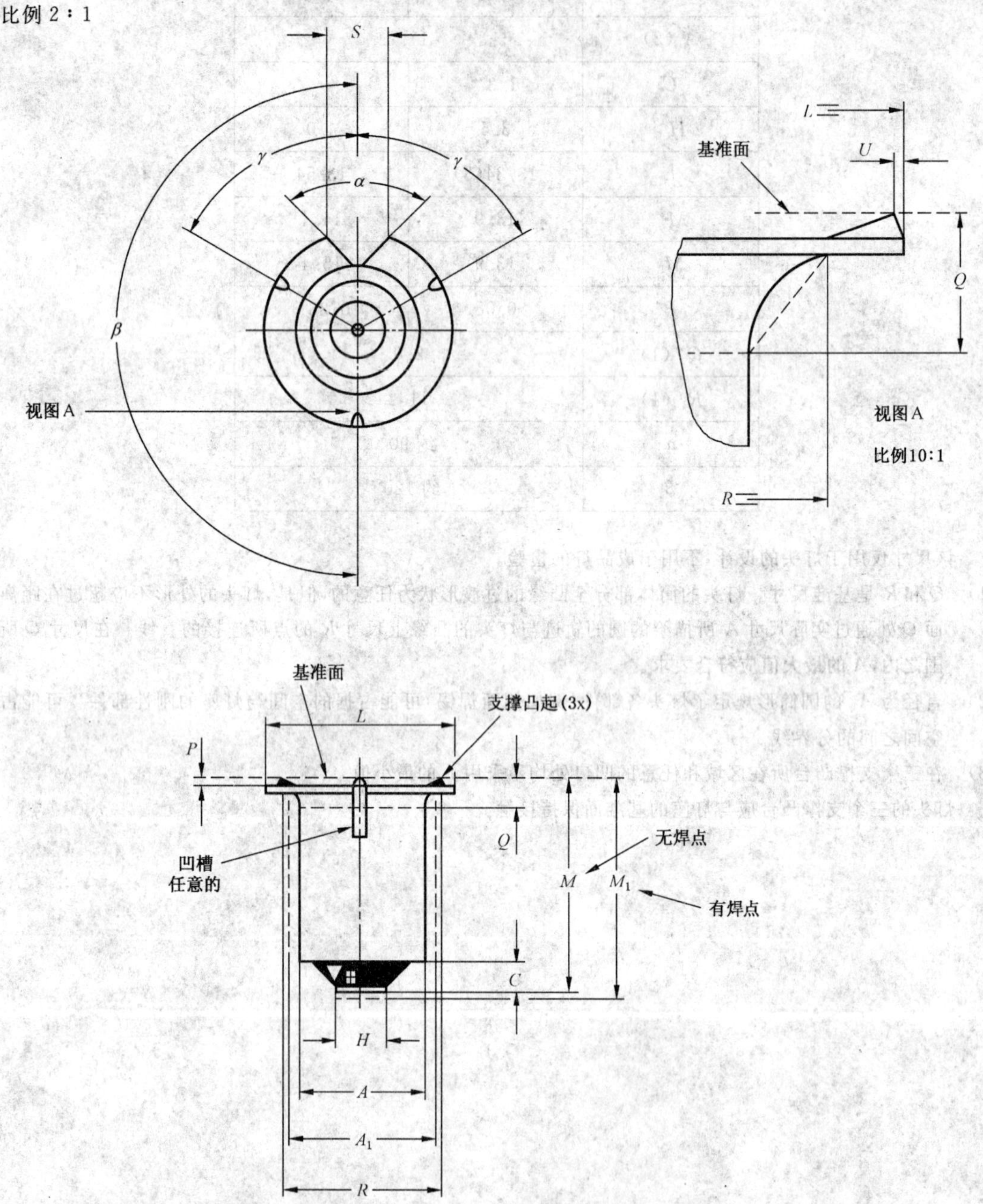

与 P13.5s 灯头相比较，PX13.5s 灯头具有更完善的预聚焦特性。为了充分获得这些特性，PX13.5s 灯头应和(IEC 60061-2 中 7005-35)PX13.5s 灯座一起使用。

GB/T 1406.3—7004-35-2

	PX13.5s 灯头	2/2

单位为毫米

尺寸	最小值	最大值
A^*(1)	9.09	9.25
A_1(2)	11.2	
C	1.3*	—
H^*	3.5	4.0
L	13.39(4)	13.54
M^*	13.9	14.4
M_1	13.9	15.4
P	0.08	0.38*
Q^*(1)	2.0	
R^*(1)	11.2	
S(3)	约 4.4	
U^*	0.10	0.30
α(3)	标称值 90°	
β	175°	185°
γ	55°	65°

* 该尺寸仅用于灯头的设计，不用与成品灯的检验。

(1) Q 和 R 是基准尺寸。灯头的筒体部分至凸缘的过渡形状不受限制，但是，灯头的外形不应超过与基准面相距 Q 处以下由 A 所限定的区域，并且灯头的凸缘不应超过由 R 所限定的区域。A 的最大值应在与基准面相距 Q 处以下测量。

(2) 直径为 A_1 的圆筒形规定了灯头各部件(例如侧面焊锡)可能占据的空间与灯座的刚性部件** 可能占据的空间之间的分界线。

(3) 定位凹口的最小外形用 GB/T 1483.3—7006-35 所示量规进行检验；定位凹口的最大外形用 GB/T 1483.3—7006-35B 所示量规进行检验。

(4) 在三个支撑凸台所在区域和凹口处均不采用 L 的最小值。

** 灯头的三个支撑凸台应与灯座的基准面保持接触。

GB/T 1406.3—7004-35-2

成品灯上 P14.5s 灯头及聚焦盘 1/2

单位为毫米

附图仅表示互换性的基本尺寸。

关于 P14.5s 灯座,见 GB/T 19148.3-7005-46。

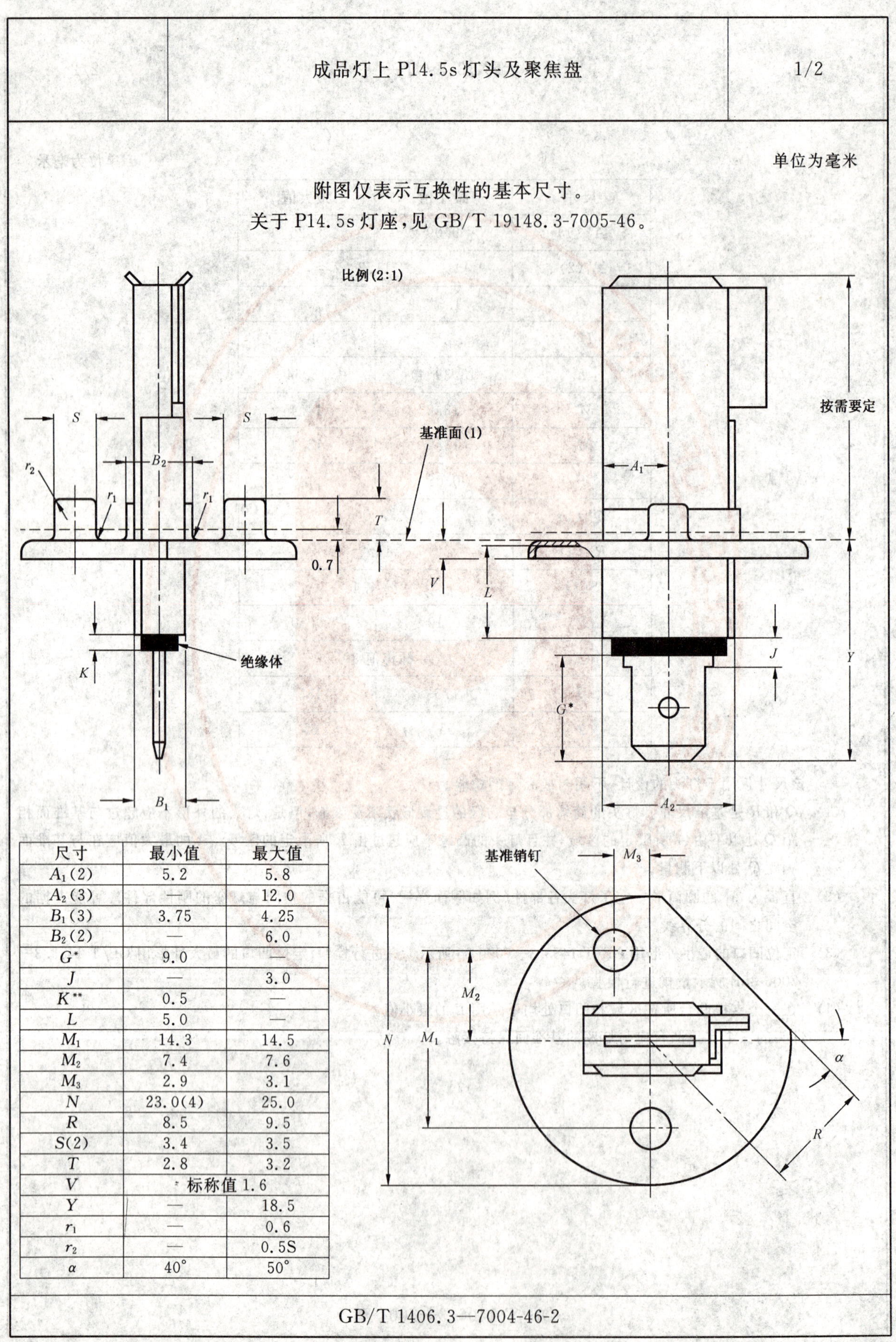

尺寸	最小值	最大值
A_1(2)	5.2	5.8
A_2(3)	—	12.0
B_1(3)	3.75	4.25
B_2(2)	—	6.0
G^*	9.0	—
J	—	3.0
K^{**}	0.5	—
L	5.0	—
M_1	14.3	14.5
M_2	7.4	7.6
M_3	2.9	3.1
N	23.0(4)	25.0
R	8.5	9.5
S(2)	3.4	3.5
T	2.8	3.2
V	标称值 1.6	
Y	—	18.5
r_1	—	0.6
r_2	—	0.5S
α	40°	50°

GB/T 1406.3—7004-46-2

	成品灯上 P14.5s 灯头及聚焦盘	2/2

单位为毫米

* 接触片的其他尺寸，见 ISO 8092 6.3×0.8 2H。其凸肩部的尺寸任意。

** 该尺寸仅用于灯头的设计，不用于成品灯的检验。

(1) 基准面由聚焦盘表面上被灯座的支撑凸台“e”所支撑的各点确定。考虑到本参数表和 GB/T 19148.3—7005-46 所示公差，这些点应位于聚焦盘的平坦表面上。

(2) 该尺寸在距离基准面 0.7 mm 以上部位采用。

(3) 该尺寸在距离绝缘部件 4 mm 以上部位采用。

(4) 聚焦盘可做成喇叭口形，但应适当考虑注(1)的要求。

GB/T 1406.3—7004-46-2

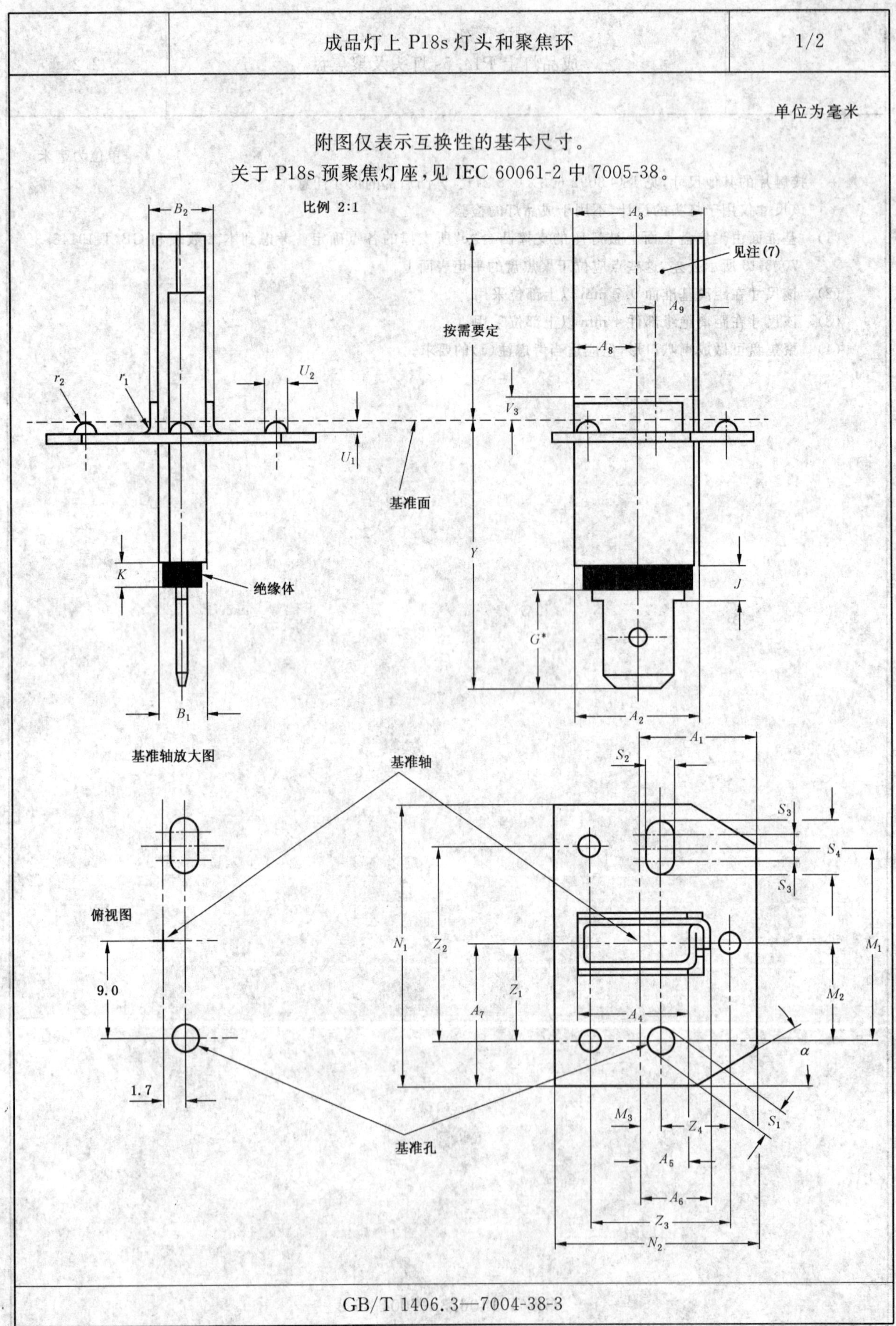
成品灯上 P18s 灯头和聚焦环
1/2
单位为毫米
附图仅表示互换性的基本尺寸。
关于 P18s 预聚焦灯座，见 IEC 60061-2 中 7005-38。
比例 2:1
B2
A3
见注(7)
A9
按需要定
A8
r2
r1
U2
V3
U1
基准面
Y
K
绝缘体
J
G*
B1
A2
基准轴放大图
基准轴
A1
S2
S3
S4
S3
俯视图
N1
Z2
M1
Z1
M2
9.0
A7
A4
α
1.7
S1
M3
Z4
基准孔
A5
A6
Z3
N2
GB/T 1406.3—7004-38-3

成品灯上 P18s 灯头和聚焦环 2/2

单位为毫米

尺寸	最小值	最大值	尺寸	最小值	最大值
A_1	10.3	10.6	N_1	24.7	25.3
A_2	10.0	12.0	N_2	17.7	18.3
A_3	—	13.0(1)	S_1	2.45	2.55
A_4		10.0	S_2	2.45	2.55
A_5		4.3	S_3	0.75	1.0
A_6	—	6.5	S_4	4.0	4.5
A_7	12.3	12.7	U_1	0.8	1.0
A_8(2)	5.2	5.8	U_2	1.8	2.2
A_9(5)(6)	—	3.95	V_3(6)	2.5	—
B_1	3.75	4.25	Y	—	22.0
B_2	—	5.7	Z_1(4)	8.9	9.1
G^*	9.0	—	Z_2(4)	17.7	18.3
J	—	3.0	Z_3(4)	12.3	12.7
K^{**}	0.5	—	Z_4(4)	6.05	6.45
M_1(3)	17.9	18.1	r_1	—	0.6
M_2(3)	8.9	9.1	r_2	—	1.1
M_3(3)	1.6	1.8	α	标称值 30°	

* 关于接触片的所有其他尺寸，见 ISO 8092 6.3×0.8 2H，凹肩部的尺寸任意。

** 该尺寸仅用于灯头的设计，不用于成品灯的检验。

(1) 灯头的翼片可以折回，即达到该值。

(2) 该尺寸是指灯头边缘与基准轴线之间的距离。

(3) 该尺寸表示孔的位置。

(4) 该尺寸表示凸台的位置。

(5) 该尺寸是指灯头的边缘与通过基准孔的轴线之间的距离。

(6) 在 V_3 所示最小范围内，A_9 应符合要求。

(7) 此部件也用于 P14.5s 灯头(见 GB/T 1406.3—7004-46)，但应做某些修改，例如对尺寸 A_3。

鉴于仅用于灯和灯座的设计尺寸，建议通常仅检验尺寸 A_8、S_1、S_2、S_4 和 Y。

如有疑问，可在一单独的样品上检验其他尺寸。

GB/T 1406.3—7004-38-3

PGJ19 灯头

1/3

单位为毫米

附图仅表示互换性的基本尺寸。

关于 PGJ19 灯座,见 IEC 60061-2 中 7005-110。

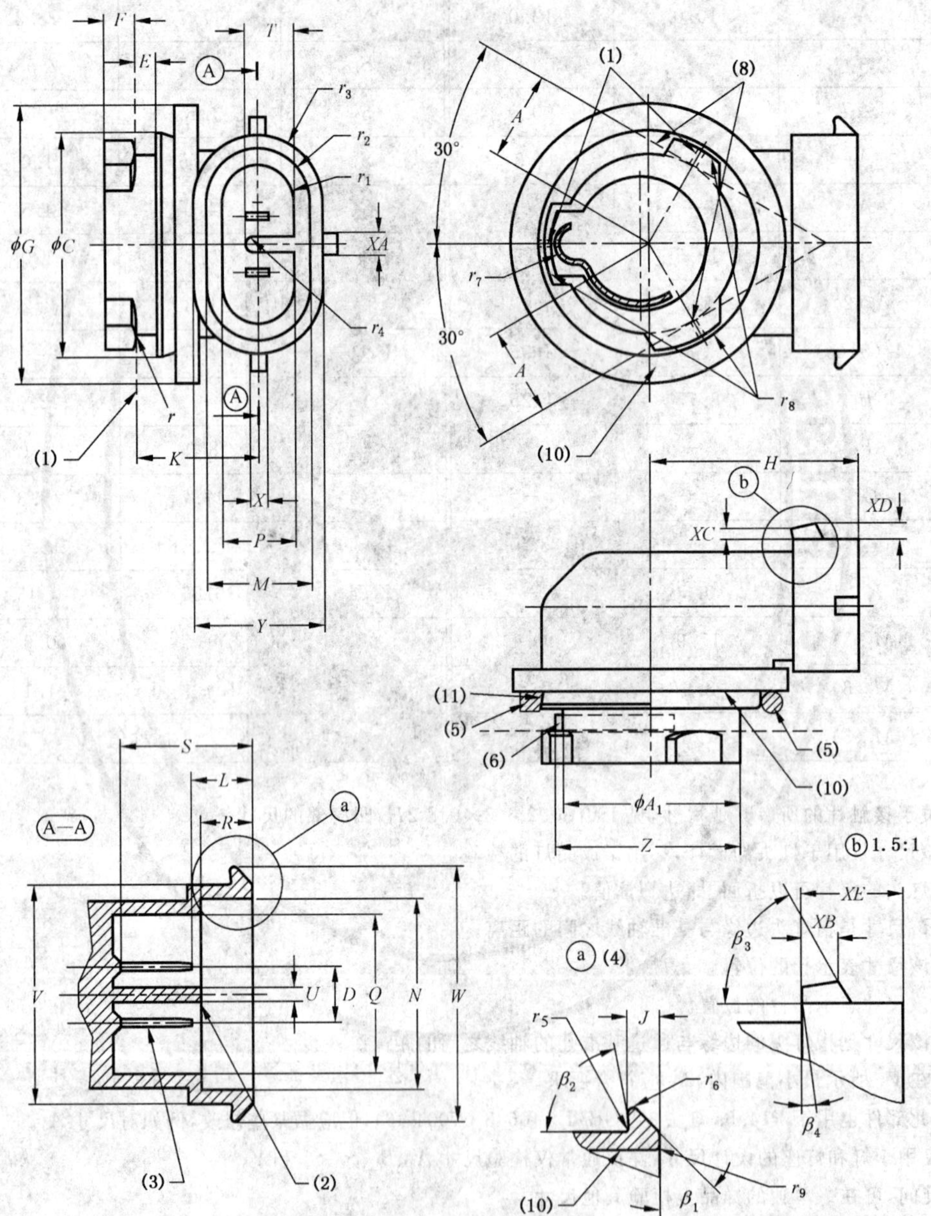

附图仅表示 PGJ19-1 灯头,其他型号的灯头和未标出的尺寸,见 3/3 页。

GB/T 1406.3—7004-110-2

	PGJ19 灯头	2/3

单位为毫米

尺寸	最小值	最大值	尺寸	最小值	最大值
A(8)	9.5		*XA*	2.4	2.6
A_1	—	19.0	*XB*	2.7	2.9
C	25.1	25.5	*XC*	1.1	1.3
D(9)	6.1		*XD*	1.6	1.8
E	3.0	—	*XE*	7.4	7.6
F	—	4.0	*Y*	14.85	15.15
G	31.4	31.6	*Z*	—	21.4(7)
H	—	24	*r*	—	0.2
J	2.5	2.9	r_1	*P*/2	
K	14	15	r_2	*M*/2	
L(3)	5.25	6.75	r_3	*Y*/2	
M	11.75	12.05	r_5	—	0.55
N	21.15	21.45	r_6	—	0.55
P	8.2	8.5	r_7(6)	1.0	2.0
Q	17.65	17.95	r_8	12.15	12.25
R	5.85	6.15	r_9	0.7	0.9
S	15.85	—	β_1	约 45°	
V	24.0	24.6	β_2	约 80°	
W	28.15	28.45	β_3	58°	62°
X	1.85	2.15	β_4	0°	7°

(1) 基准面应包括三个平面,它们由斜台的顶部构成,其宽度在 1 mm～2 mm 之间。“斜台”应具有导入角,以有利于灯头插入灯座。

(2) 定位键的边沿应倒圆。

(3) 接触片的其他尺寸,见 ISO 8092:2.8×0.8 ON。

(4) 钩键用来将电连接件固定到位。

(5) O 形圈或等效密封件。在计算密封件的厚度时,要考虑到灯座的尺寸 *C* 和 *E* 以及注(6)所示最小力值要求。

(6) 簧片应能以最小 10 N 的力(待定)将灯抵压在灯座的 V 形支撑内。在簧片将灯推压入 V 形支撑后,再以轴向力使灯头抵压在垫圈上,该轴向力应至少为 5 N(待定)。簧片还可用来定位,它与灯座的定位凹槽恰好吻合。

(7) 簧片处于释放状态。

(8) V 形支撑。尺寸 *A* 规定了 V 形支撑的基准点。半径为 *A* 的灯头圆柱体不必是连续的,其外径应不超过 19.1 mm,不包括簧片。

(9) 采用 GB/T 1483.3—7006-110 和 7006-110A 所示量规进行检验。

(10) 与密封垫圈配合的光滑表面。

(11) 如果可以增加密封性,允许有一个凹槽。

GB/T 1406.3—7004-110-2

PGJ19 灯头

3/3

单位为毫米

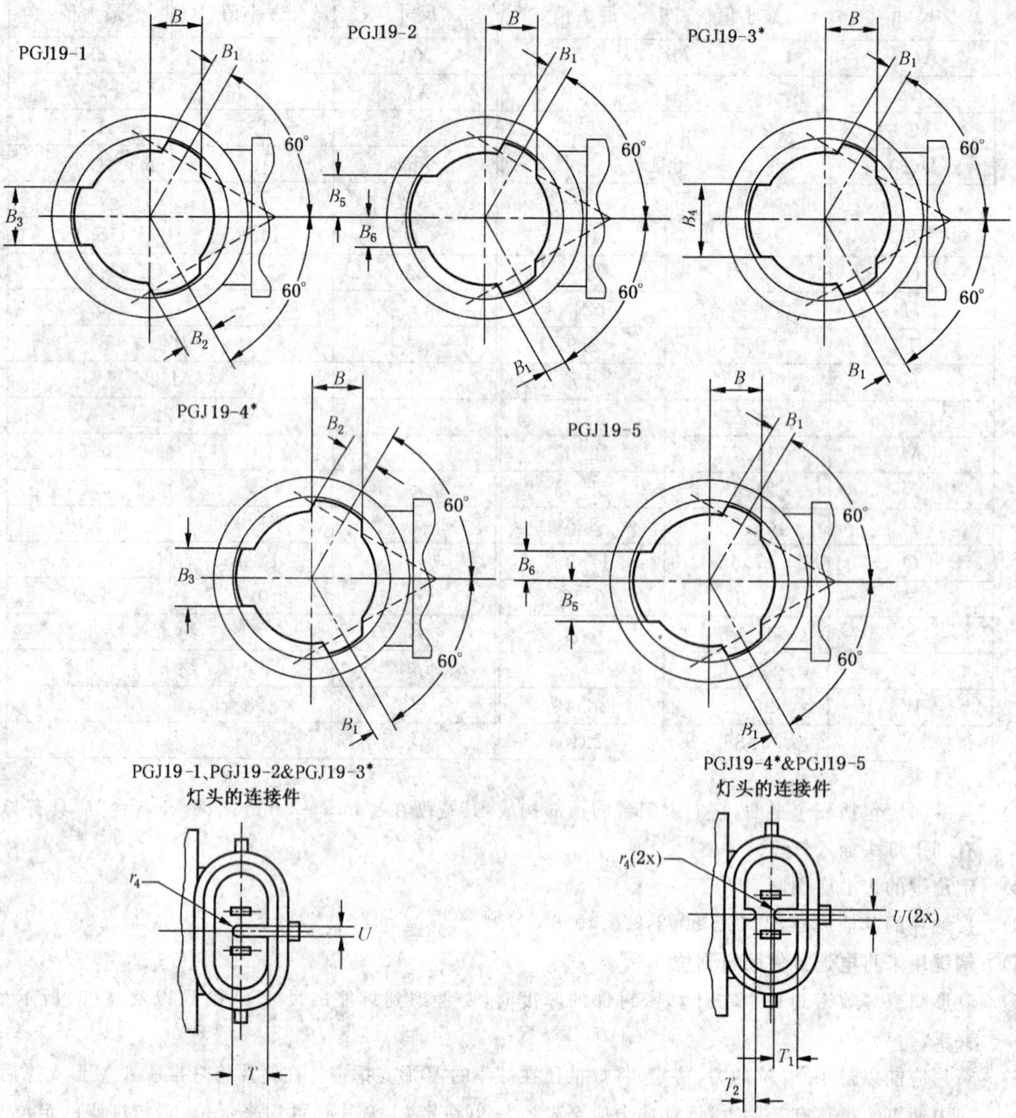

PGJ19-1 PGJ19-2 PGJ19-3*

PGJ19-4* PGJ19-5

PGJ19-1、PGJ19-2&PGJ19-3* 灯头的连接件

PGJ19-4*&PGJ19-5 灯头的连接件

尺寸	最小值	最大值	尺寸	最小值	最大值
B	7.8	8.0	B_6	3.95	4.05
B_1	3.3	3.5	T(1)	5.3	5.6
B_2	5.3	5.5	T_1(1)	3.5	3.8
B_3	7.9	8.1	T_2(1)	1.7	2.0
B_4	9.9	10.1	U(1)	1.55	1.85
B_5	5.95	6.05	r_4	$U/2$	

* 待定。

(1) T,T_1 和 T_2 规定了宽度为 U 的定位键的高度。

检验:PGJ19 灯头应能通过 GB/T 1483.3—7006-110 和 7006-110A 所示量规的全部检验。

GB/T 1406.3—7004-110-2

P20d、PX20d、PY20d 和 PZ20d 灯头

1/3

单位为毫米

附图仅表示互换性的基本尺寸。

关于 P20、PX20、PY20 和 PZ20 灯座，见 IEC 60061-2 中 7005-31。

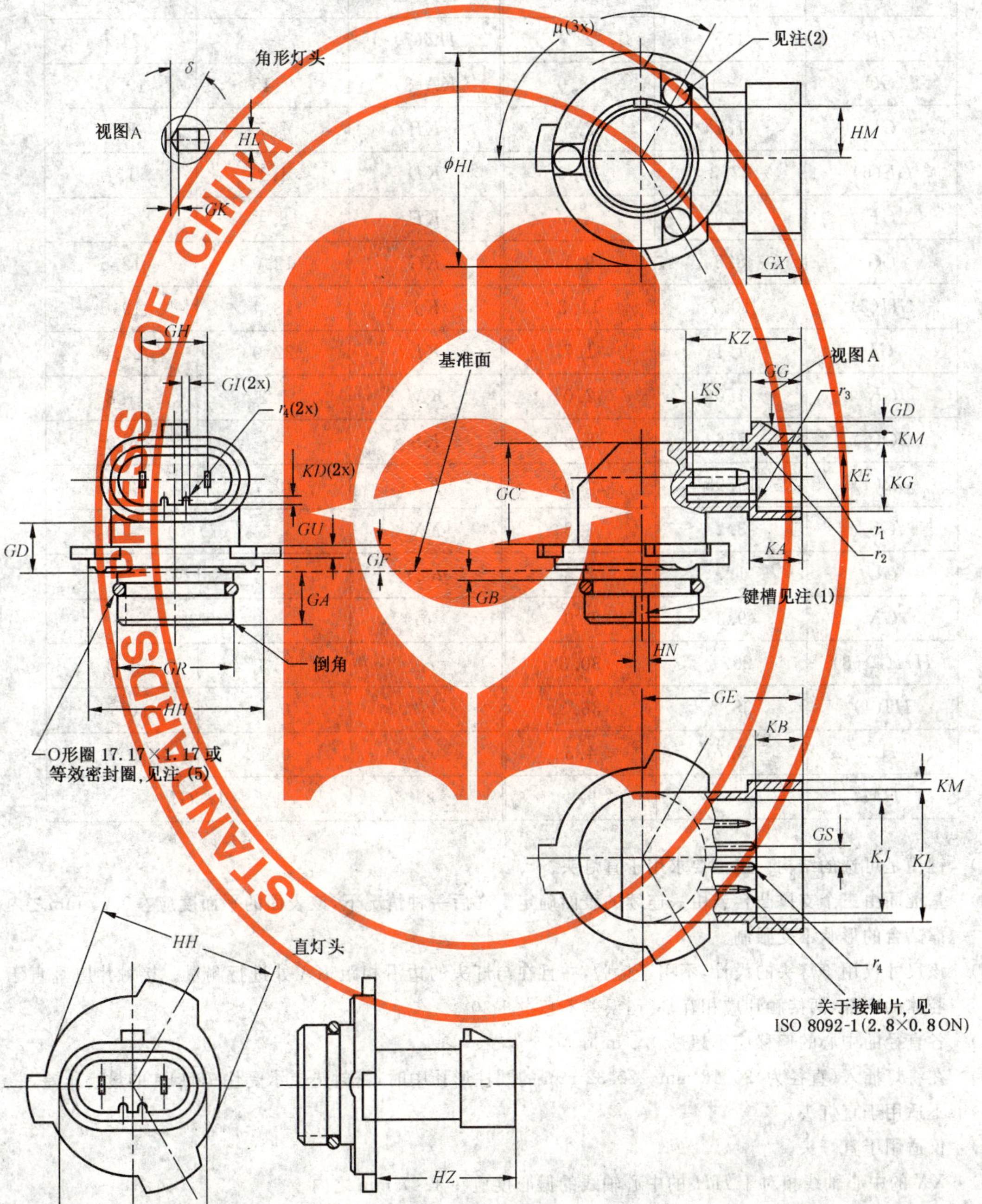

附图仅表示 P20d 灯头，其他型号的灯头和未标出的尺寸，见 3/3 页。

GB/T 1406.3—7004-31-2

	P20d、PX20d、PY20d 和 PZ20d 灯头	2/3

单位为毫米

尺寸	最小值	最大值	尺寸	最小值	最大值
GA	5.5	15.0	*HN*(1)	1.9	2.1
GB	1.5	2.1	*HZ*(7)	—	24.0
GC	—	18.0	*KA*(3)	9.45	10.05
GD	1.7	2.3	*KB*	7.7	8.3
GE(6)	27.3	28.3	*KD*	1.1	1.7
GF	3.9	4.5	*KE*	8.4	9.0
GG	8.5	9.1	*KG*	12.0	12.6
GH(3)	10.7	11.3	*KJ*	18.4	19.0
GI	1.1	1.7	*KL*	22.0	22.6
GK	1.0	2.0	*KM*	1.2	1.8
GO(6)	7.6	8.8	*KS*	—	1.0
GR(4)	19.95	20.05	*KZ*	19.7	20.3
GS	3.2	3.8	*XX*	(7)(8)	
GU	1.7	2.3	μ(2)	约 120°	
GX	9.3	9.9	δ	约 30°	
HH(4)(8)	29.7	30.3	r_1	0.3	1.3
HI(4)	35.7	36.3	r_2	0.1	0.7
HL	3.7	4.3	r_3	0.1	0.7
HM	—	9.4	r_4	1/2*GI*	

(1) 键槽是可选的结构。键槽要求用于直灯头。

(2) 基准面由三个支撑凸台或由一连续的表面确定。在后一种情况下，该表面的平面度应在0.05 mm之内。支撑凸台的形状不受限制。

(3) 该尺寸仅用于灯头的设计，不用于检验，并且在与灯头的边沿相距 *KA* 处进行测量。接触片应垂直于灯头腔体的底部，两接触片应相互平行，误差不超过 1°30′。

(4) 各直径的中心的偏移应不超过 0.2 mm。

(5) 在将灯插入(直径为)20.12 mm～20.32 mm 的圆柱形孔中时，密封垫应承受住 70 kPa 的最小压差。

(6) 不适用于直灯头。

(7) 仅适用于直灯头。

(8) *XX* 的中心轴线相对于 *HH* 的中心轴线的偏心度应在 1.27 mm 之内。

GB/T 1406.3—7004-31-2

P20d、PX20d、PY20d 和 PZ20d 灯头

3/3

单位为毫米

从玻壳一侧观察

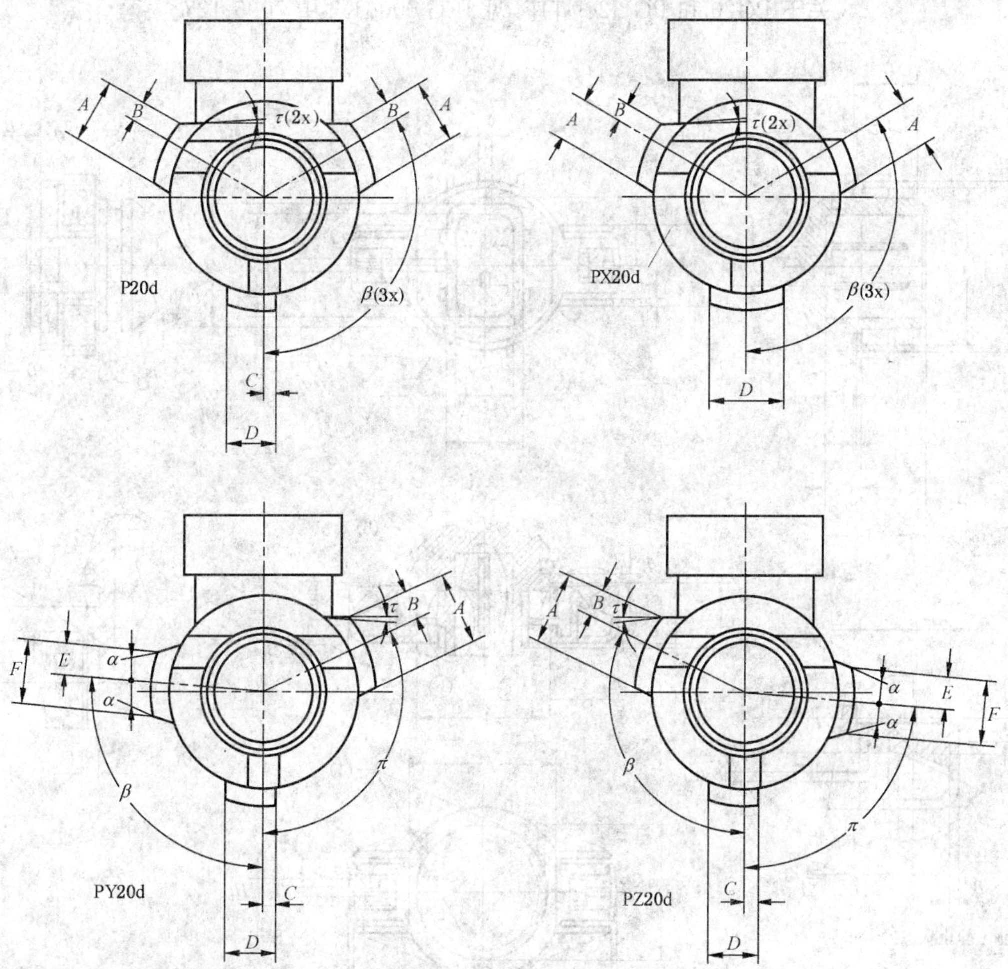

A B τ(2x) B A
P20d β(3x) C D

A B τ(2x) A
PX20d β(3x) D

F E α α τ B A β π C D PY20d

A B τ α E F α β π C D PZ20d

尺寸	P20d		PX20d		PY20d		PZ20d	
	最小值	最大值	最小值	最大值	最小值	最大值	最小值	最大值
A	9.7	10.3	6.7	7.3	11.1	11.7	11.1	11.7
B	3*		3*		4.5*		4.5*	
C	2*		—		2*		2*	
D	7.7	8.3	11.7	12.3	7.7	8.3	7.7	8.3
E	—		—		5*		5*	
F	—		—		9.7	10.3	9.7	10.3
α	—		—		17°	19°	17°	19°
β	120°		120°		95°		115°	
π	—		—		115°		85°	
τ	2°	4°	2°	4°	2°	4°	2°	4°

* 该尺寸仅用于灯头的设计，不用于检验。

GB/T 1406.3—7004-31-2

	PG20 和 PGU20 灯头	1/6

单位为毫米

附图仅表示互换性的基本尺寸。

关于 PG20 和 PGU20 灯座，见 IEC 60061-2 中 7005-127。

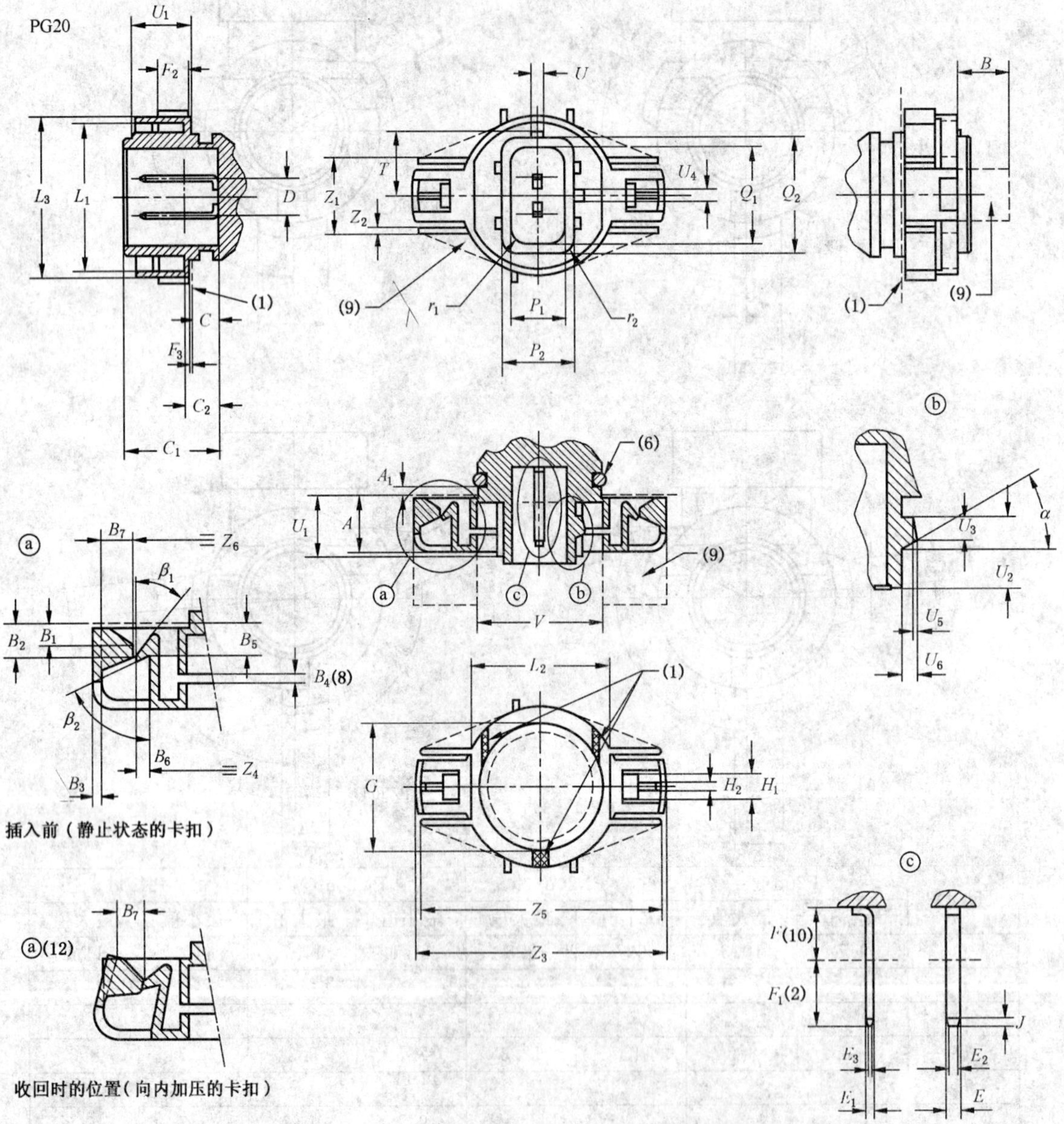

PG20

插入前（静止状态的卡扣）

ⓐ(12)

收回时的位置（向内加压的卡扣）

PG20 灯头可以形成 12 种不同的灯座和连接键组合。附图仅表示 PG20-1 灯头，其他未表明的尺寸和不同型号的灯头见下页。

GB/T 1406.3—7004-127-2

	PG20 和 PGU20 灯头	2/6

单位为毫米

PGU20

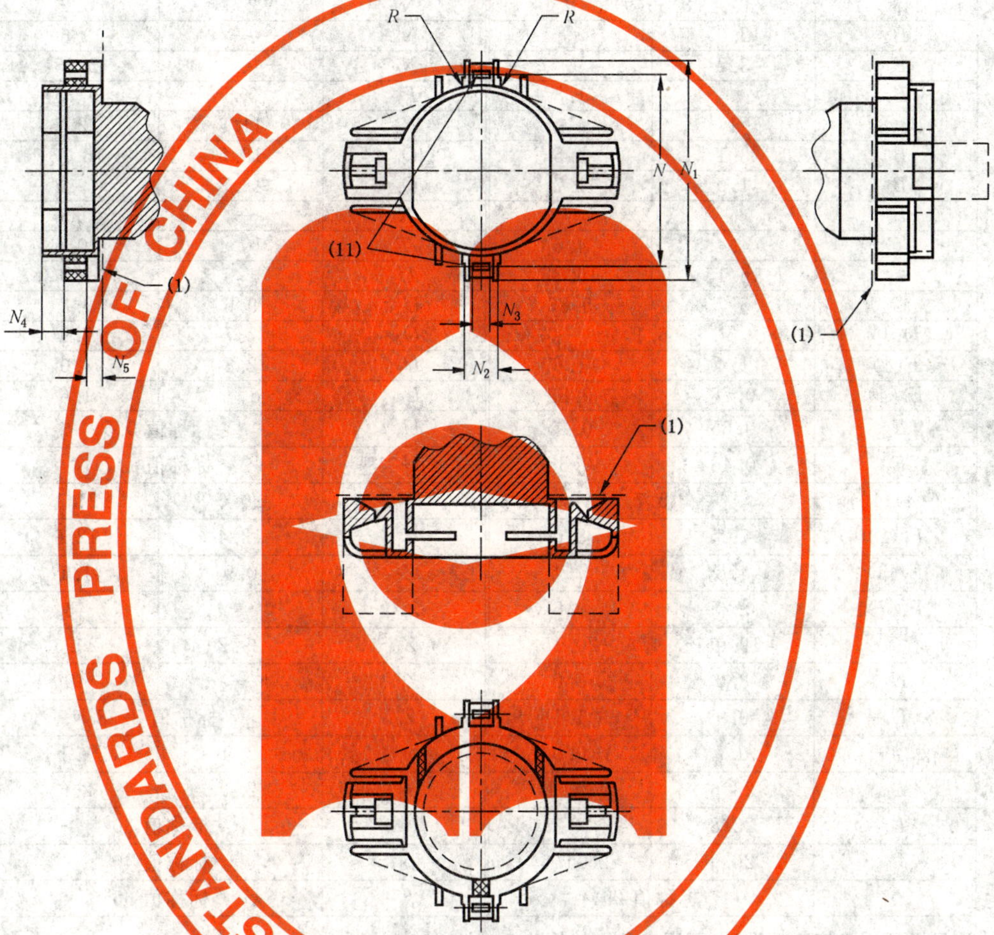

PG20 灯头可以形成 12 种不同的灯座和连接键组合。附图仅表示 PG20-1 灯头。其他尺寸和型号，见前页和后页。

GB/T 1406.3—7004-127-2

	PG20 和 PGU20 灯头	3/6

单位为毫米

尺寸	最小值	最大值	尺寸	最小值	最大值
A	8.8	11.8	N_1	32.0	33.2
A_1	1.2	—	N_2	5	6.1
B	8.55(9)		N_3	2.9	5.2
B_1	2.0	—	N_4	—	3.6
B_2	3.7	—	N_5	0.5	2.55
B_3	—	1.8	P_1	9.5	9.75
B_4(8)	1	—	P_2	11.8	12.2
B_5	3.1	3.5	Q_1	16.5	16.75
B_6	1.0	1.7	Q_2	18.8	19.2
B_7	(12)		R	—	0.3
C	4.4	4.6	T	10.4	10.6
C_1	16.15	16.35	U	1.8	2.0
C_2	5.7	5.85	U_1	9.6	9.8
D(4)	6.1		U_2	7.7	7.9
E(4)	1.4	1.6	U_3	2.8	3.0
E_1(4)	0.78	0.82	U_4	1.4	1.6
E_2	0.65	0.85	U_5	标称值 0.5	
E_3	0.45	0.55	U_6	标称值 1.7	
F(4)(10)	5.7		V	20.6	21.1
F_1(2)	7.6	8.0	Z_1	12.4	12.6
F_2(5)	4.8	—	Z_2	0.9	1.1
F_3(7)	0.25	0.5	Z_3^*	—	43
G	19.95	20.15	Z_4	29.2	29.6
H_1	3.0	5.0	Z_5^*	—	40
H_2	0.9	1.1	Z_6	标称值 32.8	
J	0.7	0.9	r_1	2.9	3.1
L_1	23.6	24.1	r_2	2.4	2.6
L_2	22.8	23.0	α	标称值 30°	
L_3	25.9	26.1(5)	β_1	标称值 40°	
N	标称值 29		β_2	标称值 65°	

* 该尺寸只用于灯头的设计,不用成品灯的检验。

(1) 基准面由三个支撑凸台或由一连续的表面确定。在后一种情况下,该表面的平面度应在0.05 mm之内。支撑凸台的形状不受限制。

(2) 尺寸 F_1 表示与灯座接点适当连接所需要的长度。(接触片的功能部分)

(3) 各直径应同心误差不超过 0.1 mm。

(4) 采用 GB/T 1483.3—7006-127B 所示量规进行检验。

(5) 尺寸 L_3 最大值适用于从基准面到尺寸 F_2 末端尺寸的距离。此距离之外允许更大的直径。

(6) O 形圈或等效密封件。当灯插入 20.32 mm 的圆柱孔径时,密封应经得住 70 kPa 的压力。

(7) 尺寸 F_3 规定了基准面到灯座-键起点的距离。

(8) 该槽应为卡扣滑入相关的灯座提供足够的弹性。

(9) 灯头的自由空间,用于任意弹簧结构的设计。

(10) 尺寸 F 定义的是灯头区域,连接器不应进入虚线划的区域。

(11) 接触片应可自动调节。

(12) 为了将灯取出,将灯头的两个卡扣向内压,尺寸 B_7 的相对尺寸(在与基准面平行的表面上测量)将会随着旋转而变化。见 1/6 页左下角图。在旋转过程中,尺寸 B_7 的值应不小于 1.525 mm(此值根据灯座边缘的最大宽度而定)。

GB/T 1406.3—7004-127-2

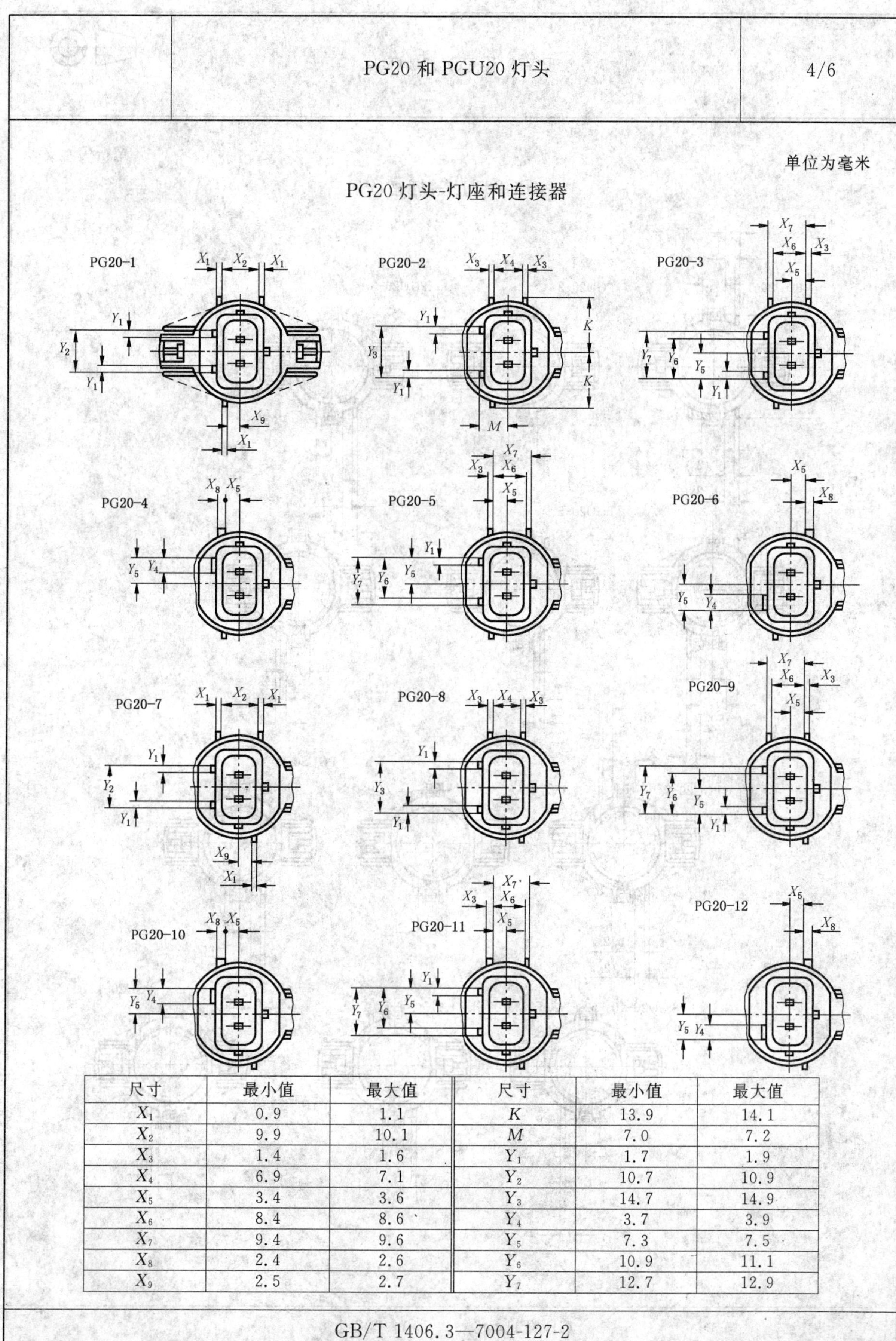

单位为毫米

PG20 灯头-灯座和连接器

尺寸	最小值	最大值	尺寸	最小值	最大值
X_1	0.9	1.1	K	13.9	14.1
X_2	9.9	10.1	M	7.0	7.2
X_3	1.4	1.6	Y_1	1.7	1.9
X_4	6.9	7.1	Y_2	10.7	10.9
X_5	3.4	3.6	Y_3	14.7	14.9
X_6	8.4	8.6	Y_4	3.7	3.9
X_7	9.4	9.6	Y_5	7.3	7.5
X_8	2.4	2.6	Y_6	10.9	11.1
X_9	2.5	2.7	Y_7	12.7	12.9

GB/T 1406.3—7004-127-2

PG20 和 PGU20 灯头

5/6

单位为毫米

PG20 灯头:灯座

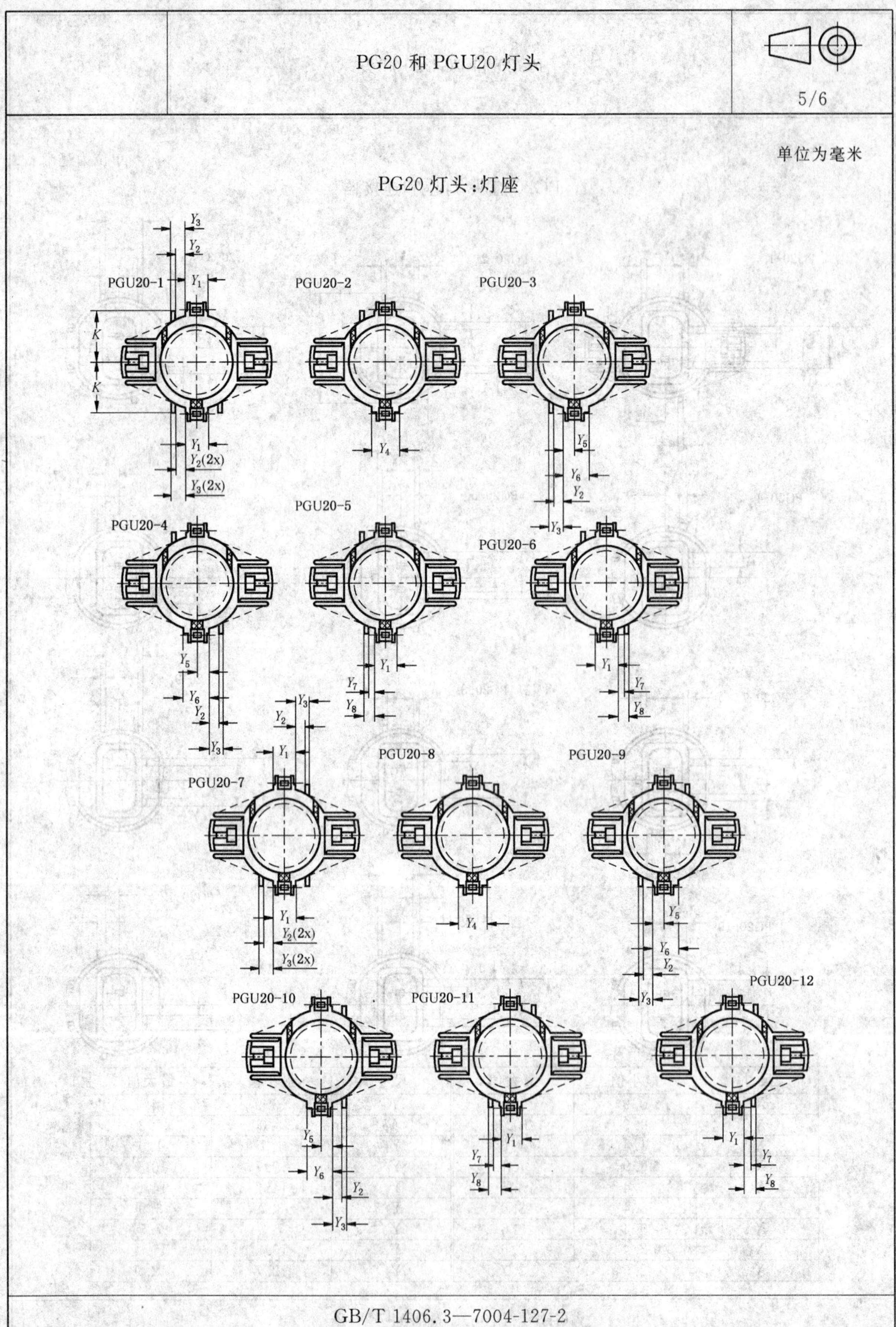

GB/T 1406.3—7004-127-2

PG20 和 PGU20 灯头

6/6

单位为毫米

尺寸	最小值	最大值
K	13.9	14.1
Y_1	5.9	6.1
Y_2	2.9	3.1
Y_3	3.9	4.1
Y_4	7.9	8.1
Y_5	2.9	3.1
Y_6	6.9	7.1
Y_7	1.9	2.1
Y_8	2.9	3.1

GB/T 1406.3—7004-127-2

P22d 和 PX22d 灯头

1/3

单位为毫米

附图仅表示互换性的基本尺寸。

关于 P22 和 PX22 灯座，见 IEC 60061-2 中 7005-32。

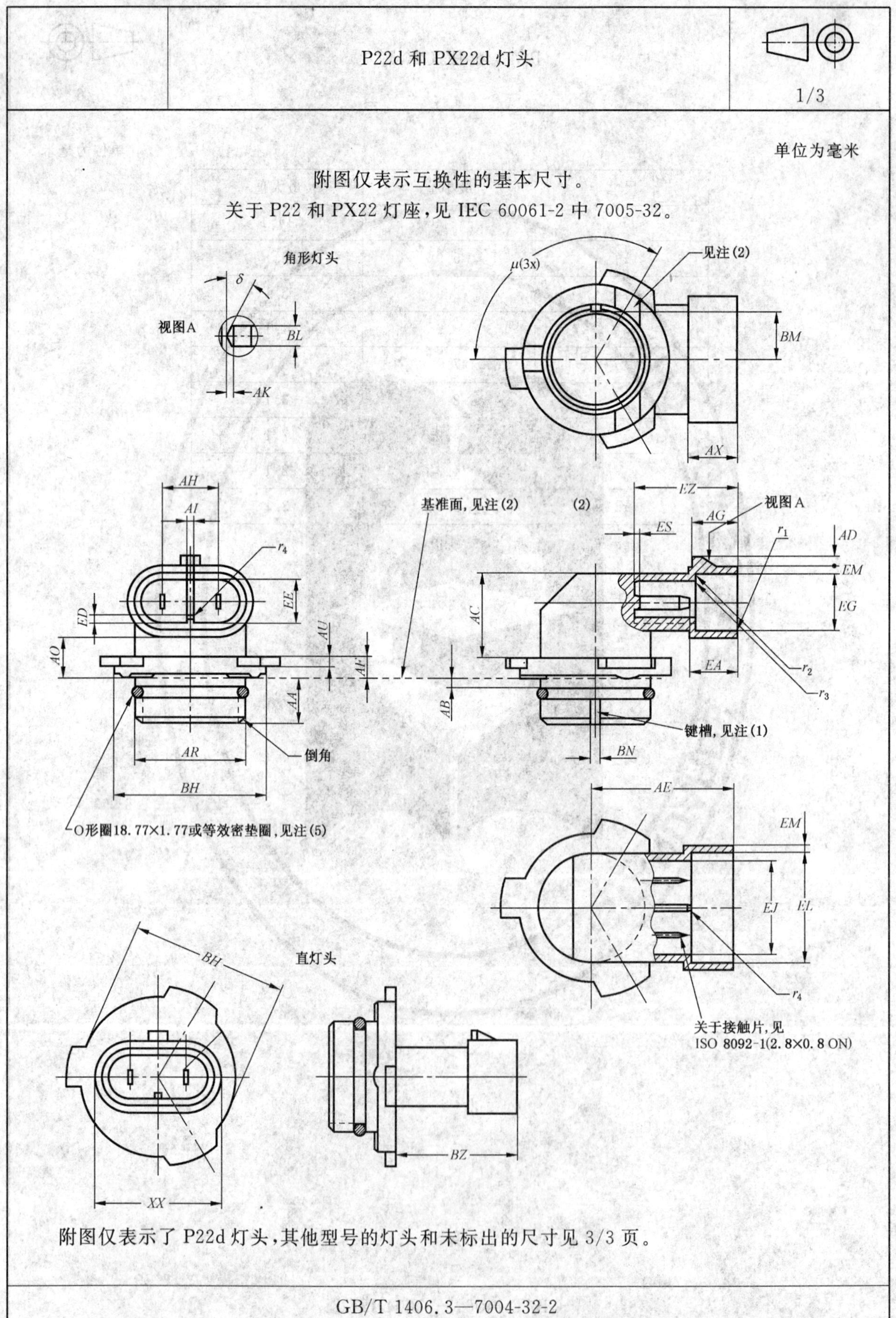

附图仅表示了 P22d 灯头，其他型号的灯头和未标出的尺寸见 3/3 页。

GB/T 1406.3—7004-32-2

	P22d 和 PX22d 灯头	2/3

单位为毫米

尺寸	最小值	最大值	尺寸	最小值	最大值
AA	5.5	15.0	*BZ*(7)	—	24.0
AB	1.5	2.1	*EA*(3)	9.45	10.05
AC	—	18.0	*EB*	7.7	8.3
AD	1.7	2.3	*ED*	1.7	2.3
AE(6)	27.3	28.3	*EE*	8.4	9.0
AF	3.9	4.5	*EG*	12.0	12.6
AG	8.5	9.1	*EJ*	18.4	19.0
AH(3)	10.7	11.3	*EL*	22.0	22.6
AI	1.1	1.7	*EM*	1.2	1.8
AK	1.0	2.0	*ES*	—	1.0
AO(6)	7.6	8.8	*EZ*	19.7	20.3
AR(4)	21.95	22.05	*XX*	(7)(8)	
AU	1.7	2.3	μ(2)	约 120°	
AX	9.3	9.9	δ	约 30°	
BH(4)(8)	29.7	30.3	r_1	0.3	1.3
BL	3.7	4.3	r_2	0.1	0.7
BM	—	10.4	r_3	0.1	0.7
BN(1)	1.9	2.1	r_4	1/2*AI*	

(1) 键槽是可选的结构。键槽要求用于直灯头。

(2) 基准面由三个支撑凸台或一连续的表面确定。在后一种情况下，该表面的平面度不超过0.05 mm。支撑凸台的形状不受限制。

(3) 该尺寸只用于灯头的设计，不用于检验，并在与灯头边沿相距 *EA* 处测量。接触片应垂直于灯头腔体的底部，两接触片应相互平行，偏移度不超过 1°30′。

(4) 各直径的中心的偏移应不超过 0.2 mm。

(5) 在将灯插入 22.12 mm～22.32 mm 的圆柱形孔中时，密封垫应承受住 70 kPa 的最小压差。

(6) 不适用于直灯头。

(7) 仅适用于直灯头。

(8) *XX* 的中心轴线相对于 *BH* 的中心轴线的偏心度应在 1.27 mm 之内。

GB/T 1406.3—7004-32-2

P22d 和 PX22d 灯头

3/3

单位为毫米

从玻壳一侧观察

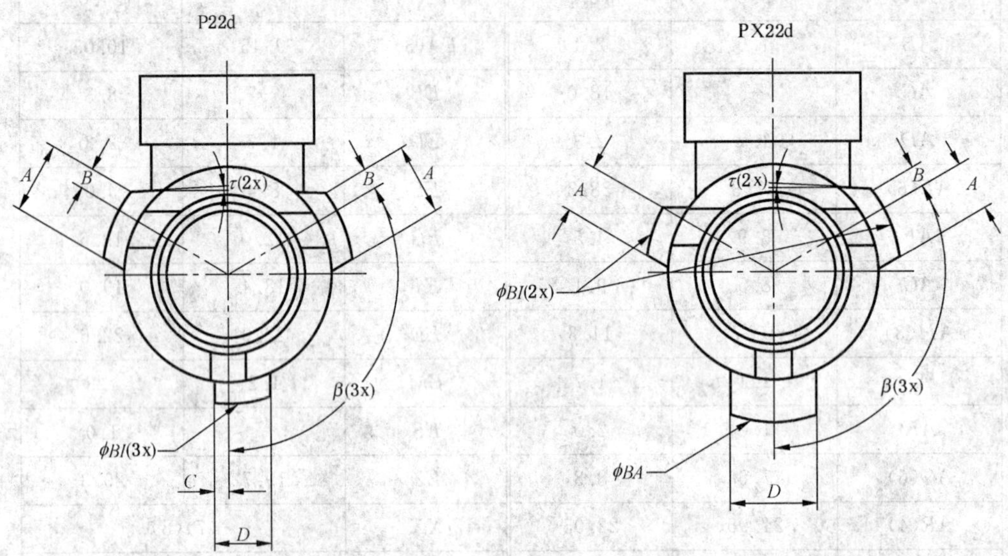

尺寸	P22d		PX22d	
	最小值	最大值	最小值	最大值
A	9.7	10.3	6.7	7.3
B	3*		3*	
BA	—		41.7	42.3
BI	35.7	36.3	35.7	36.3
C	2*		—	
D	7.7	8.3	11.7	12.3
β	120°		120°	
τ	2°	4°	2°	4°

* 该尺寸只用于灯头的设计，不用于检验。

GB/T 1406.3—7004-32-2

	成品灯上 PG22-6.35 灯头和聚焦盘	1/1

单位为毫米

附图仅表示互换性的基本尺寸。

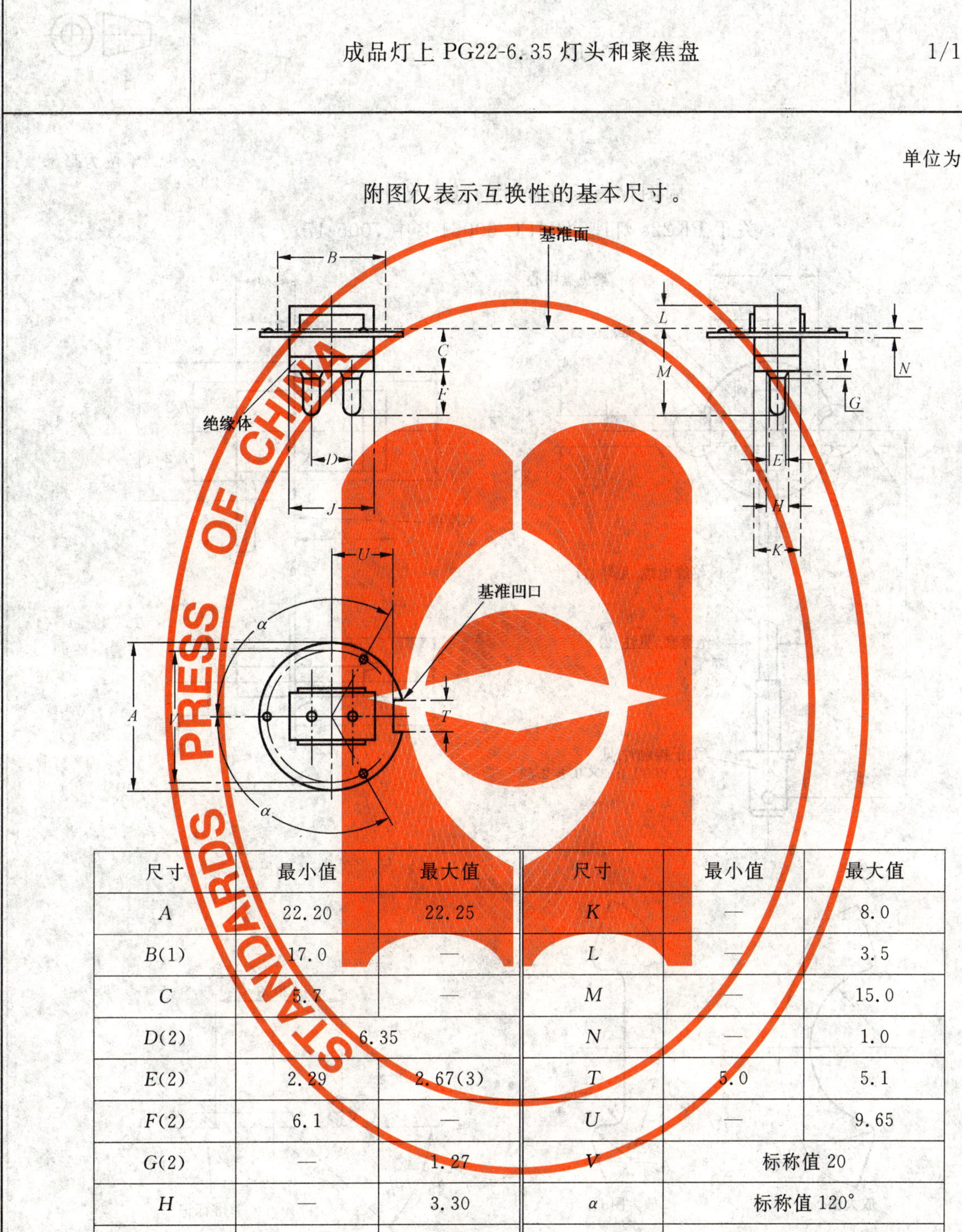

尺寸	最小值	最大值	尺寸	最小值	最大值
A	22.20	22.25	*K*	—	8.0
B(1)	17.0	—	*L*	—	3.5
C	5.7	—	*M*	—	15.0
D(2)	6.35		*N*	—	1.0
E(2)	2.29	2.67(3)	*T*	5.0	5.1
F(2)	6.1	—	*U*	—	9.65
G(2)	—	1.27	*V*	标称值 20	
H	—	3.30	α	标称值 120°	
J	—	14.5			

基准凹口的中心线与插脚的中心线之间的角度偏移应不超过 15°。

(1) 在距离基准面 3.5 mm 处以上为灯头外壳留出的直径为 *B* 的圆筒形空间。

(2) 插脚的直径、插脚间距、尺寸 *F* 的最小值和 *G* 的最大值采用 GB/T 1483.3—7006-48 所示量规进行检验。

(3) 该值适用于成品灯上的灯头。对于未组装的灯头，最大值允许为 2.44 mm。

GB/T 1406.3—7004-48-1

	PK22s 灯头	1/2

单位为毫米

附图仅表示互换性的基本尺寸。

关于 PK22s 灯座，见 IEC 60061-2 中 7005-47。

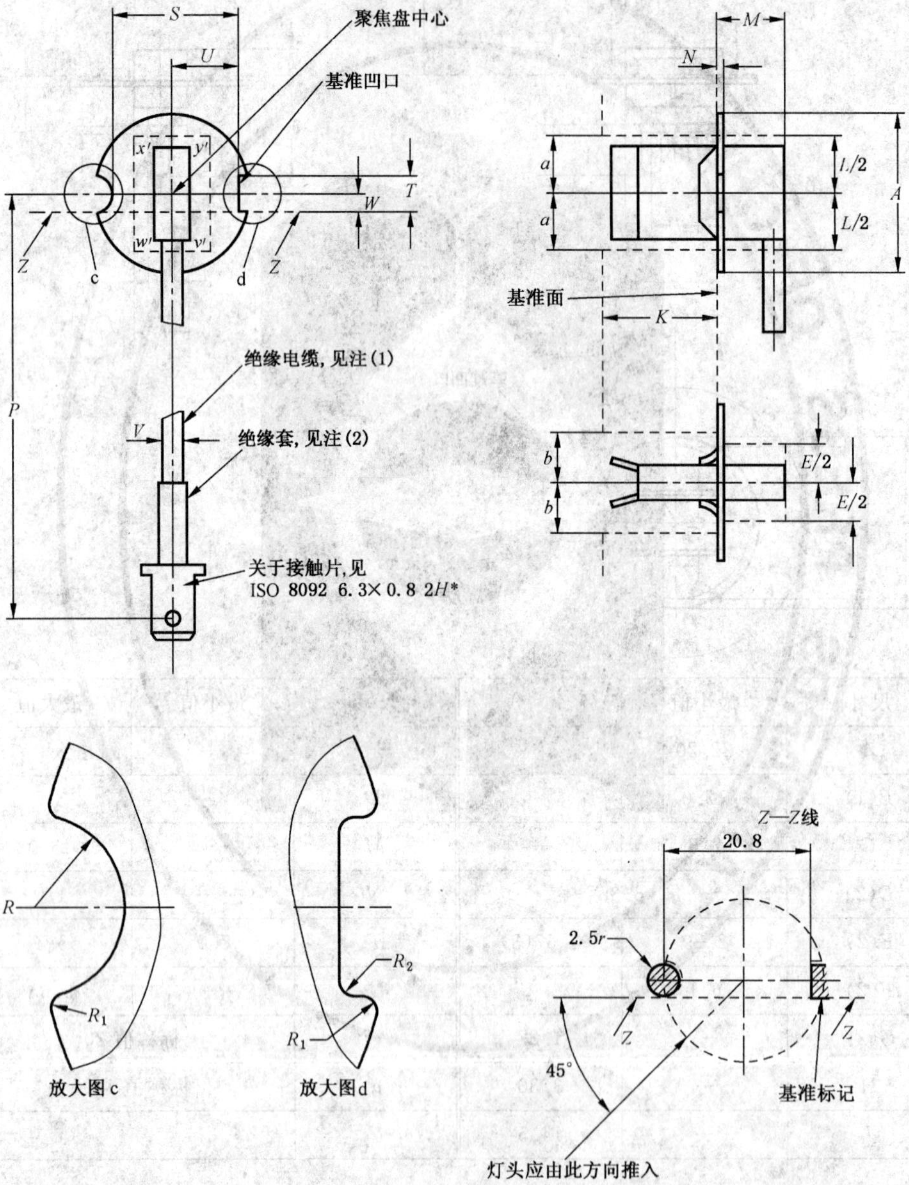

S
U
聚焦盘中心
基准凹口
x'
y'
w'
v'
T
W
Z
c
d
Z
P
绝缘电缆，见注(1)
V
绝缘套，见注(2)
关于接触片，见
ISO 8092 6.3×0.8 2H*
M
N
a
a
L/2
L/2
A
基准面
K
b
b
E/2
E/2
R
R_1
放大图 c
R_2
R_1
放大图 d
Z—Z线
20.8
2.5r
Z
Z
45°
基准标记
灯头应由此方向推入

	PK22s 灯头	2/2

单位为毫米

尺寸	最小值	最大值
A	22.15	22.25
E(3)(5)	11.0	
L(3)(5)	16.0	
M	—	10.0
N	0.7	1.1
P	95	105
R	2.5	2.6
R_1	—	0.4
R_2	—	0.5
S	18.1	18.3
T	5.0	5.1
U	9.55	9.65
V(4)	1.75	2.75
W	2.0	3.0
a(5)(6)	8.0	
b(5)(6)	7.0	
k(6)	14.0	

* 凸肩部的尺寸任意。

关于灯的最大外形尺求要求，见参数表 60809-IEC-2330。

(1) 绝缘电缆应能在一直径为 22.2 mm、与聚焦盘的轴线共轴的圆筒内弯曲放置。

(2) 绝缘套应安装牢固，应完全覆盖导线的绝缘层以及接触片凸肩以上的所有金属部件。

(3) 灯座的夹持装置应在电缆出口一侧，在尺寸为 E 和 L 的矩形 V'、W'、X'、Y'之外，除电缆出口，与灯头的聚焦盘相接触。

(4) 该尺寸不做检验。

(5) 在由 a 和 b 所限定的区域之外，基准面一侧的聚焦盘的平面度应在 0.25 mm 之内。

(6) a、b 和 k 给出了基准面以上灯的部件可能占据的空间与灯座和/或反光镜的各部件可能占据的空间之间的分界线。

GB/T 1406.3—7004-47-4

	成品灯上 PKX22s 灯头和聚焦盘	1/1

单位为毫米

附图仅表示互换性的基本尺寸。

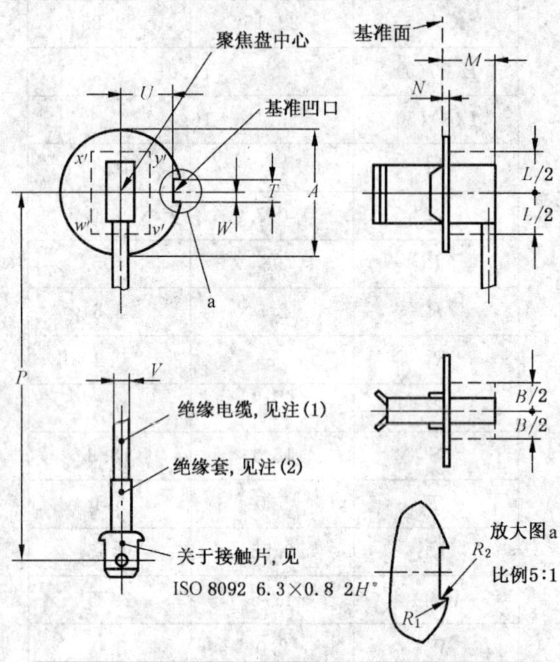

尺寸	最小值	最大值
A	22.15	22.25
E(3)	11.0	
L(3)	16.0	
M	—	10.0
N	—	1.1
P	275	285
R_1	—	0.4
R_2	—	0.5
T	5.0	5.1
U	9.55	9.65
V(4)	1.75	2.75
W	2.0	3.0

* 凸肩部的尺寸任意。

(1) 绝缘电缆应能在一直径为 22.2 mm、与聚焦盘的轴线共轴的圆筒内弯曲放置。

(2) 绝缘套应安装牢固,并应完全覆盖住导线的绝缘层以及接触片的凸肩以上的所有金属部件。

(3) 聚焦盘以下容纳灯头部件的空间由矩形 X'、Y'、V'、W' 划定,但电缆出口不在此范围之内。

(4) 该尺寸不做检验。

GB/T 1406.3—7004-37-2

P23t 灯头
1/2
单位为毫米
附图仅表示互换性的基本尺寸
关于 P23t 灯座，见 IEC 60061-2 中 7005-138。
J
K
r2
r1
L
M
AQ
120°
120°
120°
60°
120°
(8)
r4(6x)
r3(6x)
N(2x)
AP(2x)
φAS
A—A
S
T
(3)
R
AL
W
Y
V
U
AA
AD
Z
P
Q
AB
G
H
F
E
A
A
(4)
(7)
AC
(1)
(2)
X面
φD
AE
AG
AF
φAR
X
AN
AH
AJ
AK
AT
GB/T 1406.3—7004-138-1

	P23t 灯头	2/2

单位为毫米

尺寸	最小值	最大值	尺寸	最小值	最大值
D	22.9	23.1	*AA*	7.0	7.2
E	2.9	3.1	*AB*	12.0	12.2
F	1.4	1.6	*AC*	2.9	3.1
G	3.4	3.6	*AD*	4.9	5.1
H	7.3	7.6	*AE*	2.7	2.9
J(9)	2		*AF*	7.4	7.6
K(9)	0.8		*AG*	12.9	13.1
L	3.6	3.8	*AH*	1.9	2.1
M	9.9	10.1	*AJ*	5.9	—
N	2.4	2.6	*AK*	9.9	—
P	5.9	6.5	*AL*	18.9	19.1
Q	0.9	1.1	*AN*	0.5	0.7
R	1.1	1.3	*AP*	3.4	3.6
S	2.9	3.1	*AQ*	2.4	2.6
T	2.9	3.1	*AR*	31.9	32.1
U	0.7	0.9	*AS*	26.9	27.1
V	2.2	2.4	*AT*	—	6
W(4)	17.0	17.2	r_1	约 3	
X(6)	12		r_2(9)	1.2	1.4
Y	1.2	1.4	r_3	约 1	
Z	1.7	1.9	r_4	约 0.5	

(1) 基准面由三个斜台的顶端平面组成。

(2) 斜台应具有导入角有利于将灯插入灯座。

(3) 钩键用来将电连接件固定到位。

(4) O 形圈或其他密封圈。为了计算密封圈厚度，应当考虑灯座尺寸 *X* 和 *W* 和注(5)需要的最小力。

(5) 压在灯头和垫圈间轴向力度应不小于 5 N。

(6) *X* 的尺寸通过 GB/T 1483.3—7006-138 所示量规进行检查。

(7) 凹槽。灯头应卡住灯座突出部分。见灯座参数表注(4)。

(8) 光滑表面。

(9) 尺寸 *J* 和 *K* 定义了半径 r_2 的中心点。

GB/T 1406.3—7004-138-1

	成品灯上 P26s 灯头	1/1

单位为毫米

附图仅表示互换性的基本尺寸。

关于 P26s 灯座，见 IEC 60061-2 中 7005-36。

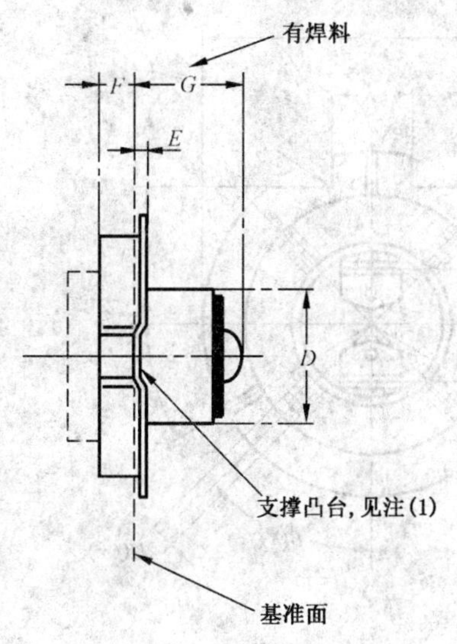

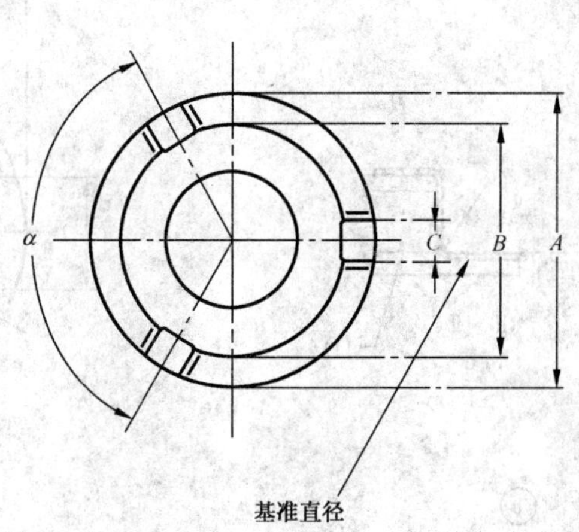

尺寸	最小值	最大值
A	30.5	31.5
B(2)	25.9	26.0
C	2.0	9.0
D	—	15.5
E	0.5	1.6
F(2)	—	4.7
G	10.0	14.0
α	115°	125°

(1) 基准面由三个支撑凸台构成。每个凸台上位于 25.9 mm 直径和 30 mm 直径之间的面上应至少有 2 mm 宽的区域，是平坦和光滑的。位于 30 mm 直径以外的凸台的高度应不超过位于 25.9 mm 直径和 30 mm 直径之间的凸台的高度。

(2) 从基准面开始至少 2 mm 范围内尺寸 *B*(基准直径)的最小值和最大值应符合要求。在此范围之外，只采用尺寸 *B* 的最大值。

PX26d 灯头

.1/2

单位为毫米

附图仅表示互换性的基本尺寸。

关于 PX26 灯座，见 IEC 60061-2 中 7005-5。

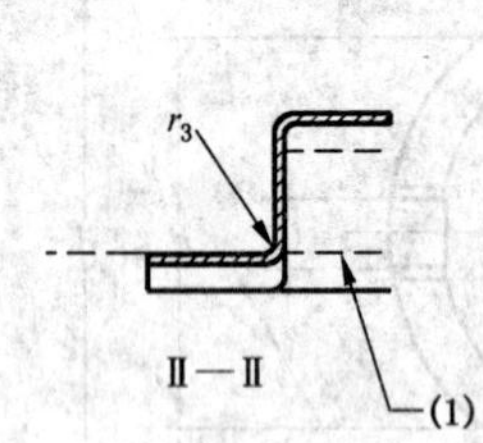

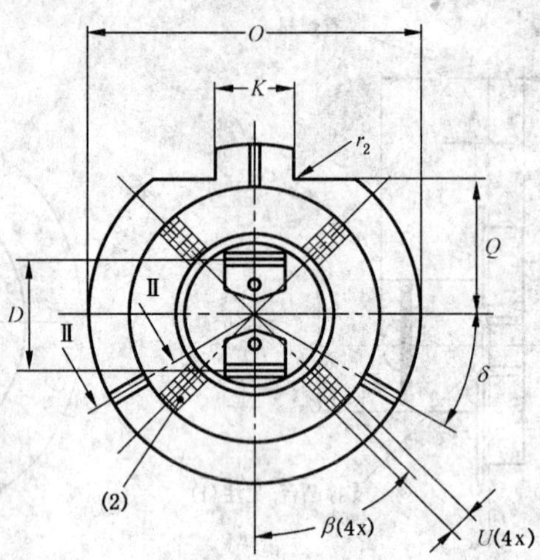

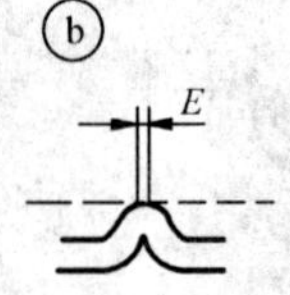

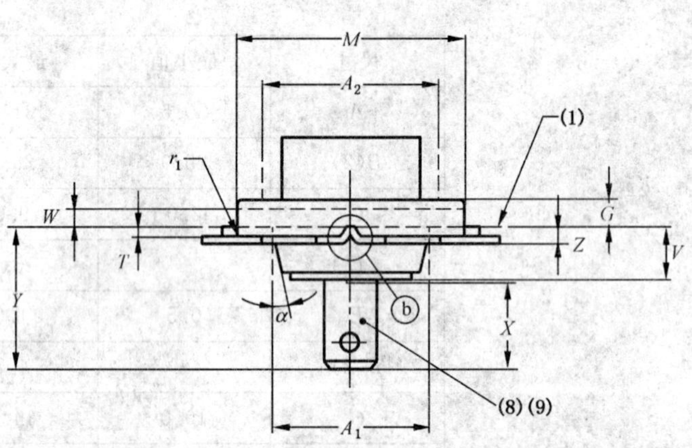

尺寸	最小值	最大值	尺寸	最小值	最大值
A_1(3)	17.8	18	V	6	—
A_2(4)	20		W(6)	2	
D(5)	标称值 11.5		X(9)	8	—
E^*	1	2	Y	15	16
G	—	3.5	Z	—	1.4
K	7.9	8.0	r_1	(7)	
M	25.9	26.0	r_2	—	0.3
O	33.8	34.0	r_3	—	0.4
Q	13.2	13.7	α	—	3°
T	0.6	0.8	β	45°	
U(2)	2.4		δ^*	29°	31°

GB/T 1406.3—7004-5-6

	PX26d 灯头	2/2

单位为毫米

* 该尺寸只用于灯头的设计，不用于成品灯的检验。

(1) 基准面。

(2) 在这些区域，允许出现断开或凹进。

(3) 在此区域内，灯座中灯的固定装置不应沿灯的基准轴线的方向对灯施力。

(4) 该尺寸划定了灯的部件可能占据的空间与灯座/反光镜的各部件可能占据的空间之间的分界线。

(5) 通过 GB/T 1483.3—7006-5A 所示量规进行检验。

(6) 在该值所示范围内，采用 M 的最小值和最大值，但是三个支撑凸台至圆柱 M 的过渡区域除外，该处采用了 r_3。在 W 所示范围之外至 G 所示范围之末端，直径 M 应不大于在 W 所示范围之内测得的 M 最大值。在 W 所示范围之外，不采用 M 的最小值。

(7) 半径 r_1 应等于或小于尺寸 T。

(8) 接触片的位置不应偏离于图示位置±2°以上。

(9) 接触片的所有其他尺寸见 ISO 8092-1 (6.3×0.8 OH)。

检验：PX26d 灯头符合 GB/T 1483.3—7006-5，7006-5A 和 7006-5B 所示量规的检验要求。

GB/T 1406.3—7004-5-6

P26.4t 和 PJ26.4t 灯头

1/3

单位为毫米

附图仅表示互换性的基本尺寸。

关于 P26.4 灯座，见 IEC 60061-2 中 7005-128。

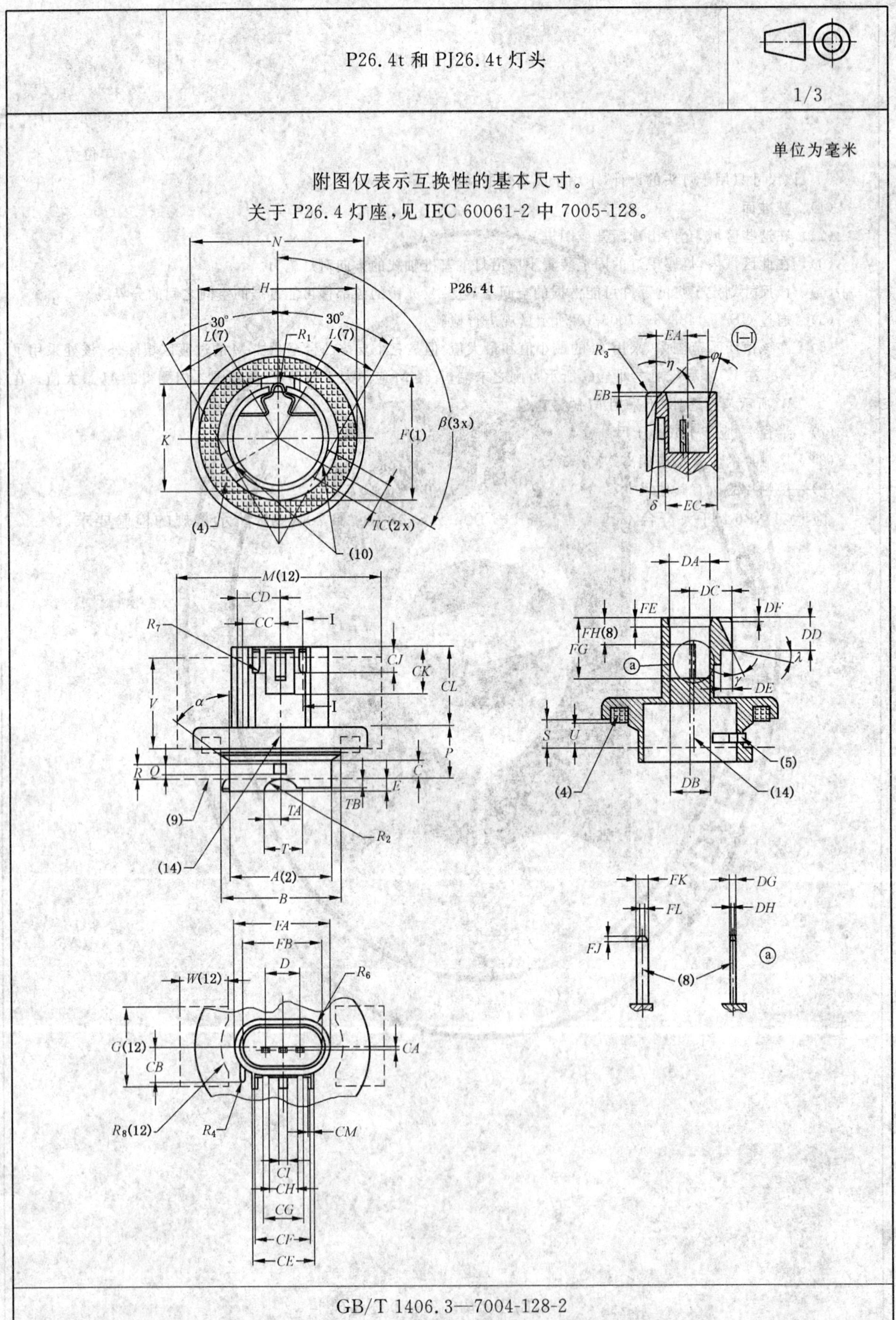

GB/T 1406.3—7004-128-2

P26.4t 和 PJ26.4t 灯头

2/3

单位为毫米

PJ26.4t

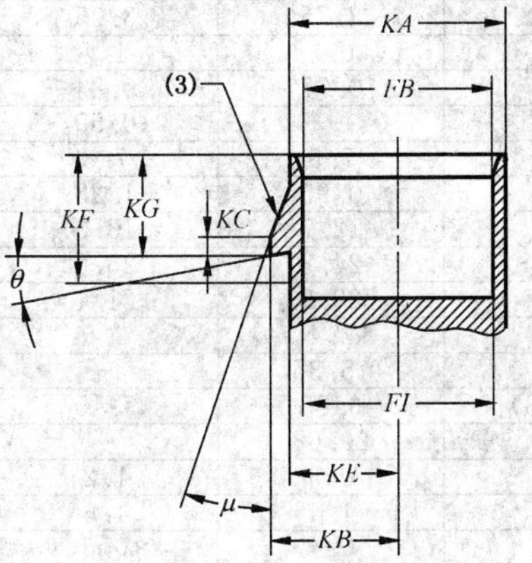

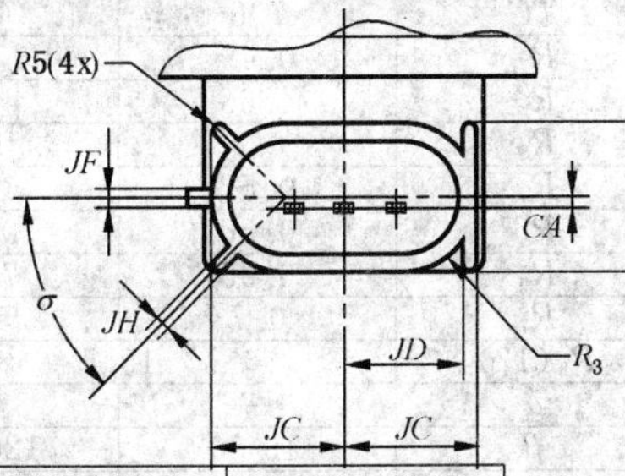

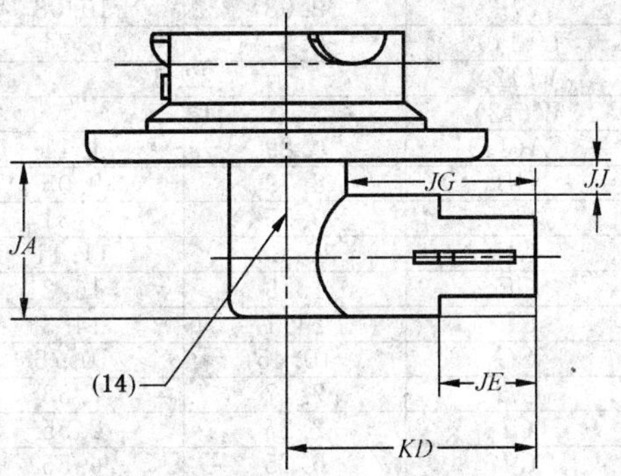

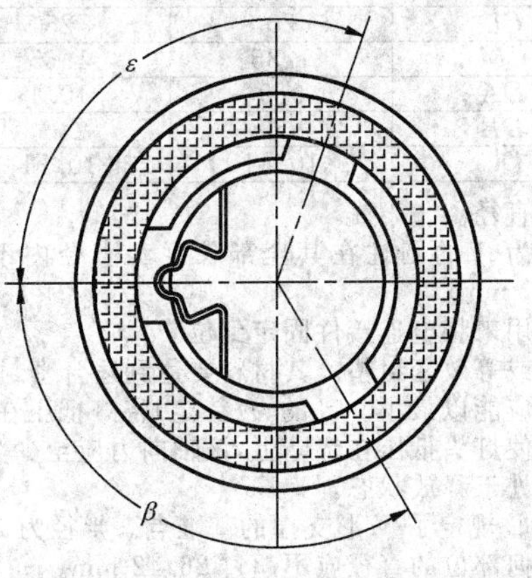

尺寸	最小值	最大值
JA	—	16.0
JB	12.74	13.00
JC	11.77	11.90
JD	10.53	10.66
JE	10.40	11.00
JF	1.37	1.63
JG	21.00	—
JH	1.12	1.38
JJ	1.80	—
KA	23.54	23.80
KB	13.90	14.16
KC	1.70	2.30
KD	28.85	29.35
KE	12.04	12.30
KF	13.40	14.00
KG	10.64	10.84
R_3	6.37	6.50
β	119°30′	120°30′
ε	109°30′	110°30′
μ	18°30′	19°30′
σ	44°30′	45°30′
θ(1)	9°	11°

其他尺寸见 1/3 页的图和 3/3 页的表。

(1) 任选的。

GB/T 1406.3—7004-128-2

	P26.4t 和 PJ26.4t 灯头	3/3

单位为毫米

尺寸	最小值	最大值	尺寸	最小值	最大值
A(2)	26.37	26.47	*DD*	8.5	8.7
B	—	31.22	*DE*	2.75	3.05
C	3.90	4.61	*DF*	0.8	1.4
D(8)	8.87	9.13	*DG*	0.77	0.84
E	3.0	—	*DH*	—	0.55
F(1)	30.1	30.36	*EA*	7.5	7.8
G(12)	20		*EB*	0.95	1.25
H	40.64	40.77	*EC*	12.7	13.3
K(6)	26.95	27.50	*FA*	24.8	25.0
L(7)	13.21		*FB*	20.9	21.1
M	52.5(12)		*FE*	2.4	2.6
N	—	45.13	*FG*	15.35	—
P(11)	—	12.61	*FH*(8)	6.85	7.15
Q	2.31	2.57	*FI*	20.68	—
R	3.5	3.76	*FJ*	0.6	1.2
S	7.02	7.28	*FK*	1.4	1.6
T	9.98	10.08	*FL*	0.4	0.6
U(11)	6.54	6.74	*TA*	4.28	
V(12)	22.5		*TB*	0.7	2.0
W(12)	12.5		*TC*	7.6	7.7
CA(11)	0.89	1.11	R_1	0.49	—
CB	8.79	9.05	R_2	4.63	4.89
CC	9.55	9.81	R_3	0.7	1.3
CD	10.85	11.11	R_4	0.52	0.78
CE	15.9	16.2	R_5	0.56	0.69
CF	14.1	14.3	R_6	6.95	7.15
CG	10.45	10.75	R_7	0.7	1.3
CH	7.27	7.53	R_8(12)	15.5	
CI	2.25	2.55	α	—	53°30′
CJ	6.25	6.55	β	119°30′	120°30′
CK	11.6	12.2	γ	22°	26°
CL	20	25	δ	2°30′	6°30′
CM	1.35	1.65	η	45°	49°
DA	9.9	10.1	φ	13°	17°
DB	9.68	—	λ	8°	12°
DC	10.41	10.71			

(1) 侧翼直径。

(2) 直径为 *A* 的圆柱在其全部长度和直径内不需为连续的。除簧片外，其外形任何部位的直径应不超过 26.47 mm。

(3) 钩键用来将电连接件固定到位。

(4) 垫圈或等效密封垫。其材料要达到适合密封的硬度，并且要符合注(5)要求的扭矩和压力。

(5) 簧片应能以最小 9 N 的力(待定)将灯抵压在灯座的 V 形支撑里。在弹簧将灯推入 V 形支撑后，再将以轴向力使灯头抵压在垫圈上，该轴向力应至少为 50 N(待定)。将灯安装到反射镜的扭矩应不超过 1.7 Nm。

(6) 簧片处于释放状态。

(7) 尺寸 *L* 规定了 V 形支撑的基准点。半径为 *L* 的圆柱在其全部长度和直径内不需为连续的，除簧片外，其外形任何部位的直径应不超过 26.42 mm。

(8) 在距顶部 *FH* 的距离处进行测量。接触片应垂直于灯头腔体的底部，两接触片应相互平行，误差不超过 1°30′。

(9) 基准面由顶部斜面所形成的三个点组成。基准面由斜台顶部的三个点构成。

(10) V 形支撑。

(11) 此尺寸仅用于灯头设计，不能用于检测。

(12) 自由空间用于灯头的附加部件，例如可使灯轻易的插入和取出的装置。

(13) 除另有说明外，所有尖角可采用最大不超过 0.3 mm 的半径倒角。

(14) 基准轴。

GB/T 1406.3—7004-128-2

	P28s 灯头	1/3

单位为毫米

附图仅表示互换性的基本尺寸。

关于 P28s 灯座，见 IEC 60061-2 中 7005-42。

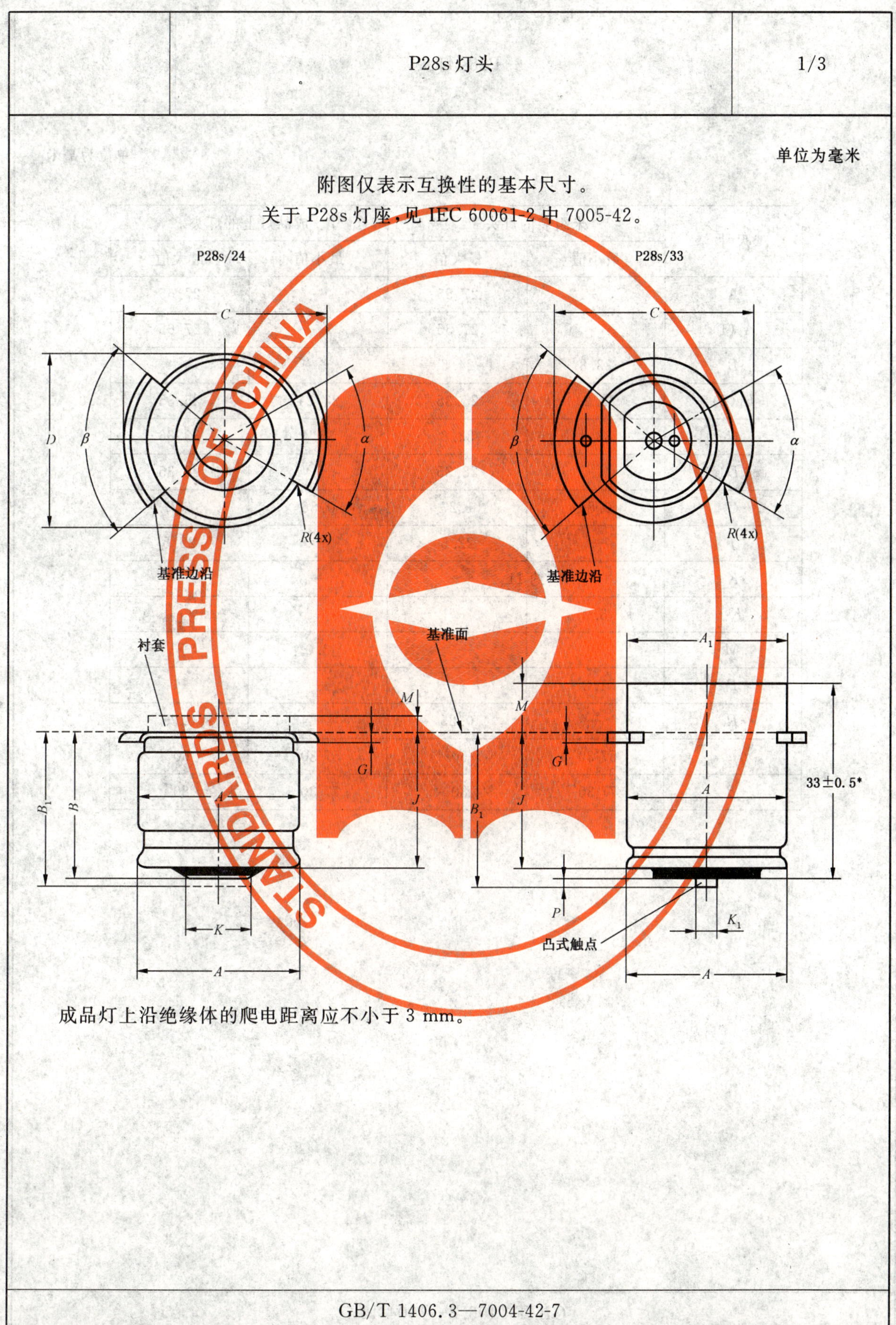

成品灯上沿绝缘体的爬电距离应不小于 3 mm。

	P28s 灯头	2/3

单位为毫米

表Ⅰ

尺寸	未组装的灯头**		成品灯上的灯头	
	最小值	最大值	最小值	最大值
A	—	27.55	—	27.65
A_1(1)	—	27.55	—	27.65
B	23.8	24.5	—	—
B_1(2)	24.21	25.35	24.21	25.35
C	33.4	33.8	33.4	33.86
D	—	28.35	—	28.35
G	0.86	1.27	0.86	1.27
J	—	22.5	—	22.5
K	约 11		—	—
K_1	3.0	—	—	—
M	—	—	3.0	—
P	1.3	—	—	—
R	—	0.25	—	0.25
α	57°30′	60°	57°30′	60°
β	77°30′	80°	77°30′	80°

GB/T 1406.3—7004-42-7

	P28s 灯头	3/3

单位为毫米

表Ⅱ

尺寸	未组装的灯头**		成品灯上的灯头	
	最小值	最大值	最小值	最大值
A	—	27.56	—	27.69
A_1(1)	—	27.56	—	27.70
B	24.0	25.02	—	—
B_1(2)	—	—	24.21	26.04
C	33.35	33.86	33.35	33.93
D	—	28.35	—	28.35
G	0.76	1.52	0.76	1.52
J	—	22.5	—	22.5
K	约 11		—	—
K_1	3.0	—	—	—
M	—	—	3.0	—
P	1.3	—	—	—
R	—	0.25	—	0.25
α	59°	61°	59°	61°
β	79°	81°	79°	81°

注：表Ⅰ所示的尺寸均能确保灯头正确插入所有目前已知的灯座中。

表Ⅱ所示极限值均与美国现行惯例相一致，它们常用于灯座的设计。GB/T 1483.3—7006-42A 所示灯座的量规的制定均基于表Ⅱ所示之值。

* 该尺寸仅适用于未组装的灯头。

** 以下所示尺寸仅用于灯头的设计，不用于检验，但另有规定者除外。

(1) 灯头可以制成喇叭口形，其直径大于相应不带喇叭口的灯头的直径，其大出的部分应不超过 1 mm。

(2) 未组装的灯头的尺寸 B_1 仅适用于带凸式触点的灯头。

GB/T 1406.3—7004-42-7

	P29t 灯头	1/2

单位为毫米

附图仅表示互换性的基本尺寸。

关于 P29 灯座,见 IEC 60061-2 中 7005-66。

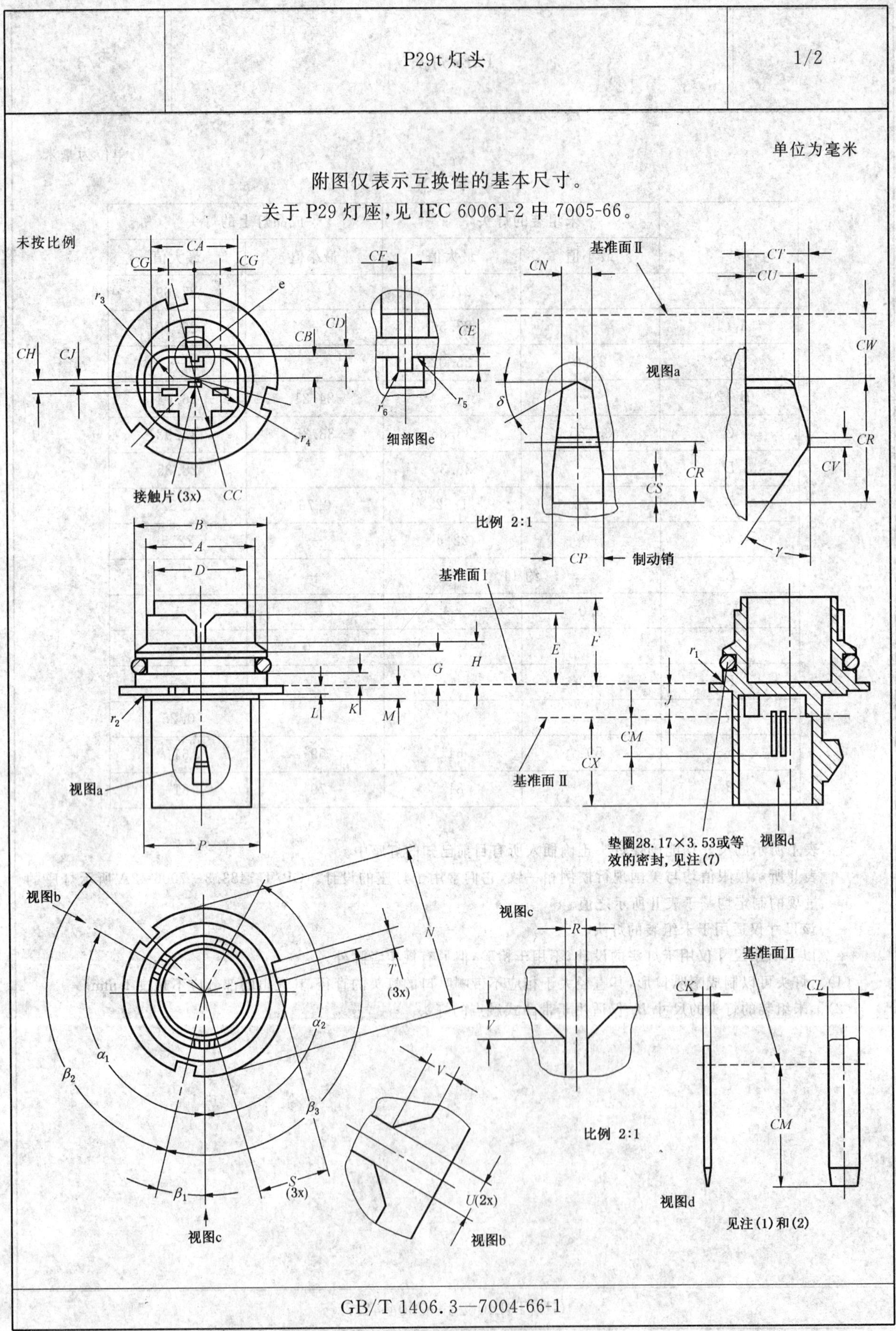

GB/T 1406.3—7004-66-1

	P29t 灯头	2/2

单位为毫米

灯座一侧的安装尺寸

符号	最小值	最大值
A(3)(4)	28.5	28.6
B(3)	33.8	33.9
D	24.65	24.85
E	18.5	—
F	约 22	
G	8.95	9.15
H	10.44	10.64
J	8.25	8.75
K	3.15	3.35
L	1.9	2.1
M	约 3.5	
N	42.4	42.6
P	—	30.4
R(4)	2.10	2.15
S	18.25	18.45
T	4.9	5.1
U	3.4	3.6
V	约 2.5	
r_1	—	0.9
r_2		0.5
α_1	119°	121°
α_2	149°	151°
β_1	14°30′	16°30′
β_2	119°	121°
β_3	119°	121°

连接件一侧的安装尺寸

符号	最小值	最大值
CA	25.9	26.1
CB	6.95	7.15
CC	13.4	13.6
CD(5)	1.4	1.6
CE	1.4	1.6
CF	1.3	1.5
CG(6)	7.1	7.6
CH(6)	3.35	3.85
CJ(6)	1.65	2.15
CK	0.38	0.88
CL	2.9	3.1
CM	10.4	10.6
CN	2.4	2.6
CP	4.45	4.65
CR	约 11.1	
CS	约 2.5	
CT	5.4	5.6
CU	3.9	4.1
CV	约 0.5	
CW	5.7	6.1
CX	22.9	23.1
r_3	5.55	5.75
r_4	—	0.9
r_5	—	0.6
r_6	0.15	—
γ	约 35°	
δ	约 30°	

(1) 接线端子触片的末端可以是锥形或倒圆的，以便有助于与连接件相接。

(2) 该尺寸仅用于灯头设计，不用于成品灯的检验。接线端触片允许最大歪斜度为 1°30′。

(3) 圆筒形 B 相对于圆筒形 A 允许最大偏心距为 0.05 mm。

(4) 凹槽 R 相对于圆筒形 A 允许最大偏心距为 0.05 mm。

(5) 壁厚 CD 适用于连接件一侧的整个周边。

(6) CG、CH 和 CJ 是各接线端子的中心至灯头中心的距离，它们均在基准面Ⅱ上测量。

(7) 在将灯插入直径为 34.2 mm～34.3 mm 的圆柱形孔中时，密封垫应能承受住 70 kPa 的最小压差。

GB/T 1406.3—7004-66-1

	成品灯上 P30s-10.3 灯头	1/1

单位为毫米

附图仅表示互换性的基本尺寸。

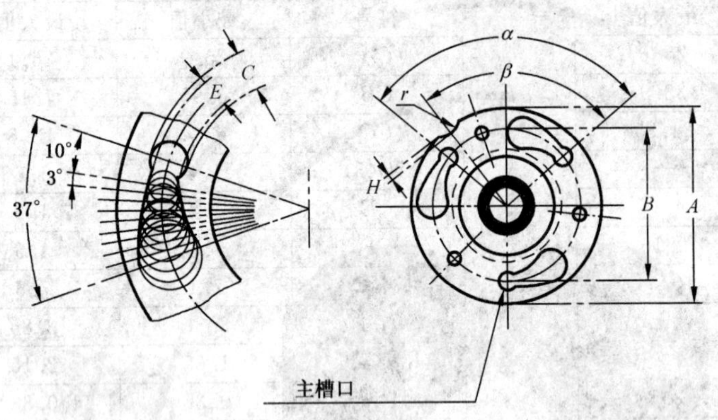

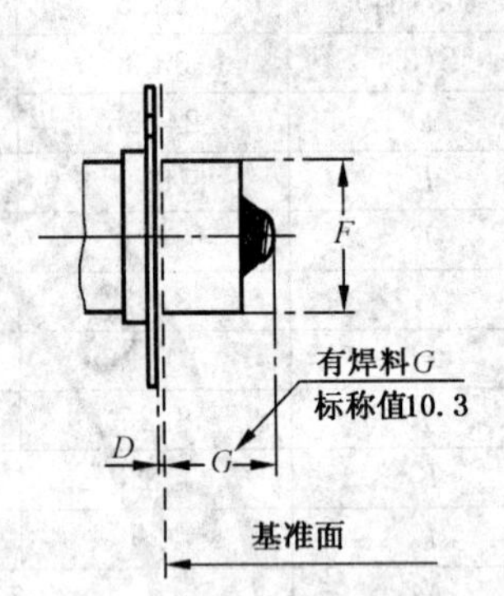

槽口参数	
角度	直径
10	2.29
13	2.59
16	2.90
19	3.20
22	3.51
25	3.81
28	4.11
31	4.42
34	4.72
37	5.05

尺寸	最小值	最大值
A(2)	30.05	30.10
B	22.73	22.81
C(3)	3.07	3.17
D	0.15*	0.30*
E	2.18	2.39
F	—	15.25*
G(1)	9.00	11.60
H	约 0.8*	
r	约 2.4*	
α	约 100°	
β	约 87°	

* 该尺寸仅用于灯头的设计，不用于成品灯的检验。

(1) 该尺寸用千分尺检验。

(2) 该尺寸用 GB/T 1483.3—7006-56 所示量规进行检验。

(3) 该尺寸用 GB/T 1483.3—7006-56A 所示量规进行检验。

GB/T 1406.3—7004-44-3

P32d 和 PK32d 灯头

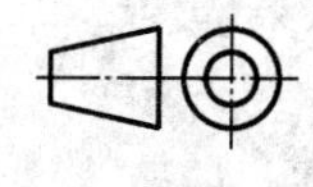

1/2

单位为毫米

附图仅表示互换性的基本尺寸。

关于 P32 和 PK32 灯座，见 IEC 60061-2 中 7005-111。

P32d

下图仅表示 P32d-1 灯头，其他型号的灯头见 2/2 页。

PK32d

下图仅表示 PK32d-4 灯头，其他型号的灯头见 2/2 页。尺寸见 P32d-1 灯头。

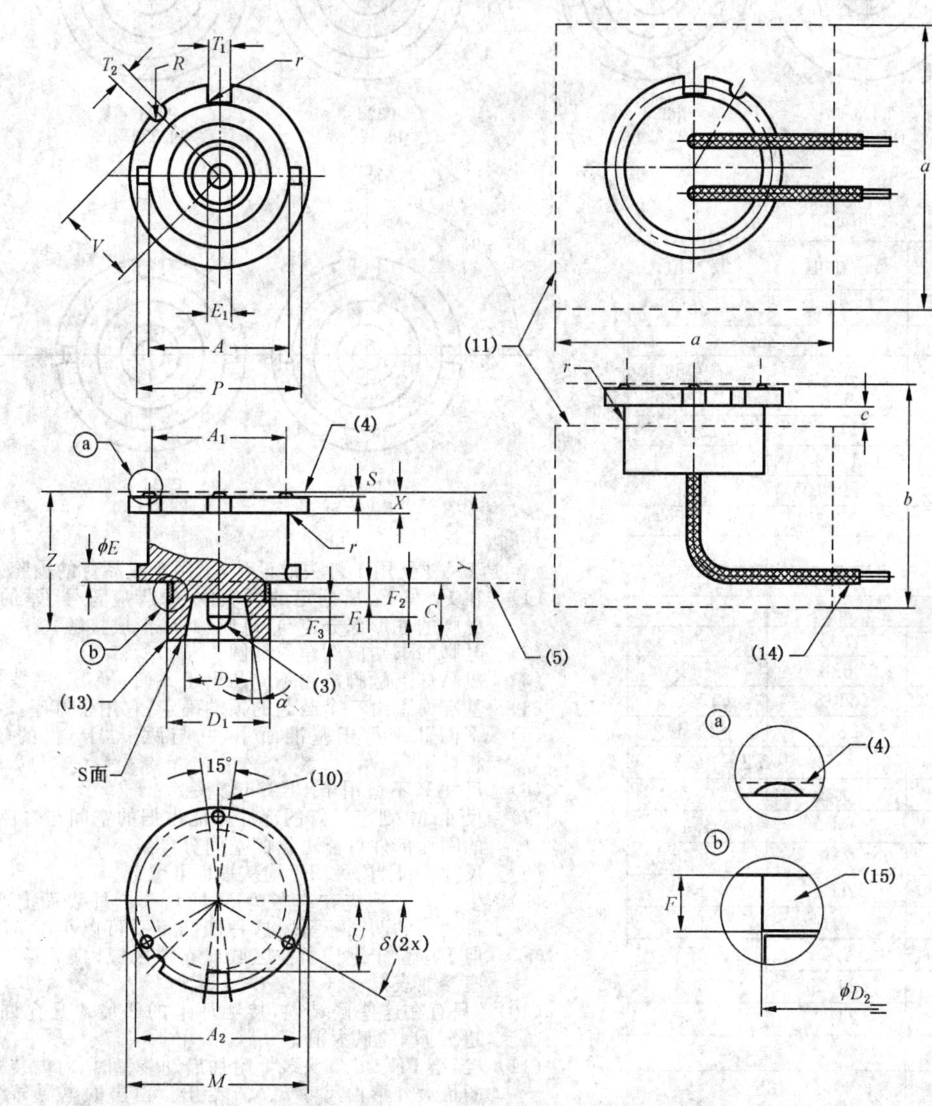

GB/T 1406.3—7004-111-3

P32d 和 PK32d 灯头

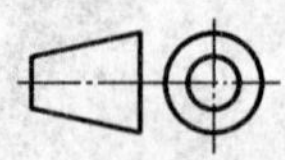

2/2

单位为毫米

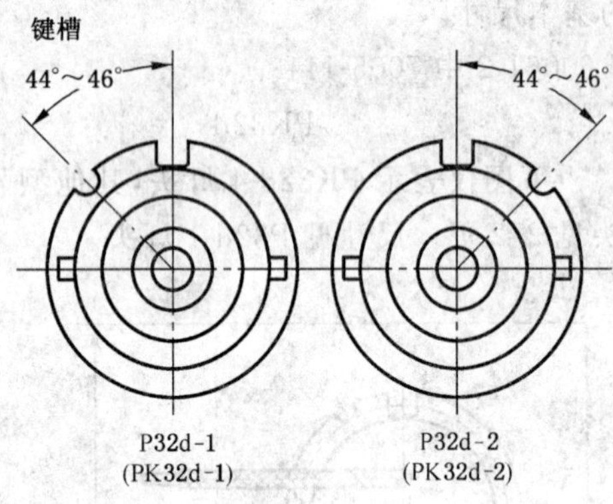

P32d-1
(PK32d-1)

P32d-2
(PK32d-2)

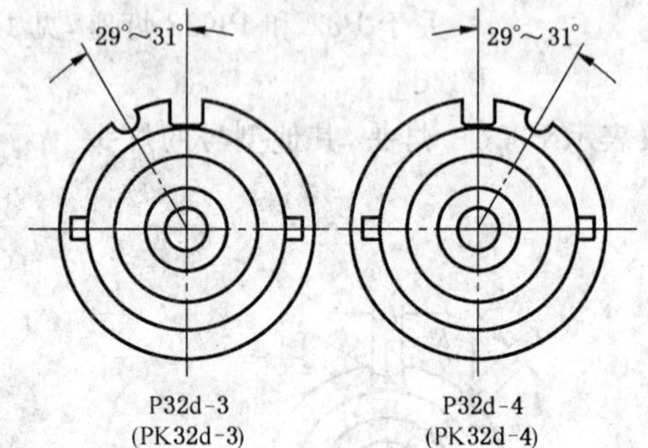

P32d-3
(PK32d-3)

P32d-4
(PK32d-4)

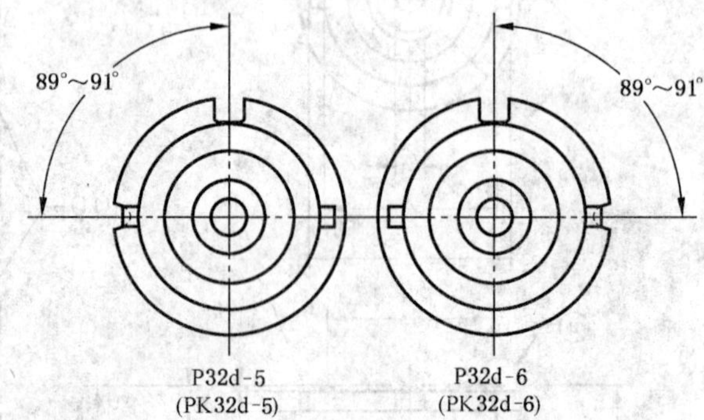

P32d-5
(PK32d-5)

P32d-6
(PK32d-6)

尺寸	最小值	最大值
A(12)	24	25
A_1(7)	25	
A_2^*	28.5	29.5
C(8)	9.8	10.2
D	11.9	12.1
D_1	17.9	18.1
D_2	17.9(10)	18.1
E	2.95	3.0
E_1(1)(2)(3)	3.8	4.0
F(5)(8)	3.7	4.1
F_1(1)(8)	—	3.5
F_2(1)(8)	7.5	—
F_3	6.8	7.2
M(9)	31.8	32
P	28.7	29.1
R	½$T2$	
S(4)	0.2	0.5
T_1	4	4.1
T_2	2.9	3.1
U	$A/2$	13
V	—	14
X	2.7	3
Y(6)	24.7	25.3
Z	24.0	25.5
a(11)	45	
b(11)	35	
C(11)(12)	3	
r	—	0.3
α	9°	11°
δ^*	29°30′	30°30′

* 该尺寸仅用于灯头的设计，不用于成品灯的检验。

(1) 在 F_1 和 F_2 所划定的区域内，触脚应符号 E_1 的尺寸要求。触脚的柱形部分应与(灯座触点)形成接触。

(2) 触脚的末端应倒角或倒圆。

(3) 成品灯上触脚末端不应凸出于 S 面。

(4) 基准面Ⅰ由三个凸起的顶端确定，它用于灯座。

(5) 平面Ⅱ平行于基准面Ⅰ，并与两个“卡销”的较低的表面相切。

(6) 尺寸 Y 不适用于 PK32d 灯头。

(7) 尺寸 A_1 划定了灯的部件可能占据的空间与灯座和/或灯具的刚性部件可能占据的空间分界线。

(8) 尺寸 C、F、F_1 和 F_2 均从平面Ⅱ量起。

(9) 生产工艺不应在直径为 M 的灯头圆柱表面上产生凸出 M 最大值的凹凸不平。这种凹凸不平可以小于 M 的最小值，但不应位于键槽所在区域或支撑区域内(V 形块区域，见灯座参数表)。

(10) 只有在这些区域内，接触环上的凹痕才是允许的，但不应超出 D_2 的最大值。

(11) 当给 PK32d 灯头装上附加启动装置时，对内装式启动装置的最大外形由尺寸 a、b、c 给出。留出的电源导线插孔的位置可自由选择，但不应影响尺寸 c。

(12) 尺寸 A 在尺寸 C 范围内适用。

(13) 边缘倒角(1.1+/−0.2)mm×45°。

(14) 电缆。

(15) 接触环。

检验：P32d 和 PK32d 灯头的检验量规(待定)。

GB/T 1406.3—7004-111-3

	P36 灯头	1/1

单位为毫米

附图仅表示互换性的基本尺寸。

成品灯上聚焦盘的安装位置

只要聚焦盘定位正确，则安装聚焦盘时允许其凹口朝向灯头的底座。

尺寸	最小值	最大值
A	21.75*	22.10*
C	1.5*	—
G(1)	10.0	—
H(1)	约 10	
J(1)	4.0	—
K	10.0*	11.3*
M	20.5*	21.5*
P	22.10*	22.17*
R	35.85	36.0
S	约 2.5*	
T	0.74	0.84
U	约 0.5*	
V	2.5	2.75
W	34.0	34.5

聚焦盘在灯头上安装完之后，其凹口应与两个触点所在平面相一致，误差在±15°之内。

* 该尺寸仅用于灯头的设计，不用于成品灯的检验。

(1) 该尺寸用千分尺检验。

GB/T 1406.3—7004-49-3

	P38s 灯头	1/1

单位为毫米

附图仅表示互换性的基本尺寸。

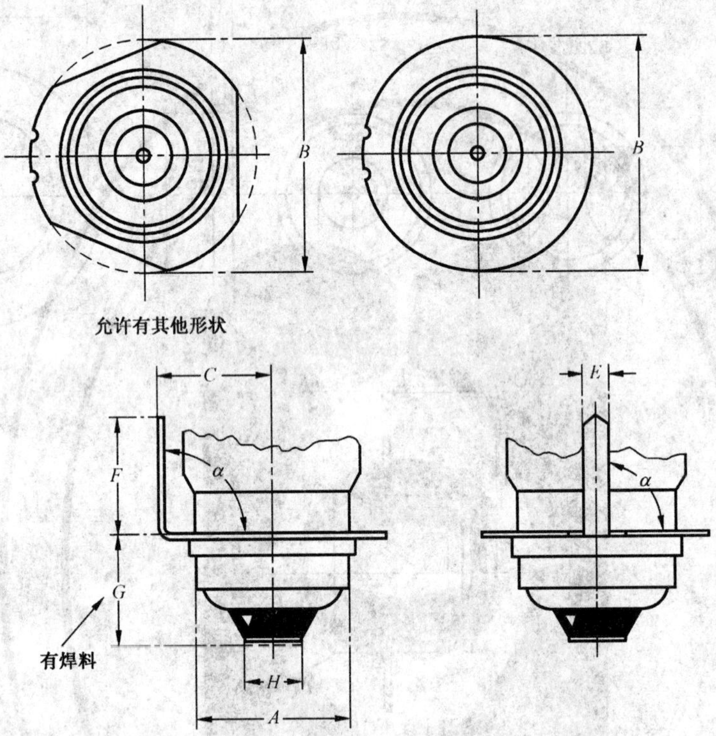

允许有其他形状

有焊料

对于成品灯，绝缘体的爬电距离应不小于 3 mm。

尺寸	最小值	最大值
A	约 26	
B	37.8	38.0
C	约 18.7	
E	4.50	4.60
F	约 19.0	
G	16.7	19.7
H	9.5	11.5
α	88°	92°

GB/T 1406.3—7004-41-2

	P38t 灯头	1/2

单位为毫米

附图仅表示互换性的基本尺寸。

关于 P38t 灯座，见 IEC 60061-2 中 7005-133。

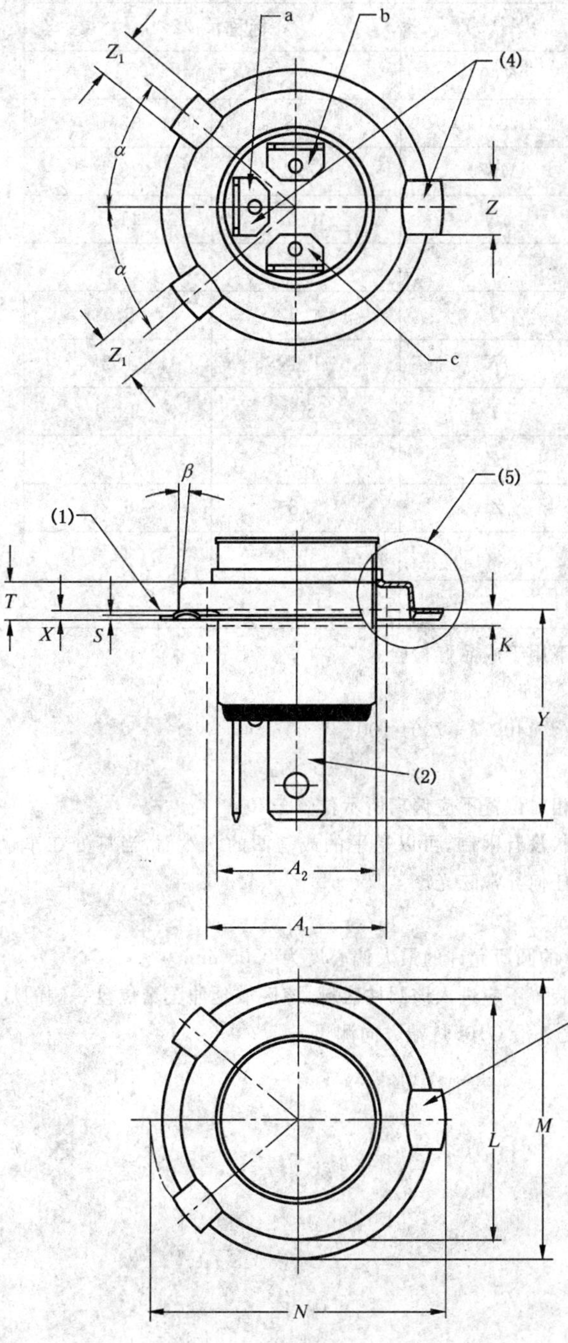

a——近光；

b——远光；

c——接地。

GB/T 1406.3—7004-133-1

	P38t 灯头	2/2

单位为毫米

尺寸	最小值	最大值
A_1(8)	25.0	
A_2(9)	标称值 22*	
K(9)	2.0	
L(6)(7)	32.8	33.0
M(7)	37.8	38.0
N	40.7	41.1
S	0.45	—
T	4.9	5.1
X	1.1	1.3
Y	25.0	32.0
Z	7.9	8.0
Z_1	5.8	6.2
α	39°	41°
β	—	5°

* 此尺寸仅为灯头设计，不用于成品灯检验。

(1) 基准面。

(2) G16 灯端尺寸，见 GB/T 1406.3—7004-100。

(3) 基准卡爪。

(4) 接触片和基准卡爪的相对位置不应偏离所示位置±20°。

(5) 聚焦盘圆环部分的形状没有限制，可以是平的或是凹的。然而，当灯处在车辆上正常燃点位置时，此形状不应引起近光灯丝的任何异常眩光。

(6) 此尺寸在基准面上测量。

(7) 圆柱 L 相对于直径 M 的圆所允许的最大偏心度为 0.05 mm。

(8) 前照灯中聚焦盘固定装置不应进入该圆柱区域，该区域延伸至聚焦盘一侧的灯头壳体的整个长度。

(9) A_2 应在 K 所示范围之外沿 G16t 灯端方向测量。

GB/T 1406.3—7004-133-1

	P40s 灯头	1/2

单位为毫米

附图仅表示互换性的基本尺寸。

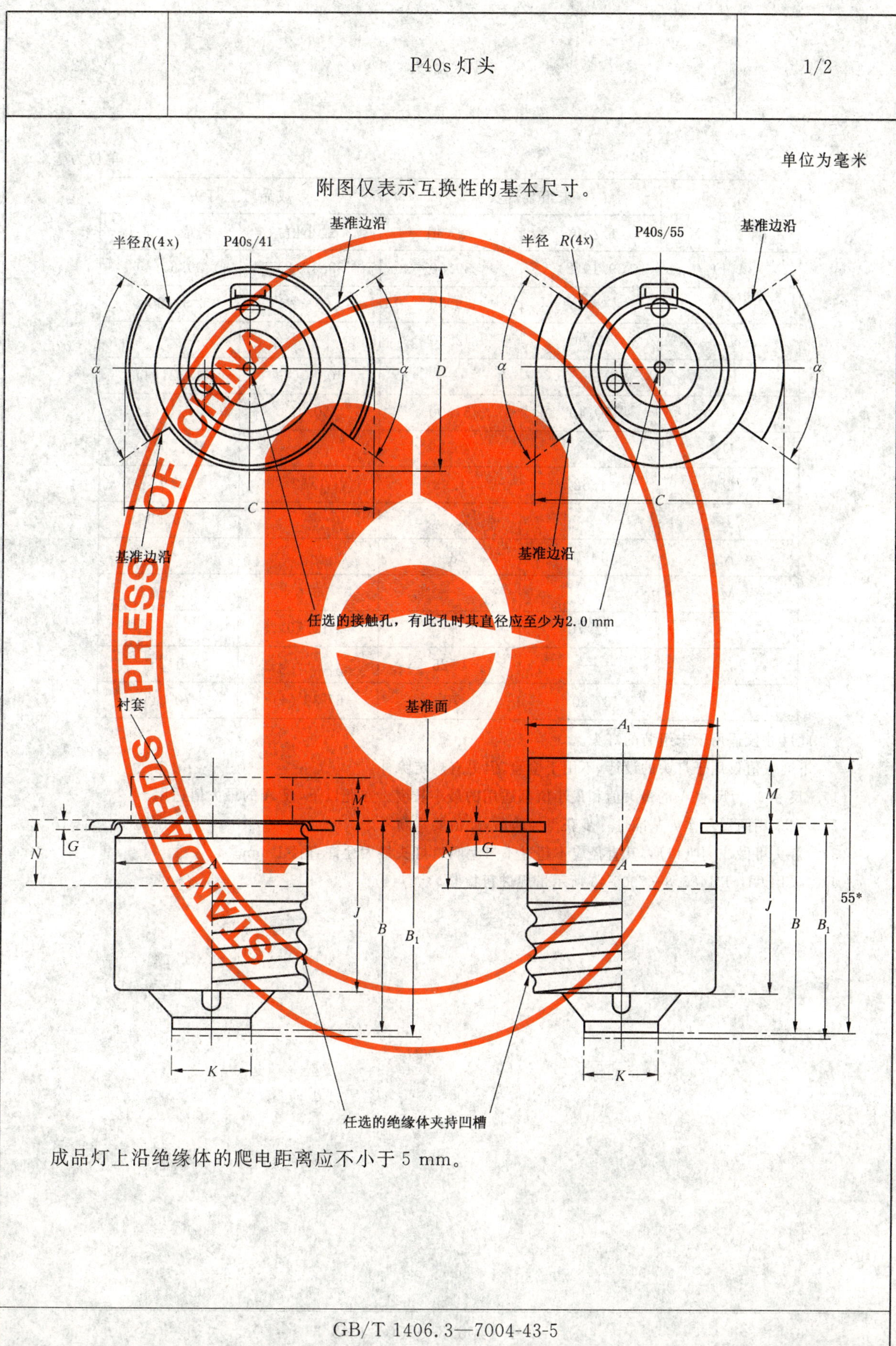

成品灯上沿绝缘体的爬电距离应不小于 5 mm。

GB/T 1406.3—7004-43-5

	P40s 灯头	2/2

单位为毫米

尺寸	未组装灯头**		成品灯上灯头	
	最小值	最大值	最小值	最大值
A(1)	39.19(2)	39.50	39.19(2)	39.60(4)
A_1(3)	—	39.50	—	39.60
B	40.90	42.20	—	—
B_1	—	—	40.90(4)	43.21(4)
C	50.40	51.00	50.40	51.10(4)
D	—	40.39	—	40.39(4)
G	1.52	1.93	1.52	1.93
J	—	35.50	—	35.50
K	14.0	23.0	—	—
M	—	—	3.0	—
N(1)	12.70	—	12.70	—
R	—	0.25	—	0.25
α	67°30′	70°	67°30′(4)	70°(4)

* 此尺寸仅适用于未组装的灯头。

** 下列数值仅用于灯头的设计，不用于检验，但另有规定除外。

(1) 尺寸 N 为尺寸 A 的最大值和最小值都适用的最小长度。在此以下，仅 A 的最大值适用。

(2) 在采用两翼片作为基准进一步获得经验后，此值要重新考虑。

(3) 灯头可做成喇叭口形，其直径应不超过不带喇叭口灯头最大允许直径 1 mm。

(4) 采用 GB/T 1483.3—7006-43 所示量规进行检验。

GB/T 1406.3—7004-43-5

P43t 灯头

1/2

单位为毫米

附图仅表示互换性的基本尺寸。

关于 P43t 灯座，见 IEC 60061-2 中 7005-39。

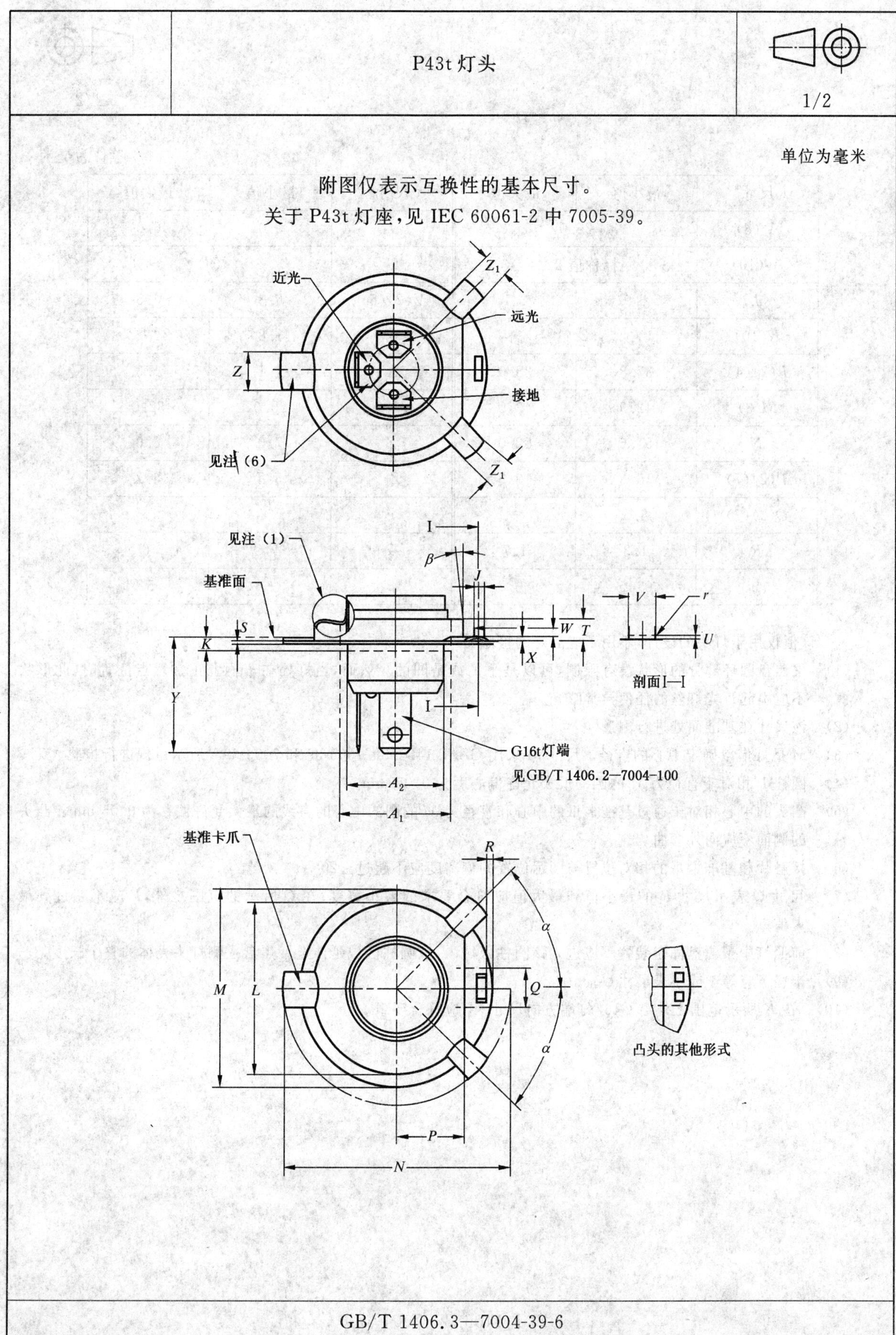

GB/T 1406.3—7004-39-6

	P43t 灯头	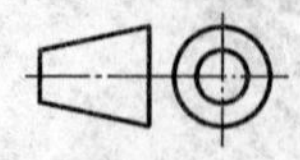 2/2

单位为毫米

尺寸	最小值	最大值	尺寸	最小值	最大值
A_1(8)	25.0		T	5.0	6.0
A_2(10)	标称值 22*		U	(9)	
J	1.9	2.1	V(2)(5)	6.3	6.5
K(10)	2.0		W	1.8	2.2
L(2)(4)	37.8	38.0	X	1.1	1.3
M(3)	42.9	43.0	Y	25.0	32.0
N	51.6	52.0	Z	7.9	8.0
P(2)(7)	15.3	15.5	Z_1	5.8	6.2
Q(2)(7)	8.5	—	r	(9)	
R	1.3	1.7	α	44°	46°
S	0.45	—	β	—	5°

* 该值仅用于灯头的设计，不用于成品灯的检验。

(1) 聚焦盘圆环部分的形状没有限制，可以是平的或是凹的。然而，当灯处在车辆上正常燃点位置时，此形状不应引起近光灯丝的任何异常眩光。

(2) 该尺寸在基准面处进行测量。

(3) M 是灯借以确定中心的直径。尺寸 M 采用 GB/T 1483.3—7006-39 和 7006-39A 所示量规进行检验。

(4) 圆柱 L 相对于直径为 M 的圆的最大允许偏心度为 0.05 mm。

(5) 凸头的中心相对于通过基准卡爪的中心和直径为 M 的圆的中心的直线的最大允许偏移为 0.05 mm。凸头的侧面不应向外弯曲。

(6) 接触片和基准卡爪的相对位置与图示位置的偏离度应不超过±20°。

(7) 尺寸 Q 表示尺寸 P 的最小值和最大值应符合要求的最小宽度；在 Q 所示的范围之外，P 应不超过其最大值。

(8) 前照灯中聚焦盘固定装置不应进入该圆柱区域内，该圆柱区域延伸至聚焦盘一侧灯头壳体的整个长度。

(9) 半径 r 应等于或小于尺寸 U。

(10) 在 K 所示范围之外沿 G16t 灯端方向尺寸 A_2 应符合要求。

GB/T 1406.3—7004-39-6

	成品灯上 PX43t 灯头和聚焦盘	1/2

单位为毫米

附图仅表示互换性的基本尺寸。

关于 PX43t 灯座，见 IEC 60061-2 中 7005-34。

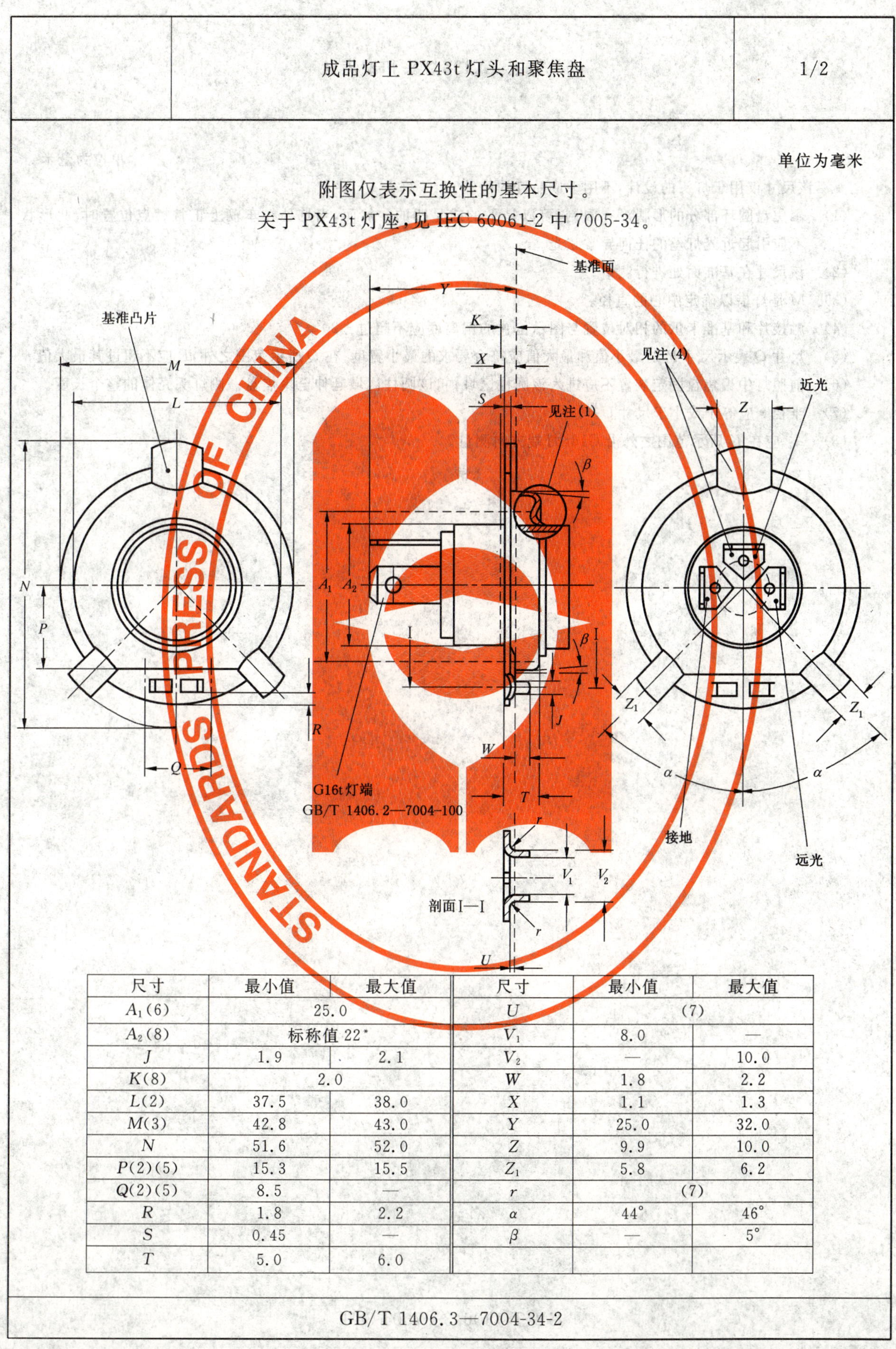

尺寸	最小值	最大值	尺寸	最小值	最大值
A_1(6)	25.0		U	(7)	
A_2(8)	标称值 22*		V_1	8.0	—
J	1.9	2.1	V_2	—	10.0
K(8)	2.0		W	1.8	2.2
L(2)	37.5	38.0	X	1.1	1.3
M(3)	42.8	43.0	Y	25.0	32.0
N	51.6	52.0	Z	9.9	10.0
P(2)(5)	15.3	15.5	Z_1	5.8	6.2
Q(2)(5)	8.5	—	r	(7)	
R	1.8	2.2	α	44°	46°
S	0.45	—	β	—	5°
T	5.0	6.0			

GB/T 1406.3—7004-34-2

	成品灯上 PX43t 灯头和聚焦盘	2/2

单位为毫米

* 该尺寸仅用于灯头的设计，不用于成品灯的检验。

(1) 聚焦盘圆环部分的形状没有限制，可以是平的或是凹的。然而，当灯处在车辆上正常燃点位置时，此形状不应引起近光灯丝的任何异常眩光。

(2) 该尺寸在基准面处进行测量。

(3) M 是灯借以确定中心的直径。

(4) 触接片和基准卡爪的相对位置与图示位置的偏离度应不超过±20°。

(5) 尺寸 Q 表示尺寸 P 的最小值和最大值应符合要求的最小宽度；在 Q 所示范围之外，P 应不超过其最大值。

(6) 前照灯中聚焦盘固定装置不应进入该圆柱区域内，该圆柱区域延伸至聚焦盘一侧灯头壳体的整个长度。

(7) 半径 r 应等于或小于尺寸 U。

(8) A_2 应在 K 所示范围之外沿 G16t 灯端方向测量。

GB/T 1406.3—7004-34-2

成品灯上 PY43d 灯头和聚焦盘

1/2

单位为毫米

附图仅表示互换性的基本尺寸。

关于 PY43d 灯座，见 IEC 60061-2 中 7005-88。

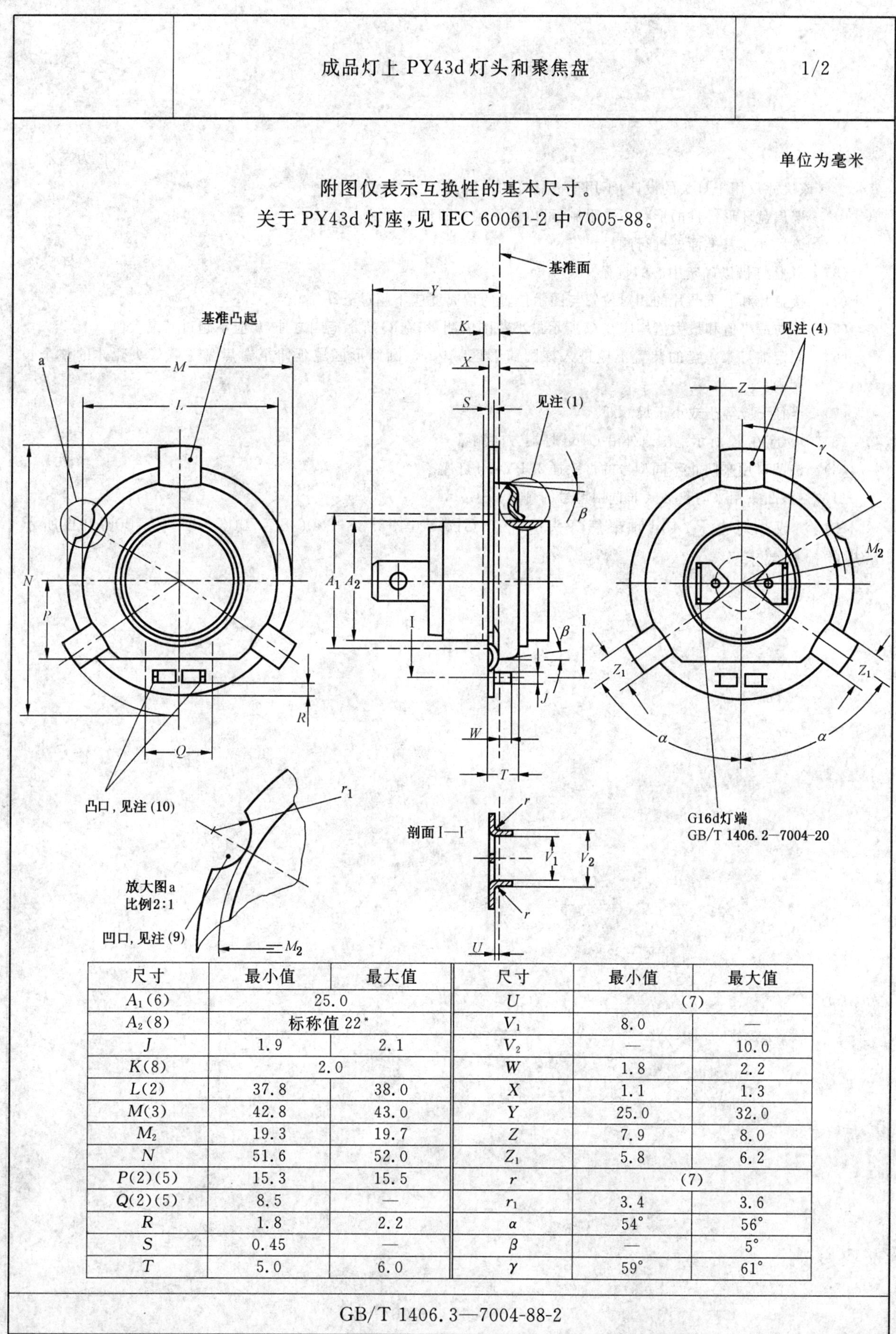

尺寸	最小值	最大值	尺寸	最小值	最大值
A_1(6)	25.0		U	(7)	
A_2(8)	标称值 22°		V_1	8.0	—
J	1.9	2.1	V_2	—	10.0
K(8)	2.0		W	1.8	2.2
L(2)	37.8	38.0	X	1.1	1.3
M(3)	42.8	43.0	Y	25.0	32.0
M_2	19.3	19.7	Z	7.9	8.0
N	51.6	52.0	Z_1	5.8	6.2
P(2)(5)	15.3	15.5	r	(7)	
Q(2)(5)	8.5	—	r_1	3.4	3.6
R	1.8	2.2	α	54°	56°
S	0.45	—	β	—	5°
T	5.0	6.0	γ	59°	61°

GB/T 1406.3—7004-88-2

	成品灯上 PY43d 灯头和聚焦盘	2/2

单位为毫米

* 该尺寸仅用于灯头的设计，不用于成品灯的检验。

(1) 聚焦盘环形部件的形状不受限制，可以是平的或凹形的。

(2) 该尺寸在基准面处进行测量。

(3) M 是灯借以确定中心的直径。

(4) 接触片和基准凸片的相对位置与图示位置的偏离度应不超过±20°。

(5) P 的最小值和最大值均应在 Q 所示最小范围内测量；在 Q 所示范围之外，P 应不超过其最大值。

(6) 固定前灯聚焦盘的装置不应进入该圆筒形区域内，该圆筒形区域延伸至聚焦盘一侧灯头壳体的整个长度内。

(7) 半径 r 应等于或小于尺寸 U。

(8) A_2 应在 K 所示范围之外沿 G16d 灯端方向测量。

(9) 该凹口用来防止不同型号的灯头插入 PY43d 灯座。

(10) 该凸头用来防止插入非选用型号的灯座。

检验：成品灯上 PY43d 预聚焦灯头应符合 GB/T 1483.3—7006-88，7006-88A 和 7006-39B 所示量规的检验要求。

GB/T 1406.3—7004-88-2

	成品灯上 PZ43t 灯头和聚焦盘	1/2

单位为毫米

附图仅表示互换性的基本尺寸

关于 PZ43t 灯座，见 IEC 60061-2 中 7005-89。

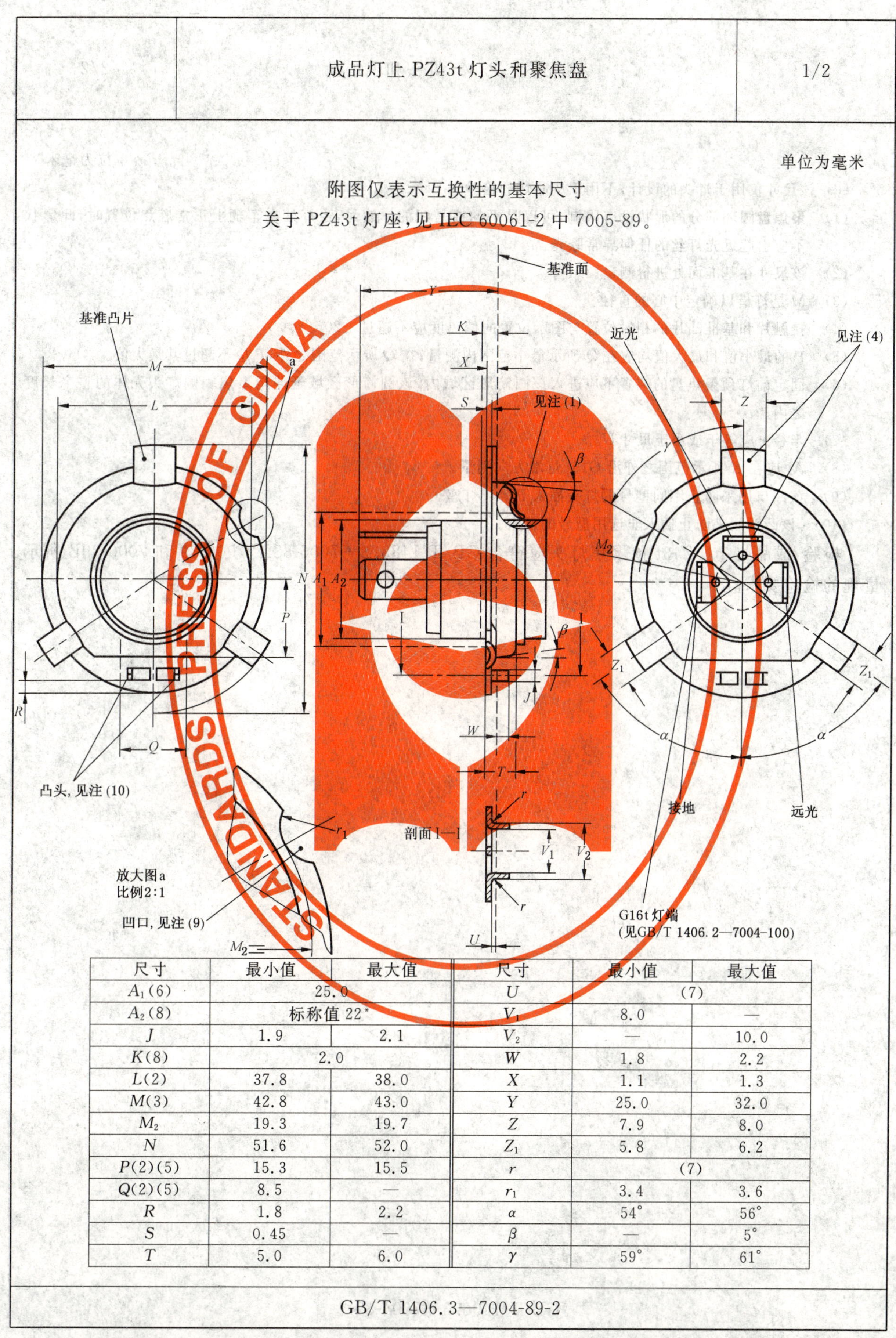

尺寸	最小值	最大值	尺寸	最小值	最大值
A_1(6)	25.0		U	(7)	
A_2(8)	标称值 22		V_1	8.0	—
J	1.9	2.1	V_2	—	10.0
K(8)	2.0		W	1.8	2.2
L(2)	37.8	38.0	X	1.1	1.3
M(3)	42.8	43.0	Y	25.0	32.0
M_2	19.3	19.7	Z	7.9	8.0
N	51.6	52.0	Z_1	5.8	6.2
P(2)(5)	15.3	15.5	r	(7)	
Q(2)(5)	8.5	—	r_1	3.4	3.6
R	1.8	2.2	α	54°	56°
S	0.45	—	β	—	5°
T	5.0	6.0	γ	59°	61°

GB/T 1406.3—7004-89-2

	成品灯上 PZ43t 灯头和聚焦盘	2/2

单位为毫米

* 该尺寸仅用于灯头的设计，不用于成品灯的检验。

(1) 聚焦盘圆环部分的形状没有限制，可以是平的或是凹的。然而，当灯处在车辆上正常燃点位置时，此形状不应引起近光灯丝的任何异常眩光。

(2) 该尺寸在基准面处进行测量。

(3) M是灯借以确定中心的直径。

(4) 接触片和基准凸片的相对位置与图示位置的偏离度应不超过±20°。

(5) P 的最小值和最大值均应在 Q 所示最小范围内测量；在 Q 所示范围之外，P 应不超过其最大值。

(6) 固定前灯预聚焦盘的装置不应进入该圆筒形区域内，该圆筒形区域延伸至聚焦一侧灯头壳体的整个长度之内。

(7) 半径 r 应等于或小于尺寸 U。

(8) A_2 应在 K 所示范围之外沿 G16t 灯端方向测量。

(9) 该凹口用来防止不同型号的灯头插入 PZ43t 灯座。

(10) 该凸头用来防止插入非选用型号的灯座。

检验：成品灯上 PZ43t 预聚焦灯头应符合 GB/T 1483.3—7006-88A，7006-89 和 7006-39B 所示量规的检验要求。

GB/T 1406.3—7004-89-2

P45t 灯头

1/2

单位为毫米

附图仅表示互换性的基本尺寸

关于 P45t 灯座，见 IEC 60061-2 中 7005-95。

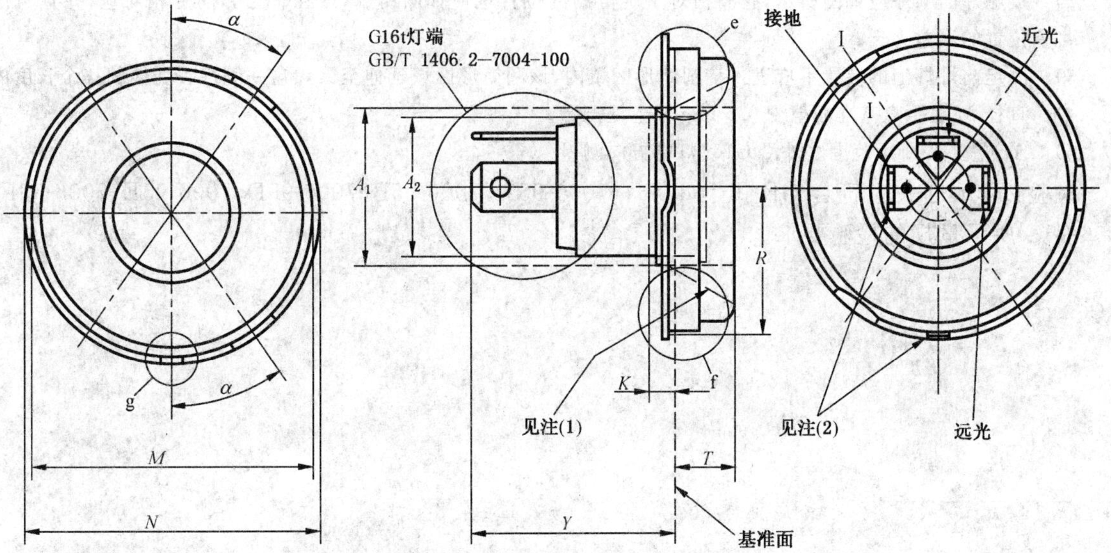

G16t灯端
GB/T 1406.2—7004-100
接地
近光
远光
见注(1)
见注(2)
基准面
α
g
e
f
I
M
N
Y
T
K
R
A_1
A_2

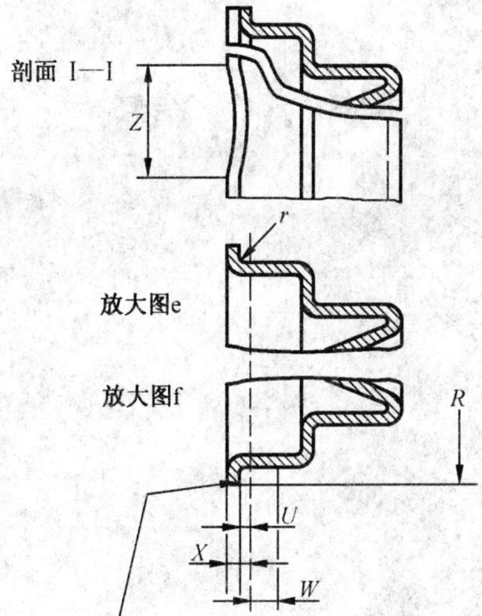

剖面 I—I
放大图e
放大图f
Z
r
R
U
X
W

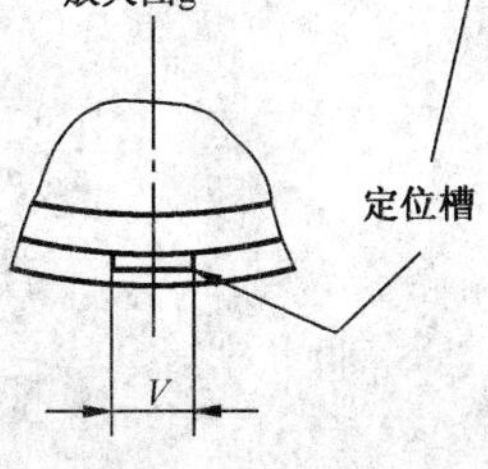

放大图g
定位槽
V

尺寸	最小值	最大值
A_1(3)	25	
A_2	22*	
K(5)	2	
M(4)	44.8	45.0
N	47.0	47.4
R	23.3	23.7
T	—	9.5
U	0.3	—
V	2.9	3.1
W	1.8	2.2
X	1.3	1.7
Y	25.0	32.0
Z	—	8.0
r	$<U$	
α	25°	35°

GB/T 1406.3—7004-95-5

	P45t 灯头	2/2

单位为毫米

* 该尺寸仅用于灯头的设计，不用于成品灯的检验。

(1) 该部件产生的杂散光不应在水平面以上。

(2) 接触片的顺序应如图所示，它们相对于定位槽的位置也应如图所示，或在直径方向上相对应，并且与标称位置的误差为±20°。

(3) 固定前灯灯泡的装置不应进入该圆筒形区域内，该圆筒形区域延伸至聚焦盘一侧灯头壳体的整个长度内。

(4) 直径 M 在距离基准面至少 0.5 mm 以上处测量。

(5) A_2 应在 K 所示范围之外沿 G16t 灯端方向测量。

检验：P45t 灯头应符合 GB/T 1483.3—7006-95A，7006-95B，7006-95D，7006-95E，7006-95F 和 7006-95G 所示量规的检验要求。

GB/T 1406.3—7004-95-5

	P46s 灯头	1/1

单位为毫米

附图仅表示互换性的基本尺寸。

对于成品灯，绝缘体上的爬电距离应不小于 3 mm。

尺寸	最小值	最大值
A	约 26	
B	45.80	46.00
C	约 22.9	
E	6.22	6.48
F	约 19.0	
G	16.7	19.7
H	9.5	11.5
α	88°	92°

GB/T 1406.3—7004-41A-2